임춘무 · 김필수 · 유재천 · 이상문 공저

일진사

머 리 말

대한민국 경제는 1인당 국민 소득 4만 달러, 무역 규모 2조 달러 시대를 목표로 삼고 있으며, 경제 성장의 패러다임이 추격형, 기능형에서 선도형, 창조형으로 변화되고 있습니다. 특히 소비자들의 소득 수준이 높아질수록 자동차를 단순한 이동 수단을 넘어 자신의 삶의 느낌과 의미, 보람으로 연관시키고 있어 자동차는 문화를 주도하는 도구로써 생활의 즐거움을 주는 예술품으로 진화하고 있습니다.

세계 주요 공업국에서는 자동차 산업을 최대의 기간산업으로 육성하고 또한 자동차 산업은 각국의 경제면에서 중요한 역할을 담당하고 있을 뿐만 아니라 국가 간의 무역에서도 큰 지위를 차지하고 있습니다. 우리의 자동차 산업도 세계 최고의 위상과 최고급 브랜드화를 향해 계속 전진해가고 있으며, 우리의 능력과 열정, 에너지를 감안하면 그러한 목표는 반드시 현실화될 수 있으리라 확신합니다.

이 책은 자동차 전기 정비에 처음 입문하는 학생들을 위한 실습 교재로 다음과 같은 특징으로 구성하였습니다.

첫째, 자동차 정비에 입문하는 학생들이 자동차 전기 정비의 개념을 충분히 이해하고 이를 토대로 실습 기능과 고장 진단 능력을 습득할 수 있도록 편성하였습니다.

둘째, 학생들이 편리하게 공부할 수 있도록 컬러 사진을 풍부하게 수록하여 생생한 자동차 정비 실습 분위기를 전달함으로써 작업 내용을 쉽게 이해하고 응용할 수 있도록 하였습니다.

셋째, 전기 전자 제어 실습을 수행함에 있어서 장비 활용 방법과 센서 단품 점검 능력을 향상시킬 수 있도록 정리하였습니다.

넷째, 실습 교육의 효과를 높이기 위하여 관련 지식을 기초부터 심화 단계까지 연계하여 수준별로 학습할 수 있도록 하였습니다.

이 책은 자동차 정비에 입문하는 여러분들에게 자동차의 구조와 정비를 이해하는 길로 안내하기 위해 집필되었습니다. 실습 여건이 여의치 않는 독자들이 자동차 전기 정비 실습 능력을 향상시킬 수 있도록 자료를 정리한 만큼 자동차 전기 정비를 학습하고자 하는 여러분들에게 소기의 결실이 있기를 기대하며, 혹여 출판된 내용에 오류가 발견되어 지적해 주시면 겸허한 마음으로 수정하도록 하겠습니다.

끝으로 좀 더 나은 책이 출간될 수 있도록 관심과 사랑으로 물심양면 지원해 주신 동료 교수님들과 **일진사** 편집부 직원들께도 진심으로 감사의 말씀을 전합니다.

저자 씀

차례 CONTENTS

1 자동차 정비 공구와 장비

2 전기 기초 및 측정 기기 활용 방법

3 시동 장치 점검 정비

4 점화 장치 점검 정비

5 충전 장치 점검 정비

6 등화 장치 점검 정비

7 냉난방 장치 점검 정비

8 편의 장치 점검 정비

9 안전 장치(에어백) 점검 정비

10 지능형 정속 주행 장치 점검 정비

11 하이브리드 전기 장치 점검 정비

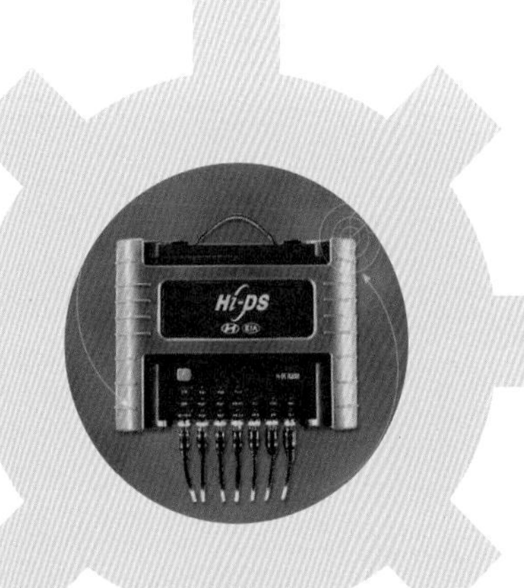

자동차 정비 공구와 장비

1. 자동차 정비 공구와 장비 활용의 필요성

2. 자동차 정비 공구의 종류와 명칭

1 자동차 정비 공구와 장비

1 자동차 정비 공구와 장비 활용의 필요성

자동차 정비 공구란 자동차 정비 작업을 안전하고 효율적으로 수행하며 자동차의 성능을 충분히 발휘할 수 있도록 자동차의 보수와 유지, 분해, 점검, 조정 수리를 하기 위한 정비 공구를 말한다. 이 장에서는 자동차의 고장이나 성능 저하를 예방하고, 배출가스 및 소음에 의한 환경 공해를 방지함과 더불어, 안전하고 경제적인 운행을 유지할 수 있도록 정비 공구의 활용도를 높여 효율적인 정비 작업이 되도록 한다.

2 자동차 정비 공구의 종류와 명칭

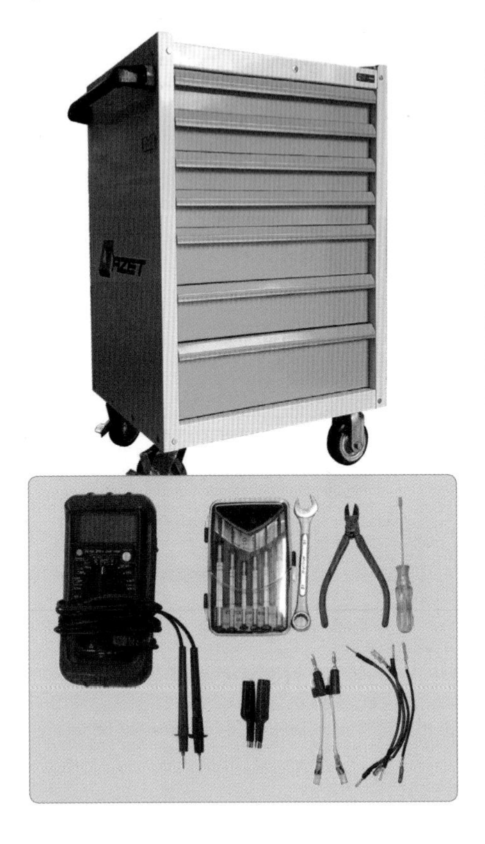

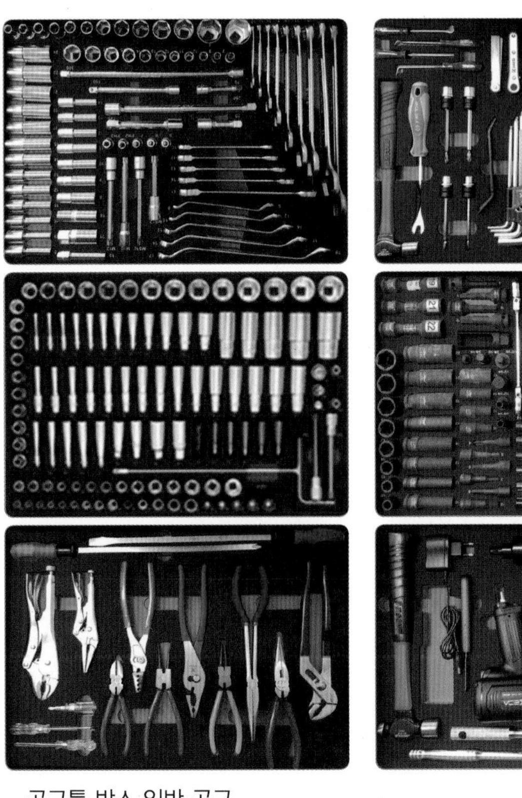

공구툴 박스 일반 공구

래칫 핸들(rachet handle) : 볼트, 너트에서 소켓을 빼내지 않고 계속 한쪽 방향으로 볼트, 너트를 조이거나 풀 때 사용하며 자동차 정비 작업 시 활용도가 높은 공구로 큰 토크가 필요치 않는 작업에 활용된다.

래칫 : 방향 전환 작업 시 스위치 방향을 반대로 작동시켜 주어야 한다.

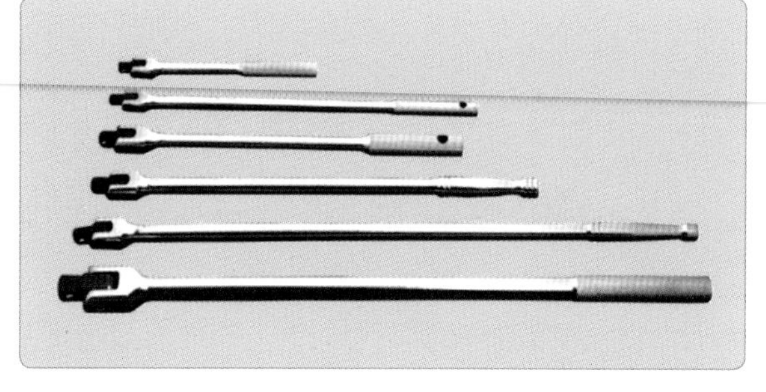

소켓 핸들(hinge handle) : 최대의 지렛대 힘을 활용할 수 있는 공구로써 볼트나 너트의 조임 토크가 커 볼트나 너트를 풀고 조일 때 사용하는 힌지 핸들로 14 mm 이상의 볼트나 너트를 처음 풀 경우 주로 사용한다.

공구 사용 방법 : 볼트나 너트를 조이고 풀 때는 핸들을 잡고 몸 안쪽으로 잡아당겨 부상당하지 않도록 작업한다.

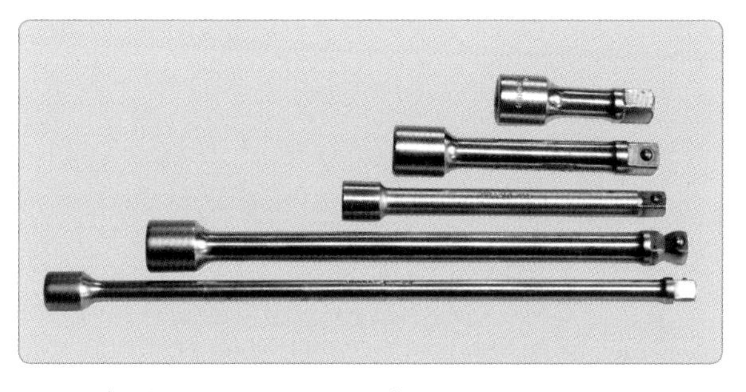

연결대(이음대, extension bar) : 좁은 작업 공간에서 복스 소켓과 렌치나 핸들의 중간 연결에 사용되며, 연결대 종류는 대 · 중 · 소로 구성되어 작업 상황에 맞게 사용한다.

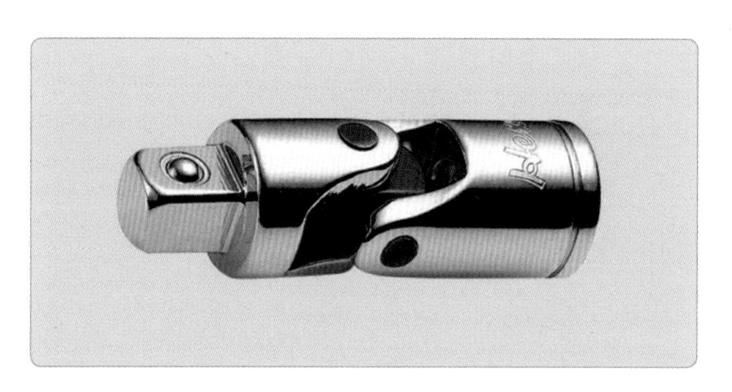

유니버설 조인트 : 두 축의 각도를 자유롭게 바꿀 수 있는 이음(조인트) 공구로써 각도가 있는 비스듬한 작업 공간 또는 작업이 원활하지 않은 복잡한 작업 공간에서 소켓과 래칫 핸들 사이에 연결하여 각도 변화를 주어 경사진 곳에서 조임이나 풀기 작업이 가능하다.

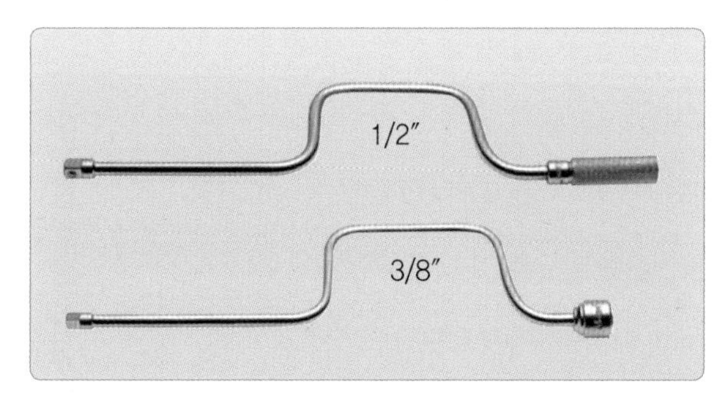

스피드 핸들(speed handle) : 볼트나 너트를 신속히 풀거나 조일 때 사용하며 작업 공간이 충분하고 볼트와 너트가 많을 경우 빠르게 작업하는 데 사용된다. 10 mm 이상은 힌지 핸들로 분해한 후 신속한 작업을 위해 스피드 핸들로 작업한다. 이때 소켓의 교환 공구 사용 작업이 원활하도록 한다.

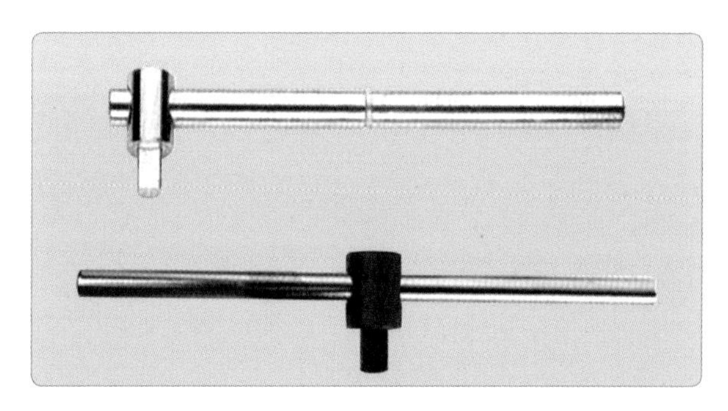

T 핸들(sliding T-handle) : 양끝에 똑같은 힘을 가할 수 있고, 한쪽으로 몰아서 힌지 핸들과 같이 볼트나 너트를 분해 또는 조립 시 바의 길이를 조절하여 필요한 토크로 조일 수 있으므로 무리한 힘으로 조여지지 않도록 사용할 수 있는 공구이다.

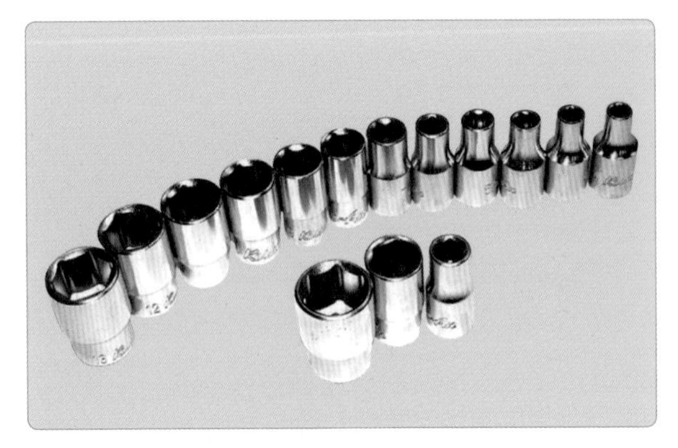

소켓(6각, 12각) : 소켓은 래칫 핸들, 힌지 핸들 같은 렌치형 수동 구동 공구 사용 시 활용되며, 볼트, 너트를 풀고 조이는 핸드 소켓과 전기나 압축 에어를 이용하는 임팩트 소켓이 있다.

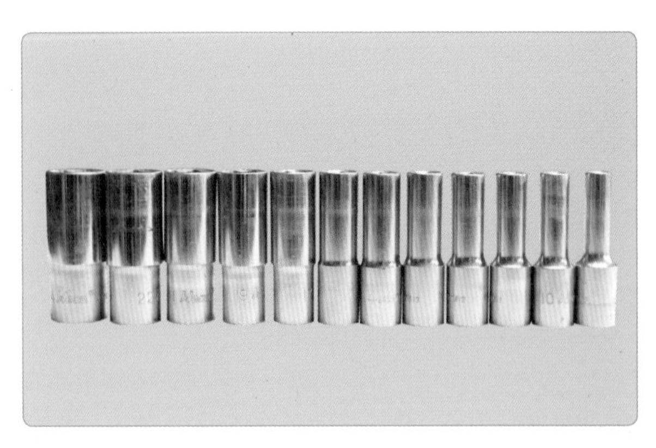

딥(롱) 소켓 : 볼트나 너트 깊이가 길어서 단구 소켓을 사용할 수 없을 경우 활용할 수 있는 소켓으로 실린더 헤드부나 스파크 플러그 탈착 시 사용된다.

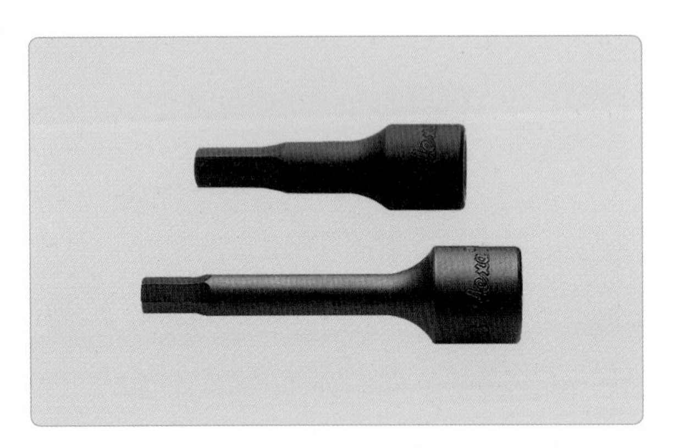

육각 렌치(실린더 헤드 분해 조립용) : 실린더 헤드 볼트나 일반 볼트 안지름이 육각으로 형성된 경우에 사용되는 공구이다.

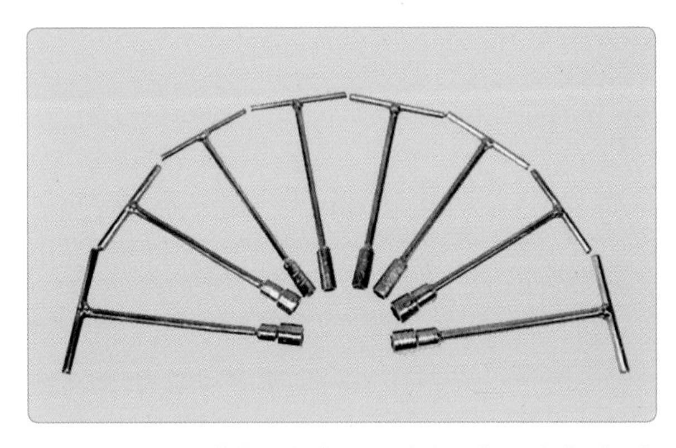

T형 복스 렌치대(T형 핸들) : 소켓과 T자 모양의 핸들을 용접하여 고정시켰으며 토크가 작은 볼트나 너트를 조이거나 분해할 때 주로 사용한다(12 mm, 10 mm, 8 mm 사용).

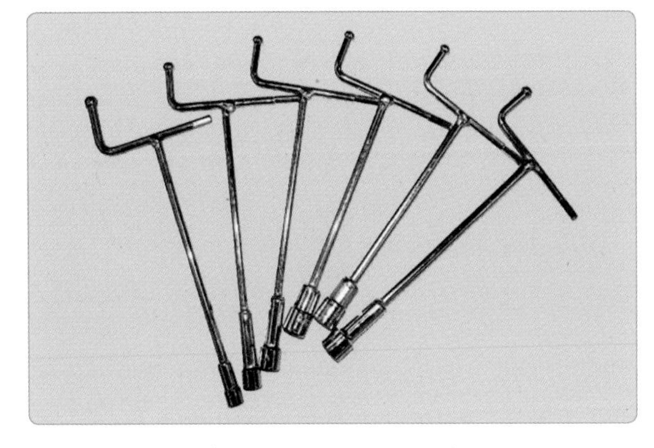

T형 복스 렌치대(스피드 핸들, T형 핸들) : 소켓과 T자 모양의 핸들을 고정시켜 일체가 되도록 제작된 T렌치로 조임 토크가 작은 나사를 신속하게 조이거나 풀 때 주로 사용한다(주로 12 mm, 10 mm, 8 mm 사용).

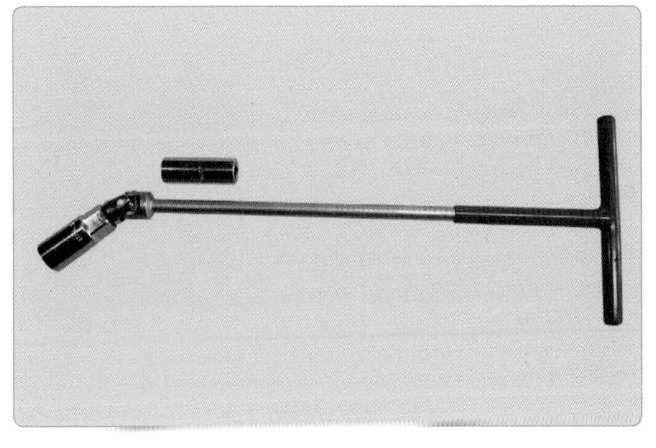

스파크 플러그 렌치 : 점화 플러그 탈부착 시 사용하며 엔진이 냉간 시에 스파크 플러그를 신속하게 탈부착할 수 있도록 T형 핸들에 고정시켜 사용한다.

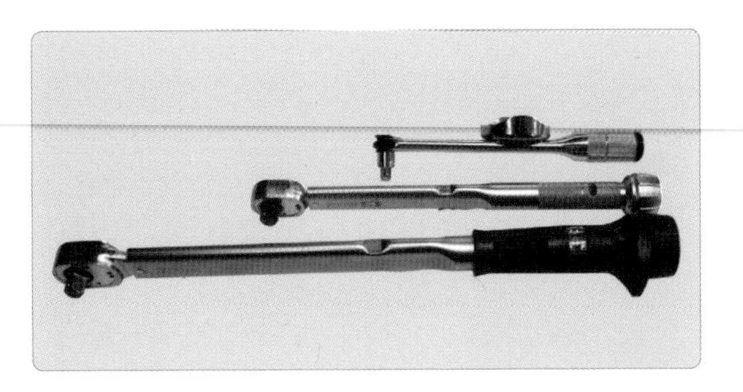

토크 렌치(audible indicating torque wrench) : 고정식 토크 렌치라고도 하며, 토크값을 손잡이 핸들에서 조정한 후 볼트나 너트를 조일 때 세팅된 토크가 걸리면 작동음이 "딸깍" 소리가 나게 되며 주기적으로 영점을 맞추어 규정된 토크를 사용한다.

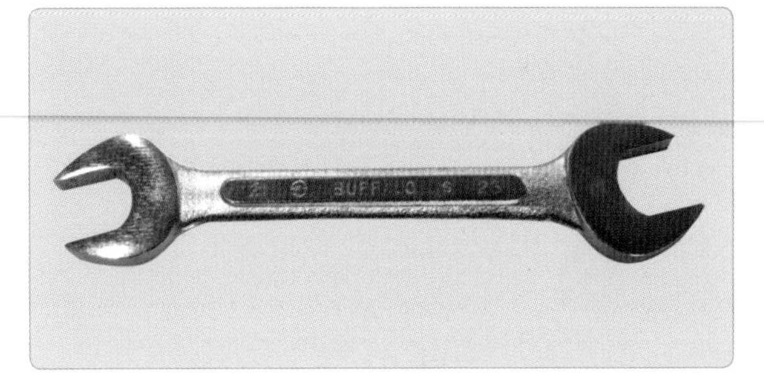

오픈 엔드 렌치(open-end wrench)[양구 스패너(double headed spanner)] : 양쪽에 물림입이 달린 스패너로 양쪽 끝이 열려 있으며, 볼트, 너트를 조이거나 풀 수 있다. 연료 파이프 라인의 피팅(연결부)을 풀고 조일 때 사용한다. 렌치 스패너라고도 하며, 볼트, 너트, 나사 등을 조이거나 풀 때 사용한다.

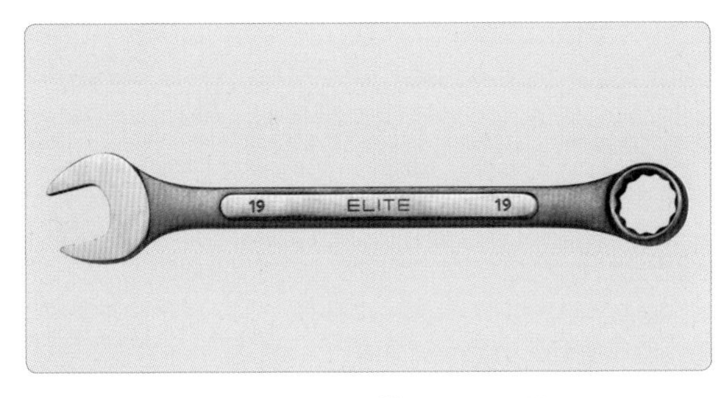

조합 렌치(combination wrench)[편구 스패너(single headed spanner)] : 오픈 렌치와 복스 렌치의 장점을 모아 하나로 만든 렌치로 가조임은 스패너 쪽으로, 본조임은 오프셋 쪽으로 사용하여 하나로 두 가지의 기능을 할 수 있는 공구이다. 오픈 렌치보다 조합 렌치가 많이 사용되고 활용도가 높다.

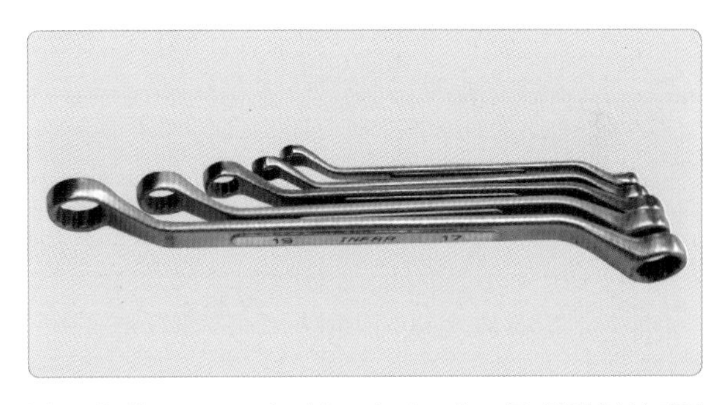

복스 렌치(box wrench) : 볼트나 너트에 고른 힘이 분산되어 오픈 엔드 렌치와 달리 볼트, 너트를 조일 때(또는 풀 때) 주위를 완전히 감싸게 되어 사용 중에 미끄러지지 않고 큰 힘으로 풀거나 조일 수 있다.

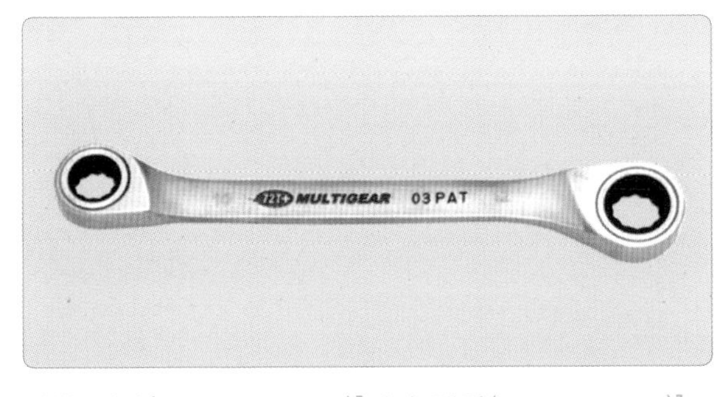

래칫 렌치(rachet wrench)[기어 렌치(gear wrench)] : 소켓과 래칫 핸들이 일체화된 렌치이며 좁은 곳, 예를 들면 기동 전동기 탈착 작업 등에서 렌치를 빼고 끼울 필요 없이 끝날 때까지 연속적으로 사용 가능하여 편리하다. 회전 부분에 래칫이 있어 한 방향으로만 회전이 가능하며, 렌치를 반대 방향으로도 사용 가능하다.

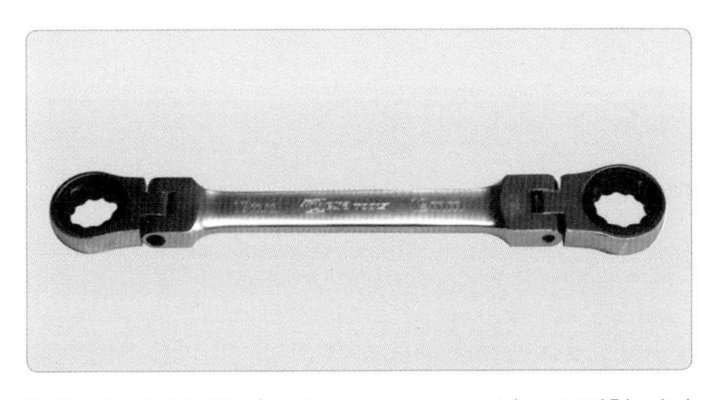

플렉서블 래칫 렌치(flexible gear wrench) : 굴절형 기어 렌치로 헤드 부분에 힌지가 있어 각도 조절이 가능한 작업을 수행할 수 있다. 예를 들면 엔진 룸에서 기동 전동기 탈부착 시 긴 볼트를 풀고 조이는 작업에 유용하다.

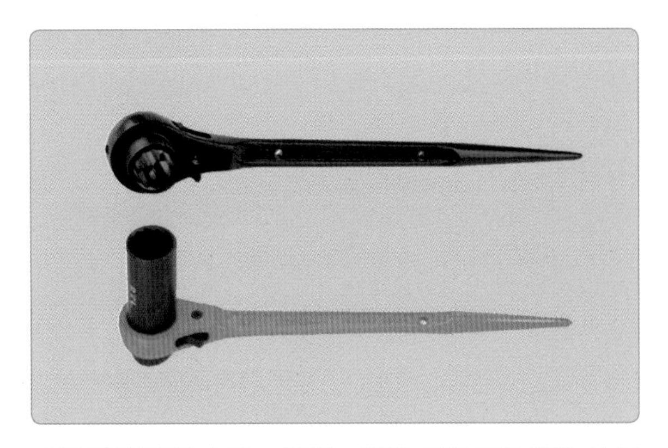

래칫 렌치(엔진 오일 교환용) : 엔진 오일 교환 작업 시 드레인 플러그를 풀거나 조이는 공구로 오일 교환 시 신속하게 작업할 수 있다(17 mm,19 mm).

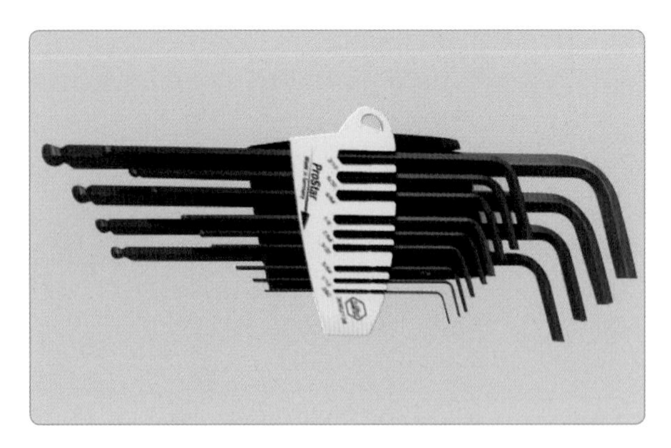

육각 렌치 : 육각으로 형성된 볼트를 규격에 맞는 것을 중심으로 렌치를 연결하여 사용할 수 있다.

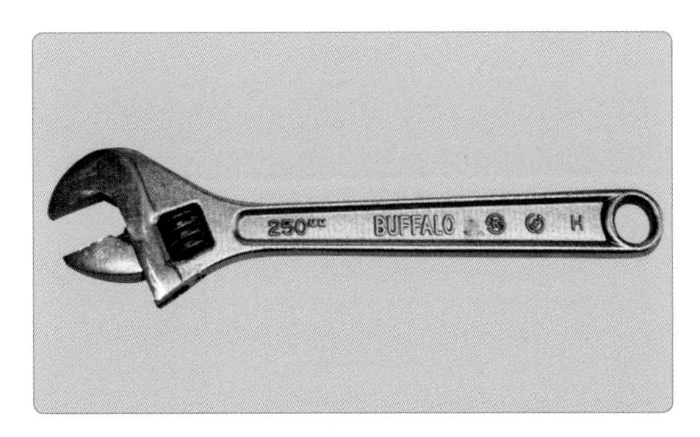

조정 렌치(adjustable wrench) : 볼트나 너트의 크기에 따라서 한쪽의 조(jaw)의 크기를 조정하여 사용한다. 볼트 또는 너트를 조이거나 풀 때 고정 조에 힘이 가해지도록 해야 물림턱조절나사산(웜과 래크 기어)의 여유가 많아 볼트나 너트에 파손(마멸) 가능성이 많으므로 복스 렌치 등이 맞지 않는 특수한 볼트, 너트를 풀 때 사용하도록 한다.

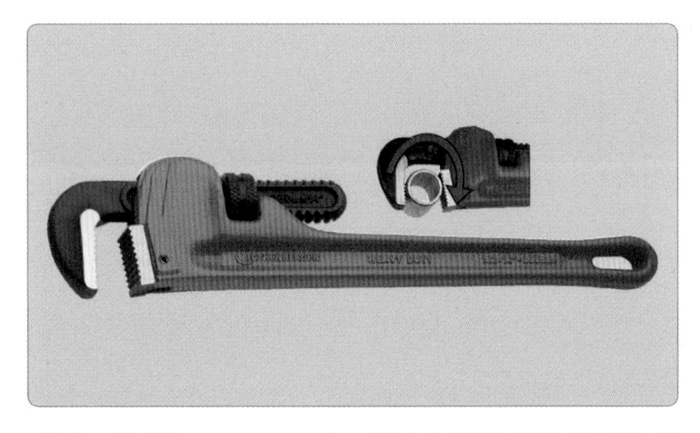

파이프 렌치(pipe wrench) : 파이프 작업 전용 공구로 파이프(관) 등과 같이 주위가 매끄러운 것을 물려서 고정 또는 회전시킬 때 사용하는 공구이다. 마우스에 톱니 모양의 이(serration)가 있어 관을 물어주며, 이의 방향을 참고해서 한쪽 방향으로만 회전시키도록 한다. 휠 얼라인먼트의 토인 조정 시 고착된 타이로드 연결부를 풀 때 유용하며 가스관 등 배관 공사에 주로 사용된다.

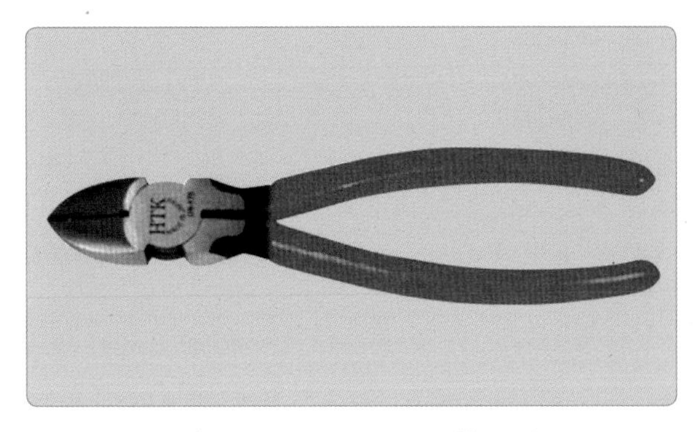

커팅 플라이어(diagonal cutting plier)[니퍼(wire cutting nippers)] : 동선류나 철선류 및 전선류를 절단하거나 피복을 벗기는 데 사용하는 공구이다.

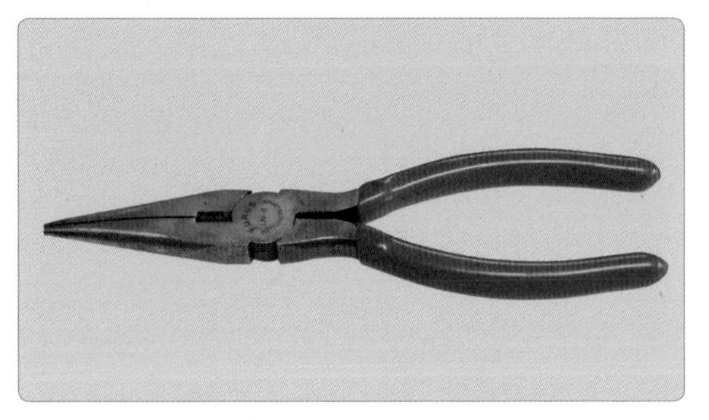

롱 노즈 플라이어(long nose plier) : 끝이 가늘게 되어 있어서 좁은 곳의 전기 수리 작업에 유용하며, 철사나 전선을 구부리거나 집거나 절단하는 데 사용한다.

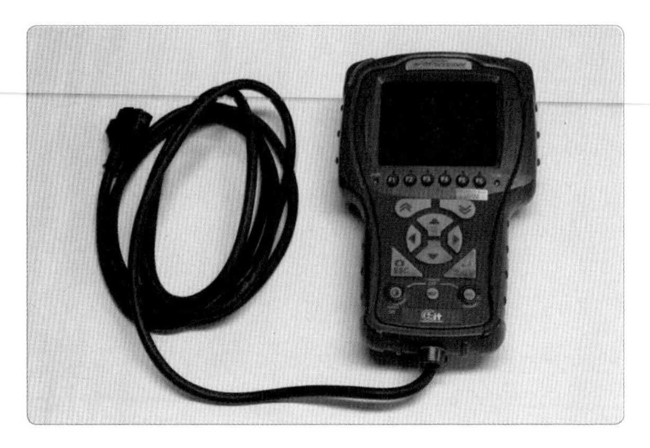

HI-DS 스캐너 : 자동차 전자 제어장치 점검용으로 사용되며 자기 진단 및 스캔툴 기능이 있는 휴대용 장비로 정비 시 활용도가 높다.

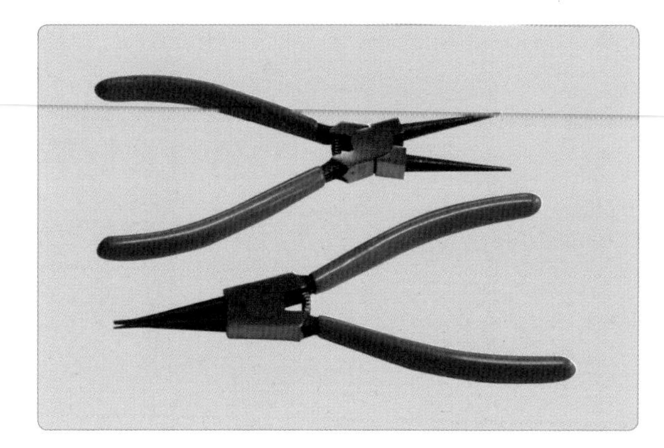

스냅링 플라이어 : 축이나 구멍 등에 설치된 스냅링(축이나 베어링 등이 빠지지 않게 하는 멈춤링)을 빼거나 조립 시 사용하는 공구이며 오무릴 때(in)와 벌릴 때(out) 사용한다.

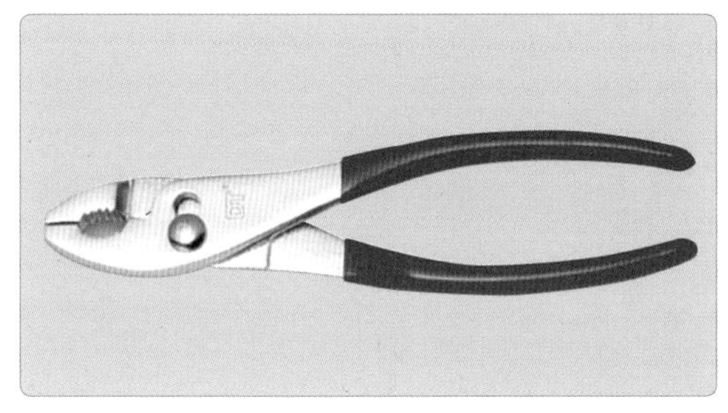

조합 플라이어(combination plier) : 플라이어라고 부르며, 잡을 때는 밀착시키는 부분이 움직이도록 되어 있다. 물체의 크기에 알맞게 조의 폭을 변화시킬 수 있도록 지지점의 구멍이 2단으로 되어 있어 큰 것과 작은 것 모두 잡고 돌릴 수 있다.

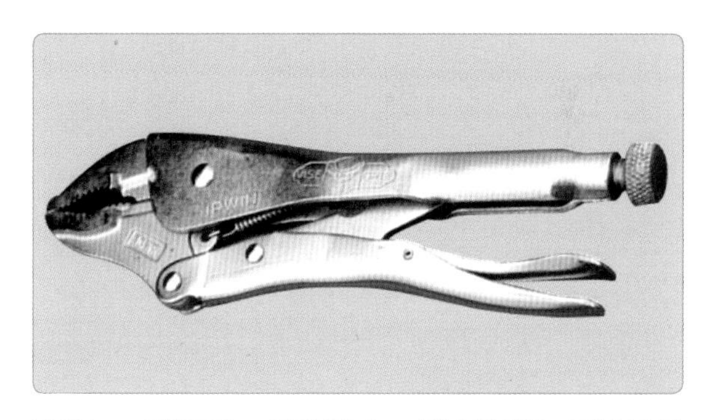

바이스 그립(클램프 플라이어) : 플라이어와 손바이스를 합친 기능이 있으며 압착 간격 조정이 용이하고 스패너, 파이프 렌치 등으로 사용 가능하다. 고착된 볼트를 풀 때 유용하며 잠김 기능 장치가 있어 대상 물체를 고정시킨 후 두 손을 자유로이 사용하여 작업 가능하다.

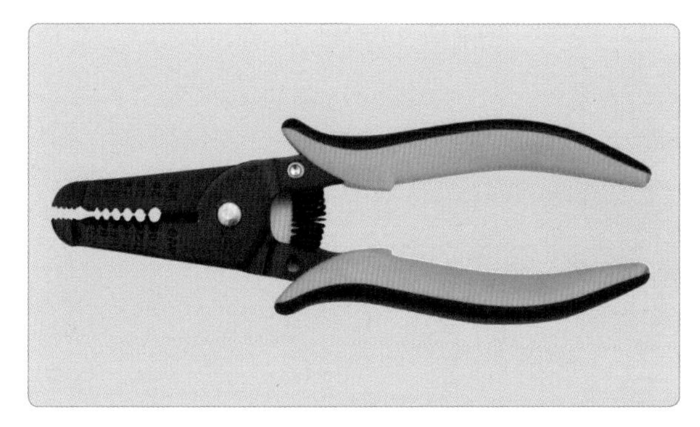

와이어 스트리퍼(auto wire stripper) : 전선 탈피, 절단, 압착용 공구이며 자동차 배선 커팅 및 피복 탈피 등 배선 작업에 주로 사용하는 공구이다.

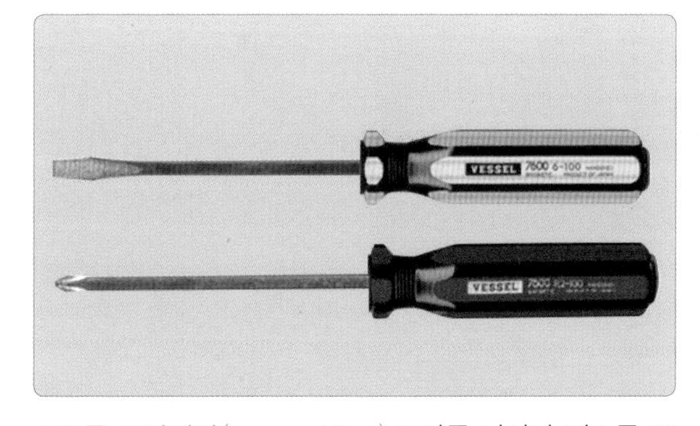

스크루 드라이버(screw driver) : 각종 나사나 피스를 조이고 풀 때 사용하는 공구이며 블레이드와 드라이버 끝이 일체로 되어 있어 해머 작업이 가능한 드라이버가 작업하기 좋다.

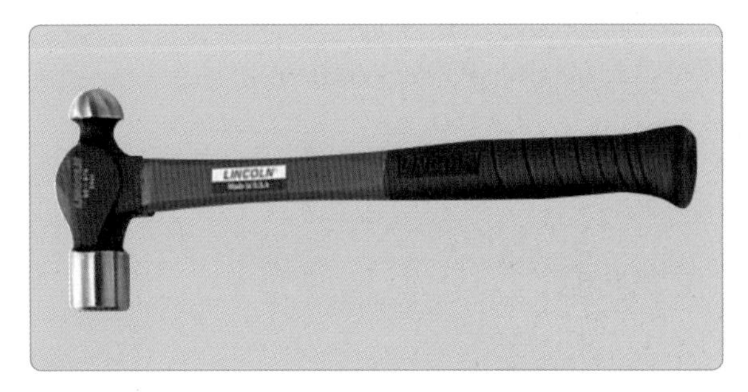

볼핀 해머(ball peen hammer) : 물체의 다목적 타격용으로 사용하며 금속 해머로 핀(peen)이 볼 모양으로 둥글게 되어 있어 용도에 맞는 타격을 선택한다.

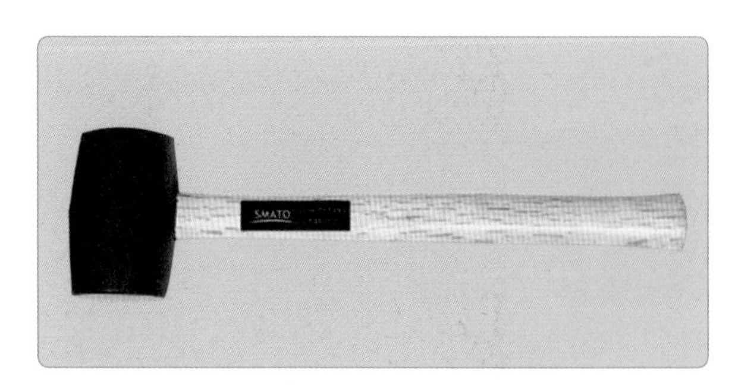

고무 망치(rubber hammer) : 물체에 타격을 가할 때 사용하는 공구로 물체에 손상을 주지 않고 충격을 가할 때 사용된다.

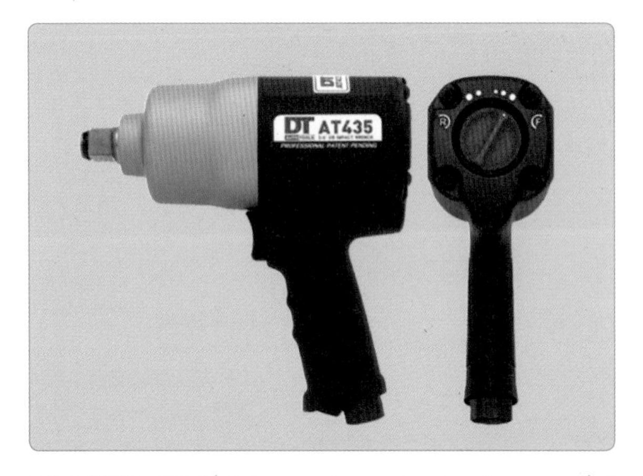

에어 임팩트 렌치(air impact wrench, shock wrench) : 압축 공기로 볼트, 너트를 풀고 조이는 에어 렌치로 치수(1/2″ 3/8″ 3/4″ 등)가 다양하며 정비 작업 시 신속한 작업 성과를 낼 수 있는 공구이다. 부하가 많이 걸리면 구동축이 정지되어 볼트, 너트를 과부하로부터 보호한다.

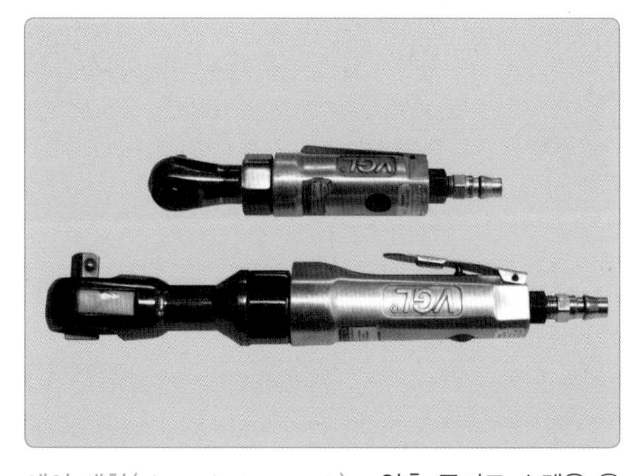

에어 래칫(air rachet wrench) : 압축 공기로 소켓을 움직여 볼트, 너트를 풀고 조이는 데 신속한 작업 효과를 볼 수 있으며 에어 래칫 핸들이 고장났을 때는 수동으로도 사용할 수 있어 자동차 정비 작업 시 효율적인 작업을 할 수 있다.

전동(충전) 드라이버 : 도어 트림 작업 등에서 나사, 피스를 풀고 조일 때 사용하며 기타 자동차 범퍼 및 카울패널 등의 나사나 피스 탈거 조립 시 유용하게 사용된다.

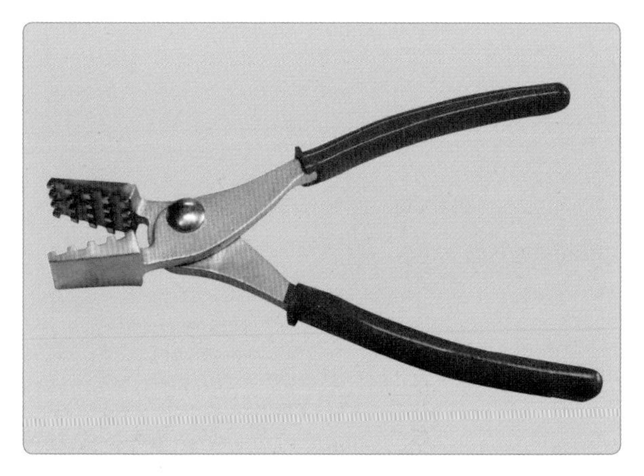

호스 밴드 풀러(플라이어) : 스프링식 호스 클립의 탈착 작업 전용 공구로 플라이어 이가 호스 클립을 압착할 때 미끄러지지 않게 하며 좁은 곳에서도 효율적으로 사용할 수 있다.

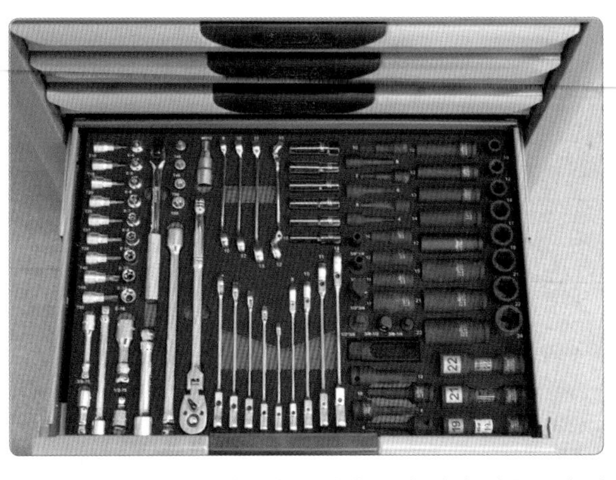

일반 공구 툴박스 : 실습장 작업 용도에 따라 자유롭게 이동하여 자동차 정비 작업을 수행할 수 있다.

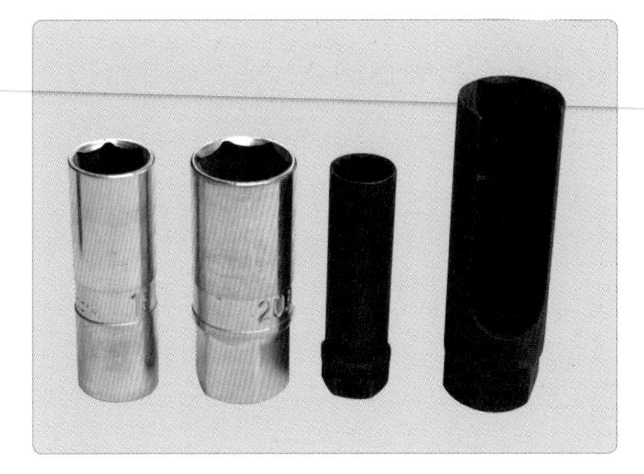

산소 센서 탈거 렌치 : 산소 센서 탈부착 시 사용되는 공구로써 탈거 시 배선 손상을 방지하도록 렌치 옆이 반오픈식으로 되어 있다.

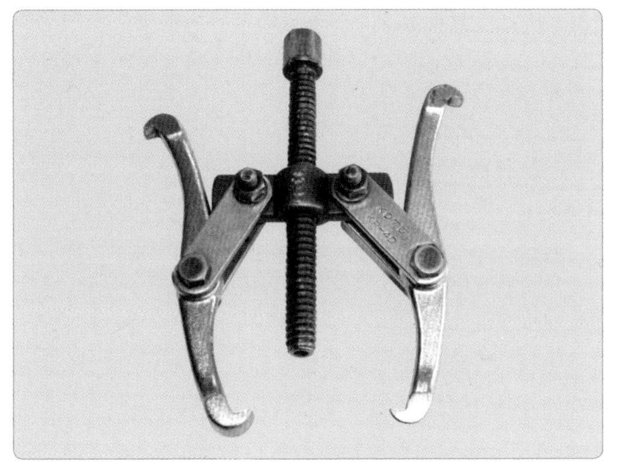

기어 풀러(gear puller) : 기어(스프로킷), 풀리, 구름 베어링 등을 축에서 빼낼 때 사용하는 특수 공구이다.

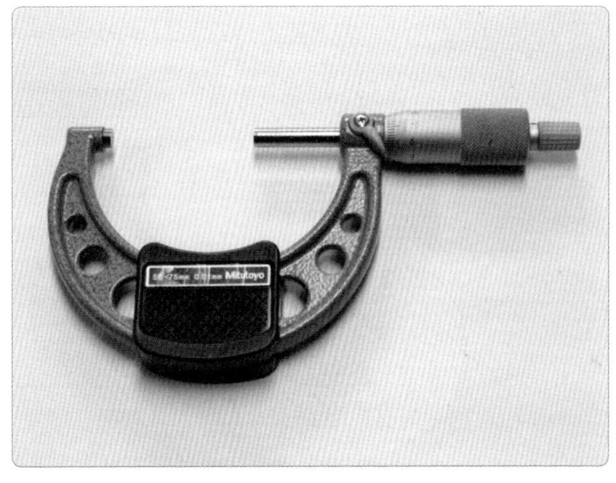

외경 마이크로미터 : 축의 외경(바깥지름), 안지름, 두께 등을 측정하는 기기로 0.01 mm까지 측정이 가능하며 나사를 응용한 정밀 측정 게이지이다.

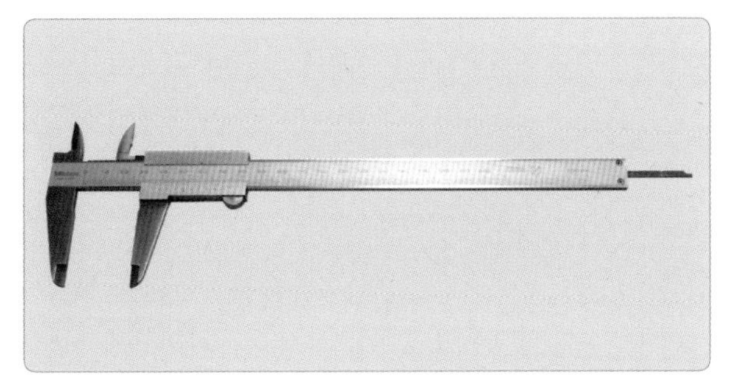

버니어캘리퍼스 : 축의 외경 및 내경을 측정하는 측정기로 측정 부품의 깊이와 높이도 측정할 수 있다(최소 0.1 mm, 0.05 mm, 0.02 mm).

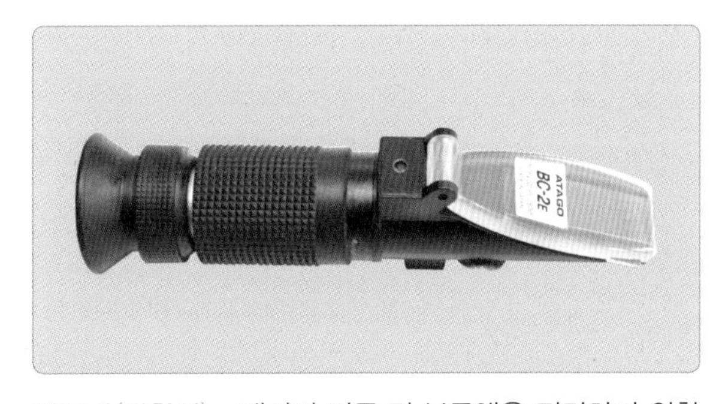

비중계(광학식) : 배터리 비중 및 부동액을 점검하기 위한 측정기로 전해액 및 부동액을 점검창에 떨어뜨려 빛(광선)이 비추는 곳으로 향하도록 하여 음영이 구분되는 부분을 측정값으로 읽는다.

타이밍 라이트 : 가솔린 엔진 및 디젤 엔진의 점화 및 분사 시기를 엔진 회전수에 따라 확인하고 최적의 점화 또는 분사 상태로 조정하기 위한 측정기기이다.

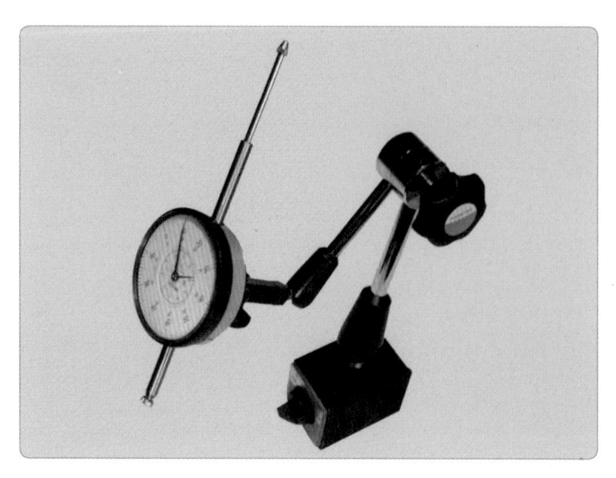

다이얼 게이지 : 축방향 및 축의 휨량과 접촉면의 흔들림을 점검하기 위한 기기로써 기어를 응용한 측정 게이지이다. 측정기 하단에는 고정할 수 있는 스위치식 자석과 스탠드가 설치되며 0.01 mm까지 측정 가능하다.

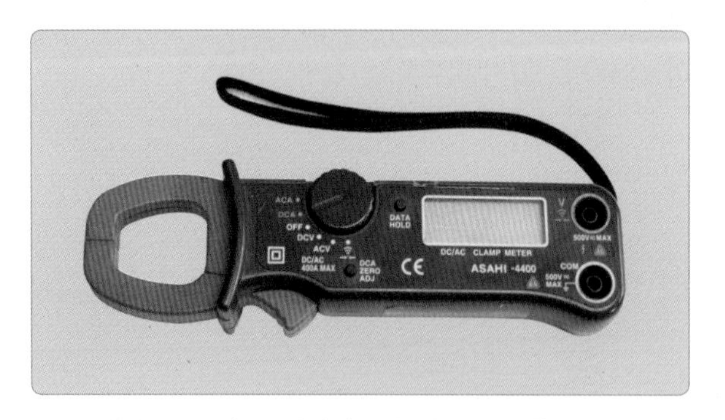

전류계(후크 타입) : 전기회로내 전류량을 측정하기 위한 기기로 배선에 걸어 사용하며 저항 및 전압도 측정 가능하다.

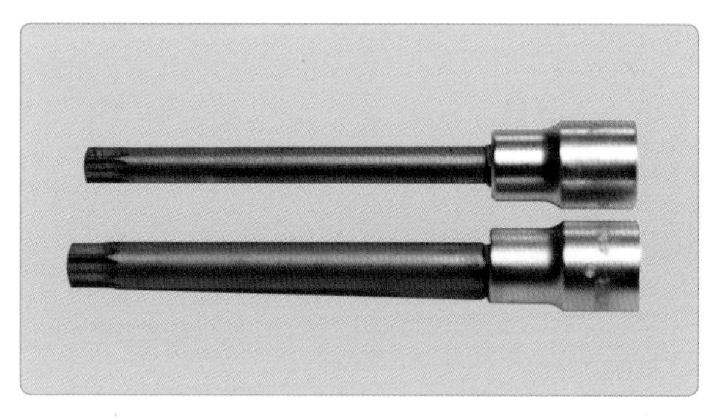

별표 렌치 : 형상이 별각으로 되어 있는 볼트나 너트를 분해하거나 조립할 때 사용하는 특수 공구이다.

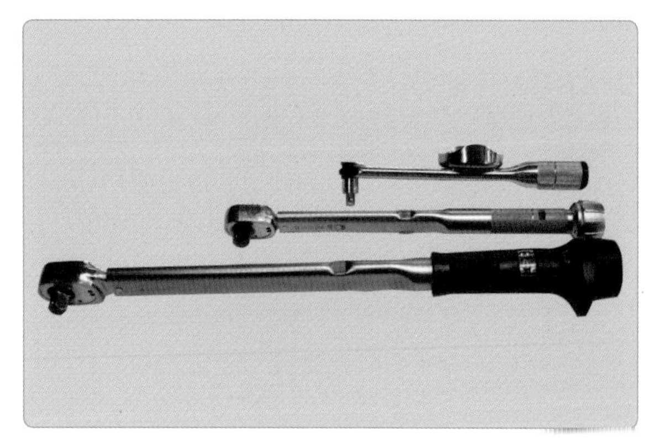

토크 렌치 : 볼트나 너트를 규정된 토크로 조일 때 사용되는 렌치로 볼트나 너트의 조임 토크 규격에 따라 사용된다.

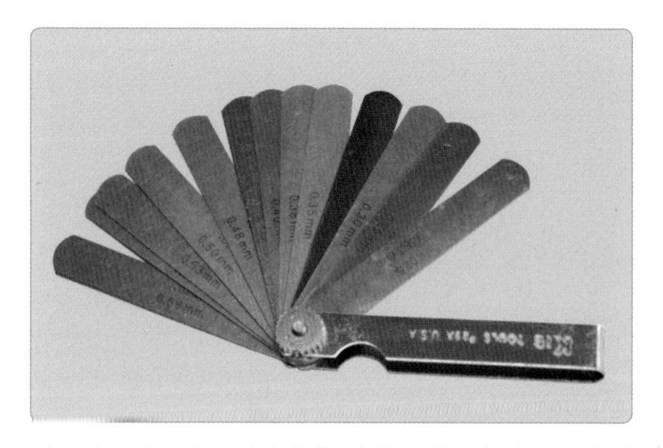

디그니스 게이지 : 기어나 축 사이드 간극과 피스톤 링 엔드 갭 등을 측정하기 위한 게이지로 간극에 맞는 일정한 수치를 규정 간극 기준으로 맞춰가면서 측정하여 정비 기준에 따라 양부를 판단하는 측정기이다.

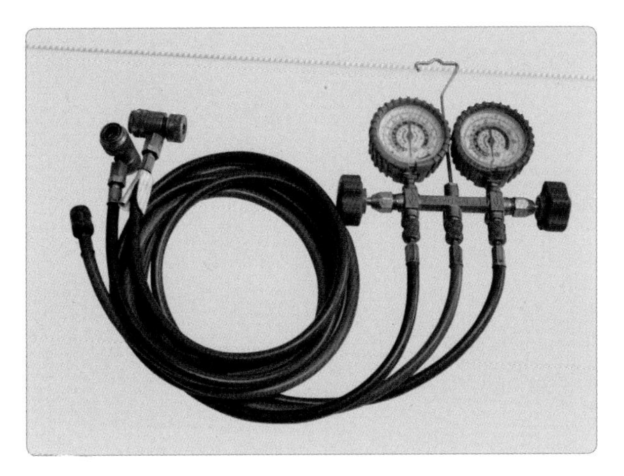

에어컨 게이지 : 에어컨 가스 압력의 저압과 고압을 측정하는 게이지로 냉방시스템내 냉매가스 압력을 측정하는 게이지이다.

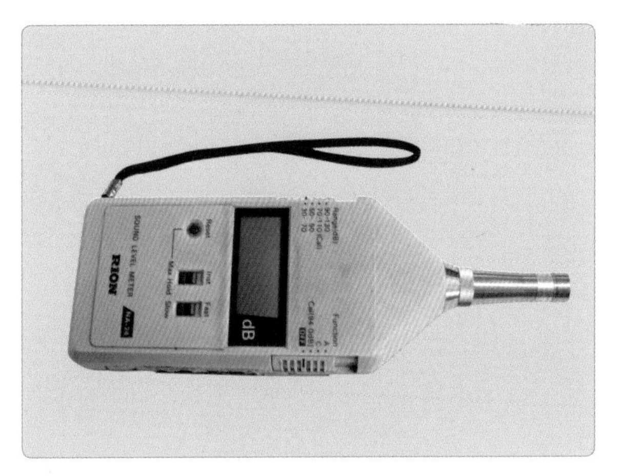

소음 측정기 : 자동차 혼, 배기음 등을 측정하는 기기로 자동차에서 소리나 소음을 측정하여 규정값과 비교함으로써 양부를 판정할 수 있다.

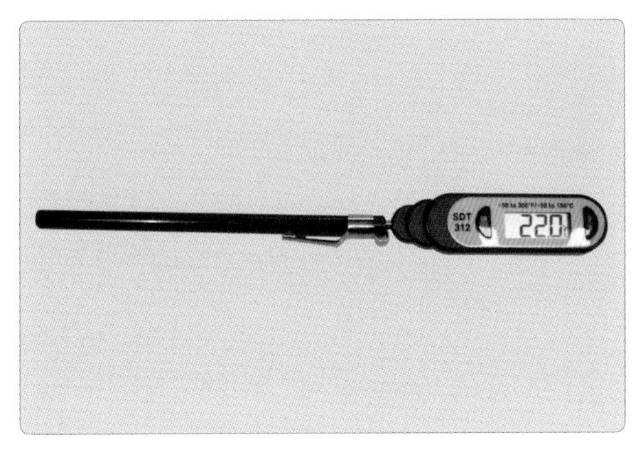

디지털 온도 게이지 : 엔진 내 부위별 온도나 실내 온도를 점검하며 부동액 및 필요에 따른 액체 온도를 점검 확인하는 데 활용된다.

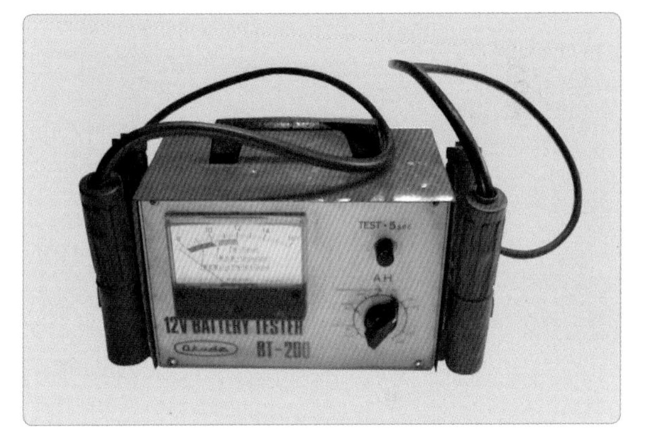

배터리 테스터 : 배터리 상태 및 성능을 테스트하는 장비로 충 · 방전 상태를 확인할 수 있다.

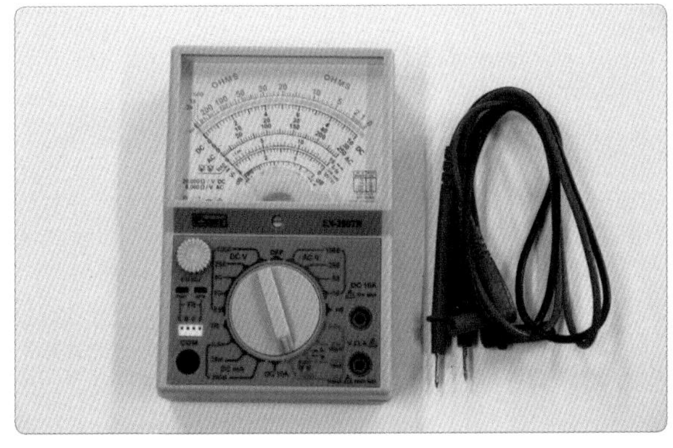

회로 시험기(아날로그) : 자동차 전기 회로의 저항, 단선, 접지를 확인하고 회로 내 직류와 교류를 점검하기 위한 휴대용 다용도 회로 테스터이다.

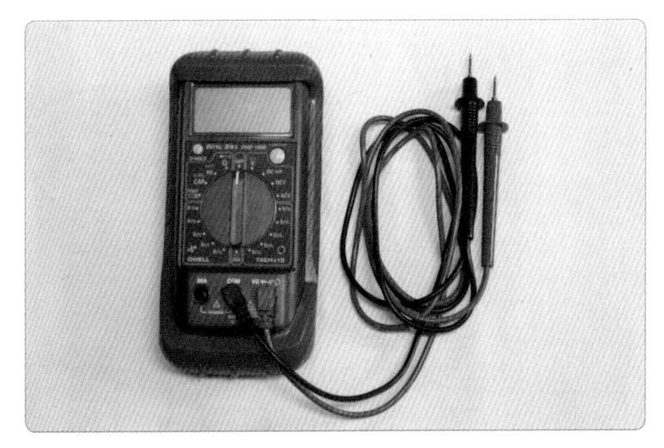

디지털 멀티테스터기 : 자동차 전기 전자 회로의 저항, 단선, 접지를 확인하고 센서의 단품 점검과 회로내 직류와 교류 전압을 점검하기 위한 휴대용 다용도 회로 테스터이다.

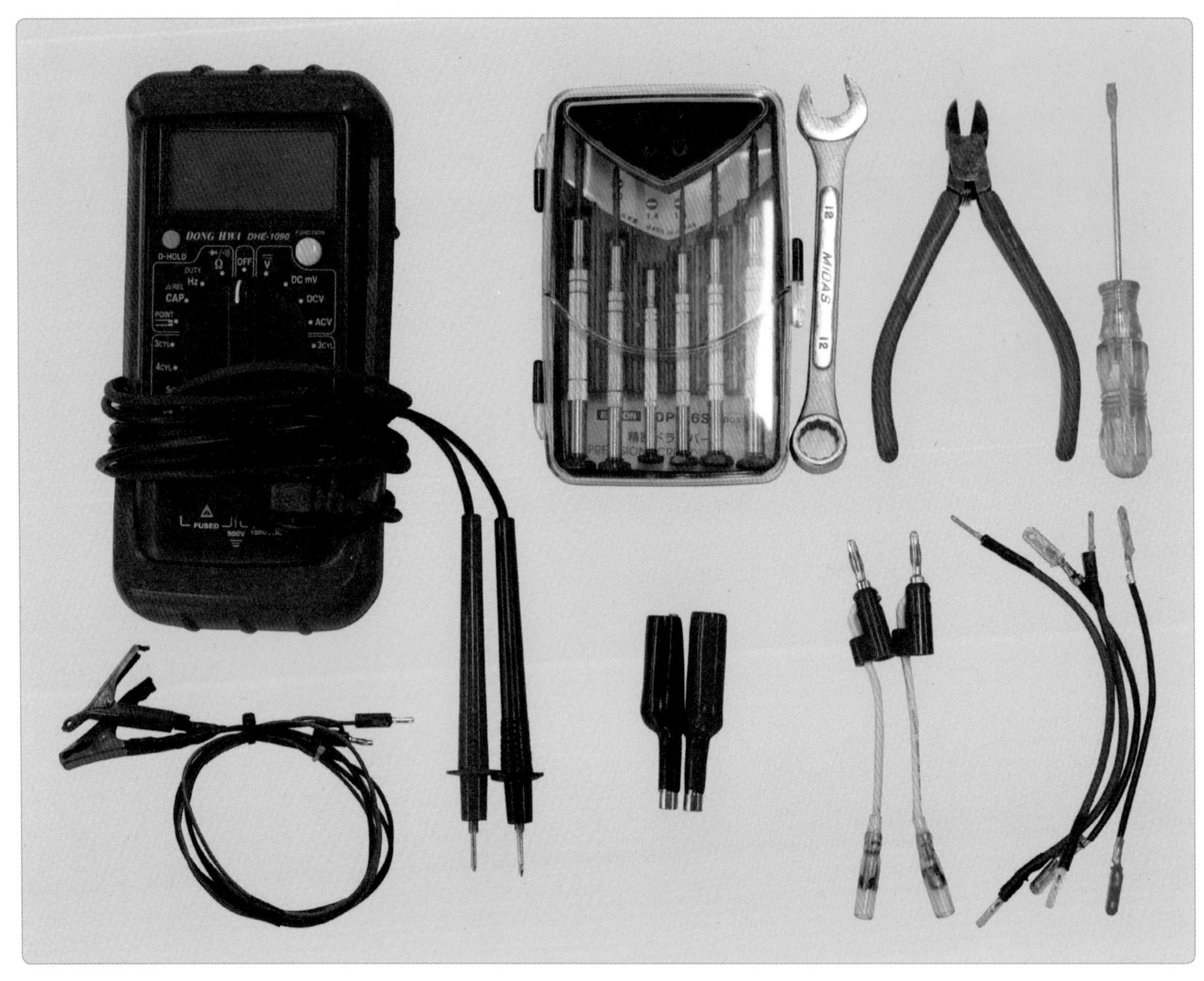

전기 장치 점검 세트 : 자동차 전기 전자 장치에 필요한 점검 공구 세트로 배선 연결 리드선은 배선 및 릴레이 단자 점검 시 활용된다.

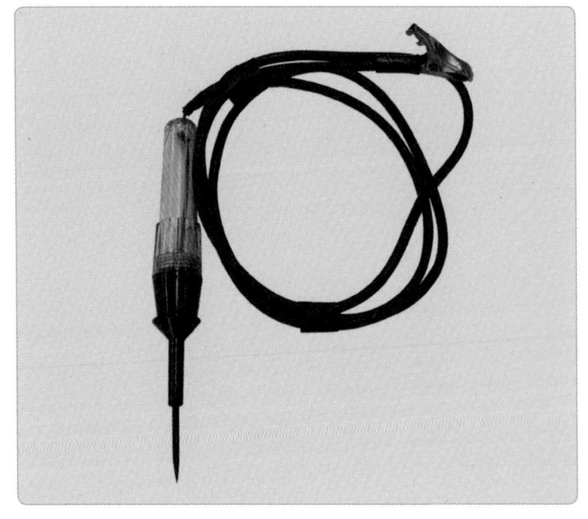

전구 테스터기 : 전기 회로의 전원 점검 시 단선, 전원 공급 상태를 신속하게 점검 확인할 수 있다.

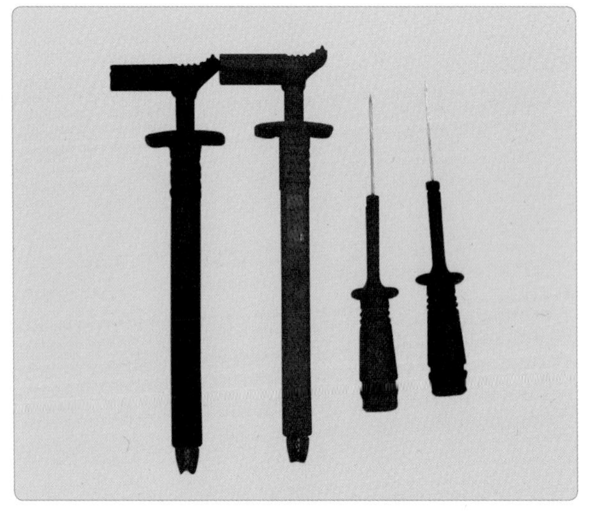

배선 연결 탐침 : 배선 피복이나 단자를 벗기지 않고 탐침을 활용하여 전원 공급 상태를 점검할 수 있다.

배터리 충전기 : 자동차 배터리 방전 시 보통 충전 및 급속 충전할 때 배터리를 직렬 및 병렬로 충전할 수 있다.

전조등 시험기 : 자동차 전조등의 광도 및 조사 각도를 점검하여 불량 시에 정비 작업을 할 수 있는 장비이다.

2주식 리프트 : 3 ton 미만의 승용자동차 작업에 사용된다. 차량 점검 시 필요에 따라 차량을 업다운시켜 효율적인 정비 작업을 할 수 있다. 차량 받침 포인트(프레임)에 리프트 암을 안정되게 지지시켜 고정시킨다.

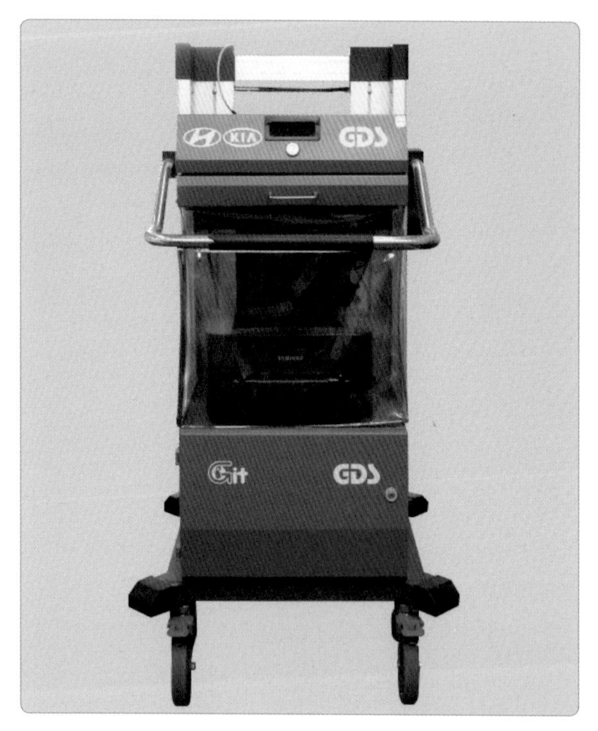

GDS 차량 종합진단기 : 전자 제어 엔진, 전기 전자 시스템, 섀시 전자 제어 장치를 통신으로 고장 진단하는 종합 진단 장비이다.

컴프레서 : 자동차 정비에 사용되는 에어 공구 장비에 공기 압력을 공급해 주는 장비로써 에어 라인을 통해 리프트, 임팩트 및 래칫 타이어 탈착기 등 공압이 필요한 요소에 공기 압력을 공급한다.

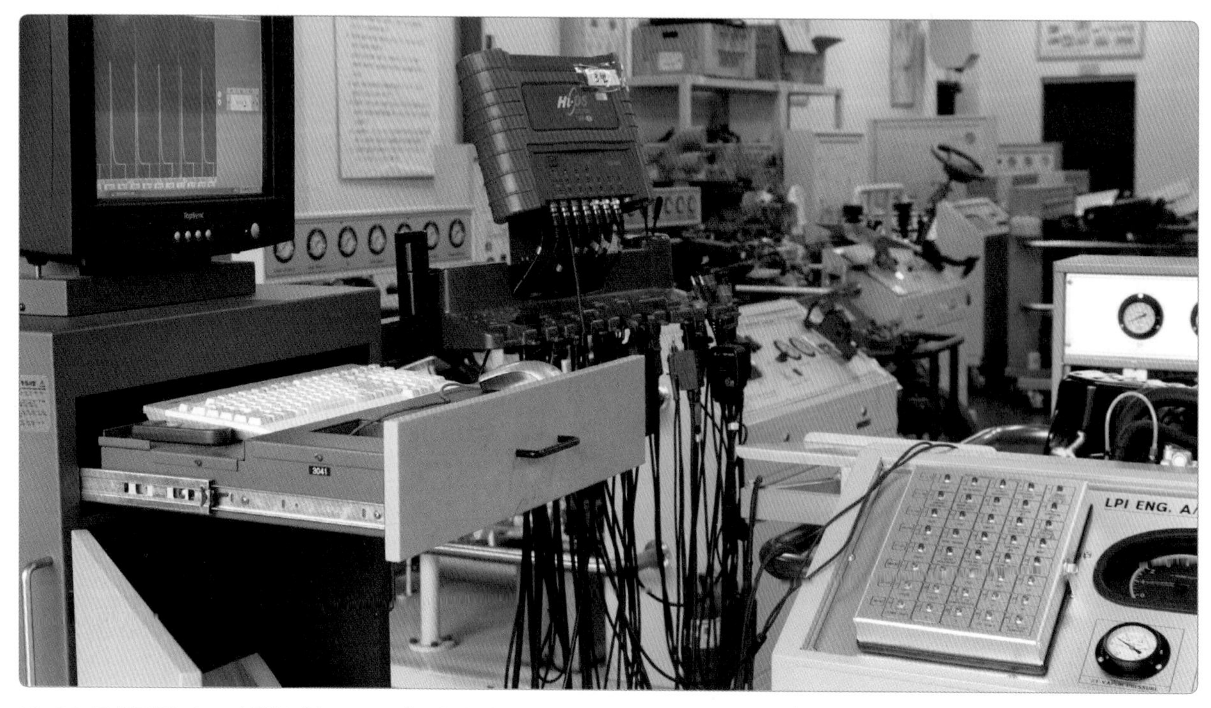

HI-DS 종합진단기 : 파형(오실로스코프), 멀티 미터, 현상별, 계통별 고장 진단이 가능하며 자기 진단 및 스캔툴을 사용하여 차량의 고장을 진단할 수 있다.

자동차 검사 장비 : 제동력 시험기, 속도계 시험기, 사이드 슬립 시험기, 전조등으로 검사 기준에 의한 점검을 실시하여 필요시 정비 및 수정할 수 있는 장비이다.

차량 리프트(휠 얼라이먼트 전용) : 휠 얼라이먼트 작업에 사용하며 차량의 일반적인 정비 작업 시 안전하게 작업할 수 있는 장비로 하체 작업이나 차체 작업 시 효율적으로 활용할 수 있다.

전기 기초 및 측정 기기 활용 방법

1. 관련 지식
2. 실습 준비 및 유의 사항
3. 실습 시 안전 관리 지침
4. 자동차 전기 장치 기본 점검과 기기 활용법
5. 멀티 테스터의 종류와 특성

2 전기 기초 및 측정 기기 활용 방법

실습목표 (수행준거)	
	1. 전기 기본 법칙을 이해하고 자동차 전기 회로 특성을 이해할 수 있다. 2. 옴의 법칙을 기본으로 전기 회로를 안전 작업 절차에 따라 분석할 수 있다. 3. 회로 시험기를 활용하여 자동차 전기 회로에서 전압, 전류, 저항의 관계를 점검할 수 있다. 4. 전기 장치 회로를 분석하고 절차에 따라 고장을 진단할 수 있다.

1 관련 지식

1 자동차 전기 기초 이론

(1) 전압(E)

전압은 전기적 압력으로 수로에서 두 수로 간의 높이 차이로 비유할 수 있다. 1 V는 1 Ω의 도체에 1 A의 전류를 흐르게 할 수 있는 전기의 압력이다. 1 V = 1000 mV이며, 1 kV = 1000 V가 된다.

(2) 전기 저항(R)

저항은 전류의 흐름을 방해하는 요소로 수로의 막힘에 비유할 수 있다. 1 A의 전류를 흐르게 할 때 1 V의 전압이 필요한 도체의 저항을 1 Ω이라 한다.

도체의 저항은 그 길이에 비례하고 단면적에 반비례한다. 즉 도선의 길이가 길면 전자가 통과해야 할 길이가 길어지기 때문에 저항이 크게 되고, 단면적이 넓으면 전자 이동이 쉬워 저항이 작아진다.

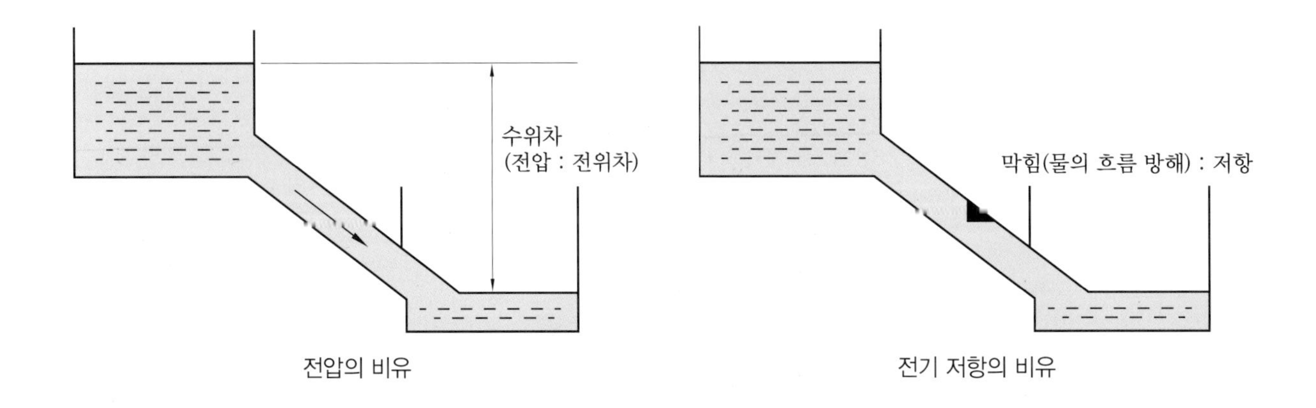

전압의 비유　　　　전기 저항의 비유

① 의도적 저항 : 부하(램프)의 저항

② 의도적이지 않은 저항 : 도선의 고유 저항, 퓨즈 및 스위치의 접촉 저항, 접지 체결 불량 등

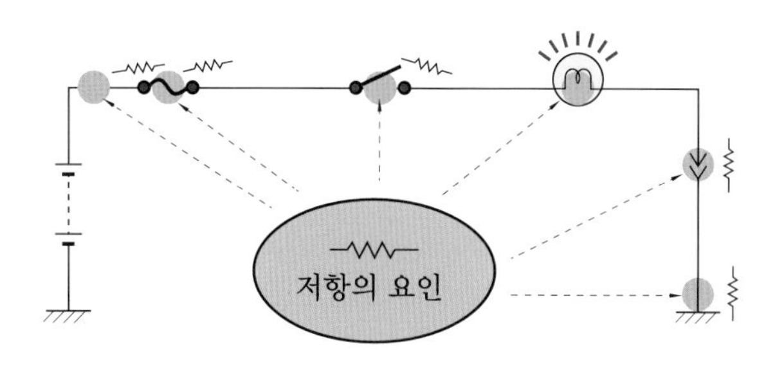

(3) 전류(I)

전류는 1초 동안에 도체를 이동하는 전자의 양으로 나타내며, 그 단위는 암페어(A)를 쓴다. 따라서 1초 동안에 1쿨롱(C)의 전기량이 이동하면 1 A의 전류가 흐르는 것이 된다.

※ 쿨롱(C)은 샤를드 쿨롱(1736~1806)의 이름에서 유래하였으며, 국제단위계에서 초와 암페어의 곱인 유도 단위로 취급한다.

전류의 3대 작용

❶ 발열 작용 : 도체 중의 저항에 전류가 흐르면 열이 발생된다. ㉠ 전구, 시거라이터, 예열 플러그

❷ 화학 작용 : 전해액에 전류가 흐르면 화학 작용이 생긴다. ㉠ 배터리, 전기 도금

❸ 자기 작용 : 전선이나 코일에 전류가 흐르면 그 주변에는 자기 현상이 일어난다. ㉠ 전동기, 발전기, 솔레노이드 밸브

2 전기 회로 법칙

(1) 옴의 법칙(Ohm's law)

옴의 법칙은 전기 회로 내의 전류, 전압, 저항 사이의 관계를 나타내는 매우 중요한 법칙으로 도체에 흐르는 전류(I)는 전압(E)에 정비례하고, 그 도체의 저항(R)에는 반비례한다는 법칙이다.

$$I = \frac{E}{R},\ E = IR,\ R = \frac{E}{I}$$ 여기서, I : 전류(A), E : 전압(V), R : 저항(Ω)

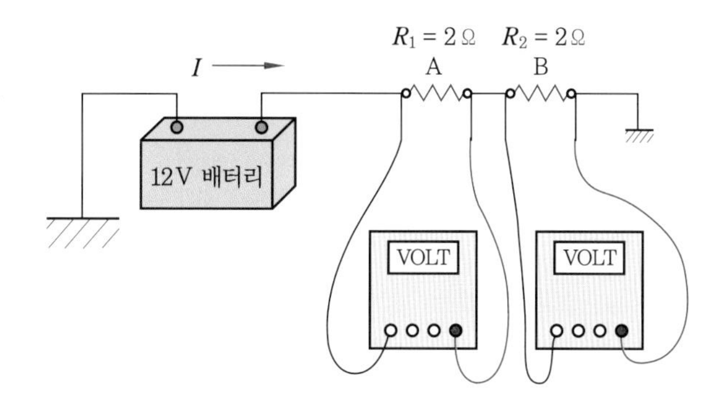

직렬 합성 저항 $R_A + R_B = 4\,\Omega$

$I = \frac{E}{R} = \frac{12\text{ V}}{4\,\Omega} = 3\text{ A}$이므로

A의 전압 $= 3 \times 2 = 6$ V

B의 전압 $= 3 \times 2 = 6$ V가 된다.

예제 **전류가 10 mA일 때 5 kΩ의 저항 양단에 걸리는 전압은?**

풀이 $E = IR$의 공식을 이용하면 $E = I \cdot R = 10\,\text{mA} \times 5\,\text{k}\Omega$

단위를 맞추면 $\text{mA} \rightarrow \frac{1}{1000}\,\text{A},\ \text{k}\Omega \rightarrow 1000\,\Omega$

$E = 10 \times \left(\frac{1}{1000}\,\text{A}\right) \times 5 \times (1000\,\Omega) = 50\,\text{V}$

옴의 법칙 활용 방법

옴의 법칙에 의해 전류, 저항, 전압 중 2가지의 값을 알면 나머지 하나를 알 수 있으므로 점검 회로 고장 진단 시 전기 회로를 보고 해당 값을 계산할 수 있고, 또한 전류, 저항, 전압의 관계를 나타내는 것이므로 회로상에서 이들의 관계에 대해 파악할 수 있다.

(2) 키르히호프의 법칙(Kirchhoff's law)

키르히호프 법칙은 복잡하나 회로에서 옴의 법칙으로 계산이 불가능한 경우에 활용된다. 또한 회로의 전류에 관한 제1법칙과 전압에 대한 제2법칙이 있다.

① 제1법칙 전류의 법칙 : 회로 내의 "어떤 한 점에 유입한 전류의 총합과 유출한 전류의 총합은 같다"

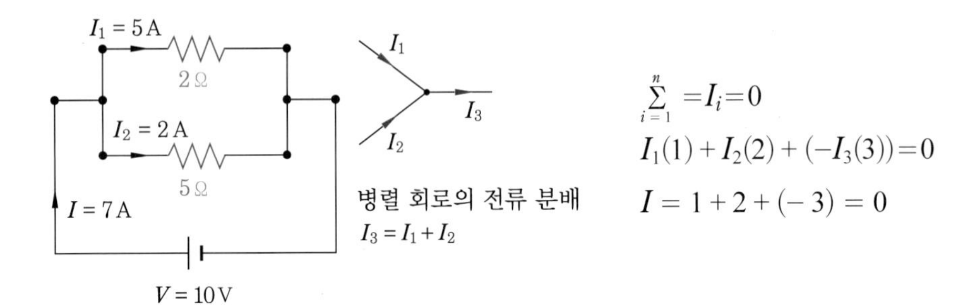

키르히호프의 제1법칙

② 제2법칙 전압의 법칙 : "임의의 폐회로에 있어서 기전력의 총합과 저항에 의한 전압 강하의 총합은 같다"

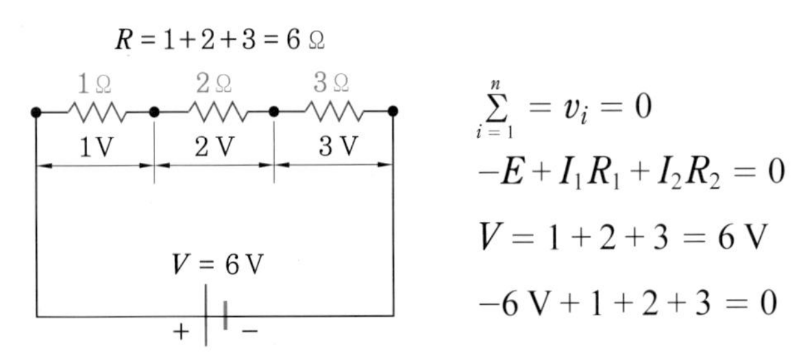

$$\sum_{i=1}^{n} = v_i = 0$$

$$-E + I_1R_1 + I_2R_2 = 0$$

$$V = 1 + 2 + 3 = 6\,\text{V}$$

$$-6\,\text{V} + 1 + 2 + 3 = 0$$

키르히호프의 제2법칙

(3) 전압 강하

전압 강하는 회로에 존재하는 저항에 의해 전압이 떨어지는 현상을 말하며, 수로에서 막힘에 의해 수압이 떨어지는 현상으로 볼 수 있다. 회로에 전류가 흐른다는 것은 전위차가 발생되기 때문이며, 직렬 회로에서는 전류가 흐르는 저항(부하) 양단에 반드시 전압 강하가 발생한다.

① 저항 형성으로 인한 수압과 전압의 변화

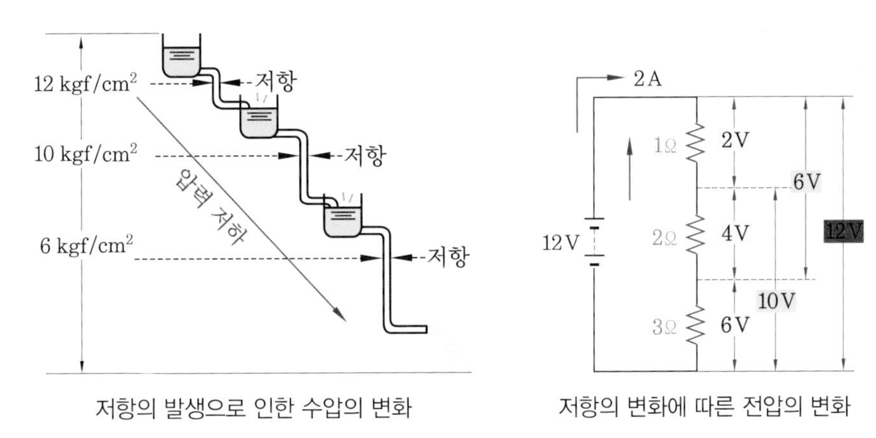

저항의 발생으로 인한 수압의 변화 　　　 저항의 변화에 따른 전압의 변화

② 전압 강하 현상의 이해

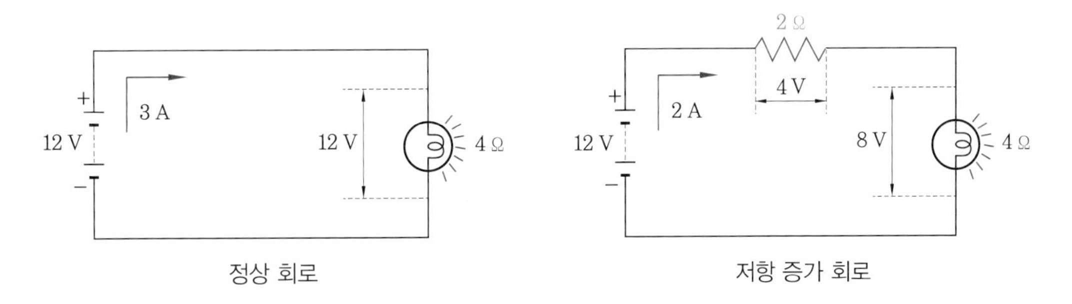

정상 회로 　　　 저항 증가 회로

(가) 정상 회로일 때

램프에 공급되는 전압과 전류를 보면 회로의 전류는 3 A이므로 램프에는 12 V 3 A의 정상적인 전류가 흘러 램프는 밝게 점등된다.

(나) 비정상 회로일 때

램프에 공급되는 전압과 전류를 보면 추가된 저항에 2 A의 전류가 흐르고, 전압은 4 V가 강하된다. 따라서 램프에는 8 V 2 A의 비정상적인 전류가 흘러 램프는 흐리게 된다.

※ 일반적으로 램프는 발열 저항이므로 Ω으로 표현하지 않고 W(와트)로 표시하나 여기서는 이해를 돕고자 Ω으로 표시하였다. 예를 들어 12 V/24 W는 정상적인 램프 작동 시 2 A가 소모된다는 의미이다.

3 자동차 전기 회로

- 간단한 회로에서 복잡한 회로로 구성되어 있다.
- 하나의 회로에서 여러 가지 기능이 구현되도록 한다.
- 여러 개의 배선이 설치되므로 중간 커넥터가 많이 사용된다.
- 전기 회로를 판독한 후 고장을 진단한다.

(1) 전기 회로

전기 회로는 전류가 흐를 수 있도록 배터리, 도선, 스위치, 전기 사용 부품(전기 부하)을 연결해 놓은 통로로 전류의 순환 회로를 의미한다.(자동차 전기 회로는 발전기(배터리(+))에서 차체접지(배터리(–))로 형성된다.)

(2) 전기 회로의 구성

① **공급 전원** : 기전력을 형성하여 전류를 흐르게 한다. 예 (원동력) 배터리, 발전기

② **제어부(전원 제어)** : 공급되는 전류를 부하 상태에 따라 제어한다. 예 릴레이, 스위치 전자 제어 유닛 등

③ **작동부(전기 부하)** : 공급 전원에서 전원이 공급되는 상태에 따라 작동되는 액추에이터

④ **기타** : 회로를 보호하기 위한 퓨즈와 각 구성품을 연결하는 배선

(3) 전기 회로도

전기 회로에 사용되는 각종 구성품(모든 전기 구성 부품)을 약속된 문자나 기호를 사용하여 표현한 전기 도면을 의미한다.

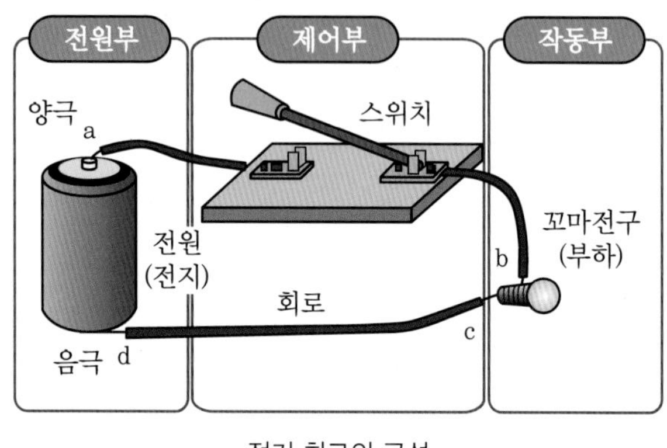

전기 회로의 구성

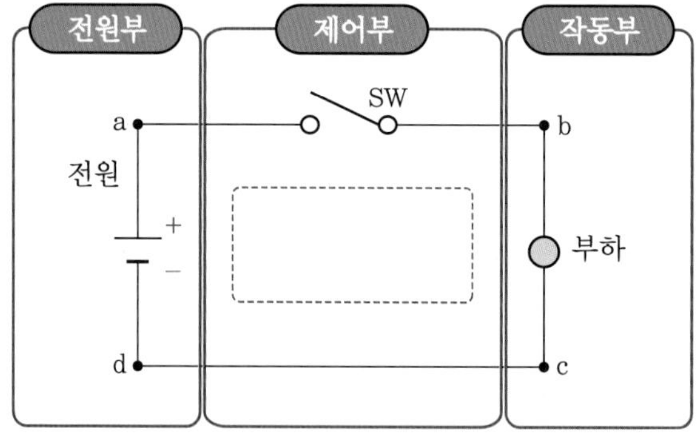

전기 회로도

(4) 자동차에서 사용되는 전기 부하

전기 부하는 전기 회로를 통해 작동되는 전기 부품을 말하며, 회로 내 전압, 저항, 전류의 크기에 따라 부하의 크기도 변한다고 볼 수 있다.(부하 구성 부품으로서 전구, 히터, 모터 등이 이에 속하며, 부하도 내부 저항을 가지고 있다.)

① 모터 : 전류가 흐르면 전기적 에너지를 기계적 에너지로 바꾸도록 제작된 전기 부하로 자동차에서는 각종 전기 장치에서 작동된다.

② 솔레노이드 : 전류가 흐르면 전기적 에너지를 자력으로 바꾸도록 제작된 전기 부하로 릴레이나 액추에이터로 주로 사용된다.

③ 램프 : 전류가 흐르면 빛이 발생되도록 제작된 전기 부하로 조명 장치, 등화 장치 및 각종 표시 장치로 사용된다.

④ 전열기 : 전류가 흐르면 전기적인 에너지를 열에너지로 변화시켜 주며 열선, 시트 히터, 시거라이터, 예열 플러그, 히팅 코일 등이 있다.

⑤ 기타 : 자동차 전기 부하는 회로 작동에 저항이 발생되어 부하가 걸렸다는 의미로 해석되기도 한다.

4 전기 회로의 종류

(1) 직렬 회로

저항을 일렬로 접속시키고 전원에 전압을 가하면 전원에서 나온 전류는 저항을 차례로 거쳐 다시 전원으로 되돌아온다. 이와 같은 접속을 직렬 회로 또는 직렬 접속이라 한다.

전류가 흐르는 길이 하나의 길로 모든 전기 기구를 통제할 수 있으나 회로 내 한 곳이라도 단선되면 회로 작동이 되지 않는다.

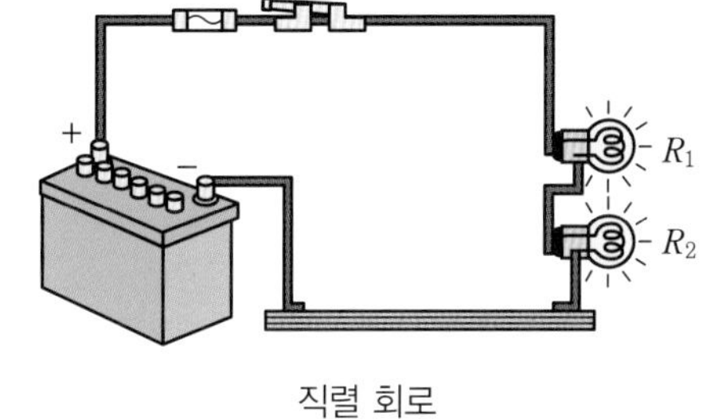

직렬 회로

● 직렬 회로의 특징

① 전체의 합성 저항은 각 저항의 합과 같다.

$$R_T = R_1 + R_2 + R_3$$

② 회로 내 모든 지점에서 전류는 동일하다.

$$I = I_1 = I_2 = I_3$$

③ 각 저항에 걸리는 전압(분압 : V_x)은 저항(R_x)의 크기에 비례하며 분압의 합은 항상 전원과 같다.

$$V_1 = \frac{R_1}{R_T} \cdot E \qquad V_2 = \frac{R_2}{R_T} \cdot E \qquad V_3 = \frac{R_3}{R_T} \cdot E$$

$$E = V_1 + V_2 + V_3$$

예제 **다음 회로에 흐르는 전류와 각 저항에 걸리는 전압 강하를 구하면?**

R_1 2 Ω, R_2 4 Ω, R_3 6 Ω
4 V, 8 V, 12 V
E = 24 V, I

풀이 ① 회로에서 전체 합성 저항을 구해 보면 합성 저항은 각 저항의 합과 같으므로

$R_T = R_1 + R_2 + R_3 = 2 + 4 + 6 = 12\ \Omega$이 된다.

② 모든 지점에서 전류는 동일하므로

$I = I_1 = I_2 = I_3$

전체 기전력과 합성 저항의 관계에서

$I = \dfrac{E}{R_T} = \dfrac{24\ \text{V}}{12\ \Omega} = 2\ \text{A}$이 된다.

③ 분압과 기전력과의 관계는 $V_x = \dfrac{R_x}{R_T} \cdot E$

$V_1 = \dfrac{2\ \Omega}{12\ \Omega} \cdot 24\ \text{V} = 4\ \text{V}$

$V_2 = \dfrac{4\ \Omega}{12\ \Omega} \cdot 24\ \text{V} = 8\ \text{V}$

$V_3 = \dfrac{6\ \Omega}{12\ \Omega} \cdot 24\ \text{V} = 12\ \text{V}$

(2) 병렬 회로

전류의 흐름이 여러 통로로 나누어졌다가 다시 하나로 모이는 회로로 각 전기 기구를 따로 통제할 수 있으나 전선이 많이 들고 회로 검사가 복잡하다.(병렬 연결된 저항 사이의 전압 강하는 어느 저항에서든지 동일하다. 합성 저항은 병렬 연결된 가장 작은 저항보다도 더 작게 되며 병렬 접속은 결국 도체의 단면적이 증가한 것이므로 그만큼 전류가 잘 흐르게 된다.)

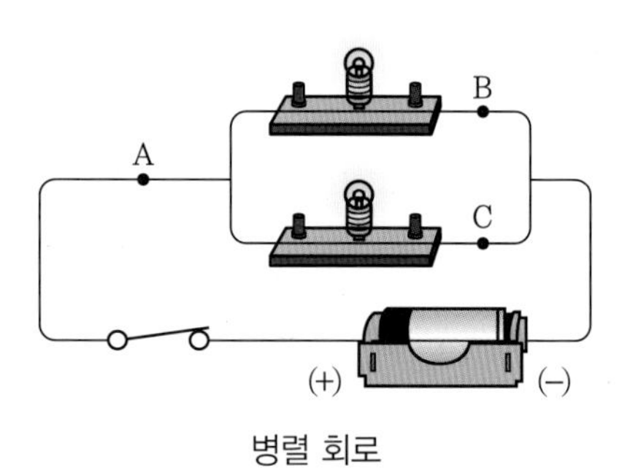

병렬 회로

● 병렬 회로의 특징

① 합성 저항은 가장 작은 저항보다 더 작다.

$$\frac{1}{R_T} = \frac{1}{R_1} + \frac{1}{R_2} + \frac{1}{R_3}$$

$$R_T < R_1 \text{ 또는 } R_2 \text{ 또는 } R_3$$

② 각 저항에 걸리는 전압 강하는 서로 같으며, 기전력과도 같다.

$$E = V_1 = V_2 = V_3$$

③ 전체 전류는 각 병렬 저항을 통과하는 전류의 합과 같다.

$$I_T = I_1 + I_2 + I_3$$

또한 전체 전류는 합성 저항 및 기전력과 다음과 같은 공식이 성립된다.

$$I_T = \frac{E}{R_T}$$

예제 **다음 회로에서 각 저항에 걸리는 전압 강하와 전체 전류를 구하면?**

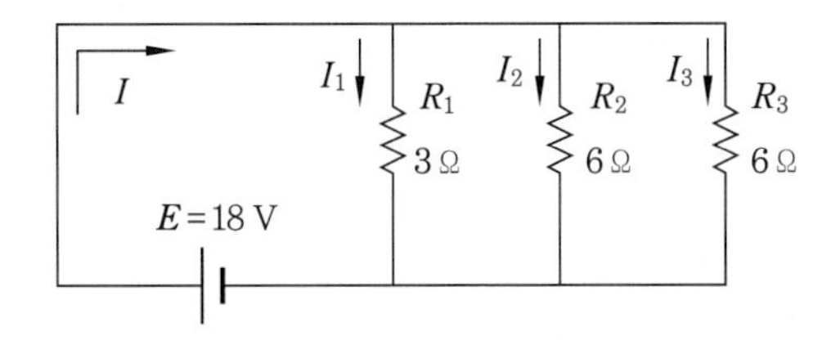

풀이 ① 회로에서 전체 합성 저항을 구해 보면

$$\frac{1}{R_T} = \frac{1}{R_1} + \frac{1}{R_2} + \frac{1}{R_3}$$

$R_T = 1 \div \left(\frac{1}{R_1} + \frac{1}{R_2} + \frac{1}{R_3}\right) = 1 \div \left(\frac{1}{3\,\Omega} + \frac{1}{6\,\Omega} + \frac{1}{6\,\Omega}\right) = 1.5\,\Omega$이 된다.

② 병렬 회로에서 각 저항에 걸리는 전압 강하는 모두 기전력과 동일하므로

$$E = V_1 = V_2 = V_3 = 18\text{ V}$$

③ 전체 전류를 기전력과 합성 저항의 관계식으로부터 구해 보면

$$I_T = \frac{E}{R_T} = \frac{18\text{ V}}{1.5\,\Omega} = 12\text{ A}$$

또는 전체 전류는 각 전류의 합과 같으므로

$$I_T = I_1 + I_2 + I_3 = \frac{V_1}{R_1} + \frac{V_2}{R_2} + \frac{V_3}{R_3} = \frac{18\text{ V}}{3\,\Omega} + \frac{18\text{ V}}{6\,\Omega} + \frac{18\text{ V}}{6\,\Omega}$$

$= 6\text{A} + 3\text{A} + 3\text{A} = 12\text{ A}$가 된다.

(3) 직 · 병렬 회로

3개 이상의 전기 저항을 직렬 접속과 병렬 접속을 조합시켜 하나의 저항으로 작동시키는 저항 접속 방법이다. 자동차 전기 회로는 대부분 직 · 병렬 회로를 사용한다.

직 · 병렬 회로의 특징

① 총 저항은 직렬 총 저항과 병렬 총 저항을 더한 값이다.

※ 저항을 직렬 및 병렬의 혼합 접속을 한 경우에는 먼저 병렬 접속 저항의 합성 저항을 구하고 직렬 접속 저항의 합성 저항을 차례로 구한다.

② 일반적으로 동일한 저항에서 서로 다른 전압과 전류를 얻고자 할 때 사용되며 자동차 회로에 주로 적용된다.

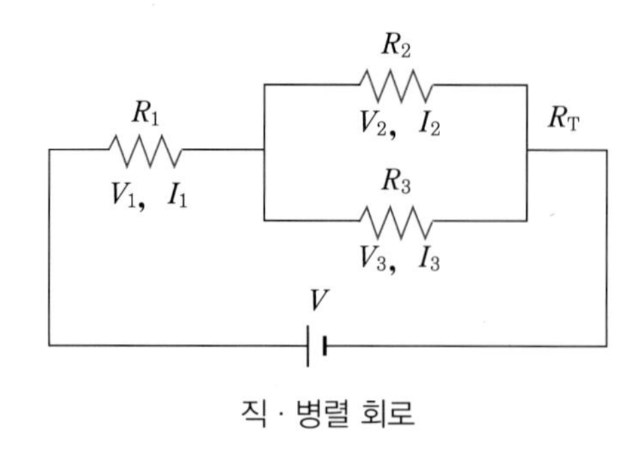

직 · 병렬 회로

예제 다음 회로에 흐르는 전류와 각 저항에 걸리는 전압 강하를 구하면?

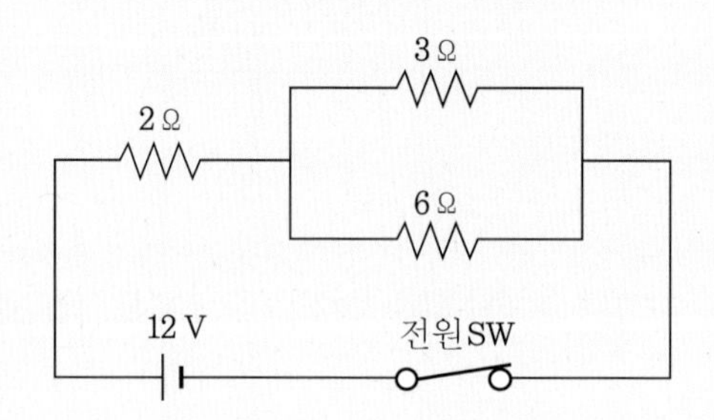

풀이 ① 먼저 전체 합성 저항을 구한다. 병렬 연결된 3 Ω과 6 Ω의 합성 저항이

$\frac{1}{R_T} = \frac{1}{3\,\Omega} + \frac{1}{6\,\Omega}$에서 $R_T = 2\,\Omega$이 된다.

따라서 전체 저항은 $2\,\Omega + 2\,\Omega = 4\Omega$이다.

② 2 Ω의 저항에 흐르는 전류를 구하면

$$I_T = \frac{E_T}{R_T} = \frac{12\text{ V}}{4\,\Omega} = 3\text{ A}$$

따라서 2 Ω에는 3 A의 전류가 흐른다.

③ 3 Ω의 저항에 걸리는 전압을 구하면

2 Ω에 $3\text{ A} \times 2\,\Omega = 6\text{ V}$의 전압이 걸리므로, 3 Ω의 저항에는 $12\text{ V} - 6\text{ V} = 6\text{ V}$의 전압이 걸린다.

전기 회로

- 전기를 이용하여 일을 하려면 전기가 연속하여 흐를 수 있도록 전원, 전선 및 부하가 있어야 하며 이렇게 구성된 것을 전기 회로라고 한다.
- 단선은 개회로(open circuit)라고 하며, 회로가 끊어져 전류가 흐르지 못하는 상태이다.
- 단락은 보통 쇼트 회로(short circuit)라고 하며, 전류가 부하를 거치지 않고 다른 도체로 흘러가는 현상을 말한다.

5 자동차 전기 · 전자 회로에 사용되는 기호

(1) 전기 회로 기호

기 호	명 칭	기 능
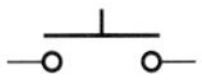	NO 스위치(normal open S/W)	스위치를 누를 때 접촉되는 스위치
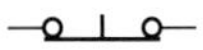	ON 스위치(normal close S/W)	스위치를 누르면 접촉이 안 되는 스위치
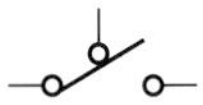	이중 스위치(double switch)	2단계 스위치로, 평상시 붙어 있는 접점은 흑색으로 표시
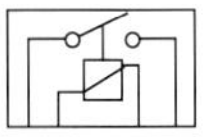	릴레이(relay)	4단자 중 코일 단자에 전류가 흘러 제어되면 접점 단자가 ON 되어 전기 회로 부품에 전원을 공급한다.
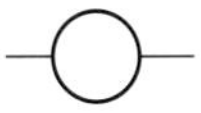	전동기(motor)	시동 전동기 모터
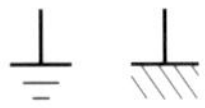	어스, 접지(earth)	어스(–) 접지시킨 것을 의미한다.
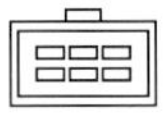	소켓(socket), 커넥터	전원 입출력 회로를 접속하기 위한 단자
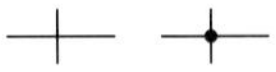	접속/비접속	접속 : 배선이 서로 연결되어 있는 상태 비접속 : 배선이 서로 접속되지 않은 상태
	배터리(battery)	축전지로서 전원을 의미하며, 긴 쪽이 (+), 짧은 쪽이 (–)로 표기된다.
	축전기(condenser)	전기를 일시적으로 충전하였다가 작동 회로에 따라 방전하여 회로 작동을 형성한다.
	저항(resistor)	전류 흐름을 제어하기 위한 부품
	가변 저항(variable resistor)	인위적 조건에 따라 저항값이 가변적으로 변한다.
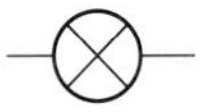	전구(bulb)	광원을 가진 램프
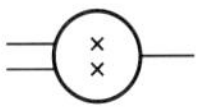	더블 전구(double bulb)	이중 필라멘트를 가진 전구(브레이크등, 미등)
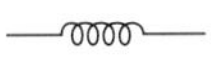	코일(coil)	전류가 흐르면 자장이 형성되어 전자석이 되며 자력의 변화를 주게 된다.
	스위치(switch)	자동차에서 사용되는 일반적인 스위치

(2) 전자 회로 기호

기 호	명 칭	기 능
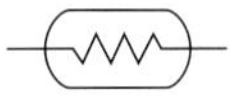	서미스터	온도 변화에 따라 저항값이 변하므로 온도 센서로 주로 사용된다.
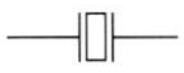	압전 소자	외력적인 압력(힘)을 받게 되면 전기가 발생되는 응력 게이지 등에 사용된다.
	제너 다이오드	역방향으로 한계 이상의 전압이 걸리면 순간적으로 도통 한계 전압을 유지한다.

	포토 다이오드	빛을 받을 때 전기가 흐를 수 있으며, 슬릿 홈에 의해 일정 주기로 제어되는 캠각 센서와 스티어링휠 센서에 사용된다.
	발광 다이오드	전류가 흐르게 되면 빛을 발하는 파일럿 램프 등에 사용된다.
	트랜지스터	PNP형과 NPN형으로 구분되며, 스위칭, 증폭, 발진 작용을 한다.
	포토 트랜지스터	외부로부터 빛을 받으면 전류를 흐를 수 있게 하는 감광 소자로서 CDS가 있다.
	사이리스터	다이오드와 기능이 비슷하다. 캐소드에 전류를 흐르고 나서 도통되는 릴레이와 같은 기능을 한다.
	더블 마그네틱	하나의 전원이 두 개로 나뉘어져 전원 공급이 되고 스위치가 작동된다(마그넷 스위치).

6 자동차 전원 공급과 회로 제어

(1) 점화 스위치 전원

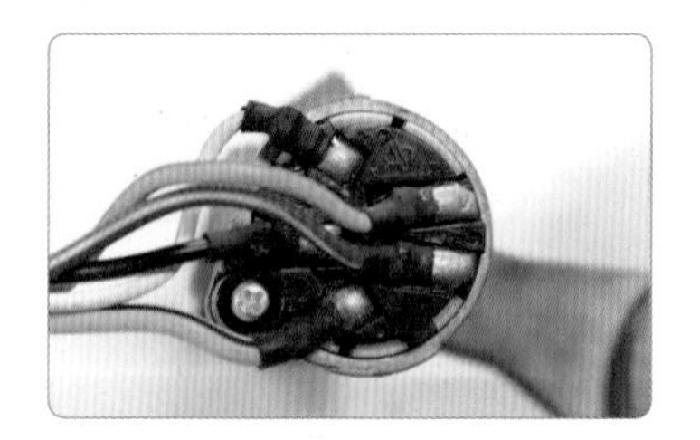

점화 스위치 단자

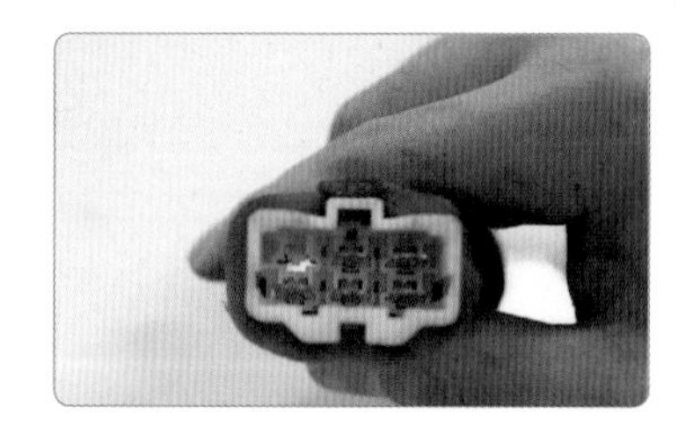

점화 스위치 커넥터

점화 스위치 전원 단자			
전원 단자	사용 단자	전원 내용	적용 회로
B+	battery plus	IG/key 전원 공급 없는 (상시 전원)	비상등, 제동등, 실내등, 혼, 안개등 등
ACC	accessory	IG/key 1단 전원 공급	약한 전기부하 오디오 및 미등
IG 1	ignition 1 (ON 단자)	IG/key 2단 전원 공급 (accessory 포함)	클러스터, 엔진 센서, 에어백, 방향지시등, 후진등 등(엔진 시동 중 전원 ON)
IG 2	ignition 2 (ON 단자)	IG/key start 시 전원 공급 Off	전조등, 와이퍼, 히터, 파워윈도우 등 각종 유닛류 전원 공급
ST	start	IG/key St에 흐르는 전원	시동 전동기

(2) 점화 스위치 전원

점화 스위치

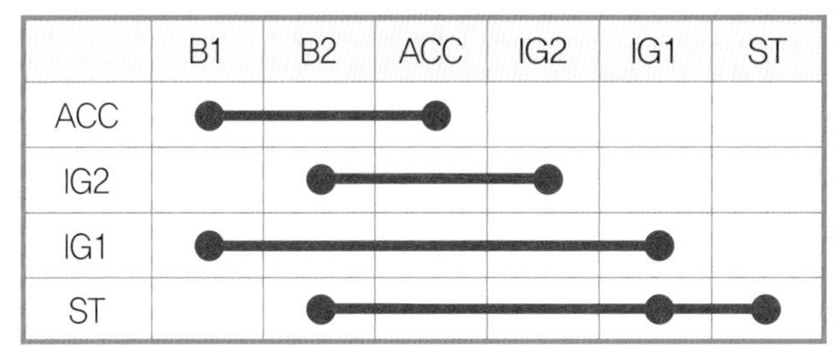

	B1	B2	ACC	IG2	IG1	ST
ACC	●		●			
IG2		●		●		
IG1	●				●	
ST		●			●	●

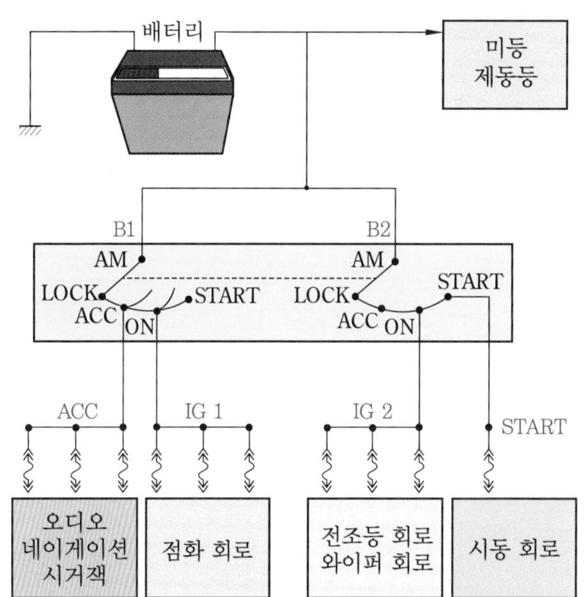

(3) 퓨즈 & 릴레이 및 정션 박스

실내 퓨즈 박스

릴레이(릴레이 단자)

엔진 룸 정션 박스(메인 퓨즈, 퓨즈, 릴레이)

(4) 와이어링 하네스

① **기능 및 역할** : 자동차에서 각각의 전기 장치에 동력 및 신호를 전달하는 역할을 하며, 전기적 신호 전달을 목적으로 전선을 가동하여 결속한 것으로 자동차 와이어 배선을 세트화한 것을 말한다.

② **와이어링 컬러** : 전선은 조립 및 식별을 용이하게 하기 위해 절연체에 베이스 컬러(바탕색)와 서브 컬러(줄무늬)가 표시된다.

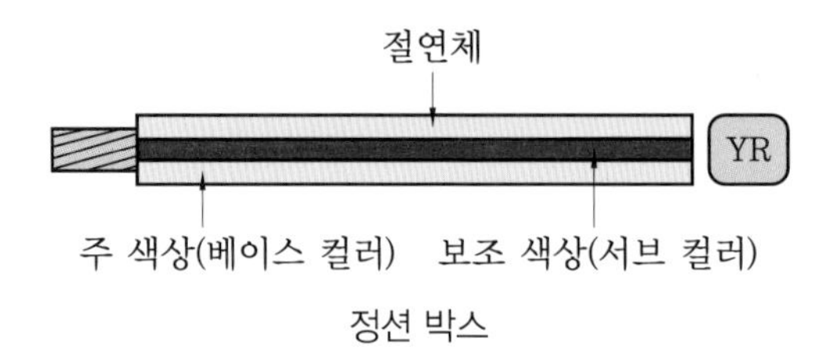

정션 박스

(5) 자동차 접지 표시

자동차의 전기 회로에는 반드시 접지가 필요하며, 전기 회로의 완성은 배선과 접지 볼트를 이용하여 접지시킨다.

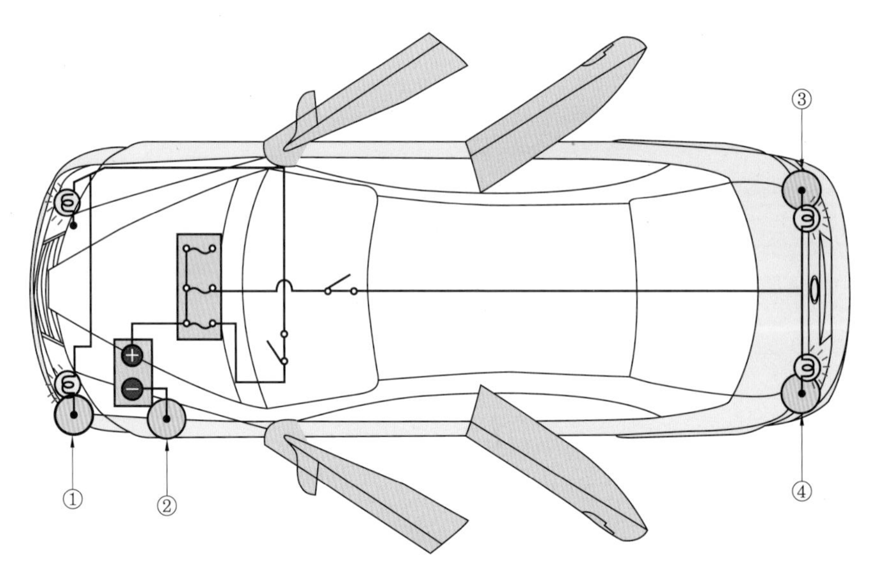

배터리(+) ⇨ 각종 부하 ⇨ 배터리(−) : 차체 접지(①, ②, ③, ④)

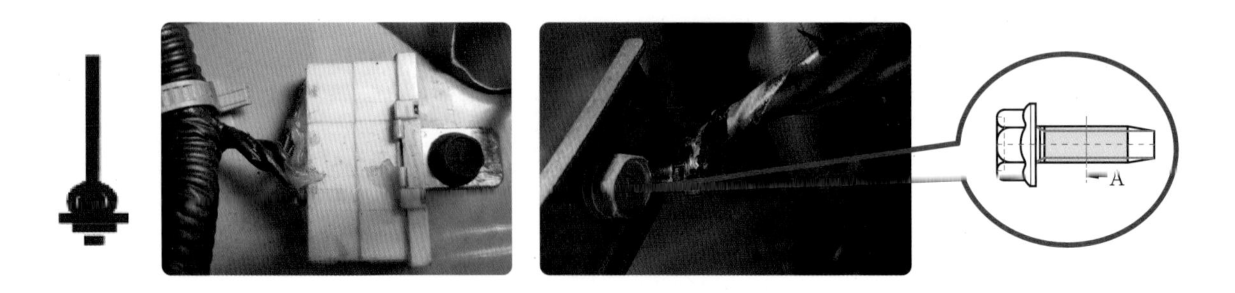

차체 접지 포인트

(6) 회로 보호 장치

전기 회로에서 전기 배선이나 부품의 노후 또는 교통 사고로 인한 파손으로 회로 절연 및 단락(쇼트)이 발생하면 회로에 과도한 전류가 흘러 화재 원인이 된다. 이것을 사전에 방지하기 위한 장치를 회로 보호 장치라 한다. 회로 보호 장치의 종류에는 퓨즈(fuse), 퓨즈 엘리먼트(fuse element), 퓨저블 링크(fusible link), 서킷 브레이커(circuit breaker) 등이 있다.

① **퓨즈** : 회로에 단락이 발생하면 단선되므로 회로를 보호하게 되는데, 단락 시 과도한 전류가 흘러 화재가 발생되는 것을 방지하는 기능을 한다.

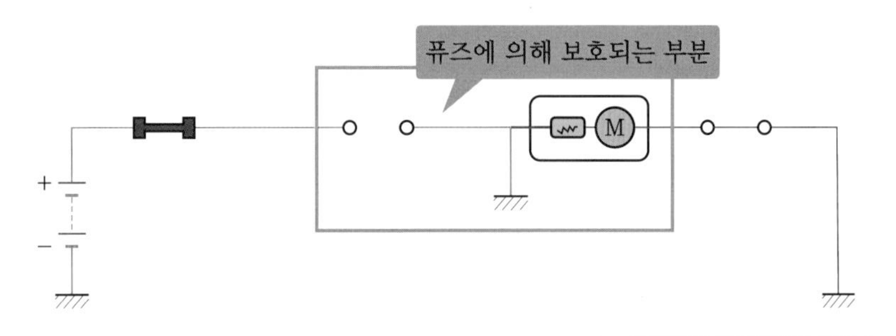

퓨즈 엘리먼트 카트리지 색상 코드

퓨즈 엘리먼트	
용 량	색 상
30	분홍
40	녹색
50	적색
60	노란색
80	검정
100	청색

퓨즈의 종류와 용도

❶ 미니퓨즈 : 낮은 전류용(10, 15, 20, 30 A)으로 일반적으로 차량 전기 회로에 사용된다.

❷ 오토퓨즈(autofuse) : 표준형 퓨즈로 전기 회로의 전류 흐름이 잦거나 모터 사용으로 돌입 전류가 큰 모터(파워윈도우 모터, 라디에이터 팬 모터 등)에서 사용된다.

❸ 퓨즈 엘리먼트 카트리지(60 A 이상의 큰 부하에 적용) : 회로 전류 사용이 큰 부품(발전기, 전조등 등)에서 사용된다.

미니퓨즈

오토퓨즈(autofuse)

퓨즈 엘리먼트 카트리지

② **퓨저블 링크** : 퓨즈보다 큰 전류 용량을 제어하기 위한 회로 보호 장치로 차량 사고나 화재 발생 시 일반 퓨즈를 제어하여 회로 시스템을 보호하기 위해 사용되며 다음과 같은 기능을 한다.

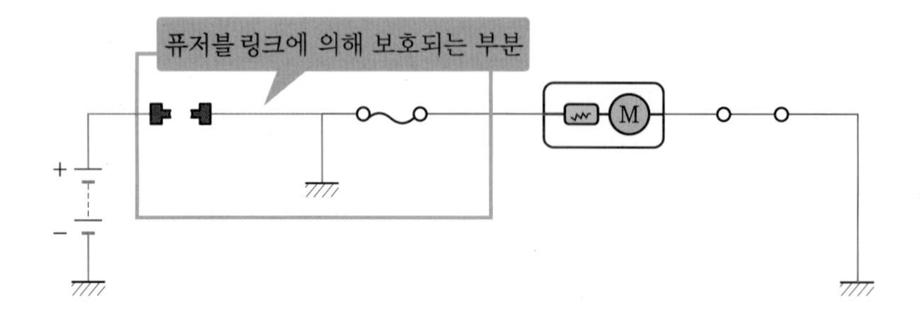

(가) 퓨저블 링크는 과전류가 흐르면 녹아내려 회로를 단선시키도록 회로 배선보다 가늘게 제작된 배선으로 보통 배선의 4배 사이즈 굵기로 사용한다.

(나) 퓨저블 링크의 외피는 불연재로 되어 있기 때문에 퓨저블 링크가 녹아 단선되어도 외관상 표시가 나지 않을 수 있어 외피에는 전류 용량을 나타내는 태그가 붙여져 있다.

(다) 퓨저블 링크는 주로 메인 전원, 충전 회로, 전동팬 전원 등 전류를 많이 소모하는 회로에 주로 사용되며, 퓨저블 링크 대체로 퓨즈 엘리먼트나 맥시 퓨즈가 사용되고 있다.

퓨저블 링크

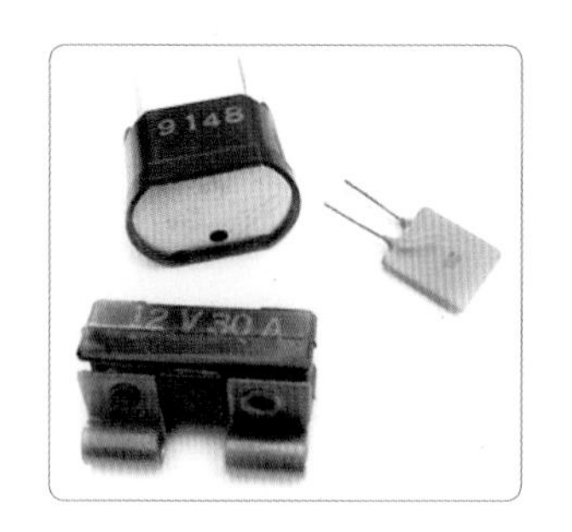

서킷 브레이커

③ **서킷 브레이커** : 회로 내 과도한 전류가 흐르게 되면 열이 발생되고 서미스터의 저항이 증가되어 전류를 제한함으로써 회로를 보호하는 기능을 한다.

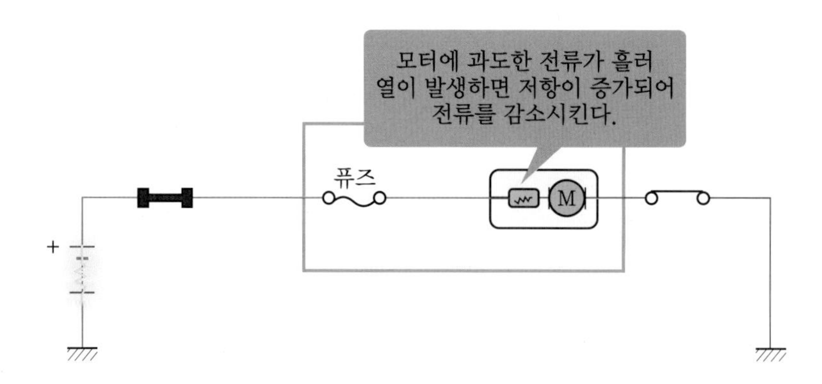

④ 자동차 릴레이

㈎ 릴레이 기능

- 작은 전류로 큰 전류를 제어할 수 있다.
- 스위치 작동(ON/OFF) 시 아크 방전을 방지하므로 수명 연장 및 회로 제작 시 용이하다.

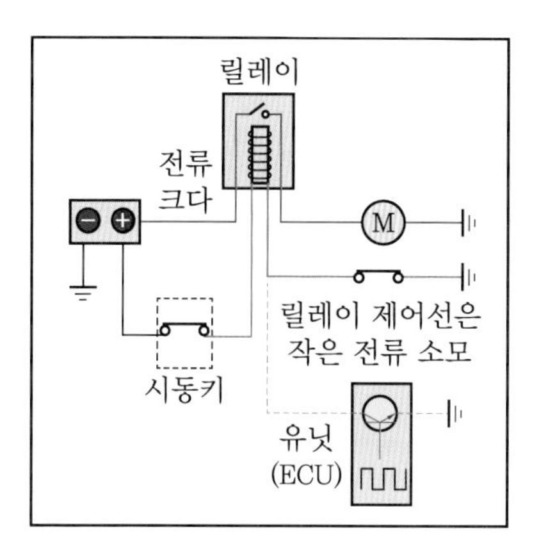

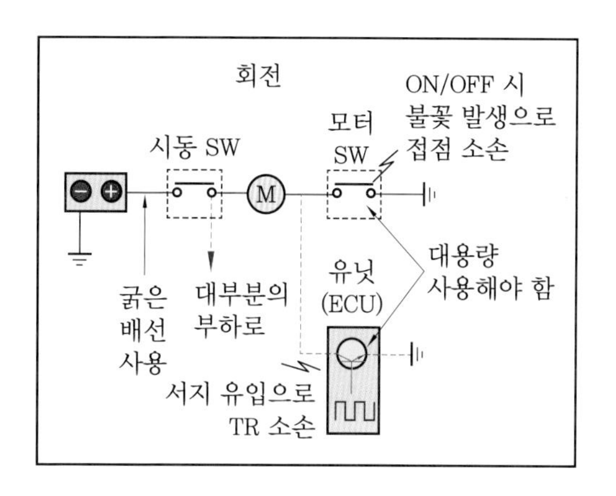

㈏ 릴레이 형식

- 노멀 오픈(normally open) 타입은 전류가 흐르지 않을 때 스위치 접점이 개방된 상태인 릴레이로서 일반적인 릴레이 종류가 여기에 해당된다.
- 노멀 클로즈드(normally closed) 타입은 전류가 흐르지 않을 때 스위치 접점이 닫혀진 상태인 릴레이를 말한다.
- 3way type(5핀 릴레이)는 스위치의 경로가 2개로 분리가 되는 릴레이로서 제어 회로의 ON/OFF에 따라 연결되는 스위치 회로(접점)가 전환된다.

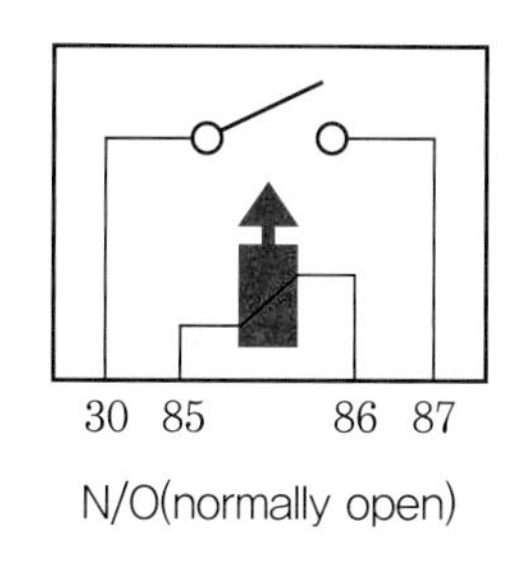

N/O(normally open)

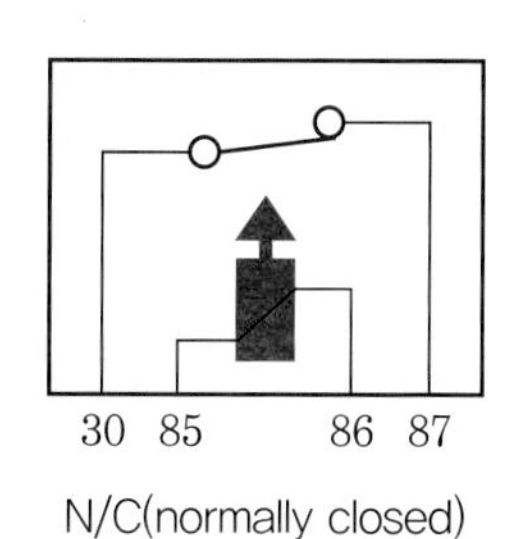

N/C(normally closed)

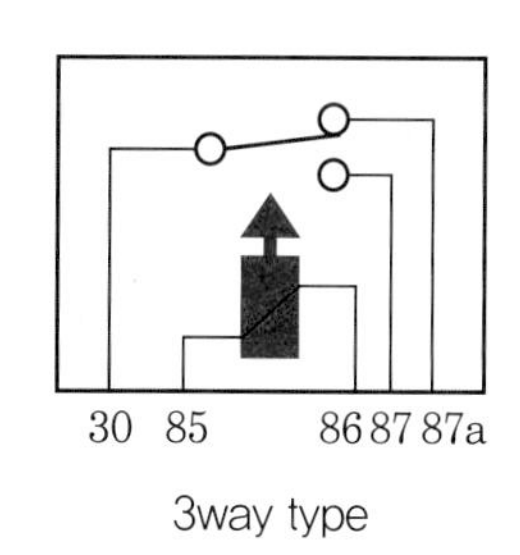

3way type

㈐ 릴레이 단자 번호와 회로 연결과의 관계

단자 번호	30	85	86	87	87a
전원 공급	상시 전원	코일 제어 전원	코일 공급 전원	부하 전원 1	부하 전원 2

㈑ 전압 억제 회로

릴레이 제어 회로의 스위치가 개방되면 코일 주변의 자기장이 붕괴되면서 200 V 이상의 전압이 코일 양단에 유기되고 코일 하단에서 상단으로 전류가 흐르게 된다. 릴레이를 제어하는 트랜지스터는 고전압에 의해 손상을 입기 쉬우므로 컴퓨터 내부에 전압 억제 회로가 없는 경우에는 반드시 전압 억제 릴레이를 사용해야 한다.

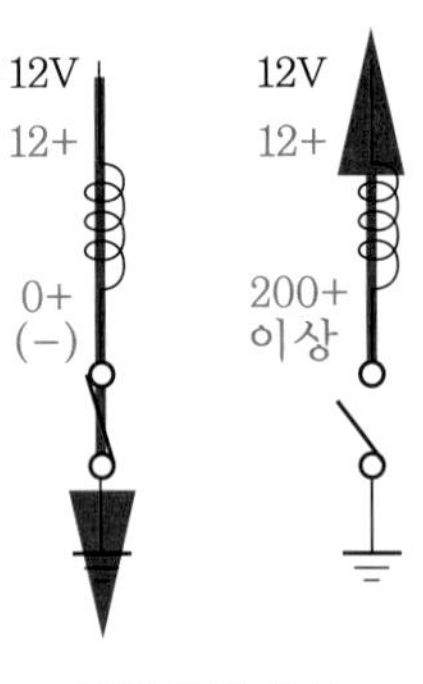

전압 억제 회로

고전압 억제를 위해서 릴레이 내부에 저항, 다이오드 또는 콘덴서가 사용되는데, 저항이나 다이오드가 사용된 릴레이는 외부에 표시가 있다.

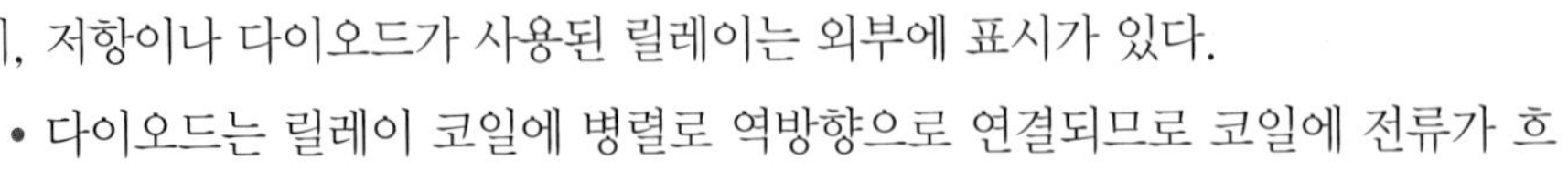

- 다이오드는 릴레이 코일에 병렬로 역방향으로 연결되므로 코일에 전류가 흐를 때 다이오드는 통전되지 않는다.

- 릴레이 제어 회로가 개방되면 코일 양단에 역기전압이 형성되고 전압이 상승하기 시작한다.
- 코일 하단의 전압이 상단보다 0.7 V 정도 커지게 되면 다이오드는 통전되며 전류는 전압이 소멸될 때까지 다이오드와 코일 사이를 반복해서 흐르게 된다.
- 저항은 다이오드보다 내구성은 좋지만 전압 억제 성능은 떨어진다.
- 저항은 코일 회로에 전류가 흐를 때에도 통전되므로 전류량을 억제하기 위해 600 Ω 정도의 높은 저항을 사용하게 된다.

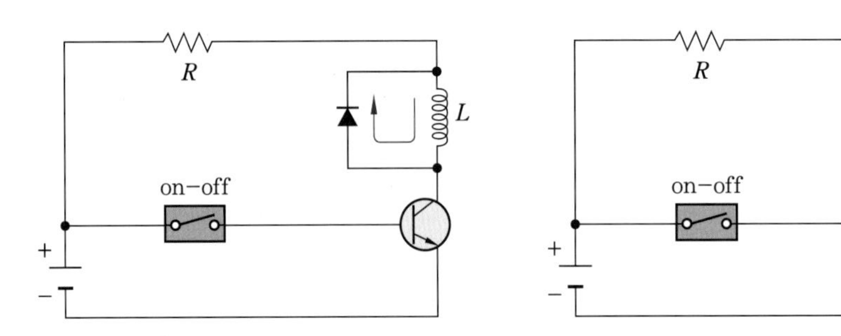

스위치가 ON되면 전류는 배터리 → 퓨즈 → 릴레이 코일 → 스위치 → 접지로 흐른다. 이때 릴레이 스위치가 ON되므로 전류는 배터리 → 퓨즈 → 릴레이 접점 → 램프 → 접지로 흐르므로 램프는 점등된다.

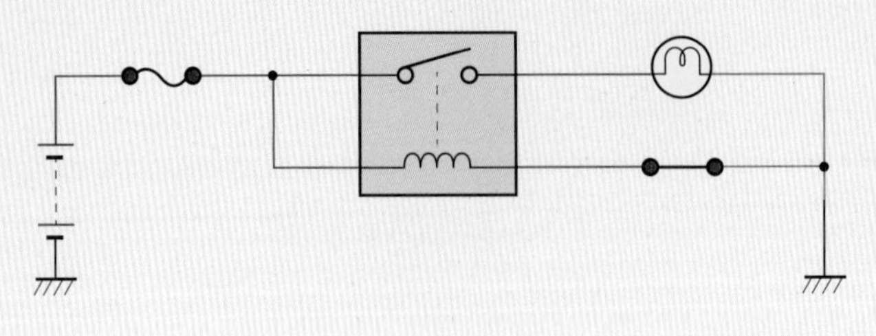

주파수(frequency)

주파수는 진동이나 파동 현상에서 단위 시간 내에 똑같은 상태가 되풀이되는 횟수, 즉 초당 진동수를 말하며, 단위로는 헤르츠(Hz)가 쓰인다. 1초 동안 n회 되풀이될 때 주파수는 n[Hz]라 하고, 사이클이란 주파수에서 반복되는 1회의 주기를 말한다.

듀티(duty)

한 사이클(주기)에 있어 시간(1 s) 대비 발생된 전압이(ON, OFF) 차지하는 비율을 나타낸 것으로 주파수 또는 Hz이며, 1s는 1000 ms이다.(T = 1주파를 완성하는 시간, f = 주파수(Hz), 전압 기준으로 (+) 듀티 또는 (-) 듀티로 구분된다).

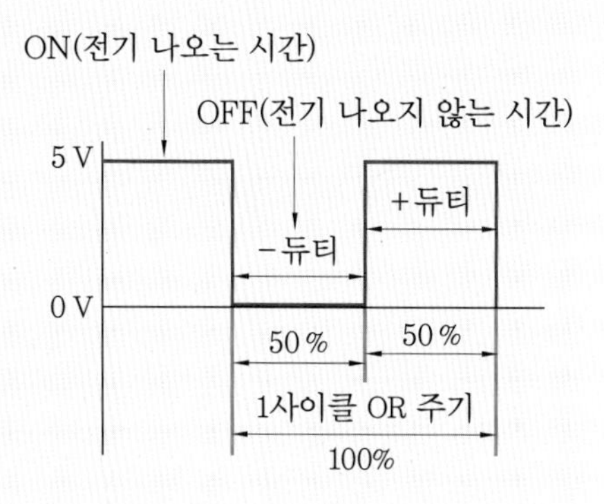

2 실습 준비 및 유의 사항

실습 준비(장비 및 실습 재료)

1 실습 자료

- 점검정비내역서, 견적서
- 차종별 정비 지침서

2 실습 장비

- 완성 차량(승용자동차)
- 전기 회로 시뮬레이터
- 안전보호장비(방독면, 방진마스크, 보안경, 보호장갑, 방진보호복, 작업복)
- 엔진 종합 시험기
- 리프트(2주식, 4주식)
- 작업등, 테스트 램프
- 멀티 테스터(디지털, 아날로그)
- 전류계(후크 타입)

3 실습 재료

- 유지흡착제(걸레)
- 가솔린 및 경유(세척유)
- 종류별 저항
- 배터리
- 교환 부품(퓨즈, 릴레이, 모터, 하네스(배선 및 커넥터), 센서)

실습 시 유의 사항

- 실습 전 작업 절차를 정하고 실습 장비 및 공구, 정비 지침서, 회로도, 관련 재료를 준비한다.
- 안전 작업 절차에 따라 전기 회로를 점검하고 완성 차량 점검 시 안전보호장비를 착용하고 작업에 임한다.
- 아날로그 멀티 테스터를 활용하여 전압을 점검 시 극성을 확인하고 점검한다.
- 테스트 램프 사용 시 전자 부품 및 ECU 단자에 전압을 인가하지 않는다.
- 전기 · 전자 회로는 퓨즈, 릴레이, 모터, 하네스(배선 및 커넥터), 액추에이터, 센서를 포함하므로 회로 점검 시 점검 절차에 따라 진단한다.

3 실습 시 안전 관리 지침

① 실습 전 반드시 안전 교육을 실시하고 소화기를 비치하여 화재 사고에 대비하며, 유류 등 인화성 물질은 안전한 곳에 분리하여 보관한다.
② 중량이 무거운 부품 이동 시 작업 장갑을 착용하며 장비를 활용하거나 2인 이상 협동하여 이동시킨다.
③ 실습 전 작업대를 정리하여 작업의 효율성을 높이고 안전 사고가 발생되지 않도록 한다.
④ 실습 작업 시 작업에 맞는 적절한 공구를 사용하여 실습 중 안전 사고에 주의한다.
⑤ 실습장 내에서는 작업 시 서두르거나 뛰지 말아야 한다.
⑥ 각 부품의 탈부착 시 오일이나 물기름이 작업장 바닥에 떨어지지 않도록 하며 누출 시 즉시 제거하고 작업에 임한다.
⑦ 모든 부품은 분해, 조립 순서에 준하여 작업을 실시하고 분해된 부품은 순서에 따라 작업대에 정리정돈한다.
⑧ 실습 종료 후 실습장 주위를 깨끗하게 정리하며 공구는 정위치시킨다.
⑨ 실습 시 작업복, 작업화를 착용한다.

4 자동차 전기 장치 기본 점검과 기기 활용법

1 개요

멀티 미터는 자동차 전기 회로에서 회로 단선과 전압, 전류, 저항 등을 점검하는 다용도 테스터이다. 멀티 미터는 자동차 전기 회로 점검과 센서 점검 등 넓은 측정 범위를 선택 레인지 스위치(selector switch)를 전환하여 쉽게 측정할 수 있으며, 자동차 전기 회로 점검 시 실용적으로 사용할 수 있고 전기 장치 점검에서의 활용도가 가장 높은 측정기이다.

2 멀티 테스터 특성

멀티 미터는 회로 시험기라고도 하며, 아날로그 멀티 미터와 디지털 멀티 미터로 구분된다. 전압, 저항 및 전류 측정기의 종합 계기란 의미로 VOM(volt-ohm-milliammeter)이라고 한다.

일반적으로 회로 시험기는 1000 V 정도 이내의 직류 및 교류 전압, 25 mA 이내의 직류 전류, 20 MΩ 정도의 저항을 측정할 수 있으며, 측정 범위의 저항에 따라 단계별 범위로 나누어져 있다.

(1) 측정 범위

멀티 미터로 측정할 수 있는 항목은 다음과 같다.

① 통전 시험 : 단선, 저항 시험

② 직류 전압과 전류의 측정
③ 교류 전압과 전류의 측정
④ 저항 측정
⑤ 다이오드 및 트랜지스터의 점검

(2) 유의 사항

① 측정하려고 하는 값이 불확실할 때에는 반드시 미터의 제일 높은 범위를 선택한다.
② 직류 전압이나 전류 측정 시에는 (+), (−) 극성 부분에 유의한다.
③ 측정 전에 반드시 전환 스위치의 위치를 확인한다.(저항 측정 위치나 전류 측정 위치에 두고 전압을 측정하면 미터가 파손되기 쉽다.)
④ 저항을 측정할 경우 측정 전 반드시 영점 조정을 한다.

(3) 아날로그와 디지털 멀티 테스터의 차이점

① 디지털 멀티 테스터는 수치 출력으로 측정이 정확하고 견고한 반면 아날로그 미터는 계기 지침으로 출력되어 측정값을 정확히 읽기가 어렵다.
② 디지털 전압계는 물리적 충격에 약하며 내부 저항이 10 MΩ, 20 MΩ으로 매우 높아 측정 오차가 거의 없는 반면 아날로그 전압계는 내부 저항이 200 kΩ 정도로서 산소 센서나 전자 제어 모듈의 전압 출력을 측정할 때는 오차가 발생할 수 있어 아날로그 멀티 테스터 사용을 배제한다.
③ 아날로그 및 디지털 전류계 모두 0.1 Ω 이하의 저항을 가지며, 디지털 전류계가 더 낮은 전류를 측정할 수 있다.
④ 디지털 저항계의 출력 전압은 0.7 V 미만으로 다이오드를 통전시키지 못하는 반면 아날로그 저항계는 높은 전압을 내보내기 때문에 다이오드를 통전시킬 수 있으므로 전자 제어 모듈이나 회로 기판 등에 손상을 줄 수 있다.(전자제어기부 측정 시 아날로그 테스터는 가급적 사용하지 않는다.)
⑤ 디지털 저항계와 아날로그 저항계의 출력 전압 단자 방향은 반대이다.

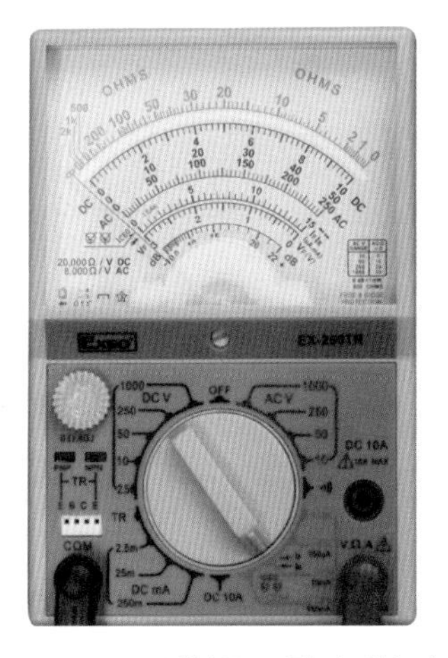

아날로그 멀티 테스터

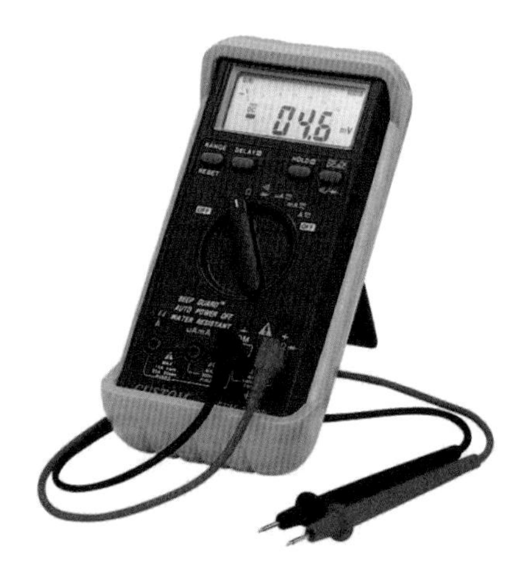

디지털 멀티 테스터

비교 항목 \ 종류	디지털	아날로그
전압계 내부 저항	10 MΩ/20 MΩ	200 kΩ
전류계 내부 저항	0.1 Ω 이하	0.1 Ω 이하
저항계 전압 방향	적 : +/흑 : −	적 : −/흑 : +
저항계 출력 전압	0.63 V 이하	0.7 V 이상
다이오드 모드 시 측정 전압	2.5~3 V	기능 없음

5 멀티 테스터의 종류와 특성

1 아날로그 멀티 테스터

(1) 구조 및 기능

아날로그 멀티 미터는 측정 수치가 지침에 의해 표시되는 것으로 일반 전기 장치 점검용으로 사용되고 있다.

① 눈금판 : 저항(Ω), DC(직류) 전압, 전류(A) 등의 수치를 읽을 수 있는 계기판을 말한다.

② 0점 조정 나사 : 전압 및 전류 등을 점검할 때 지침을 왼쪽 0점에 미세 조정할 때 사용한다.

③ 저항(Ω) 0점 조정기 : 저항 측정 시 메인 실렉터를 해당 저항에 맞게 선택한 후 적색과 흑색의 테스트 리드선을 서로 접촉시킨 상태에서 0점 조정을 한다.

④ PNP 파일럿 램프 : 트랜지스터를 커넥터에 접속하였을 때 PNP 트랜지스터이면 소등된다.

⑤ NPN 파일럿 램프 : 트랜지스터를 커넥터에 접속하였을 때 NPN 트랜지스터이면 소등된다.

⑥ EBCE 커넥터 : PNP, NPN 트랜지스터를 구분하고자 할 때 설치하는 커넥터이다.

⑦ COM 커넥터 : 측정할 때 흑색 테스트 리드선을 접속하는 커넥터이다.

⑧ DC 10 A 커넥터 : 직류 10 A 이하의 전류를 측정할 때 적색 테스트 리드선을 연결하는 커넥터이다. (이때 흑색 테스터 리드선은 COM 커넥터에 접속시킨다.)

⑨ V, Ω, A 커넥터 : 전압, 전류, 저항을 측정할 때 적색 테스트 리드선을 연결하는 커넥터이다.

(2) 지침 및 선택 레인지

① 위치별 지침계 및 선택 레인지 명칭

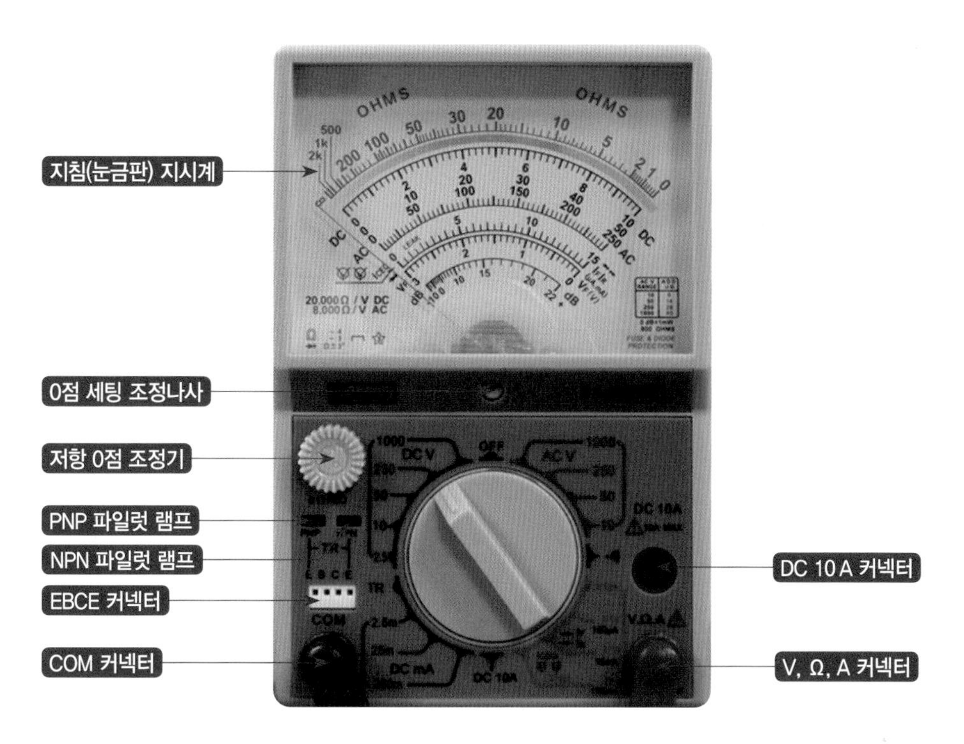

② 선택 레인지 지정에 따른 측정 지침계

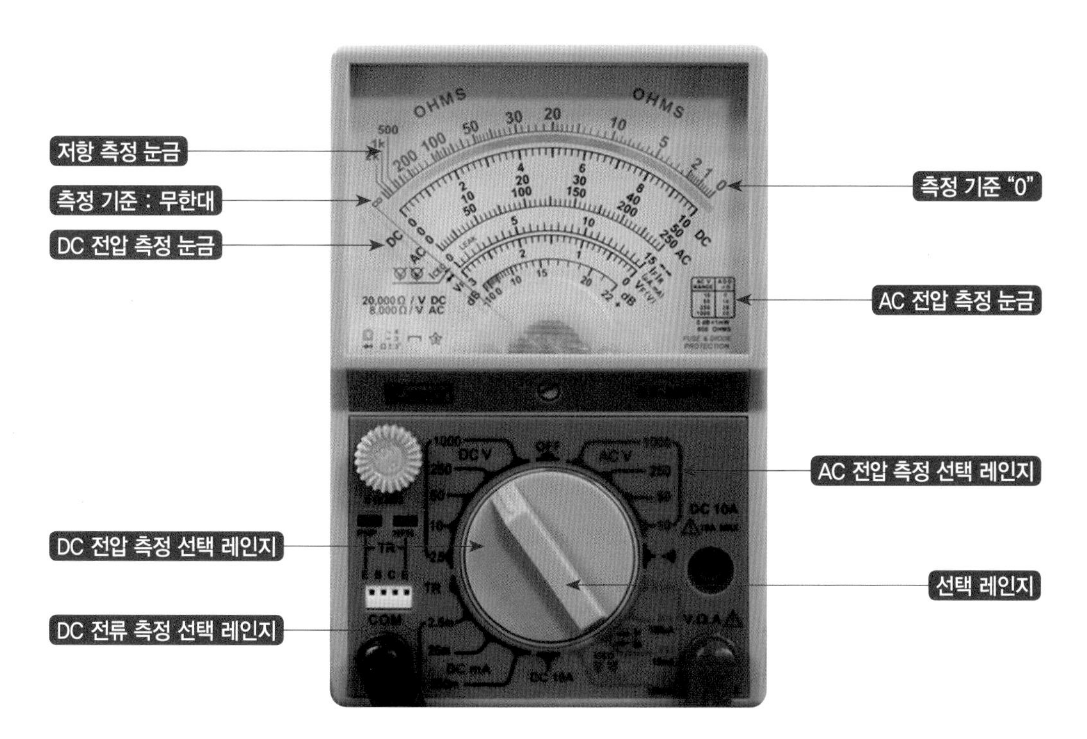

(3) 아날로그 멀티 테스터 활용 방법

① 직류(DC) 전압 측정

● **자동차 배터리 전압 점검**

1. 선택 레인지를 DC(50 V)로 선택한다.

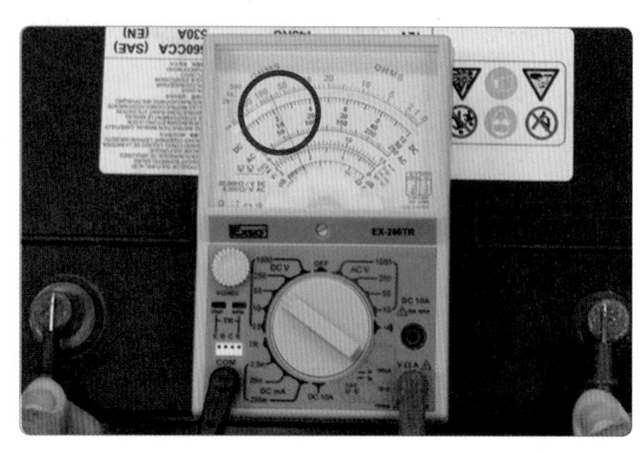

2. 배터리 전압을 확인한다. 프로브 적색(+)은 배터리(+), 흑색(–)은 배터리(–) 단자에 측정한다(11 V).

● **발전기 출력 전압 점검**

1. 선택 레인지를 DC(50 V)로 선택한다.

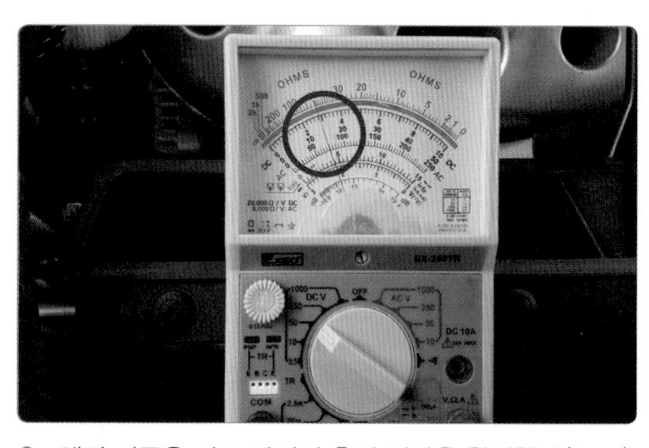

2. 엔진 시동을 걸고 발전기 출력 전압을 확인한다(14 V).

● **정션 박스 메인 퓨즈 배터리 전원 점검**

1. 선택 레인지를 DC(50 V)로 선택한다.

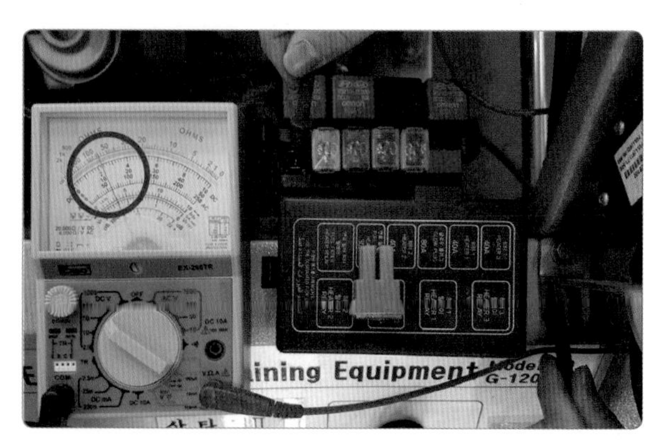

2. 공급 전원을 확인한다(12 V).

② 교류(AC) 전압 측정

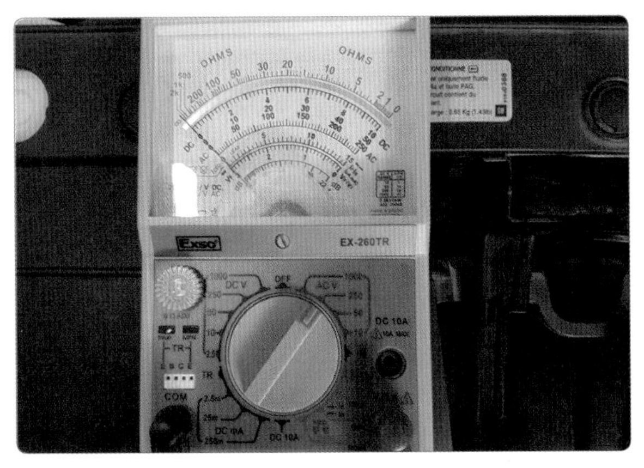

1. 선택 레인지를 AC(250 V)로 선택한다.

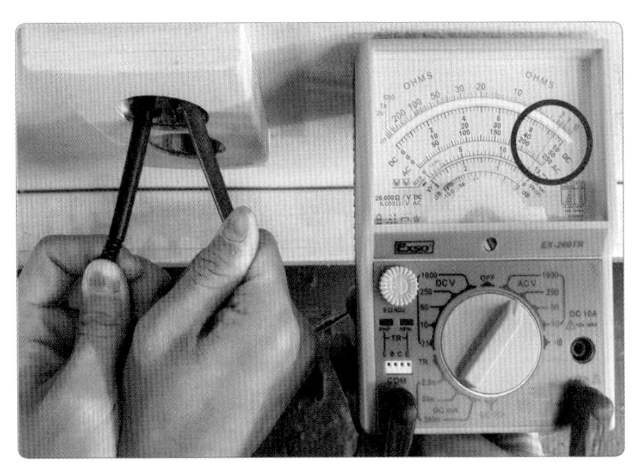

2. 출력 전압을 확인한다(AC 235 V).

③ 저항 측정

● **점화 1차 코일 저항 측정**

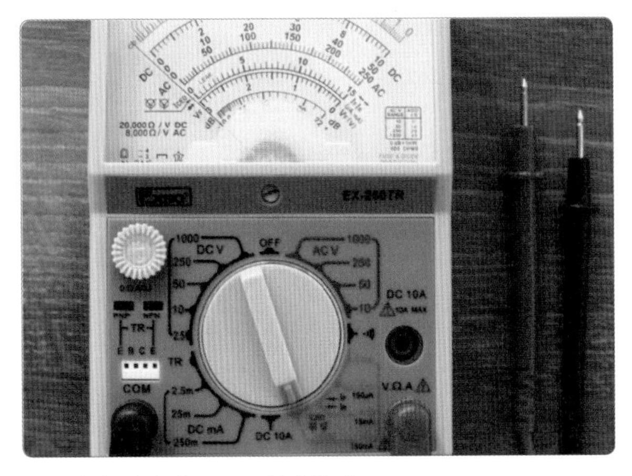

1. 선택 레인지를 R로 선택한다.

2. (+), (–) 프로브를 세팅한 후 '0'점을 조정한다.

3. 점화 코일 (+), (–) 프로브 (+), (–) 팁을 대고 점화 1차 코일을 측정한다.

4. 점화 1차 코일 측정값을 확인한다(∞ Ω).

● 점화 2차 코일 저항 측정

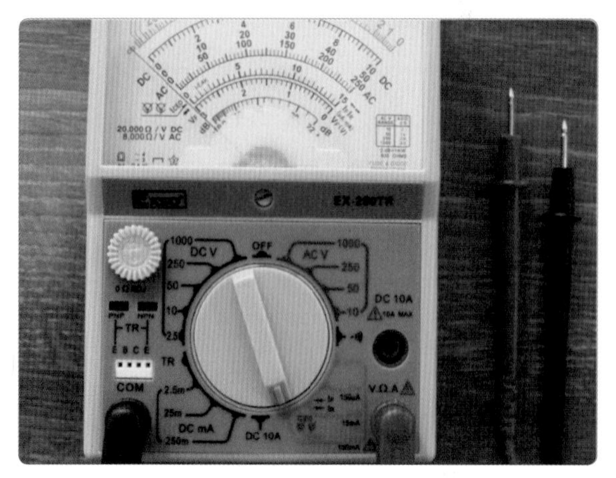

1. 선택 레인지를 R×1000로 선택한다.

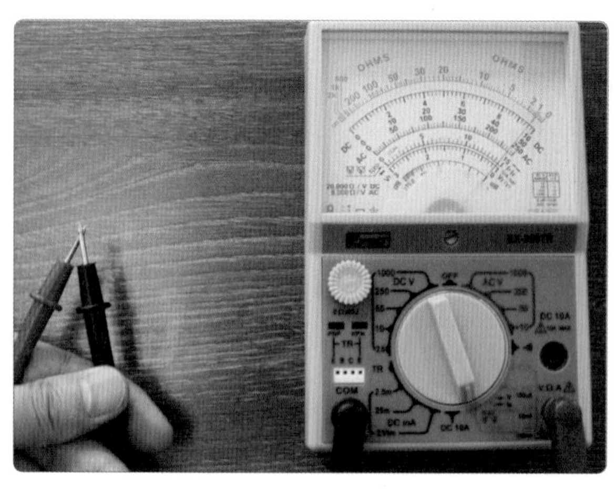

2. (+), (−) 프로브를 세팅한 후 '0'점을 조정한다.

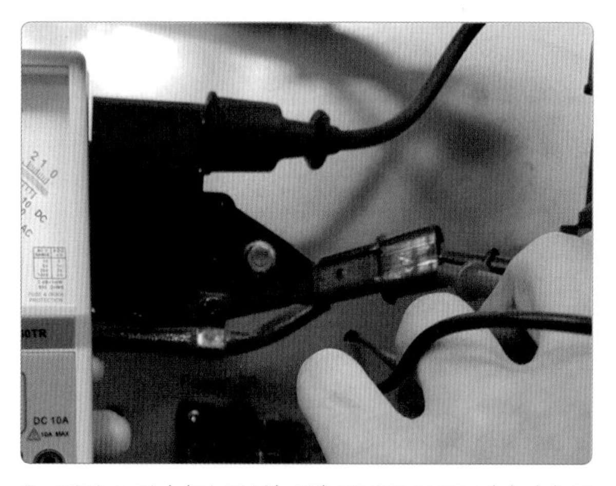

3. 점화 코일 (+)와 중심(고압) 단자에 프로브 (+), (−) 팁을 대고 점화 2차 코일을 측정한다.

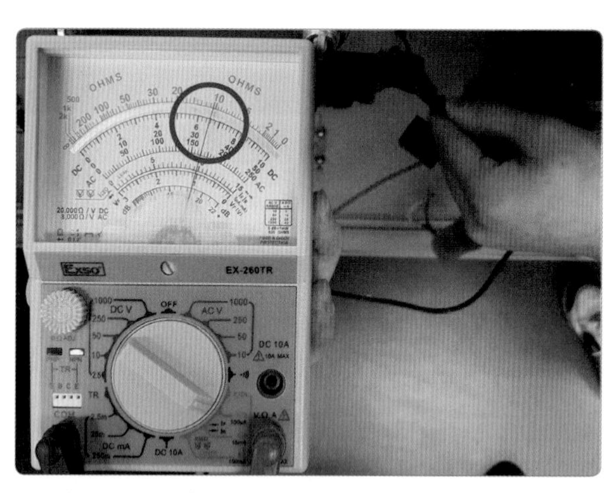

4. 측정값을 확인한다(10.5 kΩ).

④ 릴레이 코일 점검

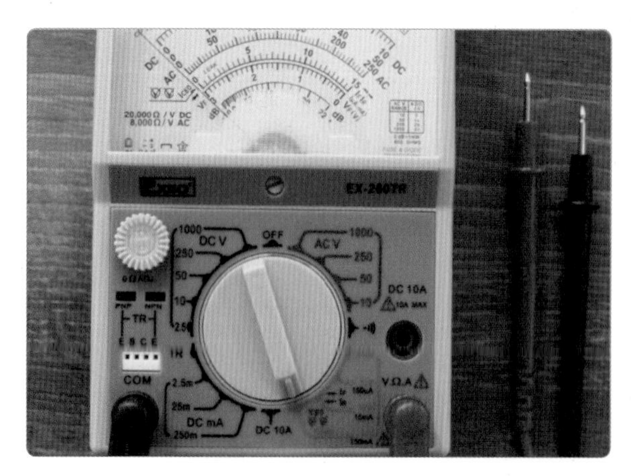

1. 선택 레인지를 R로 선택한다.

2. 릴레이 코일 저항을 측정한다(55 Ω).

⑤ 전류 측정

● **방전 전류 점검**

1. 선택 레인지를 DC 10 A로 선택한다.

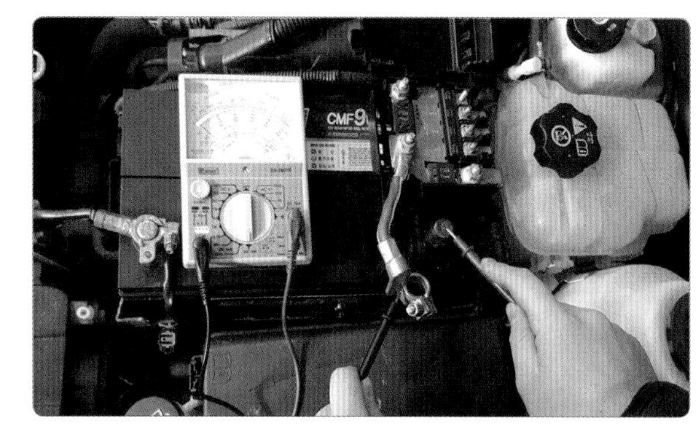

2. 배터리 (+) 단자를 탈거하고, 멀티 테스터 (–) 프로브를 배터리 (+) 단자에, (+) 프로브는 탈거된 배터리 터미널에 연결하고 측정값을 확인한다.

● TR 점검(PNP, NPN)

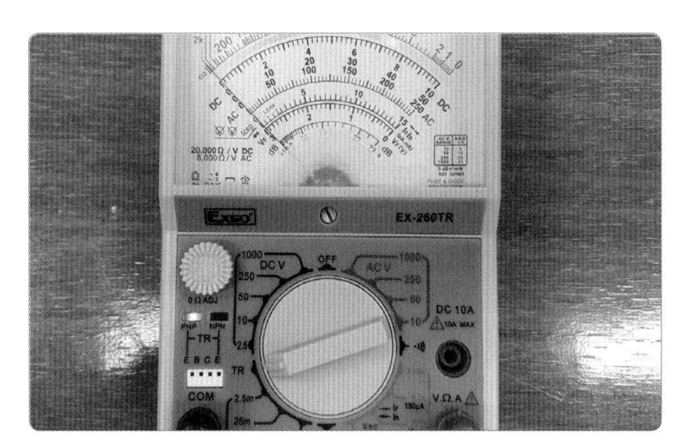

1. 선택 레인지를 TR로 선택한다.

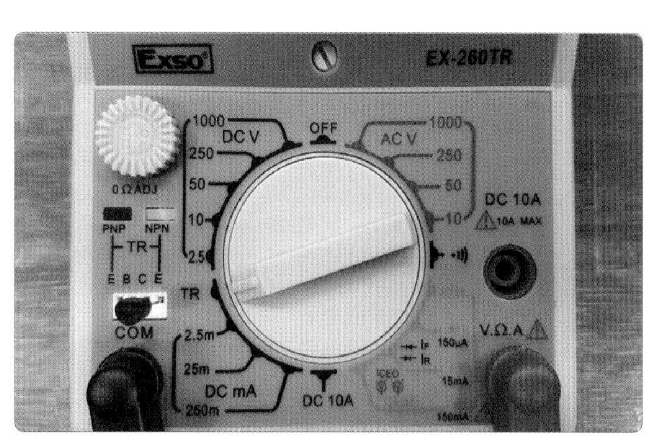

2. TR을 EBCE 커넥터에 삽입한 후 파일럿 램프 작동을 확인한다.

● **배선 회로 통전 및 스위치 접점 통전 확인**

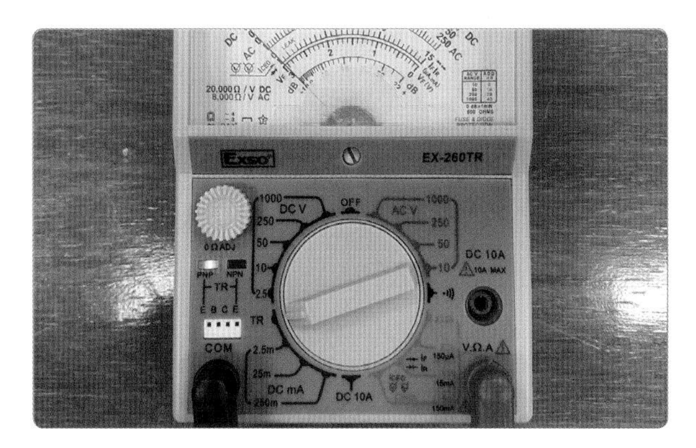

1. 선택 레인지를 벨 표시로 선택한다.

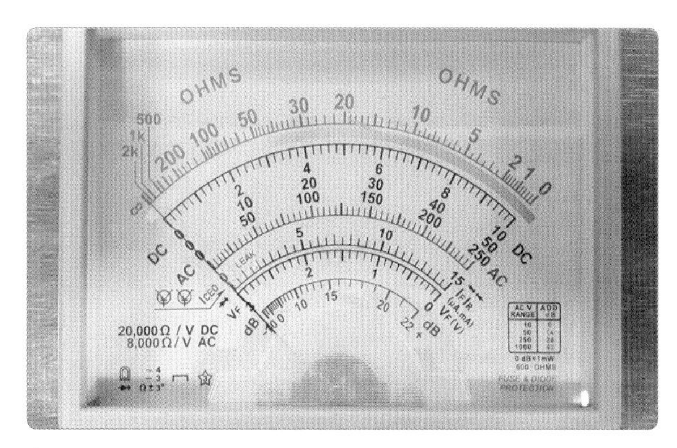

2. 배선 및 스위치 접점의 통전 상태를 확인한다(벨소리 작동).

2 디지털 멀티 테스터

디지털 멀티 테스터는 전환 선택 스위치를 돌려서 직류 전압, 직류 전류, 교류 전압 및 저항 등을 하나의 계기로 측정할 수 있는 종합 기능을 가진 계측기로 멀티 미터(multimeter)라고도 한다.

(1) 디지털 멀티 테스터로 측정할 수 있는 작업의 종류

① 직류 전압 측정 ② 저항값 측정 ③ 직류 전류 측정 ④ 다이오드 방향 측정 ⑤ 교류 전압 측정
⑥ 단락 측정 ⑦ 10A 전류 측정 ⑧ 기타(캠각, 타코, 듀티, 온도, 음량) 측정

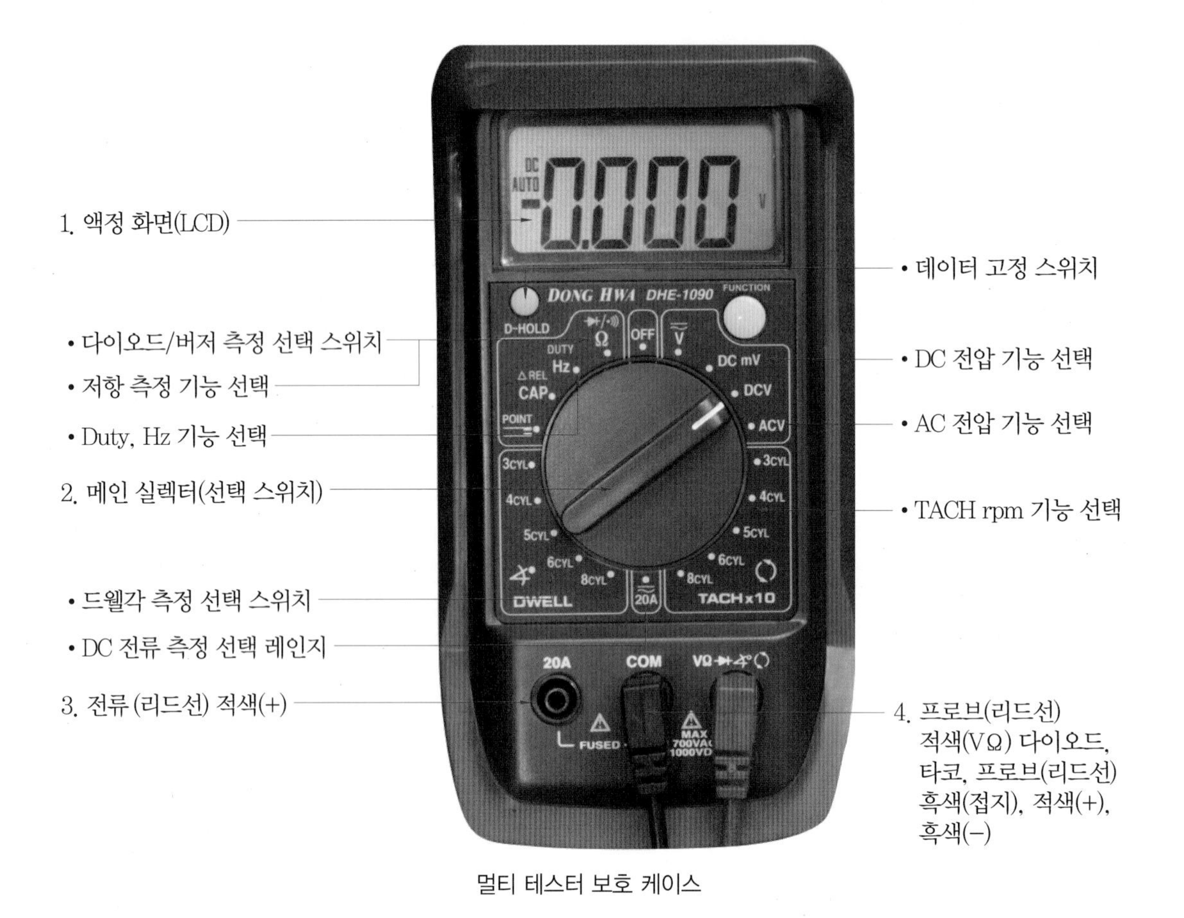

멀티 테스터 보호 케이스

(1) 구조 및 기능

① **액정 화면(LCD)** : 메인 실렉터에서 선택한 측정값을 수치로 출력한다.

② **메인 실렉터(선택 스위치)**

㈎ 전원 스위치 : 테스터의 전원을 ON, OFF시키는 스위치(사용하지 않을 때는 OFF 위치에 놓는다.)

㈏ DC 전압 기능 선택 : 자동차 전기는 직류 전기를 사용하며 전기 회로 점검 및 정비 시 주로 선택하여 전원 상태를 확인 점검할 수 있는 기능 선택이다.(배터리, 발전기, 센서, 회로 전원, 접지 상태 등)

㈐ DC 전류 측정 선택 레인지 : 직류 전류(방전 전류, 누설 전류) 측정 시 점검할 수 있으며, 20 A까지 측정할 수 있다.

㈑ 프로브(리드선) 적색(V, Ω, 다이오드, 타코, 프로브(리드선) 흑색(접지) 적색(+), 흑색(−) : 측정(점검)시 측정 전원에 따라 적색, 흑색 테스트 프로브이다.

㈒ 저항 측정 기능 선택 : 자동차 배선 단선, 코일 저항, 릴레이, 접지 저항 등 전기 회로 내 저항 상태를 점검하기 위한 기능 선택이다.

㈓ AC 전압 기능 선택 : 각종 전기설비 관련 기기, 콘센트 전원 상태를 확인할 때의 기능 선택 스위치이며, 일반 가정용(220 V) 전압 측정 시 주로 사용된다.

(2) 디지털 멀티 테스터 활용 방법

① 직류(DC) 전압 측정

● **자동차 배터리 전압 점검**

1. 선택 레인지를 DC(V)로 선택한다.

2. 배터리 전압을 확인한다. 프로브 적색(+)은 배터리 (+), 흑색(−)은 배터리(−) 단자에 측정한다(12.75 V).

● **발전기 출력 전압 점검**

1. 선택 레인지를 DC(V)로 선택한다.

2. 엔진 시동을 걸고 발전기 출력 전압을 확인한다(14.54 V).

● 등화 장치 배터리 전원 점검

1. 선택 레인지를 DC(V)로 선택한다.

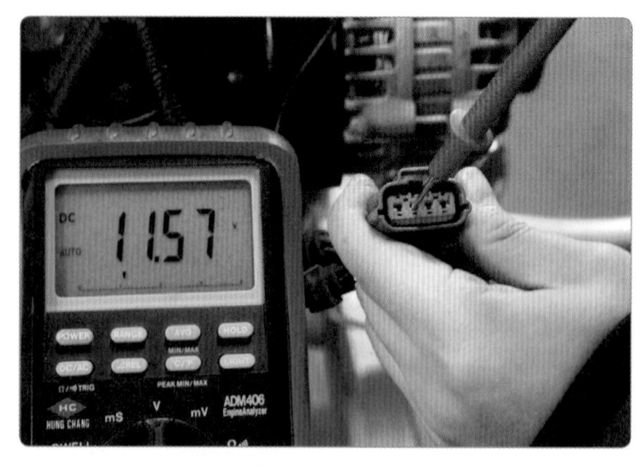

2. 공급 전원을 확인한다(11.57 V).

● 센서 공급 전원 점검

1. 측정할 커넥터를 확인한 후 선택 레인지를 DC(V)로 선택한다.

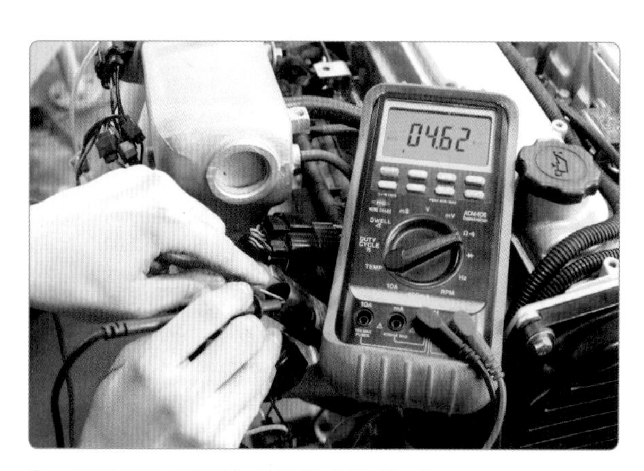

2. 센서 공급 전원을 확인한다(4.62 V).

● 센서 출력 전원 점검

1. 측정할 커넥터를 확인한 후 선택 레인지를 DC(V)로 선택한다.

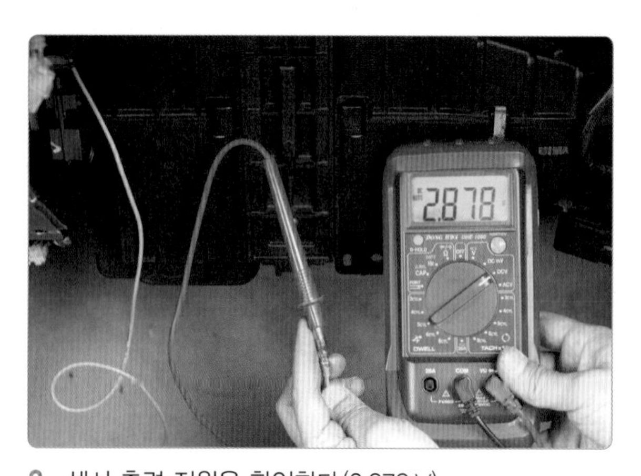

2. 센서 출력 전원을 확인한다(2.878 V).

● 도어 스위치 출력 전원 점검

1. 측정할 커넥터를 확인한 후 선택 레인지를 DC(V)로 선택한다.

2. 도어 스위치 출력 전원을 확인한다(0.103 V).

② 저항 측정

● 점화 1차 코일 저항 측정

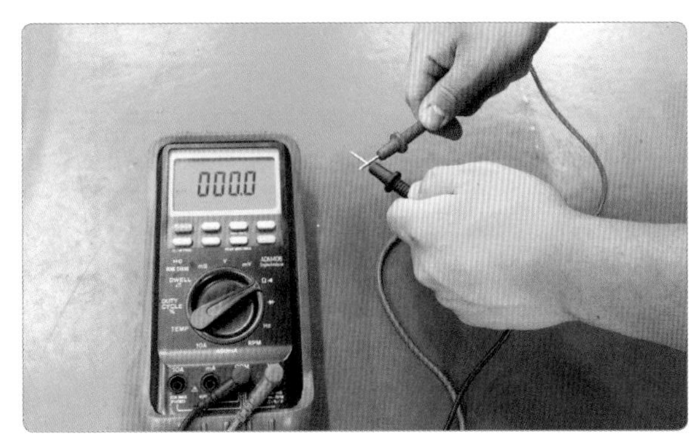

1. 선택 레인지를 Ω로 선택한다. (+), (−) 프로브를 세팅한 후 '0'을 확인한다.

2. 점화 코일 (+), (−) 프로브 (+), (−) 팁을 대고 측정값을 확인한다(1.9 Ω).

● 점화 2차 코일 저항 측정

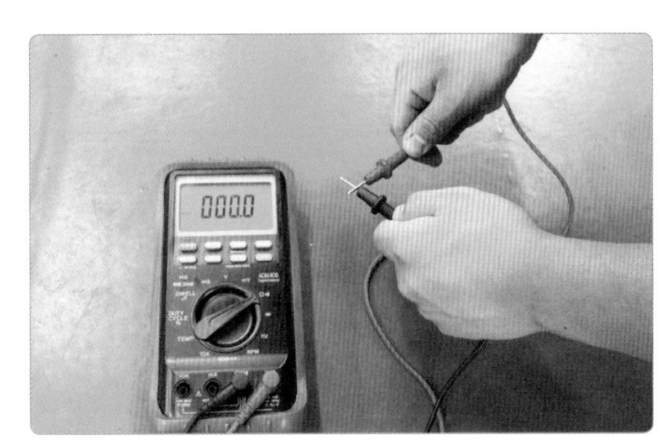

1. 선택 레인지를 Ω로 선택한다. (+), (−) 프로브를 세팅한 후 '0'을 확인한다.

2. 점화 코일 (+), (−) 프로브 (+), (−) 팁을 대고 측정값을 확인한다(17.32 kΩ).

전조등 단선 및 저항 측정

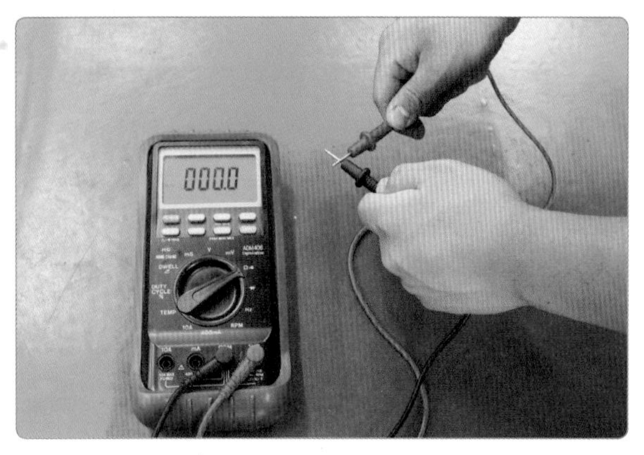

1. 선택 레인지를 Ω로 선택한다. (+), (−) 프로브를 세팅한 후 '0'을 확인한다.

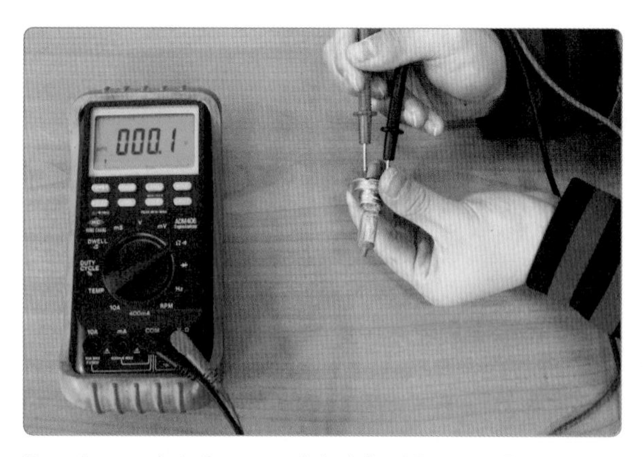

2. 전조등 단자에 프로브 (+), (−) 팁을 대고 측정값을 확인한다(0.1 Ω).

릴레이 단선 및 저항 측정

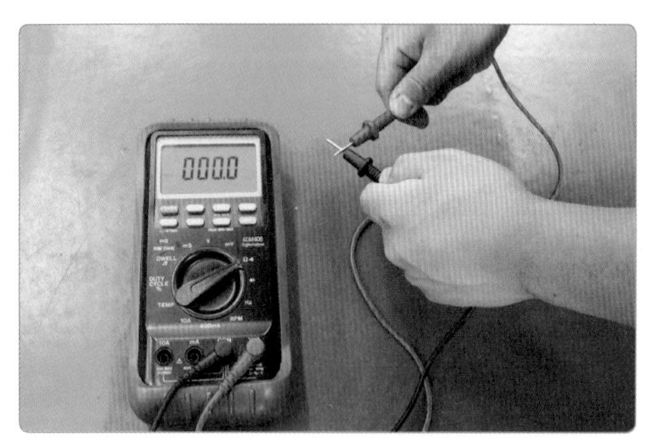

1. 선택 레인지를 Ω로 선택한다. (+), (−) 프로브를 세팅한 후 '0'을 확인한다.

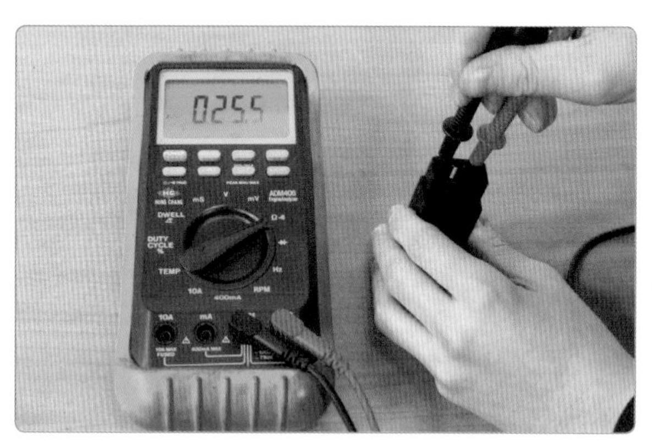

2. 릴레이 코일 단자에 프로브 (+), (−) 팁을 대고 측정값을 확인한다(25.5 Ω).

파워윈도우 스위치 접점 측정

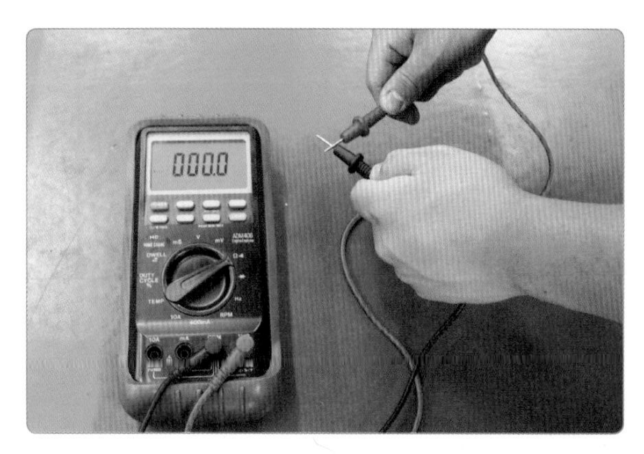

1. 선택 레인지를 Ω로 선택한다. (+), (−) 프로브를 세팅한 후 '0'을 확인한다.

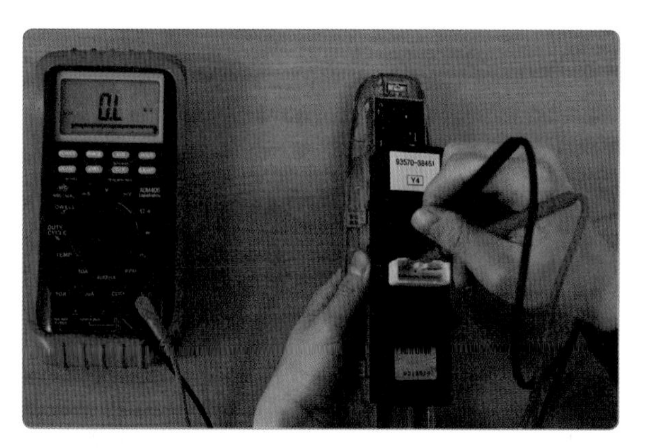

2. 파워윈도우 스위치 단자에 프로브 (+), (−) 팁을 대고 측정값을 확인한다(0 Ω).

● 발전기 다이오드 점검

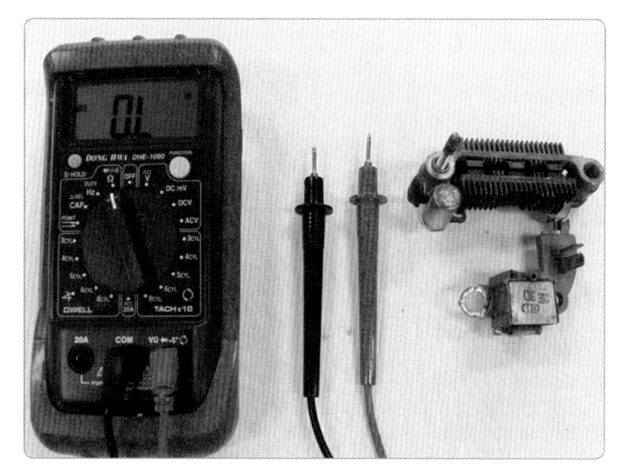

1. 멀티 테스터와 점검용 다이오드를 확인한다.

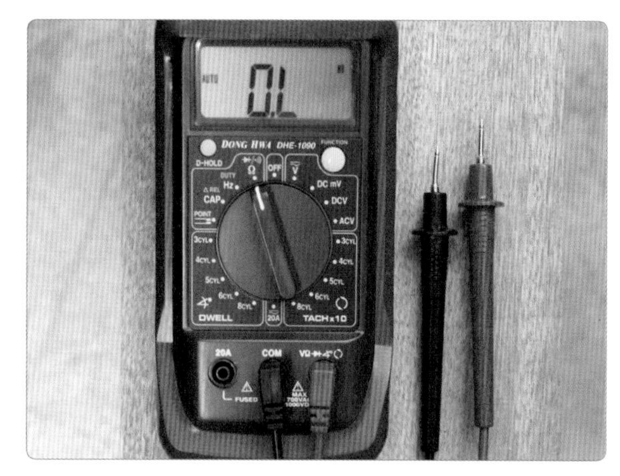

2. 멀티 테스터 선택 레인지를 Ω로 선택한다.

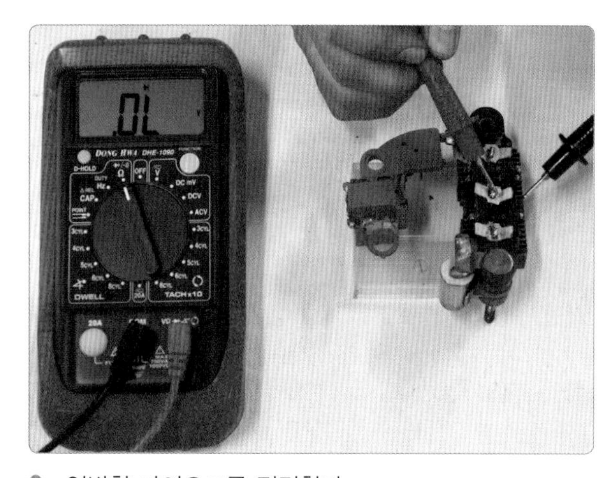

3. 역방향 다이오드를 점검한다.

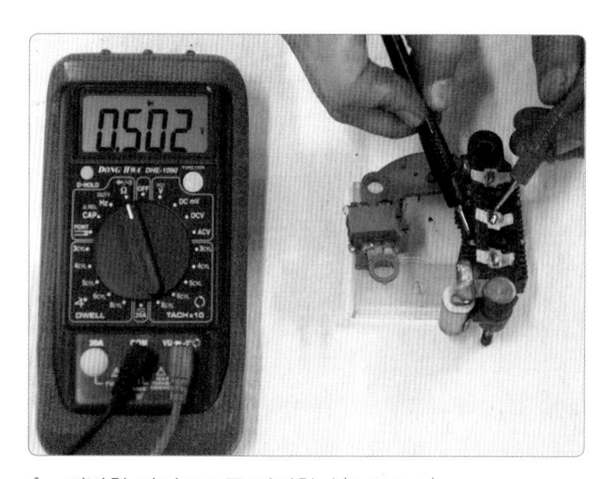

4. 정방향 다이오드를 점검한다(0.502 Ω).

③ 교류(AC) 전압 측정

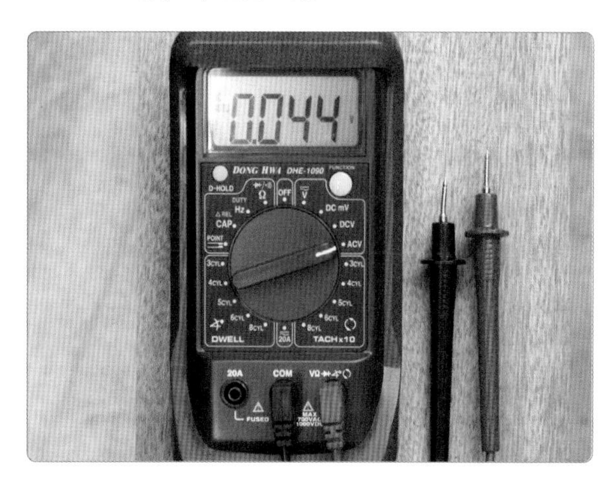

1. 선택 레인지를 AC(V)로 선택한다.

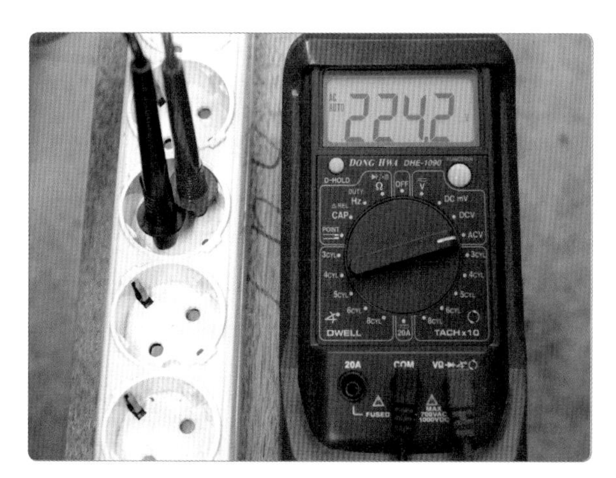

2. 출력 전압을 확인한다(AC 224.2 V).

④ 전류 측정

● **방전전류 점검**

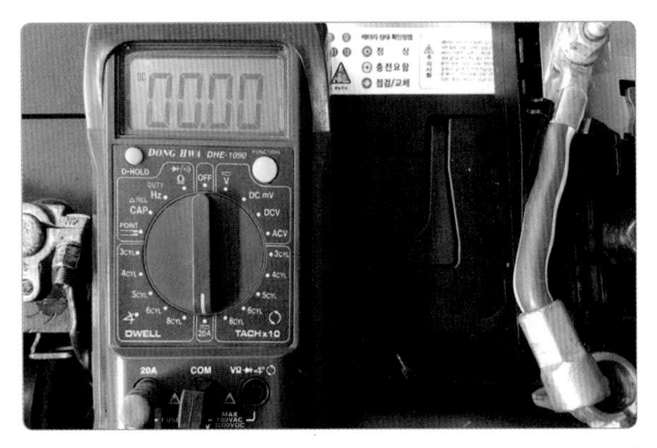

1. 선택 레인지를 DC 20 A로 선택한다.

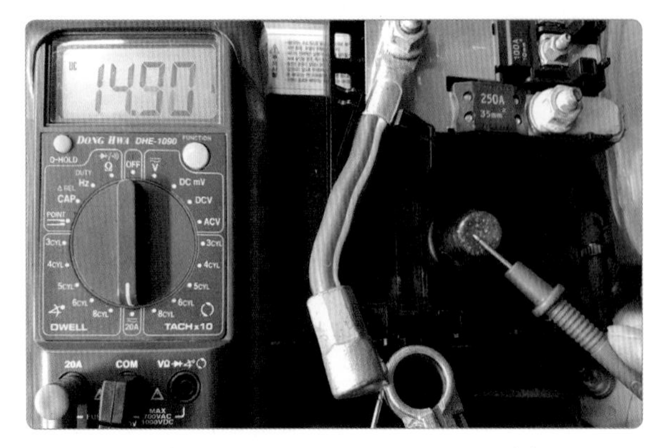

2. 배터리 (+) 단자를 탈거하고 멀티 테스터 (−) 프로브를 배터리 (+) 단자에, (+) 프로브는 탈거된 배터리 터미널에 연결하고 측정값을 확인한다(14.9 A).

실습 주요 point

디지털 멀티 테스터 사용 시 주의 사항

❶ 미지의 전압 측정 시 먼저 큰 범위에서 시작하여 단계별로 측정 전압 범위를 맞춰 측정하도록 한다.

❷ 사용하기 전 반드시 메인 실렉터(선택 레인지) 전환 위치를 확인하고 측정하고자 하는 전압, 전류, 저항 등 해당 측정 항목에 맞춰 측정하도록 한다.

❸ 눈금을 읽을 때는 평면과 눈높이에 맞춰 정면에서 정확하게 판독한다.

❹ 어떠한 것을 측정하든지 테스터가 동작 중일때는 저항을 측정하지 않는다.

❺ 미터의 영위 조정 : 지침이 0의 위치에서 변위가 있을 경우 0점 조정 나사를 좌우로 돌려 0점을 맞춘 후 측정에 임한다.

❻ ohm의 영점 조정 : 저항 측정 시 (+), (−) 프로브를 세팅한 후 0점이 맞지 않으면 저항 0점 조정 나사를 좌우로 돌려 0점 조정 후 측정에 임한다.

※ 0점 조정이 되지 않거나 0점에 미치지 못하는 경우 테스터 배터리를 교환한 후 재조정한다.

3 테스트 램프

테스트 램프는 자동차 정비 현장에서 자동차 전기 장치에 주로 사용되고 있으며, 전원 공급 및 배선 회로 접지 상태를 간단한 전원 공급 별도의 장비 없이 일괄적으로 측정할 수 있다. 테스트 램프에는 일반 전구 형식과 LED 형식이 있다.

(1) 활용 방법

먼저 배터리 연결 단자(+ 또는 −)에 연결한다. 연결 단자가 (−)일 경우 점검하려고 하는 신호선에 검침 봉을 접촉 시 점등이 될 경우 (+)의 단자에 전압이 연결되었음을 의미하고, 연결 단자가 (+)일 경우 점검하려고 하는 신호선에 검침 봉을 접촉 시 점등이 될 경우 (−)의 단자에 연결되었음을 의미한다.

(2) 일반 전구 형식 테스트 램프

일반 전구 형식 테스트 램프는 일반적으로 많이 사용하는 테스트 램프이며, 전구의 밝기에 따라 차이가 있지만 보통 12V/24W 전구를 사용한다. 이때 회로에 흐르는 전류는 약 2 A 소모된다. 이렇게 회로에 소모되는 전류가 2A 정도 흐를 경우 일반 회로의 경우에는 문제가 없으나 반도체를 사용하는 회로(특히 전자 회로, 컴퓨터)에 흐르는 전류에 의해 반도체가 파손될 수 있으니 반도체 관련 회로 점검 시 각별히 주의해야 한다.

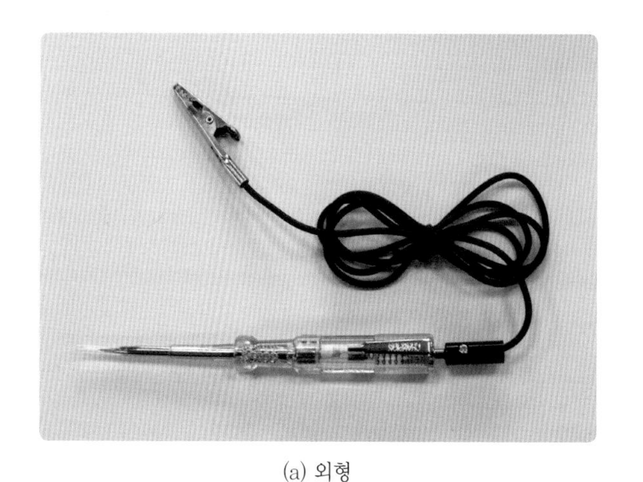

(a) 외형

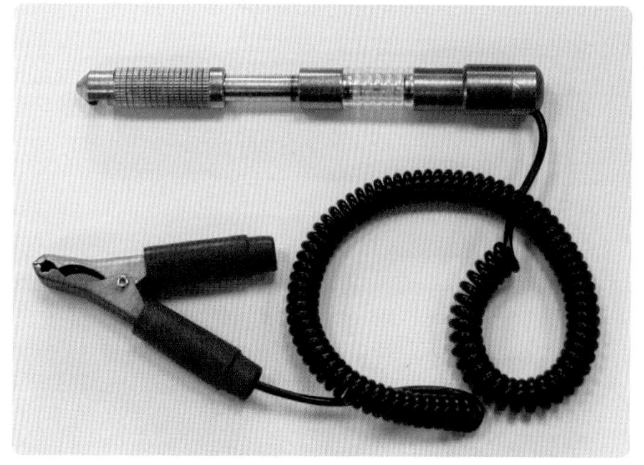

(b) 내부 전구 연결

일반 전구 형식 테스트 램프

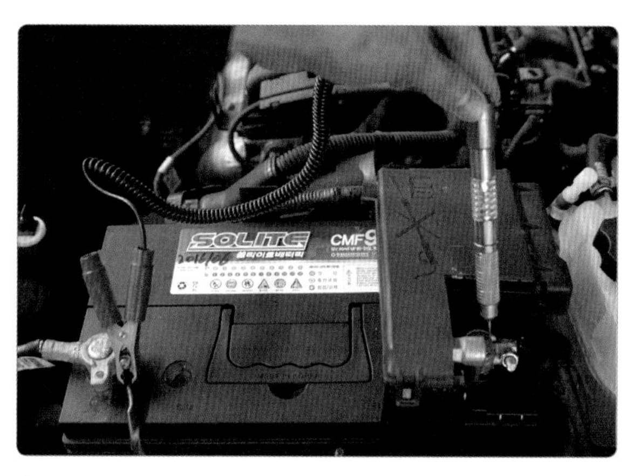

1. 테스터 이상 유무를 배터리 단자(+ 또는 –)에 연결하여 확인한다.

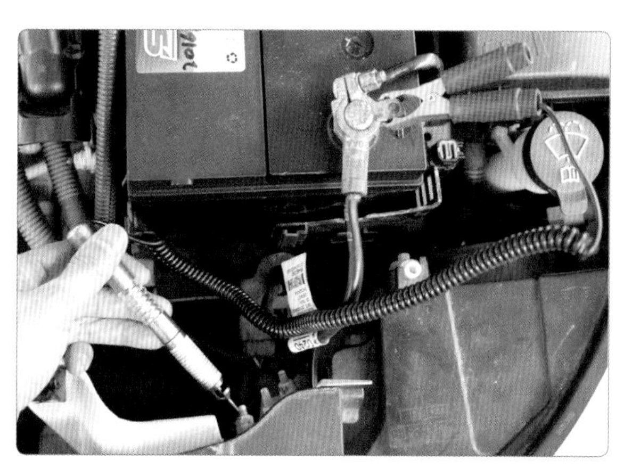

2. 전원 공급선 및 접지선을 확인한다.

4 클램프 미터(후크 미터)

클램프 미터는 후크 미터라고 부르며, 교류 및 직류 전압, 직류 전류, 저항 등을 측정할 수 있다. 클램프 미터는 자동차 전기 직류 전류를 주로 측정하기 위한 기기로 사용되며, 멀티 미터 기능을 활용할 수 있다. 후크 미터로 전류 측정 시 단자를 탈거하지 않고 현재 회로 내 흐르는 전류를 측정할 수 있다.

(1) 클램프 미터(후크 미터)의 기능

① 기능 스위치 : ACA, DCA, OFF DCV, ACV, 버저 등 측정하고자 하는 항목을 선택하도록 설정한다.

② 개폐 레버 : 전류 측정 시 측정 배선에 걸고자 할 때 사용된다.

③ 제로 세팅 버튼 : 전류 측정 전 전류계를 0점 조정할 때 사용된다.

④ 데이터 홀더 : 측정된 값을 정지할 때 사용되며, 누르면 측정 데이터가 정지되고 다시 누르게 되면 측정 모드로 측정된다.

⑤ V 입력단 : 멀티 기능으로 전압 측정 시 (+) 프로브(적색)를 접속한다.

⑥ COM 입력 단자 : 직류 전압 및 교류 전압을 측정 시 (−) 프로브(흑색)를 접속한다.

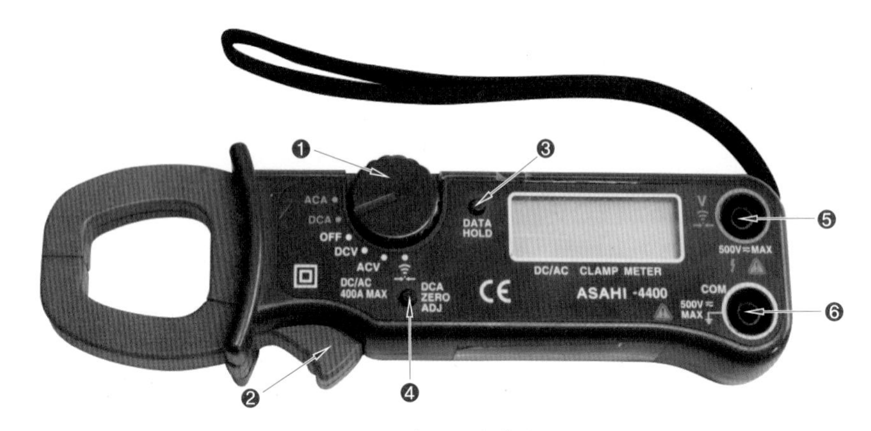

클램프 미터(후크 미터)의 구조

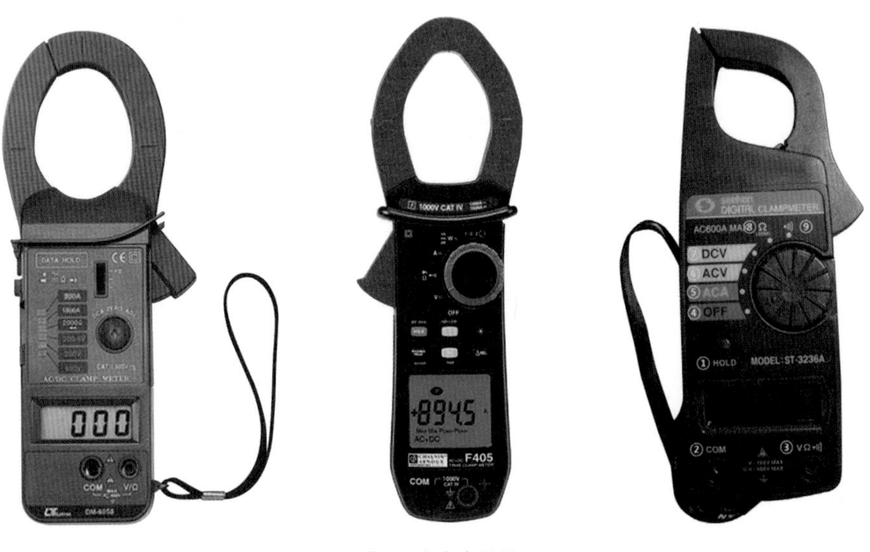

후크 미터의 종류

(2) 클램프 미터(후크 미터)의 활용 방법

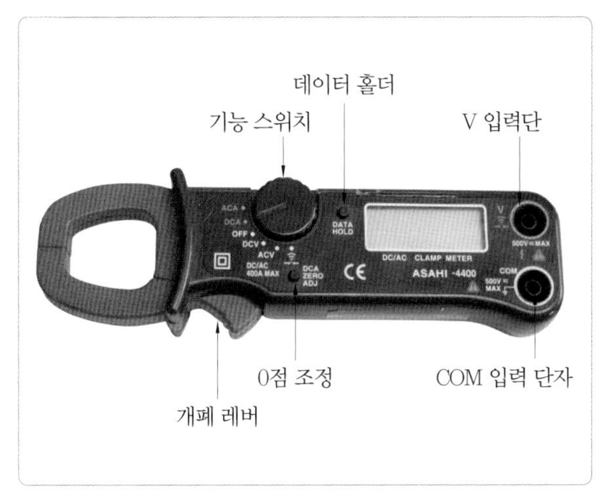

1. 측정할 후크 미터 작동 상태를 확인하고 기능 선택 스위치를 DCA로 설정한다.

2. 클램프 미터(후크 미터)를 측정하고자 하는 배선에 걸어 연결한 후 0점 조정 버튼을 누른다.

3. 엔진을 크랭킹한다(측정값 확인).

4. 측정값을 확인한다(145.7 A).

(3) 클램프 미터 사용 시 유의 사항

① 멀티 미터와 마찬가지로 메인 실렉터를 저항에 놓은 상태에서 전압을 측정하거나 메인 실렉터를 DCV에 놓고 AC 110 V 이상 전원을 측정하면 고장이 날 수 있다. 즉 해당 메인 실렉터에 맞는 정확한 전류, 전압, 저항을 선택한 후 측정할 수 있도록 한다.

② 전류를 측정할 때는 피복이 덮여 있는 상태에서 클램프를 걸고 측정해야 한다. 전선 피복을 벗기거나 벗겨져 있는 전선을 측정하면 누전으로 인한 감전 및 기기 손상을 초래할 수 있다.

(4) 클램프 미터의 측정 원리

1차측에 교류 전류가 흐르면 철심에 감겨진 2차 코일에는 전자 유도 작용에 의해 기전력이 발생한다. 이 코일을 폐회로로 한다면 전선에 흐르는 전류에 비례한 전류가 흐른다. 레인지 교체 스위치로 R_1의 값을 바꾸고, 전기부하 회로에 흐르는 전류를 선택해서 측정한다.

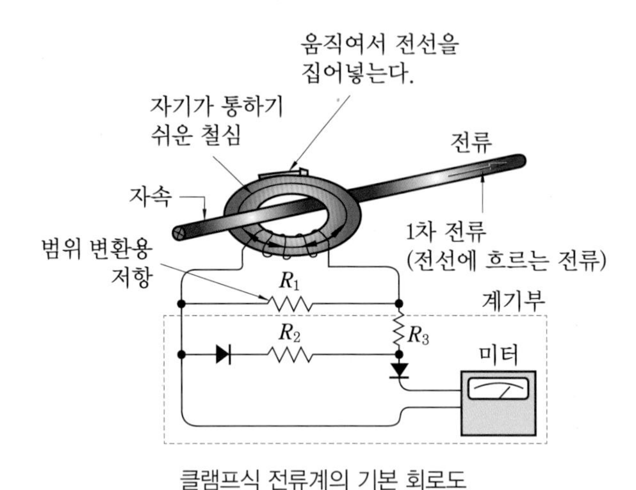

클램프식 전류계의 기본 회로도

전기 계측기의 종류

전기 계측기는 전기적 물리량을 측정하는 기구로서 전압계, 저항계, 전류계가 있으며 아날로그 및 디지털 기기로 분류된다.

(1) 전압계

❶ 전압계는 측정하려는 부하에 병렬로 연결하여 사용한다.
❷ 전압계에는 매우 높은 저항이 내장되어 있으므로 회로의 전류 흐름에 영향을 주지 않는다.
❸ 전압계는 내부 저항이 매우 높아 전류를 거의 소모하지 않으므로 전압이 정상적으로 측정된다고 해서 회로가 정상이라고 확신할 수 없다.

(2) 전류계

❶ 전류계는 측정하려는 지점에 직렬로 연결하여 사용한다.
❷ 전류계는 내부 저항이 매우 낮아 전류 흐름에 거의 영향을 주지 않는다.
❸ 클램프 타입 전류계는 회로를 분리할 필요 없이 바로 연결하여 전류를 측정할 수 있다.

(3) 저항계

❶ 저항계는 전원과 회로로부터 분리된 상태에서 저항을 측정한다.
❷ 저항계는 작은 전류를 내보내어 부품을 통과하는 전류량을 측정함으로써 간접적으로 저항을 계산한다.
❸ 저항계는 높은 전류 회로의 저항을 측정하는 데는 알맞지 않다.
❹ 디지털 저항계는 출력 전압이 0.7 V 미만으로 다이오드를 통전시키지 못하므로 별도로 높은 전압을 출력하는 다이오드 모드를 사용한다.

시동 장치 점검 정비

1. 관련 지식
2. 실습 준비 및 유의 사항
3. 실습 시 안전 관리 지침
4. 시동 회로 점검

3 시동 장치 점검 정비

실습목표 (수행준거)	1. 시동 장치의 작동 원리를 탐구하고 작동 상태를 이해할 수 있다. 2. 시동 장치 회로를 분석하여 점검할 수 있다. 3. 시동 장치의 세부 점검 목록을 확인하여 고장 원인을 파악할 수 있다. 4. 진단 장비를 활용하여 고장 원인을 분석하고 관련 부품을 교환할 수 있다.

1 관련 지식

1 시동 장치의 개요

시동 장치는 내연엔진을 작동시키기 위해 필요한 일련의 장치로 시동 모터, 점화 스위치, 배터리, 시동 릴레이, 인히비터 스위치로 구성되어 있다.

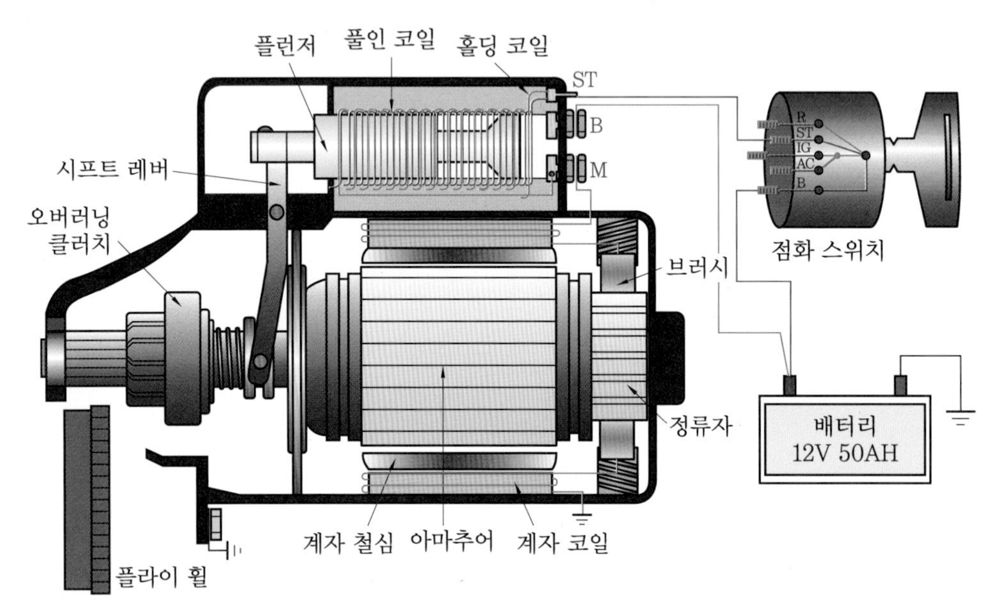

시동 장치의 구조

2 시동 전동기 작동 및 전원 공급

① 시동 키(점화 스위치)를 3단 'START'로 작동시킨다.

② 솔레노이드 스위치 S 단자로부터 풀인 코일과 홀딩 코일에 전류가 흐른다.

③ 풀인 코일에 흐르는 전류는 M(F) 단자를 거쳐 계자 코일, 브러시, 정류자, 전기자 코일로 전달되어 회로 접지가 된다.

④ 이때 풀인 코일과 홀딩 코일은 자화되어 플런저를 흡인시키며 시프트 레버를 잡아 당기게 되고 시프트 레버의 작동에 의해 피니언 기어가 플라이 휠 기어에 치합되어 물리게 된다.

⑤ 플런저가 흡인되면 스위치의 솔레노이드 B 단자와 M 단자가 연결되고, 축전지 (+) 단자에 시동 전동기 작동 전원이 계자 코일을 통하여 전기자 코일에 흐르게 되어 엔진 크랭크축을 돌릴 수 있는 회전력으로 엔진을 구동시킨다.

⑥ 엔진 시동이 걸린 후 플라이 휠의 회전속도가 피니언 기어보다 빠르게 회전되어 오버러닝이 되며 엔진 시동이 걸린 상태이므로 시동 키(점화 스위치)를 놓게 된다.

⑦ 시동 키(점화 스위치)로부터 전원을 해제하면 시동 키(점화 스위치)는 2단(IG ON) 상태로 유지되고 시동 전동기에 공급된 풀인 코일과 홀딩 코일에 흐르는 전류는 차단되어 자력이 소멸된다.

⑧ 솔레노이드 스위치의 리턴 스프링에 의해 플런저가 리턴되고 전진해 있던 피니언 기어도 링 기어에서 분리되어 시동 전동기의 작동이 마무리된다.

3 시동 전동기의 구조

시동 전동기는 회전 운동을 하는 부분(전기자와 정류자)과 고정되어 있는 부분(계자 코일, 계자 철심, 브러시)으로 구성되어 있다.

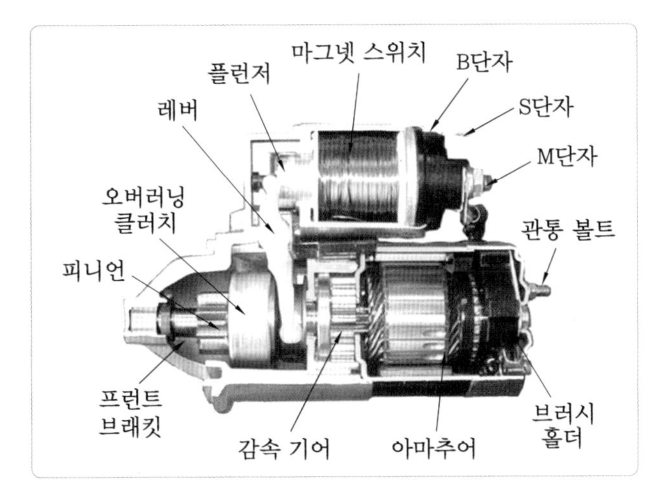

시동 전동기 구조

시동 전동기 단자

(1) 회전 운동을 하는 부분

① **전기자(armature)** : 전기자는 축, 철심, 전기자 코일 등으로 구성되어 있으며, 축의 앞쪽에는 피니언의 미끄럼 운동을 위해 스플라인이 파져 있다.

② **정류자(commutator)** : 정류자 편을 절연체로 감싸서 원형으로 제작한 것이며, 브러시를 통하여 전류를 일정한 방향으로 전기자 코일로 흐르게 한다.

(2) 고정된 부분

① **계철과 계자 철심(yoke & pole core)** : 계철은 자력선의 통로와 시동 전동기의 틀이 되는 부분이며, 안쪽 면에는 계자 코일을 지지하여 자극이 되는 계자 철심이 고정되어 있다.

② **계자 코일(field coil)** : 계자 코일은 계자 철심에 감겨져 자력을 발생시키며, 큰 전류가 흐르므로 평각 구리선을 사용한다.

③ **브러시와 브러시 홀더(brush & brush holder)** : 브러시는 정류자를 통하여 전기자 코일에 전류를 공급하며 일반적으로 3~4개가 설치된다. 스프링 장력은 0.5~1.0 kgf/cm^{2}이다.

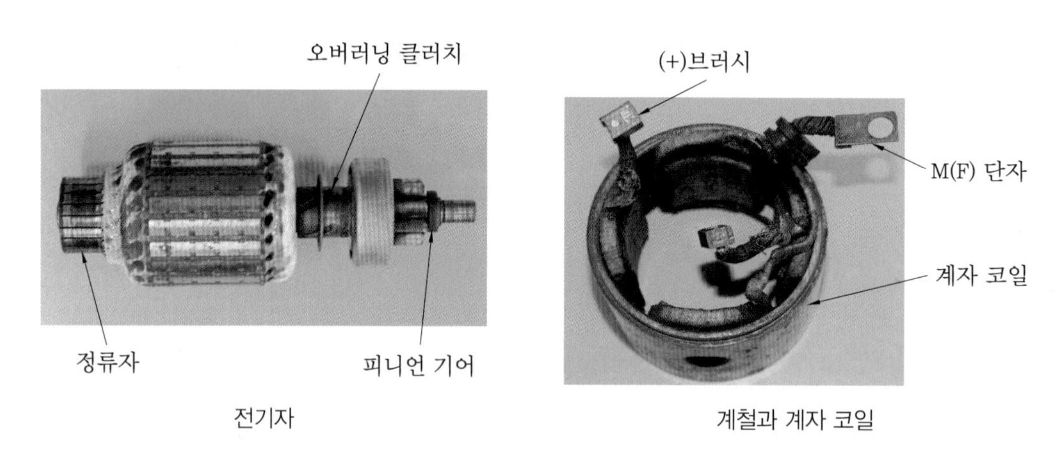

전기자 계철과 계자 코일

(3) 동력 전달 기구

시동 전동기에서 발생한 회전력을 플라이 휠의 링 기어로 전달하여 엔진을 회전시킨다. 플라이 휠 링 기어와 피니언의 감속 비율은 10~15 : 1 정도이며, 피니언을 링 기어에 물리는 방식에는 벤딕스식(bendix type), 전기자 섭동식(armature shift type), 피니언 섭동식(pinion sliding gear type) 등이 있다.

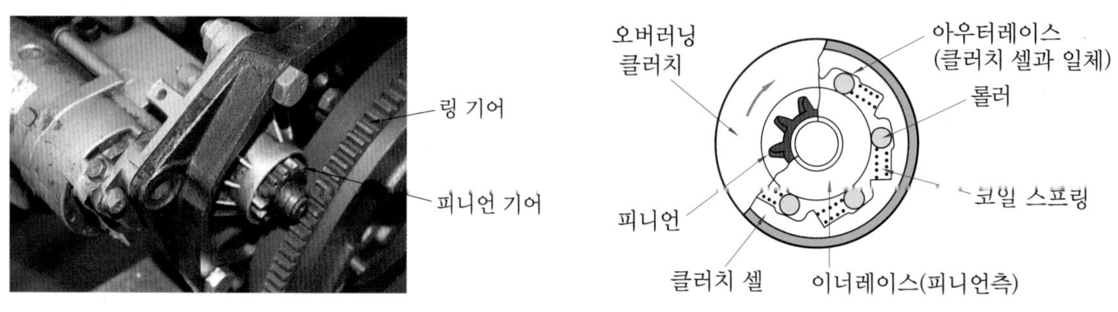

동력 전달 기구

4 시동 회로의 작동

(1) 시동 회로

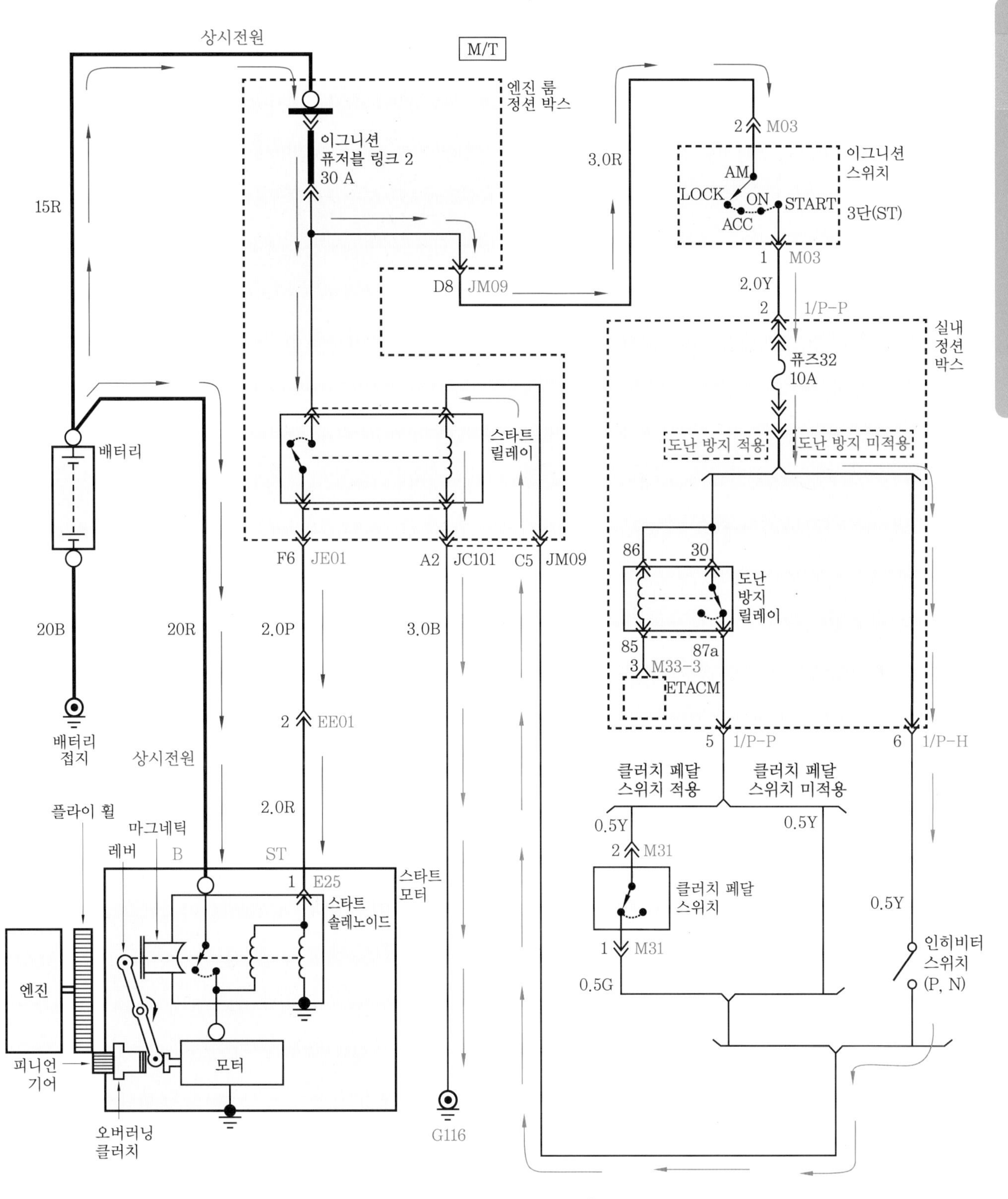

※ 자동 변속기 차량인 경우 인히비터 스위치를 거쳐서 스타트 릴레이로 전원이 공급된다.

(2) 시동 회로 구성 부품

① 시동 스위치 : 점화 스위치(ignition switch)와 겸하고 있으며, 1단 약한 전기 부하, 2단 점화 스위치 ON 시 주요 전원 공급, 3단 시동 스위치가 작동하며 엔진 시동이 걸리게 된다(자동차 주행에 따른 장치별 전원 공급).

점화 스위치

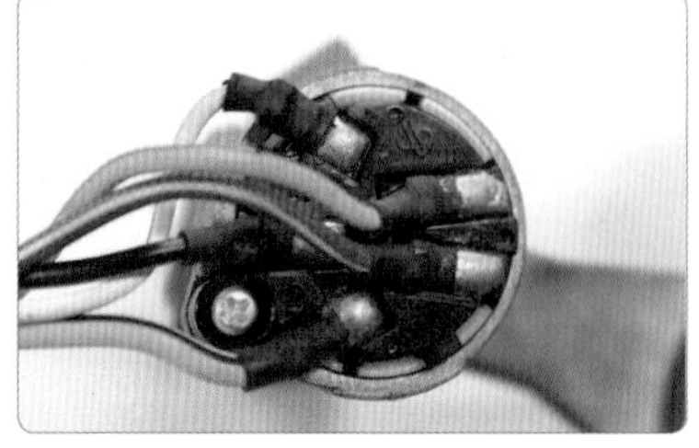
점화 스위치 단자

버튼식 점화 스위치

② 인히비터 스위치(시동을 위한 시프트 패턴 “N”)

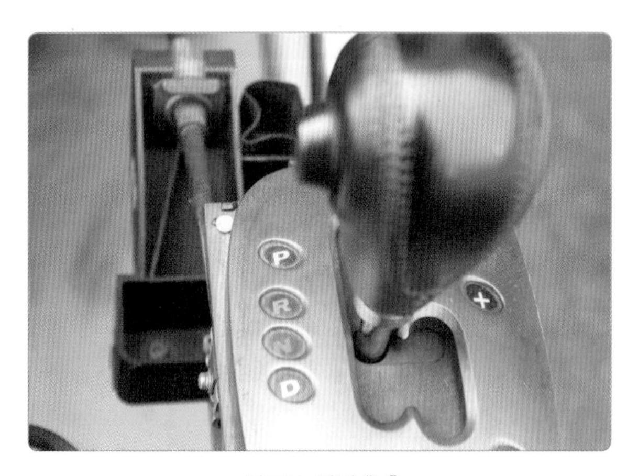

시프트 패턴 “N”

인히비터 스위치

③ 배터리 및 정션 박스(시동 릴레이 및 메인 퓨즈)

배터리 (+), (−)

정션 박스(시동 릴레이, 메인 퓨즈)

2 실습 준비 및 유의 사항

실습 준비(실습 장비 및 실습 재료)

1 실습 자료

- 점검정비내역서, 견적서
- 차종별 정비 지침서

2 실습 장비

- 완성 차량(승용자동차)
- 전기 회로 시뮬레이터
- 엔진 종합 시험기
- 리프트(2주식, 4주식)
- 작업등
- 멀티 테스터(디지털, 아날로그)
- 테스트 램프
- 전류계(후크 타입)

3 실습 재료

- 유지흡착제(걸레)
- 가솔린 및 경유(세척유)
- 종류별 저항
- 배터리
- 교환 부품(퓨즈, 릴레이, 모터, 하네스(배선 및 커넥터), 액추에이터, 센서)

실습 시 유의사항

- 안전 작업 절차에 따라 전기 회로도를 이해하고 점검에 임한다.
- 디지털 및 아날로그 멀티 테스터, 테스트 램프, 전류계 등 진단 장비를 활용하여 효율적인 고장 진단을 한다.
- 전기 · 전자 회로의 퓨즈, 릴레이, 모터, 하네스(배선 및 커넥터), 액추에이터, 센서를 진단 방법에 따라 진단한다.
- 시동 장치는 시동 전동기, 시동 릴레이, 퓨즈, 하네스(배선, 커넥터), 배터리, 점화 스위치(인히비터 스위치) 등의 해당 부품 관련 회로를 분석한 후 점검한다.
- 시동 장치 점검 시 시동 회로 내 소모 전류, 전압 강하를 측정하고 판정한다.
- 시동 장치 검사 시 부하 · 무부하 검사를 병행 실시하고 진단한다.
- 시동 장치 검사 시 관능 검사(작동음 포함)를 실시하여 고장 진단에 참고한다.

3 실습 시 안전 관리 지침

① 실습 전 반드시 안전 교육을 실시하고 소화기를 비치하여 화재 사고에 대비하며, 유류 등 인화성 물질은 안전한 곳에 분리하여 보관한다.

② 중량이 무거운 부품 이동 시 작업 장갑을 착용하며 장비를 활용하거나 2인 이상 협동하여 이동시킨다.

③ 실습 전 작업대를 정리하여 작업의 효율성을 높이고 안전 사고가 발생되지 않도록 한다.

④ 실습 작업 시 작업에 맞는 적절한 공구를 사용하여 실습 중 안전 사고에 주의한다.

⑤ 실습장 내에서는 작업 시 서두르거나 뛰지 말아야 한다.

⑥ 각 부품의 탈부착 시 오일이나 물기름이 작업장 바닥에 떨어지지 않도록 하며 누출 시 즉시 제거하고 작업에 임한다.

⑦ 모든 부품은 분해, 조립 순서에 준하여 작업을 실시하고 분해된 부품은 순서에 따라 작업대에 정리정돈 한다.

⑧ 실습 종료 후 실습장 주위를 깨끗하게 정리하며 공구는 정위치시킨다.

⑨ 실습 시 작업복, 작업화를 착용한다.

4 시동 회로 점검

1 고장 진단 및 순서

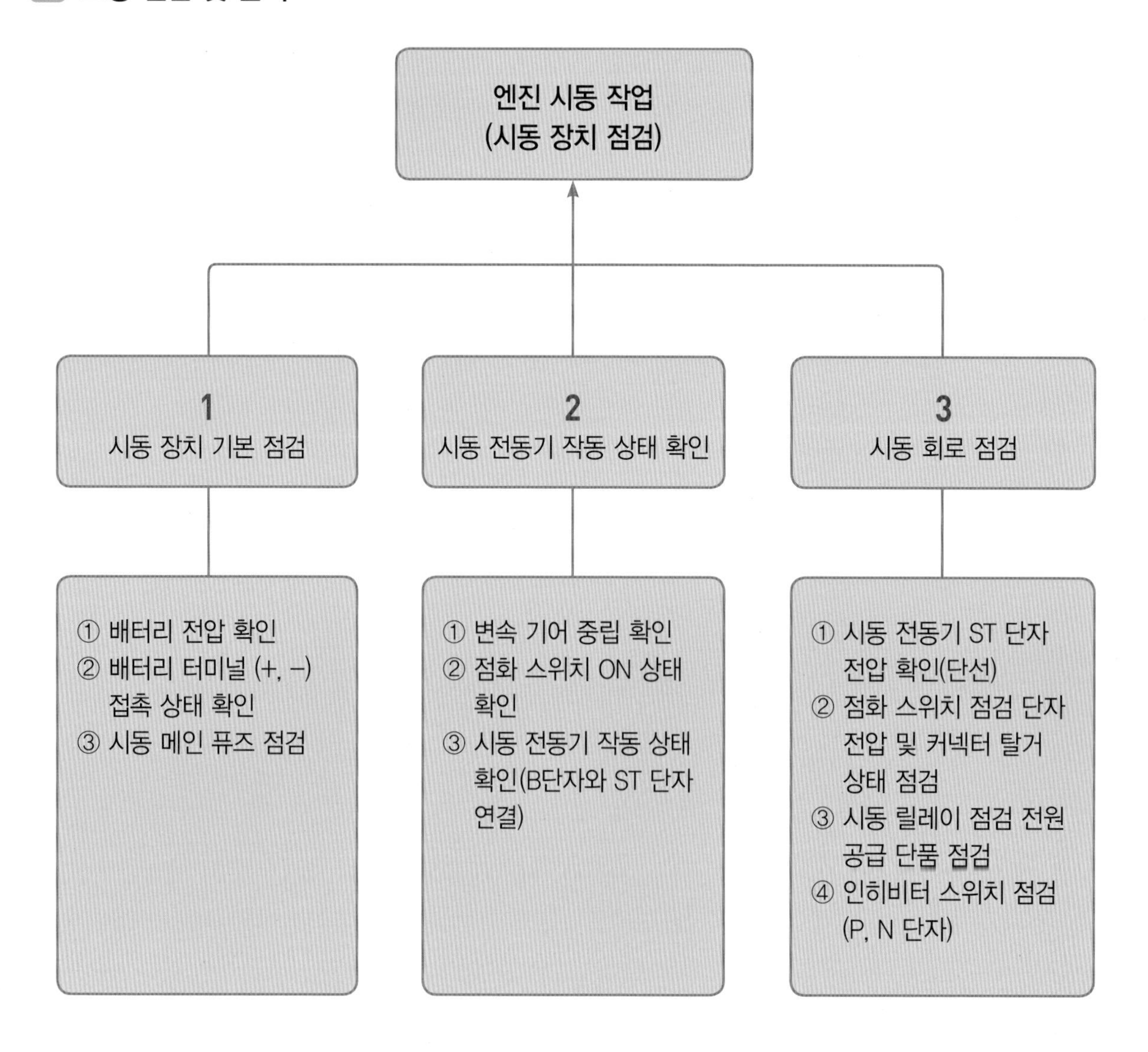

2 시동 회로

(1) 시동 회로도

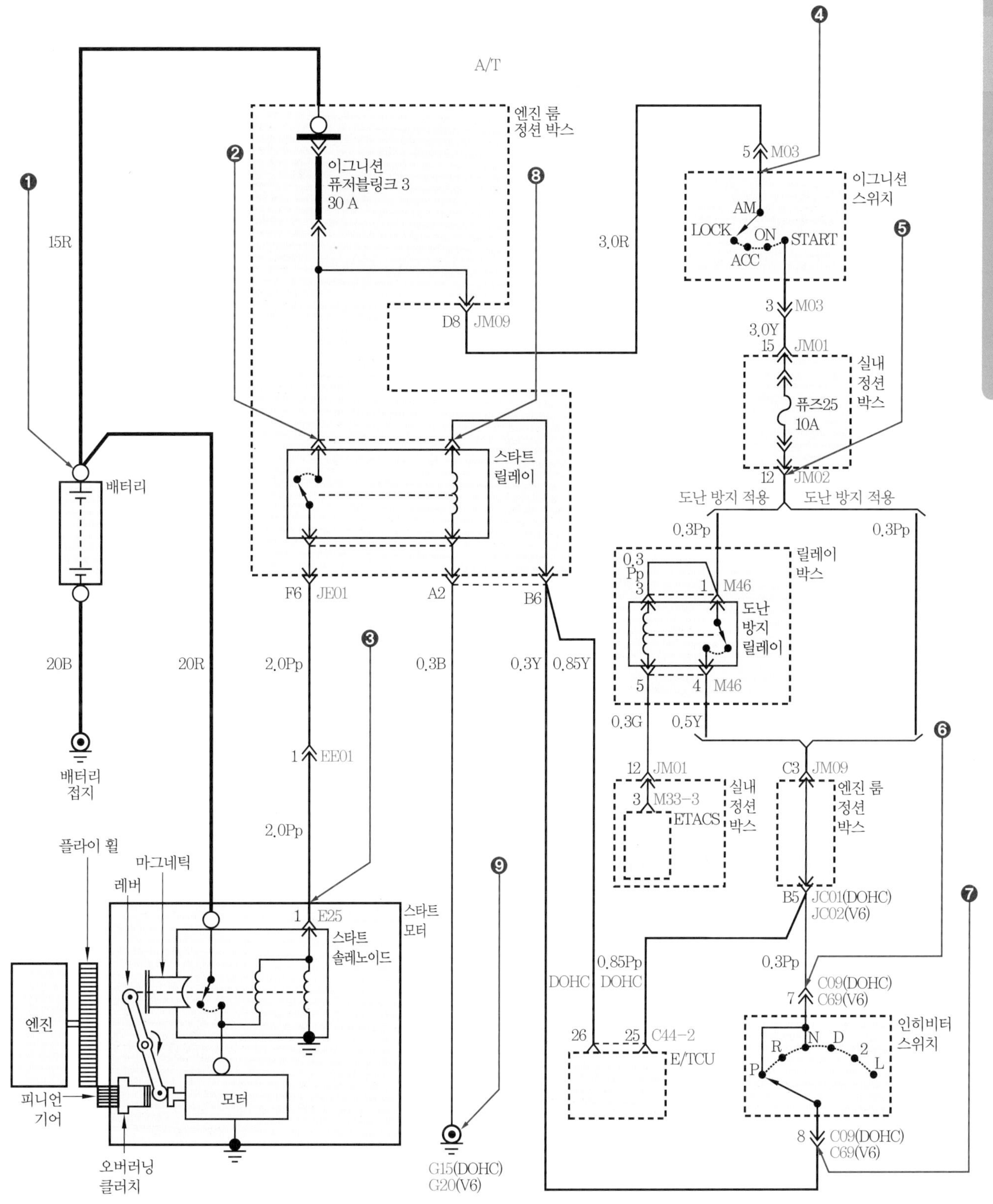

(2) 시동 회로 점검

1. 배터리 단자 접촉 상태를 확인한다.

2. 배터리 단자 전압을 확인한다.

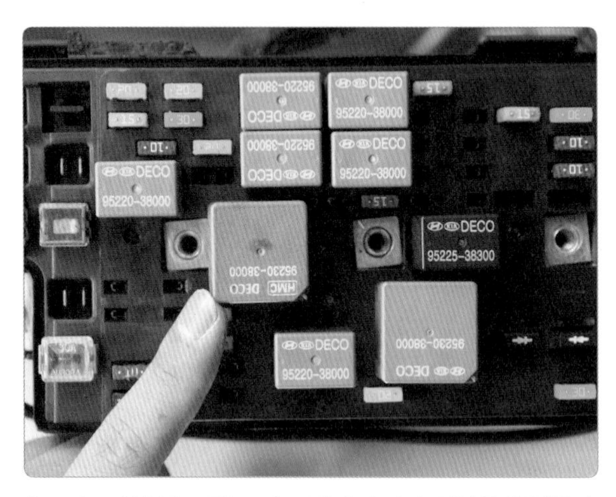

3. 이그니션 퓨즈 및 스타트 릴레이 단자 전압을 확인한다.

4. 스타트 릴레이 코일 저항 및 접점 상태를 확인한다.

5. 실내 정션 박스 시동 공급 전원 퓨즈 단선 유무를 확인한다.

6. 시동 전동기 ST 단자 접촉 상태 및 공급 전원을 확인한다.

7. 점화 스위치 커넥터 단선(분리)을 확인한다.

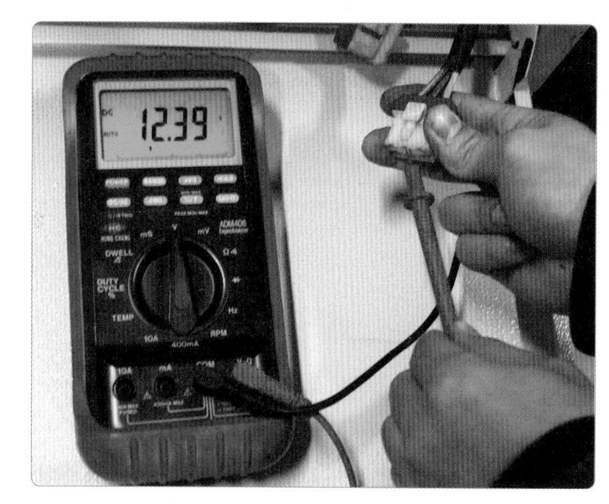

8. 점화 스위치 공급 전압을 확인한다.

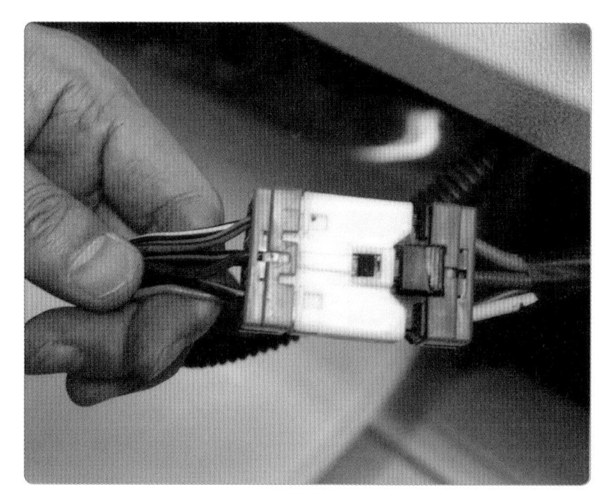

9. 점화 스위치 접점 상태를 확인한다.

10. 시프트 레버 선택 레인지를 P, N 위치에 놓는다.

11. 인히비터 스위치 전원 및 접점 상태를 확인한다(P, N 상태).

12. 크랭크각 센서, 커넥터 체결 상태를 확인하고 공급 전원 및 센서 접지 상태를 확인한다.

3 크랭킹 전류, 전압 강하 시험

(1) 시동 시 전압 강하 및 전류 측정

크랭킹 전류, 전압 강하 시험

1. 배터리 전압과 용량을 확인한다(12 V, 60 AH).

2. 배터리 단자 체결 상태 및 전압을 측정한다(12.6 V).

3. 시동 전동기 B단자에 전류계를 설치한 후 0점 조정한다(DCA 선택).

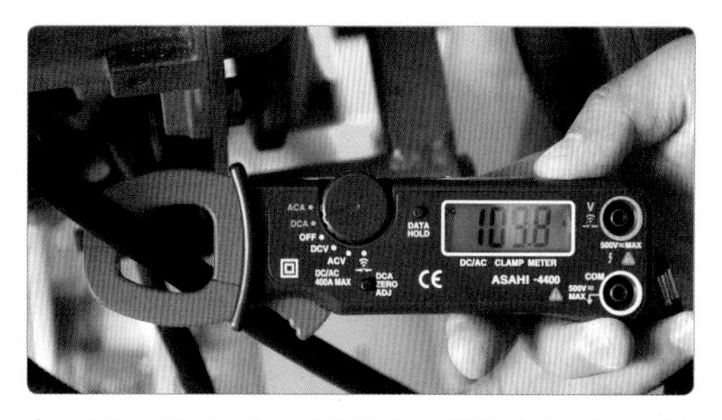

4. 점화 스위치를 ST로 작동하여 크랭킹시키는데 4~6회 작동 시 측정값으로 홀드시킨 후 측정한다(109.8 A).

(2) 점검 및 조치 사항

① **측정(점검)** : 전압 강하 12.6 V, 전류 소모 109.8 A

- 전압 강하 : 축전지 전압의 20% 이하(9.6 V 이상)
- 전류 소모 : 축전지 용량의 3배(60 A × 3 = 180 A) 이하

② **정비(조치) 사항** : 측정값이 불량일 때는 시동 전동기 교환 후 재점검하며, 교환 시에도 불량이면 배터리를 비롯한 시동 회로 선간 전압을 측정하여 불량 부위를 확인한다.

항 목	전압 강하(V)	전류 소모(A)
일반적인 규정값	축전지 전압의 20%까지	축전지 용량의 3배 이하
예 (12 V−60 AH)	9.6 V 이상	180 A 이하

실습 주요 point

시동 전동기 부하 시험(전압) 방법

❶ 크랭킹(cranking) : 차량에 설치된 배터리에 2번 그림과 같이 배터리 (+)와 배터리 (−)를 연결하고 전류계 선택 스위치를 DCA에 선택한다.
❷ 엔진이 시동이 되지 않도록 크랭크 포지션 센서 또는 코일 고압선을 탈거한다.
❸ 시동 전동기를 크랭킹하면서 배터리 전압 강하를 측정한다.
❹ 크랭킹 시 시동 전동기 소모 전류 또는 스타트 모터가 회전 시 소모되는 배터리 전류의 소모량을 측정하여 역으로 시동 전동기의 상태를 추정할 수 있다.
❺ 전류는 최댓값을, 전압은 최솟값을 측정한다.
❻ 크랭킹 중에는 배터리에서 시동 전동기 방향으로 약 100A 정도의 큰 전류가 흐르며, 이로 인한 전압 강하로 ST단자에는 약 10V 정도의 전압이 측정된다.

주의 사항

❶ 측정 전 배터리 전압을 반드시 확인한다.
❷ 전류계는 0점 세팅 후 측정에 임한다.

4 시동 모터 탈부착

(1) 시동 모터 탈부착

시동 전동기 탈부착

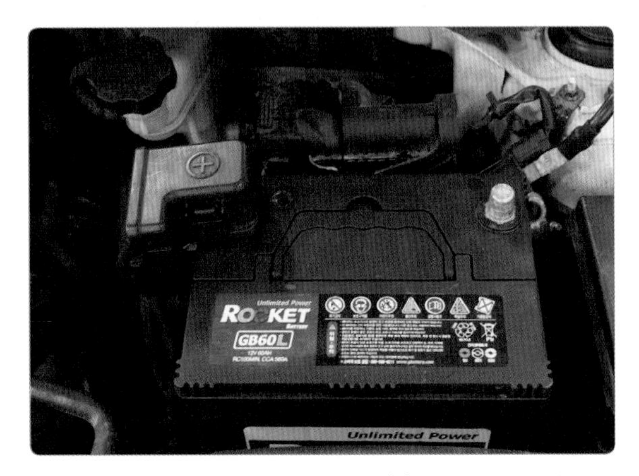

1. 점화 스위치를 off한 후 배터리 (–) 단자를 탈거한다.

2. 시동 전동기 ST 단자를 탈거한다.

3. 시동 전동기 B 단자를 탈거한다.

4. 시동 전동기 고정 볼트를 탈거한다.

5. 시동 전동기를 탈착한다.

6. 엔진에 시동 전동기를 부착한다.

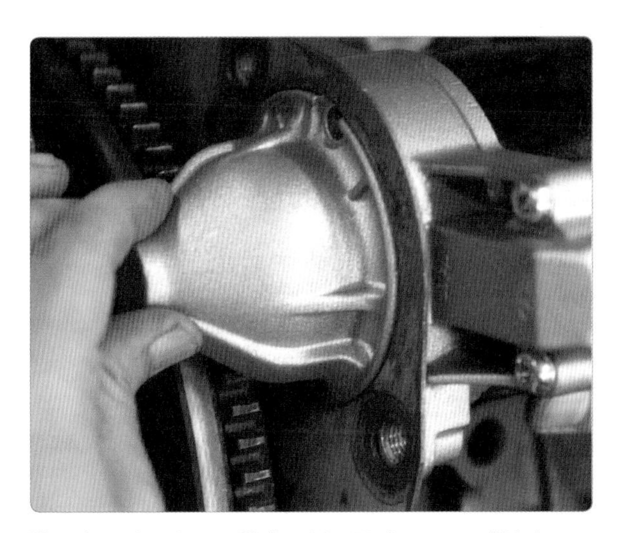

7. 시동 전동기를 부착하고 볼트를 손으로 조립한다.

8. 공구를 사용하여 시동 전동기를 조립한다.

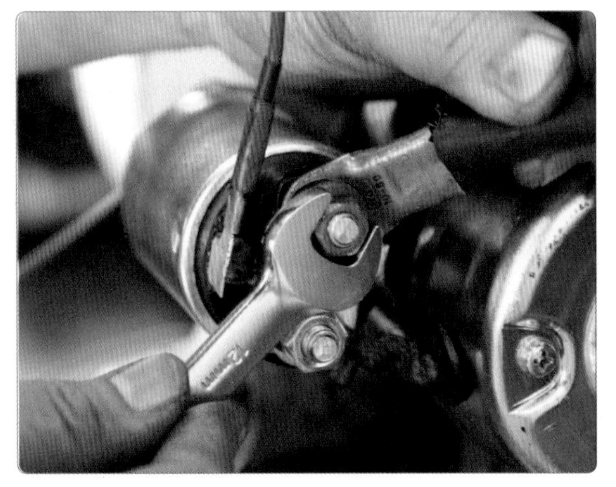

9. 시동 모터 B 단자를 조립한다.

10. 시동 모터 ST 단자를 조립한다.

11. 시동 전동기 체결 상태를 확인한다.

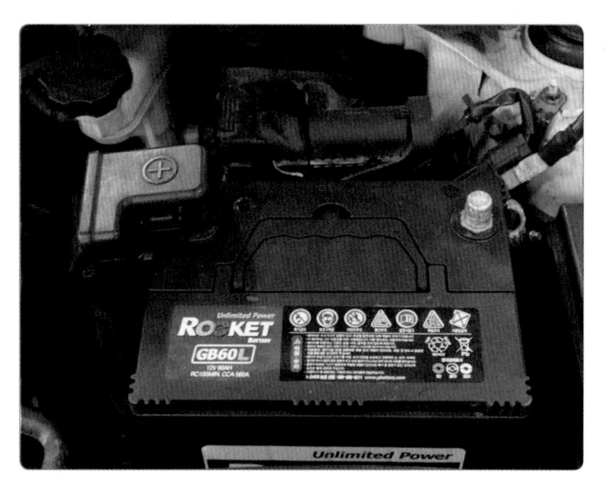

12. 배터리 (−) 단자를 체결한다(시동 상태 확인).

(2) 자동차 시동 장치(회로) 이상 유무 점검

① 시동 전동기 작동 상태

- 작동 불량(작동 안 됨)
- 엔진 회전력 부족
- 이음 발생 및 피니언 기어 치합이 안 될 때
- 연속 작동

② 시동 시 크랭킹이 되지 않는 원인

- 배터리 전압이 낮거나 배터리 케이블의 접속이 불량할 때
- 자동 변속기 차량의 경우 : 인히비터 스위치 불량 시
- 수동 변속기 차량의 경우 : 클러치 스위치 불량 시
- 퓨즈 및 릴레이 불량 시
- 시동 전동기 불량 시
- 플라이 휠 링 기어 또는 시동 전동기 피니언 기어 불량 시

5 시동 모터 분해 조립

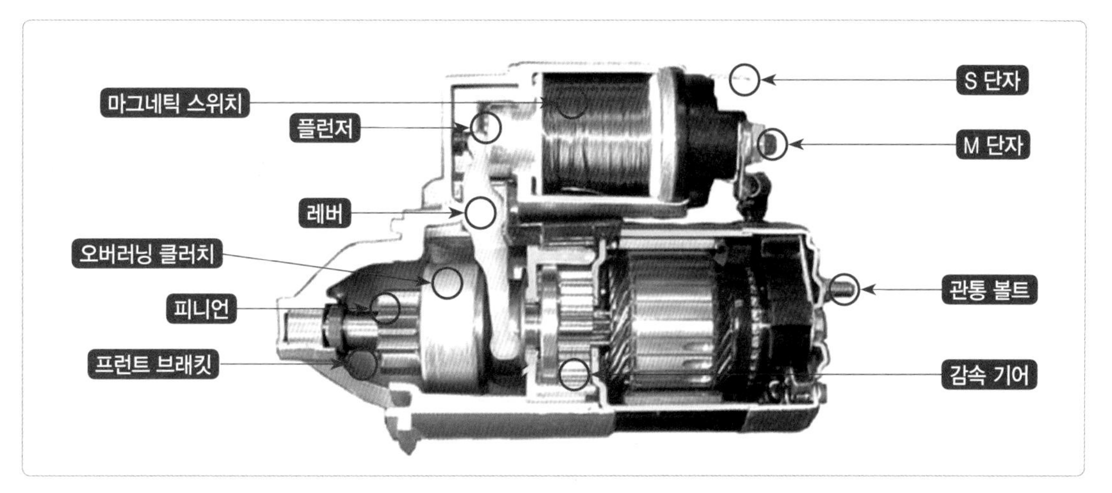

시동 모터의 구조 및 명칭

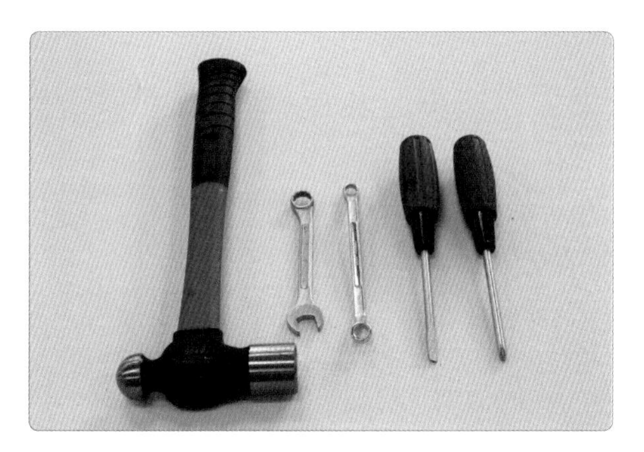

1. 분해 조립할 시동 전동기를 확인하고 공구를 준비한다.

2. 시동 전동기 M(F) 단자를 솔레노이드 스위치에서 분리한다.

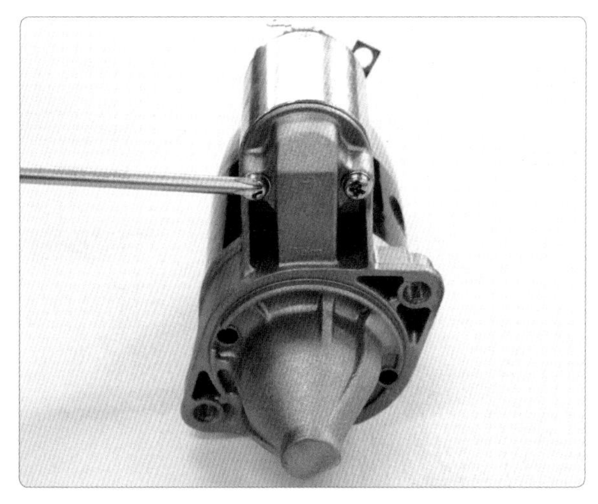

3. 솔레노이드 고정 볼트를 분해하여 모터에서 분리한다.

4. 마그네틱 스위치(솔레노이드)를 정렬한다.

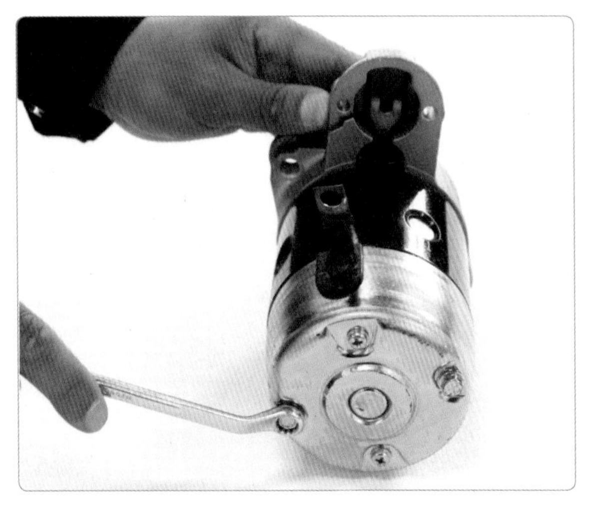

5. 관통 볼트를 분리한다.

6. 브러시 홀더 고정 볼트를 분해한다.

7. 리어 브래킷을 탈거한다.

8. 프런트 브래킷과 요크를 분리한다.

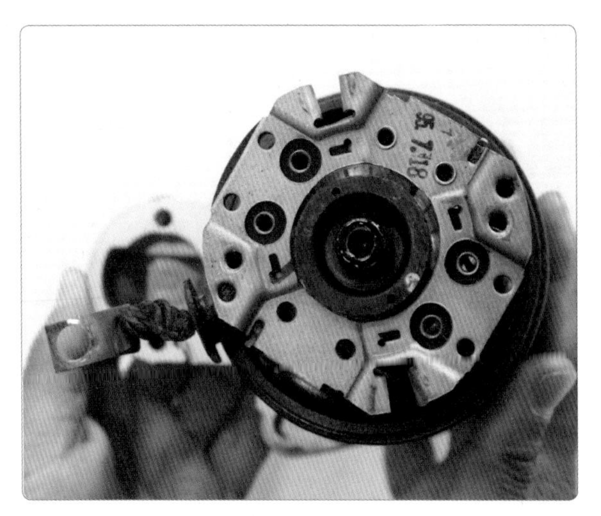

9. 요크(계자 코일)를 분리한다.

10. 분해된 요크를 정리한다.

11. 전기자에서 프런트 브래킷을 분해한다.

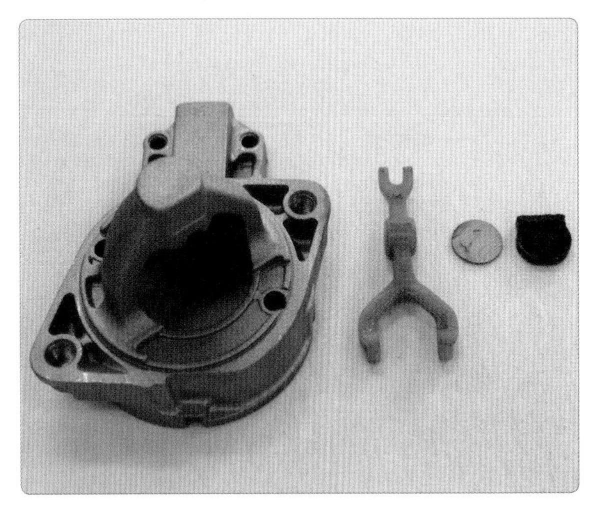

12. 프런트 브래킷 포크 리테이너를 정렬한다.

13. 전기자를 정리한다.

14. 분해된 전동기를 정렬한다.

15. 프런트 하우징에 전기자와 포크를 조립한다.

16. 요크(계자 코일)를 조립한다.

17. 계자 코일 F(M) 단자 위치를 솔레노이드 조립 위치에 맞춘다.

18. 엔드프레임을 체결한다.

19. 관통 볼트와 브러시 홀더 고정 볼트를 조립한다.

20. 관통 볼트를 확고하게 조인다.

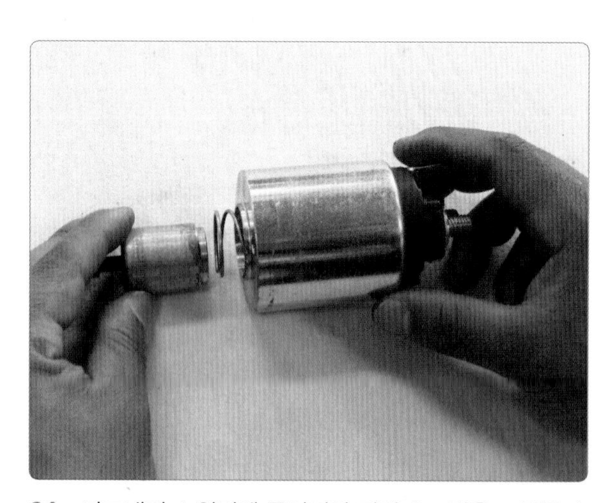

21. 마그네틱 스위치에 플런저와 리턴 스프링을 조립한다.

22. ST 단자가 위로 향하도록 위치한다.

23. 마그네틱 스위치 고정 볼트를 조립한다.

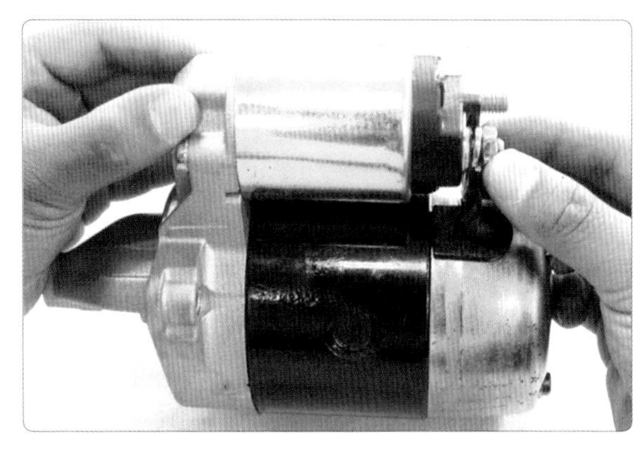

24. M 단자를 체결한다.

25. 시동 전동기의 조립된 상태를 무부하 시험으로 확인한다(배터리 (–)는 몸체 접지, (+)는 B 단자와 ST 단자를 동시에 연결해 작동 시험을 한다).

26. 조립된 시동 전동기를 정리한다.

실습 주요 point

시동 전동기 고장 진단 방법

❶ **엔진이 작동하지 않는 경우(크랭킹이 느린 경우)** : 배터리, 배선, 단자의 순서로 점검한다.

❷ 배터리는 멀티 테스터로 전압을 확인하거나 배터리 용량 테스터로 점검한다.

❸ **배선 회로와 시동 모터 고장 인지 구별 방법** : 시동 모터 주단자(배터리 전원 B 단자)와 솔레노이드 스위치(ST) 단자에 배터리 점프 선으로 직결시켜 모터의 회전 상태를 확인한다.

- 회전하는 경우 : 시동 전동기 배선 불량, 점화 스위치 불량의 원인으로 판단한다.
- 회전하지 않는 경우 : 시동 모터 B 단자와 배터리 사이의 회로 불량, 솔레노이드 스위치 접점 불량의 원인으로 판단한다.

6 시동 전동기 전기자 및 계자 코일 점검

(1) 시동 전동기 전기자 점검

1. 그로울러 테스터에 점검할 전기자를 올려놓는다.

2. 그로울러 테스터에 전원을 연결하고 (+), (−) 점검봉을 세팅시켜 작동 상태를 확인한다.

3. **전기자 코일 단선 시험** : 전기자 테스터기 (+) 프로브를 정류자편에 고정시키고 (−) 프로브를 정류자편 하나씩 접촉시켰을 때(모든 정류자편) 테스터기 램프가 ON되어야 한다.

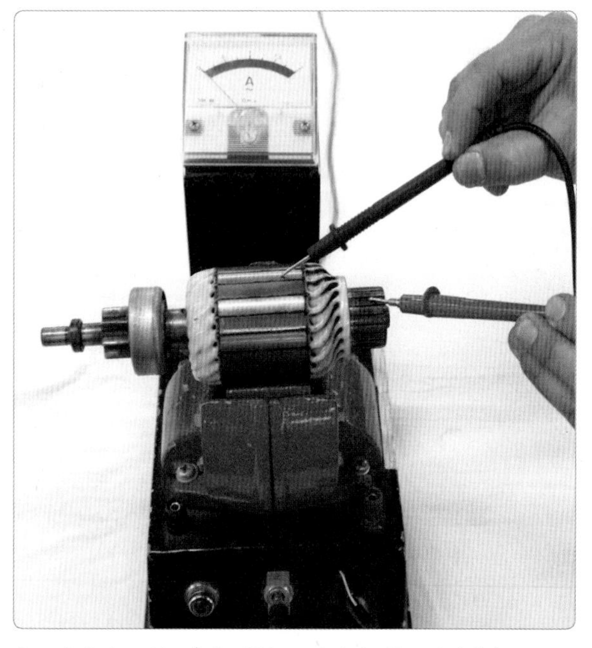

4. **전기자 코일 접지 시험** : 전기자 테스터기 ( ) 프로브를 전기자에 고정시키고 (+) 프로브를 정류자편 하나씩 접촉시켰을 때(모든 정류자편) 테스터기 램프가 OFF되어야 한다.

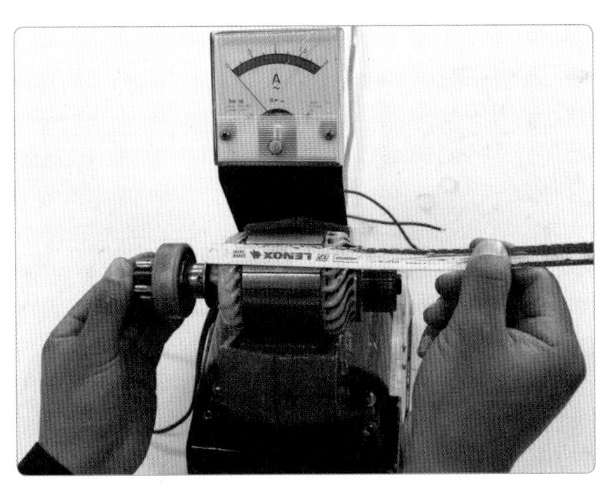

5. **전기자 코일 단락 시험** : 그로울러 테스터기를 ON시키고 전기자 흡인된 상태에서 철편을 전기자에 1~2 mm 근접시켜 전기자를 한바퀴 돌린다.

6. 시험이 끝나면 그로울러 시험기 스위치를 OFF시킨다.

(2) 시동 전동기 계자 코일 점검

1. 계자 코일을 분해한다.

2. 계자 코일 전원 공급선 M 단자 상태를 점검하고 브러시 마모 상태를 확인한다.

3. 분해된 계자 코일 접지 브러시 (–)와 브러시 홀더 접촉 상태를 점검한다.

4. 브러시 홀더 스프링 및 (+) 브러시 상태를 점검하고 배선 노출 여부를 점검한다.

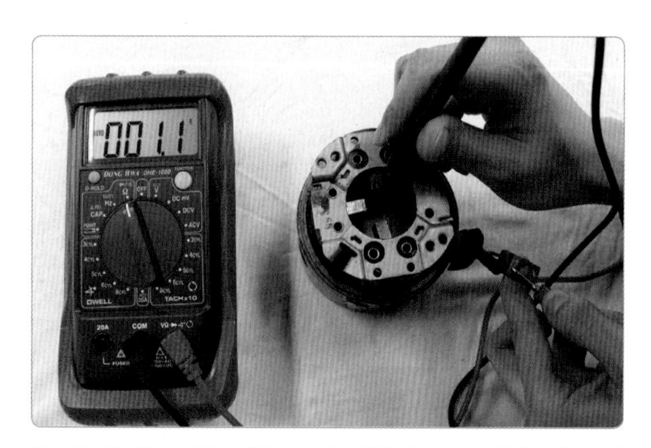

5. 멀티 테스터를 저항으로 선택한 후 M 단자와 (+) 브러시 간 단선 상태를 점검한다(1.1 Ω).

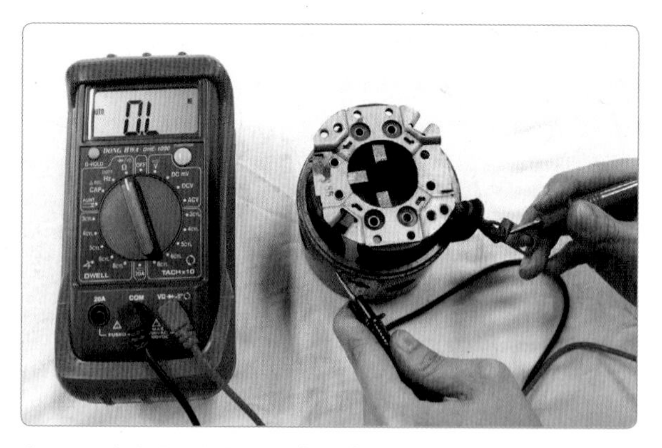

6. M 단자와 계자 철심(몸체) 간 접지 상태를 점검한다(∞ Ω). 비도통 양호

7 시동 전동기 마그네틱 스위치 점검

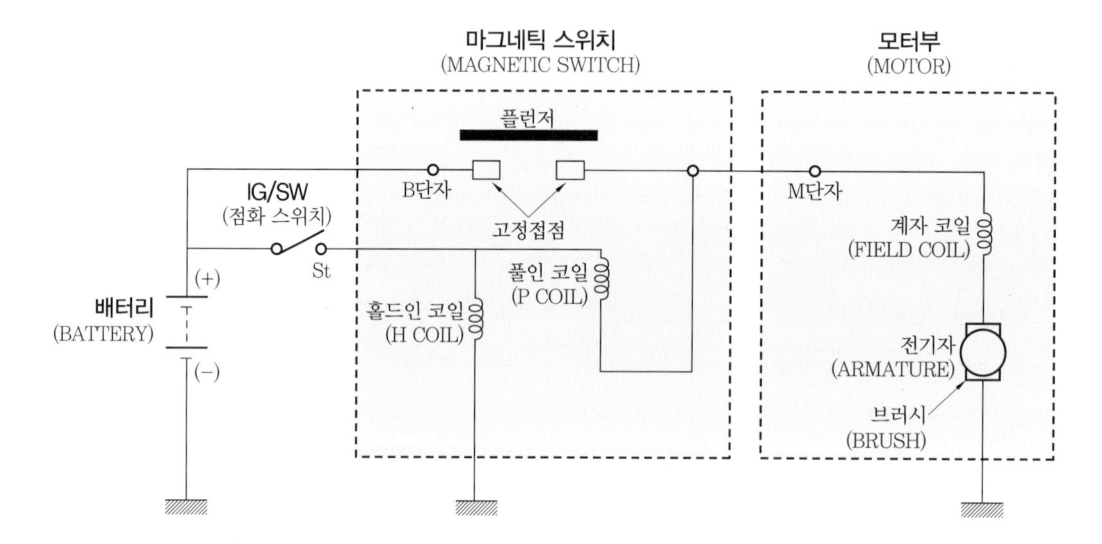

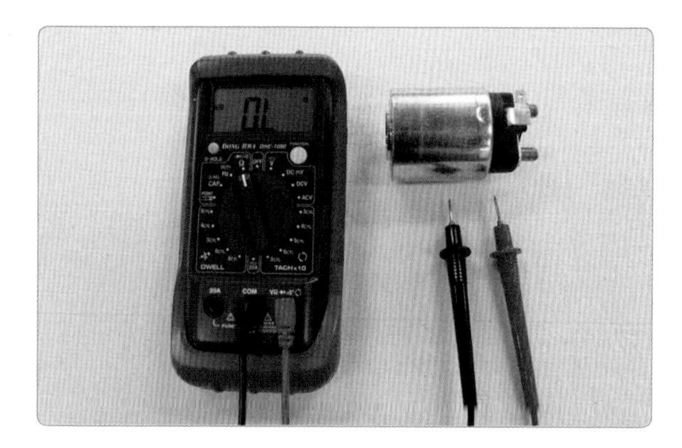

1. 점검할 마그네틱 스위치와 멀티 테스터를 확인한다.

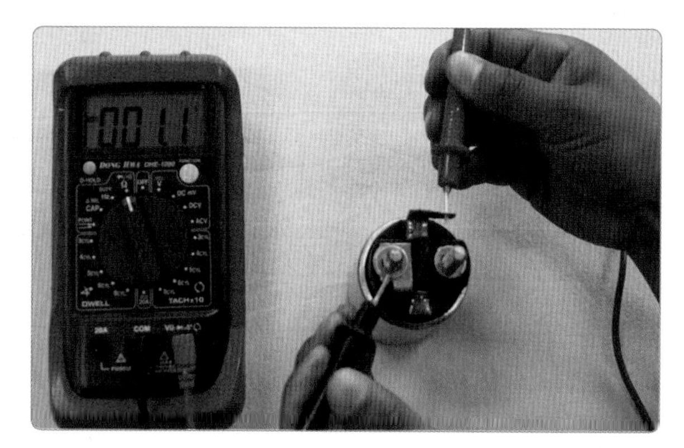

2. **풀인 코일 점검** : 멀티 테스터(저항) (+), (−) 리드선을 각각 ST 단자와 M 단자에 연결하였을 때 코일 저항을 점검한다(1.1 Ω).

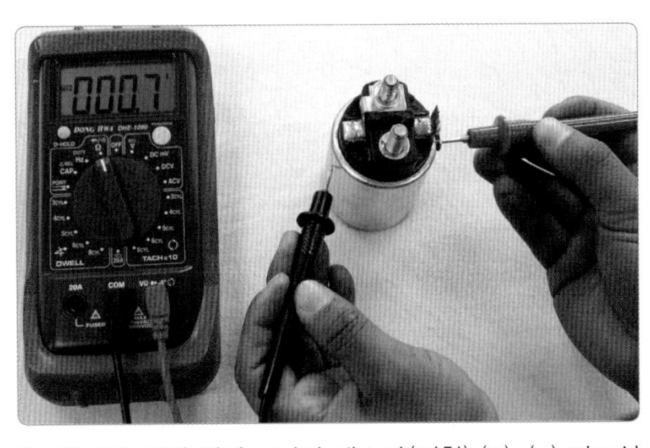

3. **홀드인 코일 점검** : 멀티 테스터(저항) (+), (−) 리드선을 각각 ST 단자와 몸체에 연결하였을 때 코일 저항을 점검한다(0.7 Ω).

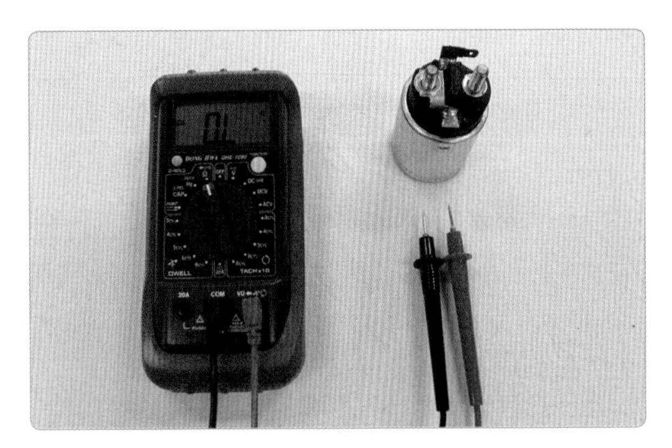

4. 마그네틱 스위치와 멀티 테스터를 정렬한다.

① 측정(점검)

- 전기자 코일 : 단선−0 Ω, 단락−∞ Ω, 접지−∞ Ω
- 풀인 코일 : 도통(1.1 Ω,)
- 홀드인 코일 : 도통(0.7 Ω,)

② 정비(조치) 사항 : 측정 시 불량일 때는 전기자 코일을 교환하거나 솔레노이드 스위치를 교환한다.

③ 규정값

단품 점검		규정값
전기자 코일	단선(개회로) 시험	모든 정류자편이 통전되어야 한다.
	단락 시험	철편이 흡인되지 않아야 한다.
	접지(절연 시험)	통전되지 않아야 한다.
마그네틱 스위치	풀인 시험(풀인 코일)	피니언이 전진한다(1.1 Ω).
	홀드인 시험(홀드인 코일)	피니언이 전진 상태로 유지된다(0.4~0.7 Ω).

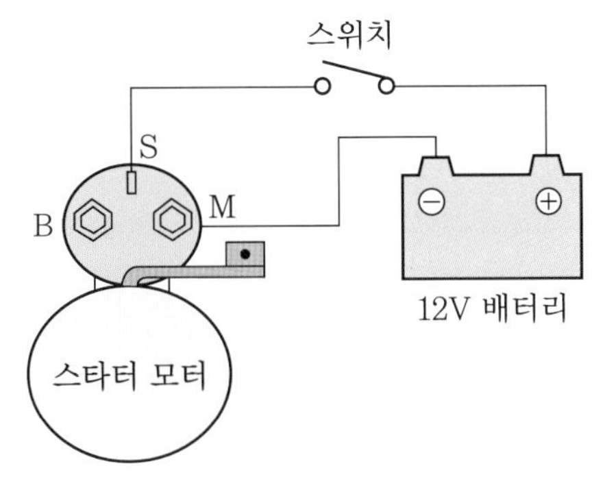

마그네틱 스위치 풀인 시험

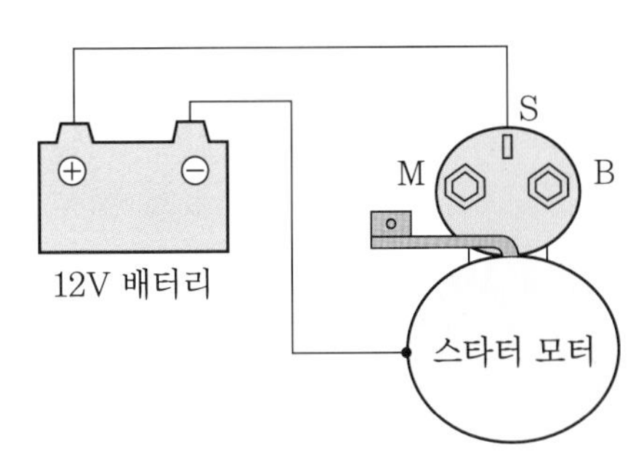

마그네틱 스위치 홀드인 시험

8 버튼 시동 장치

(1) 버튼 시동 장치의 개요

버튼 엔진 시동 장치는 일반 점화 장치의 기계식 키를 사용하지 않고 도어 로크, 언로크, 엔진 시동 및 트렁크를 열 수 있는 기능을 가진 시스템으로 운전자의 의지에 따라 스마트키(Fob) 확인 여부에 따라 엔진 시동 제어를 실행하는 능동적 시스템이다. 버튼 시동 차량은 버튼을 눌러 전자적으로 전원 이동 및 시동을 걸기 위한 장치이다.

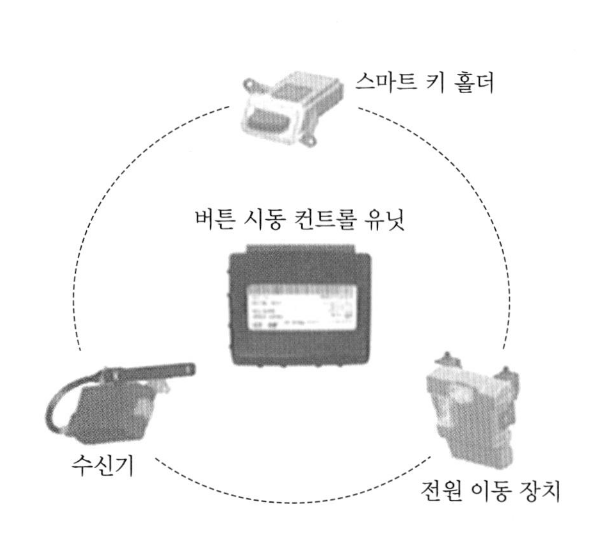

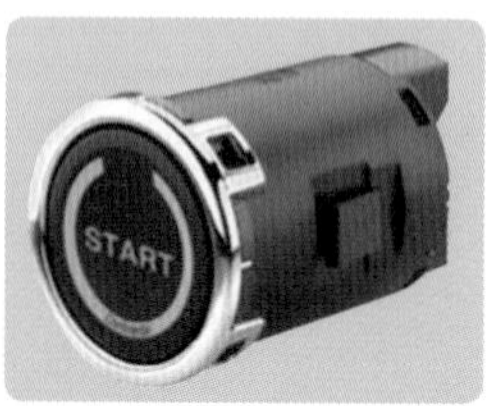

키 홀더

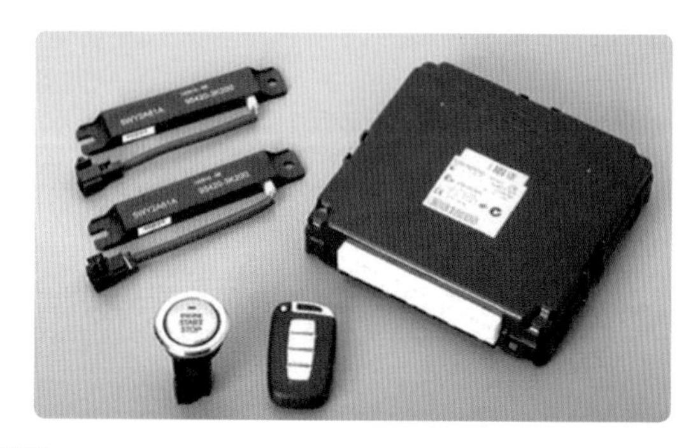

버튼 시동 장치

(2) 주요 부품 기능 및 작동

버튼 엔진 시동 시스템은 스마트키 ECU, 전원 분배 모듈, 스티어링 로크 장치, 스마트키, 스마트키 홀더, 브레이크 스위치, 클러스터, 실내 안테나 등으로 구성되어 있다.

- 무선 인증을 통한 도어 로크/언로크
- 무선 인증을 통한 핸들 로크 해제 및 엔진 시동
- 무선 인증을 통한 트렁크 언로크
- 리모컨 기능
- 이모빌라이저

버튼 시동 차량의 전원 이동 및 시동에 대해 간단히 알아보면, 스마트키를 소지하고 시동 및 전원 이동 버튼을 누르면 스마트키 ECU는 스티어링 로크 장치를 해제하고 전원 분배 모듈에 전원 이동 및 시동 명령을 내려 작동을 하게 되는데, 브레이크의 신호가 스마트키, ECU로 입력되면 시동을 출력하고 브레이크 스위치 신호가 입력되지 않으면 전원 이동 명령을 출력하게 된다. 또한 스마트키 홀더에 스마트키를 삽입한 후 버튼을 작동하여도 전원 이동 및 시동이 가능하다.

① 스마트키

(가) 주요 기능 및 명칭

LED 점등창

도어 잠금 버튼

짧게 누름 : 도어 잠금, 도난 경계 상태 전환
길게 누름 : 도어 잠금, 아웃사이드 미러 접힘 및 도난 경계 상태 전환

패닉/에스코드 버튼

패닉(경보음) : 짧게 누름
에스코트(헤드램프 점등 기능) : 길게 누름

도어 열림 버튼

짧게 누름 : 도어 잠김 해제, 도어 경계 상태 해제
길게 누름 : 도어 잠김 해제, 도난 경계 상태 해제 아웃사이드 미러 펼침 기능

트렁크 열림 버튼

파워 트렁크 : 버튼을 길게 누르면 트렁크가 열리고 다시 길게 누르면 트렁크가 닫힘
일반 트렁크 : 버튼을 누르면 트렁크 잠김이 해제

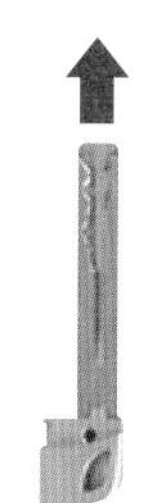

보조키(비상키)부

리모컨부 또는 차량 배터리 방전 시 운전석 도어 핸들, 글로브 박스 및 트렁크의 키 홀을 이용하여 열 수 있는 보조키

도어 잠금 버튼

▶ 도어 잠금 기능
- 모드 도어가 닫혀진 상태에서 버튼을 짧게 누르면 모든 도어가 잠기면서 도난 경계 상태로 진입
- 도어 잠김 및 도난 경계 상태 진입 확인 : 방향지시등 2회 점멸 및 삑 소리 1회 발생

삑 소리 1회

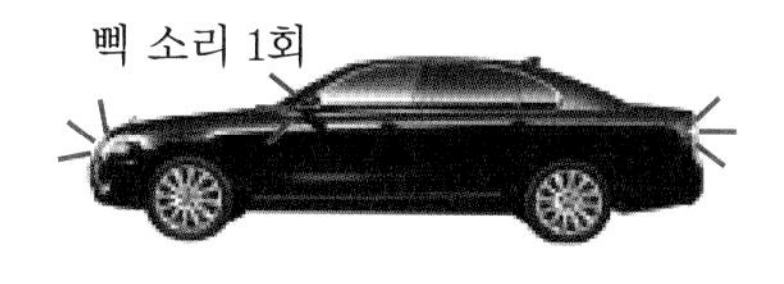

▶ 아웃사이드 미러 접힘 및 도어 잠금 기능
아웃사이드 미러를 접을 때에는 도어 잠금 버튼을 길게 누름(도어 잠김 기능 포함)

도어 열림 버튼

▶ 도어 잠김 해제 기능
- 버튼을 짧게 누르면 모든 도어의 잠금이 해제되면서 도난 경계 상태 해제
- 도어 열림 및 도난 경계 상태 해제 확인 : 방향지시등 1회 점멸 & 아웃사이드 미러 퍼들 램프 (하단부) 및 실내등 약 30초간 점등

- 자동 도어 잠김 : 리모콘으로 도어 잠김을 해제하고 30초 이내에 도어를 열지 않으면 자동으로 도어 잠김

▶ 아웃사이드 미러 펼침 및 도어 열림 기능
- 접혀진 아웃사이드 미러를 펼칠 때는 도어 열림 버튼을 길게 누름(도어 잠김 해제 기능 포함)

▶ 도난경보음 발생 시 해제 버튼

스마트키 주요 기능 및 명칭

(나) 엔진 시동을 위한 준비

- 스마트키 휴대 상태에서 차량에 탑승할 것 : 스마트키 장착된 사양은 운전자가 스마트키를 휴대하는 것으로 시동 및 기타 차량 작동이 가능하다.
- 스마트키 시스템의 스마트키 비상 홀더(슬롯) : 에어컨 스위치 하단부에 장착된 스마트키 비상 홀더는 스마트키의 배터리가 소진되거나 통신상 에러 등이 발생되었을 경우 시동을 걸거나 기타 차량 작동을 할 경우 사용한다.

스마트키 홀더

스마트키 홀더 장착 상태

(다) 시동 스위치 단계별 작동 상태

LOCK 상태	ACC 상태	ON 상태	LED : 녹색 점등
START ENGINE STOP	START ENGINE STOP	START ENGINE STOP	START ENGINE STOP
LED : 미점등 • 차량 전원장치에 전원이 공급되지 않으며, 스티어링 휠이 잠겨져 있는 위치 • 스마트키를 키 비상 홀더에서 탈거할 수 있는 상태	LED : 주황색 점등 • 시동 스위치를 짧게 누르면 ACC 위치가 되며 스티어링 핸들 잠금 해제 • 일부 전기 장치 작동	LED : 적색 점등 ACC 상태에서 스위치를 다시 한번 누르면 계기판의 전원이 모두 들어오며, 대부분의 전기 장치 작동	START(시동) 상태 브레이크 페달을 밟은 상태에서 스위치를 누르면 엔진 시동

(라) 엔진 시동

- 스마트키를 휴대한 상태에서 차량에 탑승한다.
- 주차 브레이크를 체결한다.
- 변속 레버를 "P" 위치로 선택하고 브레이크 페달을 밟는다.
- 시동 스위치를 확인하고 시동 버튼을 눌러 엔진을 시동한다.

엔진 시동

㈒ 엔진 정지

- 차량이 정지된 상태에서 브레이크 페달을 밟는다.
- 변속기 선택 레버를 "P" 위치로 선택한다.
- 시동 스위치를 눌러 시동을 OFF시킨다.
- 차량에서 나올 때는 스마트키를 소지한다.

미점등

START ENGINE STOP

엔진 정지

㈓ 보조키(비상시) 사용 방법

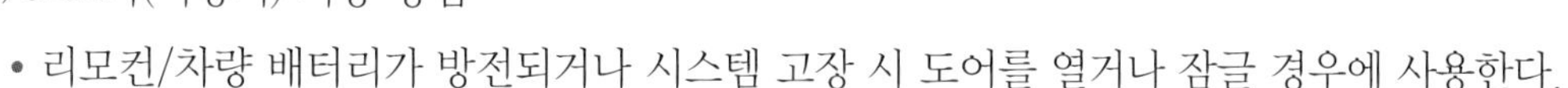

- 리모컨/차량 배터리가 방전되거나 시스템 고장 시 도어를 열거나 잠글 경우에 사용한다.

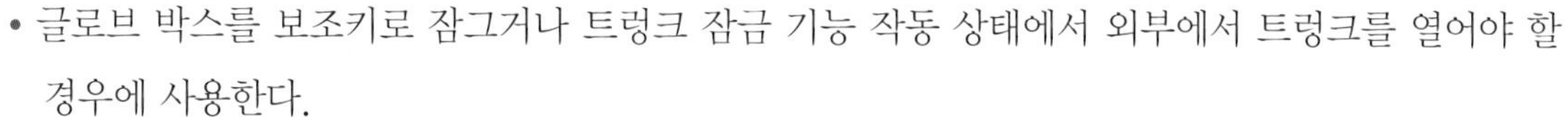

- 글로브 박스를 보조키로 잠그거나 트렁크 잠금 기능 작동 상태에서 외부에서 트렁크를 열어야 할 경우에 사용한다.

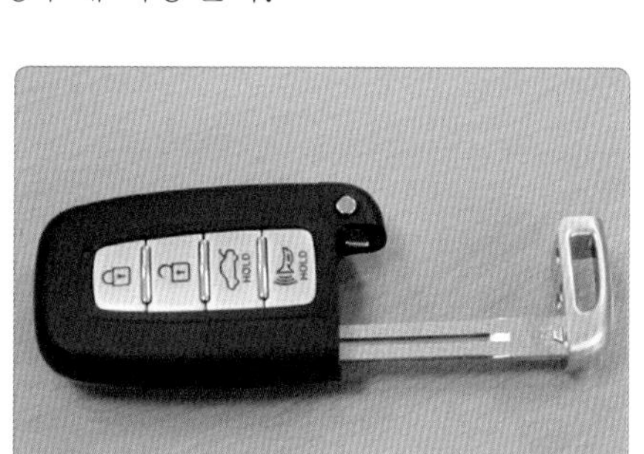

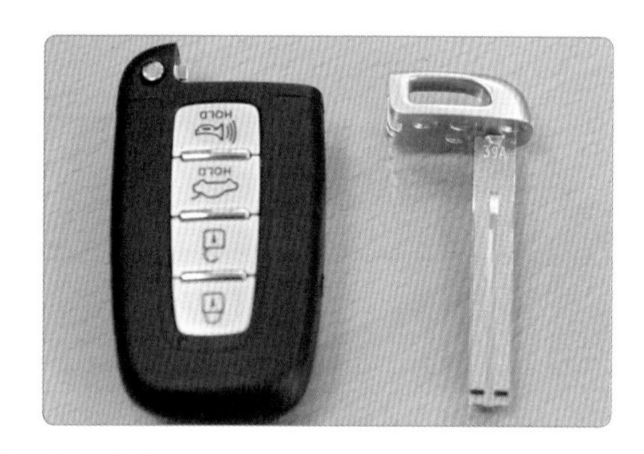

보조키(비상시) 조립 및 탈거

② **스티어링 칼럼 로크 장치** : 스티어링 칼럼 로크 장치는 버튼 엔진 시동 시스템에서 전원 분배 모듈에 의해 작동 전원을 공급받고, 통신 라인을 통해 스마트키 ECU로부터 명령을 받아 스티어링 칼럼의 로크/언로크 작동을 수행한다.

③ **스마트키 홀더** : 스마트키 홀더는 트랜스폰더와의 통신을 위한 이모빌라이저 안테나와 스마트키의 삽입을 인식하는 마이크로 스위치(스마트키 IN 스위치)를 내장하고 있으며, 스마트키의 배터리 방전 또는 시스템 에러로 인해 스마트키와 LF 통신을 할 수 없을 때 비상 작동을 할 수 있게 하는 장치이다.

실습 주요 point

스마트키 버튼 시동 장치 작동

차량에 장착된 안테나와 키에 장착된 안테나 간의 통신을 통해서 작동이 이루어지며, 스마트키를 소지한 채 차에 접근하면 차는 이를 인식하고 문을 열어 경계 모드를 해제한다. 문이 자동으로 열리지 않는 차량에서는 운전자가 차량 문 손잡이에 있는 작은 버튼을 누르거나 스마트키의 열림 버튼을 누르면 차량은 이를 인식하고 차량에 기억된 정보와 키에 기록된 정보가 서로 일치하는지 판단하여 문의 잠금을 해제시킨다.

운전자가 문을 열고 차에 탑승하면 스마트키는 스마트키에서 출력되는 전파의 세기를 민감하게 감지한다. 그 후, 차량 내에 스마트키가 있다고 인식되면, 운전자의 시동 조작에 따라 시동 절차를 수행한다. 초기 스마트 버튼 장치의 이모빌라이저는 열쇠 손잡이 칩으로 통신을 했으나, 지금은 안테나 통신을 통해 수행한다.

(3) 버튼 시동 시스템 구성

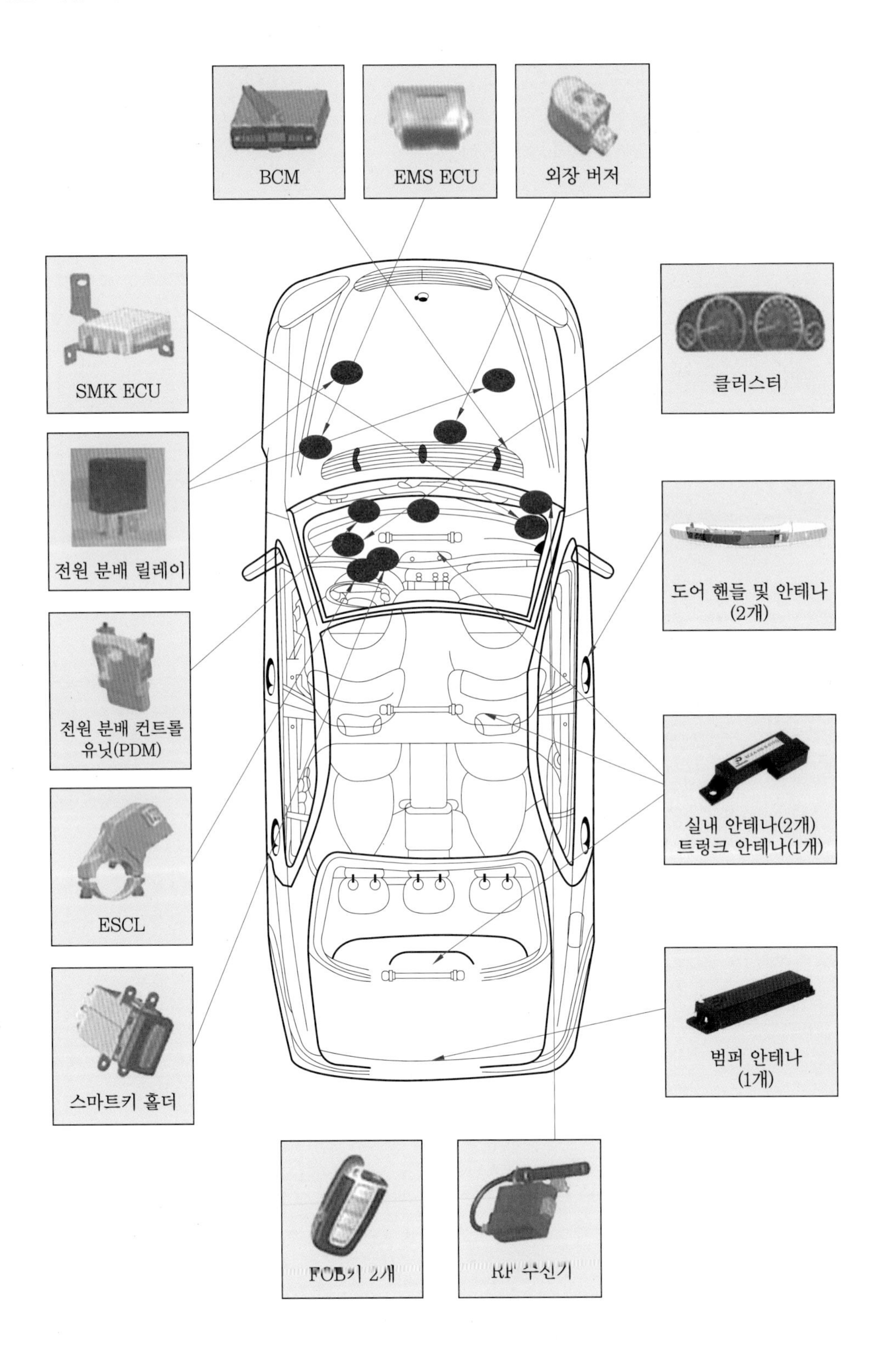
BCM
EMS ECU
외장 버저
SMK ECU
클러스터
전원 분배 릴레이
도어 핸들 및 안테나
(2개)
전원 분배 컨트롤
유닛(PDM)
실내 안테나(2개)
트렁크 안테나(1개)
ESCL
범퍼 안테나
(1개)
스마트키 홀더
FOB키 2개
RF 수신기

(4) 구성 부품의 기능과 역할

명 칭	기능과 역할
스마트키 ECU	• 전원 이동 명령을 PDM으로 전송 • 안테나 구동 및 스마트키 인증 • 시동 관련 엔진 ECU와 통신 • 보디 CAN 통신 • 스마트키 관련 패시브 도어 로크/언로크 명령 전송(→BCM) • ESCL과 통신 • ESCL 로크/언로크 명령 전송
도어 아웃사이드 핸들(2EA)	• 도어 외부 영역의 스마트키 감지(LF 안테나 내장) • 로크/언로크 : 버튼 타입(터치 센서 없음)
범퍼 안테나	트렁크 외부 영역의 스마트키 감지(LF 안테나 내장)
트렁크 안테나	트렁크 룸 내부 영역의 스마트키 감지(LF 안테나 내장)
크러스터 모듈	• 이모빌라이저 인디케이터 표시 • 스마트키 기능 관련 경보 문자 표시
실내 안테나(2EA)	실내 영역의 스마트키 감지
외부 수신기	스마트키 신호 & 리모컨 신호 수신
전자 제어 스티어링 칼럼 로크 장치(ESCL)	스티어링 칼럼 잠금/해제
시동 버튼	전원 이동 및 엔진 시동을 걸기 위한 버튼
스마트키 홀더	스마트키 인증 불가에 의한 림폼 시동 시 스마트키 삽입 홀더 (이모빌라이저 통신 수행 : 이모빌라이저 디모듈레이터 내장)
PDM(product data management) (전원 분배 모듈)	• 시동 버튼 누름에 따라 스마트키 ECU의 신호를 수신 받아 ACC, IGN1, IGN2, START 전원 공급 릴레이 제어 • 이모빌라이저 통신 데이터 확인 • ESCI 전원 공급
전원 분배 릴레이	PDM의 전원 분배 제어용 릴레이(ACC, IGN1, IGN2, START 릴레이)
스마트키	외부 수신기로 고유 ID 무선 송신 및 리모컨 신호 송신
외부 버저	패시브 도어 로크/언로크 시 확인음 및 각종 경보음 발생
엔진 ECU	• 엔진 상태 정보(시동 OFF, 크랭킹, 시동 ON)를 시리얼 통신으로 전송 • 스마트키 ECU와 시동 허가 관련 정보 송수신

(5) 버튼 시동 시스템 제어 블록

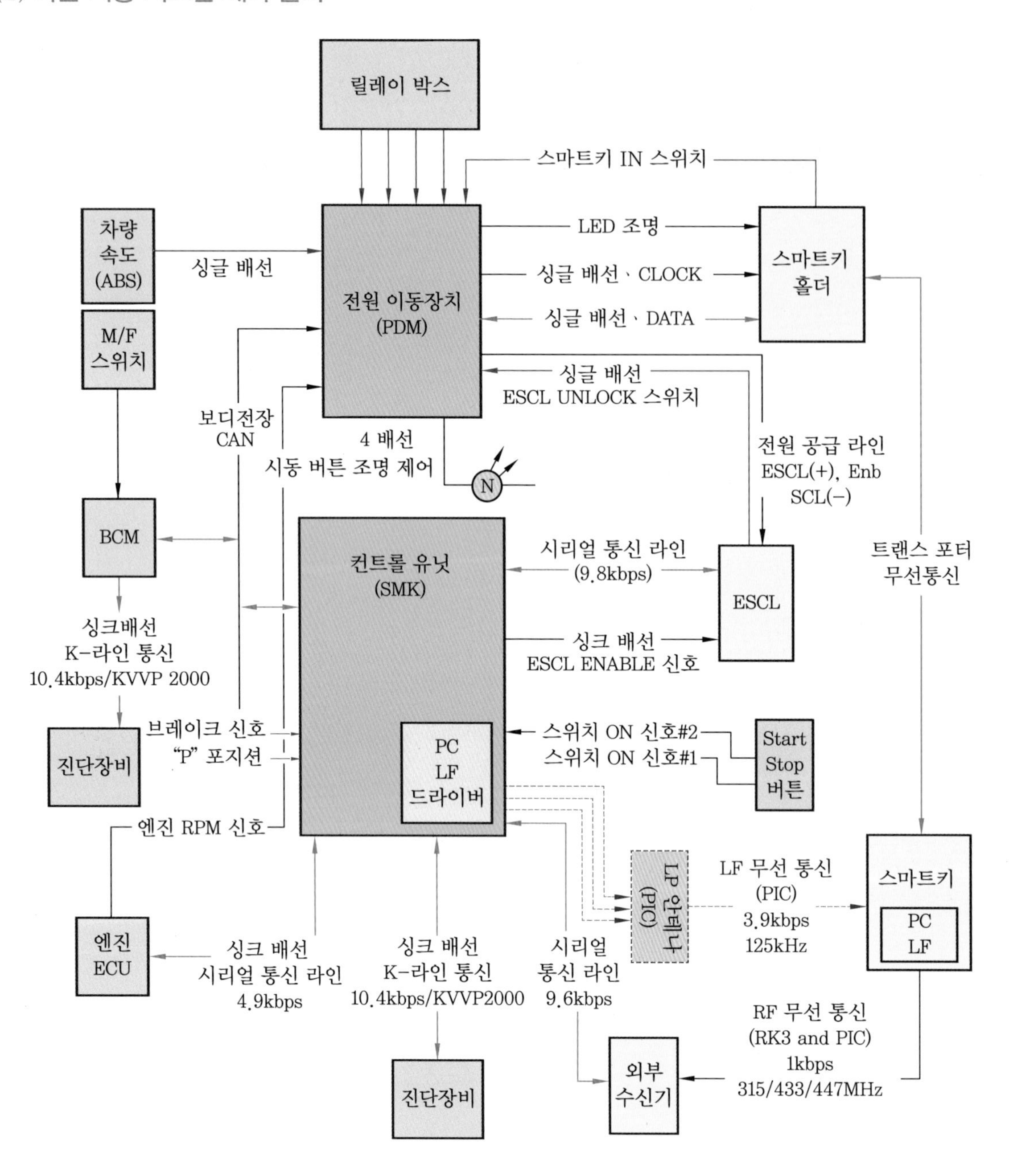

(6) 버튼 시동 엔진 제어 과정

① **엔진 시동 대기** : 운전자가 차량에 승차하기 위해 운전석 도어를 오픈하면 엔진 시동 ECU가 실내 안테나를 구동하고 스마트키를 검색하여 인증을 완료한다(사전 인증).

② **버튼 엔진 시동 ECU와 전원 분배 모듈에 시동 버튼(SSB) 신호 #2와 #1을 각각 입력** : 브레이크 페달을 밟은 상태에서 시동 버튼을 누른다.

③ **스티어링 칼럼 로크 장치 전원 공급** : 시동 버튼(SSB) 신호를 받은 전원 분배 모듈은 스티어링 칼럼 로크 장치에 전원 및 접지를 공급한다.

④ **엔진 스타트 준비** : 스티어링 칼럼 로크 장치에 전원이 공급되면, 스티어링 칼럼 로크 장치는 시리얼 통신 라인을 통해 버튼 엔진 시동 ECU 측으로 시동 준비(wake-up)되었음을 알리는 신호와 현재의 스티어링 칼럼 로크 장치 상태(LOCK/UNLOCK) 정보를 전송한다.

⑤ **엔진 시동 ECU 스티어링 칼럼 로크 장치 신호 송신** : 엔진 시동 ECU의 응답을 받은 버튼 엔진 시동 ECU는 스티어링 칼럼 로크 장치 ENABLE 신호 라인을 통해 ENABLE 신호를 보낸다. ENABLE 신호가 보내질 때마다 ENABLE 라인의 전압은 High(12 V)가 된다.

⑥ **엔진 시동 ECU의 스티어링 칼럼 로크 언로크(권한) 부여** : 버튼 엔진 시동 ECU는 ENABLE 신호 라인에 High 신호를 전송함과 동시에 시리얼 통신 라인을 통해 스티어링 칼럼 로크 장치 측으로 스티어링 칼럼 로크 장치 언로크 명령을 전송한다.

⑦ **스티어링 칼럼의 잠금을 해제** : 스티어링 칼럼 로크 장치는 버튼 엔진 시동 ECU로부터 ENABLE 신호와 스티어링 칼럼 로크 장치 언로크 명령이 전송되면 스티어링 칼럼 로크 장치 모터를 구동하여 스티어링 칼럼의 잠금을 해제한다.

⑧ **버튼 엔진 시동 ECU로 스티어링 칼럼 로크 장치 UNLOCK 종료 송신** : 스티어링 칼럼 로크 장치 모터의 작동이 종료되면(스티어링 칼럼 로크 장치가 완전 UNLOCK) 시리얼 통신 라인을 통해 버튼 엔진 시동 ECU로 스티어링 칼럼 로크 장치 UNLOCK 종료 신호를 전송한다.

⑨ **전원 분배 모듈로 스티어링 칼럼 로크 장치 UNLOCK 스위치 ON 신호가 입력** : ⑧항의 작동과 동시에 전원 분배 모듈로 스티어링 칼럼 로크 장치 UNLOCK 스위치 ON 신호가 입력되고, 전원 분배 모듈은 스티어링 칼럼 로크 장치 UNLOCK 스위치 ON 정보를 CAN 통신 라인을 통해 버튼 엔진 시동 ECU로 전송한다.

⑩ **버튼 엔진 시동 ECU의 제어** : 버튼 엔진 시동 ECU는 ⑧, ⑨항의 두 신호가 일치하면 정상적으로 스티어링 칼럼 로크 장치 잠금 해제가 종료된 것으로 판정한다. 스티어링 칼럼 로크 장치 ENABLE 라인을 OFF(Low)하고, 전원 분배 모듈 측으로 스티어링 칼럼 로크 장치 파워 OFF 명령을 전송한다.

⑪ **전원 분배 모듈 스티어링 칼럼 로크 장치 파워 OFF** : 전원 분배 모듈은 스티어링 칼럼 로크 장치의 전원 및 접지 출력을 OFF한다.

⑫ **전원 분배 모듈은 IG/ST 릴레이를 순차적으로 구동하여 엔진 시동** : 엔진 시동 버튼 엔진 시동 ECU는 스티어링 칼럼 로크 장치 UNLOCK 작동이 완전 종료된 이후 전원 분배 모듈 측으로 엔진 시동 명령을 전송하고, 전원 분배 모듈은 IG/ST 릴레이를 순차적으로 구동하여 엔진 시동을 건다.

⑬ **엔진 시동 OFF** : 버튼 엔진 시동 ECU는 엔진 ECU로부터 엔진 러닝(running) 정보를 수신하면 스타트 릴레이 작동을 OFF한다. 단, IG ON된 후 2초 동안 엔진 ECU로부터 아무 정보를 수신받지 못하면

전원 분배 모듈은 RPM 신호를 보고 500 rpm 이상이면 스타트 릴레이 작동을 OFF한다.

(7) 스마트키 배터리 교환

1. 스마트키 뒤쪽의 버튼을 누르면서 비상 키를 분리한다. (−) 드라이버를 이용하여 프런트 커버를 분리한다.

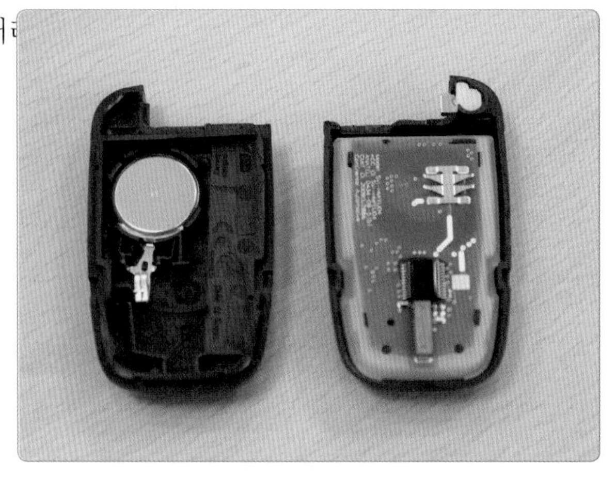

2. 전자기판이 손상되지 않도록 주의하여 전자기판을 분리한다.

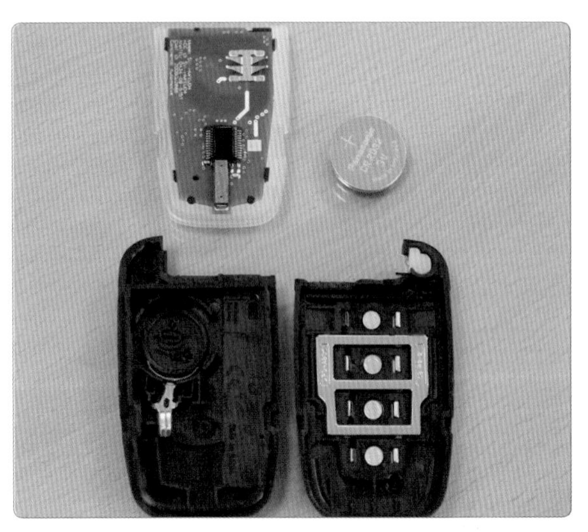

3. 배터리를 분리하여 규격에 맞는 배터리를 장착한다.

4. 배터리 장착 시 배터리 (+)면을 홀더 장착부에 체결한다.

실습 주요 point

스마트키 배터리의 방전으로 작동되지 않을 경우와 분실되었을 때 조치 방법

스마트키의 배터리는 충전이 불가능하며, 방전 시에는 수동키(누름장치를 이용해서 내부의 수동키를 꺼낸다.)로 차량 문을 연 후 차량 내 스마트키 홀더에 넣어 시동 버튼을 이용, 스마트키 배터리 방전 전 평소와 마찬가지로 시동을 걸 수 있다.

스마트키 중 하나를 분실할 경우 서비스 센터에서 구입이 가능하며, 도난 등으로부터 안전을 확보하기 위하여 분실되지 않은 다른 스마트키도 같이 스캔하고 관련 데이터를 재입력하도록 한다.

점화 장치 점검 정비

1. 관련 지식
2. 실습 준비 및 유의 사항
3. 실습 시 안전 관리 지침
4. 점화 장치 점검 정비
5. 점화 파형 및 센서별 파형의 측정 및 분석

4 점화 장치 점검 정비

실습목표 (수행준거)	1. 점화 장치의 작동 원리를 파악하고 작동 상태를 이해할 수 있다. 2. 차종별 특성에 따른 점화 장치 차이점을 파악할 수 있다. 3. 안전 작업 절차에 따라 점화 장치를 진단하고 고장 원인을 파악할 수 있다. 4. 점화 장치 관련 부품의 수리 · 교환, 조정 여부를 판정할 수 있다.

1 관련 지식

1 점화 장치의 구성 요소

(1) 점화 스위치(ignition switch)

시동 스위치와 겸하고 있으며, 1단 약한 전기 부하, 2단 점화 스위치 ON 시 주요 전원 공급, 3단 시동 스위치가 작동하며 엔진 시동이 걸리게 된다.(자동차 주행에 따른 장치별 전원 공급)

(2) 점화 코일

철심을 사용하며, 자기 유도 작용에 의해 생성되는 자속이 외부로 방출되는 것을 방지하기 위해 철심을 통하여 자속이 흐르도록 한다. 개자로형 점화 코일보다 1차 코일의 저항을 감소시키고, 1차 코일을 굵게 하여 더욱 큰 자속을 형성, 2차 전압을 향상시킬 수 있다.

① 점화 코일의 구조

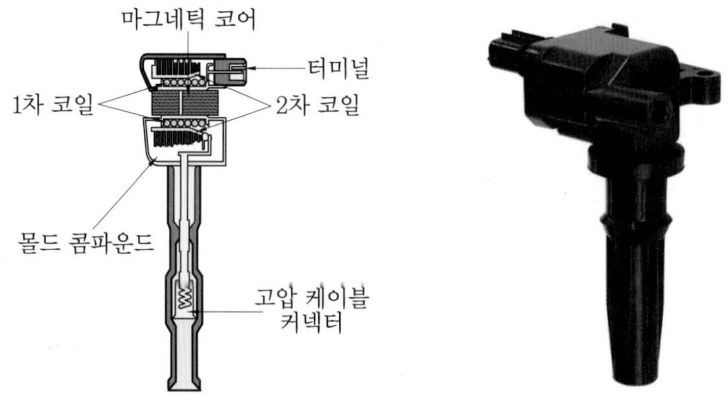

점화 코일의 구조

② 점화 코일의 종류

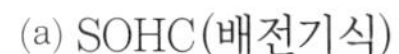

(a) SOHC(배전기식) (b) 직접 분사식(독립식) (c) DLI(2개 실린더 제어)

점화 코일의 종류

③ 폐자로형 점화 코일

폐자로형은 얇은 철판을 가운데 발이 짧은 E자형(영어)으로 가공하여 여러 장을 겹친 2개의 철판을 마주보게 하여 철심으로 하고 에어 간극이 생긴 철심 가운데에 1차 코일과 2차 코일을 감고 표면을 플라스틱 수지로 씌운 형식이다(수지로 몰드하였다고 몰드형 점화 코일이라고도 한다).

폐자로형은 좁은 철심 안에 코일을 감아야 하므로 생산 비용이 증가하는 단점이 있지만 자속(자로)이 철심 내부(에어 간극)에서 형성되므로 자속의 손실이 작아 1차 코일의 사용량을 작게 하여도 발생 전압이 높고 소형 경량화가 가능하여 최근의 엔진에서 많이 사용되고 있다.

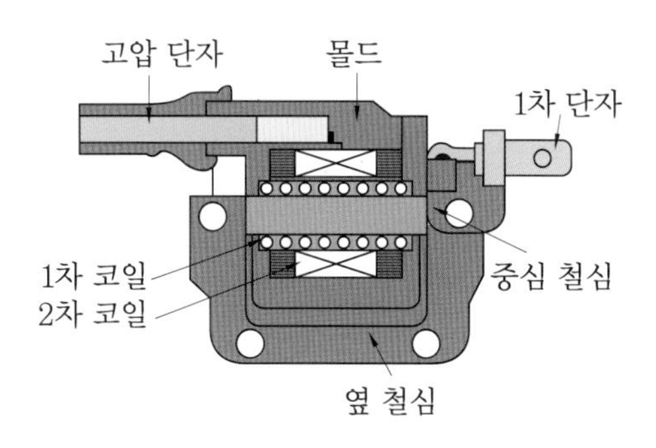

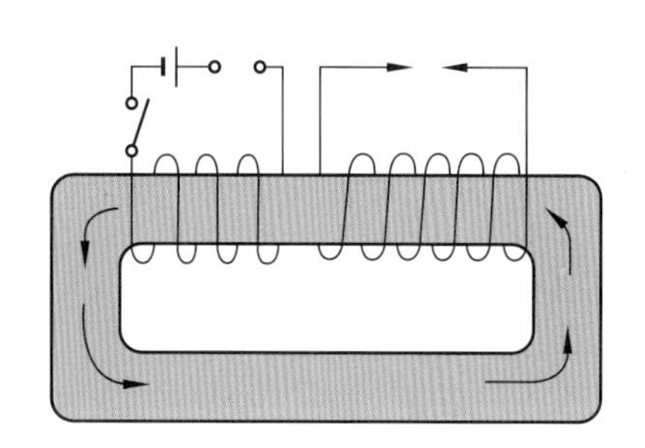

폐자로형 점화 코일의 구조 및 작동 원리

④ DLI(distributor less ignition) 점화 장치

자동차 기술이 향상되면서 각 전자 제품이 소형화되는 추세이며, 점화 코일도 소형화가 가능하고 엔진의 성능 향상이나 배출가스 규제 강화로 점화 코일의 성능이 중요시되었다. 1개의 점화 코일을 사용하는 점화 시스템에서 2개의 실린더당 1개의 점화 코일을 사용하는 시스템(동시 점화 또는 그룹 점화 시스템)으로 발전했다. 최근에는 1개 실린더당 1개의 점화 코일을 사용하는 독립식 직접 점화 시스템이 사용되고 있다.

독립형 직접 점화 시스템에서 사용되는 폐자로형 점화 코일은 구조적으로 점화 코일의 2차 단자와 점화 플러그의 단자 사이가 멀어 점화 코일의 2차 단자의 길이를 연장시킬 수밖에 없어 점화 코일의 모양이 원통형으로 길게 만들어지므로 스틱형(stick type) 또는 연필형(pencil type) 점화 코일이라고 한다.

DLI 점화 방식은 배전기가 없으며 점화 코일에서 직접 실린더에 발생된 고압을 동시에 배분하는 동시 점화 방식과 각 실린더별 점화 코일이 설치된 독립 점화 방식이 있다.

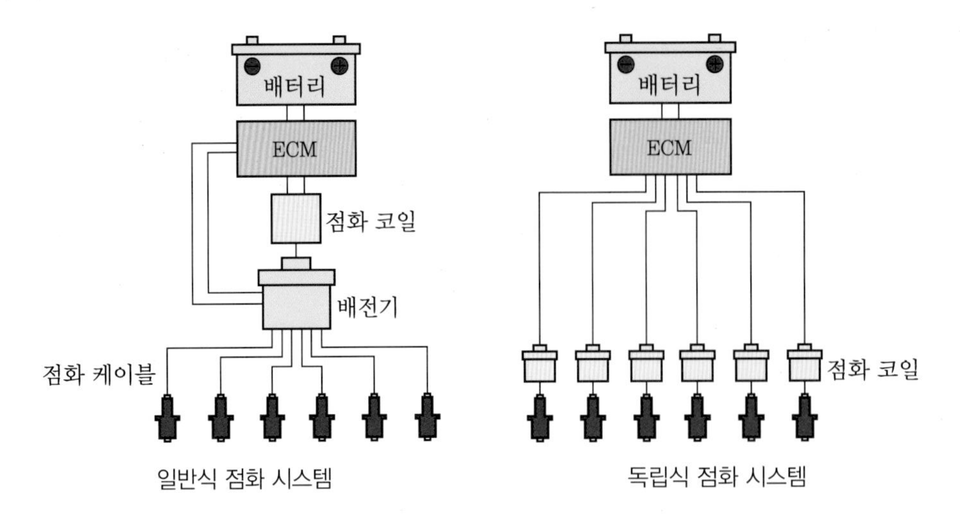

(3) 파워 트랜지스터

컴퓨터에서 신호를 받아 점화 코일의 1차 전류를 단속하며 엔진 ECU에 의해 제어되는 베이스, 점화 코일(−)과 연결된 커넥터, 차체 접지되는 이미터 단자로 NPN형이다.

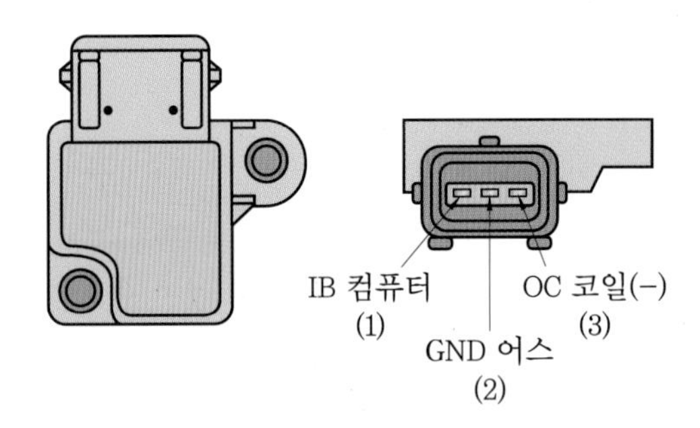

파워 트랜지스터

2 점화 장치의 종류

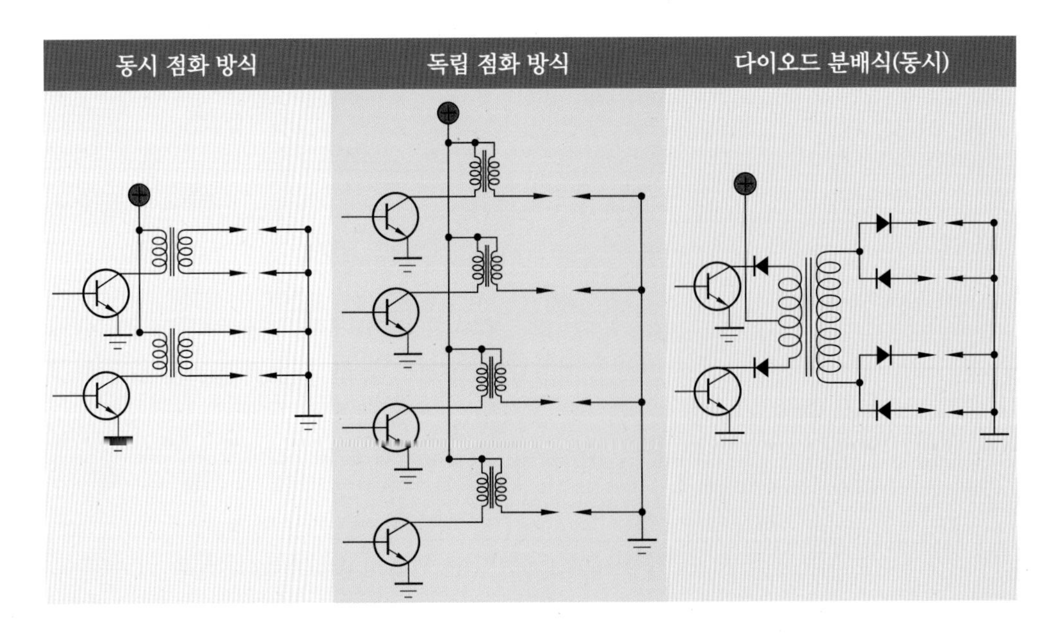

3 자기 유도 작용과 상호 유도 작용

점화 코일에 전류가 흐르면 그 코일 내부에는 전류가 흐르는 방향에 대응하는 방향으로 자기장이 형성된다. 그러다가 전류를 차단하면 형성되어 있던 자기장이 빠른 속도로 소멸되는데, 그 소멸되는 자기장이 점화 코일에 전류를 발생시킨다. 이렇게 소멸되는 자기장에 의해서 점화 코일에 형성되는 전기를 역기전력이라고 부르는데, 점화 코일에서는 이것을 에너지원으로 활용하고 있다. 점화 코일에 전류를 ON 및 OFF할 때 코일 속에는 자기장이 생겼다 없어졌다를 반복하게 되면서 역기전력이 발생하게 된다. 이와 같은 현상을 코일이 혼자서 스스로 전기를 유도한다는 의미에서 자기 유도 작용이라고 한다.

(1) 자기 유도 작용(self induction action)

코일이 연결된 회로에서 스위치를 여는 순간에 자속의 변화에 의해 200~300 V 정도의 역기전력이 유도되며 역기전력은 자속의 변화를 방해하므로 전원과 같은 방향으로 작용한다. 이를 자기 유도 작용이라 한다. 스위치를 닫는 순간에도 역기전력이 유도되지만 크기가 12 V 정도로 작아 점화에 이용하지는 못한다.

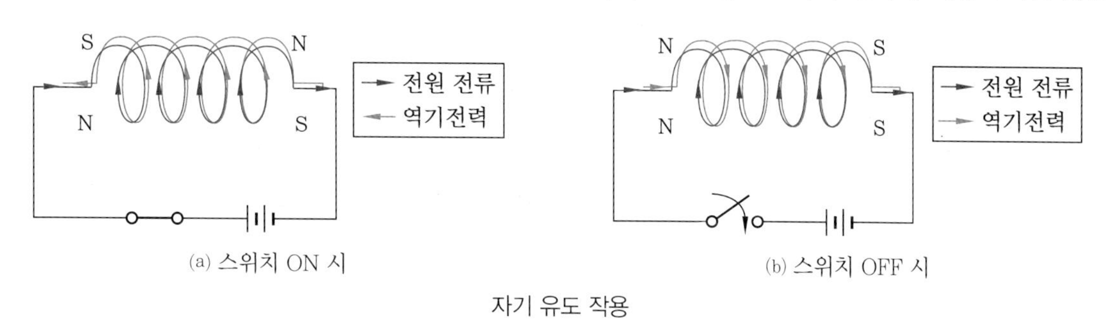

자기 유도 작용

※ 점화 전압의 발생 원리 : 점화 장치는 자기 유도 작용과 상호 유도 작용을 이용하여 12 V 전원을 20000 V의 고전압으로 승압한다.

(2) 상호 유도 작용(mutual induction action)

2개의 코일이 인접해 있을 때 1차 코일의 스위치를 ON/OFF하면 1차 코일에 역기전력이 발생하는 동시에 2차 코일에도 기전력이 발생하는데, 이를 상호 유도 작용이라 한다.

유도되는 전압과 코일의 감은 횟수는 비례하며, 코일에 흐르는 전류는 코일의 감은 횟수에 반비례한다.

1 차 코일에 유도되는 전압이 200~300 V이고 권선비가 1 : 100이라면 2차 코일에 유도되는 전압은 20000~30000 V 정도가 된다.

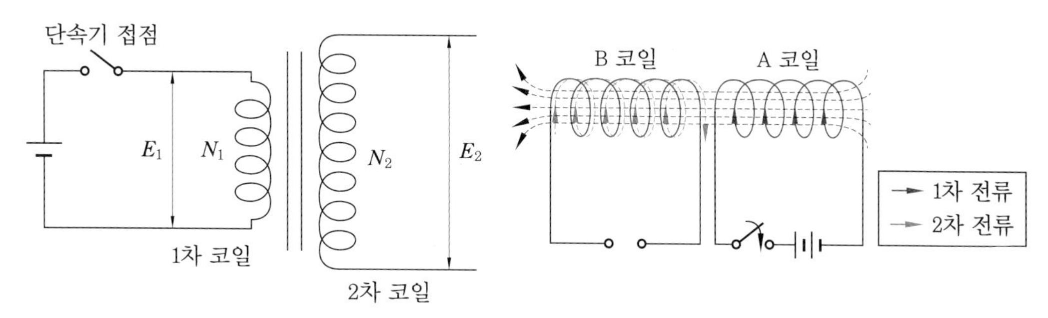

상호 유도 작용

4 점화 장치 고전압 발생과 점화 시기와의 관계

(1) 점화 코일의 유도 전압

고압 발생 장치인 점화 코일의 유도 전압은 코일이 감긴 회수에 비례한다.

$$E_1 \times N_2 = E_2 \times N_1,\ E_2 = E_1 \times \frac{N_2}{N_1}$$

여기서, E_1 : 1차 코일 전압, E_2 : 2차 코일 전압, N_1 : 1차 코일 권수, N_2 : 2차 코일 권수

(2) 점화 코일에 유도되는 기전력

$$E = H \times \frac{I}{t}$$

여기서, E : 유도기 전력, H : 상호 인덕턴스, I : 전류, t : 전류가 흐른 시간

(3) 캠각(드웰각)

캠각은 1차 코일이 접지되는 시간을 말한다. 즉 캠각은 2차 전압을 발생하기 위해 1차 코일에 흐르는 전류를 단속하게 된다.

$$\text{캠각} = \frac{\text{캠각 구간}}{\text{1실린더 점화 구간}} \times \frac{360}{\text{실린더 수}}$$ 식으로 표현하면,

$$\text{캠각} = \frac{360}{\text{실린더 수}} \times 0.6\text{(1실린더당 캠각 60\%)}$$

5 점화 파형 분석

(1) 1차 점화 파형

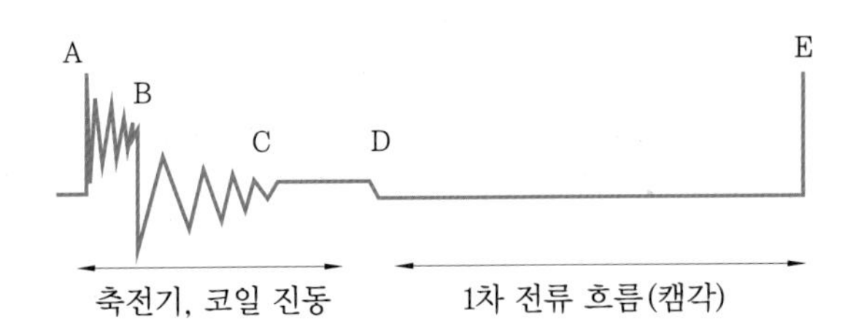

① A-B 구간 : 점화 구간

② B-C 구간 : 점화 감쇄 구간

③ D-E 구간 : 1차 코일 전류 흐름 구간(캠각 구간)

④ E 구간 : 1차 전류 차단 시점(역기전력에 의한 고압 발생 구간)

(2) 2차 점화 파형

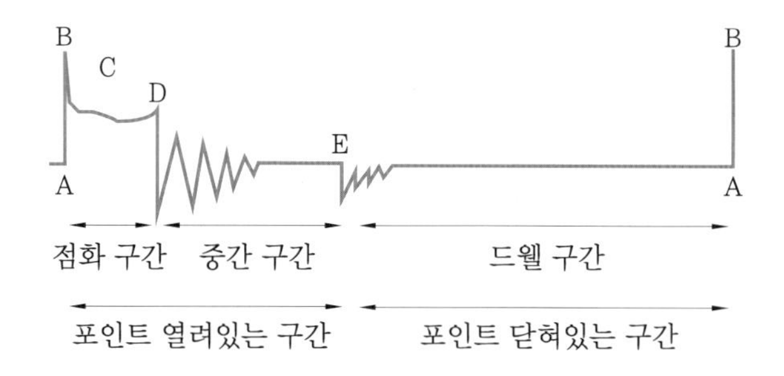

① A-D 구간 : 점화 발생 구간(피크 전압)

② D-E 구간 : 중간 구간으로 감쇄 구간

③ E-A 구간 : 1차 코일 전류 흐름(캠각(드웰) 구간)

6 점화 플러그

중심 전극과 접지 전극으로 0.8~1.1 mm 간극이 있으며, 간극 조정은 와이어 게이지나 디그니스 게이지로 점검한다.

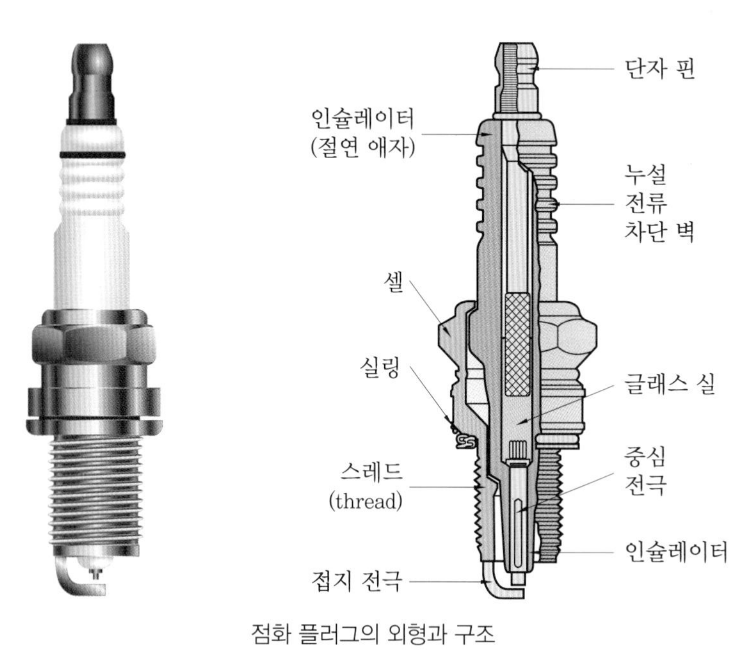

점화 플러그의 외형과 구조

❶ 자기 청정 온도 : 전극 부분의 온도가 450~600℃ 정도를 유지하도록 하는 온도이다. 전극의 온도가 800℃ 이상이면 조기 점화의 원인이 된다.

❷ 열 값(열 범위) : 점화 플러그의 열 방산 능력을 나타내는 값

- 길이가 짧고 열 방산이 잘 되는 형식을 냉형(cool type), 길이가 길고 열 방산이 늦은 형식을 열형(hot type)이라 한다.
- 냉형 점화 플러그는 고속 · 고압축비 엔진에 적용하고, 열형 점화 플러그는 저속 · 저압축비 엔진에서 사용한다.

(1) 스파크 플러그 규격 표시

B	P	5	E	S	−11
나사 지름	구조/특징	열가	나사 길이	구조/특징	불꽃 GAP 치수 표시
A : 18 mm B : 14 mm C : 10 mm D : 12 mm E : 8 mm BC : 4 mm (육각대변 16.0 mm)	P : 절연체 돌출 타입 R : 저항 타입 U : 세미(semi)−연면 또는 연면 방전 타입	1 열형 2 3 4 ↑ 5 6 7 8 9 ↓ 10 11 12 13 냉형	E : 19.0 mm H : 12.7 mm	S : 표준 타입 Y : V−POWER 플러그 V : V플러그 VX : VX플러그 K : 외측 2극 전극 M : 외측 2극 전극 (로터리용) Q : 외측 4극 전극 (로터리용) B : CVCC 엔진용 J : 2극 사방 전극 C : 사방 전극	9 : 0.9 mm 10 : 1.0 mm 11 : 1.1 mm 13 : 1.3 mm −L : 중간 열가 −N : 외측 전극의 치수 등이 약간 차이가 난다.
BK : BCP 타입의 국제규격(ISO) 치수품으로 플러그 개스킷면으로부터 단자 너트 선단까지의 길이가 BCP 타입보다 2.5 mm 짧다.					

B	F	R	5	A	−11
P : 백금 플러그 Z : 돌출형 플러그	금구취부 나사 치수 육각대변 치수 F : ϕ 14×19 mm 육각대변 16.0 mm G : ϕ 14×19 mm 육각대변 20.6 mm J : ϕ 12×19 mm 육각대변 18.0 mm F : ϕ 10×12.7 mm 육각대변 16.0 mm	R : 저항 타입	열가 열형 5 ↑ 6 7 ↓ 냉형	A, B, C … 추가 기호	불꽃 GAP 치수 표시 −11 : 1.1 mm

B	R	E	5	2	7	Y	−11
나사 지름 B : 14 mm	R : 저항 타입	나사 길이	열가	절연체 돌출치수 2 : 25 M	발화 위치 7 : 7.0 mm 9 : 9.5 mm	Y : 중심 전극이 V홈	불꽃 GAP 치수 표시 −11 : 1.1 mm

저항 플러그

스파크에서 고전압이 전달될 때 전하 노이즈를 억제하기 위해 5 kΩ의 세라믹 저항체를 내장한 플러그를 말한다. 이것은 카라디오 잡음을 억제하는 기능과 전자 제어 연료 분사 장치의 오류를 방지하는 기능이 있다.

(2) 플러그의 종류와 특징

① 와이드 캡 플러그

불꽃 갭 치수를 1.0~2.0 mm 정도까지 키워서 착화성을 향상시킨 플러그이다. 예 BPR5ES-11

② 돌출 플러그

발화 위치를 연소실의 중심에 가깝게 하여 연소의 안정을 도모하는 플러그이다.

예 BE529Y-11, ZFR6E-11

③ 백금 TIP 플러그

전극의 선단에 백금을 사용하여 내구성이 우수하다. 예 PFR5N-11

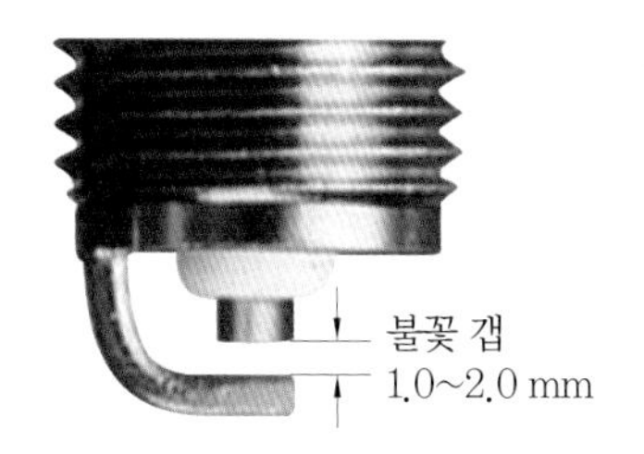

와이드 캡 플러그

돌출 플러그

백금 TIP 플러그

실습 주요 point

점화 플러그 조립 시 주의 사항

❶ **조임 토크를 작게 잡아 느슨하게 조일 경우**

실린더 내부의 열이 외부로 제대로 방출되지 못해 실린더 내부의 온도가 상승하면 점화 플러그의 전극이 녹아내리게 된다.

❷ **규정 조임 토크 이상으로 세게 조인 경우**

점화 플러그의 셀과 애자가 뒤틀려서 점화 플러그 고유의 열가가 바뀔 수 있으며, 너무 과도하게 조인 경우에는 셀과 애자가 분리될 수도 있다. 이럴 경우 실린더 헤드 및 내부에 손상이 갈 수 있다.

❸ 토크 렌치를 사용하여 규정 토크 약 20~30 N · m로 조이도록 한다.

❹ **공구 사용 방법**

점화 플러그는 절대로 전동 공구 등을 이용해서 조이면 안 된다. 점화 플러그 렌치를 이용해서 손으로 점화 플러그를 조인 후 손으로 더 이상 돌아가지 않을 때에 현재 상태에서 신품 점화 플러그는 약 90° 정도 더 조여 주며, 사용 중인 점화 플러그는 15° 정도 더 조여 준다.

2 실습 준비 및 유의 사항

실습 준비(실습 장비 및 실습 재료)

1 실습 자료

- 작업공정도
- 점검정비내역서, 견적서
- 차종별 정비 지침서

2 실습 장비

- 완성 차량(승용자동차)
- 엔진 시뮬레이터(가솔린)
- 엔진 종합 시험기
- 리프트(2주식, 4주식)
- 멀티 테스터(디지털, 아날로그)
- 테스트 램프
- 스캐너
- 작업등

3 실습 재료

- 가솔린
- 유지흡착제(걸레)
- 배터리
- 교환 부품(퓨즈, 점화 코일, 고압 케이블, 스파크 플러그, 크랭크각 센서, 캠각 센서, 하네스(배선 및 커넥터))

실습 시 유의 사항

- 안전 작업 절차에 따라 전기 회로를 점검하고 작업에 임한다.
- 아날로그 멀티 테스터를 활용하여 회로 점검 시 극성을 확인한다.
- 전기 · 전자 회로는 퓨즈, 릴레이, 점화 코일, 스파크 플러그, 크랭크각 센서, 캠각 센서, 하네스(배선 및 커넥터)와 센서를 포함하므로 회로 점검 시 점검 절차에 따라 진단한다.
- 점화 장치는 점검 시 고압 발생 여부를 확인하고 전자 제어 장치를 종합으로 판단하여 측정하고 점검한다.
- 점화 장치 검사 시 차종별 정비 지침서 회로를 판독하고 점검하며 소모품 교환 주기를 확인하고 진단한다.
- 점화 장치 검사 시 엔진 작동 상태에 따른 실린더별 부조된 상태를 면밀하게 검토한다.

3 실습 시 안전 관리 지침

① 실습 전 반드시 안전 교육을 실시하고 소화기를 비치하여 화재 사고에 대비하며, 유류 등 인화성 물질은 안전한 곳에 분리하여 보관한다.

② 중량이 무거운 부품 이동 시 작업 장갑을 착용하며 장비를 활용하거나 2인 이상 협동하여 이동시킨다.

③ 실습 전 작업대를 정리하여 작업의 효율성을 높이고 안전 사고가 발생되지 않도록 한다.

④ 실습 작업 시 작업에 맞는 적절한 공구를 사용하여 실습 중 안전 사고에 주의한다.

⑤ 실습장 내에서는 작업 시 서두르거나 뛰지 말아야 한다.

⑥ 각 부품의 탈부착 시 오일이나 물기름이 작업장 바닥에 떨어지지 않도록 하며 누출 시 즉시 제거하고 작업에 임한다.
⑦ 모든 부품은 분해, 조립 순서에 준하여 작업을 실시하고 분해된 부품은 순서에 따라 작업대에 정리정돈한다.
⑧ 실습 종료 후 실습장 주위를 깨끗하게 정리하며 공구는 정위치시킨다.
⑨ 실습 시 작업복, 작업화를 착용한다.

4 점화 장치 점검 정비

1 점화 회로 점검(시동 회로 포함)

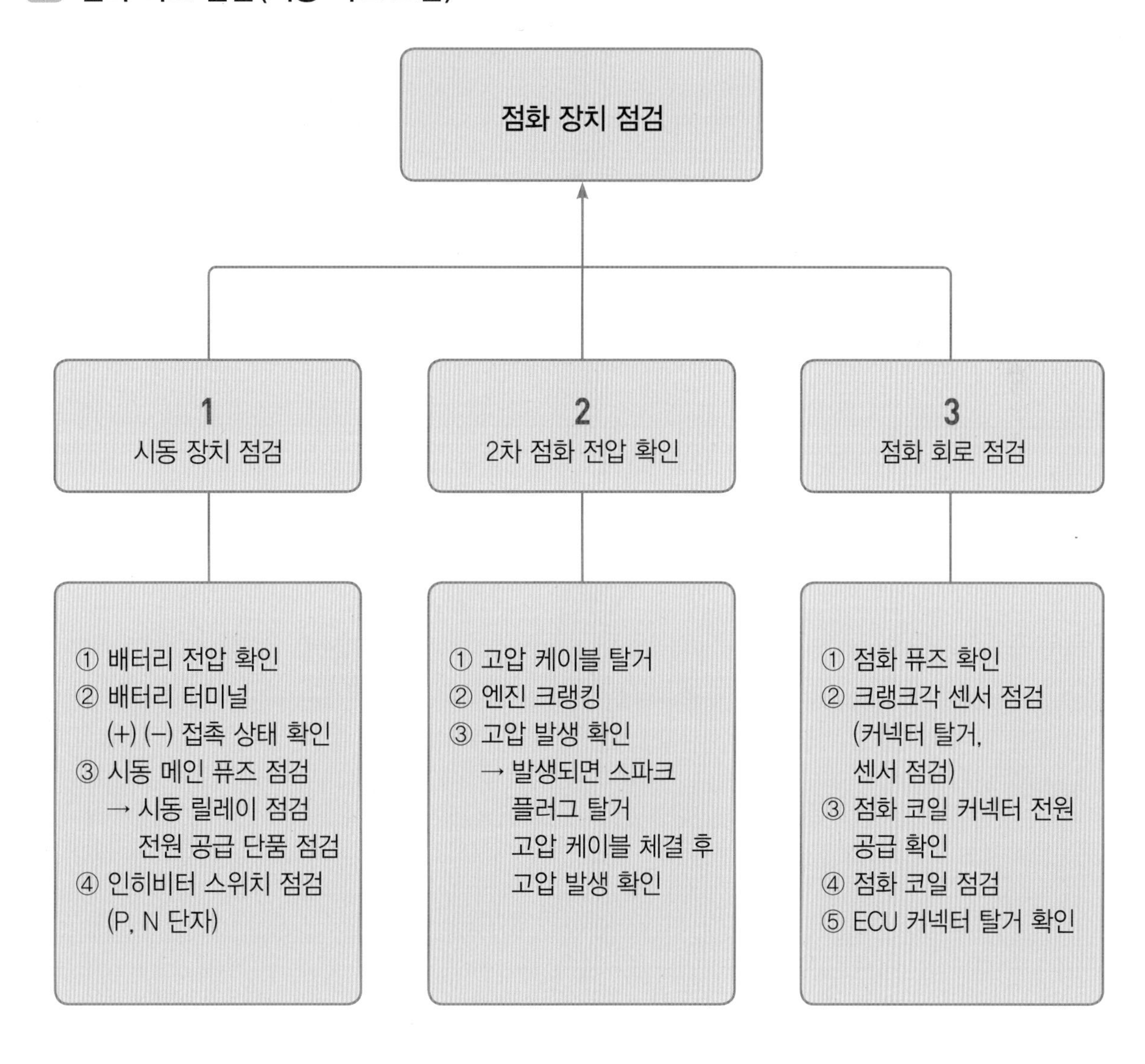

점화 시스템 부품 위치

실습 주요 point

점화 장치 고장 진단

점화 장치의 고장은 엔진의 시동이 어렵거나(크랭킹은 가능) 전혀 시동이 되지 않는 경우, 엔진의 공회전 상태가 불안정한 경우, 엔진의 시동이 자주 꺼지거나 가속력이 약한 경우, 연료소비율이 평상시보다 높은 경우 및 운전 중 엔진이 과열되는 경우 등으로 크게 분류할 수 있다.

❶ **정비 방법** : 차종에 맞는 정확한 부품을 교환하기 위해 부품 대리점에 차대번호와 차종, 형식 등을 말하고 필요한 부품을 신청한다. 실습 차량은 EF소나타 2.0 가솔린 엔진이다.

❷ **준비할 공구** : 기본 정비 세트(일반 공구 세트와 플러그 렌치)를 준비한다. 엔진 보닛을 열고 가장 먼저 보이는 더스트 커버를 탈거한 후 래칫 핸들과 연결대, 10 mm 소켓으로 플러그 렌치를 사용하여 플러그를 탈거한다. 이때 이물질이 떨어지지 않도록 천으로 플러그 구멍을 막는다. 이것은 실린더 안쪽과 바로 연결되어 있기 때문에 이물질이 들어가게 되면 엔진 작동 시 엔진 내부 실린더, 연소실 피스톤에 손상을 줄 수 있다. 스파크 플러그 교환 후에도 유관 점검을 통해 다시 한 번 점화 계통을 점검한다. 케이블의 피복 벗겨짐과 같이 외관이 노후 손상될 수 있다.

2 점화 회로 점검 정비

(1) 점화 회로 점검 부위

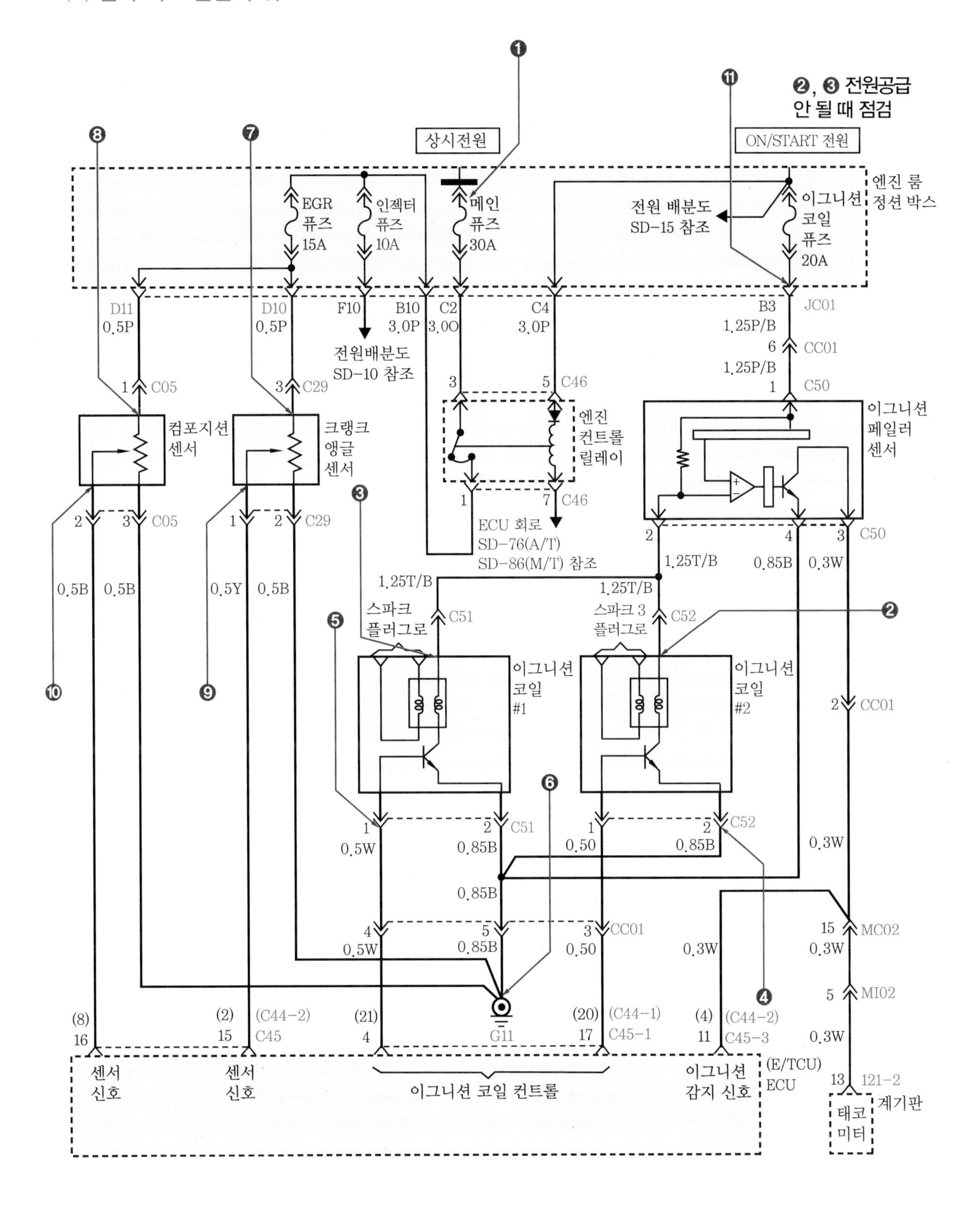

(2) 점화 회로 점검

1. 배터리 체결 상태를 확인한다.

2. 엔진 룸 정션 박스의 시동 릴레이 체결 및 전원 공급을 점검한다.

3. 시동 전동기 ST 단자를 확인 점검한다(체결 상태 확인).

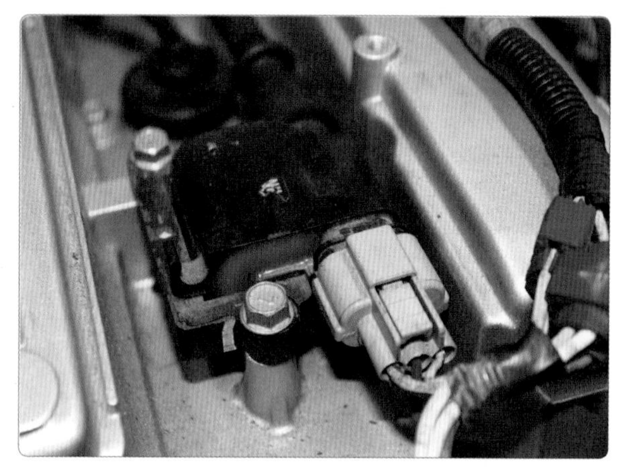

4. 점화 코일 커넥터 체결 상태 및 고압 케이블 체결 상태(점화 순서)를 확인한다.

5. 점화 플러그 중심 전극 및 접지 전극을 확인 점검한다.

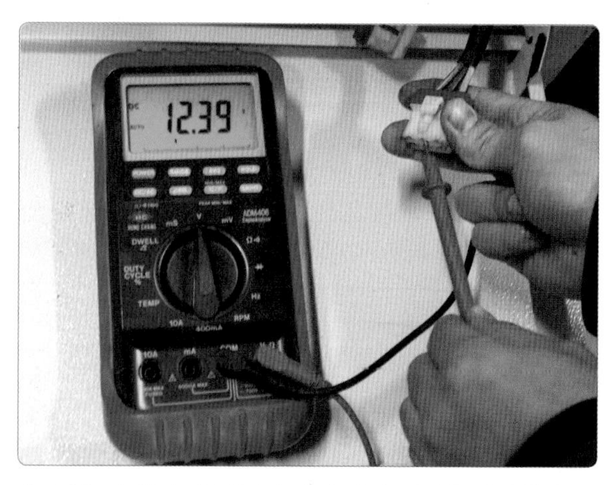

6. 점화 스위치 및 커넥터 체결 단자 전압을 확인한다.

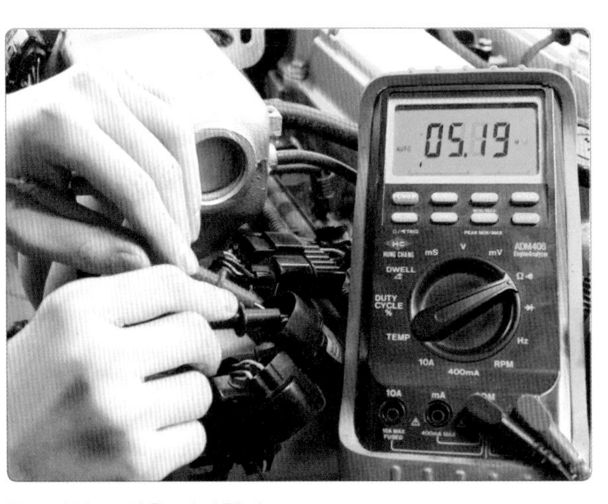

7. 점화 코일을 점검한다.

8. 크랭크각 센서 커넥터(CPS) 접촉 상태를 확인한다.

3 점화 플러그 및 고압 케이블 점검 정비(교체 작업)

1. 시동용 기관을 확인한다.

2. 고압 케이블을 탈거하여 정리한다.

3. 플러그 렌치를 사용하여 플러그를 탈거한다.

4. 탈거한 플러그를 확인 점검한다.

5. 스파크 플러그를 플러그 렌치에 체결하고 나사에 맞춰서 천천히 조립한다.

6. 플러그 렌치에 토크 렌치를 사용하여 조립한다.

7. 고압 케이블을 점화 순서에 맞게 연결한다(1번과 4번, 2번과 3번).

8. 고압 케이블을 체결한다.

4 점화 플러그 전극 상태 점검

(1) 점화 플러그 전극 상태

전극 상태	현 상
검을 때	불완전 연소(350 ℃ 이하)
자색(보라색)	완전 연소(450~500 ℃)
회색	과열 상태(550~700 ℃)
오일을 묻혔을 때	오일이 연소실에 올라올 때

(2) 점화 플러그 상태 및 특징

정 상		이상 연소 연소물 부착	
	외연 상태를 육안으로 확인하여 점화 발화 부위가 갈색이거나 연한 회색일 경우	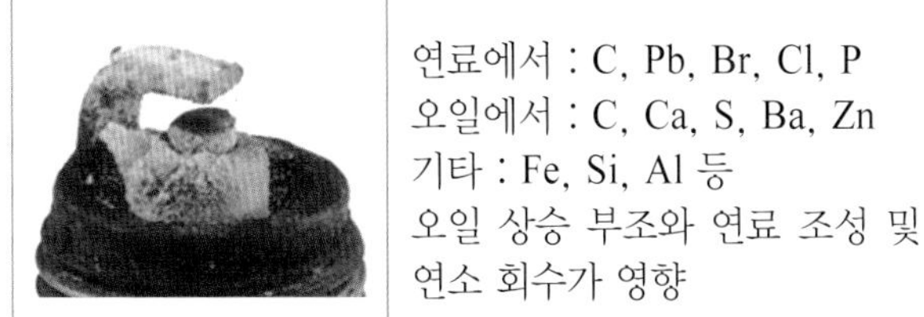	연료에서 : C, Pb, Br, Cl, P 오일에서 : C, Ca, S, Ba, Zn 기타 : Fe, Si, Al 등 오일 상승 부조와 연료 조성 및 연소 회수가 영향
카본 오염		**연소물 부착**	
	카본 오손된 경우		연료 액정 과다 분사되어 젖어 있음
전극 애자 깨짐		**부식과 산화**	
	과열과 충격에 의해 전극 애자가 깨진 상태		전극 재질이 산화된 상태, 열적 부하와 연소 시 납의 화학적 반응으로 발생된다.
이상 소모		**납 오손(저온)** 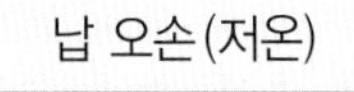	
	간극(gap)이 벌어진 상태로 조정이나 교환		저속 주행으로 2000~3000 km 주행한 차에서 주로 발생됨
과도하게 탄 경우		**연소 시 용해**	
	표면에 광택이 나며 연소물이 융착됨		전극에 둥근 띠를 두른 요철이 많음

5 점화 코일 1, 2차 저항 측정

1. 멀티 테스터 측정 단자와 레인지를 선택한다(Ω).

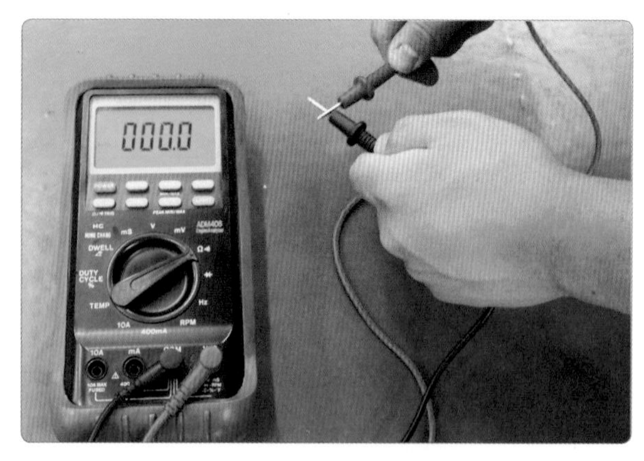

2. 멀티 테스터를 세팅하여 0 Ω을 확인한다.

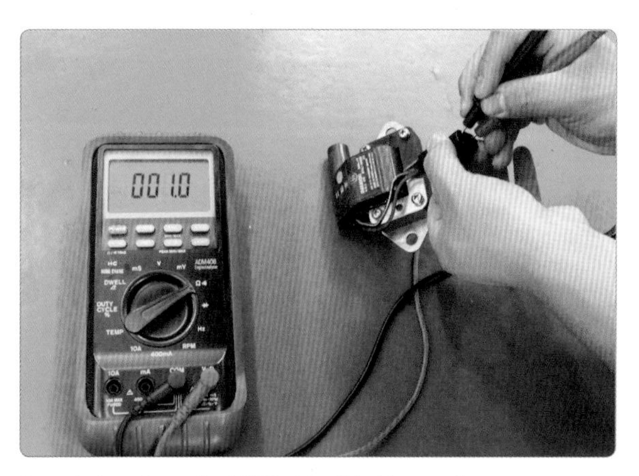

3. 점화 1차 코일 저항을 측정한다(1.0 Ω).

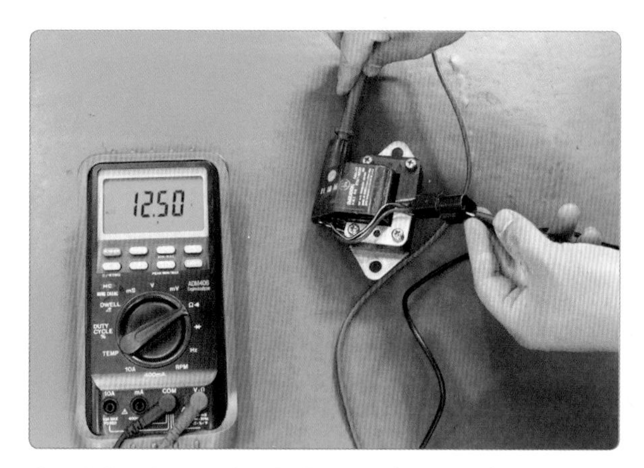

4. 점화 2차 코일 저항을 측정한다(12.5 kΩ).

6 고압 케이블 점검

1. 멀티 테스터 측정 단자와 레인지를 선택한 후 세팅한다(0 Ω).

2. 고압 케이블을 측정한다(5.6 kΩ).

5 점화 파형 및 센서별 파형의 측정 및 분석

1 점화 1차 파형 측정

(1) 점화 1차 파형 측정

점화 1차 파형 측정

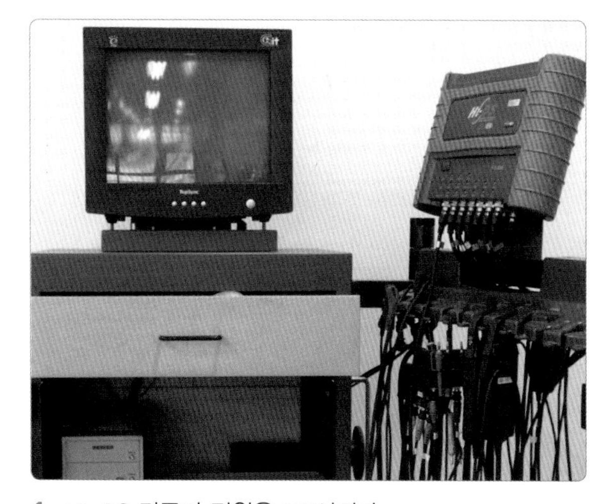

1. HI-DS 컴퓨터 전원을 ON시킨다.

2. IBM 스위치를 ON시킨다.

3. 모니터 전원이 ON 상태인지 확인한다.

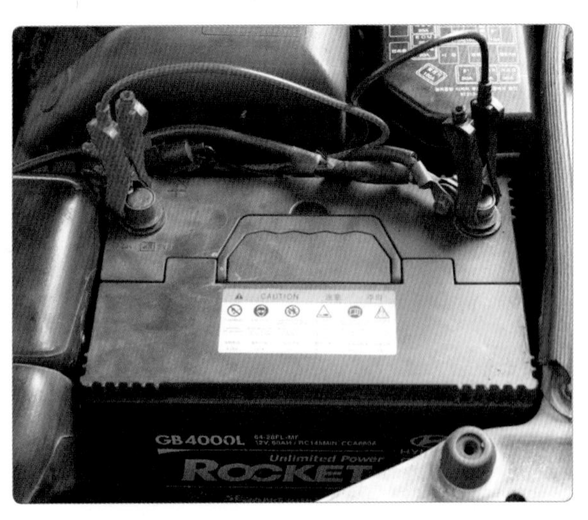

4. HI-DS (+), (-) 클립을 배터리 단자에 연결한다.

5. 점화 코일 및 고압 픽업선에 프로브를 연결한다.

6. 엔진을 시동한다.

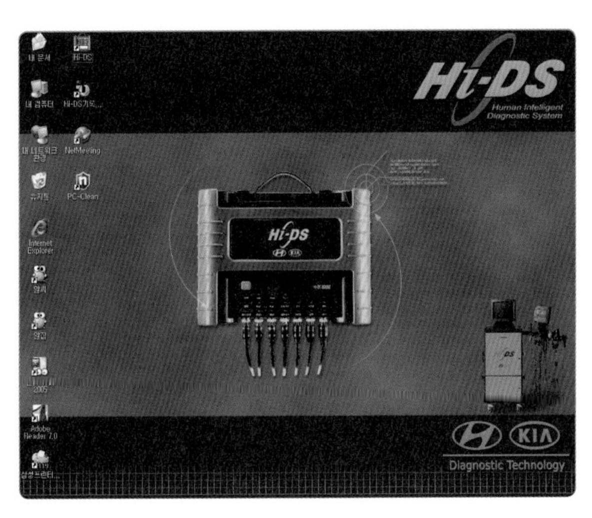

7. 바탕화면 HI-DS 아이콘을 클릭한다.

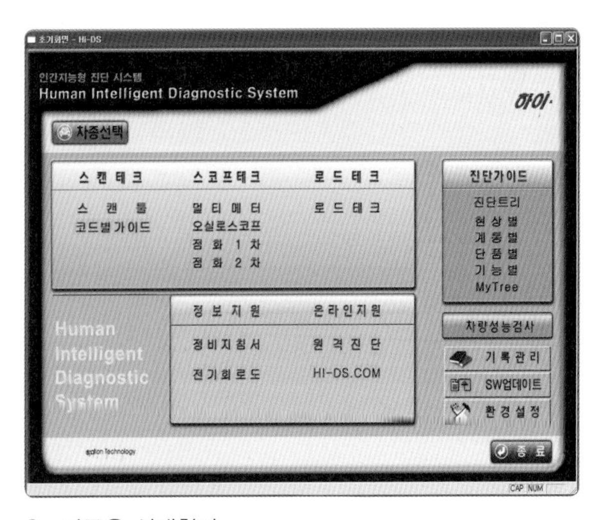

8. 차종을 선택한다.

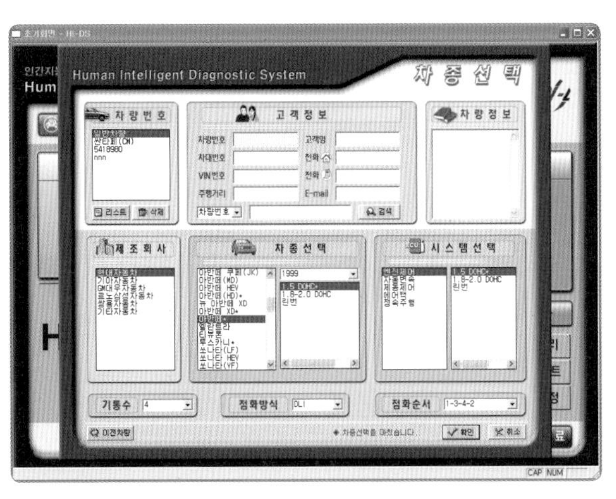

9. **차종 선택** : 제작사－차종－엔진형식을 선택한다.

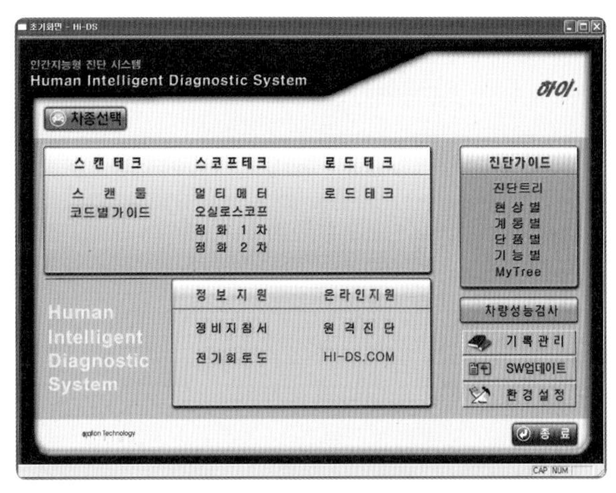

10. 점화 1차 파형을 선택한다. 점화 1차 파형이 출력되지 않을 경우 오실로스코프를 클릭하여 점검한다.

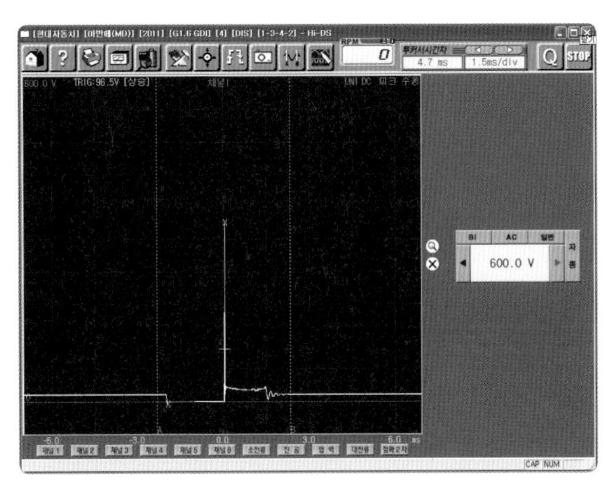

11. 점화 1차 파형 측정 시 전압을 600 V, 시간을 1.5 ms/div로 설정한다.

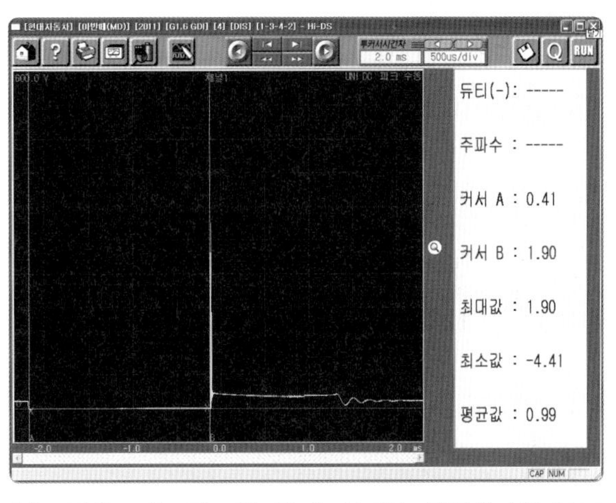

12. 점화 1차 회로의 접지 상태를 확인한다(0.41 V, 2.0 ms).

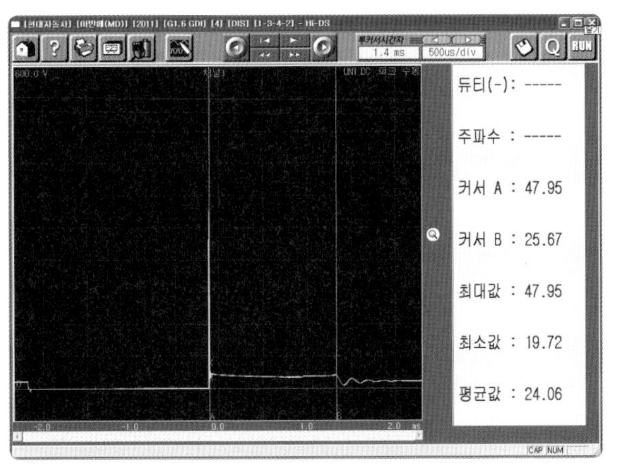

13. 점화 전압과 시간을 확인한다(47.95 V, 1.4 ms).

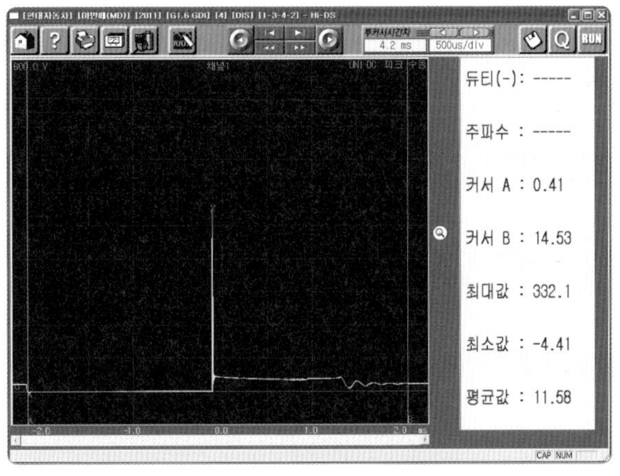

14. 최대 전압(332.1 V) 및 점화 전압을 확인한 후 프린트 출력한다.

(2) 점화 1차 파형 분석

① 점화 1차 정상 파형

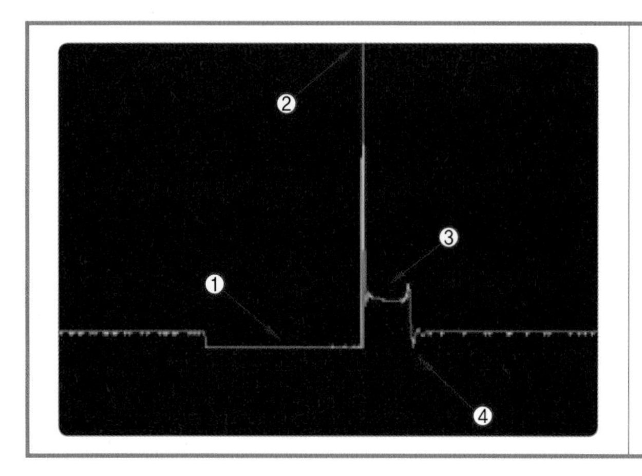

(1) ① 지점 : 드웰 구간–점화 1차 회로에 전류가 흐르는 시간 지점 3 V 이하~TR OFF 전압(드웰 끝 부분)
(2) ② 지점 : 점화 전압(서지 전압) – 300~400 V
(3) ③ 지점 : 점화(스파크) 라인 – 연소실 연소가 진행되는 구간(0.8~2.0 ms)
(4) ④ 지점 : 감쇄 진동 구간으로 3~4회의 진동이 발생됨
(5) 배터리 전압 발전기에서 발생되는 전압 : 13.2~14.7 V

② 측정 점화 파형 분석

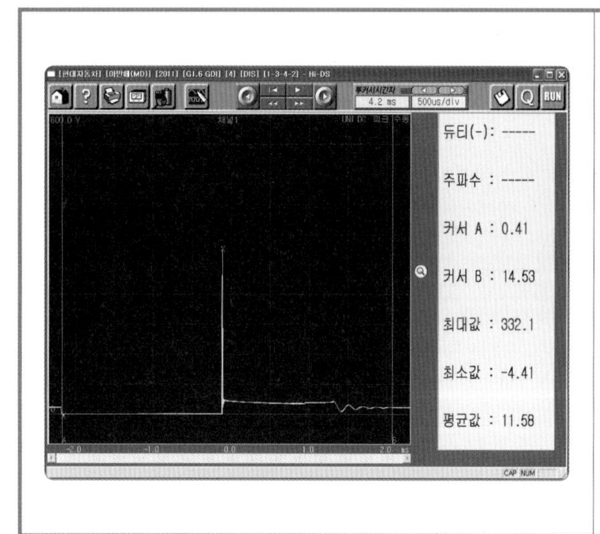

(1) 드웰 구간 : 파워 TR의 ON~OFF까지의 구간
(2) 1차 유도 전압 : 1차 측 코일로 자기 유도 전압이 형성되는 구간으로 서지 전압은 322.1 V(규정값 : 300~400 V)이다.
(3) 점화 라인(불꽃 지속 시간) : 점화 플러그의 전극 간에 아크 방전이 이루어질 때 유도 전압은 2.0ms(규정값 : 0.8~2.0 ms)이다.
(4) 감쇄 진동부 : 점화 코일에 잔류한 에너지가 1차 코일을 통해 감쇄 소멸되는 전압으로 3~4회 진동이 발생되었다.
(5) 드웰 시간 끝 부분(파워 TR OFF 전압)이 1.90V(규정값 : 3 V 이하)로 양호하며 발전기에서 발생되는 전압은 14.53 V(규정값 : 13.2~14.7 V)이다.

③ 분석 결과 및 판정

점화 1차 피크 전압의 측정값이 322.1 V(규정값 : 300~400 V)로 안정적이며 점화 시간의 측정값이 2.0 ms(규정값 : 0.8 ms~2.0 ms)로 안정적인 점화 파형으로 출력되었다. 특히 드웰 구간의 접지 상태가 양호하여 회로 내 ECU 접지 상태가 양호하며 배터리 전압 발전기에서 발생되는 전압도 14.53 V(13.2 V~14.7 V)로 안정적이므로 정상 범위로 출력된 파형이다.

※ 점화 1차 파형이 불량일 경우 점화 계통 배선 회로를 점검하고 점화 코일 및 스파크 플러그 하이텐션 케이블 등 필요 시 관련 부품을 교환한 후 다시 점검한다.

【점화 1차 파형 실습 보고서】

＿＿＿＿＿＿조 학번 : ＿＿＿＿＿＿ 성명 : ＿＿＿＿＿＿	실습 일시	
	실습 내용	
	차 종	
	담당 교수	

◎ 주어진 자동차의 점화회로를 점검하고 점화 1차 파형을 출력 · 분석하여 그 결과를 기록표에 기록하시오.

점화 1차 파형 분석

HI-DS 종합테스터기 장비 조작 순서(세부적으로) 기재	조건 REBEL	
	v/DIV	
	TRIGGER REBEL	
	DELAY	
	ms/DIV	

정상 파형 및 파형 분석 내용

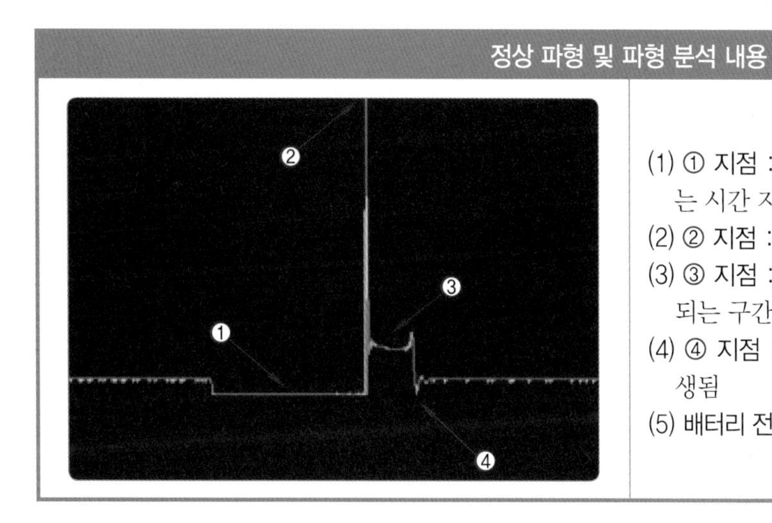

(1) ① 지점 : 드웰 구간-점화 1차 회로에 전류가 흐르는 시간 지점 3 V 이하~TR OFF 전압(드웰 끝 부분)
(2) ② 지점 : 점화 전압(서지 전압) - 300~400 V
(3) ③ 지점 : 점화(스파크) 라인 - 연소실 연소가 진행되는 구간(0.8~2.0 ms)
(4) ④ 지점 : 감쇄 진동 구간으로 3~4회의 진동이 발생됨
(5) 배터리 전압 발전기에서 발생되는 전압 : 13.2~14.7 V

측정 파형 / 파형 분석

점검 항목	규정값	측정값	판정
서지 전압			
드웰 시간			
점화 전압			
진동 구간			

2 점화 2차 파형 측정

(1) 점화 2차 파형 측정

점화 2차 파형 측정

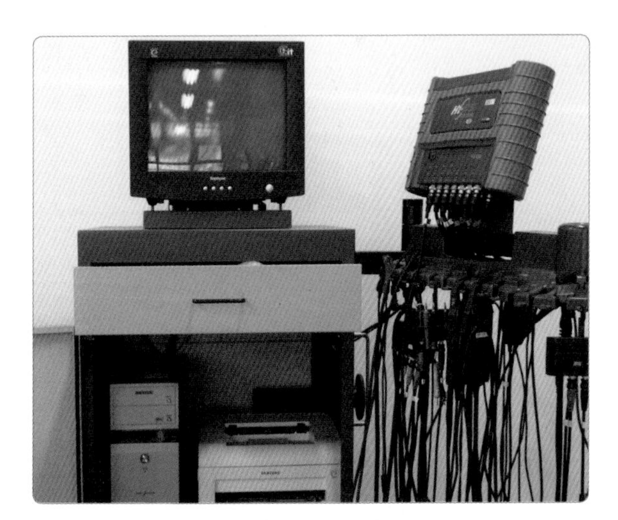

1. HI-DS 컴퓨터 전원을 ON시킨다.

2. 계측 모듈 스위치를 ON시킨다.

3. 모니터 전원이 ON 상태인지 확인한다.

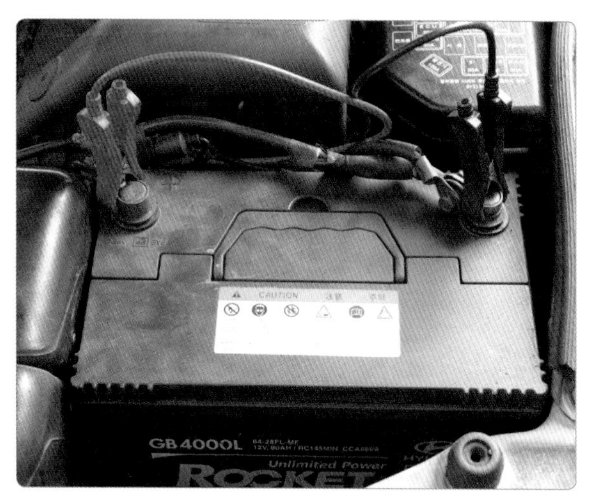

4. HI-DS (+), (-) 클립을 배터리 단자에 연결한다.

5. 1번 채널 프로브를 선택한다.

6. (-) 프로브를 배터리 (-)에 연결한다.

7. 엔진을 시동한다.

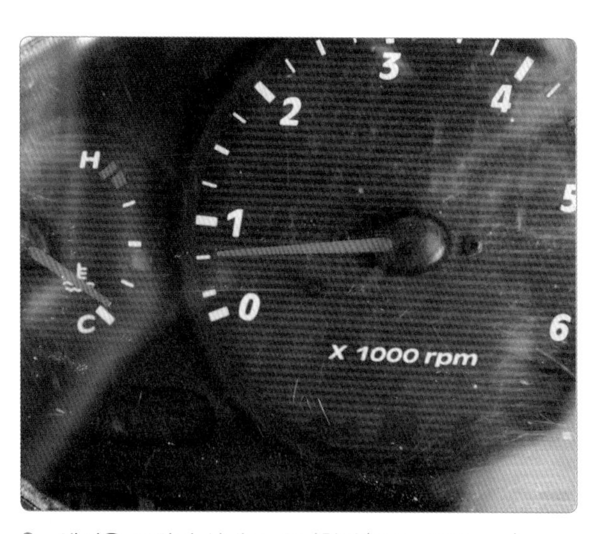

8. 엔진을 공회전 상태로 유지한다(750~950 rpm).

(2) 점화 2차 파형 분석

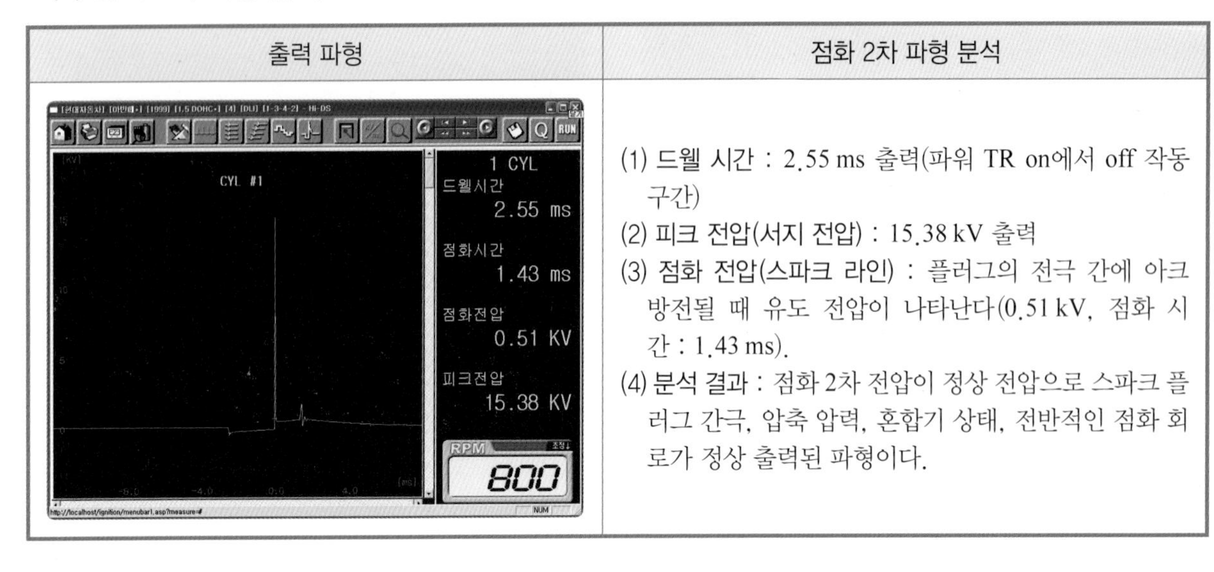

출력 파형	점화 2차 파형 분석
	(1) 드웰 시간 : 2.55 ms 출력(파워 TR on에서 off 작동 구간) (2) 피크 전압(서지 전압) : 15.38 kV 출력 (3) 점화 전압(스파크 라인) : 플러그의 전극 간에 아크 방전될 때 유도 전압이 나타난다(0.51 kV, 점화 시간 : 1.43 ms). (4) 분석 결과 : 점화 2차 전압이 정상 전압으로 스파크 플러그 간극, 압축 압력, 혼합기 상태, 전반적인 점화 회로가 정상 출력된 파형이다.

실습 주요 point

점화 2차 파형 검사 목적

❶ 기계적인 문제인 밸브, 압축 압력, 벨트 등이 점화 2차에 영향을 줄 수 있으므로 먼저 기계적인 점검이 이상이 없는지 확인 후 파형을 점검한다.

❷ 각 실린더의 피크(서지) 전압 높이를 비교하여 플러그 갭을 확인하며 불꽃 지속 시간을 비교하여 플러그 오염, 고압선 누전을 점검한다.

점화 2차 파형 불량 시 원인

(1) 점화 2차 파형 전압이 정상보다 높을 때

❶ 스파크 플러그 간극이 규정보다 클 경우
❷ 고압 케이블 불량(저항 증가, 단선)
❸ 연료 공연비 희박
❹ 압축 압력의 증대

(2) 점화 2차 파형 전압이 정상보다 낮을 때

❶ 스파크 플러그 간극이 작을 경우(카본 퇴적)
❷ 고압 케이블 단락
❸ 압축 압력 저하

(3) 점화 2차 파형(아반떼 MD)

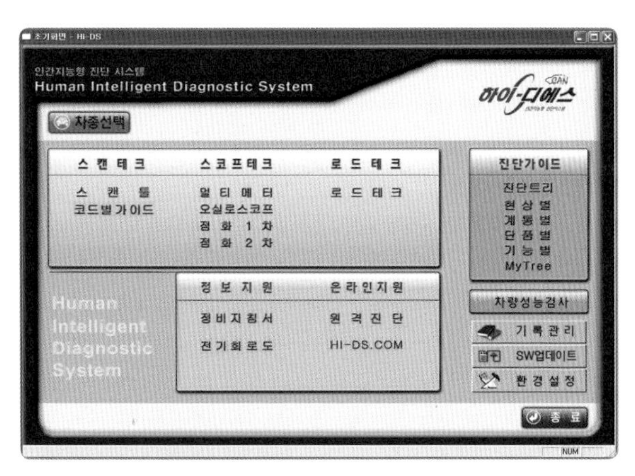

1. HI-DS 컴퓨터, 계측 모듈 모니터 전원을 ON시킨 후 HI-DS를 클릭한다.

2. 차종과 시스템을 선택한다.

3. HI-DS 배터리 전원 및 프로브 채널(적색)은 점화 코일(-)에 연결하고 프로브(검정)는 접지시킨다.

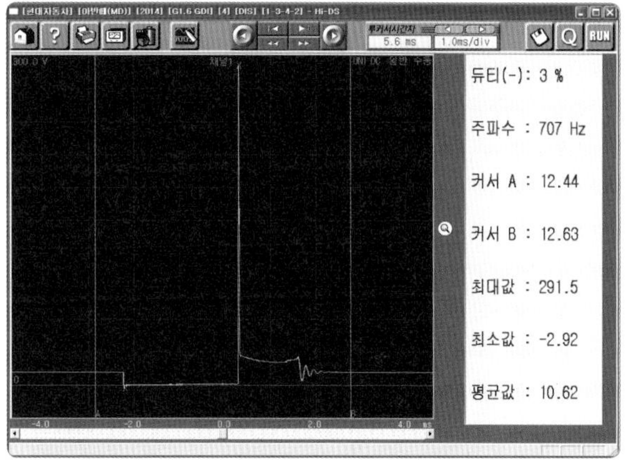

4. 환경설정 전압을 선택한 후 트리거를 클릭한다. 파형이 출력되면 화면을 정지(stop)한 후 피크 전압을 확인한다(291.5 V).

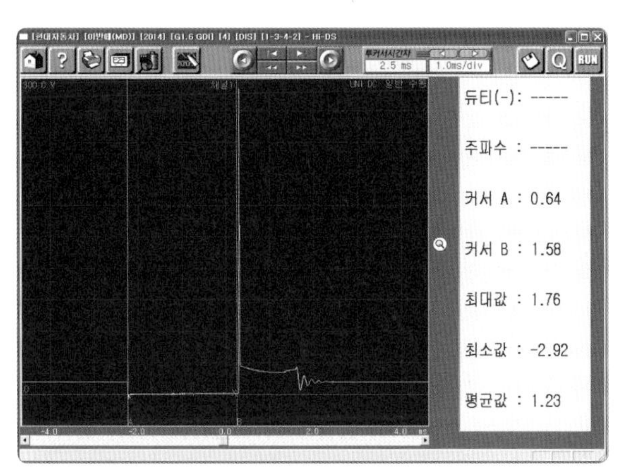

5. 점화 접지 전압을 확인한다(1.58 V).

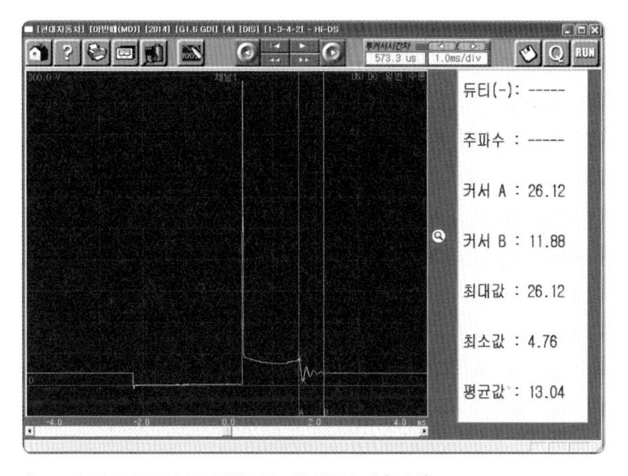

6. 감쇄 진동부의 진동을 확인한다(3회).

【점화 2차 파형 실습 보고서】

______조 학번 : ______ 성명 : ______	실습 일시	
	실습 내용	
	차　　종	
	담당 교수	

◎ 주어진 자동차의 DLI(distributor less ignition system)에서 시험위원의 지시에 따라 1차 또는 2차 점화 코일의 파형을 출력 · 분석하여 그 결과를 기록표에 기록하시오.

HI-DS 종합테스터기 장비 조작 순서(세부적으로) 기재	조건 REBEL	
	v/DIV	
	TRIGGER REBEL	
	DELAY	
	ms/DIV	

정상 파형 및 파형 분석 내용

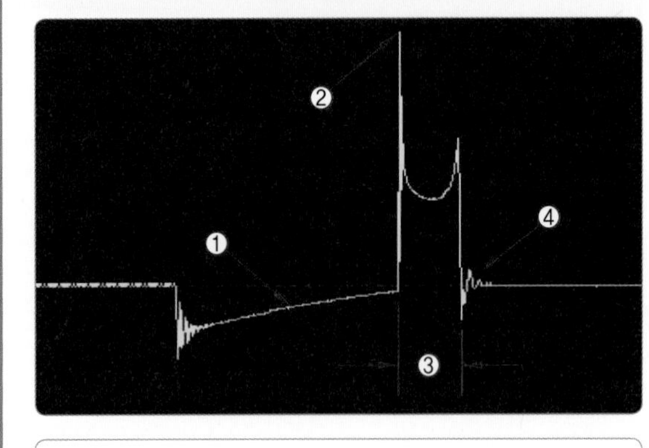

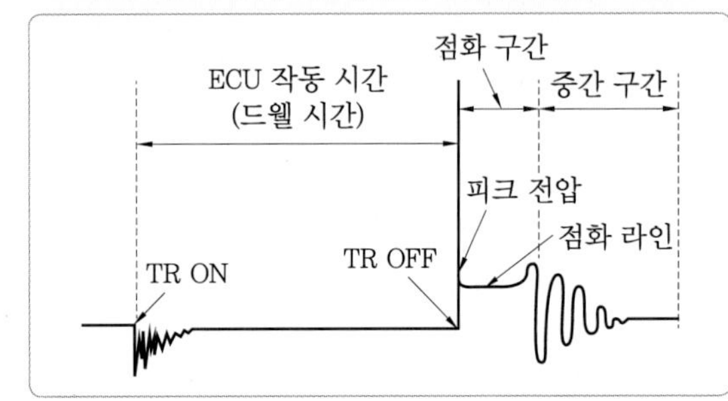

① 드웰 구간 : 파워 TR이 ON에서 OFF될 때까지의 구간

② 점화 전압(서지 전압) : 점화 플러그의 전극 간에 스파크를 발생시켰을 때 요구 전압이 발생한다(차종마다 조금씩 다르나 보통 8~18 kV 정도이다).

③ 점화(스파크) 라인 : 점화 플러그의 전극 간에 아크 방전이 연속적으로 발생하고 있는 상태이다(차종마다 조금씩 다르나 보통 0.8~2.0 ms 정도이다).

(가) 점화 라인이 높고 간격이 짧은 경우 점화 플러그 간극이 큰 경우로 불량하다.

(나) 점화 라인이 낮고 간격이 긴 경우 점화 플러그 간극이 작은 경우로 불량하다.

(다) 움직임이 거의 없는 경우 점화 플러그의 훼손을 의심해야 한다. 높고 잡음이 생기는 경우 하이텐션 케이블 불량이다.

④ 감쇄 진동 구간 : 점화 코일에 잔류한 에너지가 1차 코일 측으로 감쇄 소멸하는 상태이다. 잔류 에너지 방출 구간이 없으면 점화 코일 불량이다(보통 3~4회).

측정 파형

파형 분석

점검 항목	규정값	측정값	판정
서지 전압			
드웰 시간			
점화 전압			
진동 구간			

충전 장치 점검 정비

1. 관련 지식
2. 실습 준비 및 유의 사항
3. 실습 시 안전 관리 지침
4. 충전 장치 점검 정비

5 충전 장치 점검 정비

실습목표 (수행준거)	1. 충전 장치의 발전 원리를 이해하고 작동 상태를 파악할 수 있다. 2. 차종별 충전 장치의 특징을 이해하고 고장 점검을 할 수 있다. 3. 진단 장비를 활용하여 충전 장치의 고장 원인을 파악할 수 있다. 4. 충전 장치 구성 부품 교환 작업을 수행하고 단품 점검을 할 수 있다.

1 관련 지식

1 충전 장치의 개요

자동차의 충전 장치는 반도체의 개발에 따라 직류(DC)에서 교류(AC)로 바뀌게 되었으며, 자동차의 전기는 직류(DC)를 사용하고, 충전 장치에는 교류(AC) 발전기가 사용된다.

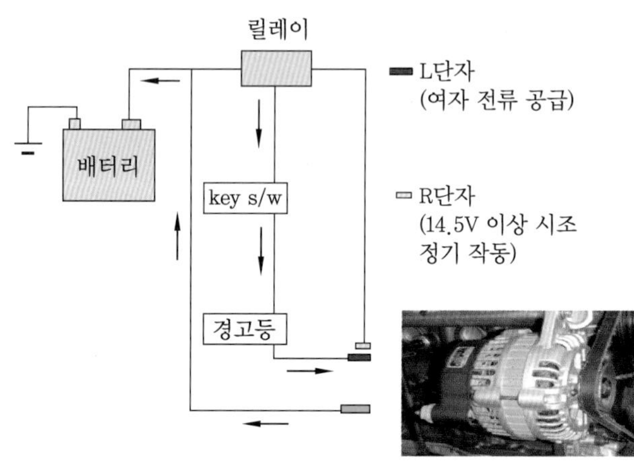

충전 회로

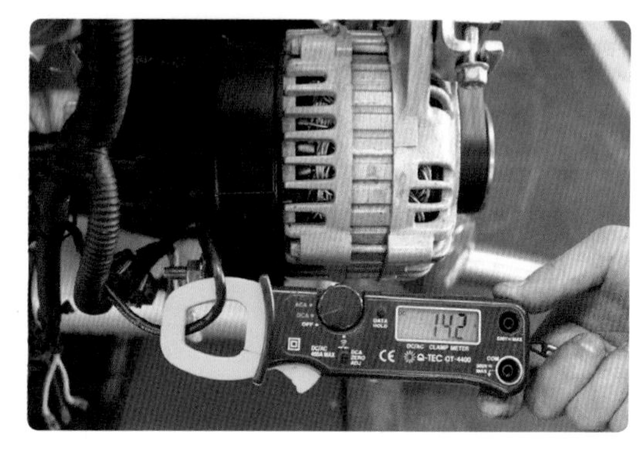

발전기 출력 전류 측정

(1) 교류 발전기(alternator)의 특징

① 소형 경량이며 저속에서도 충전이 가능하다.

② 회전 부분에 정류자가 없어 허용회전속도 한계가 높다.

③ 실리콘 다이오드로 정류하므로 전기적 용량이 크다.

④ 전압 조정기만 필요하다.

⑤ DC 발전기의 컷아웃 릴레이의 작용은 AC 발전기 다이오드가 한다.

⑥ 공회전 상태에서도 발전이 가능하다.

(2) 교류 발전기의 구조

① 스테이터(stator) : 기전력 발생

㈎ 스테이터는 3개의 코일이 감겨져 있고 여기에 3상 교류가 유기되며 스테이터 코어 철심으로 자력선의 크기를 더하고 있다.

㈏ 스테이터 코일의 결선 방법에는 Y 결선(스타 결선)과 삼각 결선(델타 결선)이 있으며(Y 결선은 선간 전압이 각 상 전압의 $\sqrt{3}$배이다.), 엔진 공회전 시에 충전 가능하다.

② 로터(자력선 형성) : 로터부 슬립링에 전원이 공급되면 N극과 S극이 형성되어 자화되며, 로터가 회전함에 따라 스테이터 코일의 자력선을 차단하므로 전압이 발생된다.

③ 다이오드(diode) : 정류기

㈎ 스테이터 코일에서 발생한 교류를 직류로 정류하며, 축전지에서 발전기로 전류가 역류하는 것을 방지한다.

㈏ 다이오드는 (+)쪽에 3개, (−)쪽에 3개씩 6개를 두며, 보조 다이오드(+)를 3개 더 두고 있다.

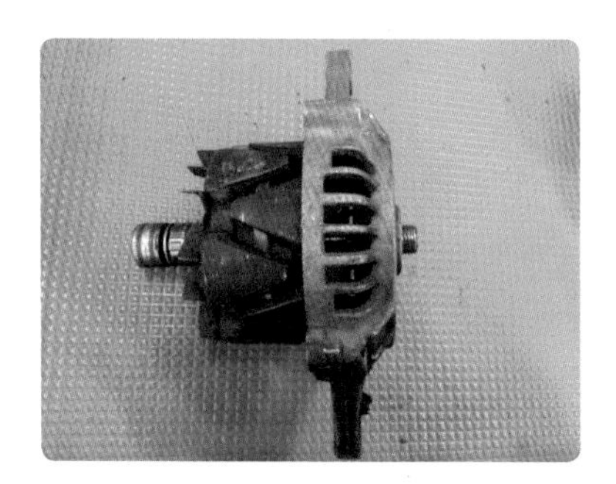

로터부

스테이터

다이오드

주파수와 주기

❶ 자극과 주파수 : 발전기 회전수와 자극과의 관계에서 만들어지는 주파수(f)는 다음과 같다.

$$f = \frac{P}{2} \times \frac{N}{60} = \frac{P \times N}{120} \text{[Hz]}$$

여기서, P : 자극의 수, N : 발전기 회전수(rpm)

※ 자극의 수를 2로 나누는 이유 : N극과 S극 2극이 자석이 되기 때문

❷ 주파수와 주기 : 주파수란 1초 동안 사이클 수가 몇 개인지를 나타내는 척도이며, 단위는 cycle/s이다. 주기란 사이클을 나타내는 데 걸린 시간을 말하며, 단위는 초(s), 기호는 T이다.

$$f = \frac{1}{T} \text{[Hz]},\ T = \frac{1}{f} \text{[초 : s]}$$

2 축전지의 기능 및 특징

(1) 축전지의 기능

① 내연엔진 시동 시 필요한 전원을 공급한다.

② 발전기 고장 시 자동차 운행에 필요한 전원을 공급한다.

③ 자동차 주행 상태에 따라서 발전기 출력과 전기 부하를 조율한다.

축전지 외관

축전지 구조

(2) 납산 축전지의 특징

장 점	단 점
• 화학 반응이 상온에서 발생하므로 위험성이 적다. • 신뢰성이 크고, 비교적 가격이 저렴하다.	• 에너지 밀도가 작은 편이다. • 수명이 짧고, 충전 시간이 길다. • 겨울철 온도 저하로 배터리 성능이 현저히 감소한다.

(3) 축전지 용량

축전지 용량은 극판의 크기, 극판의 수, 셀의 크기 및 전해액의 양(황산의 양)에 의해 결정된다. 축전지를 완충전 상태에서 방전 종지 전압(셀당 전압 1.8 V 정도)에 도달하기까지 방전하여 얻는 총 전기량, 즉 전류×시간의 합(단위는 Ah)을 축전지의 용량이라고 한다. 축전지 용량을 표시하는 방법에는 20시간율, 25암페어율, 냉간율 등이 있다.

축전지 직·병렬 연결 시 전압과 용량의 변화

❶ **직렬 연결의 경우** : 같은 용량의 축전지 2개 이상을 (+)단자와 다른 축전지의 (−)단자에 연결하는 방식이며, 전압은 연결한 개수만큼 증가되지만 용량은 배터리 1개 기준 용량과 같다.

❷ **병렬 연결의 경우** : 같은 용량의 축전지 2개 이상을 (+)단자는 다른 축전지의 (+)단자에, (−)단자는 (−)단자에 접속하는 방식이며, 용량은 배터리를 연결한 개수만큼 증가하지만 전압은 1개 기준 용량과 같다.

(4) 자기방전량과 설페이션 현상

① **자기방전량** : 전지에 축적되어 있던 전기가 저절로 없어지는 현상을 말하며, 충방전은 물론 개로의 상태에서도 자기방전이 이루어진다. 자기방전량을 구하는 방법은 다음과 같다.

$$\text{자기방전량} = \frac{C_1 + C_3 - 2C_2}{T(C_1 + C)} \times 100(\%)$$

여기서, C_1 : 방치 전 만충전 용량(Ah)

C_2 : T기간(일정 시간) 방치 후 충전 없이 방전한 용량(Ah)

C_3 : C_2 방전 후 완충전하여 방전한 용량(Ah)

※ 온도와 자기방전과의 관계 : 전지온도가 높을수록 자기방전량은 증가하고, 이 증가의 비율은 온도 25℃까지는 거의 직선적으로 증가하며, 그 이상의 온도에서는 가속적으로 증가하게 된다.

② **설페이션 현상** : 축전지를 방전 상태에서 오래 방치하면 극판 표면에 회백색으로 변한 결정체가 생기게 되며, 충전해도 본래의 과산화인 해면상으로 환원되지 않아 영구 황산납으로 굳어지는 현상을 말한다.

(5) 납산 축전지의 구조

12 V 축전지의 경우에는 케이스 속에 6개의 셀(cell)이 있고, 이 셀 속에 양극판, 음극판 및 전해액이 들어 있다. 이들이 화학적 반응을 하여 셀마다 약 2.1 V의 기전력을 발생시킨다. 양극판이 음극판보다 더 활성적이므로 양극판과의 화학적 평형을 고려하여 음극판을 1장 더 둔다.

① **극판** : 극판에는 양극판과 음극판이 있으며, 양극판은 과산화납(PbO_2), 음극판은 해면상납(Pb)으로 한 것이다.

② **격리판** : 격리판은 양극판과 음극판 사이에 끼워져 양쪽 극판의 단락을 방지하는 일을 하며, 구비 조건은 다음과 같다.

(가) 비전도성일 것

(나) 다공성이어서 전해액의 확산이 잘될 것

(다) 기계적 강도가 있고, 전해액에 부식되지 않을 것

(라) 극판에 좋지 못한 물질을 내뿜지 않을 것

③ **극판군** : 몇 장의 극판을 조립하여 접속 편에 용접하여 1개의 단자(terminal post)와 일체가 되도록 한 것이다. 극판의 장수를 늘리면 극판의 대항 면적이 증가하므로, 축전지 용량이 증가하여 이용 전류가 많아진다.

④ **전해액(electroyte)**

(가) 순도가 높은 묽은 황산(H_2SO_4)을 사용한다.

(나) 비중은 20℃에서 완전 충전되었을 때 1.260~1.280이며, 이를 표준 비중이라 한다.

(다) 전해액은 온도가 상승하면 비중이 작아지고, 온도가 낮아지면 비중은 커진다. 전해액 비중은 온도 1℃ 변화에 대하여 0.0007이 변화한다.

$$S_{20} = S_t + 0.0007 \times (t - 20)$$

여기서, S_{20} : 표준 온도 20 ℃로 환산한 비중, S_t : t [℃]에서 실제 측정한 비중, t : 측정할 때 전해액

(6) 납산 축전지의 화학작용

	양극판		전해액		음극판		양극판		전해액		음극판
방전 시	PbO_2	+	$2H_2SO_4$	+	Pb	➡	$PbSO_4$	+	$2H_2O$	+	$PbSO_4$
	과산화납		묽은 황산		해면상납		황산납		물		황산납
충전 시	$PbSO_4$	+	$2H_2O$	+	$PbSO_4$	➡	PbO_2	+	$2H_2SO_4$	+	Pb
	황산납		물		황산납		과산화납		묽은 황산		해면상납

(7) 축전지의 충전

① **정전류 충전** : 충전의 시작에서 끝까지 전류를 일정하게 하고, 충전을 실시하는 방법이다.

② **정전압 충전** : 충전의 전체 기간을 일정한 전압으로 충전하는 방법이다.

③ **단별 전류 충전**

㈎ 정전류 충전 방법의 일종이며, 충전 중의 전류를 단계적으로 감소시키는 방법이다.

㈏ 충전 특성 : 충전 효율이 높고 온도 상승이 완만하다.

④ **급속 충전**

㈎ 급속 충전기를 사용하여 시간적 여유가 없을 때 하는 충전이며, 충전 전류는 축전지 용량의 50% 정도이다.

㈏ 충전 특성 : 짧은 시간 내에 매우 큰 전류로 충전을 실시하므로 축전지 수명을 단축시키는 요인이 된다.

(8) 기타 축전지

① 알칼리 축전지의 특징

장 점	단 점
• 과충전, 과방전, 장기 방치 등 가혹한 조건에도 내구성이 좋다. • 고율 방전 성능이 매우 우수하고, 출력 밀도가 크다. • 수명이 매우 길고, 충전 시간이 짧다.	• 에너지 밀도가 낮다. • 전극으로 사용하는 금속의 가격이 매우 고가이다. • 자원 공급이 어렵다.

② **연료 전지** : 에너지 형태의 변화를 위하여 발생하는 연료 전지에서의 반응은 물의 전기 분해 반응의 역반응으로 외부에서 공급되는 연료(수소)와 공기 중의 산소가 반응하여 전기와 물이 생성되는 반응이다.

장 점	단 점
• 상온에서 화학반응을 하므로 위험성이 적다. • 에너지 밀도가 매우 크다. • 연료를 공급하여 연속적으로 전력을 얻을 수 있으므로 충전이 필요 없다.	• 출력 밀도가 낮다. • 수명이 매우 짧다(약 6개월~1년). • 가격이 고가이다.

③ MF 축전지(maintenance free battery) : MF 배터리는 묽은 황산 대신 젤 상태의 물질을 사용하고, 내부 전극의 합금 성분에 칼슘 성분을 첨가해 배터리액이 증발하지 않는다. 따라서 증류수를 보충해 줄 필요가 없다. 배터리 점검은 상단의 점검창의 색으로 확인하며 색이 녹색이면 정상, 검은색이면 충전 부족, 투명하면 배터리액이 부족한 상태로 다음과 같은 특징을 갖고 있다.

(가) 증류수를 점검하거나 보충하지 않아도 된다.

(나) 자기 방전 비율이 매우 낮다.

(다) 장기간 보관이 가능하다.

(라) 충전 말기에 전기가 물을 분해할 때 발생하는 산소와 수소 가스를 촉매를 사용하여 다시 증류수로 환원시키는 촉매 마개를 사용한다.

2 실습 준비 및 유의 사항

실습 준비(실습 장비 및 실습 재료)

1 실습 자료

- 작업공정도
- 점검정비내역서, 견적서
- 차종별 정비 지침서

2 실습 장비

- 완성 차량(승용자동차)
- 엔진 시뮬레이터(가솔린, 디젤)
- 엔진 종합 시험기
- 리프트(2주식, 4주식)
- 멀티 테스터(디지털, 아날로그)
- 전류계, 비중계, 스캐너, 작업등

3 실습 재료

- 가솔린 & 디젤(경유)
- 배터리
- 교환 부품(퓨즈, 발전기, 전압 조정기 및 브러시, 다이오드, 하네스(배선 및 커넥터))
- 유지흡착제(걸레)

실습 시 유의 사항

- 안전 작업 절차에 따라 전기 회로를 점검하며 작업에 필요한 공구 장비를 세팅한 후 작업에 임한다.
- 아날로그 멀티 테스터를 활용하여 회로 점검 시 극성을 확인하고 점검한다.
- 충전 장치는 점검 시 출력 전압과 전류를 확인하고 필요에 따라 종합 진단 장비도 활용하여 점검한다.
- 충전 장치 점검 시 차종별 정비 지침서 회로를 판독하고 점검하며 장치별 전기부하를 유지하여 고장 진단한다.
- 충전 장치 검사 시 배터리 상태를 점검하고 누전되는 전기의 상태도 점검한다.

3 실습 시 안전 관리 지침

① 실습 전 반드시 안전 교육을 실시하고 소화기를 비치하여 화재 사고에 대비하며, 유류 등 인화성 물질은 안전한 곳에 분리하여 보관한다.
② 중량이 무거운 부품 이동 시 작업 장갑을 착용하며 장비를 활용하거나 2인 이상 협동하여 이동시킨다.
③ 실습 전 작업대를 정리하여 작업의 효율성을 높이고 안전 사고가 발생되지 않도록 한다.
④ 실습 작업 시 작업에 맞는 적절한 공구를 사용하여 실습 중 안전 사고에 주의한다.
⑤ 실습장 내에서는 작업 시 서두르거나 뛰지 말아야 한다.
⑥ 각 부품의 탈부착 시 오일이나 물기름이 작업장 바닥에 떨어지지 않도록 하며 누출 시 즉시 제거하고 작업에 임한다.
⑦ 모든 부품은 분해, 조립 순서에 준하여 작업을 실시하고 분해된 부품은 순서에 따라 작업대에 정리정돈한다.
⑧ 실습 종료 후 실습장 주위를 깨끗하게 정리하며 공구는 정위치시킨다.
⑨ 실습 시 작업복, 작업화를 착용한다.

4 충전 장치 점검 정비

1 축전지 비중 및 용량 시험

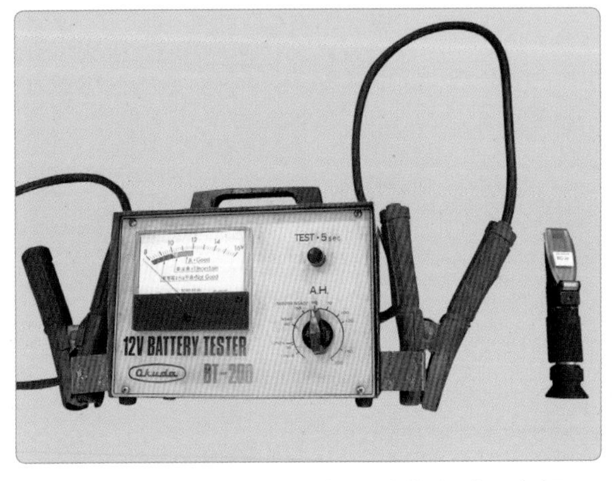

1. 축전지 비중 및 용량 시험을 위해 용량 테스터기를 준비한다.

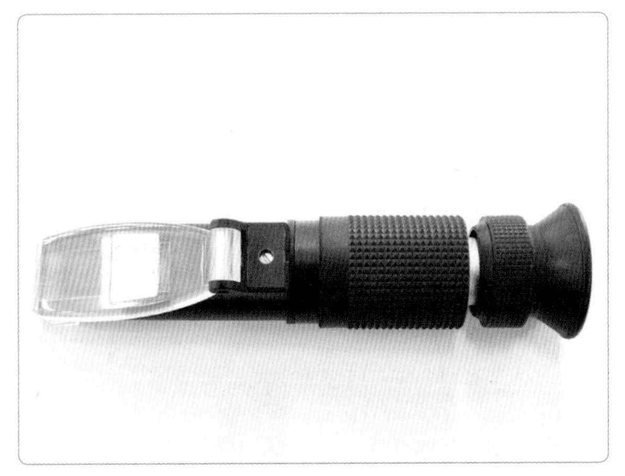

2. 비중계를 준비한다(점검창, 청결 상태 확인).

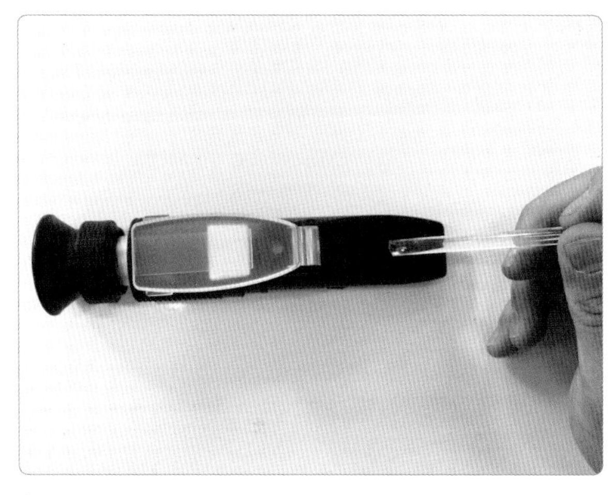

3. 배터리 전해액을 비중계에 1~2방울 떨어뜨리고 비중계 덮개를 덮는다.

4. 비중계를 햇볕이나 불빛이 비치는 방향으로 향해 비중량을 측정한다.

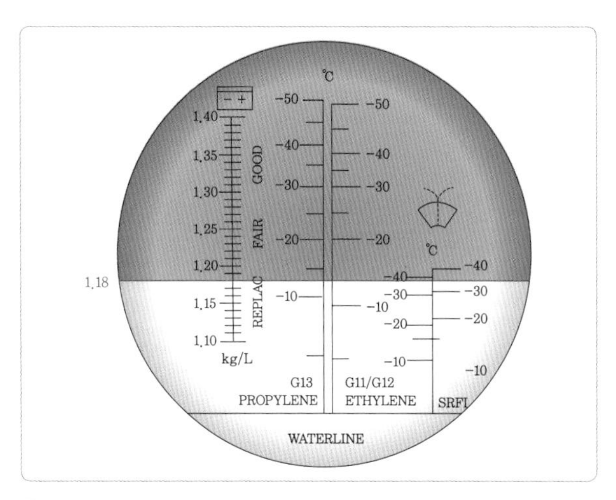

5. 햇볕이나 광도가 밝은 방향으로 비추어서 구분되는 경계면의 비중을 확인한다.

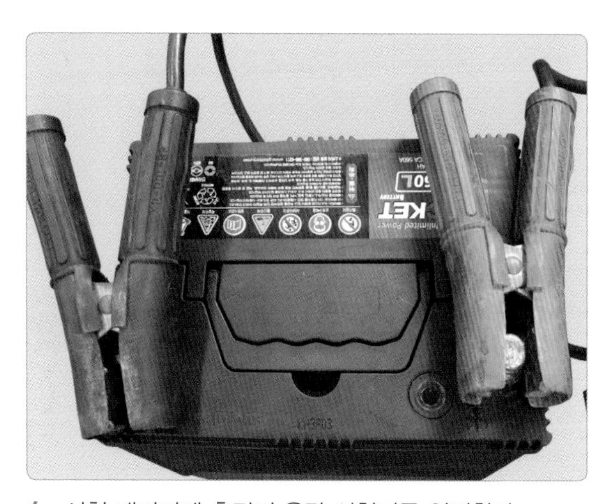

6. 시험 배터리에 축전지 용량 시험기를 연결한다.

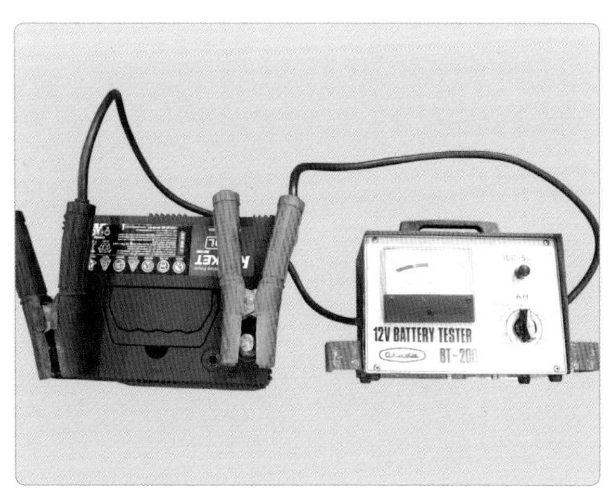

7. 작동 스위치 OFF 상태에서 배터리 전압을 확인한다.

8. 배터리 용량을 확인한다(12 V 60 AH).

9. 배터리 용량 시험기 선택 스위치를 ON과 동시에 배터리 용량 60 AH를 선택한다(12.4 V).

10. 배터리 용량 시험기 부하 스위치(TEST)를 누른다(5초 이내 11.8 V).

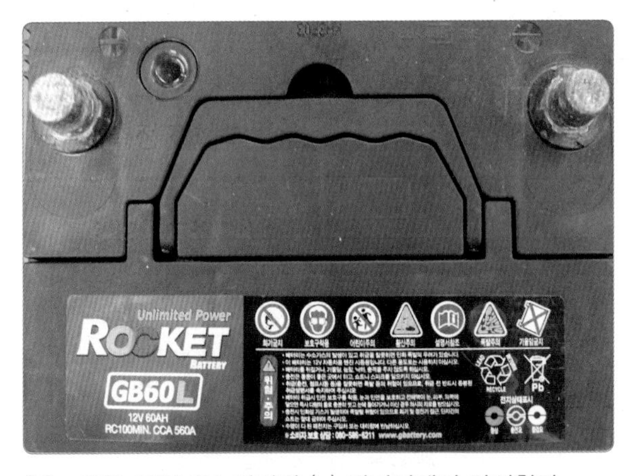

11. 용량 시험기를 배터리 (–) 터미널에서 탈거한다.

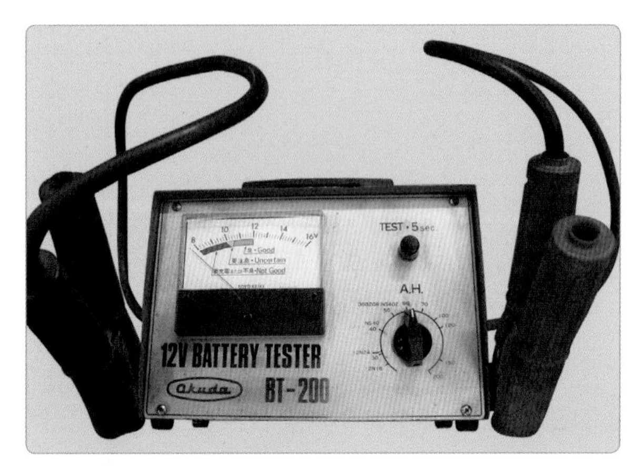

12. 시험이 끝나면 배터리 용량 시험기를 OFF하고 정리한다.

① 측정(점검) : 비중계를 이용하여 측정한 값 비중 1.180, 축전지 전압 11.8 V을 확인하고 정비 지침서의 규정값(축전지 비중 1.280, 축전지 전압 13.8~14.8 V)을 확인한다.

② 정비(조치) 사항 : 불량 시 축전지 충전을 실시하며 충전 불량 시 배터리를 교환한다.

축전지 비중과 전압의 충전 상태

충전 상태		20℃		전체(V) 단자전압	셀당(V) 단자전압	판 정	비 고
		A	B				
완전 충전	100%	1.260	1.280	12.6 V 이상	2.1 V 이상	정상	사용가
3/4 충전	75%	1.210	1.230	12.0 V	2.0 V	양호	
1/3 충전	50%	1.160	1.180	11.7 V	1.95 V	불량	충전요
1/4 충전	25%	1.110	1.130	11.1 V	1.85 V	불량	
완전 방전	0	1.060	1.080	10.5 V	1.75 V	불량	배터리 교환

실습 주요 point

광학식 비중계 측정

광학식 비중계를 이용하여 비중을 측정할 경우 광선 굴절 덮개를 열고 덮개와 측정 유리면을 깨끗이 닦은 다음 측정 봉으로 전해액을 측정 유리면에 충분히 바르는데, 이때 너무 과다하게 바르지 않도록 한다. 그 다음 광선 굴절 덮개를 빛이 밝은 쪽으로 향하게 하고 렌즈를 들여다 보고 밝은 부분과 어두운 부분의 경계를 읽는다.

2 배터리 급속 충전

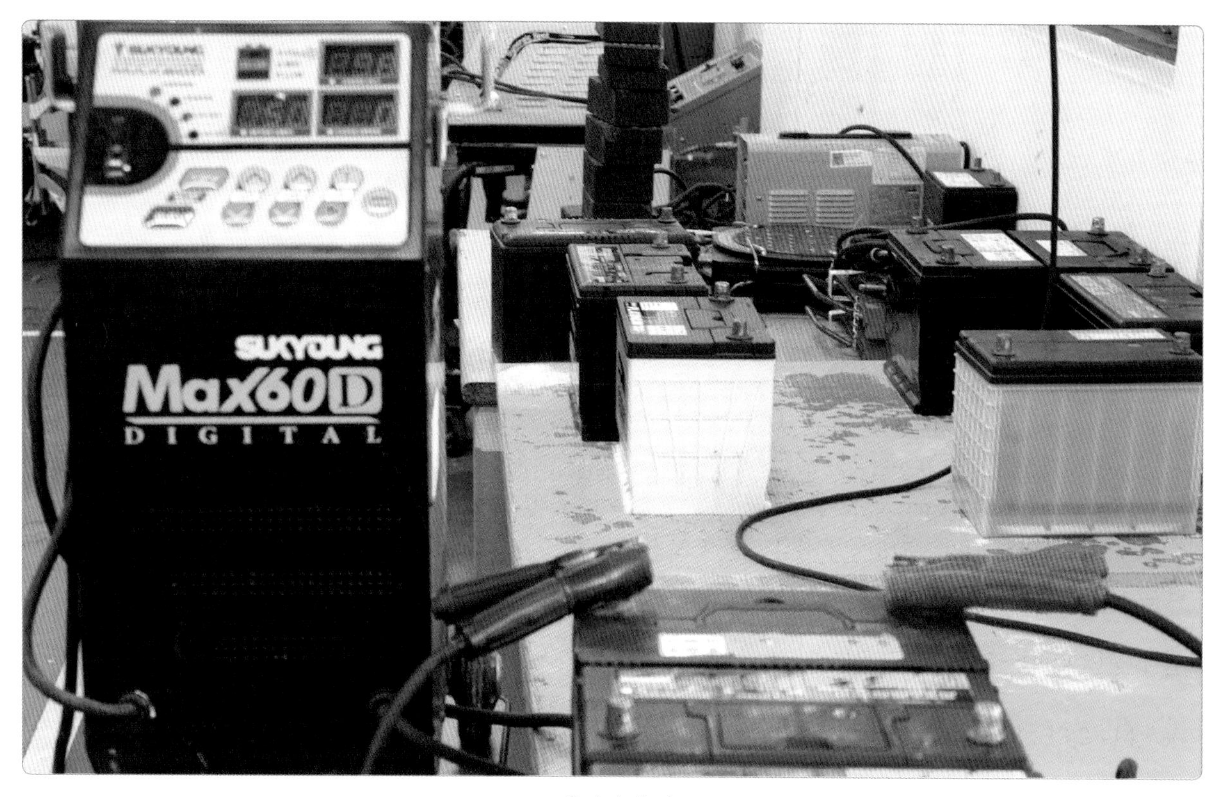

배터리 충전

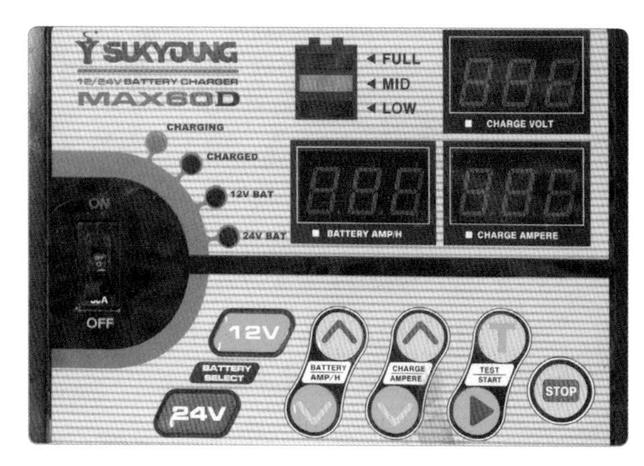

1. 충전기 전원 스위치가 OFF인지 확인한다.

2. 전원 플러그를 전용 콘센트에 연결한다.

3. 전원 스위치를 ON시킨다.

4. 준비된 배터리 출력 클립 적색을 (+) 단자에, 흑색을 (–) 단자에 연결한다.

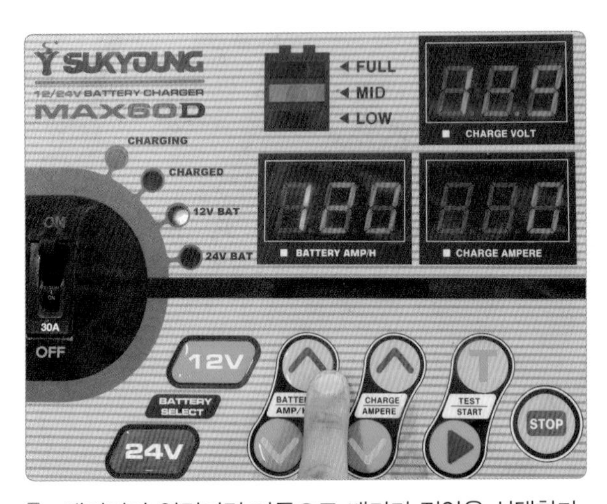

5. 배터리가 연결되면 자동으로 배터리 전압을 선택한다.

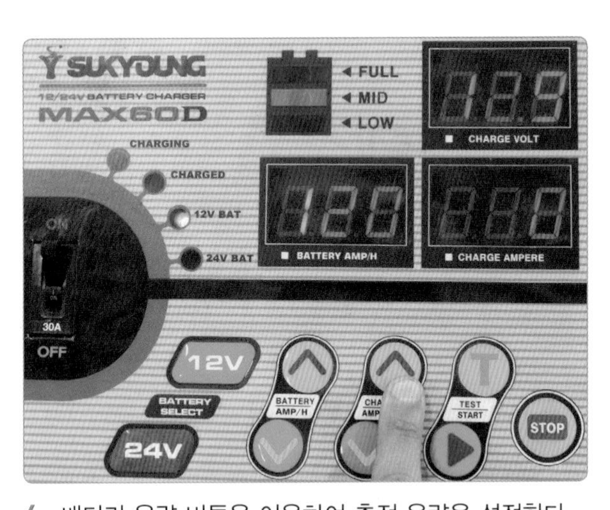

6. 배터리 용량 버튼을 이용하여 충전 용량을 설정한다.

7. 버튼을 눌러 충전 전류를 조정한다.

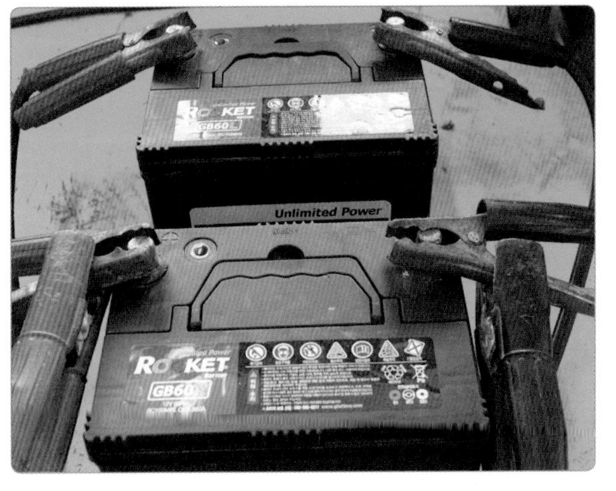

8. ㉠ 배터리12 V 60 AH(배터리 2개 연결 시(병렬) 용량이 2배이므로 120 A)

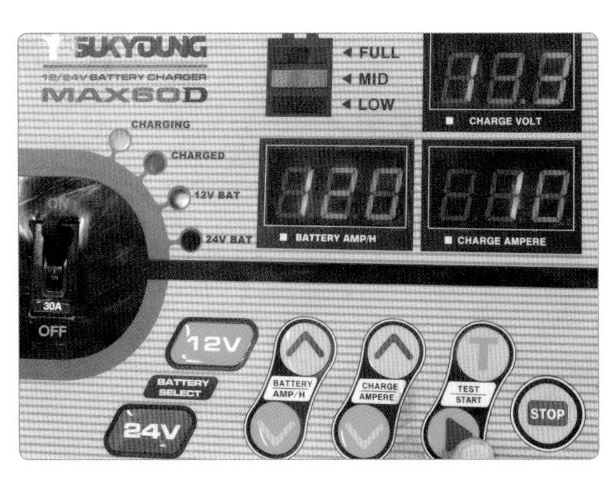

9. 충전 시작 버튼을 누르면 충전을 시작한다.

10. 충전이 완료되면 멜로디가 나오며 STOP 버튼을 눌러 충전을 정지한 후 (+), (-) 클립을 분리한다.

3 배터리 비중 측정

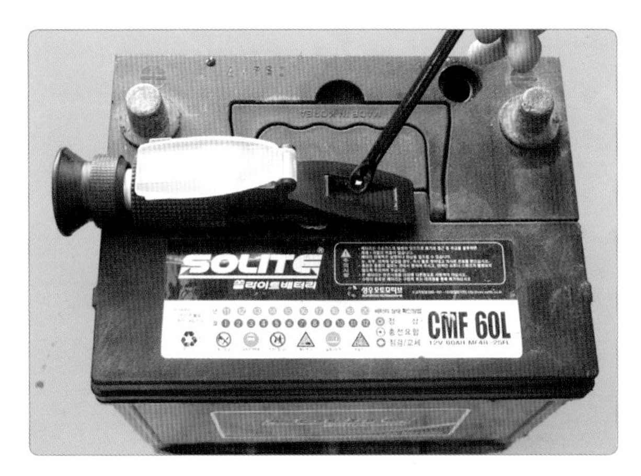

1. 비중계에 전해액을 1~2방울 적신다.

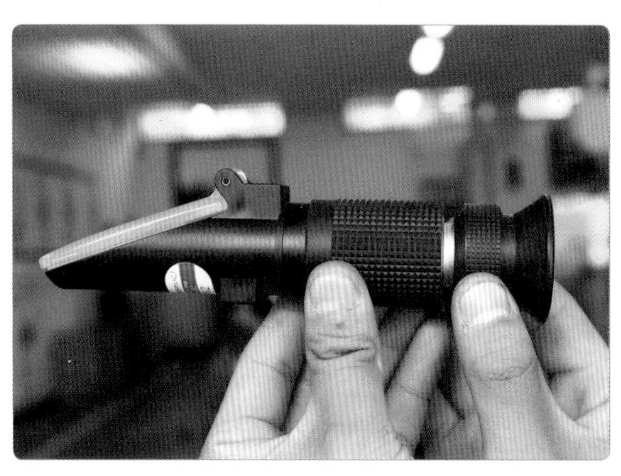

2. 광학식 비중계를 불빛이나 밝은 곳을 향하도록 하고 비중값을 읽는다.

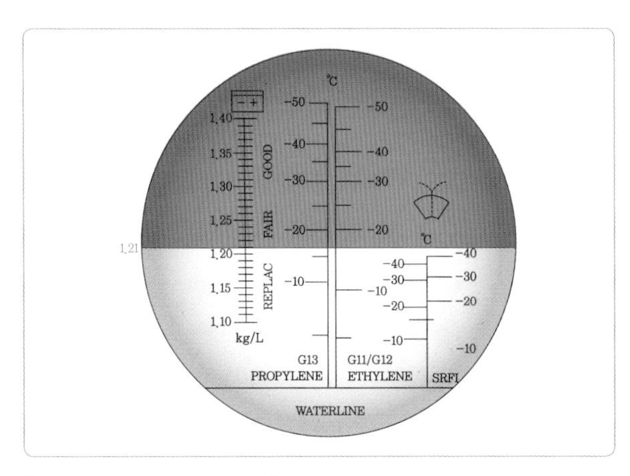

3. 광학식 비중계 눈금을 읽는다.

4. 멀티 테스터를 이용하여 배터리 충전 전압을 확인한다.

① 측정(점검) : 비중계를 이용하여 측정한 값 비중 1.210, 축전지 전압 12.06 V을 확인하고 정비 지침서의 규정값(축전지 비중 1.280, 축전지 전압 13.8~14.8 V)을 확인한다.

② 정비(조치) 사항 : 불량 시 축전지 충전을 실시하며 충전 불량 시 배터리를 교환한다.

발전기 내부 구조와 관련 제어 부품

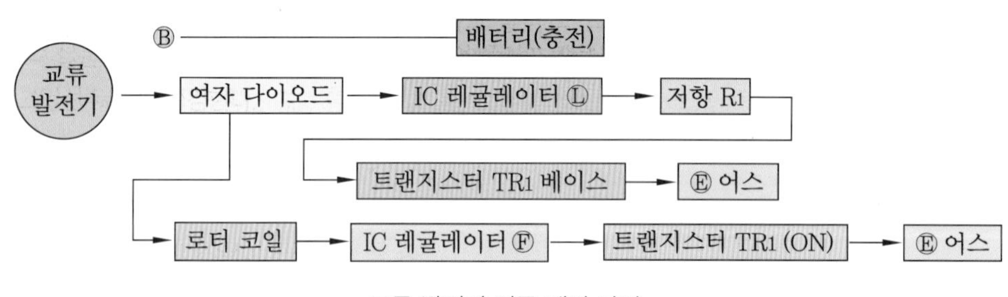

교류 발전기 정류 제어 과정

실습 주요 point

지능형 배터리 센서(intelligent battery sensor)

지능형 배터리 센서(IBS)는 배터리 내부 상태를 모니터링해서 이 배터리와 연계되어 있는 다양한 장치들이 최적으로 작동할 수 있도록 돕는 역할을 한다. 즉 자동차의 에너지 발생과 분배, 그리고 충전과 관련된 다양한 장치를 작동시키는 데 핵심 부품이라 할 수 있다. 배터리의 음극 단자에 장착되는 IBS는 배터리에서 전원을 공급받아 작동한다. 주 기능은 차량용 배터리의 전류, 전압, 온도를 실시간으로 측정하고, 이렇게 모은 데이터를 기반으로 배터리의 상태를 예측하는 것이다. IBS는 예측 결과를 전자 제어 장치(ECU)로 보내 배터리와 연계된 각종 장치들이 제대로 작동할 수 있도록 유도한다.

4 충전 회로 점검

(1) 충전 회로

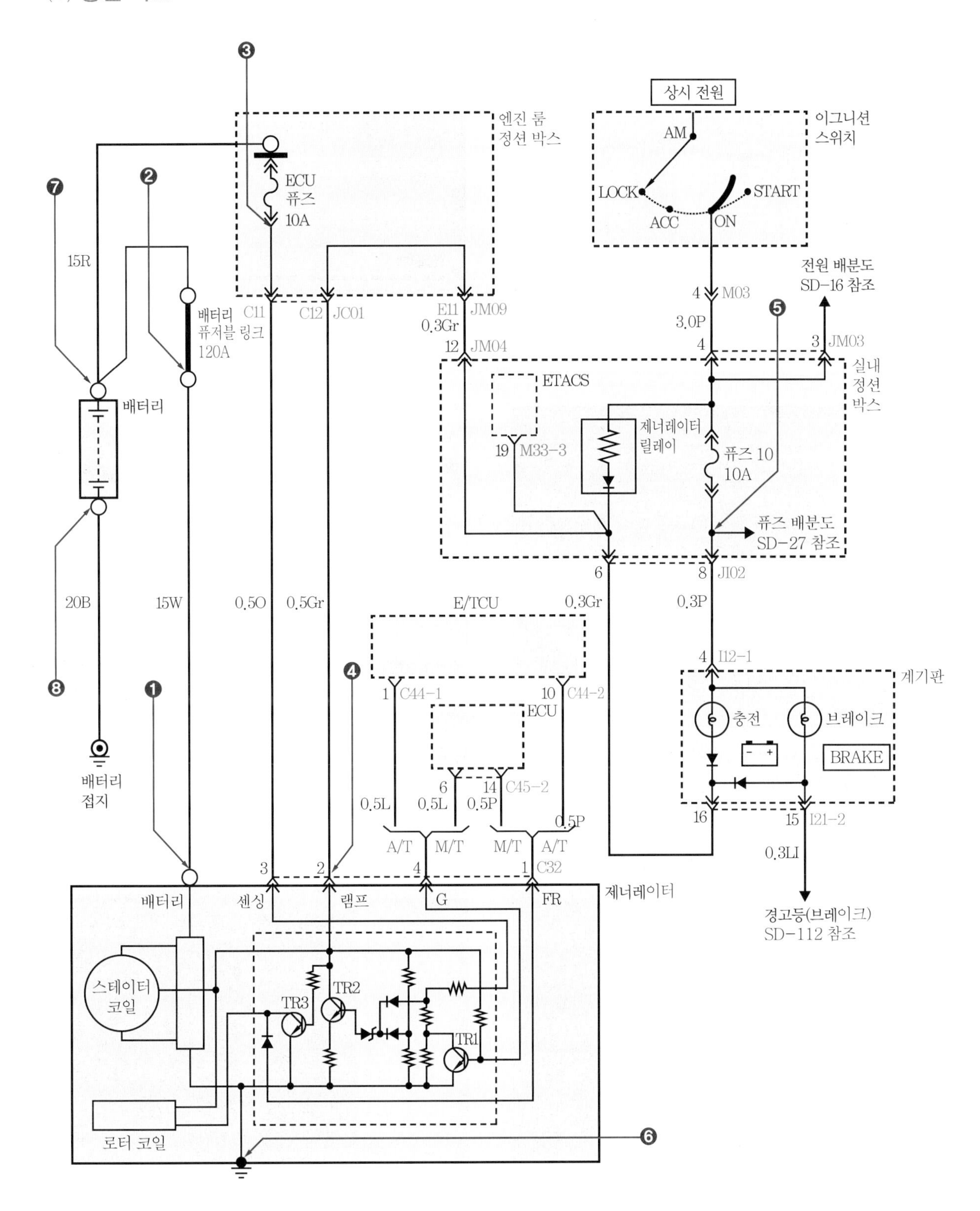

(2) 충전 회로 점검

충전 회로 점검

1. 발전기 팬벨트 장력을 확인한다.

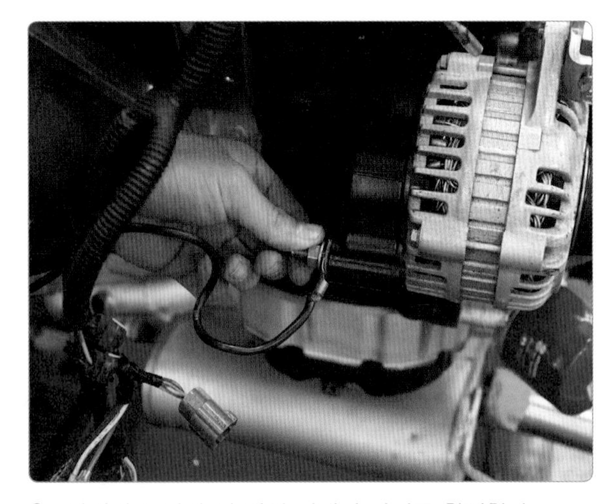

2. 발전기 B 단자 및 배선 커넥터 탈거를 확인한다.

3. 배터리 단자 연결 상태 및 전압을 확인한다(12.06 V).

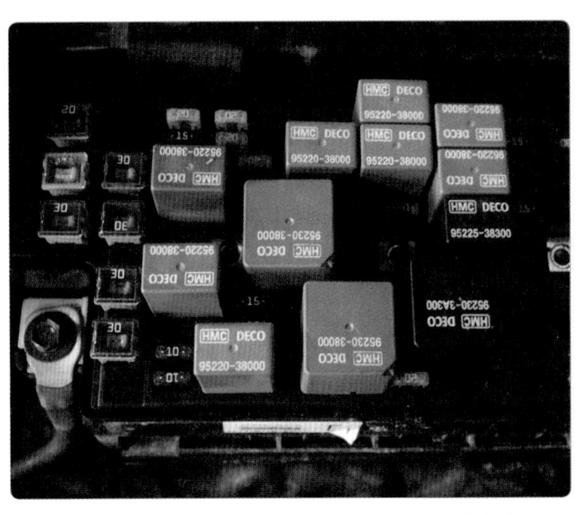

4. 엔진 룸 정션 박스 메인 퓨저블 링크를 점검한다.

5. 발전기 B 단자 출력 전압을 확인한다(12.25 V).

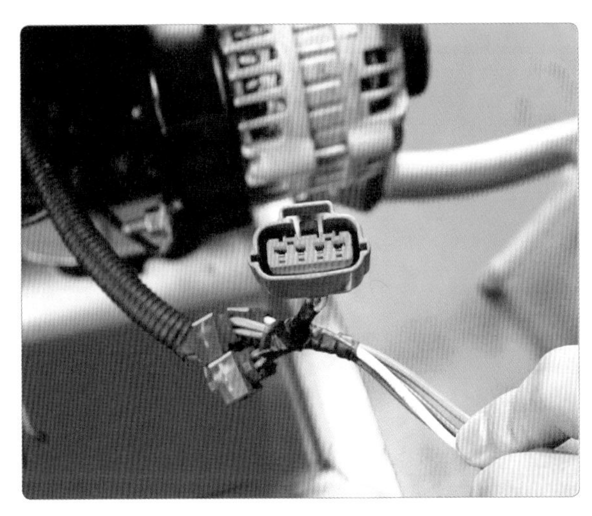

6. 발전기 커넥터 접촉 상태를 확인한다.

7. 커넥터 발전기 공급 전원(R)을 확인한다(11.57 V).

8. 커넥터 발전기 L 단자 전원을 확인한다(12 V).

① 측정(점검) : 충전 회로 점검에서 확인된 고장 부위 메인 퓨저블 링크를 점검하고 고장 상태를 확인한다.

② 정비 및 조치 사항 : 메인 퓨저블 링크를 교환 후 재점검한다.

실습 주요 point

충전 장치 고장 원인

- 배터리 체결 불량
- 메인 퓨저블 링크 단선
- 발전기 구동 벨트의 장력 느슨함
- 발전기 퓨즈의 탈거 및 단선
- 발전기 B 단자 연결 불량
- 발전기 회로 연결 커넥터 분리

5 충전 전류 및 전압 점검

발전기 충선 선류 및 전압 점검

1. 엔진 시동 전 배터리 전압을 확인한다(12.11 V).

2. 발전기 뒤(리어 케이스)에 표기된 발전기 출력과 전압을 확인한다(12 V, 80 A).

3. 엔진의 회전수를 2500 rpm으로 가속시킨다.

4. 발전기 출력 단자를 측정하여 출력 전압을 확인한다(14.32 V).

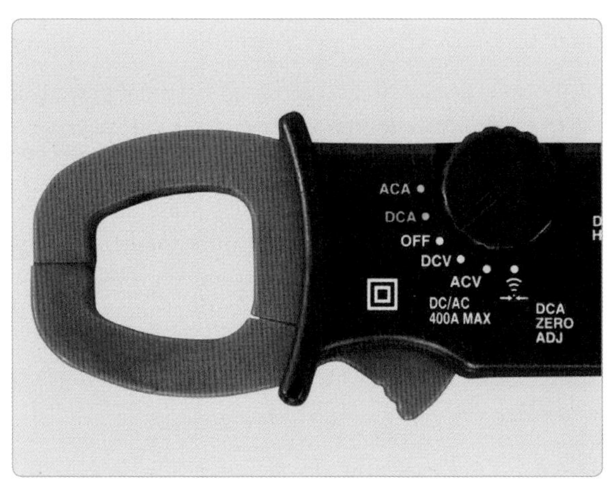

5. 전류계(후크 타입)를 DCA에 선택한다.

6. 전기부하 전조등을 점등(HI), 에어컨 전기부하(블로어 모터 작동)를 작동시킨다.

7. 발전기 출력 단자(B)에 전류계를 설치하고 출력 전류를 측정한다(56.7 A).
규정 용량의 70% 이상 시 양호 → 실차 점검 시 전기부하 작동 가능

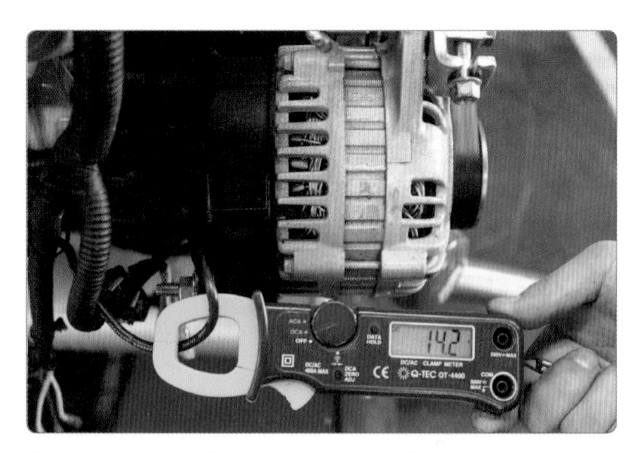

8. 엔진 시뮬레이터에서 점검 → 전기부하를 작동시킬 수 없으므로 발전기 출력은 규정값을 벗어난다(14.2 A).

① 측정(점검)

- **측정값** : 충전 전류와 충전 전압 측정값 56.7 A/2500 rpm, 14.2 V/2500 rpm을 확인한다.
- **규정(정비한계)값** : 정비 지침서 및 발전기 뒤(리어 케이스)에 표기된 발전기 규정값을 확인한다.

② **정비 조치 사항** : 측정한 값이 규정(정비한계)값을 벗어나면 회로 내 전압강하 부위를 점검하여 확인한다. 발전기 출력 저하 시 발전기를 교체한다.

차종별 출력 전압 및 출력 전류 규정값

시험용 차량	출력 전압	정격 전류	출 력
쏘나타	13.5 V	90 A	1,000~18,000 rpm
아반떼	13.5 V	90 A	1,000~18,000 rpm
뉴그랜저	12 V	90 A	1,000~18,000 rpm
엑센트	13.5 V	75 A	1,000~18,000 rpm
엘란트라	13.5 V	85 A	2,500 rpm
쏘나타MPI	13.5 V	A/T 76 A	2,500 rpm
엑셀	13.5 V	65 A	2,500 rpm

실습 주요 point

- 차종별 정격 전류, 정격 출력 규정값은 정격 전류의 70% 이상이면 정상이다.
- 엔진 시뮬레이터로 충전 전류와 충전 전압을 측정한 경우에는 대체로 규정 전류 20% 미만으로 출력된다(전기부하 : 전조등, 냉난방장치 등을 작동시킬 수 없기 때문이다).

6 발전기 탈부착

1. 점화 스위치가 OFF 상태인지 확인한다.

2. 배터리 단자(−)를 탈거한다.

3. 발전기 뒤 단자(B, L)를 탈거한다.

4. 발전기 하단부 고정 볼트를 느슨하게 풀어둔다.

5. 발전기 상단부 고정 볼트를 풀어준다.

6. 팬벨트 장력 조정 볼트를 풀어준다.

7. 상단부 고정 볼트를 분해한다.

8. 발전기 몸체를 위로 밀어 팬벨트를 탈거한다.

9. 발전기를 탈거한다.

10. 발전기를 탈착한다.

11. 발전기를 엔진에 장착한다.

12. 팬벨트를 발전기 풀리에 조립한다.

13. 장력 조정 볼트로 팬벨트 장력을 조정한다.

14. 발전기 상단부 고정 볼트를 조인다.

15. 팬벨트 장력을 확인한다.

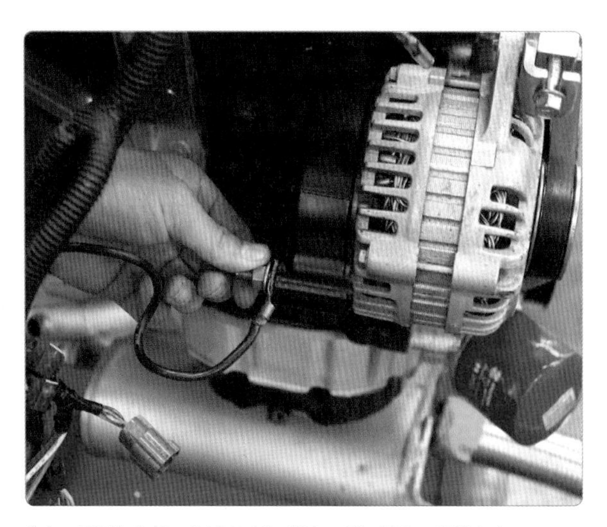

16. 발전기 위 배선 B 단자와 L 단자를 조립한다.

17. 발전기 하단부 고정 볼트를 조립한다.

18. 배터리 단자(–)를 조립한다.

7 발전기 분해 조립

발전기 분해 조립

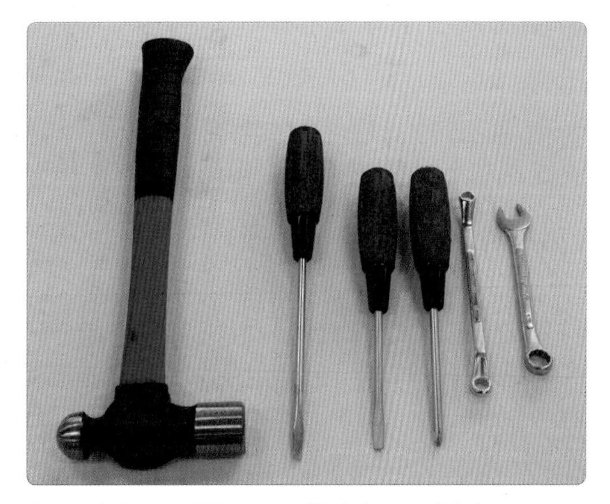

1. 발전기를 분해할 공구를 확인하고 정렬한다.

2. 발전기 관통 볼트를 탈거한다.

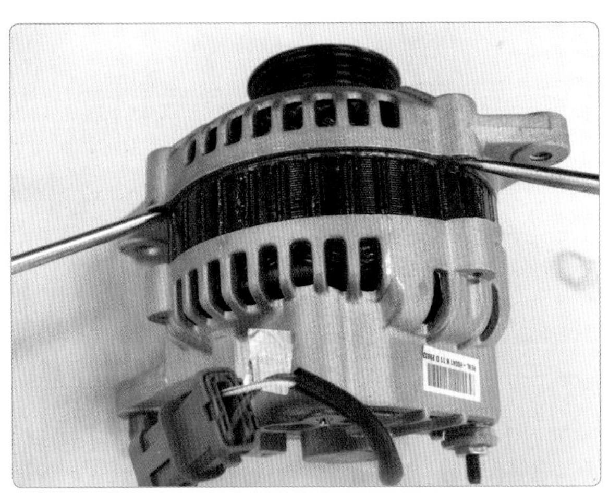

3. 발전기를 분리하기 위해 (–) 드라이버를 스테이터와 프런트 브래킷에 삽입한다.

4. 발전기를 스테이터부와 로터부로 분리한다.

5. 스테이터 코일과 다이오드를 인두로 녹여 탈거한다.

6. 리어 브래킷에서 다이오드와 전압 조정기를 탈거한다.

7. 리어 브래킷을 정렬한다.

8. 로터 코일을 바이스에 고정시키고 풀리 고정 볼트를 분해한다.

9. 분해된 풀리 및 프런트 브래킷, 로터 코일을 정렬한다.

10. 로터 코일을 바이스에 고정시키고 풀리 고정 볼트를 분해한다.

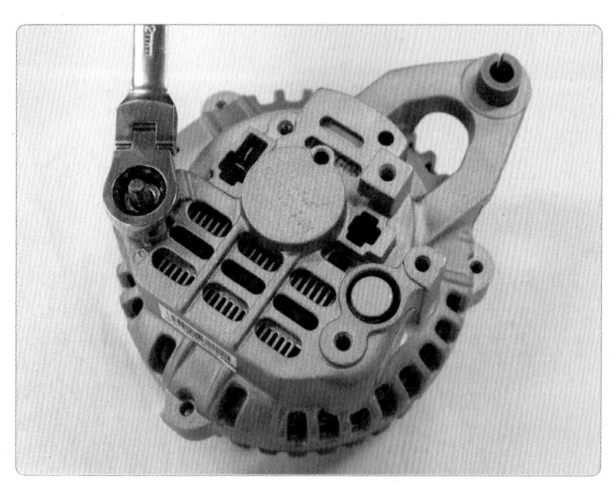

11. 전압 조정기 및 다이오드를 리어 브래킷에 조립하고 B 단자(절연 리테이너 삽입) 너트를 조립한다.

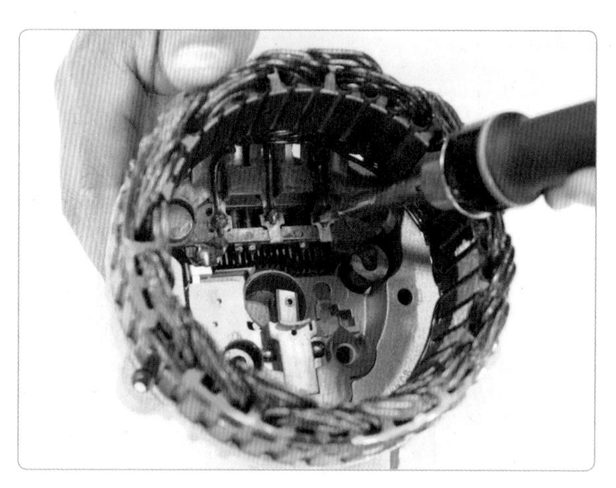

12. 스테이터 코일과 다이오드를 전기 인두로 납땜한다.

13. 브러시를 철사(클립)로 고정시킨다.

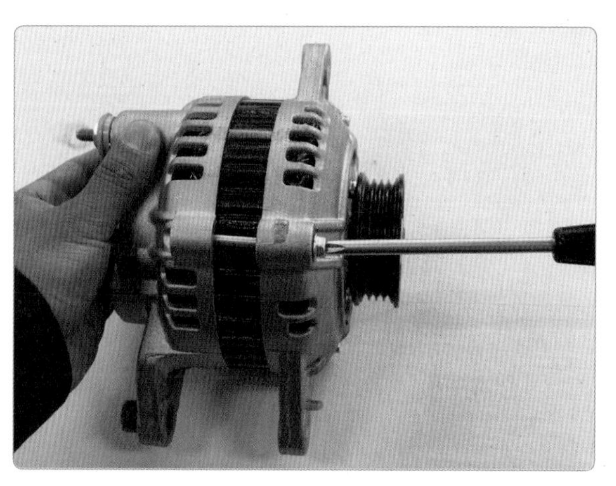

14. 로터부와 스테이터부를 조립하고 관통 볼트를 균형 있게 조립한다.

8 다이오드와 로터 코일 점검 방법

(1) 다이오드와 로터 코일 점검

발전기 단품 점검

1. 로터 코일 저항값을 측정한다(3.0 Ω).

2. 로터 코일 접지 시험을 한다.

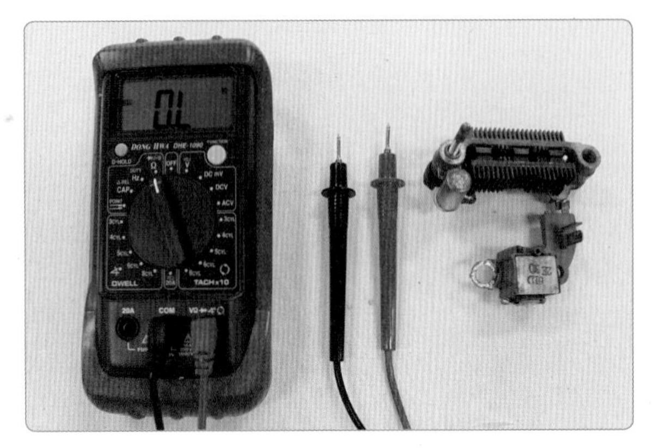

3. 점검할 다이오드와 멀티 테스터 작동 상태를 확인한다.

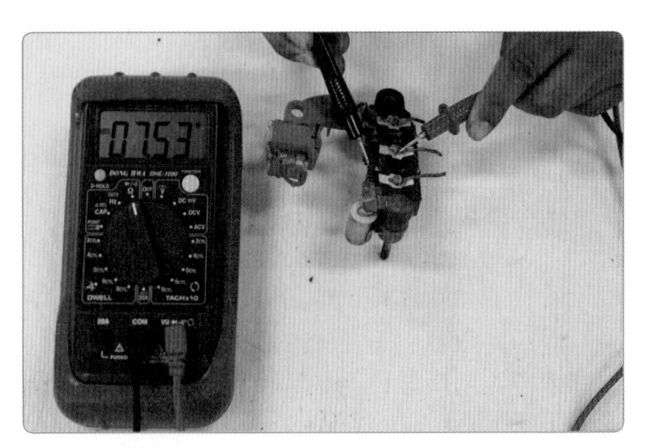

4. 멀티 테스터 (–) 흑색 프로브를 다이오드 몸체(히트싱크)에 연결하고 멀티 테스터 (+) 적색 프로브를 다이오드에 연결했을 때 통전하게 되면 (+) 다이오드이다.

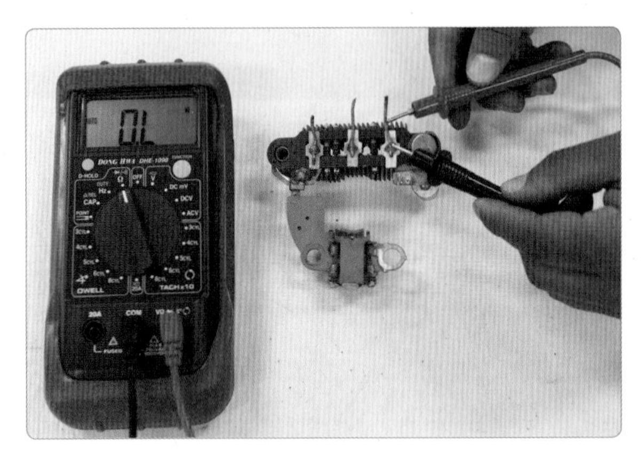

5. 극성을 반대로 연결했을 때에는 통전하지 않는다.

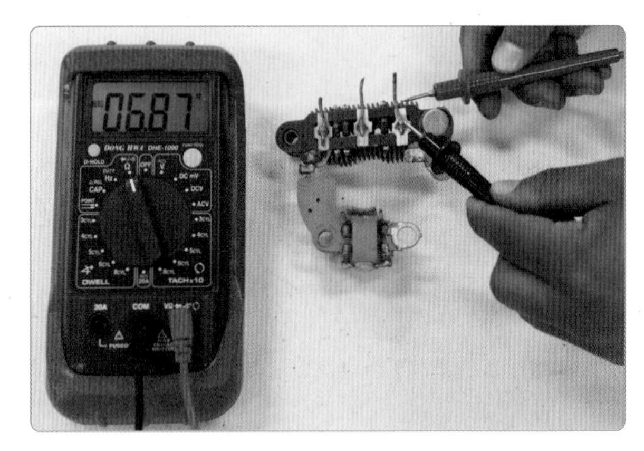

6. 멀티 테스터 (+) 적색 프로브를 다이오드 몸체(히트싱크)에 연결하고 멀티 테스터 (–) 흑색 프로브를 다이오드에 연결했을 때 통전하게 되면 (–) 다이오드이다.

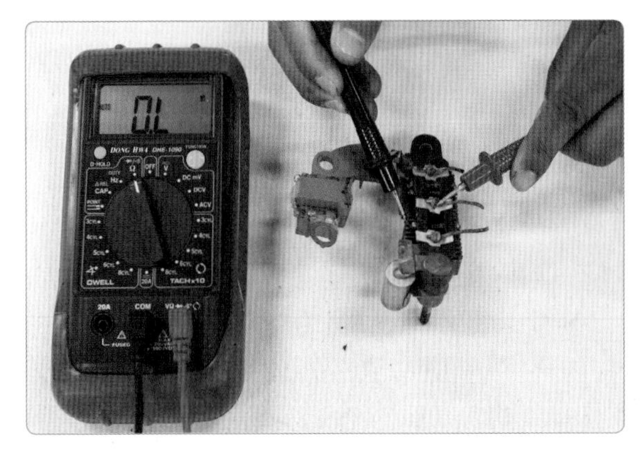

7. 극성을 반대로 연결했을 때에는 통전하지 않는다.

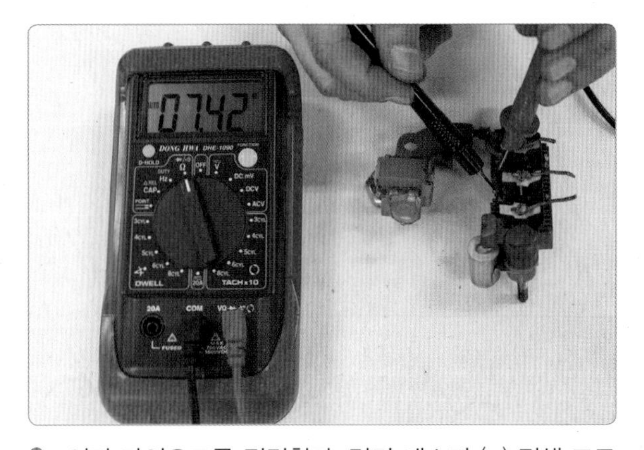

8. 여자 다이오드를 점검한다. 멀티 테스터 (+) 적색 프로브를 보조 다이오드에 연결하고 멀티 테스터 (–) 흑색을 홀더에 연결했을 때 통전하게 되면 보조 다이오드이다(극성을 반대로 했을 때에는 통전하지 않는다.)

① 측정(점검)

- 측정값 : (+) 다이오드 –(양 : 3개), (부 : 0개), (–) 다이오드–(양 : 3개), (부: 0개), 로터 코일 저항값 : 3.0 Ω을 확인한다.
- 규정(정비한계)값 : 로터 코일 규정 저항값 4~5 Ω(쏘나타 기준)을 확인한다.

② 정비(조치)사항

- 로터 코일 저항값이 규정 내이므로 양호하다.
- 불량으로 판정될 때는 다이오드 교환 후 재점검 또는 로터 코일 교환 후 재점검한다.

로터 코일 규정값					
차 종	로터 코일 저항값(Ω)	차 종	로터 코일 저항값(Ω)	차 종	로터 코일 저항값(Ω)
엘란트라/싼타페	3.1	EF 쏘나타/그랜저 XG/	2.75±0.2	아반떼 XD/라비타	2.5~3.0
쏘나타	4~5	세피아	3.5~4.5	포텐샤	2~4

9 브러시 점검

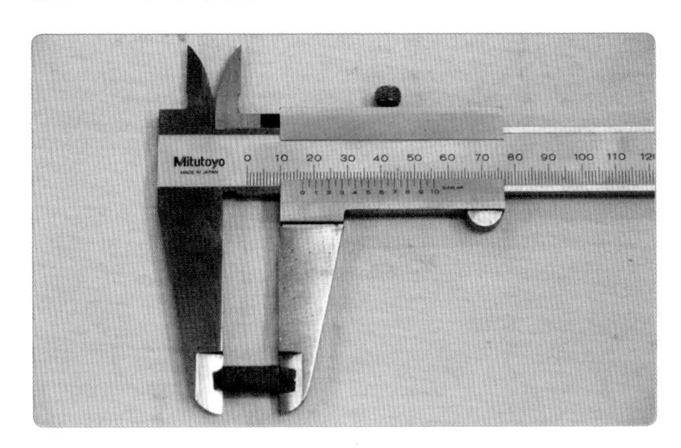

1. 점검할 브러시와 버니어 캘리퍼스를 확인한다.

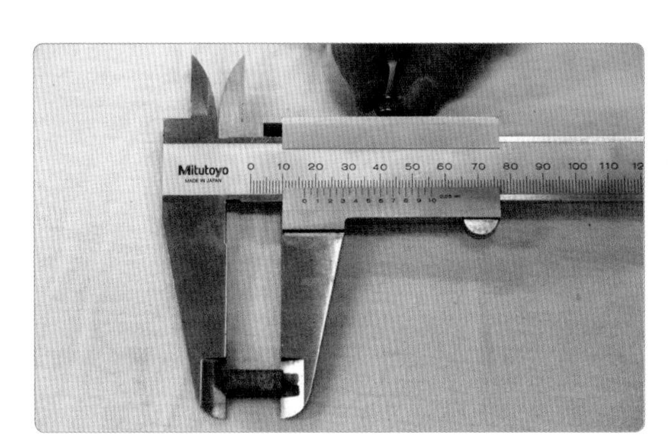

2. 버니어 캘리퍼스 외경 게이지로 브러시 길이를 측정한다(16.60 mm).

① 브러시 측정 : 브러시 마모 16.6 mm

② 정비(조치)사항 : 불량일 때는 브러시를 교환한다.

실습 주요 point

❶ 브러시 길이는 규정값이 일반적으로 브러시에 마모 한계선이 있어 교환할 시기를 알 수 있다. (일반적으로 1/3 이상 마모 시 교체 시기로 본다.)

❷ 발전기 조립 시 브러시는 뒤 브래킷 브러시 고정 홈에 클립(철사)을 이용하여 고정시킨 다음 슬립링(로터부)을 조립한 후 슬립 링에 지지시켜 탈거한다.

10 배터리 방전 전류 점검

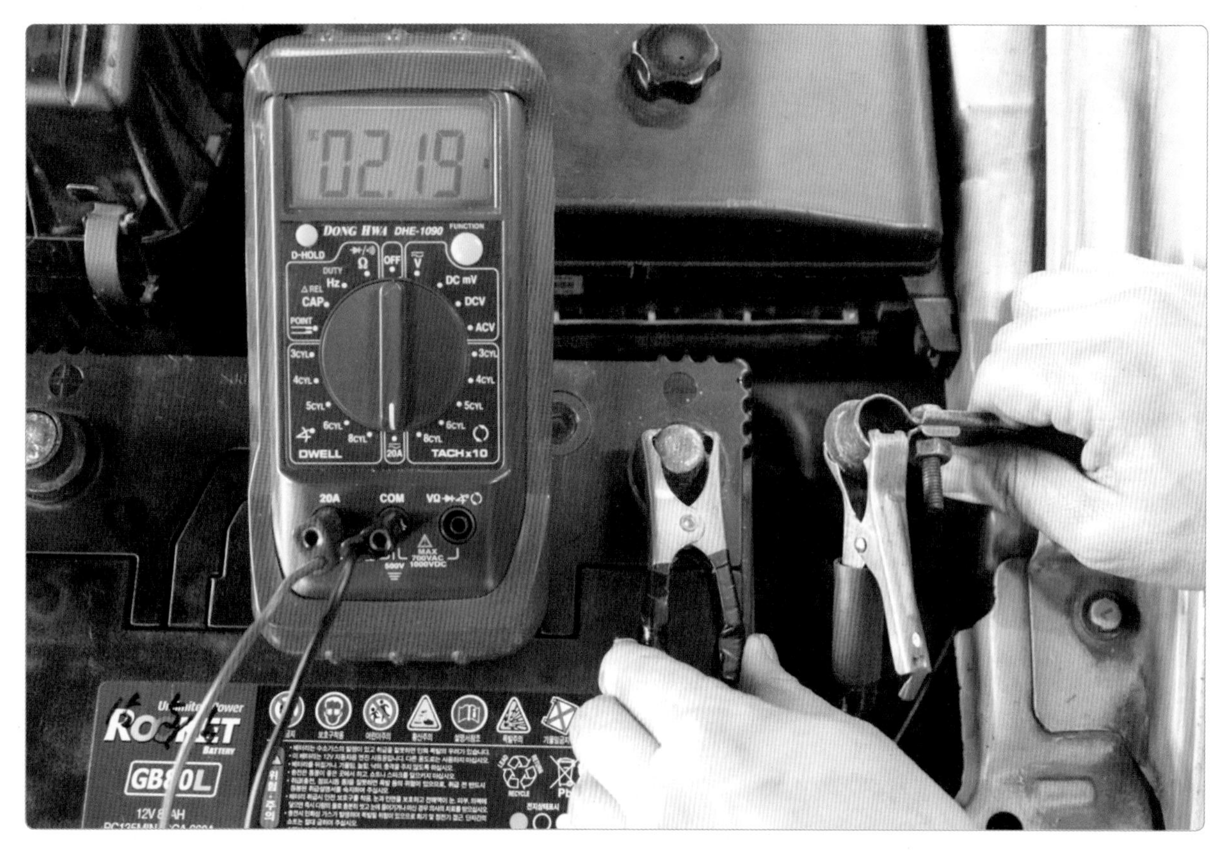

배터리 방전 전류 점검

① 암전류 측정 시기

(가) 특별한 이유 없이 배터리가 방전되었을 때

(나) 차량의 전기적인 개조 시(오디오, 도난경보기 등을 장착 시)

(다) 배선 교환 작업을 할 때

② **암전류(누설) 측정** : 정도 0.1 mA 이상의 전류계를 사용하여 장비의 보호를 위해 먼저 'A' 범위에서 측정하고 측정값이 작을 경우 'mA' 범위로 변경하여 측정한다.

③ 측정 방법

(가) 측정 전 확인 사항 : 헤드 램프, 라디오 등의 전기부하는 OFF할 것

(나) 도어는 완전히 닫을 것

(다) 측정 중에는 도어를 열고 닫지 말 것

④ 측정 준비

(가) 배터리 (−) 케이블을 탈거하기 전에 배터리 (−) 단자와 차량의 (−) 케이블을 점프선을 이용하여 연결한다.

실습 주요 point

점프선은 2.0 mm 이상의 짧은 배선을 사용해야 한다. 점프선을 이용하는 이유는 차량의 배터리를 먼저 탈거하여 각종 전자 제어 유닛이 적용된 차량 시스템이 초기화 될 수 있기 때문에 상태를 그대로 유지한 채 정확한 암전류를 측정하기 위함이다.

(나) 배터리 (−) 접지 케이블에 전류계를 연결한다.

⑤ 측정

(가) 키 스위치를 ON한 다음 OFF한다.

(나) 점프선을 분리한다.

(다) 암전류를 측정한다. 이때 암전류 값이 안정될 때까지 기다린 다음(최소 30초) 측정한다. 이는 차량의 각 시스템에는 시동 키를 OFF한 다음 일정 시간 동안 특수한 목적을 위해 작동될 수 있으므로 이러한 작동까지 완전히 멈춘 상태에서의 암전류를 측정하기 위함이다. 예 에탁스(파워윈도우 기능등), ECU(컨트럴 릴레이 작동등).

(라) 점검 : 측정값이 규정값을 초과하면 차량의 퓨즈를 하나씩 제거해가며 어떤 계통의 문제인지 파악한다.

11 배터리 고장 진단

배터리는 특별한 이유 없이 방전이 되었을 때나 시동 시 크랭킹 회전수가 낮을 때 그리고 필요에 따라 점검한다. 계통이 파악되면 해당 계통의 회로도를 참조하여 불량 부위를 찾는다.

(1) 전류계에 의한 측정

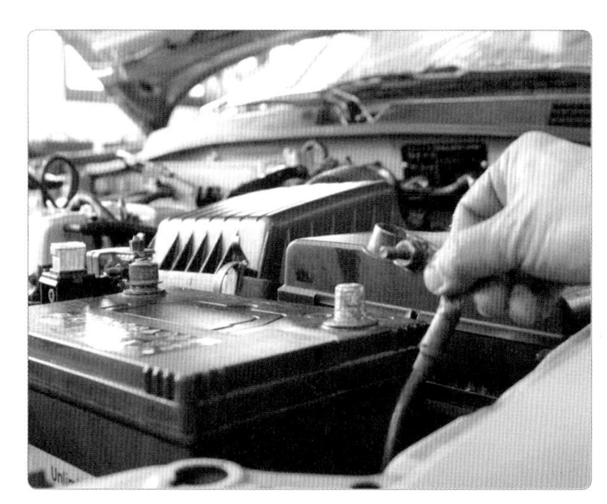

1. 점화 스위치를 OFF시킨 후 배터리 (−)를 탈거한다.

2. 멀티 테스터를 준비한다.

3. 선택 레인지를 전류 20 A로 선택한다.

4. 배터리 (+) 단자를 탈거한다.

5. 룸 램프를 작동시킨다.

6. 도어를 오픈하고 도어 스위치를 ON, OFF시킨다.

7. 도어 스위치 불량 시 룸 램프가 지속해서 작동되어 전류가 소모되므로 소모 전류를 확인한다.

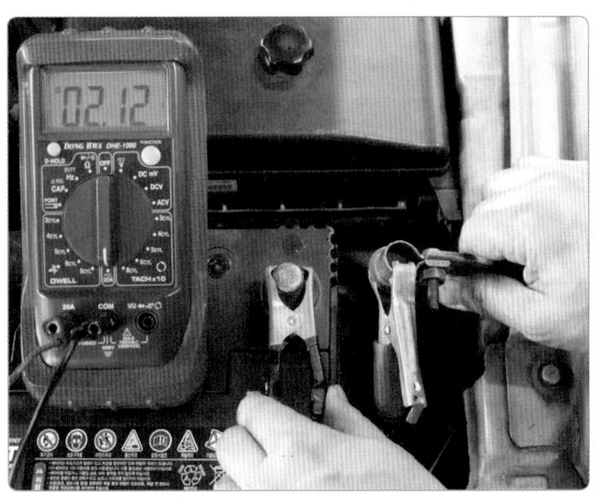

8. 멀티 테스터(전류계 단자) (−) 단자를 배터리 (+) 단자에 연결한다(2.12 A).

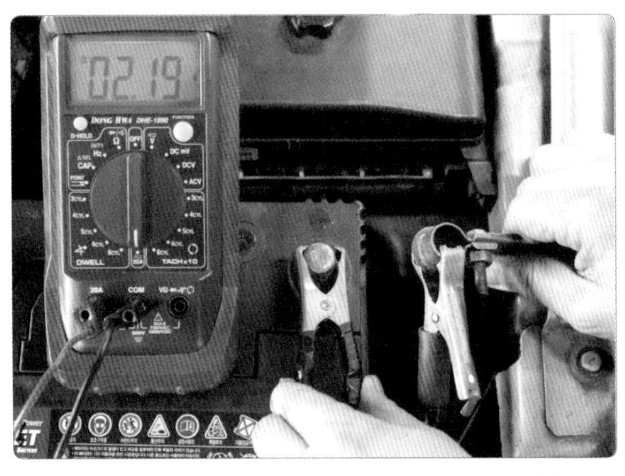

9. 멀티 테스터(전류계 단자) (+) 단자를 배터리 (+) 단자에 연결한다(2.19 A).

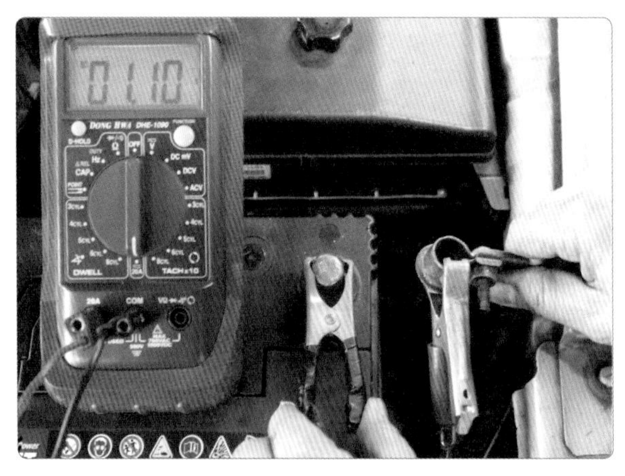

10. 최종 측정값을 확인한다(1.10 Ω).

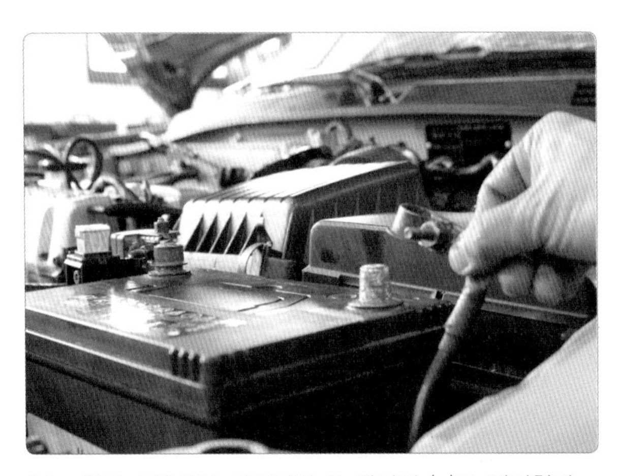

11. 점화 스위치를 OFF시킨 후 배터리 (−)를 체결한다.

12. 멀티 테스터를 정리한다.

(2) HI-DS 소전류계에 의한 누설 전류 측정

1. HI-DS 컴퓨터 전원을 ON시키고 계측모듈 스위치를 ON시킨다(모니터 확인).

2. HI-DS (+), (−) 클립을 배터리 단자에 연결한다.

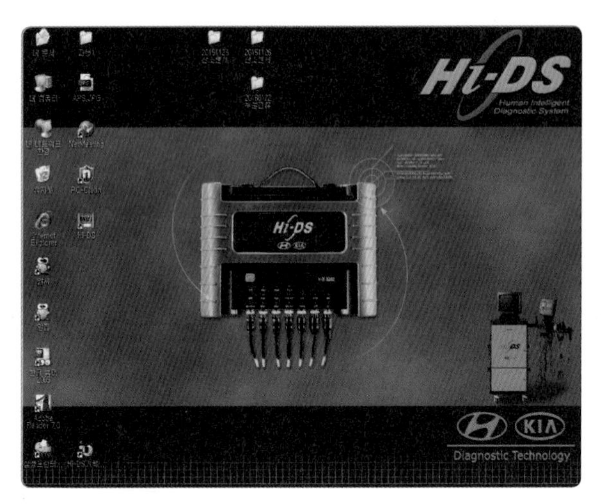

3. HI-DS를 클릭한다.

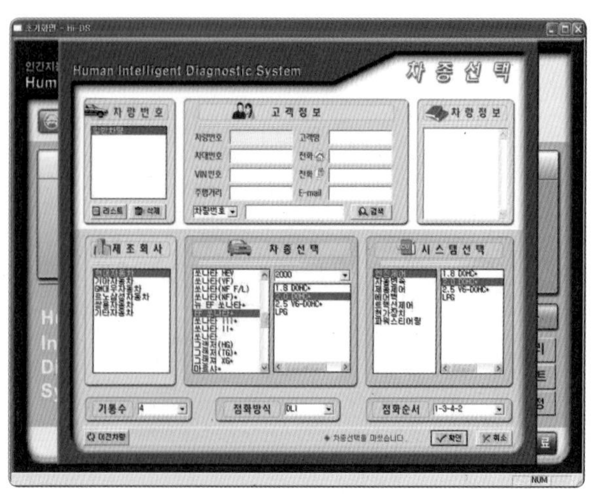

4. 측정 차량 사양을 선택한다.

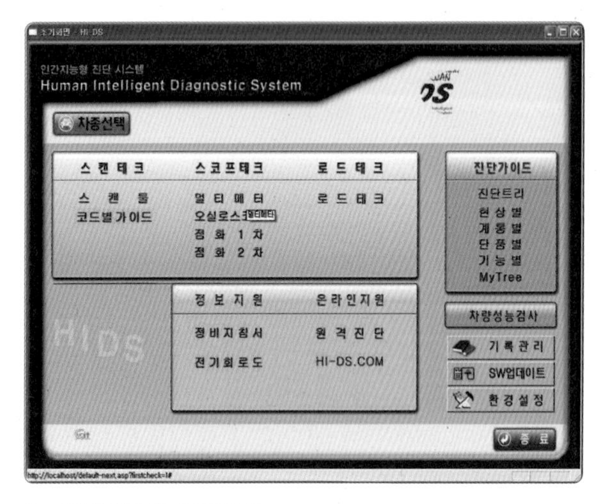

5. 멀티미터를 선택한다.

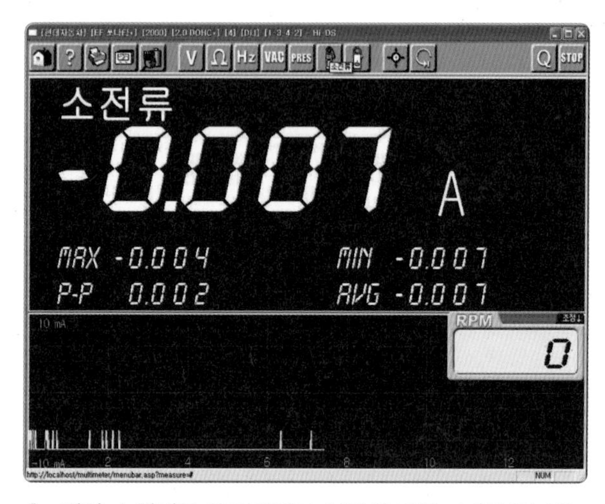

6. 점화 스위치를 OFF시키고 차량의 모든 스위치를 닫는다(도어 및 계기 트렁크 등).

7. 소전류계를 0점 조정한다(전류계).

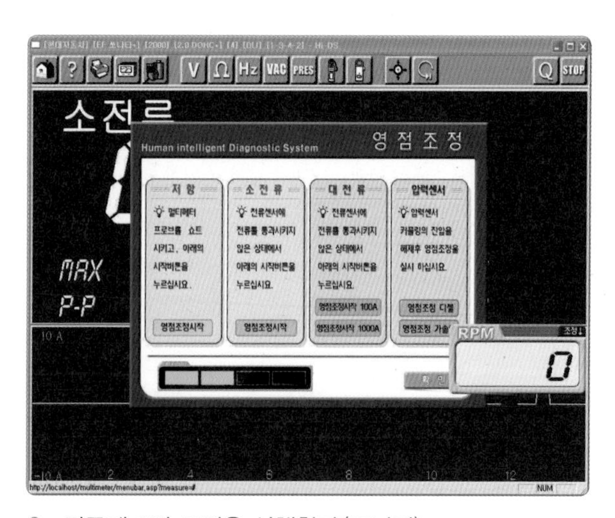

8. 전류계 0점 조정을 실행한다(모니터).

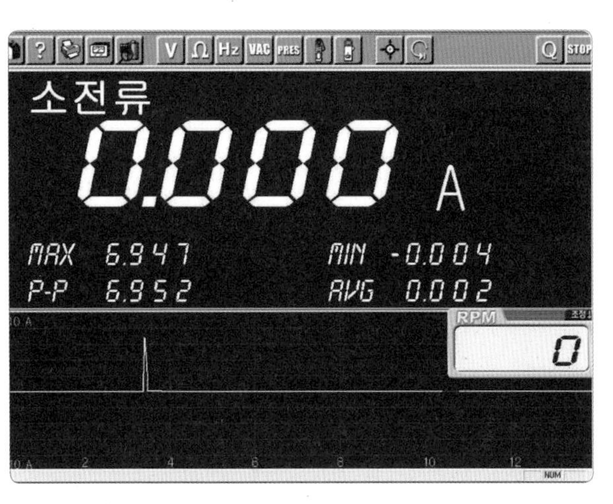

9. 0점 조정된 상태를 확인한다.

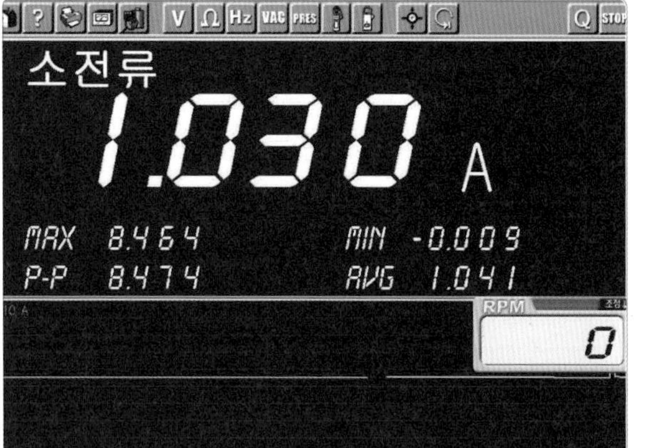

10. 실내등이 점등되었을 때(1.030 A)

11. 트렁크를 연다(누설 전류 측정 준비).

12. 누설 전류를 측정한다(1.285 A).

12 발전기 다이오드 출력 파형 점검

1. HI-DS 컴퓨터 전원을 ON시킨다.

2. 계측 모듈 스위치를 ON시킨다.

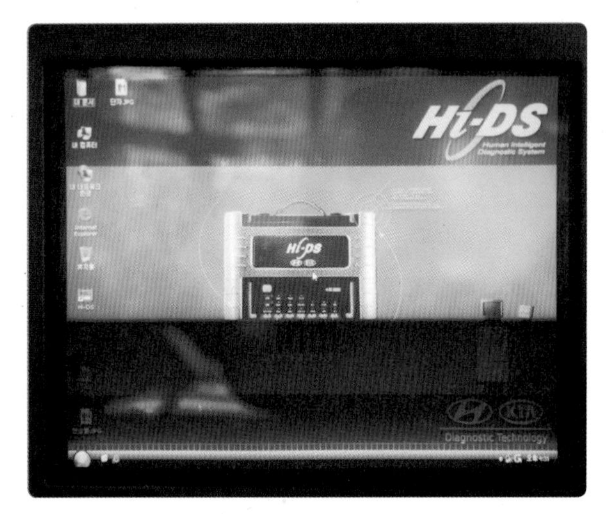

3. 모니터 전원 ON 상태를 확인한다.

4. HI-DS (+), (-) 클립을 배터리 단자에 연결한다.

5. 엔진 시동을 ON시킨다.

6. HI-DS를 클릭한다.

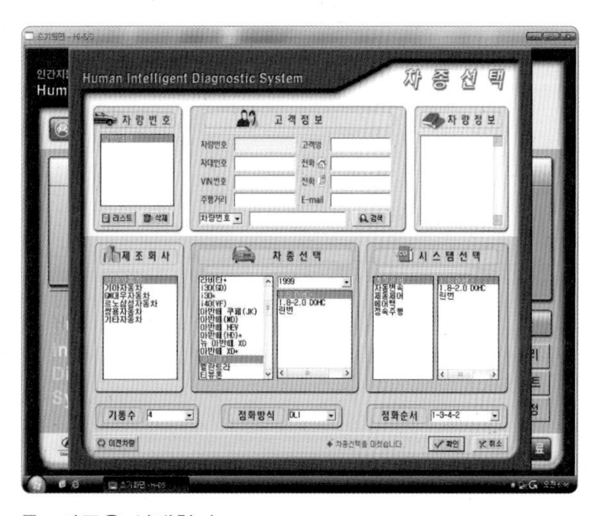

7. 차종을 선택한다.

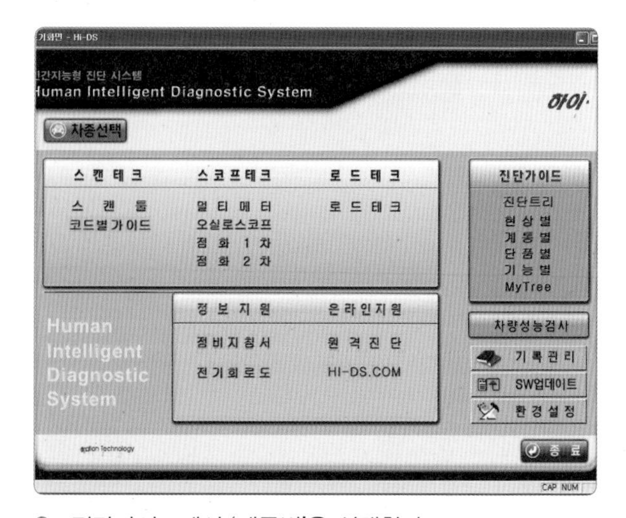

8. 진단가이드에서 '계통별'을 선택한다.

9. 충전계통을 선택한다.

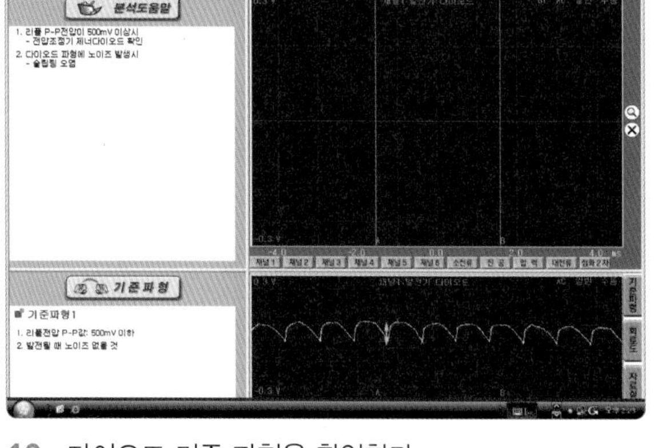

10. 다이오드 기준 파형을 확인한다.

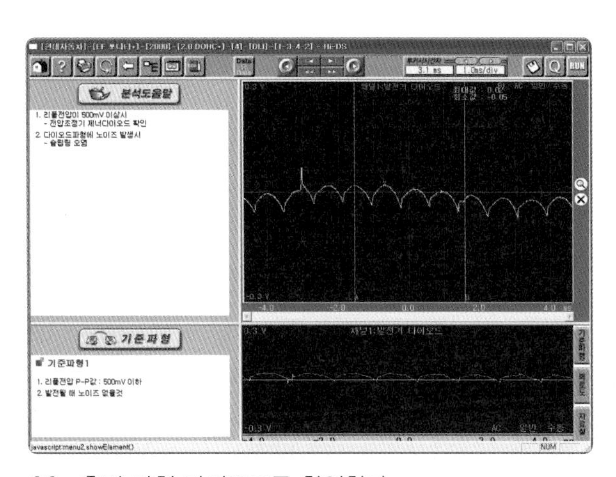

11. 출력 파형 다이오드를 확인한다.

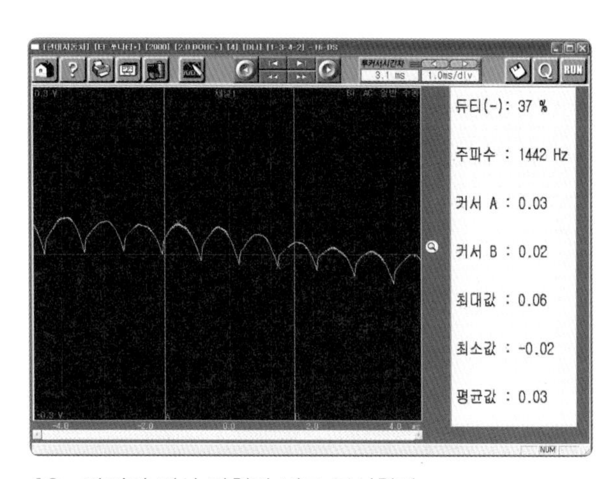

12. 발전기 정상 파형과 비교 분석한다.

실습 주요 point

발전기 다이오드 리플 전압 파형

(1) 정상 파형

❶ 최댓값 + 최솟값(P–P값)이 500 mV 이하인지 확인한다.

❷ 파형이 노이즈가 없이 고르게 깨끗하게 출력되는지 확인한다.

- 출력값은 정확하고 다이오드나 권선에는 문제가 없다(정류기 팩).
- 교류 발전기의 3개의 권선은 AC에서 DC로 변경되었고 발전기의 출력을 향하는 3개의 권선은 모두 작동 중이다.

(2) 불량 파형 시 분석

❶ 발전기 다이오드 리플 파형의 P–P 전압이 500 mV 이상 시 : 일정한 간격으로 긴 하향의 꼬리가 나타나고 전체 전류 출력의 33%가 손실된다. 또 3개의 권선 중 1개가 불량이면 샘플 파형과 비슷하게 보이겠지만, 파형이 3배에서 4배 정도 높게 나타나고 피크 전압도 1 V 이상의 차이가 발생한다.

❷ 다이오드 파형에 과도한 노이즈 발생 시 : 슬립링 오염

※ 정상적으로 발전될 때는 잡음이 거의 발생되지 말아야 한다.

등화 장치 점검 정비

1. 관련 지식
2. 실습 준비 및 유의 사항
3. 실습 시 안전 관리 지침
4. 등화 장치 점검 정비

6 등화 장치 점검 정비

실습목표 (수행준거)	1. 등화 장치 구성 요소를 이해하고 작동 상태를 점검할 수 있다. 2. 등화 장치 회로도에 따라 점검, 진단하여 고장 요소를 파악할 수 있다. 3. 진단 장비를 활용하여 시스템 관련 부품을 진단하고 고장 원인을 분석할 수 있다. 4. 구성 부품 교환 작업을 수행하고 수리 후 단품 점검을 할 수 있다.

1 관련 지식

1 등화 장치의 종류와 역할

자동차에서 등화 장치란 차의 앞, 뒤, 옆면에서 조명 또는 신호를 제공하기 위한 용도로 장착되는 장치를 의미하며, 기능과 형태에 따라 다양한 등화 장치가 사용되고 있다. 자동차에 장착되고 있는 등화 장치는 두 가지 형태로 크게 분류한다. 첫째, 야간 운전 시 도로를 비추는 조명용 등화 장치인 전조등, 앞면 안개등, 코너링 조명등, 후퇴등이 있다. 둘째, 자동차의 방향 전환, 정지(브레이크) 등과 같은 신호 제공 또는 위치를 알려주는 등화 장치인 후미등, 제동등, 보조제동등, 차폭등, 방향지시등, 주간주행등, 번호등, 후부반사기, 후부반사판, 반사띠, 뒷면안개등, 바닥조명등 등이 있다. 현재 20여 종의 등화 장치가 사용되고 있으며, 자동차 등화 장치는 자동차의 안전 주행을 위한 것으로 개수, 빛의 세기, 색상(컬러), 장착 위치 및 크기 그리고 작동 조건에 따라 설치되고 작동되어야 한다.

등화 장치

(1) 조명용 등화 장치

① 전조등

(가) 주행빔 전조등(driving beam, main beam headlamp)이란 자동차 전방도로 먼 거리를 비추기 위한 등화 장치를 의미하며, 일명 "하이빔"이라고 한다.

(나) 변환빔 전조등(passing beam, dipped beam)이란 자동차 전방도로를 비추기 위해 사용하는 등화 장치를 의미하며, 일반적으로 야간 운전 시 주로 사용하는 전조등이다.

전조등

❶ 변환빔 전조등에 가스 방전식(high intensity discharge) 전구 또는 발광 소자(LED)를 사용한 전조등이 현재 적용되고 있으며, 주위 환경 조건과 도로 유형에 따라 빛이 자동으로 변동되는 적응형 전조등(adaptive front-lighting system)도 적용되고 있다.

❷ 전조등을 ON하면 엔진 공회전 rpm이 증가하는 이유 : 소모 전류가 증대되기 때문에 발전기 출력에 따른 엔진 출력을 높이기 위해 엔진 ECU 제어에 의해 엔진 회전수를 높이게 된다.

전조등 4등식

전조등 2등식

전조등	더블 전구	싱글 전구
12 V 60/55 W	12 V 5 W/21 W	12 V 21 W
헤드라이트	브레이크등, 후미등	방향지시등, 후진등

전조등 H7

전조등 H8

전조등 H3

㈐ 전조등 조건

- 야간에 전방 100 m 이상 떨어져 있는 장애물을 확인할 수 있는 밝기를 가져야 한다.
- 어느 정도 빛이 확산하여 주위의 상태를 파악할 수 있어야 한다.
- 교행할 때 맞은 편에서 오는 차를 눈부시게 하여 운전의 방해가 되어서는 안 된다.
- 승차 인원이나 적재 하중에 따라 광축이 변하여 조명 효과가 저하되지 않아야 한다.

㈑ 전조등 종류

- 실드 빔형 : 반사경에 필라멘트를 붙이고 또 여기에 렌즈를 녹여 붙인 다음 내부에 불활성 가스를 넣어 그 자체가 하나의 전구가 되게 한 것이다.
- 세미 실드 빔형 : 전구가 별개이고 렌즈와 반사경은 일체로 되어 있다.
- 메탈백 실드 빔형 : 렌즈와 반사경이 일체로 밀봉되어 있고, 반사경은 금속으로 만들어졌으며 전구를 끼우는 부분이 반사경에 납땜되어 있다.

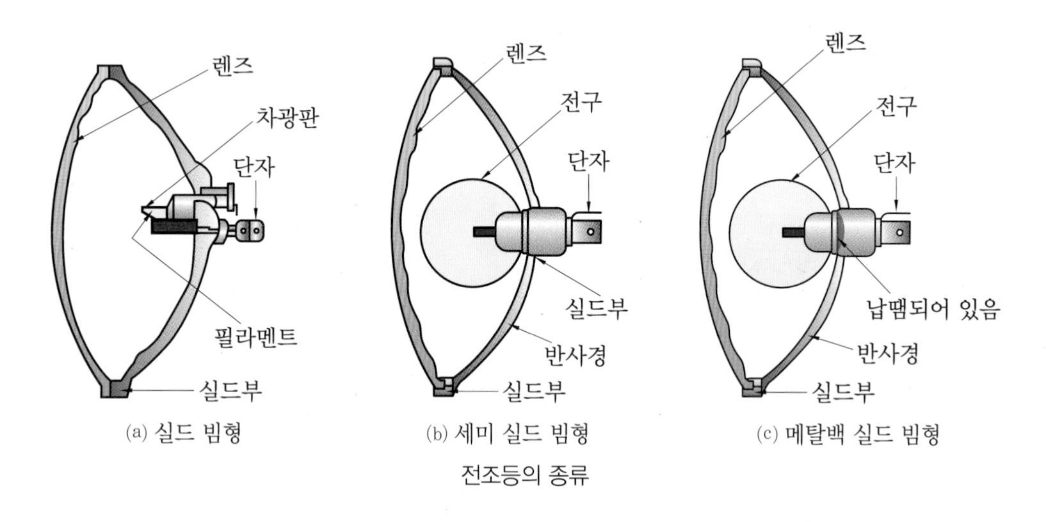

(a) 실드 빔형 (b) 세미 실드 빔형 (c) 메탈백 실드 빔형

전조등의 종류

㈒ 전조등 전구 : 광원(光源)인 필라멘트의 재료로는 일반적으로 텅스텐을 사용하며, 이것은 일정한 굵기와 피치(pitch)를 코일 모양으로 감아 전류가 흐르게 한 도입선에 용접하여 부착되어 있다. 텅스텐 필라멘트가 효율적으로 빛을 낼 수 있도록 유리구 안에 불활성 가스를 봉입하였으며, 이때 불활성 가스로는 질소, 아르곤(argon), 크립톤 등의 혼합 가스를 사용한다.

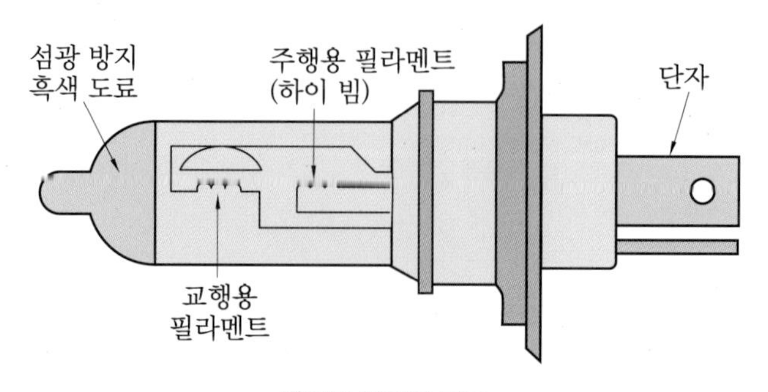

전조등 전구의 구조

할로겐 전구의 구조 및 특징

보통의 전구는 불을 켰을 때 텅스텐이 증발하여 유리 안면에 흑화(黑化) 현상이 발생하지만 할로겐 전구는 전구 안에 할로겐 화합물을 불활성 가스와 함께 높은 압력으로 봉입하였으므로 할로겐 전구에 불이 켜지면 텅스텐이 증발하나 유리벽 부근에 할로겐 원소와 결합하여 텅스텐 원소가 되므로 화합물은 고온에서는 텅스텐과 할로겐 원소로 해리(解離)하는 성질이 있기 때문에 온도가 높은 필라멘트 근처로 이동했을 때는 해리되어 텅스텐은 다시 필라멘트에 부착하고 할로겐 원소는 유리벽으로 향해 확산한다. 이와 같은 결합과 해리의 반복을 재생 순환 반응(halogen cycle)이라 한다.

HID(high intensity discharge) 램프

기존의 램프가 백열전구와 같이 니크롬선에 전류를 흘려 빛을 얻는 것과는 달리 마치 형광등처럼 방전 효과를 이용하는 것으로 특정한 가스가 채워진 공간 속으로 강력한 전기를 흘려 보내는 방식이며, 얇은 캡슐 안에 제논 가스, 수은, 메탈할라이드 솔트가 양끝의 몰리브덴 전극이 방전을 하면 에너지화되어 빛을 방출하는 램프를 말한다. 전구에 안정된 전원을 공급, 제어하는 밸러스트(ballast)와 전구 점등을 위해 승압시키는 이그나이터(ignitor)로 구성되어 있다. 할로겐 전구에 비해 약 2배 정도 밝고, 태양 광선에 가까운 백색의 자연 광선을 얻을 수 있을 뿐 아니라 소비전력은 할로겐 전구의 약 1/2 정도이며 수명은 필라멘트 형식에 비해 2배 정도이다.

② 안개등(front fog lamp) : 눈이나 비가 내리거나, 안개 또는 먼지 등이 발생한 경우, 전방도로를 더 잘 볼 수 있도록 점등되는 등화 장치이다.

③ 후진등(back up lamp) : 자동차가 후진을 위해 변속 레버를 후진으로 이동하면 자동차 후방을 조사할 수 있는 등이 점등된다.

후미등

후진등

더블 전구

싱글 전구

계기판 공조기 전구

(2) 신호용 등화 장치

① **방향지시등과 비상경고등(turn signal lamp)** : 방향지시등 및 비상경고등 회로에서 먼저 방향지시등은 자동차의 진행 방향을 알리는 장치로 플래셔 유닛 회로를 이용하여 주기적으로 램프에 흐르는 전류를 단속하여 램프를 점멸하도록 되어 있다. 또 긴급 정차 시에 전후, 좌우 모든 램프 점멸로 긴급 상황을 경고하는 비상경고등 기능이 있다. 안전기준에 의하면 방향지시등은 분당 60~120회로 점멸하며 등광색은 황색 또는 호박색으로 1등당 광도는 50~1050 cd 범위에 있어야 한다.

② **제동등(stop lamp)** : 정지등은 주야간 모두 브레이크 페달을 밟았을 때 점등되어 제동 상태를 알리는 램프로서 브레이크가 작동되었음을 알리는 신호이다. 후미등과 겸용으로 사용하는 경우가 많기 때문에 전구에는 서로 다른 필라멘트가 2개 설치된 더블 필라멘트 형식이 사용되고 15~30 W 전구를 사용하며, 좌우의 정지등은 각각 병렬로 연결되어 있다.

신호용 등화 장치

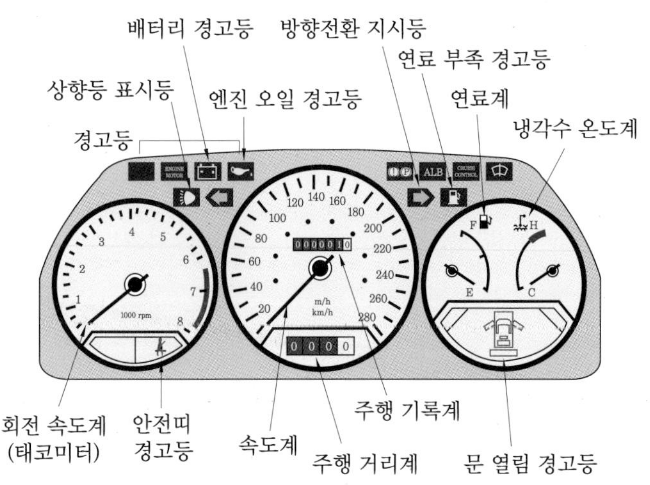

계기 장치

(3) 경고용 등화 장치

① **유압등** : 유압이 규정 이하로 되면 점등 경고

② **충전등** : 축전지에 충전되지 않을 때 점등 경고

③ **연료등** : 연료 유면이 규정 이하이면 점등 경고

④ **브레이크 오일등** : 브레이크 유면이 규정 이하이면 점등 경고

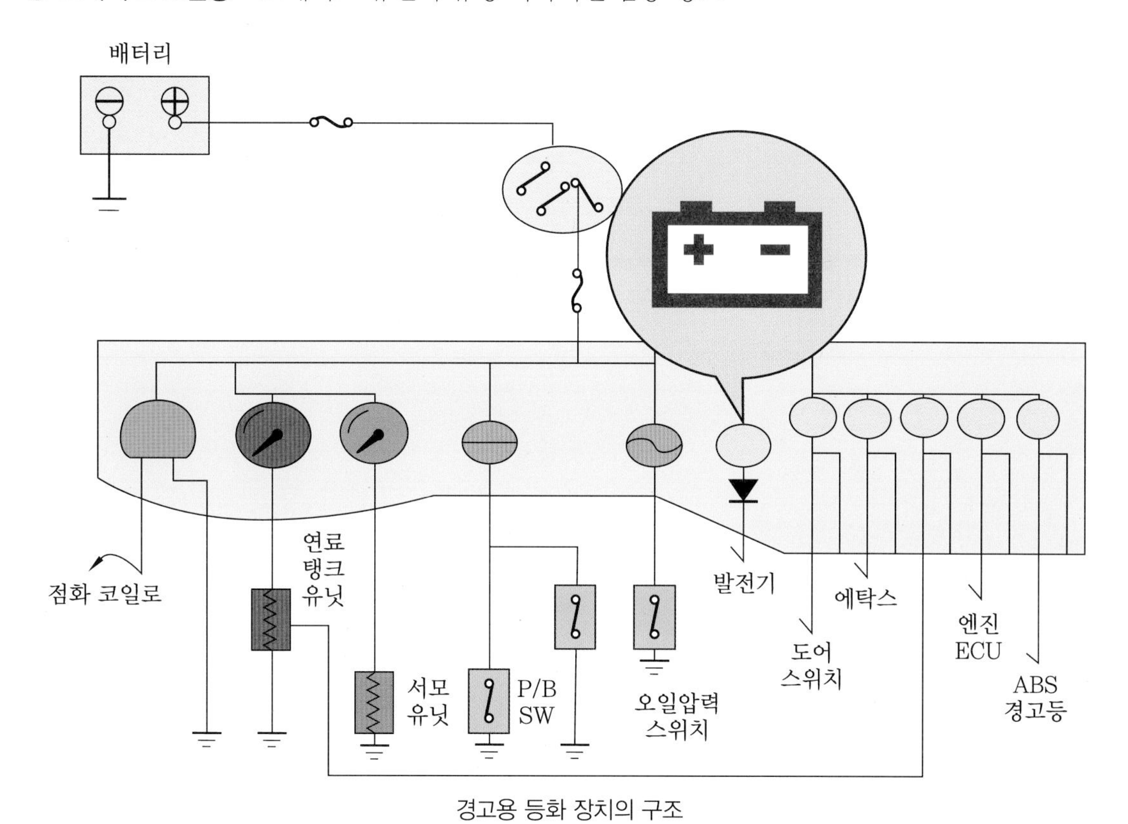

경고용 등화 장치의 구조

(4) 표시용 등화 장치

① **후미등** : 자동차의 후미를 표시

② **주차등** : 자동차가 주차 중임을 표시

③ **번호등** : 자동차의 번호판을 조명

④ **차폭등** : 자동차의 폭을 표시

④ **실내등**(room lamp) : 차 실내를 조명

⑤ **계기등**(instrument lamp) : 계기판의 각종 계기를 조명

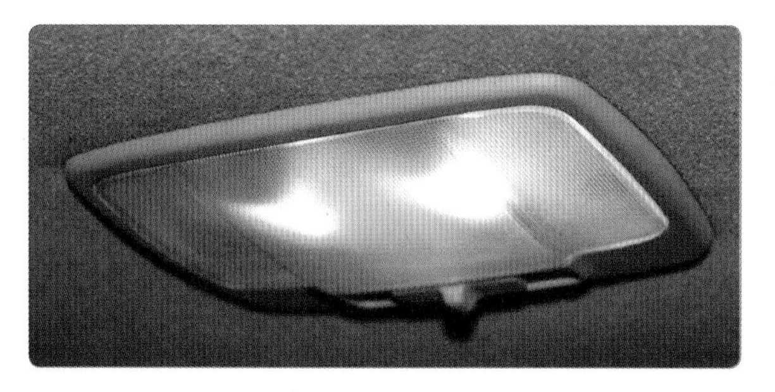

실내등

번호등

2 조명 단위

① **조도** : 빛을 받는 면의 밝기를 말하며, 단위는 럭스(lux)이다. 광원으로부터 r[m] 떨어진 빛의 방향에 수직한 빛을 받는 면의 조도를 E[lux], 그 방향의 광원의 광도를 I[cd]라고 하면 조도를 구하는 식은 다음과 같다.

$$E[\text{lux}] = \frac{I}{r^2}$$ → 조도는 광원의 광도에 비례하고, 광원의 거리의 제곱에 반비례한다.

② **광도** : 빛의 세기를 말하며, 단위는 칸델라(cd)이다. 1 cd는 광원에서 1 m 떨어진 1 m^2의 면에 1 lm의 광속이 통과하였을 때의 빛의 세기이다.

③ **광속** : 광원에서 나오는 빛의 다발을 의미하며, 단위는 루멘(lm)이다.

2 실습 준비 및 유의 사항

실습 시 유의 사항

- 안전 작업 절차에 따라 전기 회로를 점검하며 작업에 필요한 공구 장비를 세팅한 후 작업에 임한다.
- 아날로그 멀티 테스터를 활용하여 회로 점검 시 극성을 확인한다.
- 등화 장치 점검 시 입출력 관계를 확인하고 필요에 따라 진단 장비를 활용하여 점검한다.
- 등화 장치 점검 시 차종별 정비 지침서 회로를 판독하고 점검하며 필요시 전기부하를 유지하여 고장을 진단한다.
- 등화 장치 검사 시 배터리 상태를 점검하고 누전되는 전기의 상태도 점검한다.

3 실습 시 안전 관리 지침

① 실습 전 반드시 안전 교육을 실시하고 소화기를 비치하여 화재 사고에 대비하며, 유류 등 인화성 물질은 안전한 곳에 분리하여 보관한다.

② 중량이 무거운 부품 이동 시 작업 장갑을 착용하며 장비를 활용하거나 2인 이상 협동하여 이동시킨다.

③ 실습 전 작업대를 정리하여 작업의 효율성을 높이고 안전 사고가 발생되지 않도록 한다.

④ 실습 작업 시 작업에 맞는 적절한 공구를 사용하여 실습 중 안전 사고에 주의한다.

⑤ 실습장 내에서는 작업 시 서두르거나 뛰지 말아야 한다.

⑥ 각 부품의 탈부착 시 오일이나 물기름이 작업장 바닥에 떨어지지 않도록 하며 누출 시 즉시 제거하고 작업에 임한다.

⑦ 모든 부품은 분해, 조립 순서에 준하여 작업을 실시하고 분해된 부품은 순서에 따라 작업대에 정리정돈한다.

⑧ 실습 종료 후 실습장 주위를 깨끗하게 정리하며 공구는 정위치시킨다.

⑨ 실습 시 작업복, 작업화를 착용한다.

4 등화 장치 점검 정비

1 미등 및 번호등 회로 점검

(1) 미등 및 번호등 회로 분석

미등 회로를 점검하기 위해 먼저 회로도를 판독하고 회로에 인가되는 전기의 흐름을 이해한 후 점검 방법을 정리하여 작업 순서를 정리한다.

라이트 스위치의 1단(PARK)을 켜면 파란색 선을 따라 상시 전원(배터리) → 미등 릴레이 솔레노이드 → BCM → 접지가 되며 미등 릴레이의 스위치가 붙게 된다.

그러면 빨간색 선을 따라 상시 전원(배터리) → 미등 릴레이 스위치 → 미등 LH, RH 퓨즈 → 좌우측 미등 → 접지가 되어 미등이 점등된다.

● 미등 · 번호등 회로-1

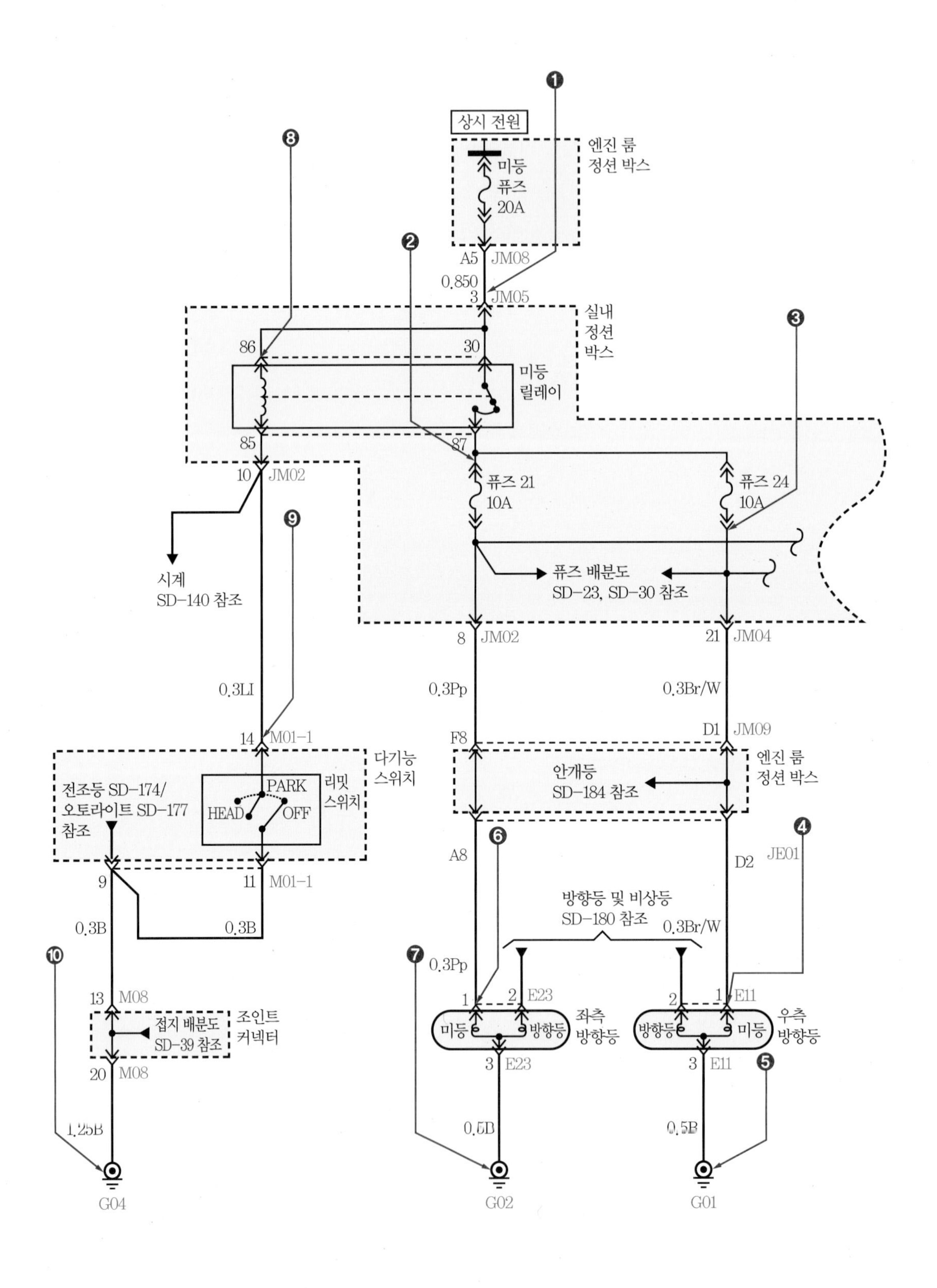

상시 전원
엔진 룸 정션 박스
미등 퓨즈 20A
A5 JM08
0.850
3 JM05
실내 정션 박스
86
30
미등 릴레이
85
87
10 JM02
퓨즈 21 10A
퓨즈 24 10A
시계 SD-140 참조
퓨즈 배분도 SD-23, SD-30 참조
8 JM02
21 JM04
0.3Ll
0.3Pp
0.3Br/W
14 M01-1
F8
D1 JM09
다기능 스위치
리밋 스위치
PARK
HEAD
OFF
전조등 SD-174/ 오토라이트 SD-177 참조
안개등 SD-184 참조
엔진 룸 정션 박스
A8
D2 JE01
9
11 M01-1
0.3B
0.3B
방향등 및 비상등 SD-180 참조
0.3Br/W
0.3Pp
13 M08
접지 배분도 SD-39 참조
조인트 커넥터
20 M08
1 2 E23
2 1 E11
미등 방향등
좌측 방향등
방향등 미등
우측 방향등
3 E23
3 E11
1.25B
0.5B
0.5B
G04
G02
G01

미등 · 번호등 회로-2

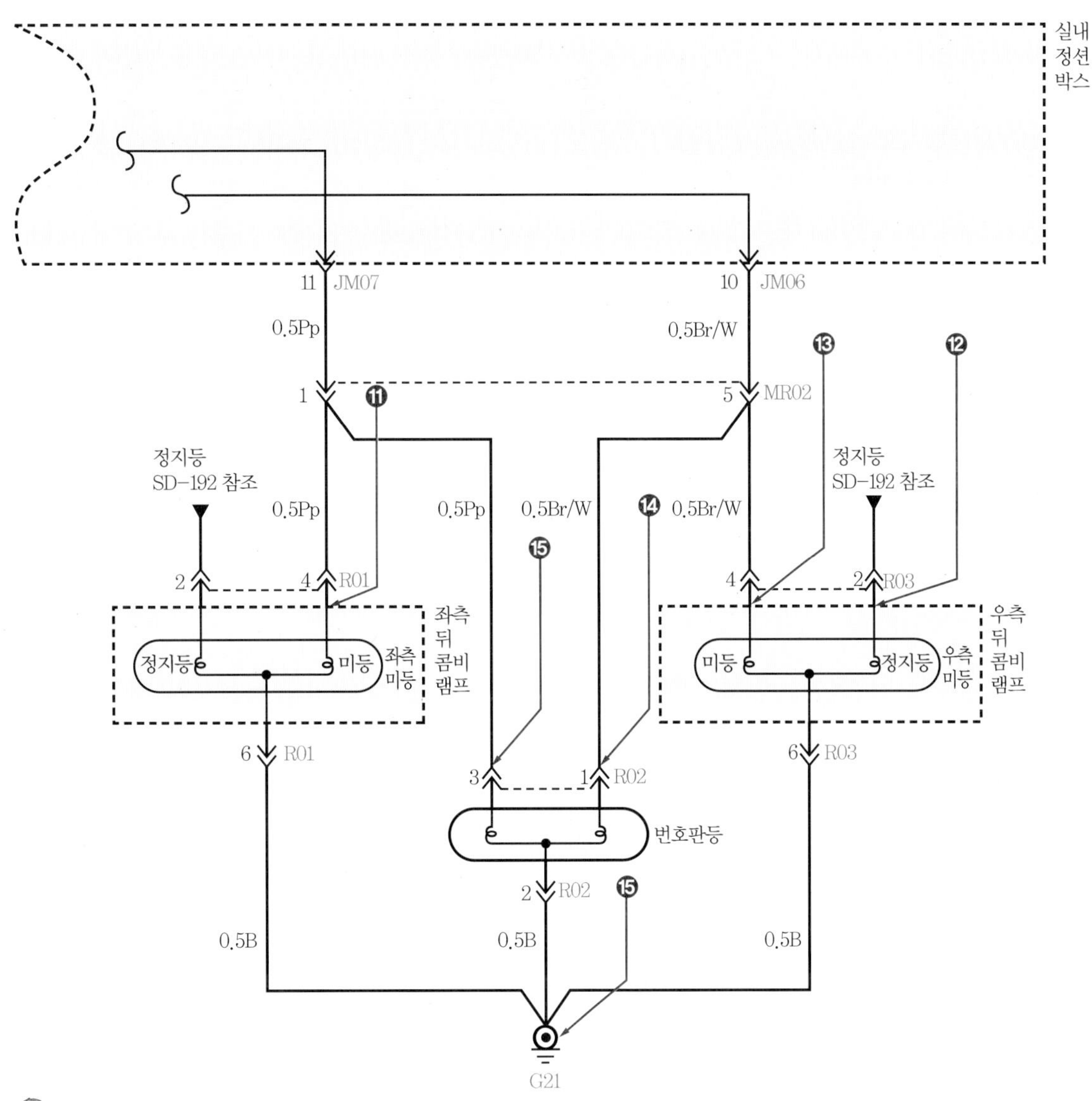

미등 릴레이에서 회로 진단 시 정비(조치) 사항

❶ 릴레이 솔레노이드의 전원 공급 단자에 전원 공급 여부를 전구 시험기를 이용하여 확인한다.
❷ 릴레이 솔레노이드의 작동 단자에 접지 공급 여부를 전구 시험기를 이용하여 확인한다.
❸ 릴레이 스위치의 전원 공급 단자에 전원 공급 여부를 전구 시험기를 이용하여 확인한다.
❹ 릴레이의 미등 작동 단자에 전원을 공급하여 미등이 작동하는지를 확인한다.

미등 및 번호등이 작동하지 않는 고장 원인

❶ 배터리 방전
❷ 미등 퓨즈의 단선(탈거, 접촉 불량)
❸ 미등 릴레이 불량(탈거, 릴레이 코일 불량)
❹ 미등 전구 불량(단선, 탈거)
❺ 배터리 터미널 탈거(단선)
❻ 콤비네이션 스위치 불량(접점 소손, 단선)
❼ 콤비네이션 스위치 커넥터 탈거 등

(2) 미등 및 번호등 고장 점검

미등 및 번호등 회로 점검

1. 배터리 전압을 확인한다(12.75 V).

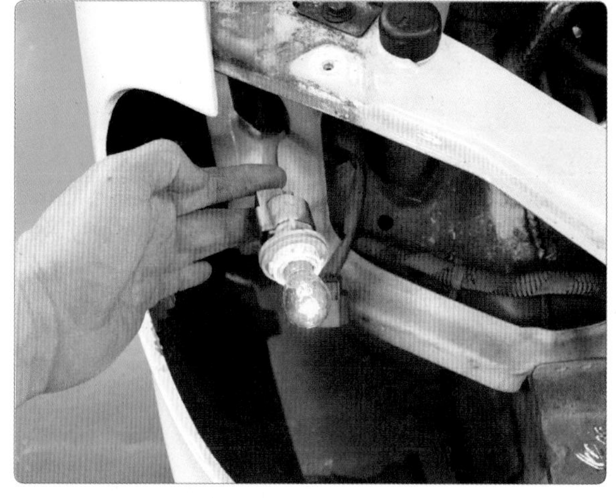

2. 미등 스위치를 ON시키고 미등이 점등되는지 확인한다.

3. 커넥터에 배터리 전압이 인가되는지 확인한다.

4. 번호등이 들어오는지 확인한다.

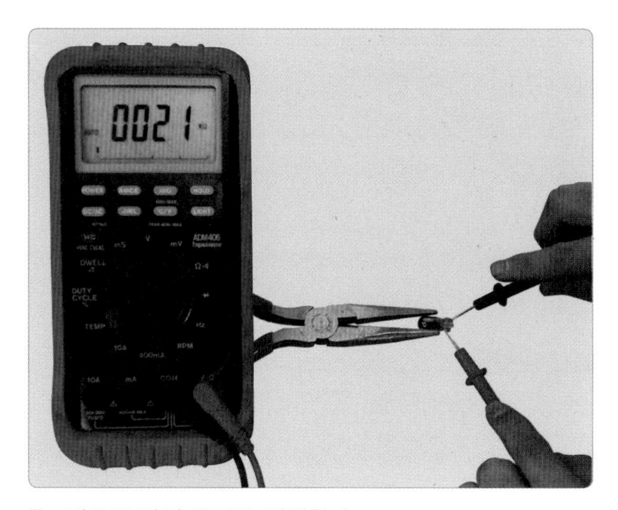

5. 번호등 단선 유무를 점검한다.

6. 번호판 커넥터에 배터리 전압이 인가되는지 확인한다.

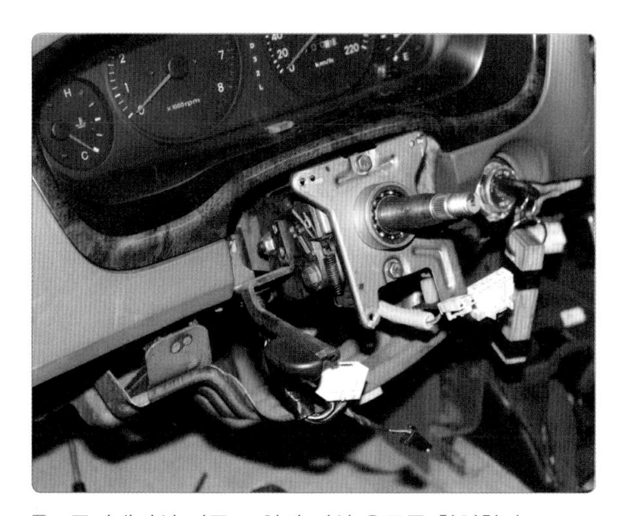

7. 콤비네이션 미등 스위치 이상 유무를 확인한다.

8. 운전석 퓨즈 박스에서 퓨즈 단선과 탈거 상태를 확인한다.

2 전조등(head light) 점검 정비

(1) 전조등 회로 분석

전조등 스위치 조작은 하향(Low), 상향(High), 패싱(Passing, Flash) 3가지로 작동된다. 전조등 회로를 점검하기 위해 먼저 회로도를 이해한 후 회로에 인가되는 전압 공급의 순서를 이해하고 점검한다.

① 전조등 하향(Low) 시 전기 흐름

라이트 스위치를 2단으로 돌리면 전기 흐름은 회로 점화 스위치 IG ON → 헤드 램프 퓨즈(10 A) → 전조등 Low 릴레이 솔레노이드 → 실내 정션 박스 → BCM 18번 핀 → BCM 9번 핀 → 라이트 스위치 9번 핀 → 접지된다. 그러면 전조등 릴레이 솔레노이드가 자화되어 붉은색을 따라 배터리 → 전조등 릴레이(Low) 스위치 → 좌우측 전조등 → 접지가 되어 전조등이 ON된다.

전조등 Low 작동의 경우 라이트 스위치를 작동하면 라이트 스위치에 와 있던 접지에 의해 전조등 Low 릴레이의 솔레노이드 접지를 공급하게 되어 릴레이가 작동하고, 릴레이 접점에 와 있던 상시 전원이 좌우측의 전조등 Low 전구에 전원을 공급하게 되어 Low 전조등이 작동하게 된다. 또 릴레이로 공급하였던 접지는 디머/패싱 스위치에 접지를 공급하여 하이 빔과 패싱 작동을 할 수 있도록 스위치 작동 접지를 공급하도록 되어 있다.

② 전조등 상향(High) 시 전기 흐름

라이트 스위치를 2단으로 돌린 상태에서 아래로 내리면 전기 흐름은 회로의 점화 스위치 IG ON → 헤드 램프 퓨즈(10 A) → 전조등 High 릴레이 솔레노이드 → 실내 정션 박스 → 다기능 스위치 중 디머/패싱 스위치 12번 핀 → 디머/패싱 스위치 11번 핀 → BCM 18번 입력 → BCM 9번 핀 → 라이트 스위치 9번 핀 → 접지된다. 그러면 전조등 릴레이(High) 솔레노이드가 자화되어 배터리 → 전조등 릴레이(High) 스위치 → 좌우측 전조등(HI), 계기판 → 접지의 회로 형성으로 상향 전조등이 ON된다.

또 High 빔의 경우 계기판에 상향등 표시등을 작동하여 운전자에게 하이 빔의 작동 여부를 알려준다.

③ 전조등 패싱 작동 시 전기 흐름

전조등 패싱 작동의 경우 라이트 스위치를 작동하지 않은 상태에서도 패싱은 작동하도록 되어 있다. 작동을 보면 디머/패싱 스위치를 이용하여 패싱 작동 위치에 놓으면 디머/패싱 스위치에 패싱 작동 접지가 전조등 High 릴레이와 전조등 Low 릴레이에 접지를 공급하여 High, Low 릴레이를 작동시키고 High, Low 릴레이 접점에 와 있던 상시 전원이 좌우측의 전조등 High, Low 전구에 전원을 공급하게 되어 High, Low 전조등이 작동하게 된다.

또 패싱은 High 빔이 라이트 스위치 OFF 시에 작동하고 이때 계기판에 상향등 표시등을 작동하여 운전자가 패싱 작동 상태를 확인할 수 있다.

전조등 회로

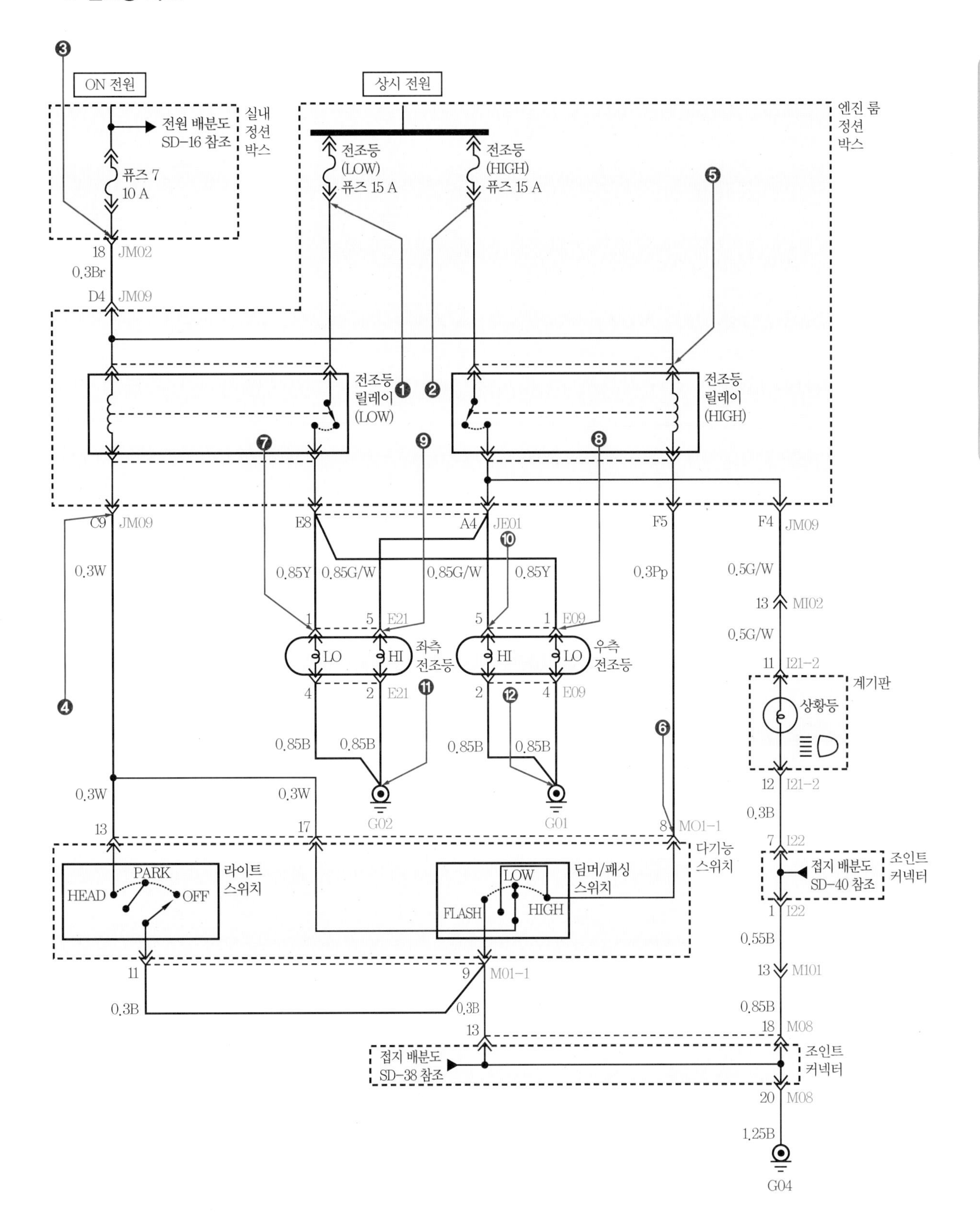
ON 전원
상시 전원
전원 배분도 SD-16 참조
실내 정션 박스
퓨즈 7 10 A
전조등 (LOW) 퓨즈 15 A
전조등 (HIGH) 퓨즈 15 A
엔진 룸 정션 박스
전조등 릴레이 (LOW)
전조등 릴레이 (HIGH)
좌측 전조등
우측 전조등
LO
HI
계기판
상황등
라이트 스위치
HEAD
PARK
OFF
딤머/패싱 스위치
LOW
FLASH
HIGH
다기능 스위치
접지 배분도 SD-40 참조
조인트 커넥터
접지 배분도 SD-38 참조
조인트 커넥터
JM02
JM09
JE01
E21
E09
MI02
I21-2
I22
M01-1
M101
M08
G02
G01
G04
0.3Br
0.3W
0.85Y
0.85G/W
0.3Pp
0.5G/W
0.85B
0.3B
0.55B
1.25B

전조등 회로 점검

❶ 전조등 상향 퓨즈(15 A) 및 하향 퓨즈(15 A) 그리고 IG 1 퓨즈(10 A)를 점검한다.
❷ 헤드라이트 전구에 연결되는 커넥터의 공급 전원(12 V)을 확인한다.
❸ 콤비네이션(다기능) 스위치의 헤드라이트 연결 커넥터를 점검한다.
❹ 전조등 릴레이(상향 및 하향) 통전 시험을 하여 점검한다.
❺ 배터리 (–) 단자를 분리하고 스티어링 휠에 있는 혼 커버를 분리한다.
(에어백 차량의 경우 에어백 모듈을 분리한다.)
❻ 혼 커넥터를 분리한다(에어백 차량의 경우 에어백 모듈 커넥터를 분리한다).
❼ 스티어링 휠 로크 너트를 분리한다.
❽ 콤비네이션(다기능) 스위치의 장착 스크루를 풀고 스위치를 분리한다.
❾ 스티어링 칼럼 상부와 하부의 시라우드(덮개)를 분리한다.
❿ 콤비네이션(다기능) 스위치를 작동하면서 단자 사이의 통전 시험을 한다.
⓫ 전구의 필라멘트 부분이 단선되었는지 점검한다.

(2) 전조등 회로 고장 점검

전조등 점검 차량 확인 및 회로 고장 점검 준비

1. 배터리 단자 (+), (−) 체결 상태 및 접촉 상태를 확인한다.

2. 엔진 정션 박스 전조등 릴레이 점검과 공급 전원을 확인한다.

3. 실내 퓨즈 박스에서 전조등 퓨즈 단선 및 공급 전원을 확인한다.

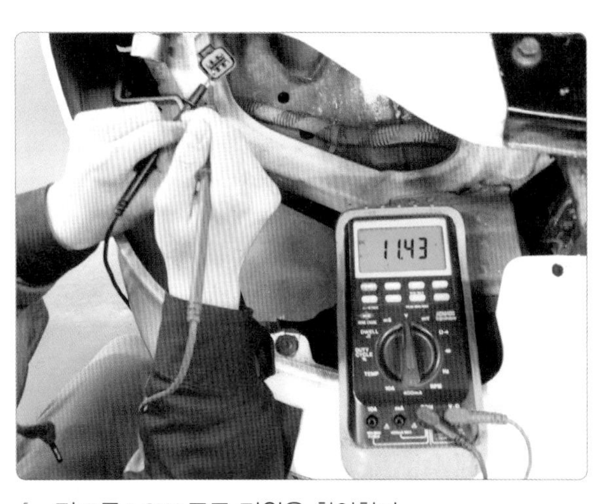

4. 전조등 LOW 공급 전원을 확인한다.

5. 전조등 스위치 커넥터 및 통전 상태를 점검한다.

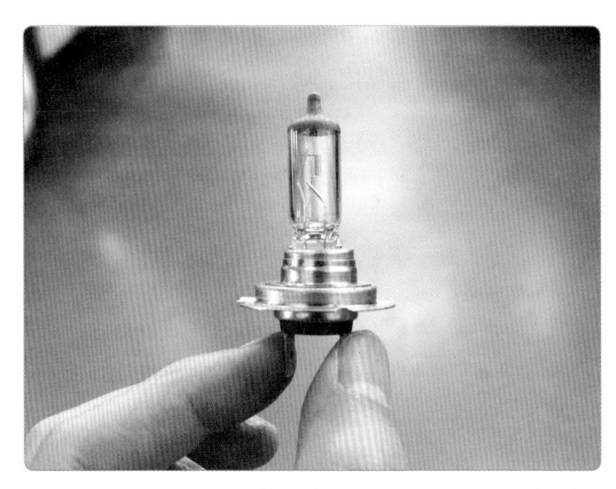

6. 전조등을 육안 점검한다(유리관을 손으로 직접 만지지 않는다).

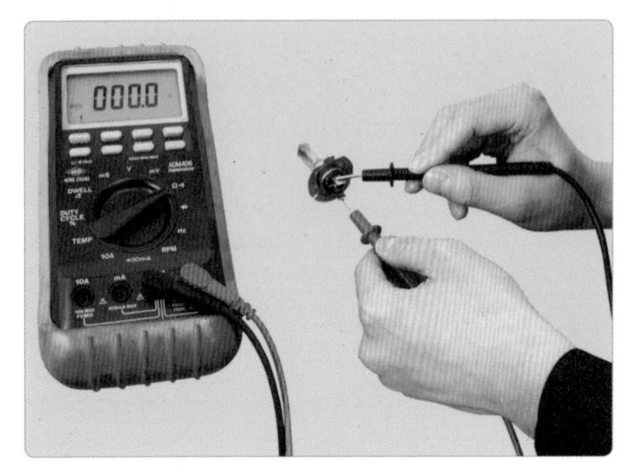

7. 전조등 램프 단선 및 저항을 점검한다.

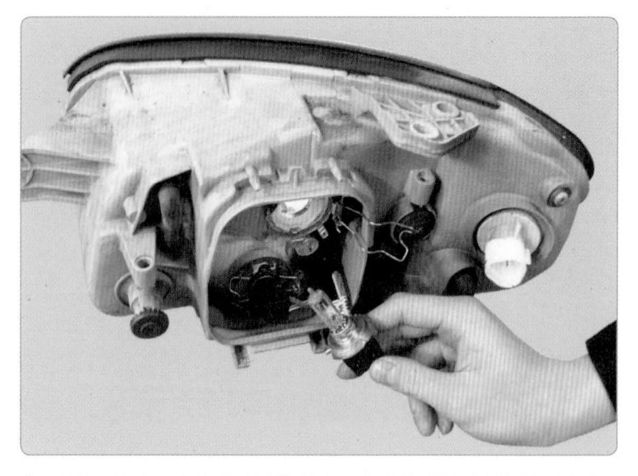

8. 전조등을 커넥터에 체결하고 커넥터를 움직이며 접촉 상태 및 작동 상태를 확인한다.

(3) 전조등 측정 및 판정

① 전조등 측정

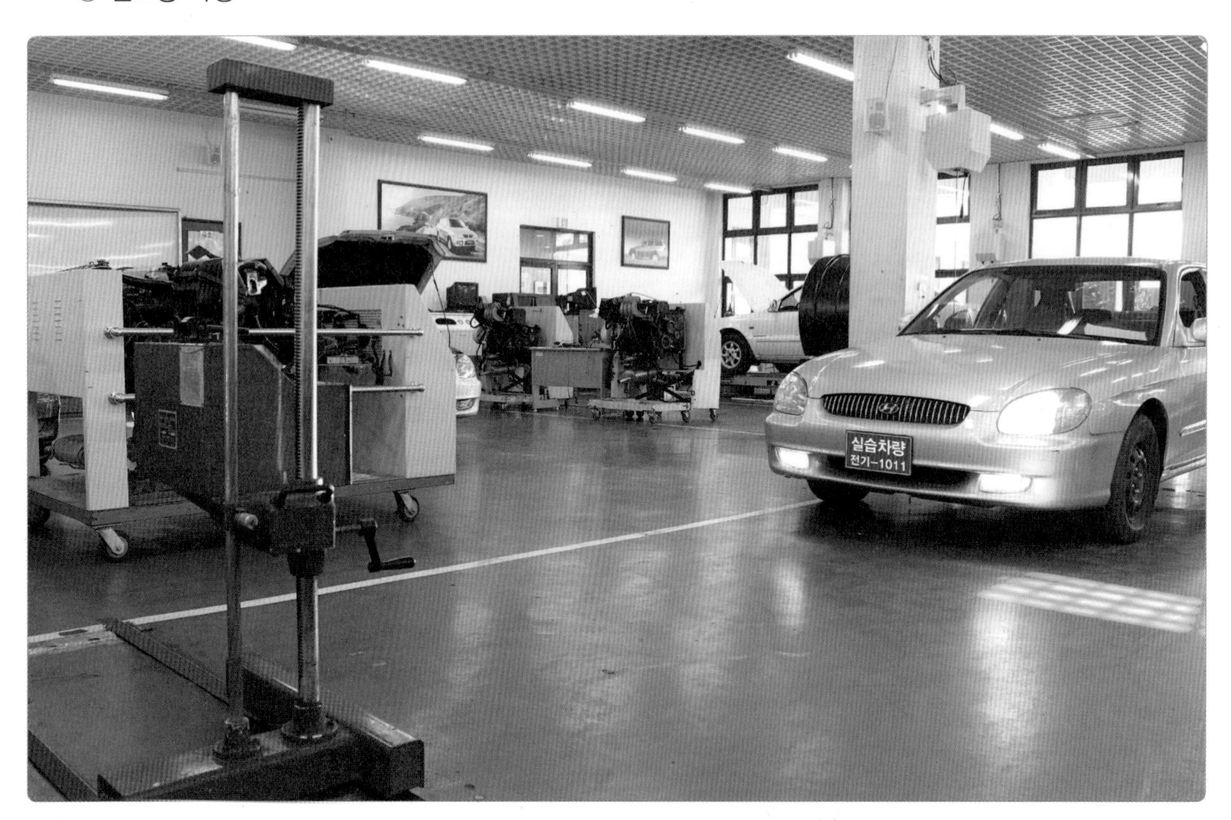

전조등 테스터와 측정 차량을 준비하고 측정 거리를 확인한다.

실습 주요 point

전조등 측정 조건

❶ 타이어 공기 압력을 규정 압력으로 조정한다.
❷ 전조등 테스터를 측정 차량 전조등과의 거리(측정 거리) 3 m로 유지시킨다(시험기와 시험 차량이 직각이 되도록 유지).
❸ 전조등 시험기가 수평이 되도록 수평수준기로 확인한다.
❹ 점검용 정대용 파인더로 보닛 위 중심점 2개가 일직선 상에 보이도록 수평 조정 나사로 조정한다.
❺ 배터리는 정상 작동되는 것을 사용한다.
❻ 측정 전 시험기 상하, 좌우 조정 다이얼 스위치를 0으로 세팅한다.
❼ 엔진을 시동하고 스위치를 ON, 엔진 rpm을 공회전 상태로 유지시킨다(광도 측정 시 2,000~2,500 rpm으로 유지).

1. 전조등 테스터 계기(좌우, 상하)를 모두 0으로 맞춘다.

2. 엔진을 공회전으로 유지하고 전조등 스위치를 ON시킨다(상향등을 켠다).

3. 전조등 테스터를 스크린 광축에 맞춰서 상하 좌우로 이동시켜 전조등이 중심에 오도록 맞춘다.

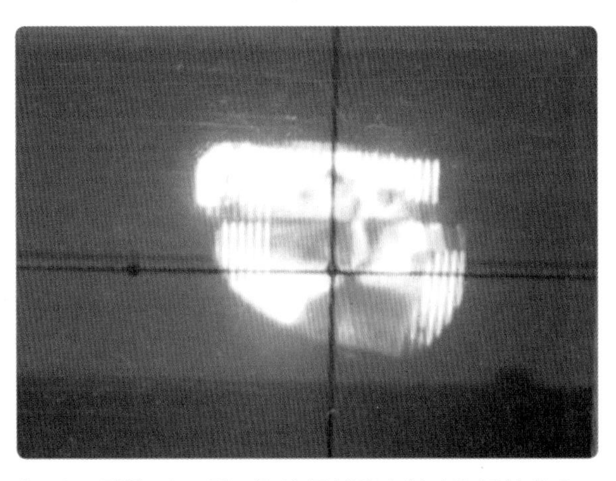

4. 스크린을 보고 전조등의 중심점이 십자의 중심에 오도록 조정한다.

5. 전조등 테스터기 기둥 눈금을 읽는다.
(하향진폭 = 전조등 높이 × $\frac{3}{10}$)

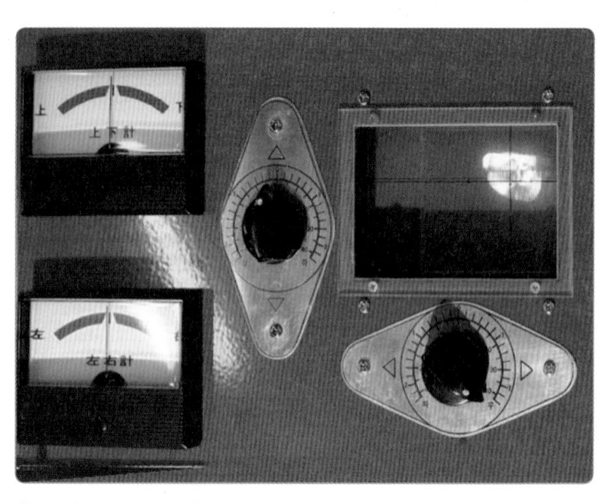

6. 테스터의 몸체를 좌우로 밀고 상하 이동 핸들을 돌려 좌우, 상하 광축계의 지침이 0에 오도록 조정한다.

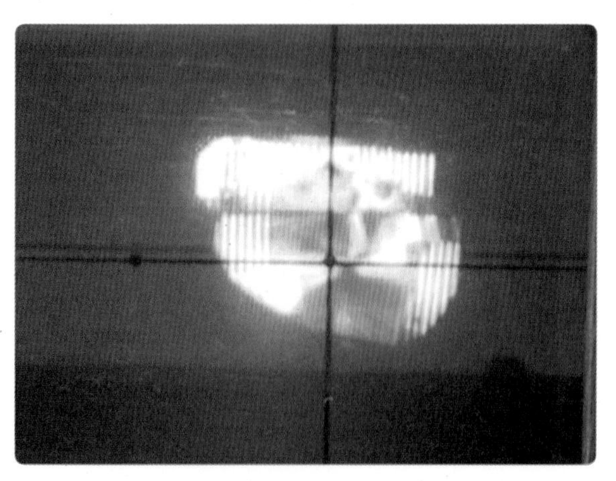

7. 전조등의 중심을 스크린 십자의 중심에 오도록 좌우, 상하 조정 다이얼을 조정한다.

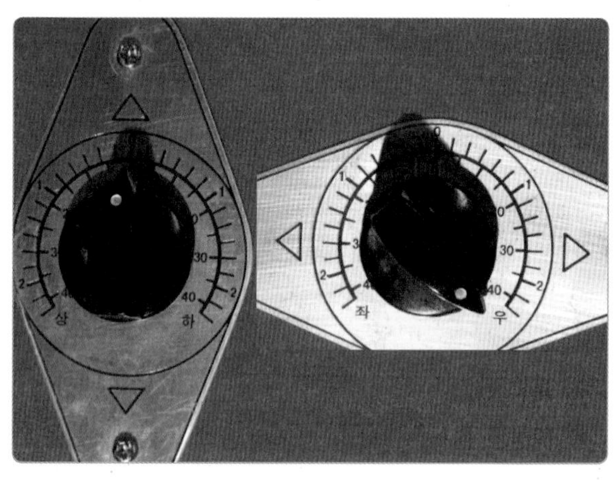

8. 조정 다이얼 눈금을 확인한다.
(상 : 0 cm, 우 : 40 cm)

9. 엔진 rpm을 2,000~2,500 rpm으로 올리고 광도를 측정한다(상향 : 하이빔).

10. 테스터에 지시된 광도를 측정한다(42,000 cd).

② 전조등 측정 판정

<table>
<tr><th colspan="5">측정(또는 점검)</th><th>판 정</th><th rowspan="2">(I) 득점</th></tr>
<tr><th colspan="2">항 목</th><th colspan="2">측정값</th><th>(G) 기준값</th><th>(H) 판정
(□에 'V' 표)</th></tr>
<tr><td rowspan="3">(D)
(□에 'V' 표)
위치 :
☑ 좌
□ 우
등식 :
□ 2등식
☑ 4등식</td><td>(E)
광도</td><td colspan="2">42,000 cd</td><td>12,000 cd 이상</td><td>☑ 양호
□ 불량</td><td rowspan="3"></td></tr>
<tr><td rowspan="2">(F)
광축</td><td>☑ 상
□ 하
(□에 'V' 표)</td><td>0 cm</td><td>10 cm 이내</td><td>☑ 양호
□ 불량</td></tr>
<tr><td>□ 좌
☑ 우
(□에 'V' 표)</td><td>40 cm</td><td>30 cm 이내</td><td>□ 양호
☑ 불량</td></tr>
</table>

③ 측정 결과 판정

<table>
<tr><th colspan="3">자동차 관리법 시행 규칙-자동차 검사 기준 및 방법의 비교</th></tr>
<tr><th colspan="2">구 분</th><th>검사 기준</th></tr>
<tr><td rowspan="2">광도</td><td>2등식</td><td>15,000 cd 이상</td></tr>
<tr><td>4등식</td><td>12,000 cd 이상</td></tr>
<tr><td rowspan="2">좌 · 우측등</td><td>상향진폭</td><td>10 cm 이하</td></tr>
<tr><td>하향진폭</td><td>30 cm 이하</td></tr>
<tr><td rowspan="2">좌측등</td><td>좌진폭</td><td>15 cm 이하</td></tr>
<tr><td>우진폭</td><td>30 cm 이하</td></tr>
<tr><td rowspan="2">우측등</td><td>좌진폭</td><td>30 cm 이하</td></tr>
<tr><td>우진폭</td><td>30 cm 이하</td></tr>
</table>

실습 주요 point

광축 조정 방법

시험기 헤드를 좌우 높이 조절 핸들을 상하로 조작하여 투영된 전조등을 스크린의 정중앙에서 위치시킨다. 각도 조정 다이얼을 조정하고자 하는 위치의 값에 위치시킨 다음 시험기 스위치를 ON시키고 좌우 각도 조정 다이얼을 "0"의 위치로 한다. 조정을 필요로 한 차량 시 광축계(좌우/상하) 지침이 중앙 검정선에 벗어나 있으면 전조등 조정 나사를 드라이버로 조이거나 풀어서 광축계 지침이 중앙 검정선에 정확하게 일치하도록 조정한다. 광도 불량 시 규격에 맞는 전조등으로 교환한다.

3 방향지시등 회로 고장 점검

(1) 방향지시등 및 비상등 회로 작동

① 방향지시등 및 비상경고등 작동 준비 : 방향지시등은 차량 주행 상태 또는 점화 스위치 키 상태가 "ON"에서 작동해야 하므로 "ON/START 전원"을 비상경고등 스위치를 거쳐 플래셔 유닛으로 작동 전원이 공급된다. 비상경고등과 도난 방지 기능에 의해 비상경고등이 작동할 경우 점화 스위치 키 "ON"과 관계없이 차량을 바로 작동시켜야 되기 때문에 상시 전원(배터리 공급 전원)으로 비상경고등 스위치에 전원과 도난 방지 릴레이의 코일 전원과 릴레이 전원이 공급되고 있으며, 회로 접지선은 플래셔 유닛 작동 접지와 좌우 방향지시등 작동 시 접지된다.

② 방향지시등 작동 : 방향지시등의 작동은 스위치를 작동하면 방향지시등 스위치에 공급된 전원은 좌 또는 우의 방향으로 전원이 공급되며 해당 램프가 플래셔 유닛의 작동으로 점멸된다. 점화 스위치 키 상태가 "ON"에서 플래셔 유닛 전원이 공급되며 방향지시등 스위치로 인한 회로 접지가 이루어져 플래셔 유닛이 작동된다. 플래셔 유닛의 코일 컨트롤 단자로 신호를 주게 되면 이에 의해 플래셔 유닛은 유닛 내에 있는 솔레노이드를 작동하고 작동에 의해 접점이 붙으므로 전원 공급 유닛 내에 있는 솔레노이드를 작동하고 작동에 의해 접점이 붙음으로써 "ON 전원"이 좌측 또는 우측의 방향지시등 전구에 전원을 공급하게 되므로 방향지시등(좌앞뒤, 우앞, 뒤)이 작동하게 된다.

③ 비상경고등 작동 : 차량 운행 또는 정차 시 차량의 비상경고등 스위치를 작동하면 전원 공급은 점화 스위치 키와 관계없이 상시적으로 비상등이 작동될 수 있는 전원 공급이 이루어져야 한다. 따라서 점화 스위치 "ON"과 관계없이 비상경고등은 작동하므로 비상경고등 스위치 작동 시 상시 전원이 플래셔 유닛에 작동 전원을 공급한 상태에서 스위치를 작동하면 전원은 비상등 스위치 ON 상태로 비상경고등 전구를 작동시키며 스위치에 와 있던 접지(양쪽 방향의 작동 등의 필라멘트를 거쳐서 오는 접지)에 의해 플래셔 유닛의 코일 컨트롤 단자로 신호를 주게 된다. 이에 의해 플래셔 유닛은 유닛 내에 있는 솔레노이드를 작동하고 작동에 의해 접점이 붙음으로써 "상시 전원"이 비상경고등 스위치의 좌우측 방향지시등과 연결되어 있는 스위치를 통해 좌우측의 방향지시등 전구에 전원을 공급하게 되며 방향지시등 및 비상등(앞, 뒤, 좌, 우, 계기)이 작동하게 된다.

실습 주요 point

비상등만 작동되지 않을 때 진단 방법

방향지시등은 정상적으로 작동하지만 비상등 스위치를 작동시켰을 때 비상등의 점멸이 작동되지 않아 고장 현상일 경우 방향지시등이 작동된 상태를 확인한 상태이므로 전구와 관련된 배선은 이상이 없다 할 수 있다. 따라서 릴레이 역시 방향지시등 스위치를 조작했을 때 작동되었으므로 릴레이도 이상 없다고 할 수 있다. 즉 방향지시등의 작동과 관련된 배선 및 전구, 릴레이, 스위치의 접점 등이 모두 정상이라고 판단할 수 있다. 따라서 비상등 스위치와 관련 퓨즈를 중심으로 점검한다.

(2) 주요 부위 회로 점검

① 방향지시등 회로-1

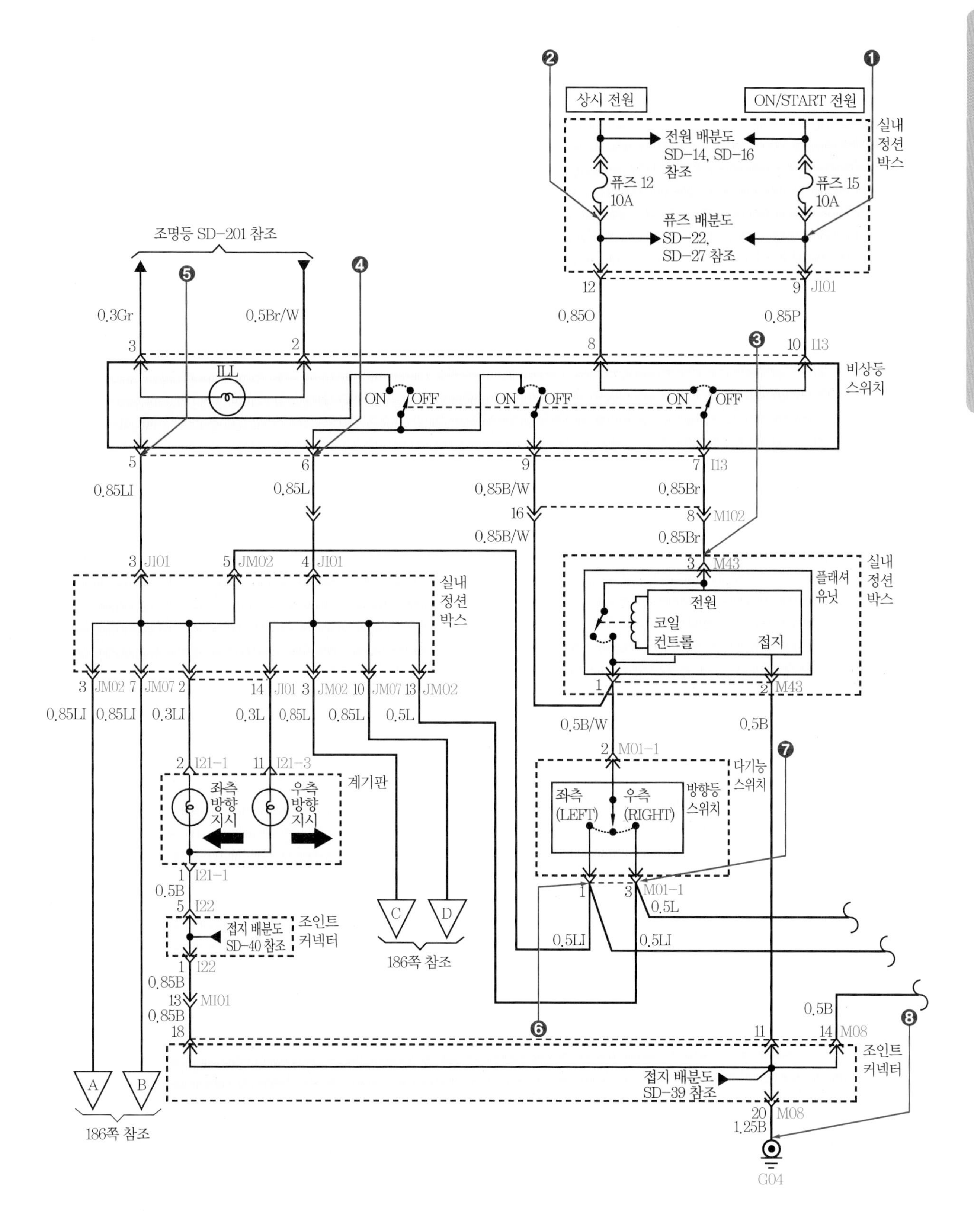

② 방향지시등 회로-2

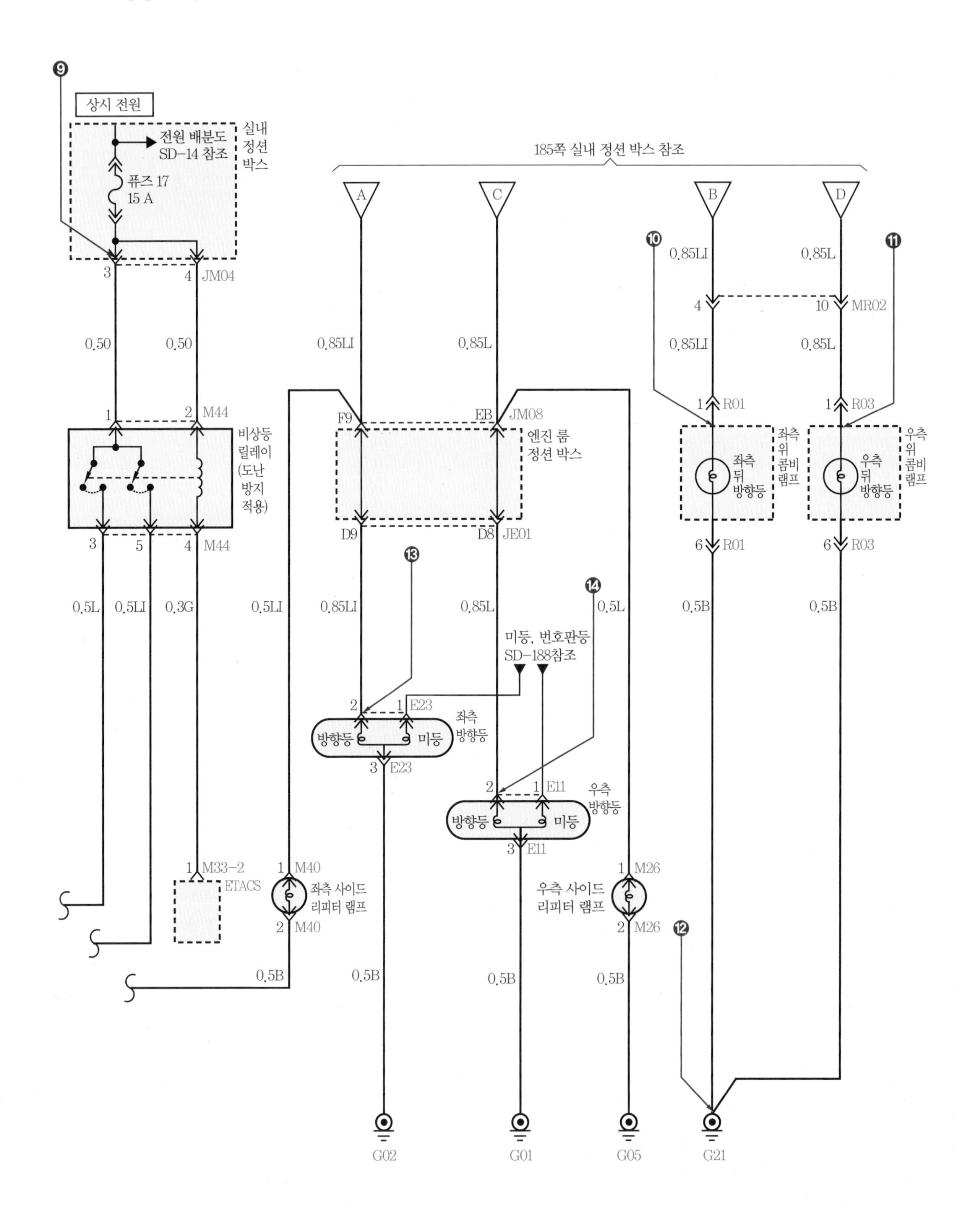

상시 전원
전원 배분도 SD-14 참조
퓨즈 17 15 A
실내 정션 박스
JM04
0.50
M44
비상등 릴레이 (도난 방지 적용)
0.5L
0.5LI
0.3G
M33-2
ETACS
185쪽 실내 정션 박스 참조
A
C
B
D
0.85LI
0.85L
F9
E8
JM08
엔진 룸 정션 박스
D9
D8
JE01
0.5LI
0.5L
미등, 번호판등 SD-188참조
E23
좌측 방향등
방향등
미등
E11
우측 방향등
M40
좌측 사이드 리피터 램프
M26
우측 사이드 리피터 램프
0.5B
MR02
R01
R03
좌측 위 콤비 램프
좌측 뒤 방향등
우측 위 콤비 램프
우측 뒤 방향등
G02
G01
G05
G21

(3) 방향지시등 점검

점검 차량의 앞, 뒤에서 방향지시등 작동 상태를 확인한다.

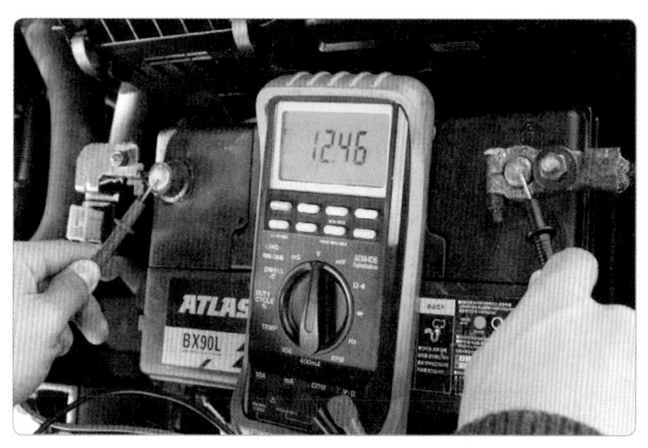

1. 배터리 단자 (+), (−) 체결 상태 및 접촉 상태 및 배터리 전압을 측정한다.

2. 해당 방향지시등 커넥터에 전원이 공급되는지 확인한다.

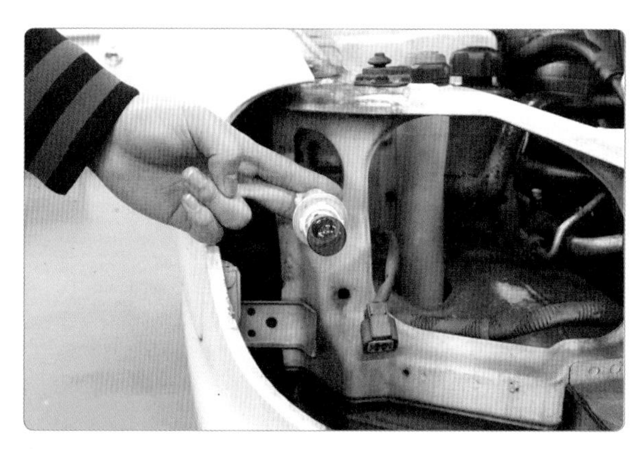

3. 전구가 체결된 상태에서 작동 상태를 확인한다.

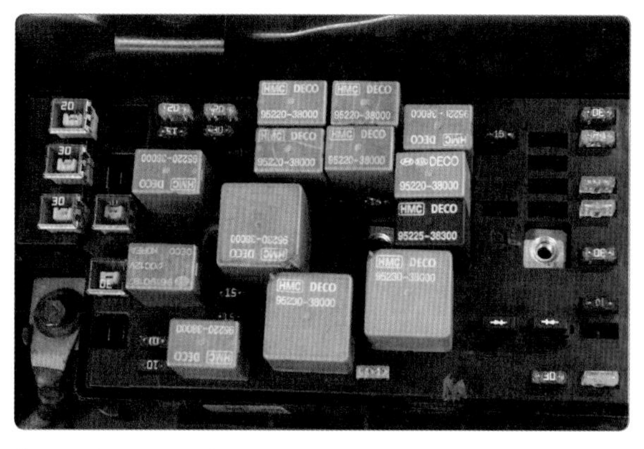

4. 퓨저블 링크 전압 및 단선 유무를 확인한다.

5. 방향지시등 퓨즈 단선 유무를 확인한다.

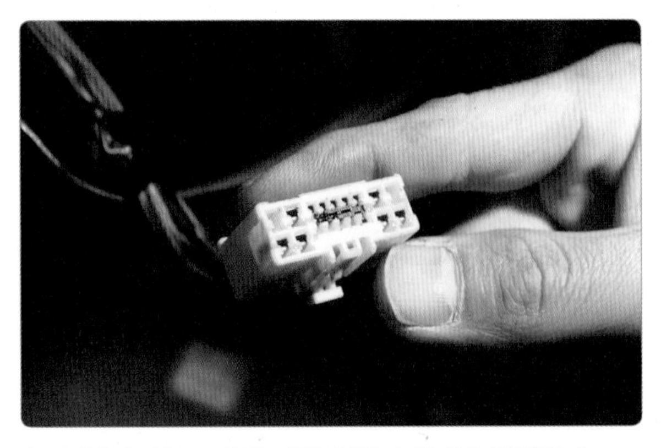

6. 방향지시등 스위치 커넥터 탈거 상태를 확인한다.

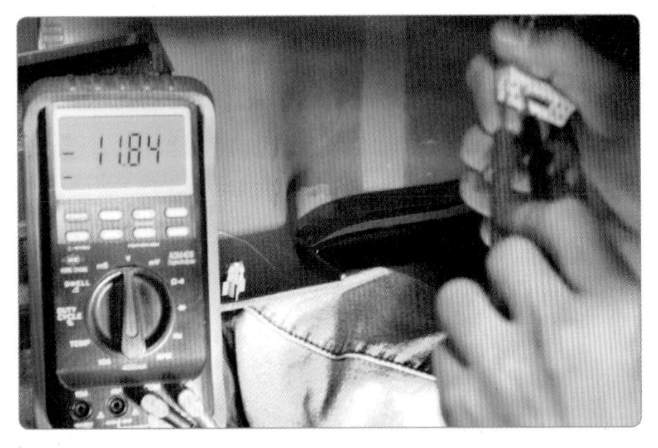

7. 방향지시등 스위치 전원 공급 상태를 확인한다.

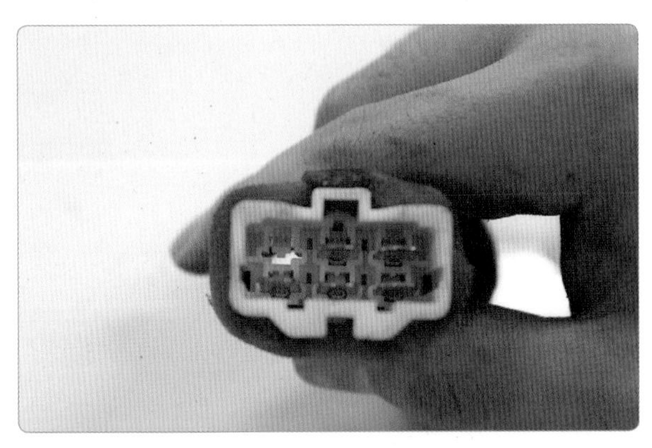

8. 점화 스위치 커네터를 확인한다.

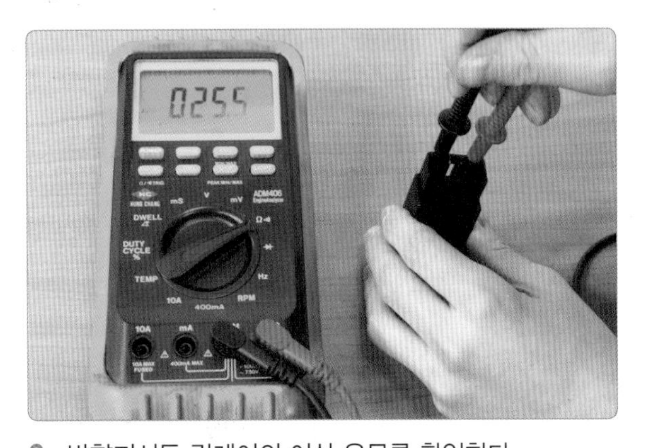

9. 방향지시등 릴레이의 이상 유무를 확인한다.

10. 수리가 끝나면 작동 상태를 확인한다.

실습 주요 point

방향지시등이 작동되지 않는 원인

- 배터리 터미널 연결 상태 불량
- 플래셔 유닛 불량 및 탈거
- 콤비네이션 스위치 커넥터 탈거 등
- 방향지시등 퓨즈의 탈거 및 단선
- 방향지시등 전구 탈거 및 단선, 커넥터 탈거

(4) 방향지시등 정비 사항

① 방향지시등 스위치 점검

방향지시등 스위치 커넥터를 탈거하고 회로 시험기를 이용하여 방향지시등 스위치를 조작하여 해당되는 접점이 작동되는지를 확인(도통 시험)하고 그렇지 않은 경우에는 방향지시등 스위치를 교환한다.

② 비상경고등 스위치 점검

비상경고등 스위치를 분리하고 회로 시험기를 이용하여 스위치 ON, OFF 작동 상태에서 단자 도통 상태를 점검한다.

③ 플래셔 유닛 점검

(가) 플래셔 유닛으로 전원이 공급되고 접지되는지를 확인한다.

(나) 좌측 신호와 우측 신호를 입력하여 좌우측 방향지시등을 거쳐서 오게 되는 신호가 정상적으로 이루어지는지를 확인한다.

(다) 모든 점검이 정상적이라면 플래셔 유닛을 교환한다.

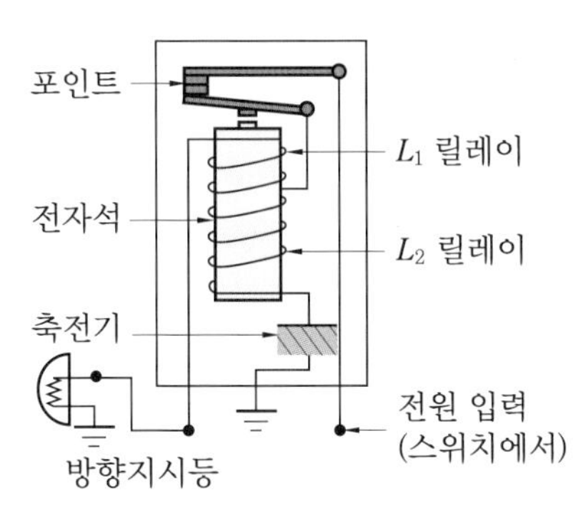

플래셔 유닛

④ 방향지시등 점멸 상태에 따른 점검

(가) 좌우의 점멸 횟수가 다르거나 한쪽만 작동하는지 확인한다.

(나) 규정 용량의 전구를 사용하였는지 확인한다.

(다) 접지 상태가 양호한지 점검한다.

(라) 어느 한쪽의 전구가 단선되었는지 점검한다.

점멸 상태가 느린 경우	점멸 상태가 빠른 경우
• 규정 용량(규정보다 크다)의 전구를 사용하였는지 확인한다. • 접지 상태가 양호한지 점검한다. • 축전지 방전 상태를 점검한다. • 배선 접촉 상태 점검한다. • 플래셔 유닛 상태를 점검한다.	• 규정 용량의 전구를 사용하였는지 확인한다. • 플래셔 유닛 상태를 점검한다.

4 정지등 회로 고장 점검

정지등은 브레이크 페달을 밟았을 때 점등되어 제동 상태를 확인할 수 있는 등으로 후미등과 같이 사용한다. 전구에는 서로 다른 필라멘트 2개가 설치된 더블 전구 필라멘트 형식이 사용되며(일반적으로 15~30 W 전구를 사용) 좌우 정지등은 각각 병렬로 연결되어 있다.

(1) 정지등 회로 작동

① 브레이크 작동 전

정지등은 점화 전원 공급 "ON"과 관계없이 브레이크 작동 시 상시 전원이 정지등 스위치에 작동 전원을 공급하며 뒤 콤비네이션 램프의 좌우 정지등에 상시 접지 회로로 형성되어 있다.

② 브레이크 작동 시

정지등의 작동은 평상시에 정지등 스위치에 와 있던 작동 전원이 브레이크 페달을 밟음으로 정지등 스위치가 작동하게 되고 정지등 스위치에 와 있던 상시 전원이 뒤 좌우 콤비네이션 램프의 정지등에 전원을 공급하게 되며 정지등은 상시 접지와 작동 전원에 의해 작동하게 된다.

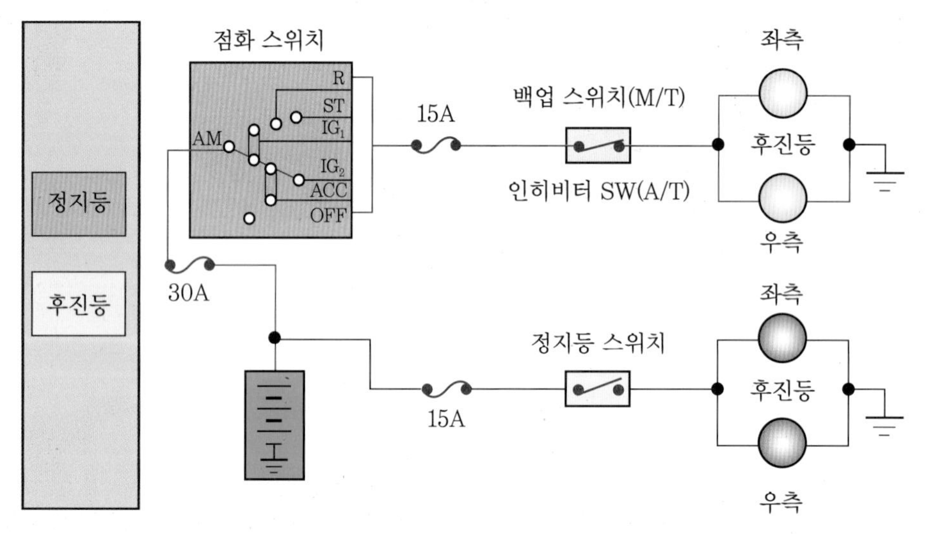

정지등 회로 작동

(2) 제동등 배선 점검 항목

① 퓨즈의 단선 유무를 점검한다.

② 배선 연결 커넥터 및 스위치 단자 접속 부분에 녹이 슬었는지 점검한다.

③ 퓨즈가 끊어진 경우에는 후진등 회로에 단락된 곳이 있는지 점검한 다음 규정 용량의 퓨즈로 교환한다.

④ 정지등 회로의 배선이 절단되었거나 커넥터의 연결이 차단되었는지 확인하여 회로 자체의 단선 여부를 점검한다.

⑤ 정지등 회로의 스위치 접점이 녹았거나 단자에 녹이 발생하였는지 확인하여 접촉 불량을 점검한다.

⑥ 정지등 회로의 절연 불량을 점검한다.

(3) 제동등 정비 사항

먼저 축전지, 퓨즈 정지등 전구를 육안으로 점검한 다음 테스터 램프 또는 회로 시험기를 이용하여 정지등 회로를 점검한다.

① 정지등 회로 진단

㈎ 정지등 스위치에서 전원 공급 단자에 전원 공급 여부를 전구 시험기를 이용하여 확인한다.

㈏ 정지등 스위치에서 작동 단자에 전원을 공급하여 정지등이 작동하는지 확인한다.

② 정지등 스위치 점검

㈎ 정지등 회로 진단에서 스위치 전원 공급 단자에 전원 공급 여부와 작동 단자에 전원을 공급하여 정지등이 작동에 문제가 없다면 점검을 실시한다.

㈏ 정지등 스위치는 스위치 내부의 접점 상태를 점검해야 한다.

㈐ 회로 시험기를 이용하여 해당 위치에 놓고 ①-② 통전 여부를 점검한다.

㈑ 통전 여부를 점검한 후 통전이 되지 않은 경우에는 교환한다.

③ 접지 점검

접지가 문제가 있는 경우에는 정지등이 희미하게 들어오거나 작동이 되지 않은 경우가 발생할 수 있으므로 접지를 확실히 점검한다.

실습 주요 point

브레이크 페달을 밟아도 브레이크등이 점등되지 않을 때 고장 진단

❶ 발생 원인

- 정지등 또는 제동등 퓨즈가 끊어짐
- 브레이크등 전구가 끊어짐
- 일반적으로 브레이크등과 미등은 2개의 필라멘트가 하나의 전구 안에 들어가 있는 더블 전구로 되어 있으며, 이 중 굵고 길이가 짧은 필라멘트가 브레이크등용 필라멘트이다. 일부 차종에서는 제동등 전구가 단선 시 계기판에 제동등 전구 단선 경고등이 점등되는 차량도 있다.
- 브레이크 스위치 조정 불량 또는 고장 : 브레이크 스위치는 브레이크 페달 상단부에 설치되어 있으며 브레이크를 밟으면 스위치가 ON, 브레이크를 페달을 밟지 않으면 페달에 의해 OFF된다. 브레이크 스위치의 위치 조정이 잘못되거나 스위치가 고장 나면 브레이크를 밟아도 브레이크등으로 전기가 공급되지 않기 때문에 브레이크등이 점등되지 않는다.

❷ 자가 조치 방법

- 정지등 또는 제동등 퓨즈 점검 및 교환
- 브레이크등 전구 교환

(4) 제동등 회로

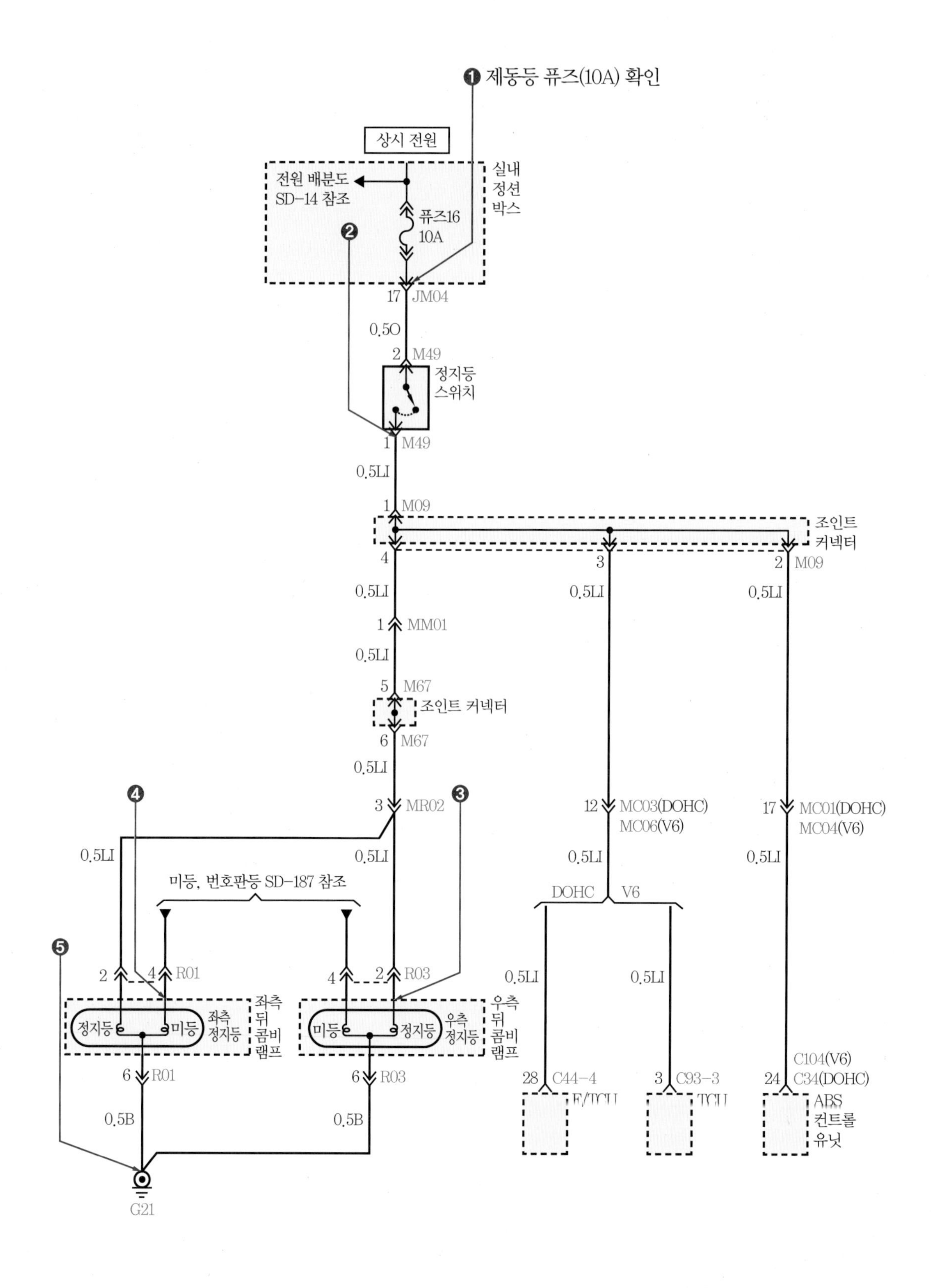

❶ 제동등 퓨즈(10A) 확인
상시 전원
전원 배분도 SD-14 참조
실내 정션 박스
퓨즈16 10A
❷
17 JM04
0.5O
2 M49
정지등 스위치
1 M49
0.5LI
1 M09
조인트 커넥터
4
3
2 M09
0.5LI
1 MM01
5 M67
조인트 커넥터
6 M67
3 MR02
❸
❹
12 MC03(DOHC) MC06(V6)
17 MC01(DOHC) MC04(V6)
미등, 번호판등 SD-187 참조
DOHC
V6
❺
2 4 R01
4 2 R03
정지등
미등
좌측 정지등
좌측 뒤 콤비 램프
우측 정지등
우측 뒤 콤비 램프
6 R01
6 R03
0.5B
G21
28 C44-4
E/TCU
3 C93-3
TCU
C104(V6)
24 C34(DOHC)
ABS 컨트롤 유닛

(5) 제동등 회로 점검

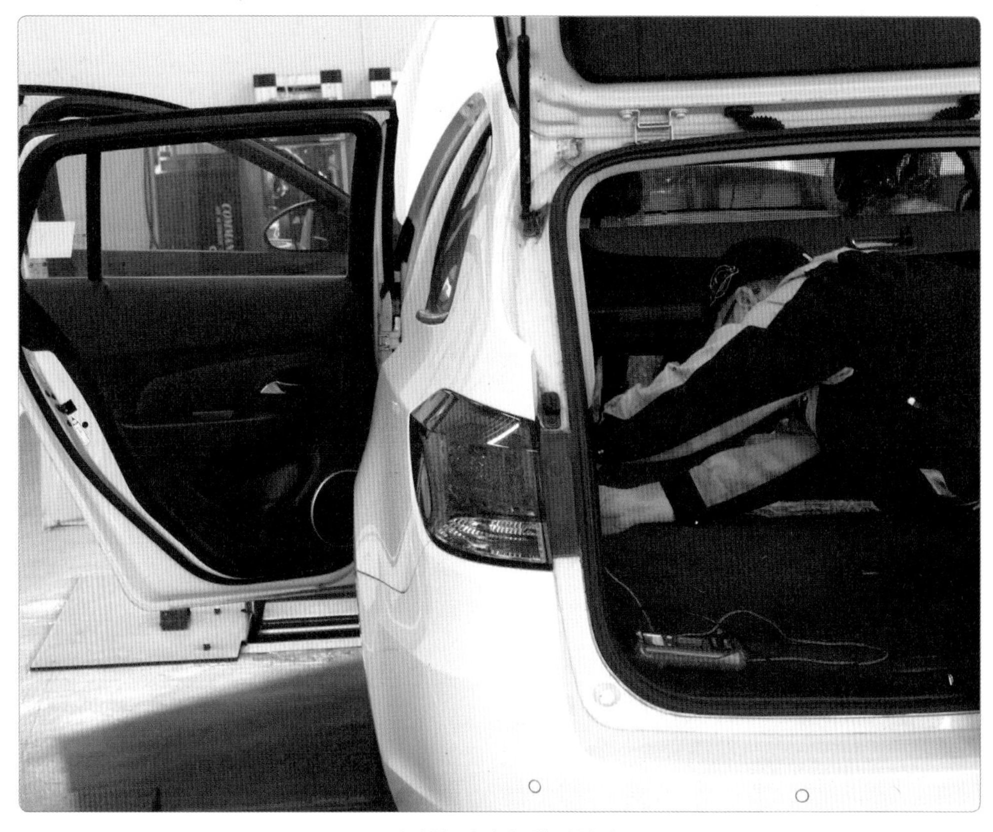

점검할 차량을 확인한다.

1. 축전지 전압과 단자 체결 상태를 확인한다.

2. 제동등 및 미등 퓨즈를 점검한다.

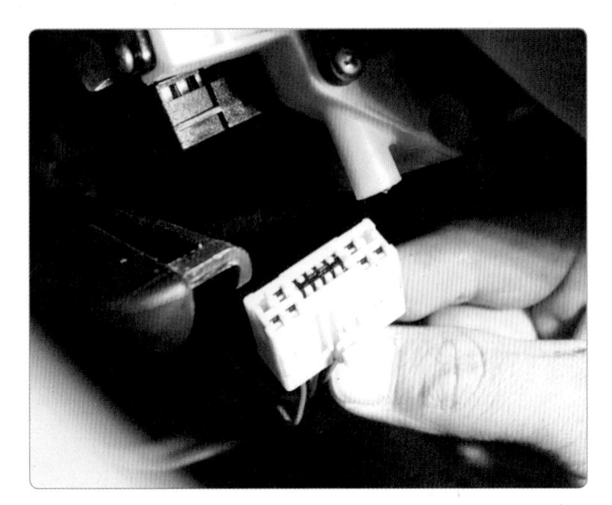

3. 미등 스위치 커넥터 연결 상태를 확인한다.

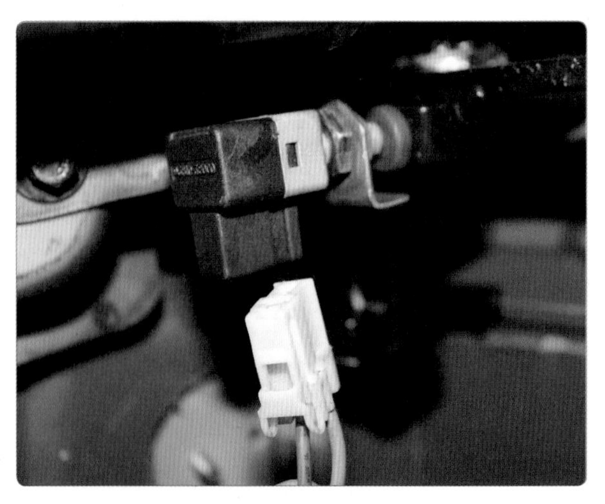

4. 제동등 스위치 연결 상태를 확인한다.

5. 제동등 스위치 커넥터 본선 전압 공급 상태를 확인한다.

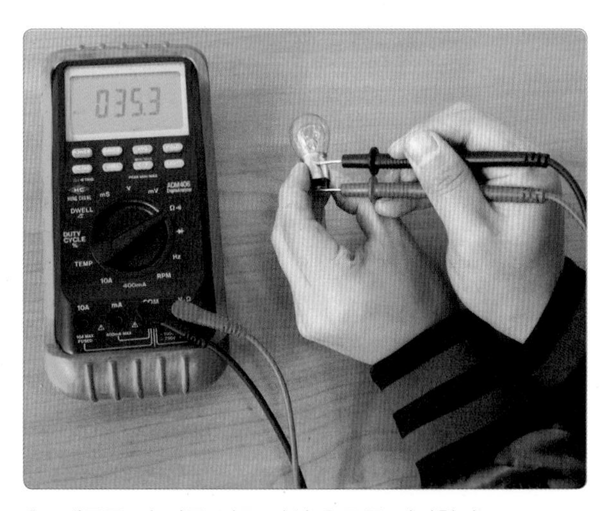

6. 제동등 및 미등 전구 단선 유무를 점검한다.

7. 미등 및 제동등 전원을 확인한다.

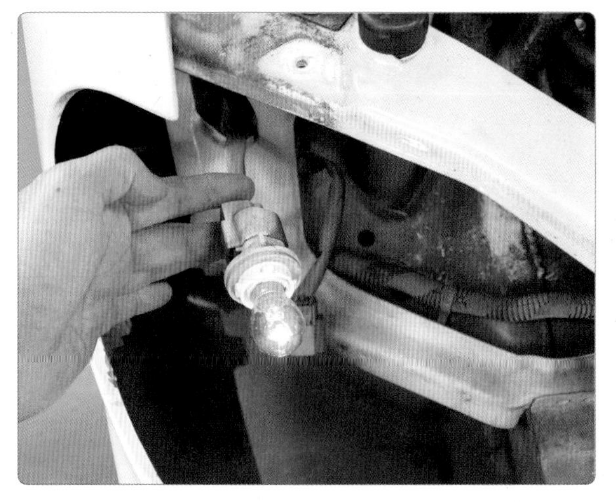

8. 미등을 탈거하고 작동 상태를 직접 확인한다(접촉 상태 확인).

5 후진등 회로 고장 점검

후진등은 변속기의 시프트 레버의 조작에 의해 작동하게 되어 있으며 기어를 후진 위치에 놓았을 때만 램프가 점등하도록 되어 있다. 자동차가 후진하고 있음을 알려주는 것과 동시에 장애물을 확인하기 위한 램프로서 전구는 21~27 W 정도이고, 후진 시 변속 레버를 M/T(수동 변속기)는 후진, A/T(자동 변속기)는 R 위치에 변속한다.

(1) 후진등 회로 작동

① 후진등 작동 전

후진등은 엔진 시동 후 후진 기어를 넣었을 때 작동하므로 전원이 공급된 상태에서 "ON/START 전원"이 공급된다. M/T(수동 변속기)의 경우 후진등 스위치, A/T(자동 변속기) 차량은 인히비터 스위치에 의해 후진등이 작동되며 스위치 ON 상태에서 후진등이 작동된다.

② 후진등 작동 시

후진등 작동은 기어 변속을 후진 기어 또는 R의 위치로 조작하고 엔진 시동이나 점화 스위치 ON 상태에서 후진등 회로가 형성되어 점등된다.

(2) 후진등 배선 점검 항목

① 퓨즈의 상태를 점검한다.

② 접속 부분에 녹이 슬었는지 점검한다.

③ 퓨즈가 끊어진 경우에는 후진등 회로에 단락된 곳이 있는지 점검한 다음 규정 용량의 퓨즈로 교환한다.

④ 후진등 회로의 배선이 절단되거나 커넥터의 연결이 차단된 경우 회로 자체의 단선 여부를 점검한다.

⑤ 후진등 회로의 스위치 접점이 녹거나 단자에 녹이 발생하면 접촉 불량을 점검한다.

⑥ 후진등 회로의 절연 불량을 점검한다.

실습 주요 point

후진등 고장 점검 방법

❶ 자동 변속기인 경우 변속단 'R'에 놓고 후진등 좌 또는 우에서 전원을 측정한다. 12V 전원이 측정되지 않으면 인히비터 스위치 10번에서 전압을 측정한다.

❷ **인히비터 스위치 단품 점검**

- R상태에서 9번과 10번을 통전 시험한다.
- 이상이 없으면 실내 정션 JM04 7번에서 인히비터 스위치 9번까지 배선의 단선, 단락을 점검한다.

(3) 후진등 회로

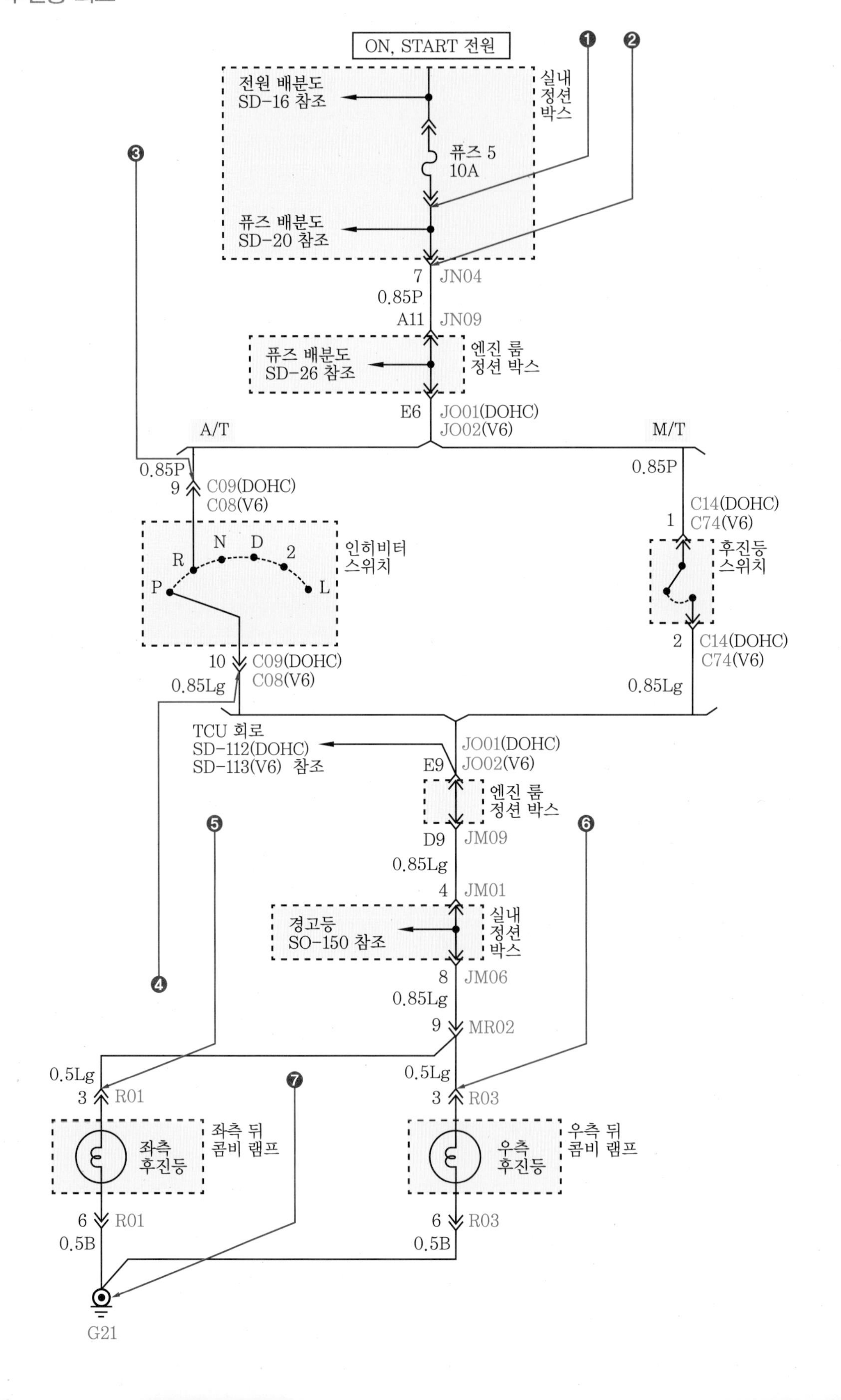

ON, START 전원
전원 배분도
SD-16 참조
실내
정션
박스
퓨즈 5
10A
퓨즈 배분도
SD-20 참조
7 JN04
0.85P
A11 JN09
퓨즈 배분도
SD-26 참조
엔진 룸
정션 박스
E6 JO01(DOHC)
JO02(V6)
A/T
M/T
0.85P
9 C09(DOHC)
C08(V6)
0.85P
1 C14(DOHC)
C74(V6)
R N D 2
P L
인히비터
스위치
후진등
스위치
10 C09(DOHC)
C08(V6)
0.85Lg
2 C14(DOHC)
C74(V6)
0.85Lg
TCU 회로
SD-112(DOHC)
SD-113(V6) 참조
E9 JO01(DOHC)
JO02(V6)
엔진 룸
정션 박스
D9 JM09
0.85Lg
4 JM01
경고등
SO-150 참조
실내
정션
박스
8 JM06
0.85Lg
9 MR02
0.5Lg
3 R01
좌측
후진등
좌측 뒤
콤비 램프
0.5Lg
3 R03
우측
후진등
우측 뒤
콤비 램프
6 R01
0.5B
6 R03
0.5B
G21

(4) 후진등 회로 점검

점검할 차량을 확인한다.

1. 배터리 전압과 단자 체결 상태를 확인한다.

2. 엔진을 시동한다.

3. 시프트 레버를 R 위치로 선택한다.

4. 후진등 작동 상태를 확인한다.

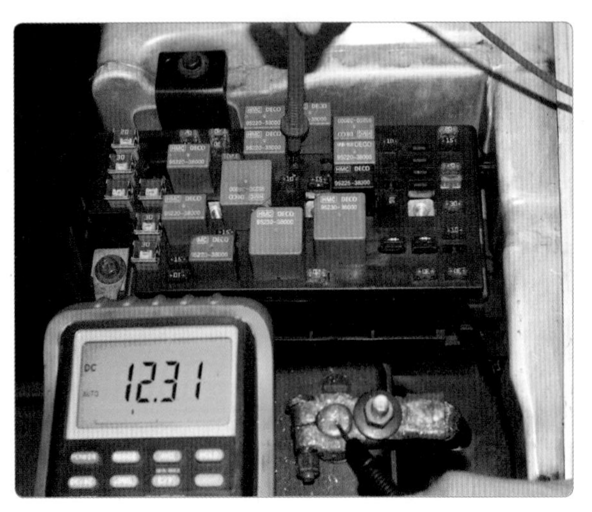

5. 후진등 퓨즈를 점검한다.

6. 후진등 접지 상태를 확인한다.

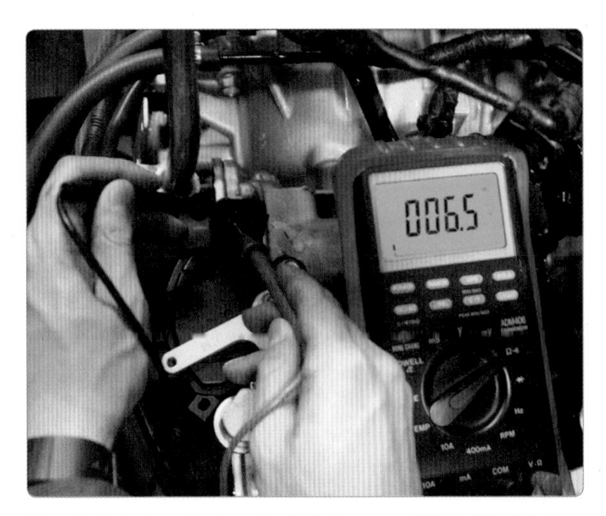

7. 인히비터 스위치 R 상태에서 공급 전원을 확인한다.

8. 인히비터 스위치 내부 저항을 점검한다.

냉난방 장치 점검 정비

1. 관련 지식
2. 실습준비 및 실습시 유의 사항
3. 실습 시 안전 관리 지침
4. 냉난방 장치 점검 정비

7 냉난방 장치 점검 정비

실습목표 (수행준거)	1. 냉난방 장치 구성 요소를 이해하고 작동 상태를 파악할 수 있다. 2. 냉난방 장치 관련 회로를 바탕으로 점검 · 진단하여 이상 유무를 판단할 수 있다. 3. 진단 장비를 활용하여 냉난방 장치의 고장 원인을 진단하고 분석할 수 있다. 4. 냉난방 장치 부품 교환 작업을 수행할 수 있으며, 작업이 끝난 후 냉매 가스를 충전할 수 있다.

1 관련 지식

1 자동차 에어컨 시스템

(1) 공기 조화 장치

실내의 필요한 공간을 온도(냉난방 기능), 습도(제습 기능), 기류(공기 순환 기능), 공기 청정도(실내 공기의 청정 기능) 등 4가지 조건에 대해 희망하는 상태로 인공적으로 조정하는 것이다.

(2) 에어컨 냉방 사이클

냉방 사이클은 냉매 가스의 상태(액체와 기체) 변화로 냉방 효과를 얻을 수 있다. 이것은 냉매가 증발 → 압축 → 응축 → 팽창의 과정으로 4가지 작용을 반복 순환함으로써 지속적인 냉방을 유지할 수 있다.

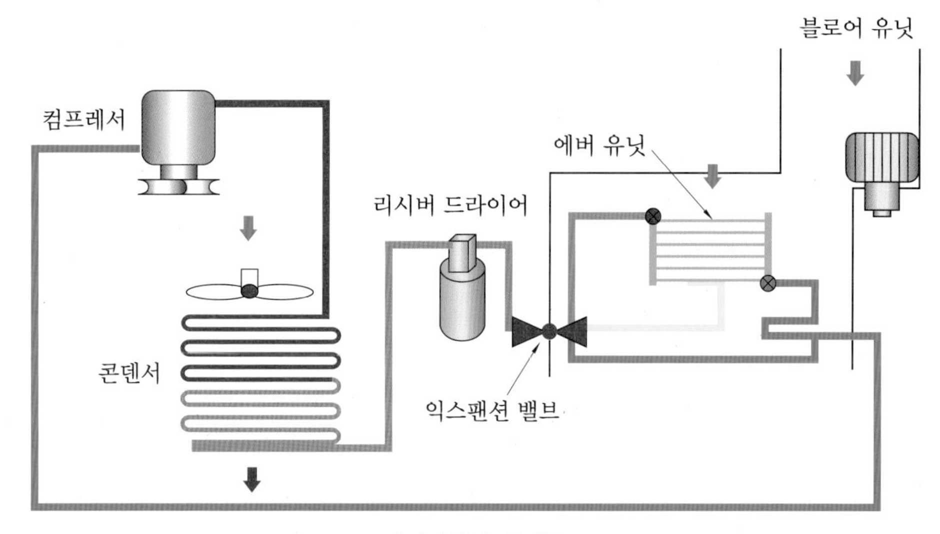

에어컨 냉방 사이클

(3) 주요 구성 부품

① 압축기(compressor) : 증발기에서 저압 기체로 된 냉매를 압축하여 고압으로 응축기로 보내는 작용을 한다.

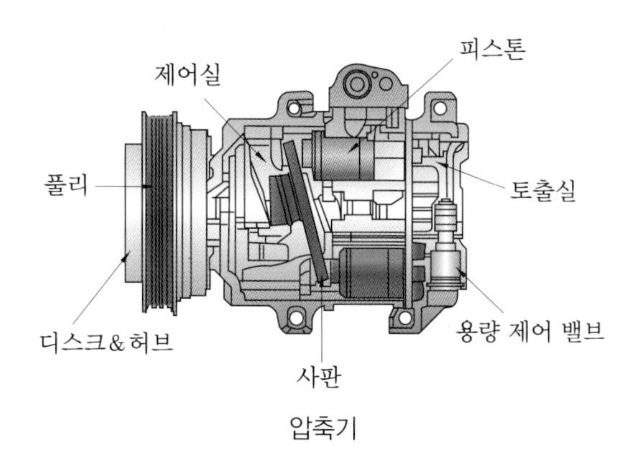

압축기

압축기의 작동

압축기의 작동은 전자 클러치의 작동에 의해서 가동되며 클러치는 냉방이 필요할 때 에어컨 스위치를 ON으로 하면 로터 풀리 내부의 클러치 코일에 전류가 흘러 전자석이 클러치판과 회전하면서 가스를 압축한다(압축기의 종류에는 크랭크식, 사판식, 베인식이 있다).

② 응축기(condenser) : 라디에이터와 함께 차량의 전면 앞쪽에 설치되며, 압축기의 고온 · 고압 기체 냉매를 공기 저항을 이용하여 열을 냉각시켜 액체 냉매가 되도록 열량을 버리는 역할을 한다.

※ 냉방 사이클은 카르노 사이클을 역으로 한 역카르노 사이클로 작동되어 냉매의 순환 작동이 되도록 한다.

③ 건조기(receiver-dryer) : 액체 냉매를 저장하고 냉매의 수분 제거, 기포 분리 및 냉매량 점검을 한다.

㈎ 기체와 액체 분리 기능　　㈏ 냉매 저장 기능

㈐ 여과 기능　　㈑ 건조 기능

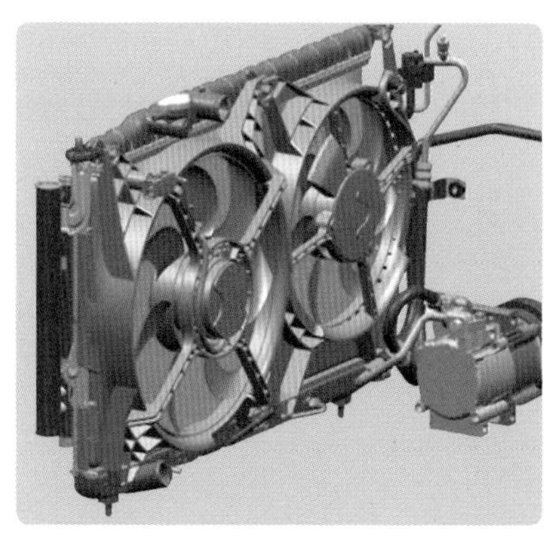

응축기

건조기

증발기/팽창 밸브

④ 팽창 밸브(expansion valve) : 냉방 장치가 정상적으로 작동하는 동안 냉매는 중간 정도의 온도와 고압의 액체 상태에서 팽창 밸브로 유입되어 오리피스 밸브를 통과하여 저온 · 저압이 된다.

⑤ 증발기(evaporator) : 팽창 밸브를 통과한 냉매가 증발하기 쉬운 저압으로 되어 증발기 튜브를 통과하며, 이때 송풍기 작동으로 증발하여 기체로 된다.

※ 액체 가스가 기체로 변화되면서 주변(증발기 튜브)의 온도를 빼앗게 되어 온도가 낮아지게(차갑게) 된다. 이 효과를 증발잠열이라 한다.

⑥ 냉매(refrigerant) : 냉매란 냉동 효과를 얻기 위해 사용하는 가스이며, 냉방 시스템에 있어 냉매 가스는 냉방 성능에 지대한 영향을 끼치게 된다. 현재 냉매 가스로는 환경 친화적 대체 냉매로서 R−134a를 사용한다.

자동차용 냉방 장치에 사용되고있는 R−12는 냉매로서 가장 이상적인 물질이지만 CFC(염화불화탄소)의 분자 중 Cl(염소)가 오존층을 파괴함으로써 지표면에 다량의 자외선을 유입하여 생태계를 파괴하고, 또 지구의 온화를 유발하는 물질로 판명됨에 따라 이의 사용을 규제하고 있다.

냉매 R−134a와 냉매 R−12의 특성 비교		
냉매 기호	R−134a	R−12
화학식	CHFCF	CClF
비등점(1 atm, ℃)	−26.14	−29.79
응고점(℃)	−108.0	−155.0
임계온도(℃)	101.29	111.8
0℃에서 포화증기압(kgf/cm^2)	2.98	3.15
60℃에서 포화증기압(kgf/cm^2)	17.11	15.51
0℃에서 증발잠열(kcal/cm^2)	47.04	36.43
독성	T.B.D(연소 시 발생)	없음
대기권 잔류기간(년)	8~11	95~150
오존파괴지수(ODP)	0	1
미네랄 오일 용해성	불량함(PAG 수분 침투)	우수함(노란색)

냉매의 구비 조건

- 화학적으로 안정되고 부식성이 없을 것
- 인화성과 폭발성이 없을 것
- 증발잠열이 클 것
- 응축압력이 낮을 것
- 인체에 무해할 것

⑦ 자동차 냉방 압력 스위치

㈎ 듀얼 압력 스위치(dual pressure switch)

- 기능 : 일반적으로 고압측의 리시버 드라이어에 설치되며, 두 개의 압력 설정값(저압 및 고압)을 갖고 한 개의 스위치로 두 가지의 기능을 수행한다.
- 저압 스위치 기능 : 에어컨 시스템 내에 냉매가 없거나 외기 온도가 0℃ 이하인 경우 스위치를 열어 압축기 클러치로의 전원 공급을 차단하여 압축기의 파손을 방지한다.
- 고압 컷 오프 기능 : 고압측 냉매 압력을 감지하여 압력이 규정값 이상으로 올라가면 스위치 접점을 열어 전원 공급을 차단함으로써 에어컨 시스템을 이상 고압으로부터 보호한다.

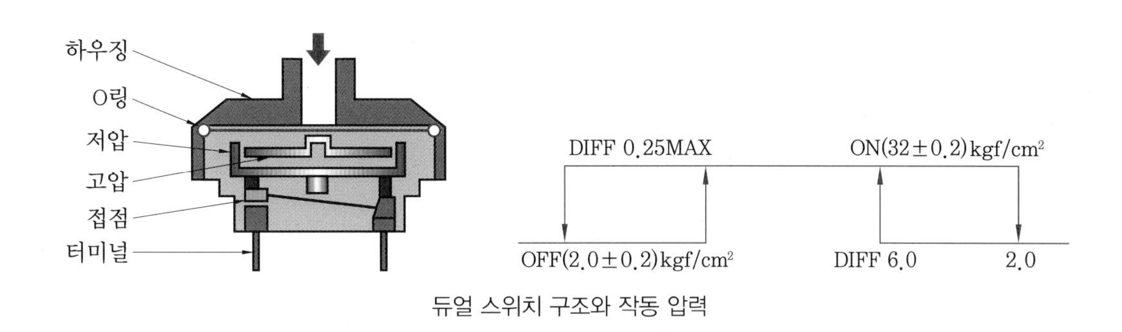

듀얼 스위치 구조와 작동 압력

㈏ 트리플 스위치(triple switch)

트리플 스위치는 기존 듀얼 압력 스위치에서 고압 스위치와 동일한 역할을 하는 미디엄 스위치를 포함하는 방식이다. 트리플 스위치 내부에는 듀얼 스위치 기능에 미디엄 스위치가 있어 고압측 냉매 압력 상승 시 미디엄 스위치 접점이 ON되어 엔진 ECU로 작동 신호가 입력되면 엔진 ECU는 라디에이터 팬 및 콘덴서 팬을 고속으로 작동시켜 냉매의 압력 상승을 방지한다.

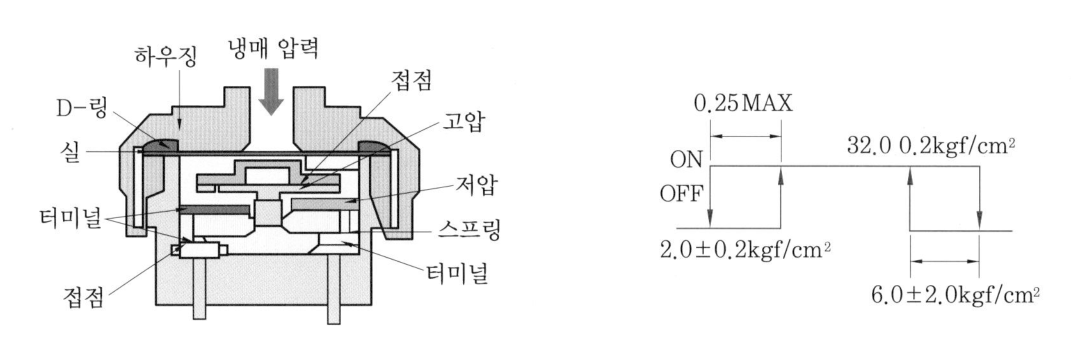

트리플 스위치 구조와 작동 압력

㈐ 저압 스위치(low pressure switch)

저압 스위치(클러치 사이클링 스위치)는 클러치 사이클링 오리피스 방식(CCOT)에 사용되는 것으로 어큐뮬레이터 상부에 설치되어 있으며, 어큐뮬레이터의 흡입 압력에 의해 스위치 작동이 조정된다.

전기적 접점은 흡입 압력이 144 kPa(21 psi)일 때 정상적으로 열리고 흡입 압력이 약 323 kPa(47 psi) 이상 상승 시 닫히게 된다. 이 스위치는 컴프레서 마그네틱 클러치 작동을 제어한다. 스위치가 ON일 경우, 마그네틱 클러치 코일이 작동하여 에어컨 클러치가 컴프레서를 작동시키게 된다. 스위치가 OFF일 경우, 마그네틱 클러치 코일이 끊어져 에어컨 클러치 작동을 중단시켜 컴프레서를 중지시킨다. 저압 스위치는 플레이트 핀 표면 온도가 빙점의 바로 위 온도를 유지할 수 있도록 증발기 코어의 압력을 조절하며, 증발기 결빙과 공기의 흐름이 막히는 것을 방지해 준다.

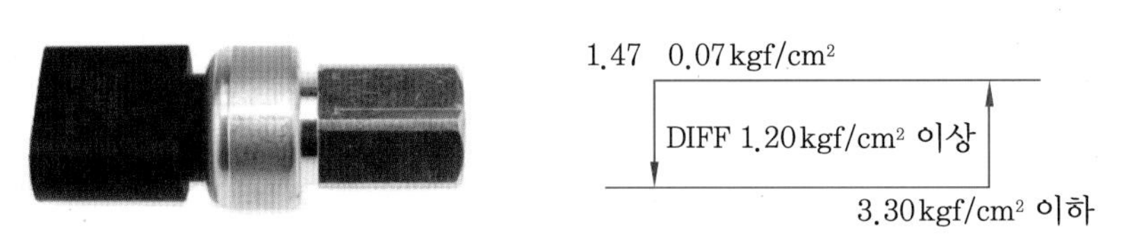

저압 스위치 작동 압력

2 전자동 에어컨(auto air-con system)

(1) 전자동 에어컨 구성 부품

전자동 에어컨은 각종 센서로부터 받은 정보를 사용하여 운전자가 원하는 온도에 맞게 실내 온도를 제어한다. 특별히 통풍구의 전환으로 내외기 공기 교환 등을 자동적으로 제어하여 쾌적한 실내 공기를 유지할 수 있도록 에어컨 ECU에서 자동으로 차실내 풍향과 속도를 조정한다.

기본적인 냉방 시스템은 수동 에어컨과 유사하나 에어컨을 조작하는 방법이 자동으로 조정된다. 세부적으로 온도 변화에 따라 조절하는 기능과 모드를 변경시켜 온도를 조절한다.

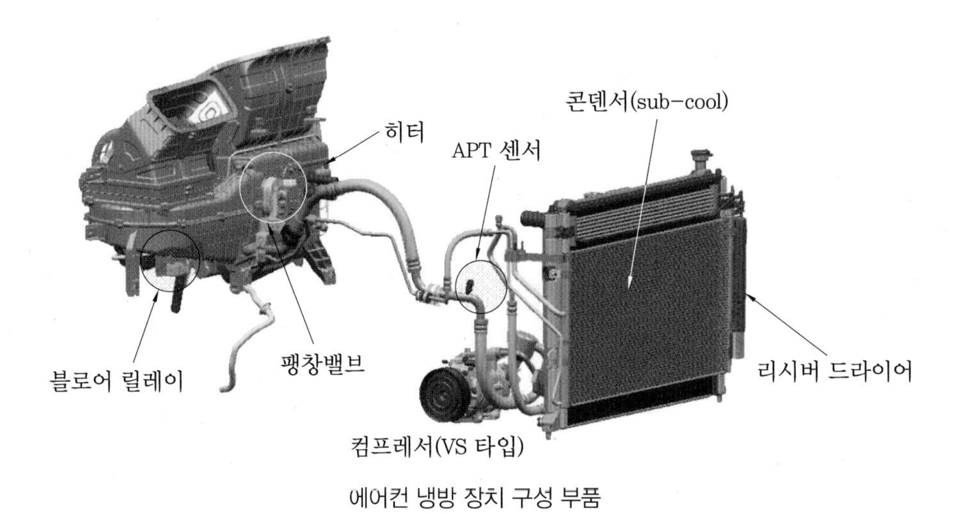

에어컨 냉방 장치 구성 부품

(2) 자동 에어컨 제어 시스템

입력		제어		출력
실내온도 센서 외기온도 센서 일사량 센서 핀 서모 센서 냉각수온 센서 APT 센서 습도 센서 각종 위치 센서 AQS	→	FATC	→	온도 조절 액추에이터 풍향 조절 액추에이터 내 · 외기 조절 액추에이터 파워 트랜지스터 하이 블로어 릴레이 에어컨 컴프레서 컨트롤 패널 표시 센서 전원 및 접지 자기 진단 출력

(3) 전자동 에어컨 입력 요소

① 실내온도 센서(in-car sensor) : 자동차 실내온도를 검출하여 FATC로 입력한다.

실내온도 센서는 차종마다 위치가 다르나 일반적으로 실내 FATC 컨트롤 패널 상에 장착되어 있으며, 차량의 실내온도를 감지해 FATC ECU로 신호를 보내 토출 온도와 풍량이 운전자가 설정한 온도에 근접할 수 있도록 제어하는 센서이다. 실내온도 센서는 부특성 서미스터 소자를 재료로 하기 때문에 감지 온도와 출력 전압이 반비례하는 특성을 갖는다. 또 FATC ECU는 센서 측으로 5V의 풀 업 전원을 인가하고 온도 변화에 따라 저항 값이 변하면 전압 강하가 발생되며, 이 전압 값으로 현재 차량 실내온도를 판단한다(출력 전압 2.5 V는 약 25℃로 판단).

온도 센서의 특성

정특성은 온도가 높아지면 저항도 높아진다는 물질의 기본 특성으로 온도 상승에 따라 저항히 급격히 높아지며 부특성은 특성 그래프가 온도에 따라 완만한 형태를 가지기 때문에 광범위한 온도를 측정하기 용이하여 냉각수온 센서 등 온도 센서에 주로 사용된다.

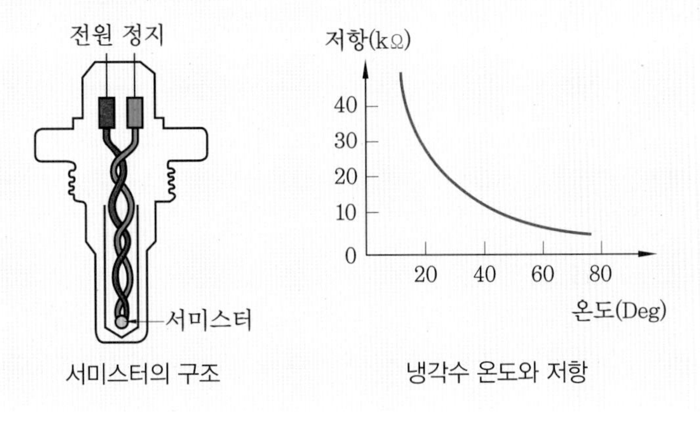

서미스터의 구조

냉각수 온도와 저항

② **외기온도 센서**(ambrent sensor) : 외부 공기 온도를 검출하여 FATC로 입력한다.

외기온도 센서는 프런트 범퍼 뒤편에 설치되어 있으며, 외부 공기의 온도를 감지해 FATC ECU로 보내고, FATC ECU는 실내온도와 외기온도 신호를 기준으로 냉난방 자동제어를 실행함으로써 토출 온도와 풍량이 운전자가 설정한 온도와 근접할 수 있도록 하는 역할을 한다.

외기온도 센서 역시 실내온도 센서와 동일하게 부특성 서미스터 소자를 재료로 사용하고 있으며, FATC ECU는 실내온도와 외기온도 센서 신호를 기준으로 냉난방 자동제어를 실행한다.

외기온도 센서 장착 위치

외기온도 측정 출력값

③ **일사량 센서**(sun load sensor) : 자동차 실내로 비춰지는 햇볕의 양을 검출한다.

일사량 센서는 일반적으로 실내 크러시패드 정중앙 부위에 장착되어 있으며, 차 실내로 내리쬐는 빛의 양을 감지해 FATC EUC로 입력시키는 역할을 한다. 즉, 실내로 내리쬐는 일사량이 커지면 체감온도가 올라가게 되므로 FATC ECU는 일사량에 따라 토출 온도 및 풍량을 제어한다.

일사량 감지 ➡ 토출 온도 및 풍량 제어(체감온도)

크러시패드 좌상단 장착/광기전성 다이오드/이용 기전력 일사량 비례 출력

일사량 센서는 광전도 특성을 가진 반도체 소자를 재료로 이용하고, 빛의 양에 비례해서 출력 전압이 상승되는 특성을 가지며 자체 기전력이 발생되는 방식으로 FATC ECU가 센서 전원을 공급하지 않는다.

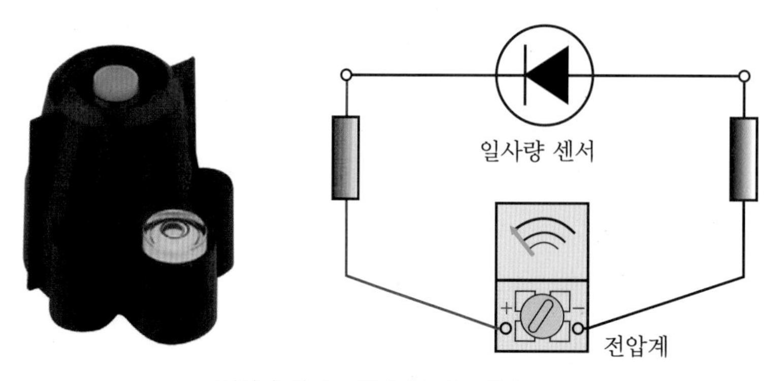

일사량 센서의 외형 및 작동 원리

일사량 센서는 고장 진단을 하기 위해 단품에 빛을 쬐어 주면서 출력 전압이 상승되는지 확인한다. 작업등 전구를 센서 측에 인가했을 때 출력 전압이 약 0.8 V 정도 상승되면 센서는 정상으로 판정한다.

④ 핀 서모 센서 : 증발기 코어 핀의 온도를 검출하여 FATC로 입력한다.

핀 서모 센서는 증발기 코어 평균온도가 검출되는 부위에 삽입되어 있으며, 증발기 핀 온도를 감지해 FATC ECU로 입력시키는 역할을 한다.

핀 서모 센서는 온도 상승과 더불어 저항이 감소하는 부특성 서미스터 소자로 되어 있어 증발기의 온도가 낮아질수록 출력 전압은 상승한다. 또 FATC ECU는 증발기 온도가 0.5℃ 이하로 감지되면 컴프레서 구동 출력을 OFF시키며, 다시 3℃ 이상이 되면 에어컨 컴프레서를 구동시킨다.

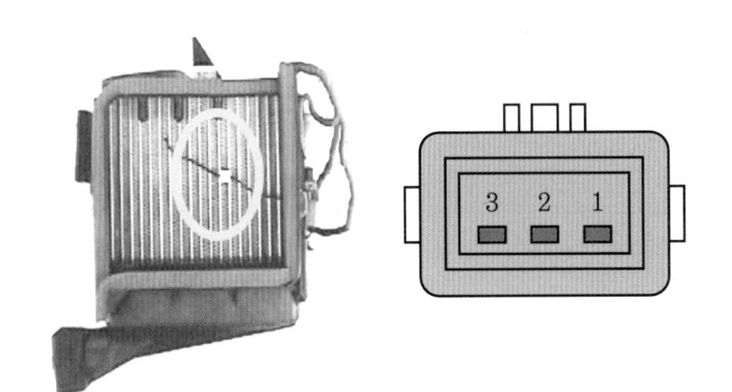

핀 서모 출력 전압-2번, 3번 측정		
컴프레서	감지 온도	출력 전압
ON	3.0±0.5℃	12 V
OFF	0.5±0.5℃	0 V

⑤ 냉각수온 센서 : 히터 코어를 순환하는 냉각수 온도를 검출하여 FATC로 입력한다.

냉각수온 센서는 실내 히터 코어 유닛에 장착되어 있으며, 히터 코어를 흐르는 냉각수 온도를 감지해 FATC ECU로 입력시키는 역할을 한다. 또 부특성 서미스터를 이용하고 FATC ECU는 센서에 의해 검출된 냉각수 온도가 29℃ 이하일 경우 냉방시동 제어를 실행한다. 즉, 냉각수온이 73℃ 이상일 경우 난방시동 제어를 실행한다.

⑥ 냉매 압력 센서(APT 센서) : 냉매 압력 센서는 주로 건조기(드라이어) 출구와 팽창 밸브 입구 사이 건조기나 축적기에 설치되며, 냉매 압력에 따른 센서 내부 저항 변화를 이용해 냉매 압력을 감지하는 센서이다. 또한 저압 및 고압 차단과 중압에서 원활한 응축을 하기 위해 콘덴서 팬을 고속으로 작동시키는 역할을 하며, 압력의 변화에 따른 출력 전압은 다음 표와 같다.

압력(kgf/cm^2)	신호 전압(V)	압력(kgf/cm^2)	신호 전압(V)	압력(kgf/cm^2)	신호 전압(V)
1	0.34	12	1.98	20	3.16
3	0.64	13	2.12	25	3.89
5	0.94	15	2.42	30	4.63
8	1.38	17	2.72		
10	1.68	18	2.86		

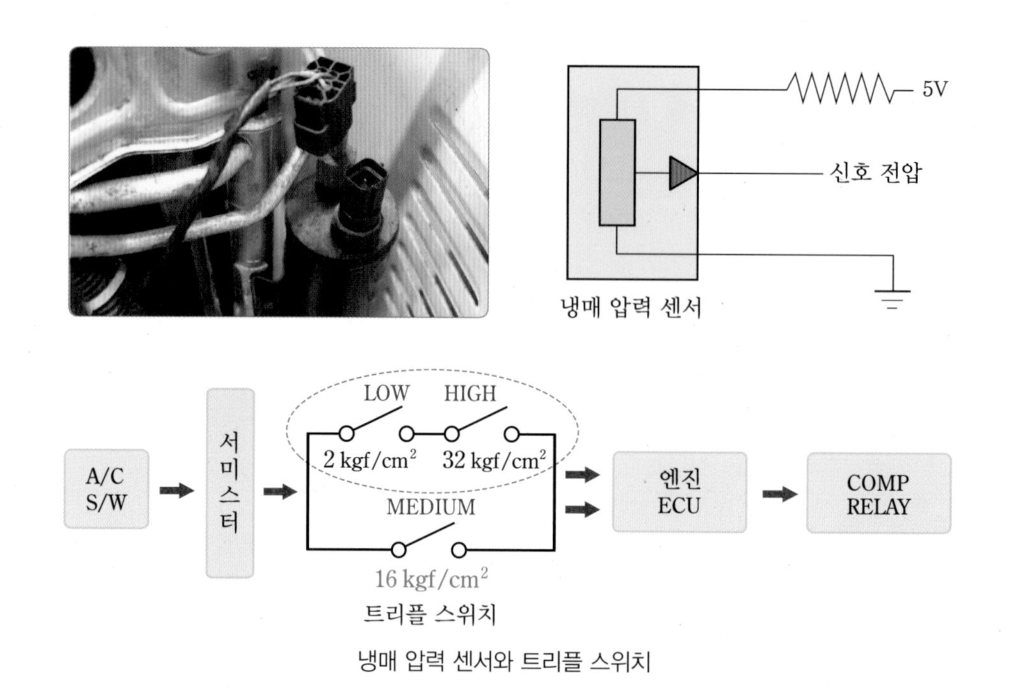

냉매 압력 센서와 트리플 스위치

⑦ 습도 센서 : 자동차 실내의 상대 습도를 검출하여 FATC로 입력한다.

습도 센서는 차량 실내의 상대습도를 측정해 CONTROL로 신호를 보내어 차량 내부의 습도를 최적의 상태로 유지시키며, 비가 오거나 저온에서 차량 유리에 발생되는 습기로 인한 운전 장애를 제거하는 기능을 한다. 무더운 장마철 등 습도가 너무 높은 날에는 운전자 앞 유리에 성애가 많아져 운전자의 시야를 방해해 사고를 유발할 수 있는데, 이때 습도 센서가 미리 감지해 이를 에어컨 ECU로 전달하면 에어컨 ECU는 자동으로 에어컨을 앞 유리쪽으로 작동시켜 성애를 제거해 운전자가 안전한 운전을 할 수 있도록 도와준다.

습도	출력 전압(V)	습도	출력 전압(V)
30%	3.13	65%	1.29
35%	3.07	70%	1.12
40%	2.94	75%	1.05
45%	2.67	80%	1.01
50%	2.35	85%	0.98
55%	2.01	90%	0.94
60%	1.54		

⑧ AQS(air quality system) 센서 : AQS 센서는 보통 에어컨 콘덴서의 앞쪽에 있는 센터 멤버 전방 부위에 장착되어 유해 가스를 가장 신속하게 감지하도록 설치되어 있으며, 배기가스를 비롯해 대기 중에 함유되어 있는 유해 및 악취 가스를 감지하는 센서이다. 또 외기 공기가 오염되었다고 판단하면 내 · 외기 액추에이터를 내기로 전환해 외부의 오염된 공기가 실내로 유입되는 것을 차단하는 역할을 한다.

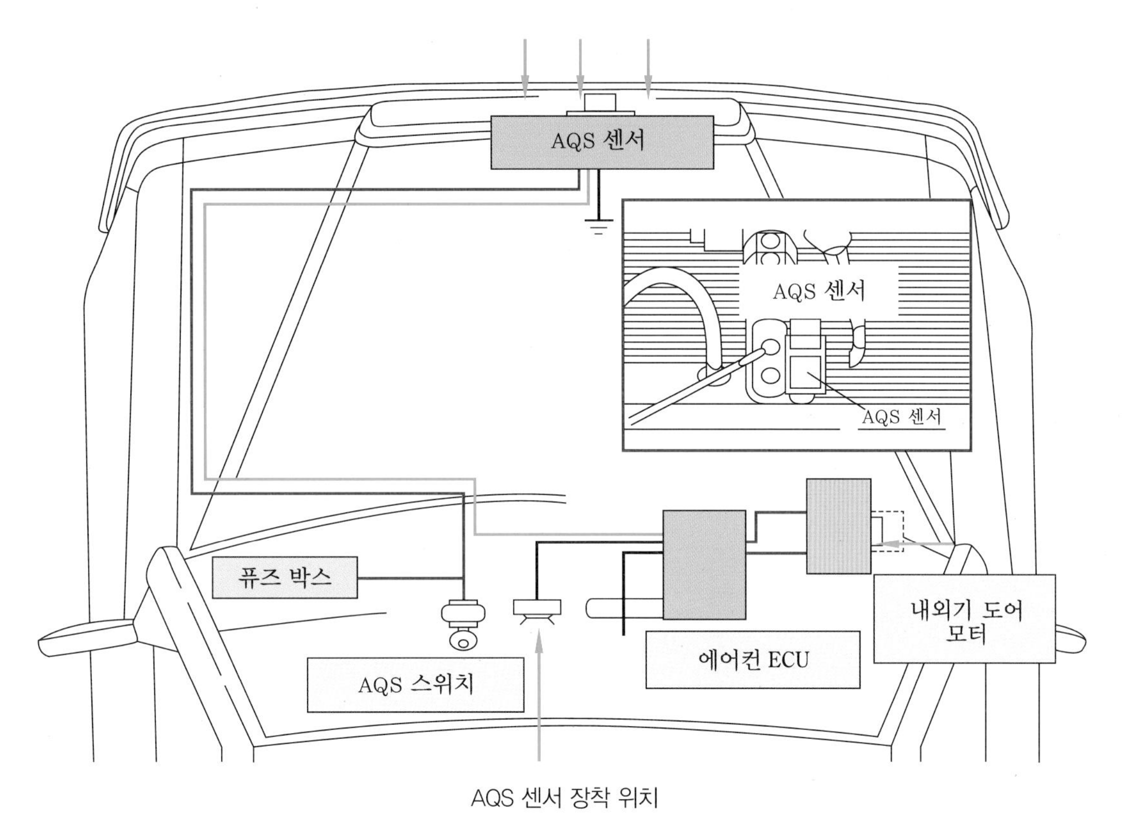

AQS 센서 장착 위치

AQS 센서는 HC, CO 등 가솔린, LPG 등의 산화성 가스와 NO, NO_2, SO_2 등 디젤 차량의 유해 배기가스를 감지하는 기능을 한다.

AQS 센서 입력 제어

- 장착 위치 : 라디에이터 전면 중앙부(IG ON 시 34초간 센서 히팅)
- 감지 대상 : 대기 중 인체에 유해한 가스(아황산가스, 이산화탄소, 일산화탄소 탄화수소, 알레르겐, 질소산화물 등)

⑨ **온도 조절 액추에이터 위치 센서** : 댐퍼 도어의 위치를 검출하여 FATC로 입력한다.

(4) 전자동 에어컨 출력 요소

① **온도 조절 액추에이터** : 소형 직류 전동기 FATC에 전원 및 접지 출력을 통하여 정방향과 역방향으로 회전이 가능하다.

② **풍향 조절 액추에이터** : 소형 직류 전동기로 FATC에 전원 및 접지 출력을 통하여 작동되며, 온도 조절 액추에이터에 의해 적절히 혼합된 바람을 운전자가 원하는 배출구(벤트)로 송출하는 기능을 한다.

③ **내 · 외기 액추에이터** : 운전자의 조작으로 내 · 외기 선택 스위치 신호가 입력되거나 AQS 제어 중 AQS 센서가 검출한 외부 공기의 오염 정도 신호를 FATC가 입력받아 액추에이터의 전원 및 접지 출력을 제어한다.

④ **파워 트랜지스터** : 전자동 에어컨 장치 작동 중 송풍용 전동기의 전류량을 가변시켜 배출 풍량을 제어하는 기능을 한다.

⑤ **고속 송풍기 릴레이** : 송풍용 전동기 회전속도를 최대로 하였을 때 송풍용 전동기 작동 전류를 제어한다.

⑥ **에어컨(압축기 구동 신호) 출력** : FATC 컴퓨터는 에어컨 스위치 ON 신호가 입력되거나, AUTO 모드로 작동 중 각종 입력 센서들의 정보를 기초로 압축기의 작동 여부를 판단한다. 압축기 작동 조건으로 판단되면 FATC는 12 V 전원을 출력한다.

3 에어컨 히터 유닛 벤트 풍향

(1) 히터 작동 시 유닛 벤트 풍향

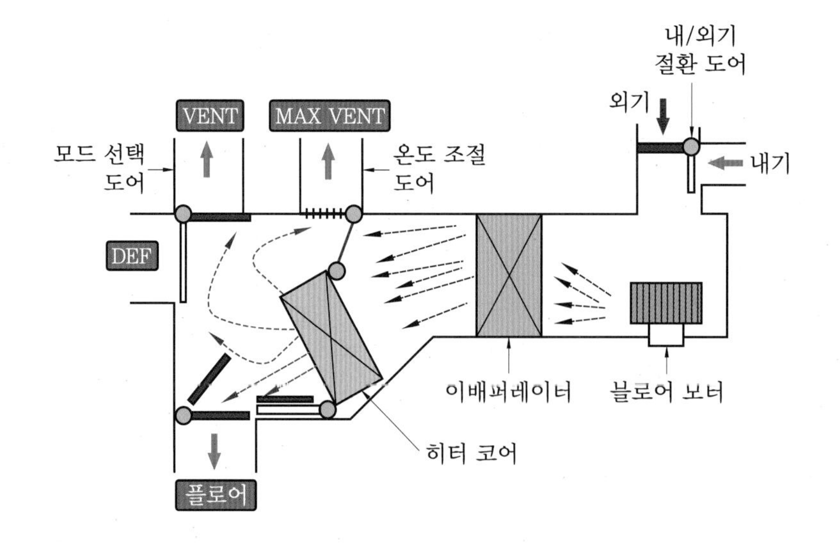

(2) 에어컨 작동 시 유닛 벤트 풍향

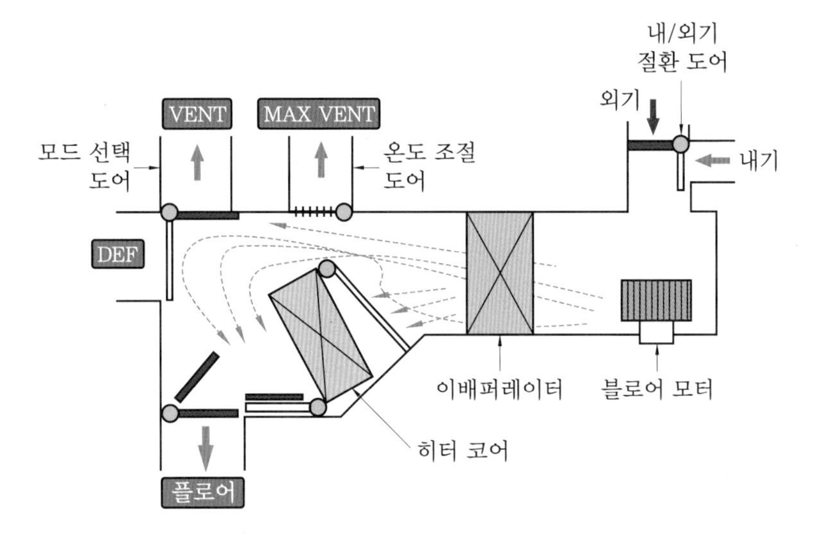

4 냉방 사이클의 종류

(1) 온도 조절 팽창 밸브 타입(thermostatic expansion valve type)

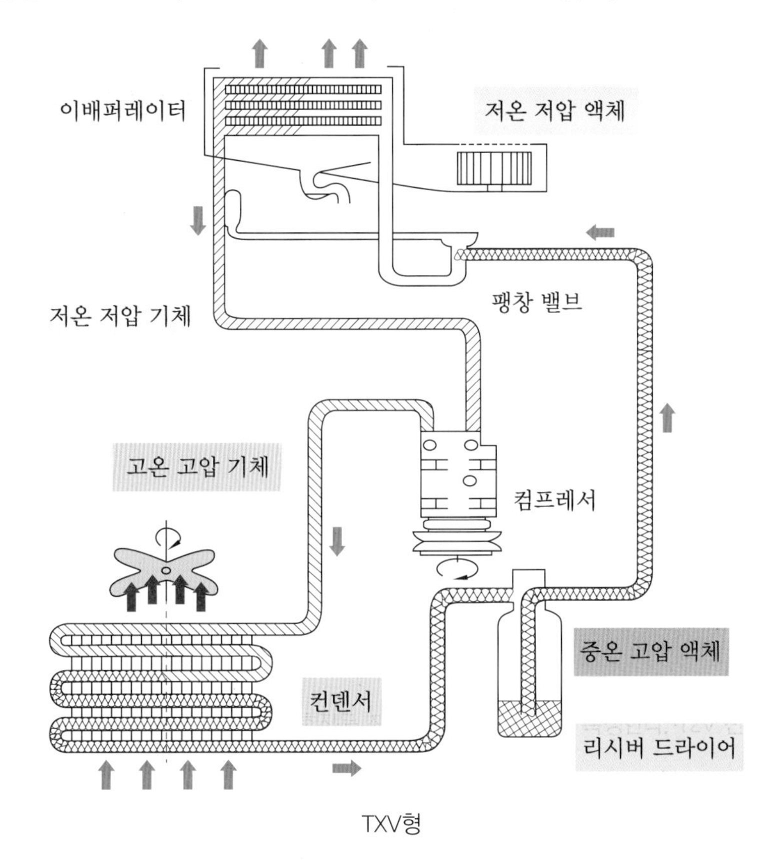

TXV형

TXV형은 냉방 시스템에 주로 사용되고 있는 시스템으로 승용차량에 적용된다. 냉방 사이클 작동으로 압축기 → 응축기 → 리시버 드라이어 → 팽창 밸브 → 증발기 → 압축기를 기본 사이클로 냉매 가스의 유동이 이루어진다. 팽창 밸브에서 교축 작용이 이루어지며, 팽창 밸브를 지나면서 냉매는 급격히 압력이 저하되어 증발기에서 증발잠열의 효과로 실내 공기는 냉각된다. 리시버 드라이어는 고압 라인에 장착되어 냉매의 수분 및 불순물을 걸러주며 냉매의 맥동을 흡수한다. 또한 듀얼 및 트리플 압력 스위치가 장착되어 냉매 압력에 따라 압축기의 작동을 제어하도록 되어 있다.

(2) 클러치 사이클링 오리피스 튜브 타입(clutch cycling orifice tube type)

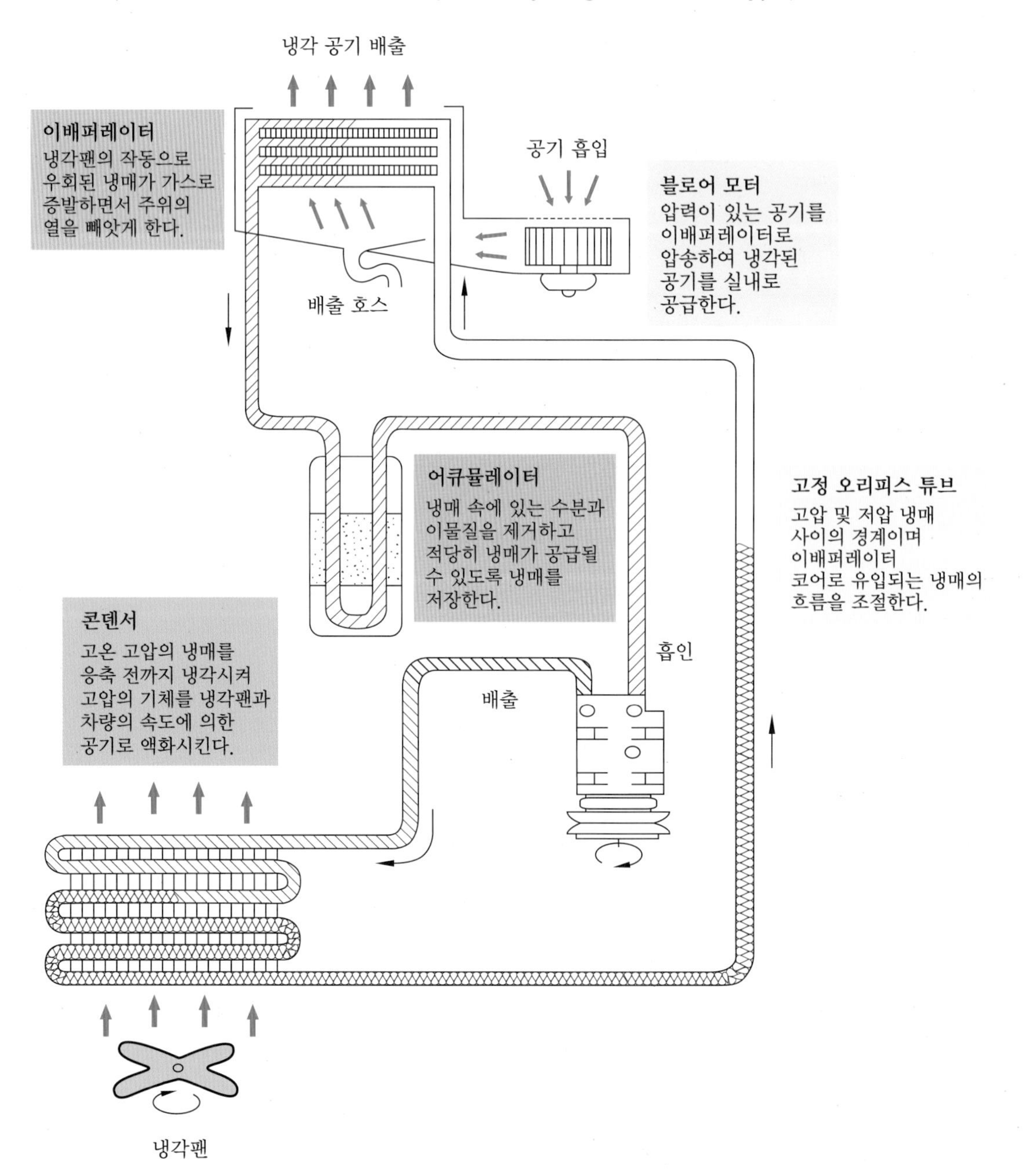

CCOT형

CCOT형은 에어컨 작동 시 냉매가스의 이동 경로가 압축기 → 응축기 → 오리피스 튜브 → 증발기 → 어큐뮬레이터 → 압축기의 과정을 거쳐 기본 사이클로 작동된다. 팽창 밸브 역할을 오리피스 튜브에서 하는 것으로 파이프 단면적, 체적 차이로 냉매가스량을 조정하게 되며, 냉매가 튜브관을 지나면서 압력이 급격히 저하되면 증발기를 통과하는 실내 공기 온도가 저하되어 냉각된다. 어큐뮬레이터는 저압 라인에 장착되며 냉매의 수분 및 불순물을 걸러주고 냉매의 맥동을 흡수한다. 또한 저압 스위치가 장착되어 압축기의 작동 시간을 제어하도록 되어 있다. 또 저압 스위치의 가운데 스크루 조정으로 압축기가 작동되는 시간을 조정할 수 있으며 에어컨 작동이 제어된다.

2 실습 준비 및 실습 시 유의 사항

실습 준비(실습 장비 및 실습 재료)

1 실습 자료

- 작업공정도
- 점검정비내역서, 견적서
- 차종별 정비 지침서

2 실습 장비

- 완성 차량(승용자동차)
- 엔진 시뮬레이터(가솔린)
- 냉매 충전기, 가스누설 탐지기
- 수공구, 전동공구, 에어공구
- 리프트(2주식, 4주식)
- 멀티 테스터(디지털, 아날로그)
- 테스트 램프
- 스캐너
- 작업등
- 보안경
- 온도계

3 실습 재료

- 가솔린, 냉매가스(R-134a)
- 냉동오일, 에어컨 벨트
- 압축기, 증발기, 응축기, 건조기, 팽창 밸브, 냉각팬, 냉매, 블로어 모터, 컨트롤러, 퓨즈, 하네스(배선 및 커넥터), 스위치, 냉매 파이프, 히터 코어, 프리히터, 각종 센서 등
- 유지흡착제(걸레)

실습 시 유의 사항

- 냉매가스 주입 시 절차에 따라 냉매를 확인하고 작업을 수행한다.
- 냉난방 장치는 압축기, 증발기, 응축기, 건조기, 팽창 밸브, 냉각팬, 냉매, 블로어 모터, 컨트롤러, 퓨즈, 하네스(배선 및 커넥터), 스위치, 냉매 파이프, 히터 코어, 프리히터, 각종 센서 등 교체 품목을 준비한다.
- 냉방 장치 점검 시 엔진을 충분히 워밍업한 뒤 냉매가스와 냉매오일을 확인하여 규정량을 주입한다.
- 냉방 장치 검사 시 차종별 정비 지침서 회로를 판독하고 점검하며 소모품 교환 주기를 확인하고 진단한다.

3 실습 시 안전 관리 지침

① 실습 전 반드시 안전 교육을 실시하고 소화기를 비치하여 화재 사고에 대비하며, 유류 등 인화성 물질은 안전한 곳에 분리하여 보관한다.
② 중량이 무거운 부품 이동 시 작업 장갑을 착용하며 장비를 활용하거나 2인 이상 협동하여 이동시킨다.
③ 실습 전 작업대를 정리하여 작업의 효율성을 높이고 안전 사고가 발생되지 않도록 한다.
④ 실습 작업 시 작업에 맞는 적절한 공구를 사용하여 실습 중 안전 사고에 주의한다.
⑤ 실습장 내에서는 작업 시 서두르거나 뛰지 말아야 한다.
⑥ 각 부품의 탈부착 시 오일이나 물기름이 작업장 바닥에 떨어지지 않도록 하며 누출 시 즉시 제거하고 작업에 임한다.
⑦ 모든 부품은 분해, 조립 순서에 준하여 작업을 실시하고 분해된 부품은 순서에 따라 작업대에 정리정돈한다.
⑧ 실습 종료 후 실습장 주위를 깨끗하게 정리하며 공구는 정위치시킨다.
⑨ 실습 시 작업복, 작업화를 착용한다.

4 냉난방 장치 점검 정비

1 에어컨 회로 점검

(1) 에어컨 시스템 전원 공급

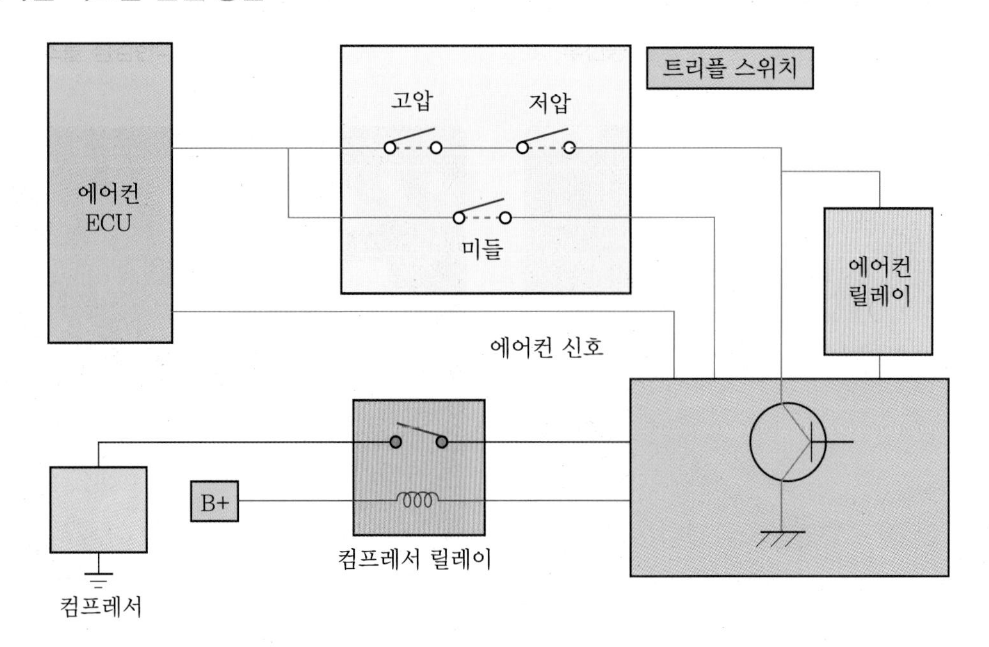

(2) 에어컨 회로도(컴프레서가 작동되지 않을 때)

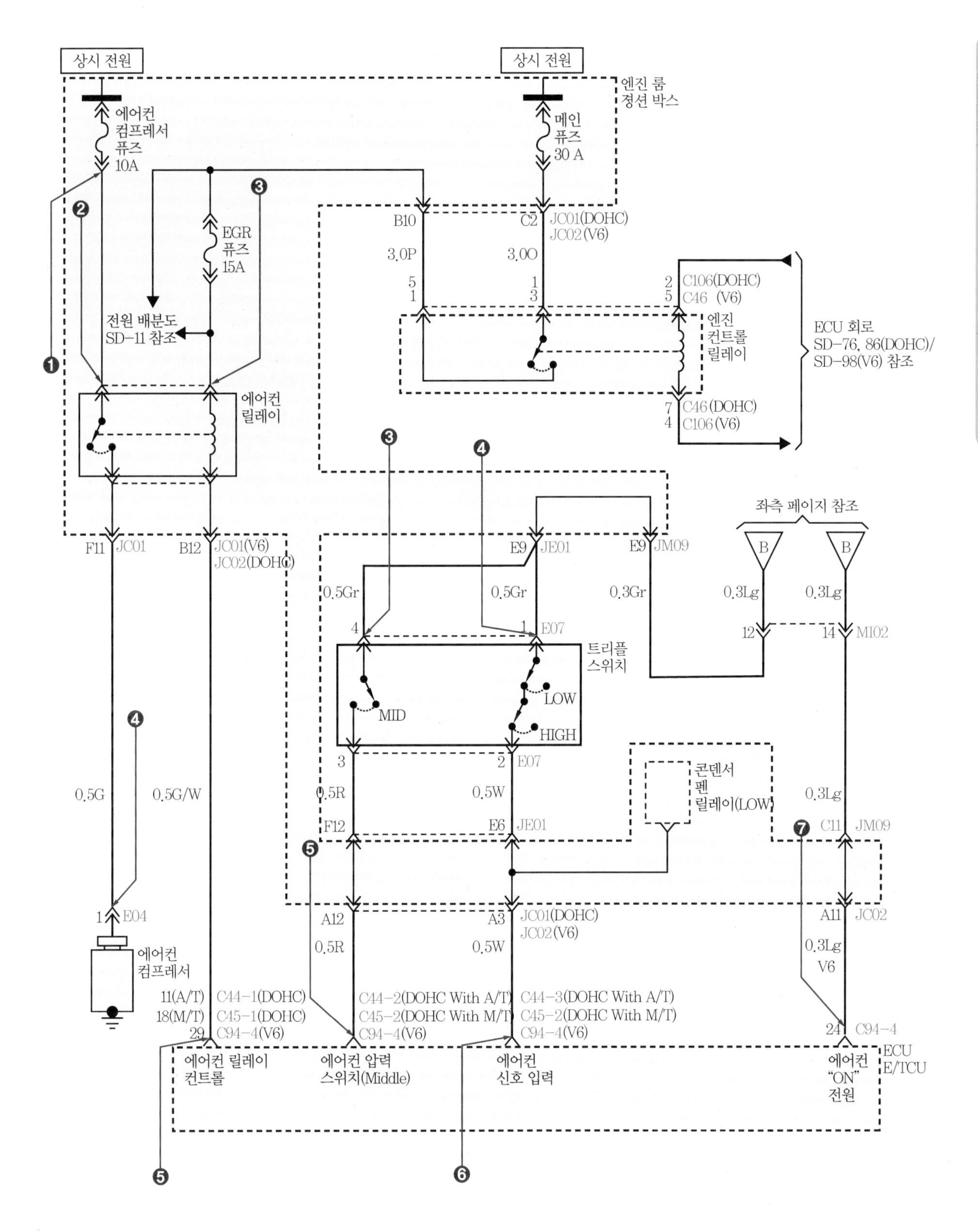

(3) 에어컨 전기 회로 점검

에어컨 시스템 전기 회로 점검

1. 컴프레서 커넥터 단선(탈거) 상태를 점검한다.

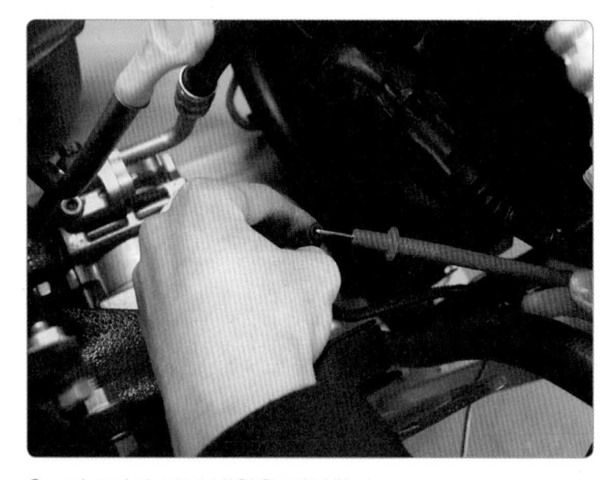

2. 컴프레서 공급 전원을 점검한다.

3. 에어컨 릴레이 및 공급 전원(30 A) 점검

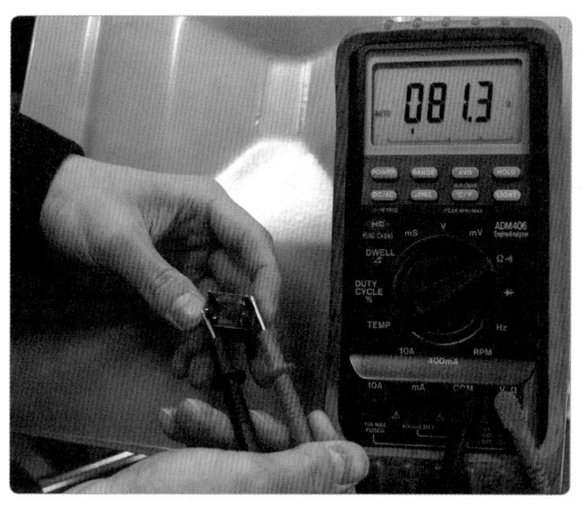

4. 에어컨 릴레이(코일 저항 및 접점 상태)를 점검한다.

5. 트리플 스위치(공급 전압 및 냉매 압력)를 점검한다.

6. 블로어 모터 커넥터 탈거 상태를 점검한다.

7. 블로어 모터 공급 전압을 점검한다.

8. 블로어 모터 릴레이를 점검한다.

9. 콘덴서 팬 커텍터 탈거 상태를 점검한다.

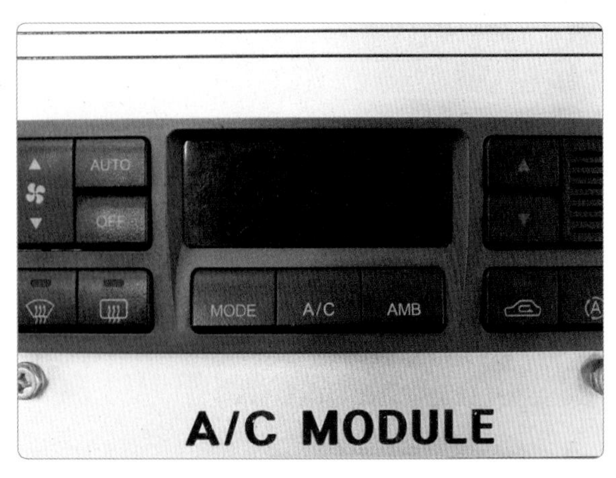

10. A/C 스위치를 점검한다.

(4) 에어컨 회로 점검 및 정비

① 측정(점검) : 에어컨 전기 회로 점검에서 고장 부위 에어컨 컴프레서를 확인한다. 고장 내용을 확인하고 커넥터 탈거를 비롯한 회로 내 접촉 불량 부위 등을 점검한다.

② 정비(조치) 사항 : 에어컨 전기 회로 시스템에 고장이 발견되면 에어컨 컴프레서 커넥터 체결을 기록한다.

실습 주요 point

에어컨 시스템 내에 냉매가스가 없으면 트리플 스위치가 OFF되어 전원 공급이 차단되므로 컴프레서가 작동되지 않는다.

에어컨 컴프레서가 작동되지 않는 원인

❶ 컴프레서 커넥터 체결 상태 확인(탈거, 분리 단선)
❷ 에어컨 릴레이 점검(엔진 룸 정션 박스) : 공급 전원 확인, 엔진 ECU 커넥터 체결 확인
❸ 메인 퓨즈(30 A) 단선 확인, 에어컨 컴프레서 퓨즈(10 A) 단선 확인 점검
❹ 트리플 스위치 점검(공급 전압 점검, 냉방 시스템 냉매 압력 확인)
❺ 에어컨 스위치 점검(스위치 전압 확인, ECU 접지)
❻ 블로어 모터 작동 상태(블로어 퓨즈(엔진 룸 정션 박스 30 A) 단선 점검, 블로어 모터 릴레이 점검, 블로어 스위치 점검)

블로어 모터가 작동하지 않는 원인

❶ 블로어 모터 퓨즈의 탈거
❷ 블로어 모터 퓨즈의 단선
❸ 블로어 모터 릴레이 탈거
❹ 블로어 모터 릴레이 불량
❺ 블로어 모터 커넥터 불량
❻ 블로어 모터 커넥터 탈거

2 이배퍼레이터(증발기) 온도 센서 점검

(1) 이배퍼레이터(증발기) 온도 센서 출력값 점검

1. 에어컨 시스템 내 이배퍼레이터(증발기) 온도 센서의 위치를 확인한다.

2. 엔진을 시동(공회전 상태)한다. 에어컨 설정 온도 17℃와 송풍기 4단으로 에어컨을 작동시킨다.

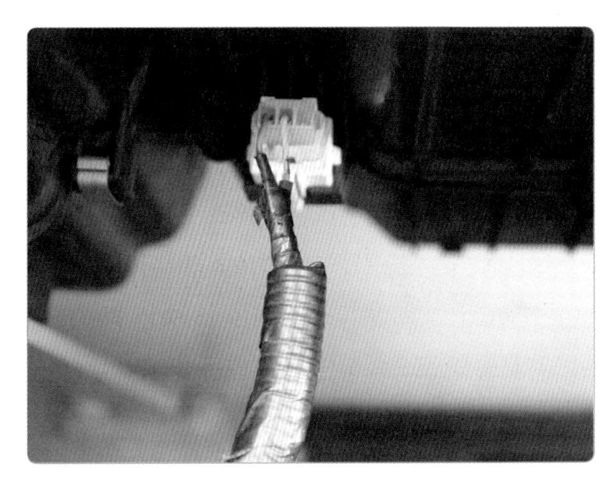

3. 에어컨 컨트롤 유닛 5번 단자, 이배퍼레이터 온도 센서 1번 단자에 멀티 테스터 (+) 프로브를 연결하고 (–)는 차체(M33-3 커넥터 16번 단자)에 접지시킨다.

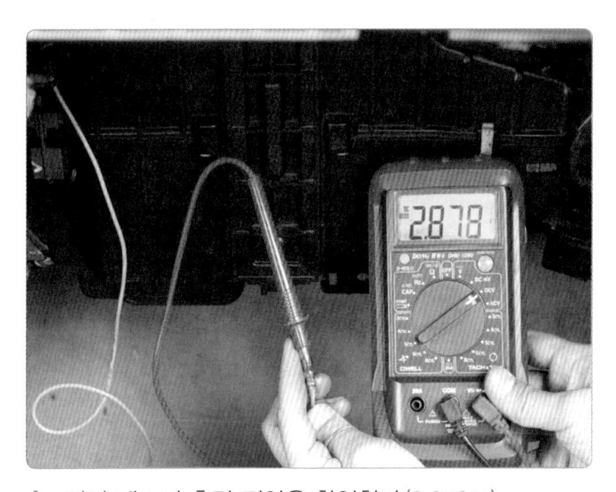

4. 멀티 테스터 출력 전압을 확인한다(2.878 V).

(2) 이배퍼레이터 온도 센서 측정 및 점검

① 측정(점검)

㈎ 이배퍼레이터 온도 센서의 출력을 측정한 값 2.4 V/10 ℃를 확인한다.

㈏ 규정(정비한계)값은 정비 지침서 또는 스캐너 센서 출력값 2.4 V/10 ℃를 참조한다.

② 정비(조치) 사항 : 점검한 값이 규정(한계)값 내에 있으므로 양호하나 불량 시에는 이배퍼레이터 온도 센서 교환 후 재점검한다.

※ 불량 시에는 고장 부위에 따른 부품 교체 및 정비(수리) 사항을 기록한다.

(3) 에어컨 회로도(외기온도 센서)

● 에어컨 회로도

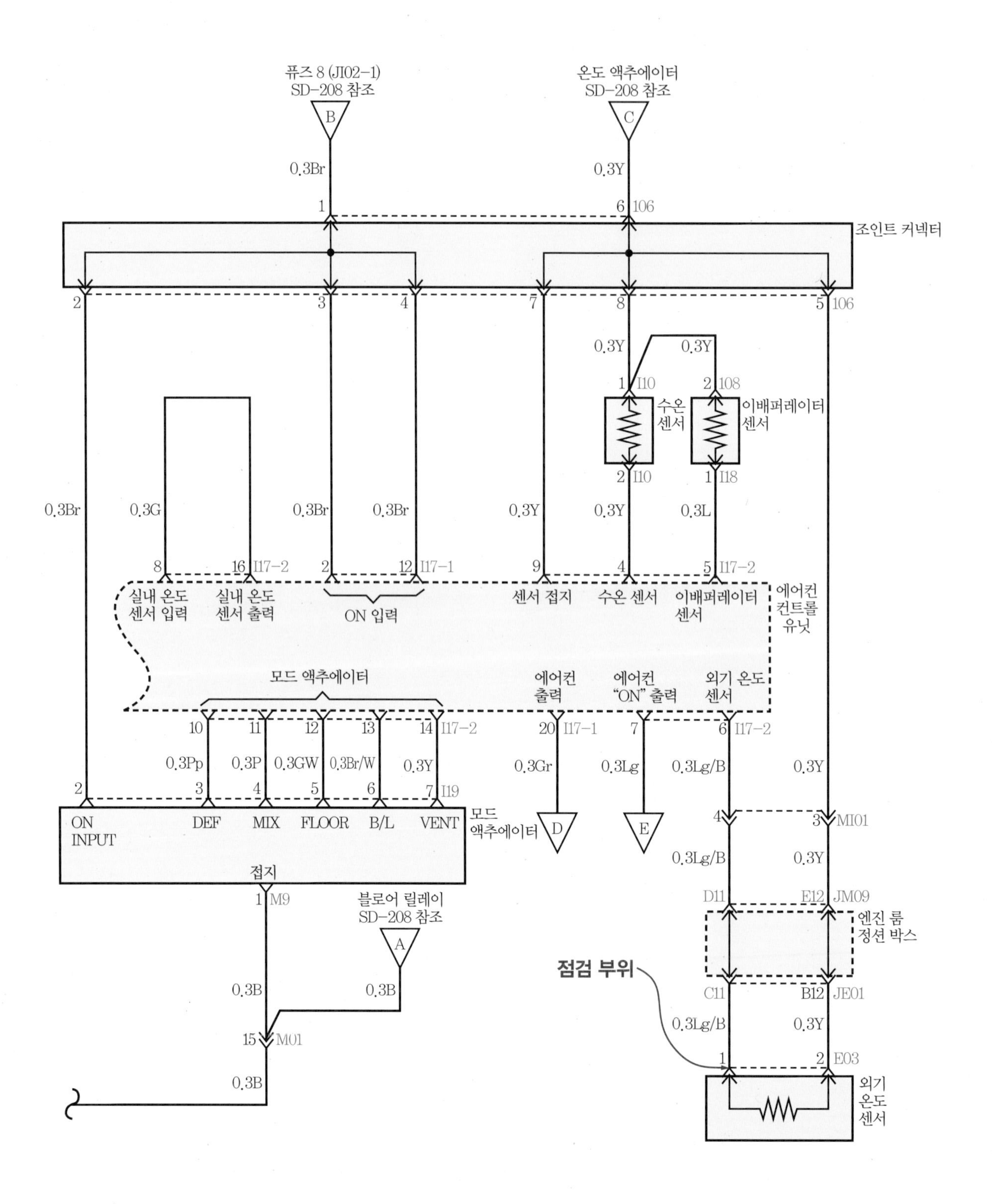

3 외기온도 센서 점검

(1) 외기온도 센서 점검

1. 에어컨 시스템 내 외기온도 센서의 위치를 확인한다.

2. 엔진을 시동(공회전 상태)한다. 에어컨 설정 온도 17℃와 송풍기 4단으로 에어컨을 작동시킨다.

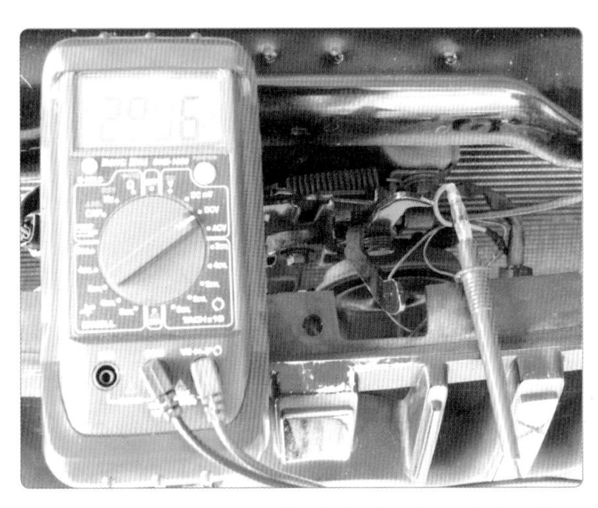

3. 에어컨 컨트롤 유닛 6번 단자, 외기온도 센서 1번 단자에 멀티 테스터 (+) 프로브를 연결하고 (−)는 차체(M33-3 커넥터 16번 단자)에 접지시킨다.

4. 멀티 테스터 출력 전압을 확인한다(2.822 V).

(2) 외기온도 센서 측정 및 점검

① 측정(점검)

- 외기온도 센서를 측정한 값 2.82 V를 확인한다.
- 정비 지침서 규정값 2.5~3.0 V를 확인한다.

② 정비(조치) 사항 : 측정한 값이 정비한계값 내에 있으므로 양호하나 불량일 때는 외기온도 센서 교환 후 재점검한다.

4 에어컨 라인 압력 측정

(1) 에어컨 라인 압력 점검

냉방 장치 매니폴드 압력 게이지를 고압측과 저압측에 설치하고 냉난방 장치를 작동시켜 압력을 측정한다.

차량에 에어컨 매니폴드 게이지를 설치한다.

1. 에어컨 압력 게이지를 준비한다.

2. 냉매가스를 준비한다(R-134a).

(2) 에어컨 점검 조건

① 전혀 찬바람이 나오지 않거나, 찬바람이 나오더라도 미지근한 바람이 나오는 경우의 고장

② 소음에 관한 고장

③ 나쁜 냄새 토출에 관한 고장

(3) 에어컨 점검 시 유의 사항

① 엔진은 1,500 rpm으로 2~3분간 작동시킬 것

② 에어컨의 송풍기 스위치는 최대 속도로 할 것

③ 온도 컨트롤 스위치는 최대 냉방으로 할 것(Auto 에어컨 18C° 설정)

④ 보닛은 개방할 것

⑤ 온도계를 흡입구와 토출구에 깊숙이 넣을것

⑥ 콘덴서 전면에 보조 팬 등을 놓을 것

⑦ 그늘에서 시험할 것

(4) 에어컨 시스템 확인

① 에어컨 컴프레서가 구동되고 있는가?

② 사이드 글라스로 냉매는 흐르고 있는가?(냉매 입자 확인)

③ 송풍기는 회전하고 있는가?(전동팬 작동 상태 확인)

→ 위의 3가지 사항에 이상이 없으면 토출 온도 및 컴프레서 고 · 저압 압력을 측정한다.

(5) 에어컨 운전 조건

<table>
<tr><td>준비 사항</td><td colspan="2">• 엔진을 가동시켜 1,500 rpm으로 운전한다.
• 조절 레버를 실내 환기에 위치시키고, 블로어는 최대 속도로 작동시킨다.
• 5분 이상 에어컨을 가동한다.</td></tr>
<tr><td>점검 방법</td><td>작동 상태를 유지하면서 점검한다.</td><td>• 40~50초 동안 에어컨을 OFF시킨다.
• 40~50초 동안 에어컨을 ON시킨다.
• 40~50초 동안 에어컨을 OFF시킨다.
• 40~50초 동안 에어컨을 ON시킨다.</td></tr>
</table>

(6) 매니폴드 게이지에 의한 점검 방법

① 공전 때 압력 상태

㈎ 고압(토출 압력) : 약 170~230 psi(한여름에는 250 psi는 정상으로 본다.)

㈏ 저압(흡입 압력) : 약 30~35 psi(한여름에는 45 psi까지 정상으로 본다.)

※ 정상 냉매 압력은 일반적으로 고압 : 120 psi 이상, 저압 : 40 psi 이하이며, 이 값은 차종과 냉방 장치 방식에 따라 차이가 있다. 또한 압력은 온도/습도에 따라 변할 수 있다.

• 저압이 약 20 psi이고 고압이 높을 때

- 저압이 약 20 psi이고 고압이 100 psi 미만일 때
- 기준 압력보다 저압은 높고 고압은 낮을 때
- 기준 압력보다 저압과 고압이 모두 높을 때

② 천천히 가속하면서 변하는 압력 공회전 상태에서 기준 압력을 확인한 다음 약 2,500~3,000 rpm까지 천천히 가속하면서 고압과 저압의 변하는 압력을 확인한다.

엔진 회전수 3,000 rpm → 250 psi 가속 시 200 psi일 때 컴프레서 불량으로 판단하고 이때 저압측의 압력이 20psi 미만이면 냉매가 부족한 상태로 판정한다.

예 고압이 약 200 psi일 때 저압 약 50 psi일 때 → 압축기 불량
고압이 약 100 psi일 때 저압 약 20 psi일 때 → 냉매 부족
고압이 300~400 psi 이상일 때 → 냉매량 및 냉각계통 점검

③ 규정 압력보다 고압이 발생할 때 점검

(가) 공전 시 고압 : 약 280 psi 이상, 저압 : 약 50~55 psi → 엔진을 서서히 가속시키며 3000 rpm을 유지하면서 압력의 변화를 주시한다(고압 : 350~400 psi, 저압 : 60~65 psi).

(나) 현상 : 아침저녁으로는 시원하고 잘 나오다가 한낮이 되면 미지근한 바람이 나온다.

④ 현상에 따른 점검 원인 분석

- 압축기에서 어떤 압력이 나오는가?
- 냉각팬의 작동은 정상인가?
- 엔진의 냉각계통은 이상 없는가?
- 냉매 과충전 및 냉방 사이클 내부에 외부 공기가 유입되었는가?
- 응축기의 문제는?
- 건조기의 오염 문제 상태는?
- 팽창 밸브의 고착 상태는?

⑤ 압력 변화에 따른 에어컨 시스템 유관 확인

(가) 냉매 압력이 부족할 때 유관 확인 부위

- 파이프, 호스 및 기타 부품에 오일 찌꺼기의 여부를 확인한다.
- 가스 누설 점검기를 사용하여 에어컨 냉매 사이클 고 · 저압 연결 라인에서 냉매가스 누설 여부를 확인한다.
- 냉매의 누설이 있는 연결부의 체결 토크를 확인한다.
- O링을 교환하고, 진공 작업한 후 냉매를 재충전하여 확인한다.

(나) 냉매 과도 또는 콘덴서 냉각 부족일 때 점검

- 콘덴서 팬의 굽음 또는 손상을 확인한다.
- 과도한 냉매 방출 여부를 확인한다.
- 냉매 압력이 정상인지 확인한다.

(7) 저 · 고압 냉매 압력 점검

1. 에어컨 라인의 고압과 저압 라인을 확인하고 고압 라인(적색) 호스를 연결한다.

2. 저압 라인(청색) 호스를 연결한다.

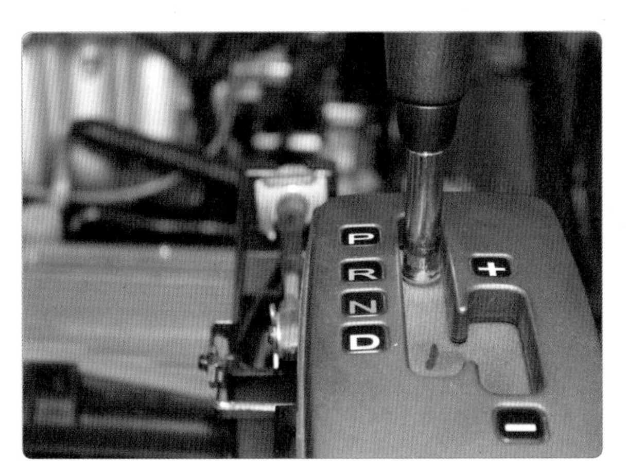

3. 엔진을 시동한 후 공회전 상태를 유지한다.

4. 엔진을 시동한 후 에어컨 온도는 17℃로 설정하고 에어컨을 가동한다.

5. 엔진 rpm을 2,500~3,000으로 서서히 가속하면서 압력의 변화를 확인한다.

6. 저압과 고압의 압력을 확인하고 측정한다.
(저압 : 1.4 kgf/cm^2, 고압 : 7 kgf/cm^2)

(8) 에어컨 저 · 고압 냉매 압력 측정 및 정비

① **측정(점검)** : 에어컨 충전기(매니폴드 게이지)를 이용하여 측정한 값 저압 1.4 kgf/cm^2, 고압 7 kgf/cm^{2}을 확인한다. 규정(정비한계)값은 차종에 맞는 규정값 또는 일반적인 값(저압 1.5~2 kgf/cm^2/공회전, 고압 14~18 kgf/cm^2/공회전)을 기준으로 한다.

② **정비(조치) 사항** : 측정한 값을 규정(정비한계)값과 비교하여 범위를 벗어나게 되면 고장 원인에 따라 냉매 부족/냉매 충전하도록 한다.

에어컨 라인 압력 규정값

차종 \ 압력 스위치	고압(kgf/cm^2)		중압(kgf/cm^2)		저압(kgf/cm^2)	
	ON	OFF	ON	OFF	ON	OFF
EF 쏘나타	32.0±2.0		15.5±0.8		2.0±0.2	
그랜저 XG	32.0±2.0	26.0±2.0	15.5±0.8	11.5±1.2	2.0±0.2	2.3±0.25
아반떼 XD	32.0	26.0	14.0	18.0	2.0	2.25
베르나	32.0	26.0	14.0	18.0	2.0	2.25

※ ON : 컴프레서 작동 상태, OFF : 컴프레서 정지 상태

공회전 및 가속 시 저 · 고압 냉매 압력 고장 진단

엔진 rpm \ 압력 게이지	저압 게이지	고압 게이지	내용 및 상태
공회전 시	2~2.5 kgf/cm^2	12~16 kgf/cm^2	정상
2,500~3,000 rpm (서서히 가속)	3.5~4.5 kgf/cm^2	14~16 kgf/cm^2	압축기 불량
	1.4 kgf/cm^2 미만	5~7 kgf/cm^2	냉매 부족
	3.5~4.5 kgf/cm^2	19~20 kgf/cm^2	냉매 과다

※ 주변 온도 상태에 따라 고압, 저압의 압력은 변화가 있을 수 있다.

실습 주요 point

신냉매 작업 시 주의 사항

❶ 휘발성이 강해 한 방울이라도 피부에 닿으면 동상에 걸릴 수 있으므로 반드시 장갑을 착용해야 한다.

❷ 눈 보호를 위해 보호안경을 필히 사용하도록 한다.

❸ 신냉매는 고압이므로 절대 뜨거운 곳에 놓지 않도록 하고 52℃ 이하의 장소에 보관하도록 한다.

❹ R-134a와 R-12는 서로 배합되지 않으니 극소량이라도 절대 혼합해서는 안 된다. 만일 혼합되면 압력 상실이 일어날 수 있기 때문이다.

❺ 냉매는 절대 그대로 대기에 방출하면 안 되며, 반드시 전용 회수기를 사용해야 한다.

5 냉매 충전 작업

냉방 시스템(에어컨) 냉매 가스 압력 점검

1. 냉매충전기 전원 코드를 연결한 후 충전기 계기 및 스위치 기능을 확인한다.

2. 에어컨 냉방 시스템 저압 라인 저압 캡을 탈거한다.

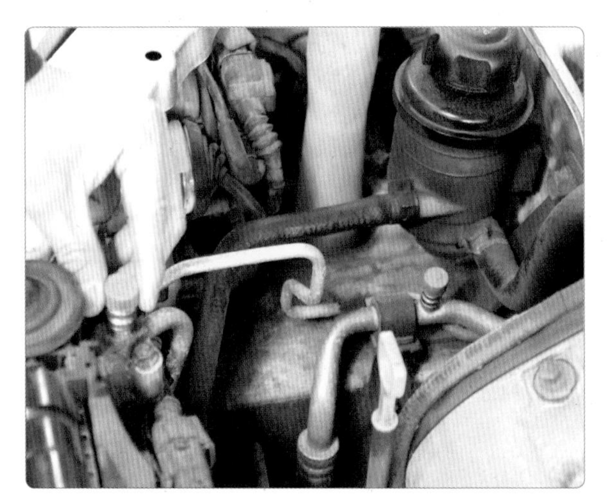

3. 에어컨 냉방 시스템 저압 라인 고압 캡을 탈거한다.

4. 저 · 고압 게이지 호스를 연결하고 누유되지 않는지 확인한다.

5. 냉매충전기 메인 전원을 ON시킨다.

6. 가스 이송 작업을 실행한다.

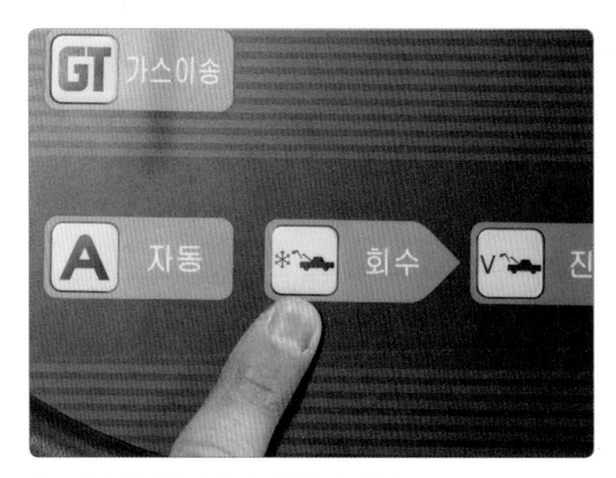

7. 메인 화면에서 회수 버튼을 누른다.

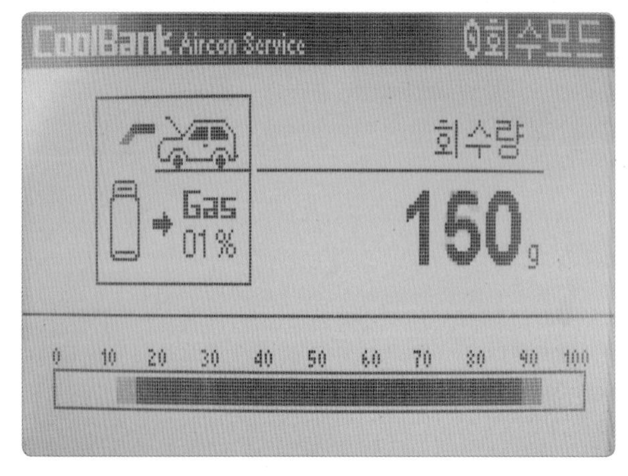

8. 회수 모드가 진행되면서 회수량이 표시되고 회수가 완료되면 버저 소리와 함께 회수량 결과 화면이 나오고 작업이 완료된다.

9. 회수량을 확인한다.

10. Stop 버튼을 누른다.

11. 메인 화면에서 진공 버튼을 선택한다.

12. 설정된 진공 모드로 진행된다.

13. 설정된 시간이 끝나면 진공 모드는 종료된다.

14. 신유주입 버튼을 선택한다.

15. 신유주입량을 확인하고 신유를 주입한다. 버튼을 누르고 있는 동안만 신유가 주입된다.

16. 메인 화면에서 충전 버튼을 선택한다.

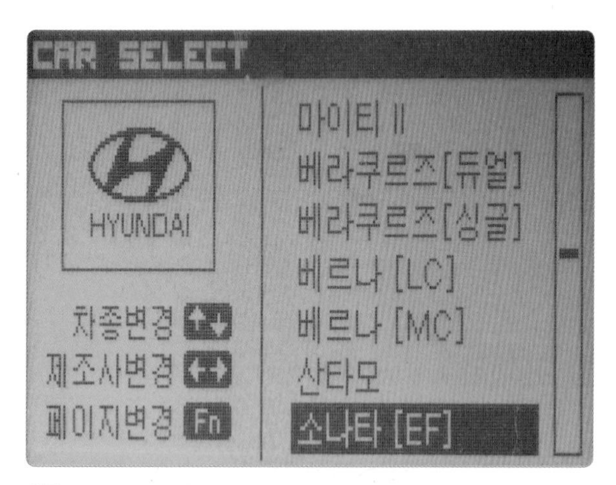

17. 커서를 이용하여 제조사 및 차량을 선택한다.

18. 커서 자리 변경을 이용하여 상하좌우로 이동하여 설정 및 차종을 선택한다.

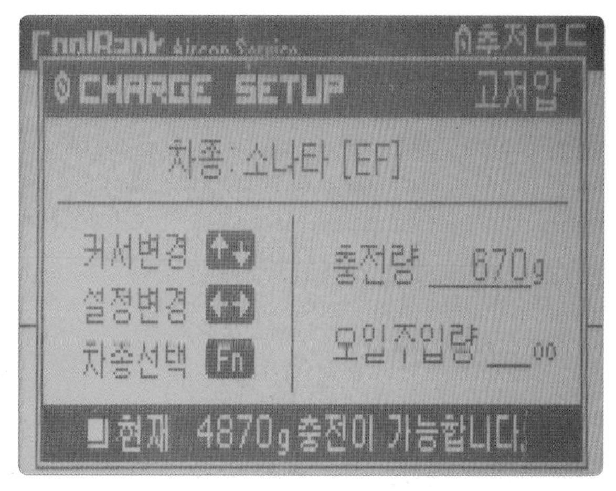

19. 충전 모드 설정 화면이 나오면 충전량과 신유 오일 충전량을 임의로 설정한다.

20. 충전량이나 오일주입량을 키를 이용하여 입력한다(설정값을 확인하고 ENTER을 누른다).

21. 신유 주입이 결과창에 표시된다.

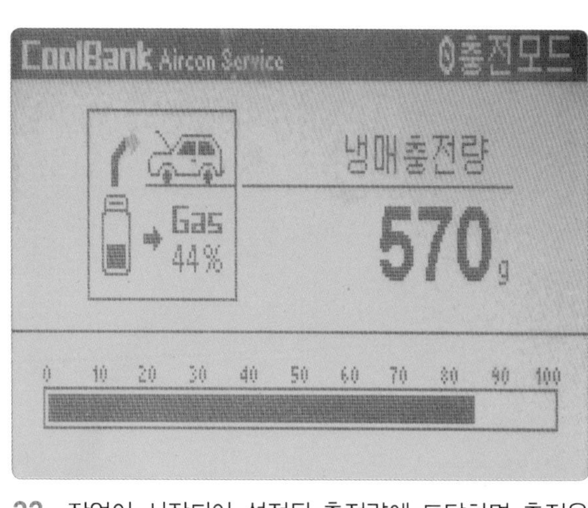

22. 작업이 시작되어 설정된 충전량에 도달하면 충전은 종료된다.

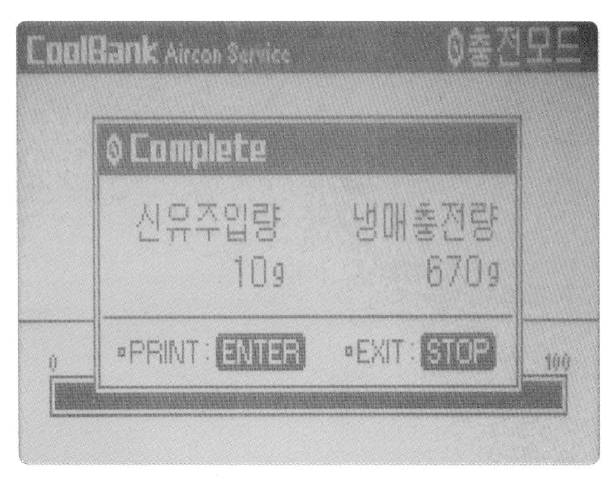

23. 충전 작업이 완료되면 결과창에 냉매와 오일의 충전된 양이 표시된다.

24. 저압 라인 압력계에서 저압을 확인한다.

25. 고압 라인 압력계에서 고압을 확인한다.

26. 충전이 끝나면 냉매충전기 메인 스위치를 OFF한다.

27. 충전기 전원 공급 콘센트를 탈거한다.

28. 충전이 끝나면 주변을 정리한다(냉매주입기 고저압 호스를 분리한다).

6 에어컨 필터(실내 필터) 탈부착

에어컨(실내 필터) 탈부착 작업

1. 조수석 콘솔 박스를 연다.

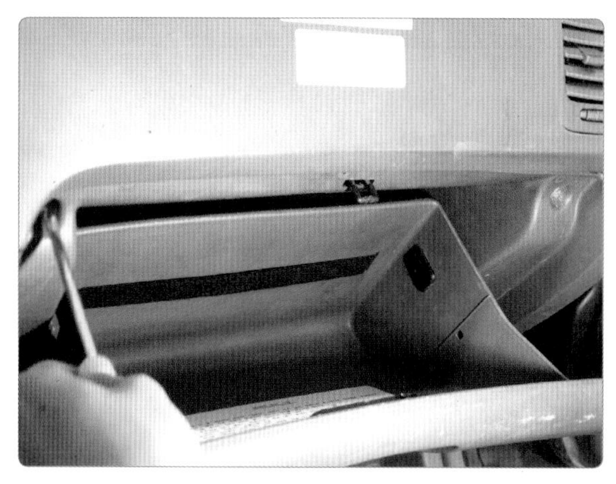

2. 콘솔 슬라이딩 키를 제거한다.

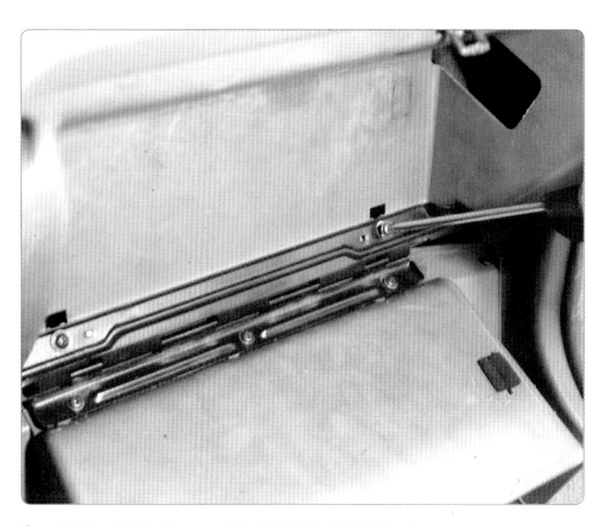

3. 콘솔 인사이드 고정 볼트를 분해한다.

4. 콘솔 아웃사이드 고정 볼트를 제거한다.

5. 콘솔을 들어낸다.

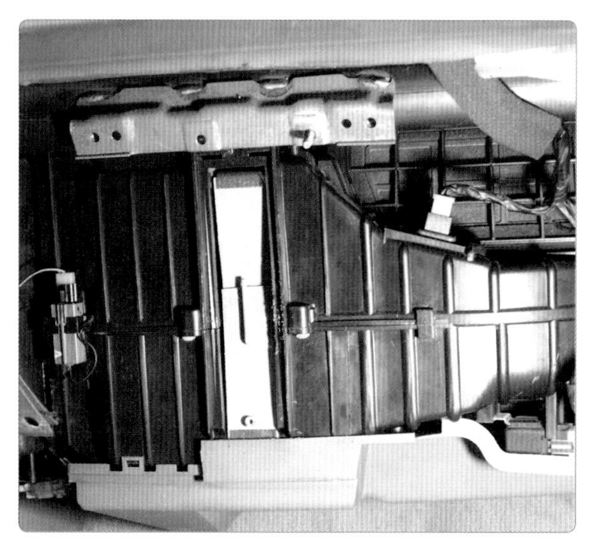

6. 에어컨 필터 커버를 제거한다.

7. 에어컨 필터를 탈거한다.

8. 에어컨 필터를 교환품으로 교체한다.

9. 에어컨 필터를 조립하고 커버를 체결한다.

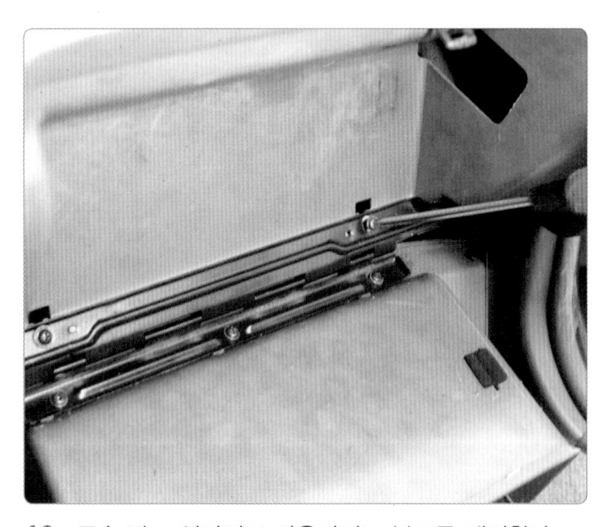

10. 콘솔 박스 인사이드 아웃사이드 볼트를 체결한다.

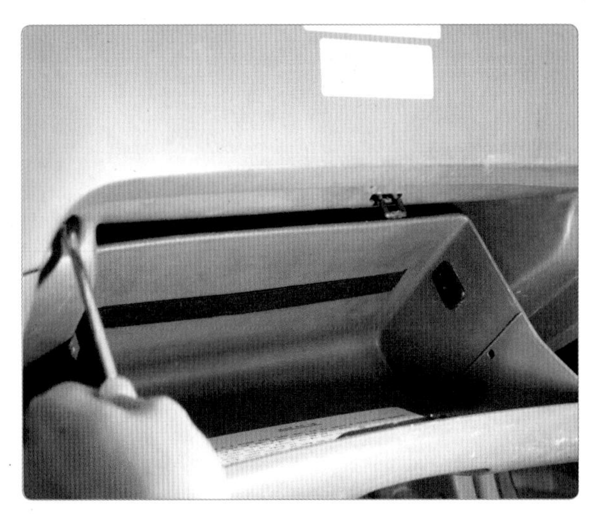

11. 콘솔 슬라이딩 키를 끼운다.

12. 콘솔 박스를 닫고 조립 상태를 확인한다.

7 히터 블로어 모터 탈부착

1. 조수석 콘솔 박스를 연다.

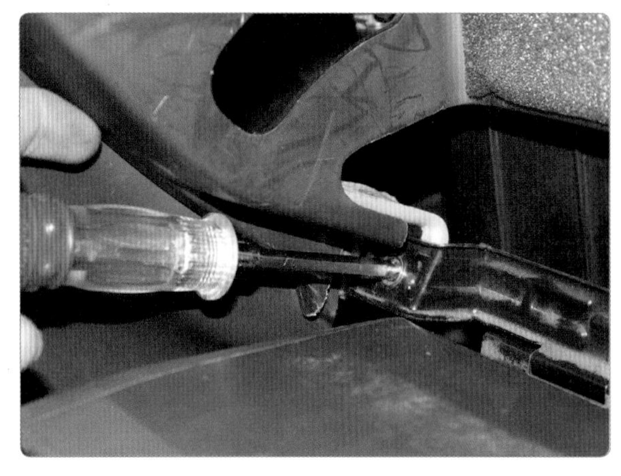

2. 콘솔 박스 고정 볼트를 분해한다.

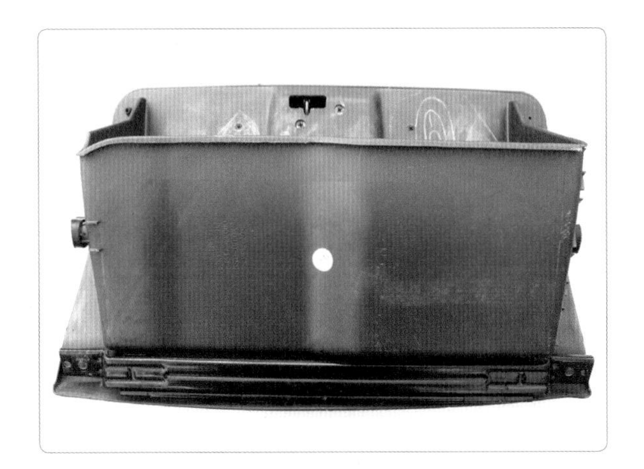

3. 콘솔 박스를 탈거한다.

4. 블로어 모터 커넥터를 분리한다.

5. 블로어 모터 고정 볼트를 분해한다.

6. 블로어 모터를 확인 점검하고 이상 시 신품으로 교체한다.

7. 블로어 모터를 조립한다.

8. 블로어 모터 고정 볼트와 커넥터를 체결한다.

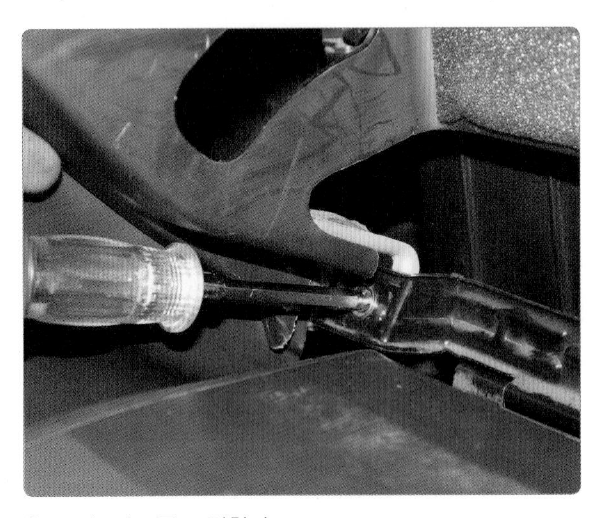

9. 콘솔 박스를 조립한다.

10. 조립된 상태를 확인한다.

실습 주요 point

블로어 모터 미작동 시 점검 방법

❶ 블로어 모터 퓨즈 단선 유무 상태를 점검한다.

❷ 블로어 모터 릴레이(릴레이 코일과 접점 상태)를 점검한다.

❸ 전원을 공급하여 블로어 모터 구동 상태를 점검한다.

❹ 블로어 모터 스피드 컨트롤 스위치 점검 : 단수별 블로어 모터 단자 간 전압을 점검한다. 저단(1단)에서는 저전압이 출력되어야 하고 고단 상태에서 배터리 전압이 출력되어야 한다.

8 에어컨 벨트 탈부착

에어컨 벨트 탈부착

1. 원 벨트 텐션 장력 조정 고정 볼트에 맞는 공구를 선택한다.

2. 원 벨트 텐션 장력 조정 볼트를 시계 방향으로 회전시켜 벨트 장력을 느슨하게 한다.

3. 원 벨트를 탈거한다. 조립 시 회전 방향이 바뀌지 않도록 벨트 회전 방향을 표시한다(→ 표시).

4. 탈거한 벨트를 확인하고 이상 시 신품으로 교체한다.

5. 벨트를 풀리 위치에 맞춘다.

6. 원 벨트 텐션 장력 조정 볼트를 시계 방향으로 회전시켜 벨트를 풀리에 맞게 조립한다.

7. 텐션 베어링 고정 볼트를 놓아 벨트의 장력을 조정한다.

8. 조립된 상태(벨트 장력 상태)를 확인 점검한다.

편의 장치 점검 정비

8 편의 장치 점검 정비

실습목표 (수행준거)	1. 편의 장치 구성 요소를 이해하고 작동 상태를 파악할 수 있다. 2. 편의 장치의 회로를 점검하여 고장 원인을 분석하고 진단할 수 있다. 3. 편의 장치를 진단하고 부품 교환 작업을 수행할 수 있다. 4. 진단 장비를 사용하여 결함 부위를 진단하고 조정할 수 있다.

1 관련 지식

1 편의 장치의 개요

자동차의 편의 장치는 시간과 경보 장치, 간헐 와이퍼, 열선, 감광식 룸 램프 등으로 에탁스 또는 이수의 명칭으로 사용되고 있는 시스템이며, BCM(body control module)으로 발전되어 사용되고 있다.

편의 장치 시스템 에탁스(ETACS)는 경보 장치에 관련된 요소가 한 개의 컴퓨터 유닛에 의해 릴레이나 액추에이터, 모터 등을 제어하는 장치로 다음과 같은 의미를 가지고 있다.

※ 에탁스(ELECTRIC : 전자, TIME : 시간, ALARM : 경보, CONTROL : 제어, SYSTEM : 장치)

2 편의 장치(ETACS)의 기능별 작동

(1) 도어키 홀 조명(door key hole)

① 운전석 도어를 열었을 때 점화키 홀 조명이 점등되어 시동 때 도움을 주고 있다. 이때 문을 닫더라도 운전자에게 키박스 위치를 알려주기 위해 10초간 점등시켜 준다(야간에 도움).

② 위 상황에 있더라도 키를 ON하면 곧바로 소등된다.

③ 운전석 도어 핸들 노브를 끌어당겼을 때(도어 핸들 스위치 ON)부터 10초간 도어키 조명을 ON한다.

④ 일단 입력을 받으면 시간 내에 입력되는 신호는 받지 않는다.

⑤ 도어 핸들 스위치를 ON한 채로 있을 경우에도 출력은 10초에서 OFF한다.

⑥ 10초 후 다시 스위치를 ON한 경우에는 입력을 받는다.

(2) 도어 워닝(door warning)

① 점화 스위치를 키 홀에 삽입한 채 운전석 도어를 열면 차임벨이 계속 출력을 한다.

② 점화 스위치를 실린더로부터 탈거하거나 운전석 도어를 닫으면 출력은 즉시 멈춘다.

(3) 시트 벨트 워닝(seat belt warning)

① 점화 S/W ON 시부터 시트 벨트 경고등은 6초간 출력하고 차임벨도 6초간 경보음을 출력한다.

② 시간 내에 IGN OFF 시 경고등 및 차임벨은 즉시 출력을 멈춘다.

③ 시간 내에 시트 벨트 S/W ON 시 경고등은 6초간 출력하고 차임벨은 즉시 OFF한다.

(4) 감광식 룸 램프

① 도어를 열면(DOOR S/W ON) 램프를 점등하고 도어를 닫으면(DOOR CLOSE) 2초간 점등 후 서서히 감광하여 약 4초 후 소등한다.

② 도어 스위치 ON 시간이 0.1~0.2초 이하인 경우 감광 동작하지 않는다.

③ 감광 시 분해 기능은 32STEP 이상으로 한다.

④ 감광 동작 중 점화 스위치 ON 시 즉시 출력을 멈춘다.

(5) 점화 스위치 키 리마인더(IGN key reminder)

점화 스위치를 실린더에 삽입한 채 운전석 도어를 열고 도어 노브를 LOCK할 때 5초간 UNLOCK 출력을 내어 DOOR LOCK을 불가능하게 함으로써 키를 차내에 꽂아 놓는 것을 방지하는 시스템이다. IGN 키를 탈거하거나 도어를 닫아야만 출력이 정지된다(주행 중 1~5 km에는 작동하지 않을 것).

(6) 파워윈도우 타이머(power window timer)

① 점화 스위치 ON에서 파워윈도우를 ON하고 점화 스위치를 OFF 후에도 30초간 계속 ON한다.

② 시간 내에 운전석 도어를 열면 연 시점으로부터 30초간 출력을 연장한다.

③ 어느 경우에도 시간 내에 운전석 도어를 닫으면 출력을 OFF한다.

(7) 와셔 연동 와이퍼

① 점화 스위치를 ON시킨 후 와셔 스위치를 ON하면 6초 후에 와이퍼 출력을 ON하고 와셔 스위치를 OFF 후 2.5~3.8초 후에 와이퍼 출력을 OFF시킨다.

② 이 기능은 INT. 와이퍼보다 우선한다.

(8) 뒷유리 열선

① 점화 스위치 ON 시 열선 S/W를 ON하면 열선 출력을 15~20분간 ON한다.

② 출력 중에 다시 열선 S/W가 ON된 경우에 열선 출력을 OFF한다.

③ 출력 중에 점화 스위치를 OFF한 경우에도 출력을 OFF한다.

(9) 도난 방지

① 전 도어 트렁크, 후드가 닫힌 상태에서 리모컨 LOCK 시 에탁스는 1회 사이렌 경보음을 출력하여 경계 상태에 돌입한다.

② ①항의 상태에서 도어, 후드, 트렁크가 강제 열림 시 사이렌 및 스타트 릴레이를 구동하여 차량의 도난을 방지한다.

③ 리모컨으로 LOCK 후 점화 스위치로 도어, 트렁크 OPEN 시 도난으로 간주하지 않는다.

(10) 오토 도어 로크(auto door lock)

① 점화 스위치 ON 시 어느 한 곳의 도어가 열린 상태에서 차속 40 km/h 이상의 상태가 3초 이상 계속 될 경우 ETACS는 도어 LOCK 출력을 내어 모든 도어를 LOCK시킨다.

② 도어 LOCK이 완료되면 100 ms 이내에 도어 LOCK 출력을 OFF한다.

③ 40 km/h 이상으로 주행 중 UNLOCK 조작을 해도 자동적으로 LOCK한다.

3 편의 장치(ETACS) 제어 기능

① 와셔 연동 와이퍼 제어
② 간헐 와이퍼 제어
③ 뒷유리 열선 타이머 제어(사이드 미러 열선 포함)
④ 감광식 룸 램프 제어
⑤ 이그니션 키 홀 조명 제어
⑥ 점화키 회수 제어(이그니션 키 리마인더 제어)
⑦ 중앙집중식 도어 잠금 장치 제어
⑧ 안전벨트 경고등 타이머 제어
⑨ 파워윈도우 타이머 제어
⑩ 오토 도어 로크 제어
⑪ 점화키 OFF 후 전 도어 언로크 제어
⑫ 충돌 감지 언로크 제어
⑬ 미등 자동 소등 제어(배터리 세이버 제어)
⑭ 스타팅 재작동 금지(그랜저 XG)
⑮ 도어 열림 경고 제어

4 입력 스위치 감지 방법

(1) 스트로브 방식

에탁스 내의 펄스 재생기에는 0↔5 V 펄스가 10 ms 간격으로 항상 출력된다. 따라서 스위치 OFF 때 입력단에는 다음과 같은 형태의 펄스가 입력되고 스위치 ON 때는 풀업 전압이 접지로 흘러 일정한 0 V가 입력된다. 에탁스는 입력단의 신호가 접지되어 40 ms 동안 0 V로 입력되면 스위치가 ON되었다고 인식한다. 이 방식은 멀티 미터를 사용해 점검하면 정확한 전압의 변화를 알기 어렵다. 따라서 반드시 오실로스코프를 이용하여 파형을 통해 점검해야 한다.

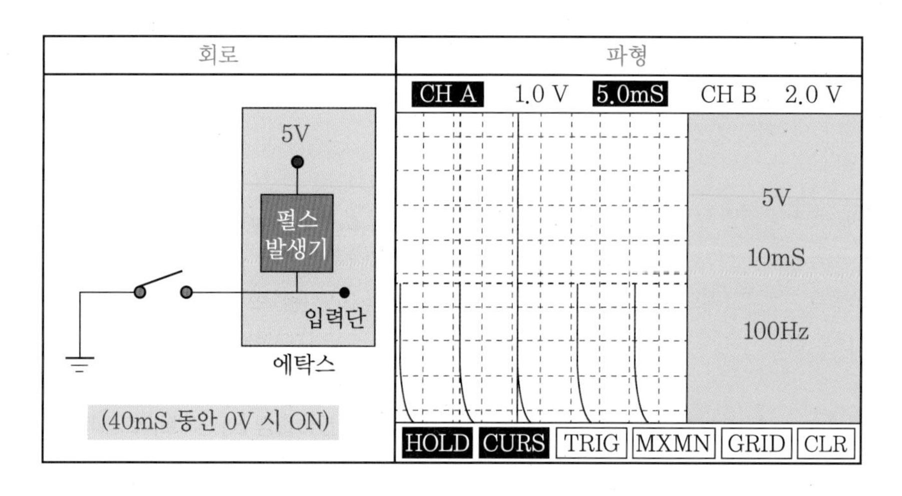

(2) 정전압 방식

① **풀업 방식** : 에탁스에서는 풀업 전압 5 V가 항상 출력되며 스위치 OFF 때 입력단에는 5 V가 걸리지만 ON 때는 풀업 전압이 접지로 흘러 입력단은 0 V가 된다. 따라서 파형은 0↔5 V로 변화된다. 이 방식은 스위치 ON 때 접지와 연결되는 경우에 주로 사용되는데 에탁스로 입력되는 대부분의 스위치는 이 방식이 이용된다. 이 방식은 멀티 미터로도 전압을 측정하면 간단하게 점검이 가능하다.

② **풀다운 방식** : 에탁스는 스위치 ON 때 12 V 전원이 입력단에 걸리고, OFF 때 0 V가 걸리게 된다. 이 방식은 스위치 ON 때 +전원(12 V)가 인가되는 경우에 사용되며 대표적으로 키 삽입 스위치가 여기에 해당된다.

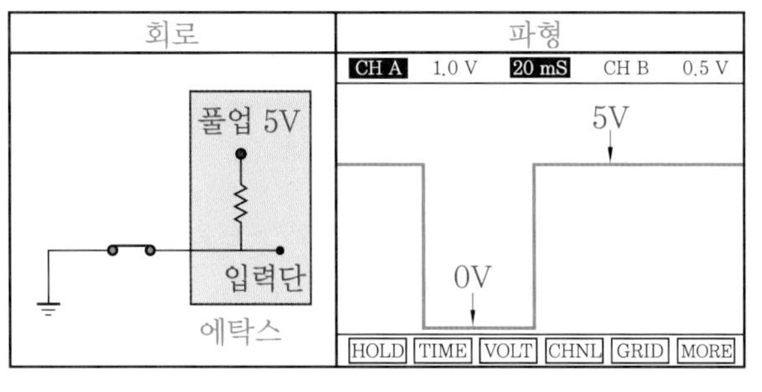

풀업 방식

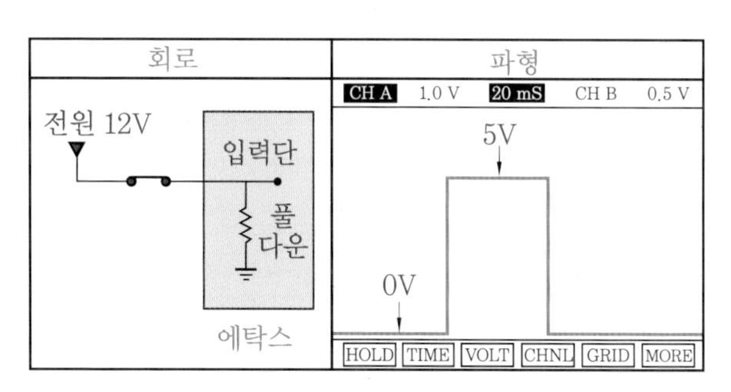

풀다운 방식

5 입 · 출력 계통

입력	제어	출력
전원(배터리, 이그니션 1 & 2) 얼터네이터 L 단자 와셔 스위치 와이퍼 인트 스위치 와이퍼 인트 볼륨 가변저항 뒷유리 열선 스위치 시트 벨트 스위치 핸들로크 스위치 도어 스위치 리모컨 로크/언로크 스위치 차속 센서 충돌감지 센서 미등 스위치 파킹 브레이크 스위치 P 위치 센서/ENG CHECK LAMP	ETACS	와이퍼 모터 릴레이 열선 릴레이 시트 벨트 경고등 차임벨 파워윈도우 릴레이 도어 로크/언로크 릴레이 점화키 홀 조명 미등 릴레이 룸 램프/사이렌 스타트 릴레이 도난 방지 릴레이

2 실습 준비 및 유의 사항

실습 준비(실습 장비 및 실습 재료)

1 실습 자료

- 점검정비내역서, 견적서
- 차종별 정비 지침서

2 실습 장비

- 완성 차량(승용자동차)
- 종합진단기
- 수공구, 전동공구, 에어공구
- 전류계
- 리프트(2주식, 4주식)
- 멀티 테스터(디지털, 아날로그)
- 테스트 램프
- 스캐너
- 작업등
- 특수 공구

3 실습 재료

- 계기판, IMS, ACCS, 와이퍼, 모터, 퓨즈, 릴레이, 액추에이터, 하네스, 센서, 열선 스위치
- ETACS 또는 이수 ECU
- 센트럴 도어 로킹 스위치
- 실내등
- 콤비네이션 스위치
- 혼, 혼 스위치

실습 시 유의 사항

- 차종별 정비 지침서를 참고하여 편의 장치 회로 판독 능력을 습득한 후 실습에 임한다.
- 교환 부품(계기판, IMS, ACCS, 자동주차장치, 와이퍼, 퓨즈, 릴레이, 액추에이터, 하네스, 센서) 관련 내용을 확인한다.

3 실습 시 안전 관리 지침

① 실습 전 반드시 안전 교육을 실시하고 소화기를 비치하여 화재 사고에 대비하며, 유류 등 인화성 물질은 안전한 곳에 분리하여 보관한다.

② 중량이 무거운 부품 이동 시 작업 장갑을 착용하며 장비를 활용하거나 2인 이상 협동하여 이동시킨다.

③ 실습 전 작업대를 정리하여 작업의 효율성을 높이고 안전 사고가 발생되지 않도록 한다.

④ 실습 작업 시 작업에 맞는 적절한 공구를 사용하여 실습 중 안전사고에 주의한다.

⑤ 실습장 내에서는 작업 시 서두르거나 뛰지 말아야 한다.

⑥ 각 부품의 탈부착 시 오일이나 물기름이 작업장 바닥에 떨어지지 않도록 하며 누출 시 즉시 제거하고 작업에 임한다.

⑦ 모든 부품은 분해, 조립 순서에 준하여 작업을 실시하고 분해된 부품은 순서에 따라 작업대에 정리정돈 한다.

⑧ 실습 종료 후 실습장 주위를 깨끗하게 정리하며 공구는 정위치시킨다.

⑨ 실습 시 작업복, 작업화를 착용한다.

4 편의 장치 점검 정비

1 와이퍼 고장 점검

(1) 윈드 실드 와이퍼 장치

윈드 실드 와이퍼는 차량 주행 중 비 또는 눈이 올 때 운전자의 시야를 확보하고 운행 안전을 위해 전면 및 후면 유리를 세정하는 일을 한다. 전기식 윈드 실드 와이퍼는 동력을 발생하는 전동기부, 동력을 전달하는 링크부 및 앞면 유리를 닦는 윈드 실드 와이퍼 블레이드부로 구성되어 있다.

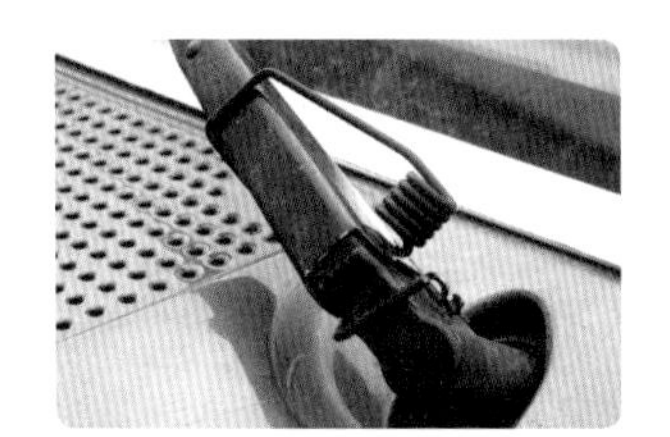

블레이드

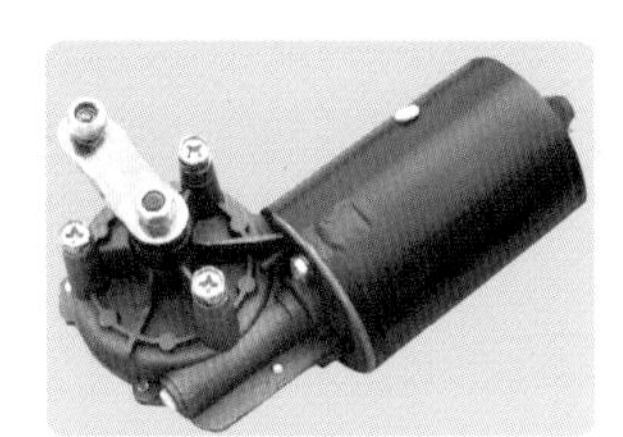

와이퍼 모터

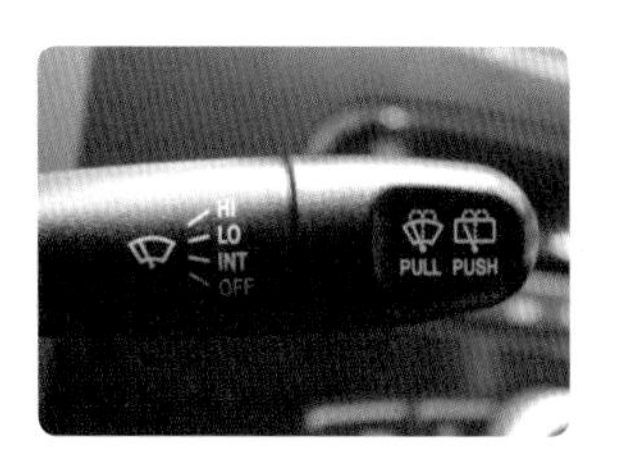

와이퍼 스위치

(2) 윈드 실드 와이퍼 구성

와이퍼 회로 점검

(3) 와이퍼 모터 고장 진단

① 와이퍼가 작동하지 않는다(고속 또는 저속 위치).

- 와이퍼 퓨즈 불량 예상 → 퓨즈 점검
- 윈드 실드 와이퍼 모터 불량 예상 → 모터 점검
- 와이퍼 스위치 불량 예상 → 스위치 점검
- 관련 배선 및 조인트 배선 접촉 불량
- 와이퍼 스위치 불량 예상 → 스위치 점검
- 관련 배선 및 조인트 불량 예상 → 배선 접속 점검
- 와이퍼 모터 접지 불량 예상 → 접지 점검

② 와이퍼 INT 기능이 작동하지 않는다.

- 와이퍼 스위치 불량 예상 → 스위치 점검
- 관련 배선 및 조인트 불량 예상 → 배선 접속 점검
- 와이퍼 릴레이 관련 배선 불량 예상 → 와이퍼 릴레이 관련 배선 점검
- 와이퍼 릴레이 불량 예상 → 와이퍼 릴레이 점검

③ 와이퍼 OFF 하여도 와이퍼가 계속적으로 작동한다.

- 와이퍼 모터 불량 예상 → 모터 점검
- 관련 배선 및 조인트 불량 예상 → 배선 접속 점검
- 와이퍼 스위치 불량 예상 → 스위치 점검

④ 와셔가 작동하지 않는다.

- 와셔 모터 불량 예상 → 모터 점검
- 관련 배선 및 조인트 불량 예상 → 배선 접속 점검
- 와셔 스위치 불량 예상 → 스위치 점검

실습 주요 point

와이퍼 회로 점검

- 전기 회로도를 참고하여 주요 부품의 위치를 파악한다.
  (유관 점검으로 부품 및 스위치 커넥터나 릴레이 탈거를 확인한다.)
- 기본적으로 배터리 충전 상태를 점검하고 단자 터미널 탈거 및 접촉 상태를 확인한다.
- 릴레이를 중심으로 입력 전원과 출력 전원을 멀티 테스터(전압계)로 확인한다.

와이퍼가 작동하지 않는 주된 원인

- 배터리 터미널 연결 상태 불량, 와이퍼 퓨즈의 단선
- 와이퍼 퓨즈의 탈거 및 단선
- 와이퍼 스위치 커넥터 탈거
- 와이퍼 릴레이 탈거, 릴레이 자체 불량
- 와이퍼 모터 커넥터 탈거
- 와이퍼 모터 불량

(4) 와이퍼 모터 회로 점검

1. 배터리 전압 및 단자 접촉 상태를 확인한다.

2. 엔진 룸 와이퍼 모터 릴레이를 점검한다.

3. 와이퍼 모터 커넥터를 탈거하고 공급 전원을 확인한다.

4. 와이퍼 모터 단품 점검을 한다.

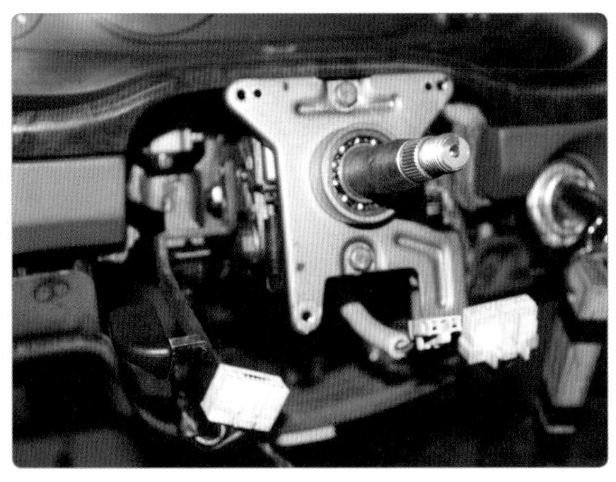

5. 와이퍼 스위치 커넥터 탈거 상태 및 단선 유무를 점검한다.

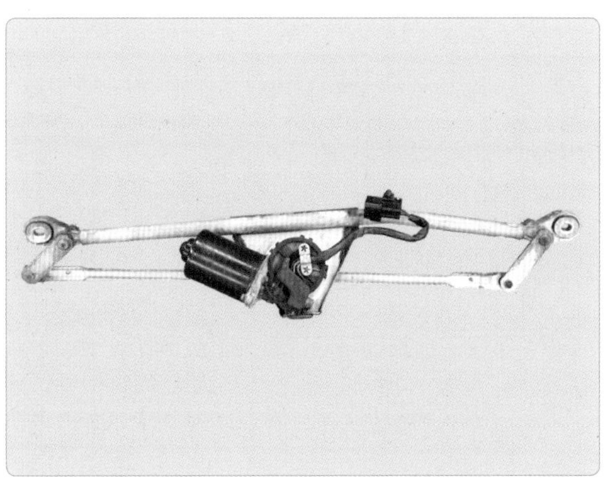

6. 와이퍼 링크와 와이퍼 모터의 체결 상태를 점검한다.

(5) 와이퍼 회로도

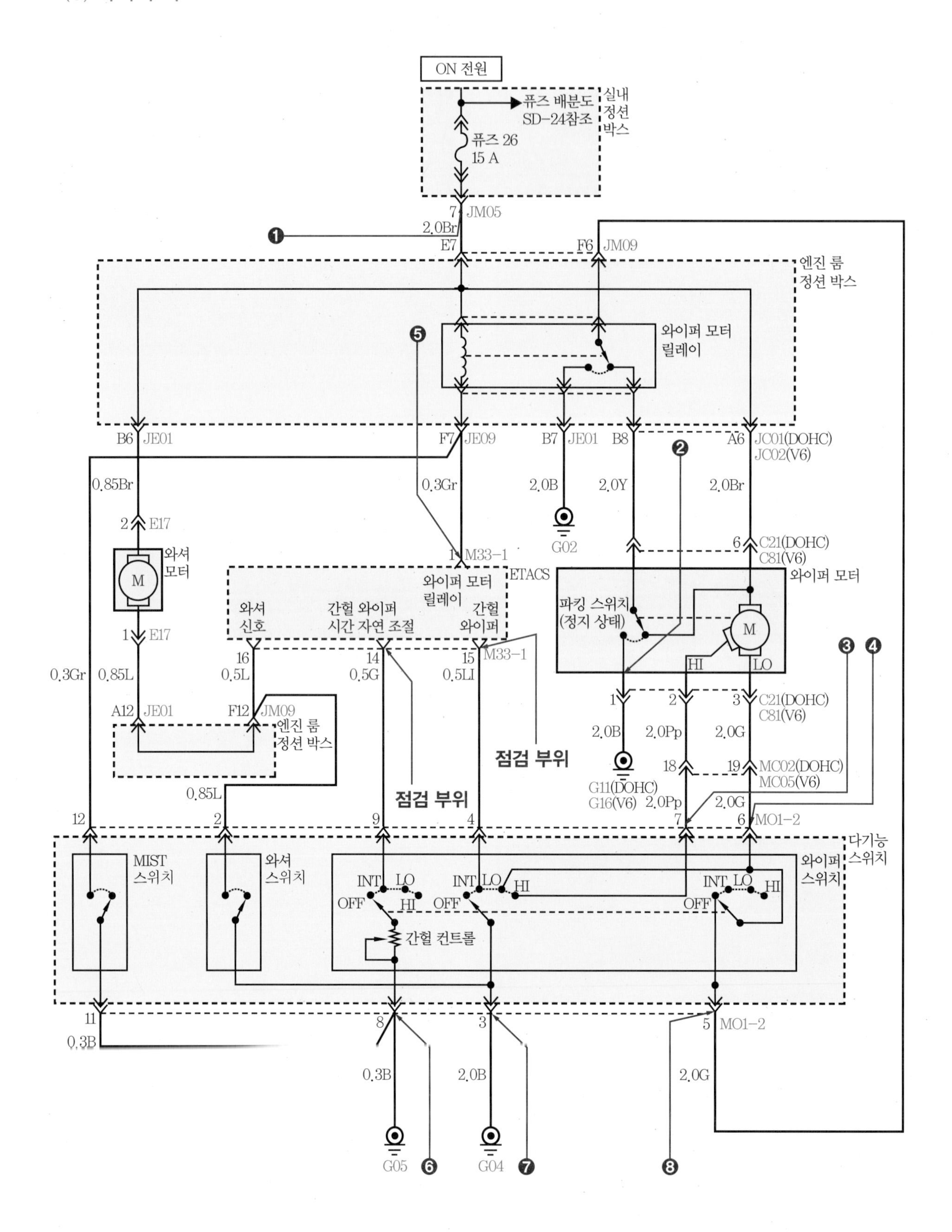
ON 전원
퓨즈 배분도 SD-24참조
실내 정션 박스
퓨즈 26 15 A
7 JM05
2.0Br
E7
F6 JM09
엔진 룸 정션 박스
와이퍼 모터 릴레이
B6 JE01
F7 JE09
B7 JE01
B8
A6 JC01(DOHC) JC02(V6)
0.85Br
0.3Gr
2.0B
2.0Y
2.0Br
2 E17
와셔 모터
1 E17
G02
6 C21(DOHC) C81(V6)
1 M33-1
ETACS
와이퍼 모터 릴레이
와셔 신호
간헐 와이퍼 시간 자연 조절
간헐 와이퍼
와이퍼 모터
파킹 스위치 (정지 상태)
HI
LO
16
14
15 M33-1
0.3Gr
0.85L
0.5L
0.5G
0.5LI
1
2
3 C21(DOHC) C81(V6)
A12 JE01
F12 JM09
엔진 룸 정션 박스
2.0B
2.0Pp
2.0G
점검 부위
18
19 MC02(DOHC) MC05(V6)
G11(DOHC) G16(V6)
0.85L
점검 부위
12
2
9
4
7
6 MO1-2
다기능 스위치
MIST 스위치
와셔 스위치
INT LO OFF HI
간헐 컨트롤
와이퍼 스위치
11
8
3
5 MO1-2
0.3B
0.3B
2.0B
2.0G
G05
G04

(6) 와이퍼 모터 소모 전류 점검

와이퍼 모터 회로에 전류계를 설치한다.

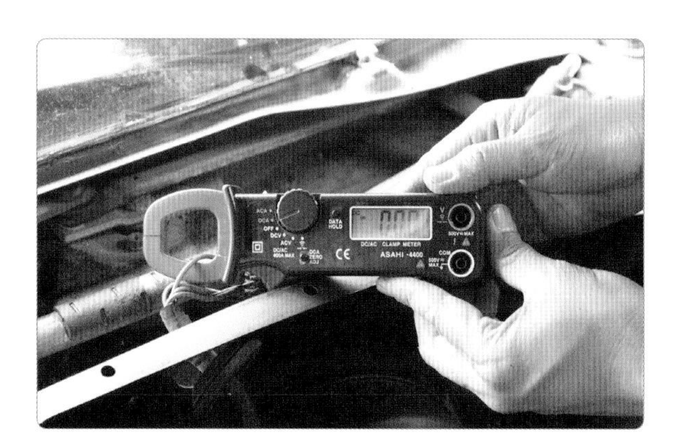

1. 전류계를 와이퍼 본선에 설치하고 0점 조정한다.

2. 점화 스위치를 ON시킨다.

3. 와이퍼 스위치를 LOW로 작동시킨다.

4. 와이퍼 모터가 LOW 작동 시 출력된 전류를 계측한다(1.5 A).

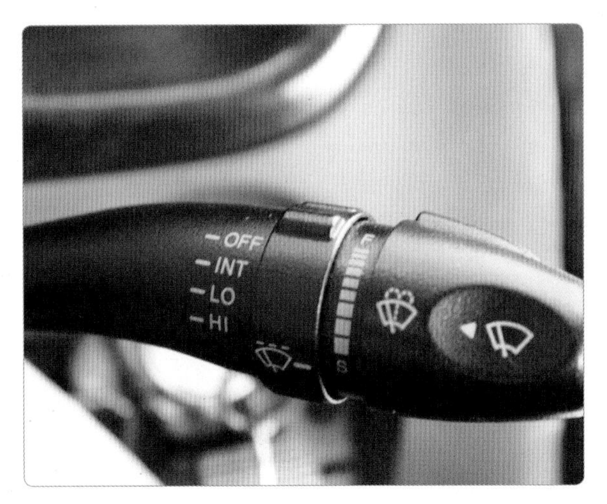

5. 와이퍼 스위치를 HI로 작동시킨다.

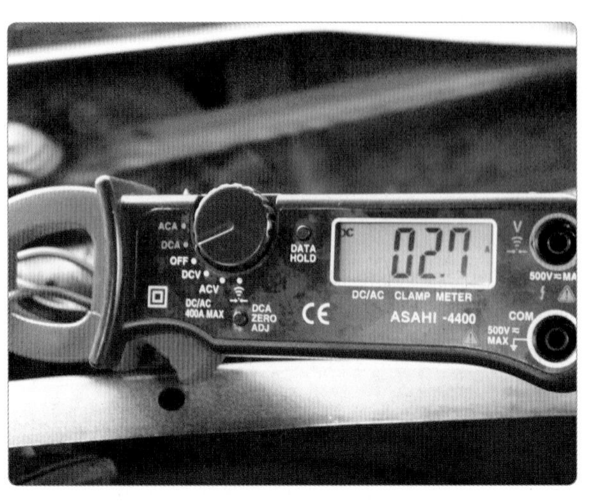

6. 와이퍼 모터가 HI 작동 시 출력된 전류를 계측한다 (2.7A).

7. 와이퍼 스위치를 OFF시키고 전류계를 정위치한다.

8. 점화 스위치를 OFF시킨다.

(7) 와이퍼 모터 소모 전류 측정 결과

① 측정(또는 점검) : 와이퍼 모터 소모 전류를 측정한 값을 확인한다.

- 측정값 : LOW 모드-1.5 A, HIGH 모드-2.7 A
- 규정(한계)값 : LOW 모드-3.0~3.5 A, HIGH 모드-4.0~4.5 A

② 정비(조치) 사항 : 측정(점검) 사항이 불량일 때는 와이퍼 모터를 교환한다.

(8) 윈드 실드 와이퍼 모터 탈부착

1. 와이퍼 모터 커넥터를 탈거한다.

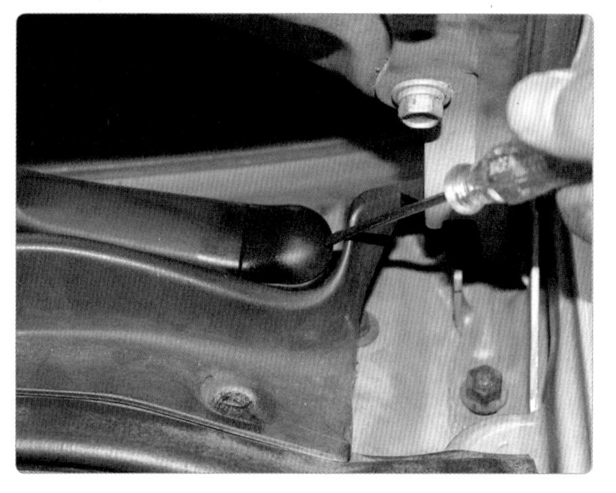

2. 와이퍼 블레이드 캡을 탈거한다.

3. 와이퍼 블레이드 고정 볼트를 탈거한다.

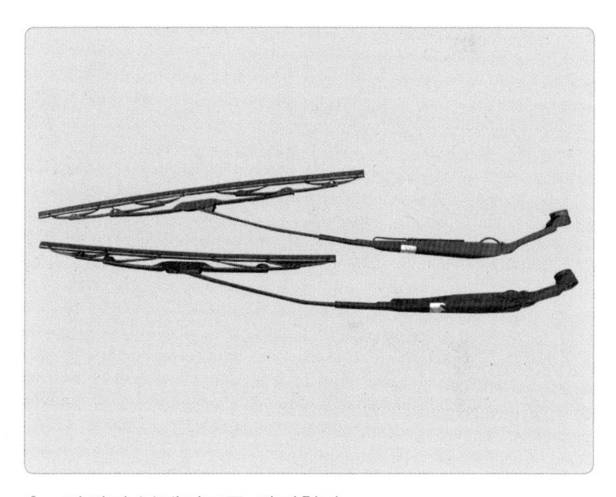

4. 와이퍼 블레이드를 탈거한다.

5. 와이퍼 모터 고정 볼트를 탈거한다.

6. 와이퍼 모터 고정 링크를 탈거한다.

7. 와이퍼 모터를 탈거하고 이상 유무를 확인한다.

8. 와이퍼 모터를 링크에 맞춘다.

9. 와이퍼 모터 고정 볼트를 조립한다.

10. 와이퍼 모터와 연결 링크를 체결한다.

11. 와이퍼 모터 링크 그릴을 조립한다.

12. 와이퍼 블레이드 고정 너트를 조립한다.

(9) 와이퍼 간헐(INT) 시간 조정 스위치 입력 신호 전압 점검

① 와이퍼 회로도

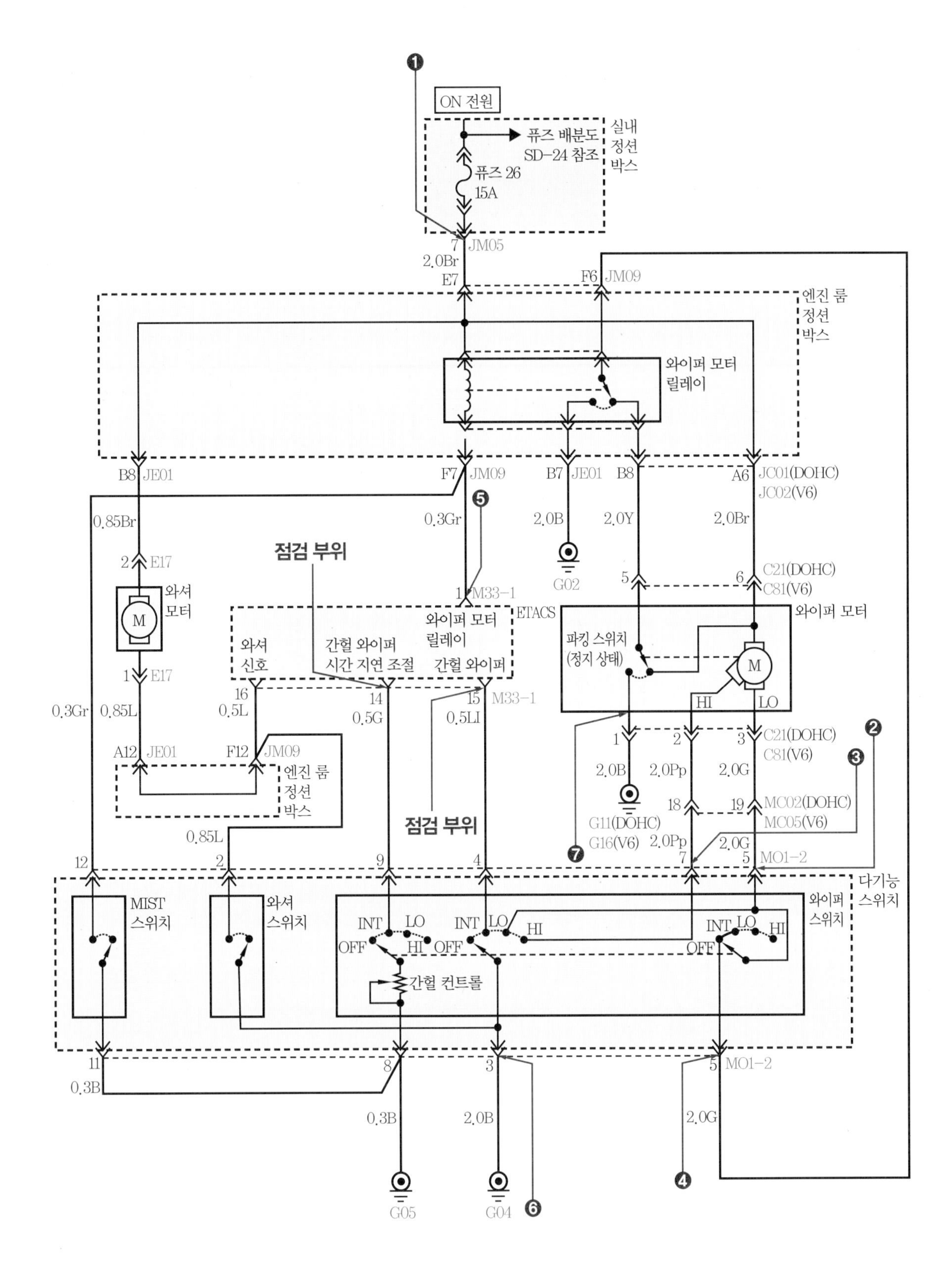

② 와이퍼 스위치 신호 점검

에탁스 커넥터 M33-1, M33-2 단자별 배선 커넥터

● M33-1

1	2	3	4	5	6	7	8
9	10	11	12	13	14	15	16

1. 와이퍼 모터 릴레이 엔진 룸 정션
와이퍼 모터 릴레이 F7
실내 정션 퓨즈 26(15 A)

3. 키 조명등 컨트롤(이그니션키 조명등)
퓨즈 9(10 A)

4. 좌측 앞 도어 로크 언로크 입력
(좌측 앞 도어 로크 액추에이터 2번 단자)

6. 우측 앞 도어 로크 언로크 입력
(우측 앞 도어 로크 액추에이터 1번 단자)

8. 스티어링 잠금 입력
(스티어링 잠금 스위치 1번)
실내 정션 퓨즈 9(10 A)

12. 뒤 도어 로크 언로크 입력
(좌측 뒤 도어 로크 액추에이터 2번 단자)

14. 간헐 와이퍼 시간 지연 조절
(다기능 스위치 9번 단자)

15. 간헐 와이퍼
(다기능 스위치의 4번 단자)
INT

16. 와셔 신호
(엔진 룸 정션 박스 F12)

● M33-2

1	2	3	4	5	6
7	8	9	10	11	12

1. 비상등 릴레이 컨트롤
(비상등 릴레이 4번 단자)
퓨즈 17(15 A)

3. 우측 도어 언로크 스위치 입력
(우측 스위치 언로크 스위치 1번 단자) 접지

4. 좌측 도어 언로크 스위치 입력
(좌측 도어 언로크 스위치 1번 단자) 접지

5. 후드 스위치 입력(후드 스위치, 접지)

6. 코드 세이브
(키레스 리시버 2번 단자)
퓨즈 20(10 A)

10. 사이렌 컨트롤(사이렌 1번 단자)
DRL 퓨즈 15 A

12. 트렁크 언로크 스위치 입력
(트렁크 언로크 스위치) 접지

③ 와이퍼 스위치 신호 점검

1. 시험용 차량에서 에탁스의 위치를 확인한다.

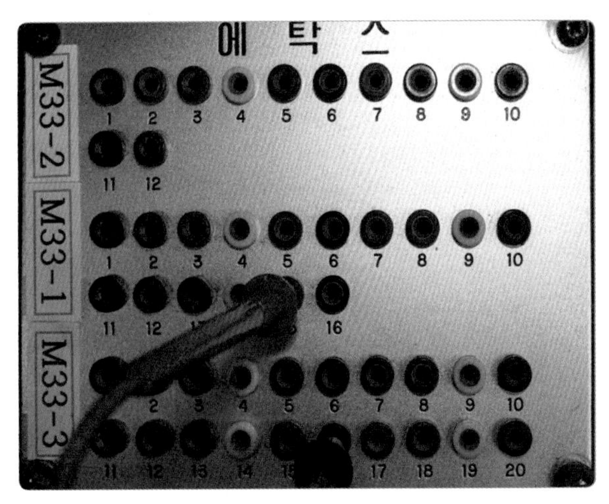

2. 에탁스 커넥터(M33-1 커넥터 15번 단자)에 멀티테스터 (+) 프로브를 연결하고 (-) 프로브는 차체(M33-3 커넥터 16번 단자)에 접지시킨다.

3. 점화 스위치를 ON시킨다(스위치 점등 상태 확인).

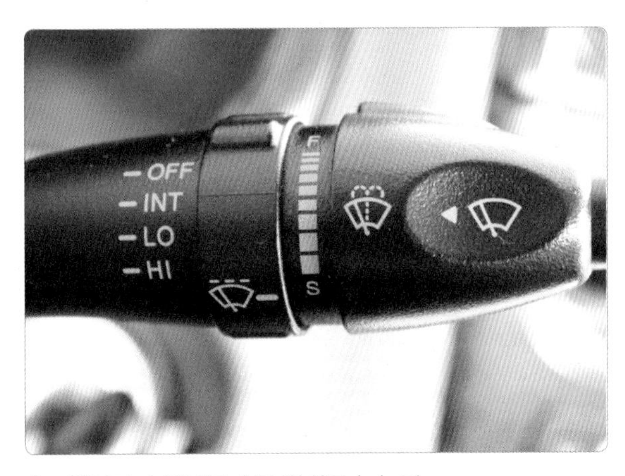

4. 와이퍼 스위치를 INT 위치로 놓는다.

5. 출력된 전압을 확인한다(0.001 V).

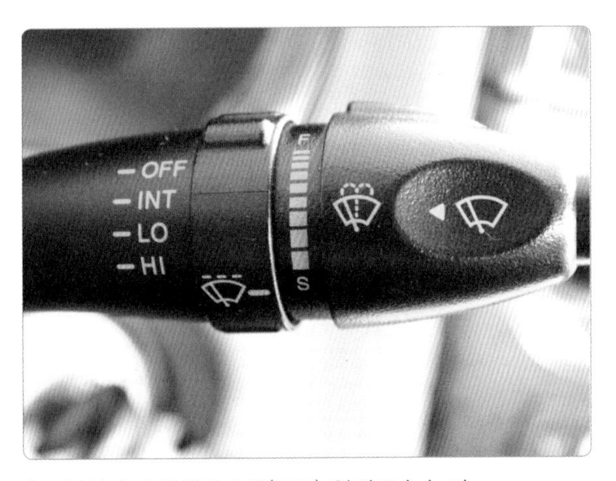

6. 와이퍼 스위치를 INT(OFF) 위치로 놓는다.

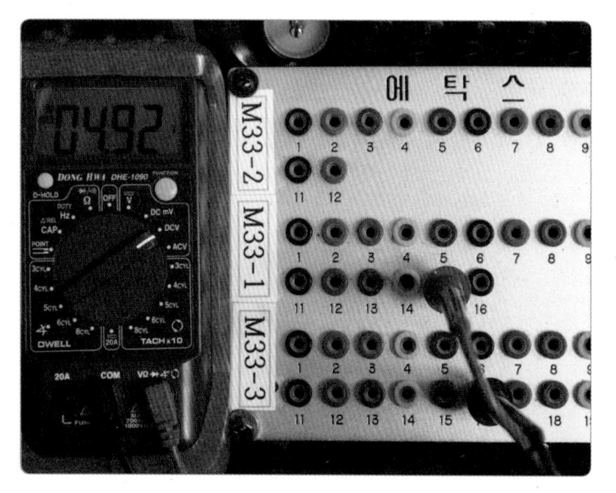

7. 출력된 전압을 확인한다(4.92 V).

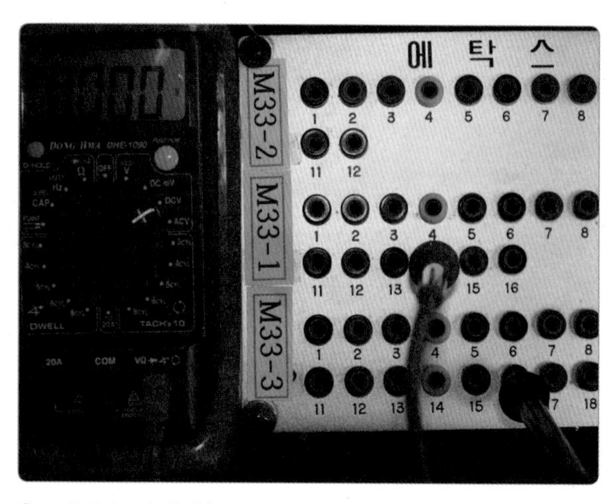

8. 에탁스 커넥터(M33-1 커넥터 4번 단자)에 멀티 테스터 (+) 프로브를 연결하고 (-) 프로브는 차체(M33-3 커넥터16번 단자)에 접지시킨다.

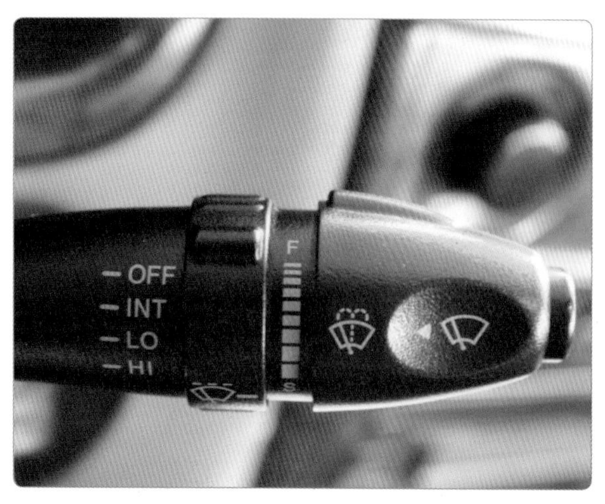

9. 와이퍼 스위치 INT TIME을 FAST로 놓는다.

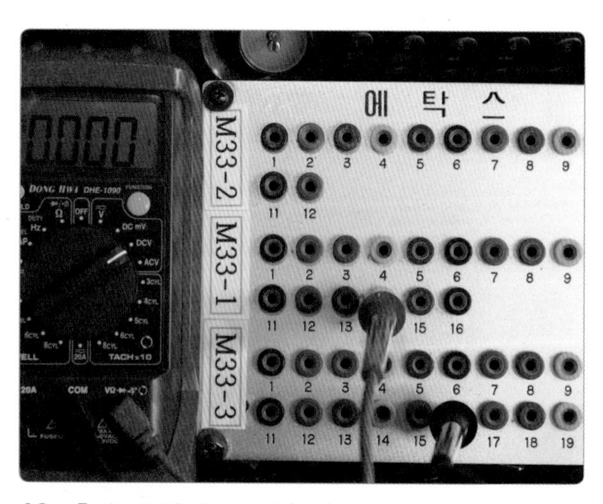

10. 출력 전압을 확인한다(0 V).

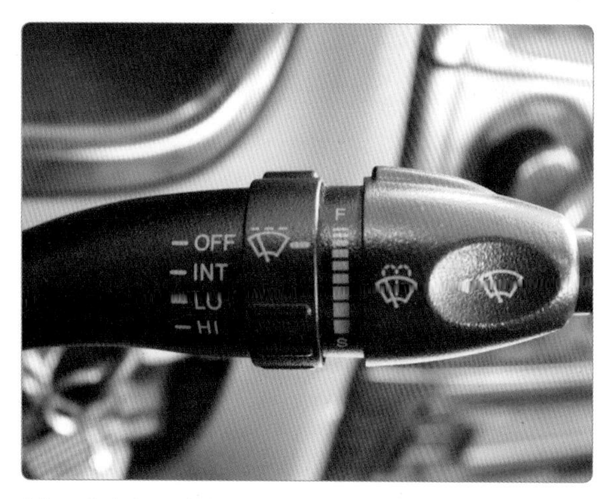

11. 와이퍼 스위치 INT TIME을 SLOW로 놓는다.

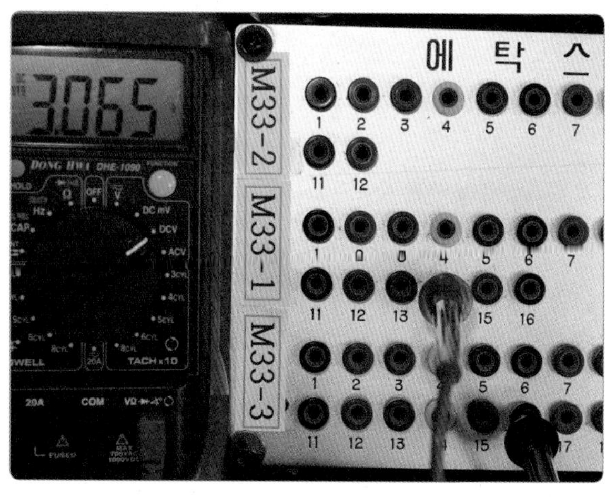

12. 출력 전압을 확인한다(3.065 V).

④ 측정(점검) : 작동 신호를 측정한 값을 확인한다.

- INT S/W ON 시(전압) : 12 V
- INT TIME(주기) : SLOW 3.065 V, FAST 0 V

⑤ 정비(조치) 사항 : 와이퍼 신호 작동이 불량일 때는 에탁스 교환 후 재점검한다.

와이퍼 간헐 시간 작동 규정값		
차 종	제어 시간	특 징
현대 전 차종	T_0 : 0.6초/T_2 : 1.5±0.7초~ 10.5±3초	인트 볼륨 저항(저속 : 약 50 kΩ/고속 : 약 0 kΩ)

와이퍼 간헐 시간 조정 작동 전압 규정값			
입·출력 요소	항 목	조 건	전압값
입력 요소	INT(간헐) 스위치	OFF	5 V
		INT 선택	0 V
출력 요소	INT(간헐) 가변 볼륨	FAST(빠름)	0 V
		SLOW(느림)	3.8 V
	INT(간헐) 릴레이	모터를 구동할 때	0 V
		모터를 정지할 때	12 V

2 감광식 룸 램프 출력 전압 측정

(1) 실습 차량 에탁스 위치

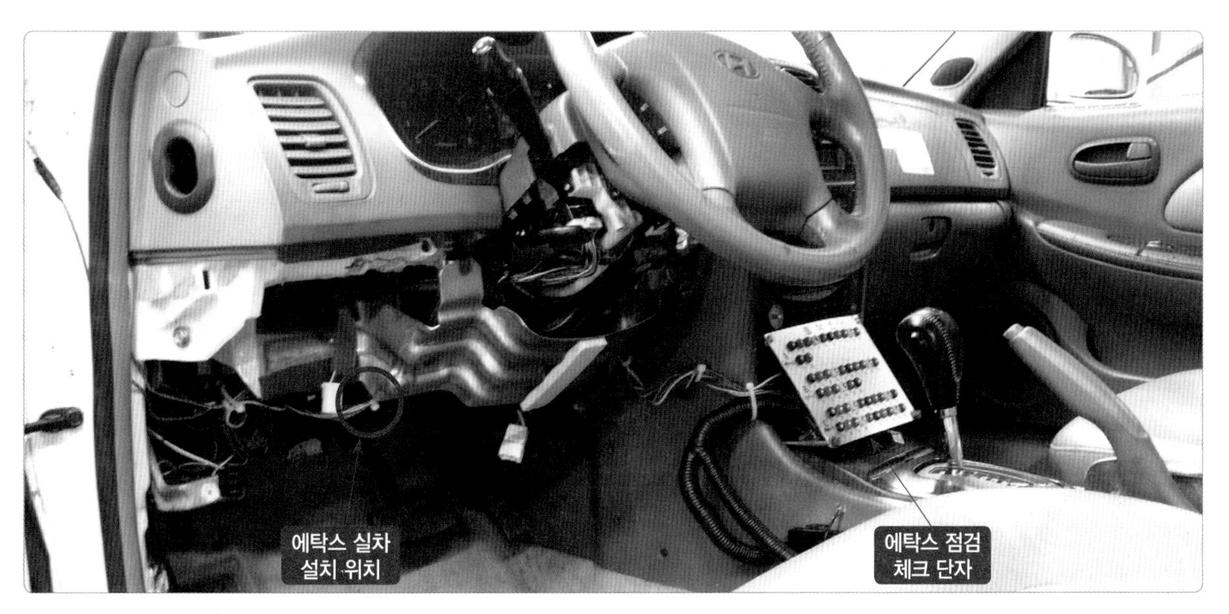

실습 차량의 실내 정션 박스 및 에탁스 위치

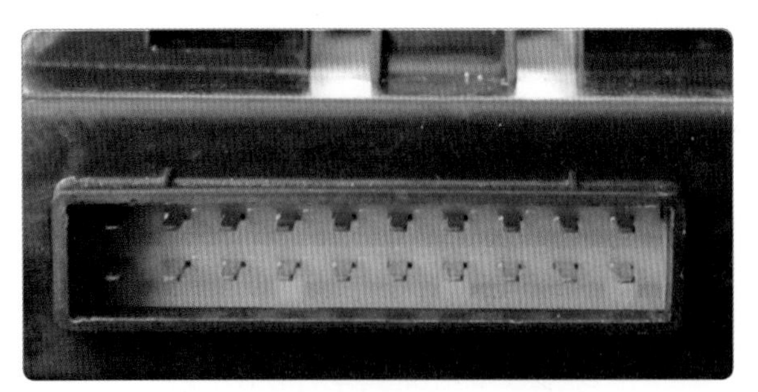

에탁스 커넥터 M33-3 커넥터 확인

● M33-3

실내등 도어 스위치 (3번 단자)
실내등 컨트롤

11	12	13	14	15	16	17	18	19	20
1	2	3	4	5	6	7	8	9	10

(2) 에탁스 커넥터 M33-3 단자 회로

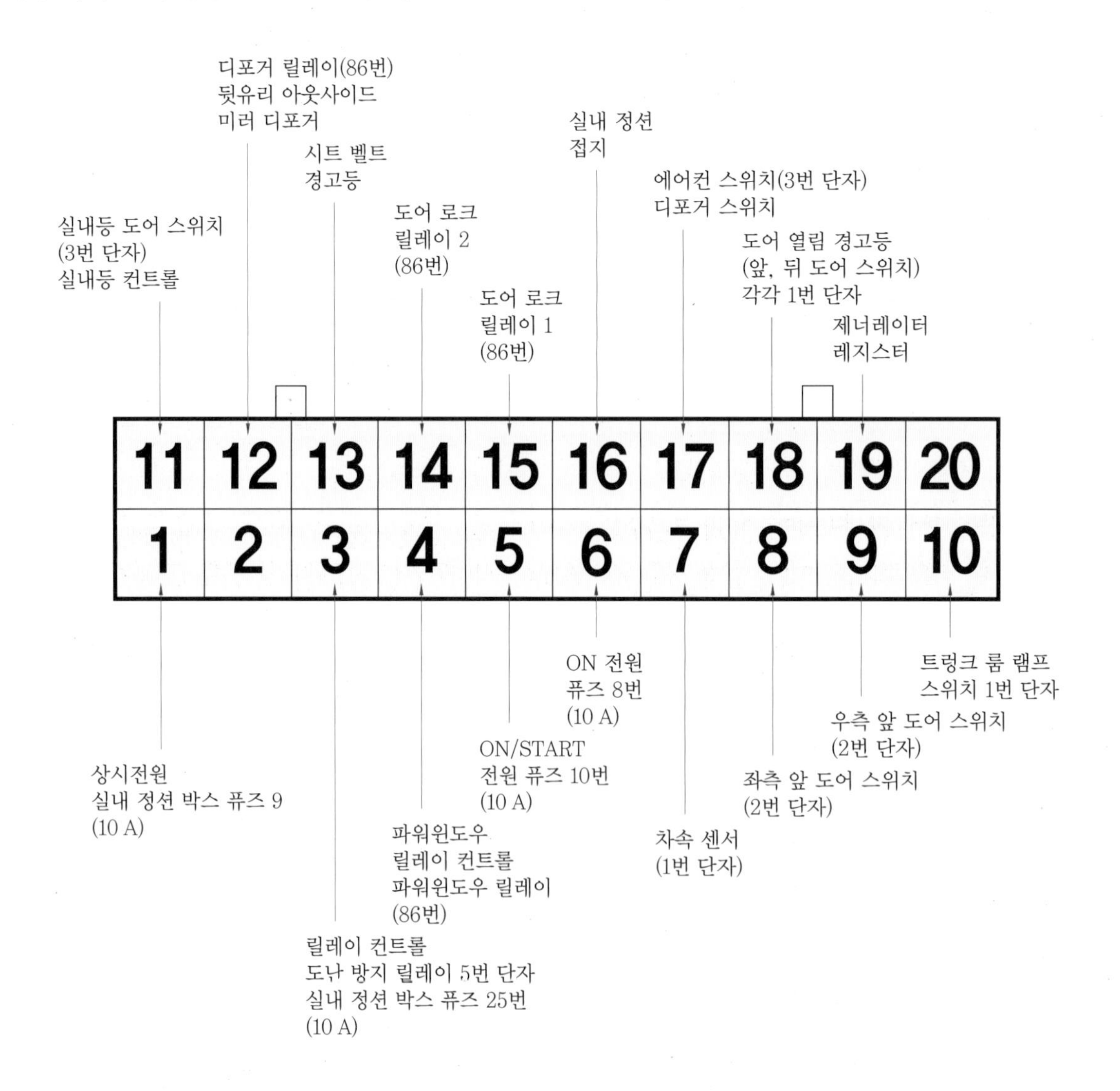

(3) 실내등 회로

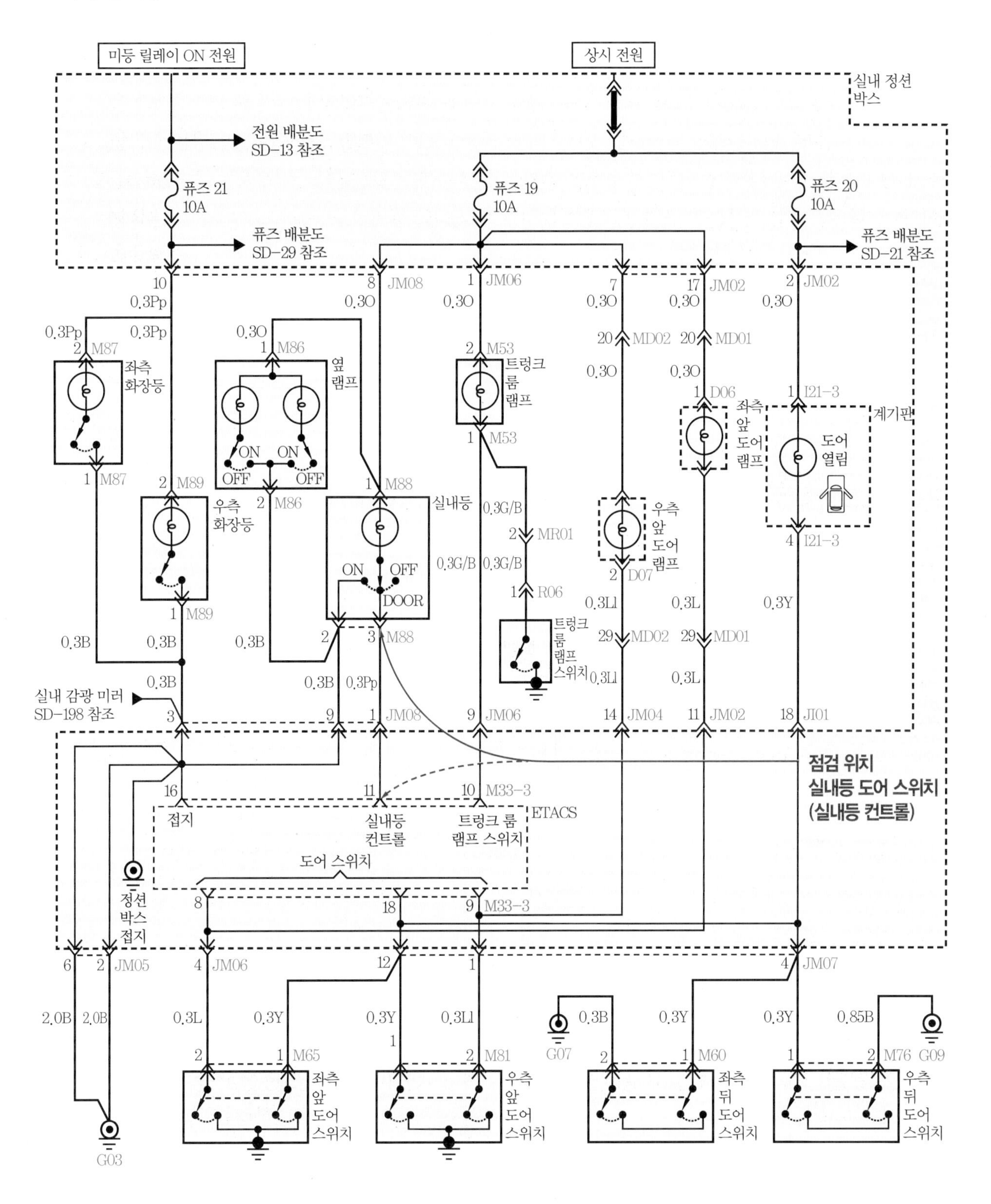

※ 도어 열림 시 룸 램프가 점등되고 도어 닫힘 시 즉시 75% 감광 후 서서히 감광되다가 4~6초 후 완전히 소등된다.

➡ 감광등 작동 중 IG/SW를 ON하면 출력이 즉시 OFF된다(룸 램프 점등 시 : 0 V, 소등 시 : 12 V(접지 해제)).

(4) 감광식 룸 램프 작동 시 출력 전압 측정

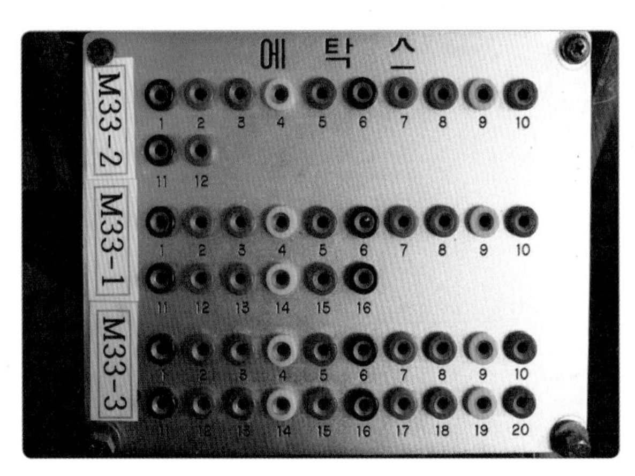

1. 컨트롤 유닛 커넥터 M33-3 11번 단자를 확인한다.

2. 도어 스위치의 작동 상태를 확인한다(ON, OFF).
스위치 접점이 OFF되면 0 V → 5 V를 확인한다.
(도어 스위치 및 에탁스 작동 상태 확인).

3. 점화 스위치를 OFF시킨다.

4. 실내등 스위치를 도어(중앙)에 놓는다.
(도어 열림 시 룸 램프 점등)

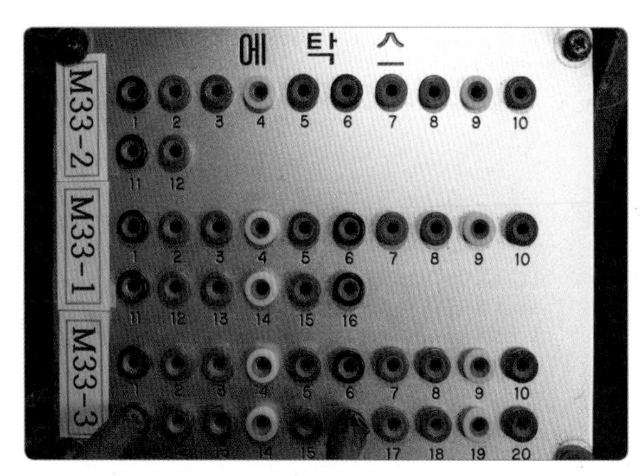

5. 스캐너 (+) 프로브를 11번 단자에, (-) 프로브는 차체 접지(16번 단자)에 연결한다.

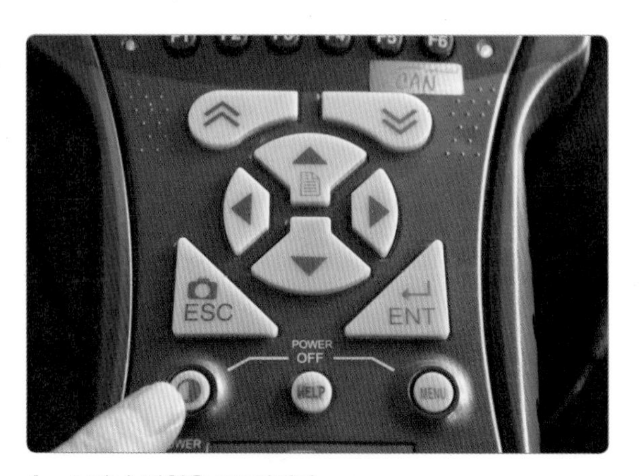

6. 스캐너 전원을 ON시킨다.

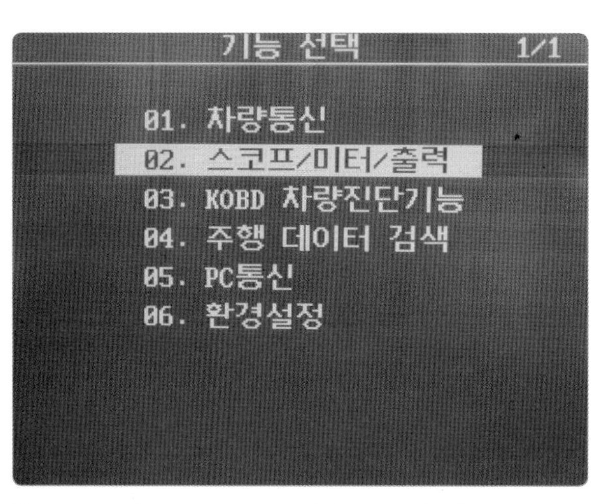

7. 기능 선택에서 스코프/미터/출력을 선택한다.

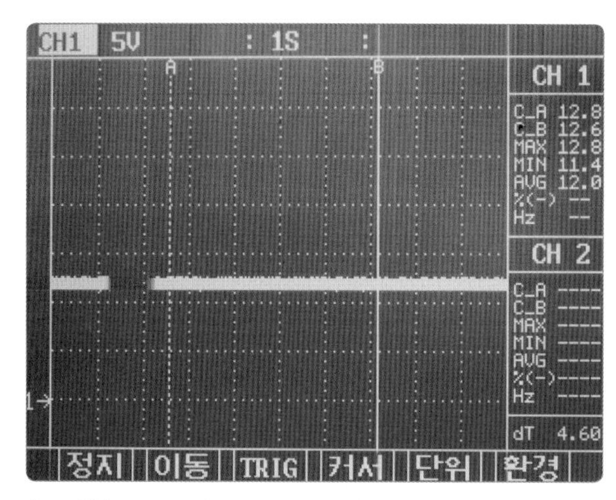

8. 파형 스코프에서 기준 전압을 5 V, 시간을 1.0 s/div로 설정한다.

9. 운전석 도어를 열었다 닫는다(도어 스위치를 손으로 누르고 시험 가능).

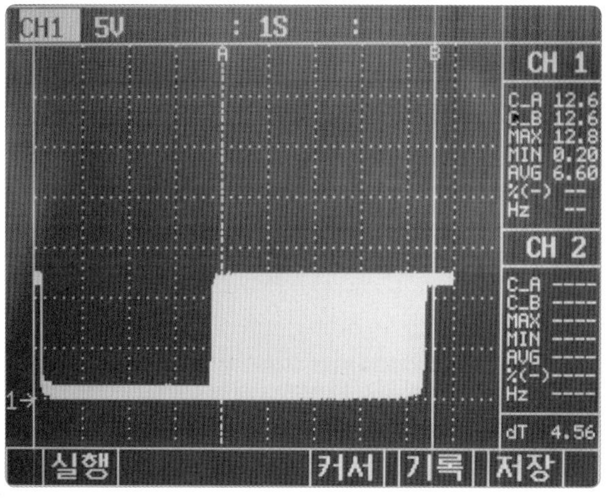

10. 실내등이 서서히 소멸되며 소등된다(이때 스캐너에 듀티 파형이 출력된다).

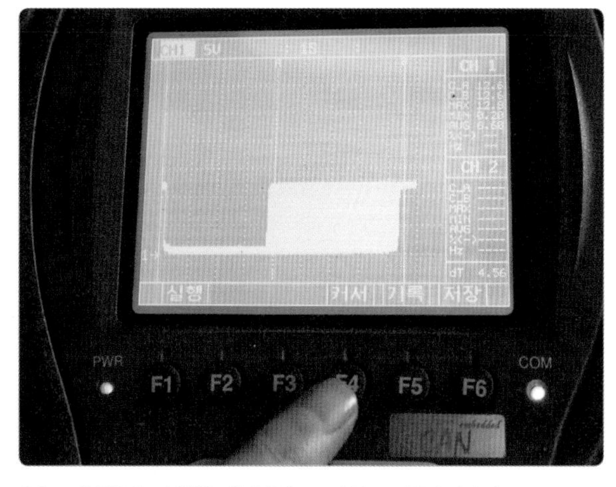

11. 출력된 파형을 확인하고 커서 F4를 누른다.

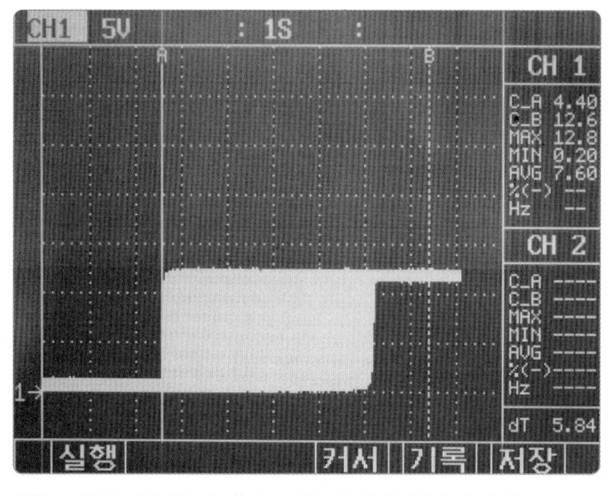

12. 커서 A를 듀티 제어 좌측 끝선에 일치시킨다.

Chapter 8 편의 장치 점검 정비

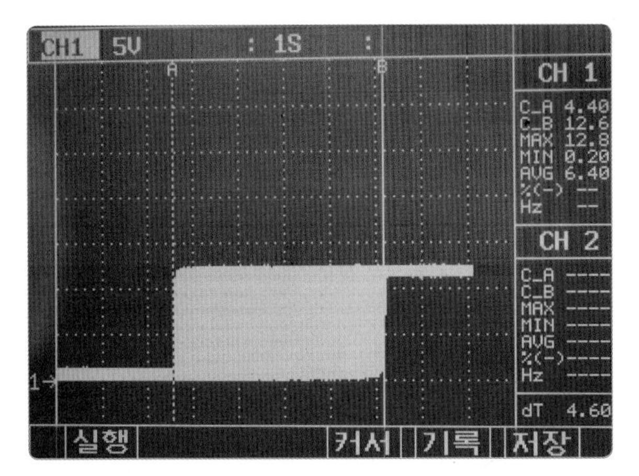

13. 커서 B를 듀티 제어 우측 끝선에 일치시킨다.

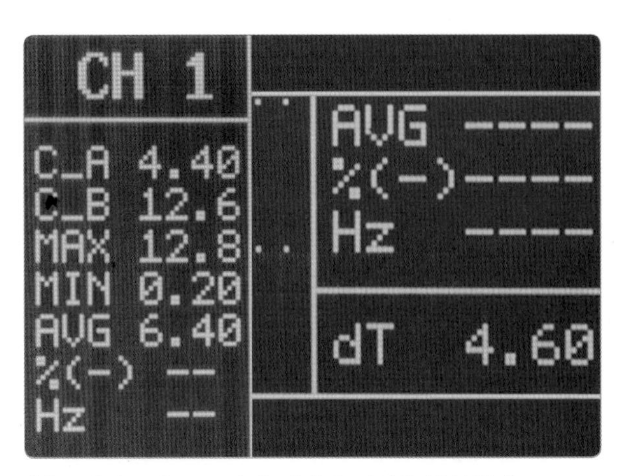

14. 커서 A와 B 구간의 시간과 전압을 확인한다.

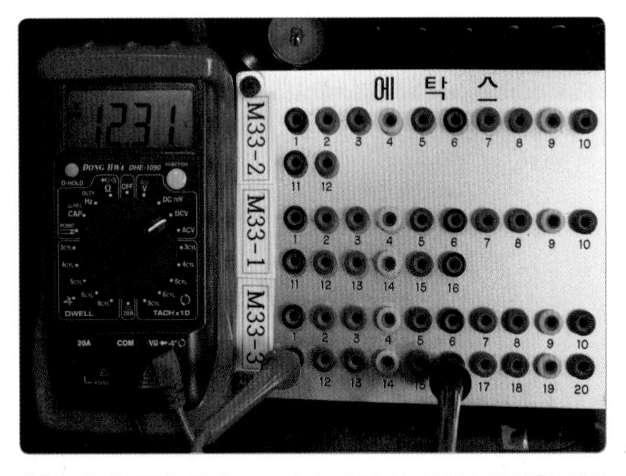

15. **멀티 전압 측정** : 도어가 닫힌 상태에서 전압을 점검한다(12.31 V).

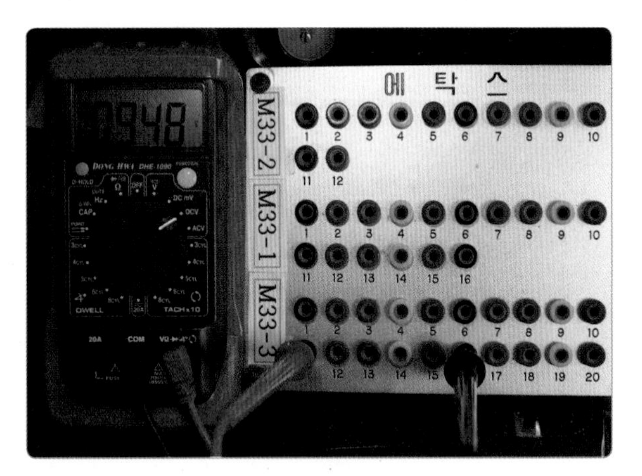

16. 도어가 열린 상태에서 전압을 점검한다(0.948 V).

① 측정(점검)

- 감광 시간 : 감광 시간 측정값(4~6초)을 확인한다.
- 전압(V) 변화 : 도어 닫힘 시 작동 전압 변화(12 V)를 측정한다.

② 정비(조치) 사항 : 측정 결과가 양호하므로 정비 및 조치 사항 없음으로 판정한다.

점검 결과가 불량일 때는 에탁스 교환 후 재점검한다.

③ 와이퍼 간헐 시간 및 조정 작동 전압 규정값

규정값		
차 종	제어 시간	소모 전류(A)
EF 쏘나타/옵티마/오피러스	5.5±0.5초	• 리모컨 언로크 시 10~30초간 점등 • 룸 램프 점등 40분 후 자동 소등

컨트롤 유닛 기본 입력 전압 규정값			
입 · 출력 요소		전압 수준	
입력	전 도어 스위치	도어 열림 상태	0 V
		도어 닫힘 상태	12 V
출력	룸 램프	점등 상태	0 V(접지 시)
		소등 상태	12 V(접지 해제)

실습 주요 point

투 채널을 통한 감광 램프 작동 확인

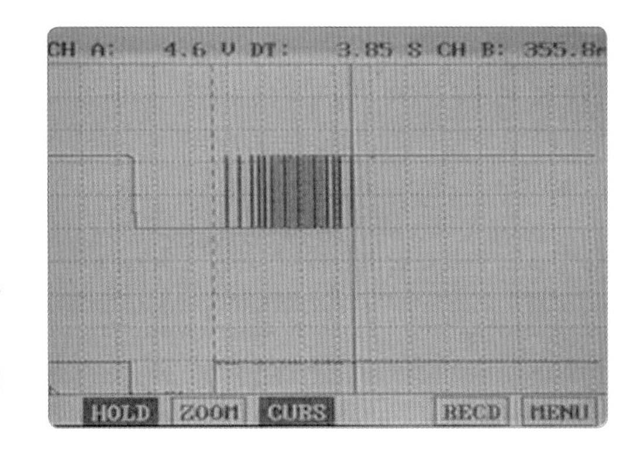

❶ A채널 도어가 닫혀 있다가 열린 시점
 – B채널 룸 램프 접지
❷ A채널 도어가 열려 있다가 닫힌 시점
 – 펄스 파형 : 일정 듀티 파형 3.85 S
 ➡ 룸 램프의 감광 제어가 이루어짐
❸ 도어가 열리면 스위치 접점이 ON되어 5 V→0 V로 전압이 변화됨
❹ 이 신호를 근거로 에탁스는 룸 램프를 즉시 접지시켜 룸 램프가 작동됨

배선 색상 표기와 구분

기 호	영 문	색	기 호	영 문	색
B	Black	검정	O	Orange	오렌지색
Br	Brown	갈색	R	Red	빨간색
G	Green	녹색	Y	Yellow	노란색
L	Blue	파란색	W	White	하얀색
Lb	Lihgt blue	연청색	V	Violet	보라색
Lg	Lihgt green	연녹색	P	Pink	분홍색

❶ 커넥터는 로크 레버를 눌러 분리할 수 있으며 커넥터를 분리할 때는 배선을 당기지 말고 반드시 커넥터 몸체를 잡고 분리하도록 한다.
❷ 회로 점검 시험기로 통전 또는 전압을 점검할 때 시험용 탐침을 리셉터클 커넥터에 삽입할 경우 커넥터의 피팅이 열려 접속 불량을 초래할 수도 있다. 따라서 시험용 탐침은 배선 쪽에서만 삽입시킨다.

● **EF 쏘나타 에탁스 커넥터 단자**

[M33-1]

1	2	3	4	5	6	7	8
9	10	11	12	13	14	15	16

1. 와이퍼 모터 릴레이
3. 키 조명등 컨트롤
4. 좌측 앞 도어 로크/언로크 입력
6. 우측 앞 도어 로크/언로크 입력
8. 스티어링 잠금 입력
11. 뒤 도어 로크/언로크 입력
14. 간헐 와이퍼 시간 지연 조절
15. 간헐 와이퍼
16. 와셔 신호

● M33-1, M33-2

[M33-2]

1	2	3	4	5	6
7	8	9	10	11	12

3. 우측 도어 언로크 스위치 입력
4. 좌측 도어 언로크 스위치 입력
5. 후드 스위치 입력
6. 코드 세이브
10. 사이렌 컨트롤
12. 트렁크 언로크 스위치 입력

● M33-3

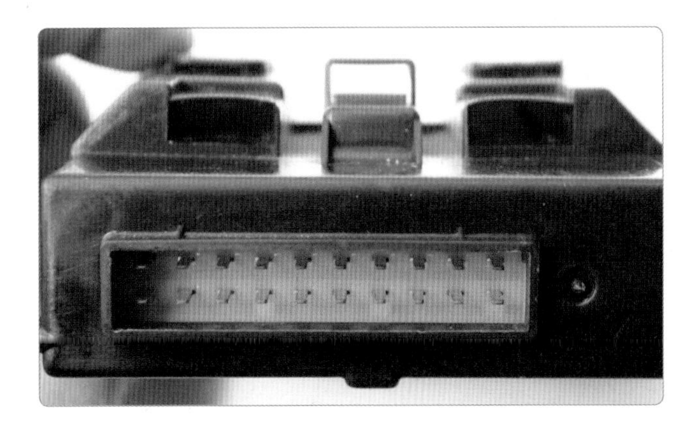

[M33-3]

11	12	13	14	15	16	17	18	19	20
1	2	3	4	5	6	7	8	9	10

1. 상시 전원 **3.** 릴레이 컨트롤
4. 파워윈도우 릴레이 컨트롤
5. ON/START 전원 **6.** ON 전원
7. 좌우 센서 **8.** 좌측 앞 도어 스위치
9. 우측 앞 도어 스위치
10. 트렁크 룸 램프 스위치
11. 실내등 컨트롤
12. 뒷유리 아웃사이드 미러 디포거
13. 시트 벨트 경고등
14. 도어 로크/언로크 릴레이 컨트롤
16. 접지
18. 도어 열림 경고등 앞 · 뒤 도어 스위치

3 열선 스위치 입력 신호(전압 측정)

(1) 열선 회로도

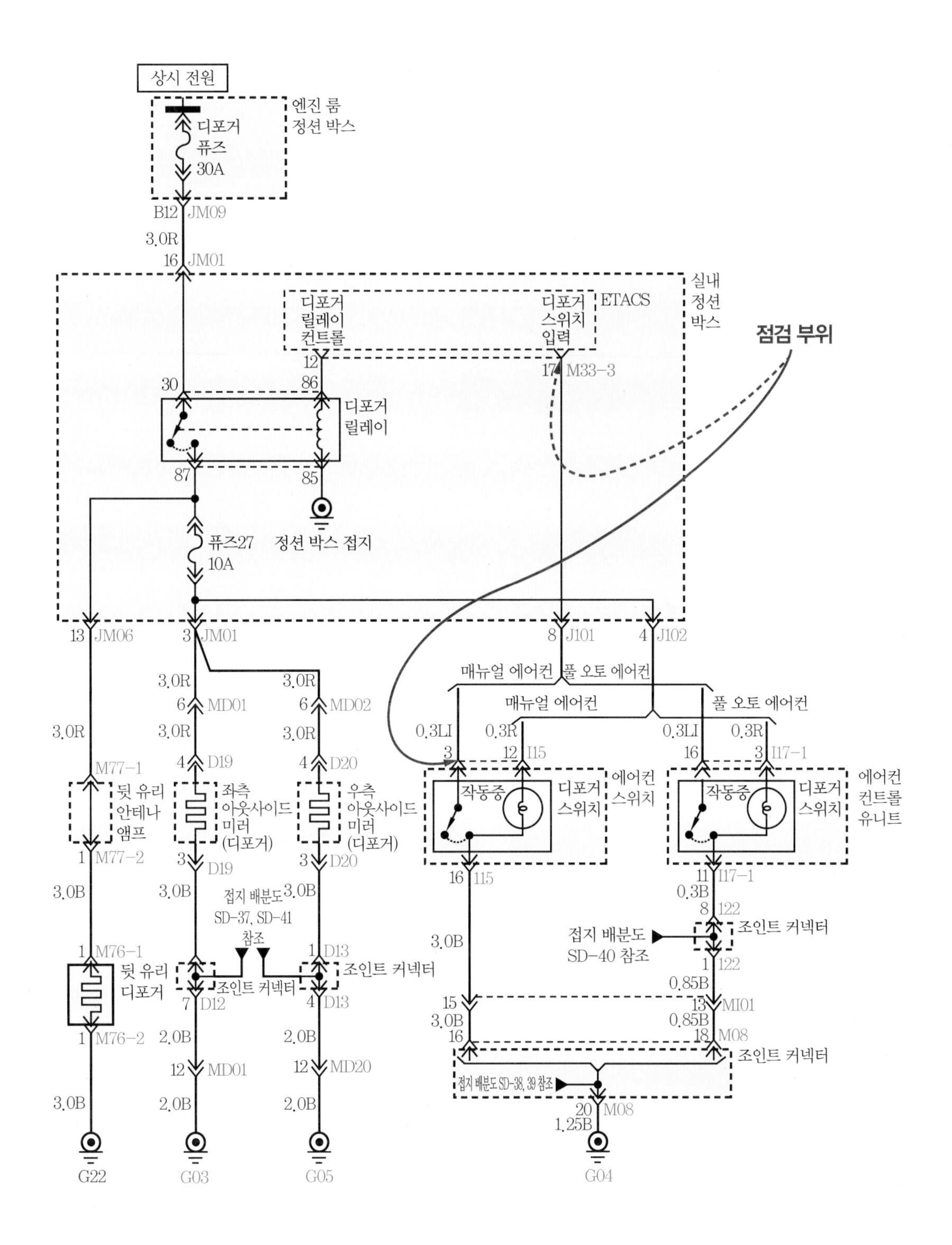

(2) 열선 측정 전압

● 뒷유리 열선 타이머 제어 기능

뒷유리 열선 스위치를 눌렀을 때 에탁스 유닛이 15분 동안 뒷유리 열선 릴레이를 작동시키는 기능을 말한다.

[EF 쏘나타 에탁스 M33-3 커넥터 단자]

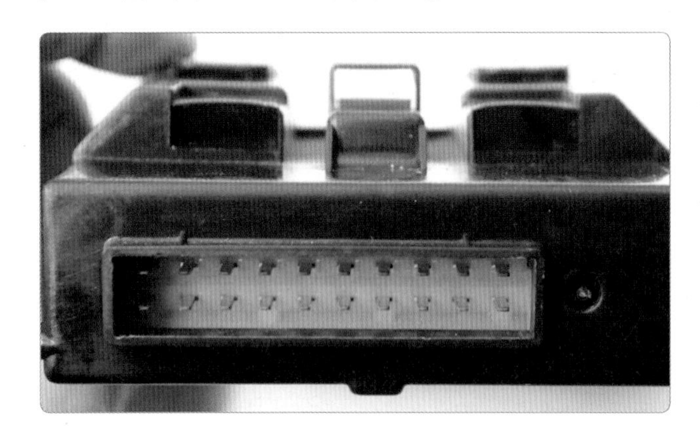

[단자별 기능]

11	12	13	14	15	16	17	18	19	20
1	2	3	4	5	6	7	8	9	10

1. 상시 전원
3. 릴레이 컨트롤
4. 파워윈도우 릴레이 컨트롤
5. ON/START 전원
6. ON 전원
7. 좌우 센서
8. 좌측 앞 도어 스위치
9. 우측 앞 도어 스위치
10. 트렁크 룸 램프 스위치
11. 실내등 컨트롤
12. 뒷유리 아웃사이드 미러 디포거
13. 시트벨트 경고등
14. 도어 로크/언로크 릴레이 컨트롤
16. 접지
17. 디포거 스위치
18. 도어 열림 경고등 앞, 뒤 도어 스위치

(3) 열선 스위치 입력 신호 점검

1. 엔진을 시동한다(시동 후 IG ON 상태).

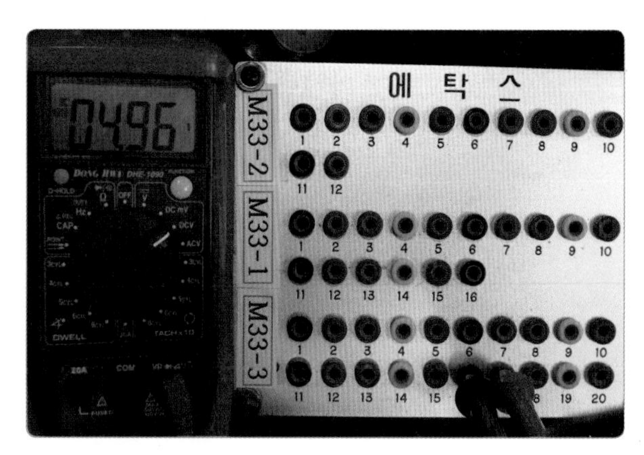

2. 에탁스 디포거 스위치 입력 단자 M33-3 17번 단자에 프로브 (+)를, 프로브 (-)를 M33-3 16번 단자에 연결한 후 열선 스위치 OFF 상태에서 전압을 측정한다(4.96 V).

3. 디포거 스위치를 ON 상태로 유지한다.

4. 출력된 전압값(0.069 V)을 확인한다.

(4) 열선 제어 회로 및 출력 파형 측정

● 뒷열선 타이머 제어 회로

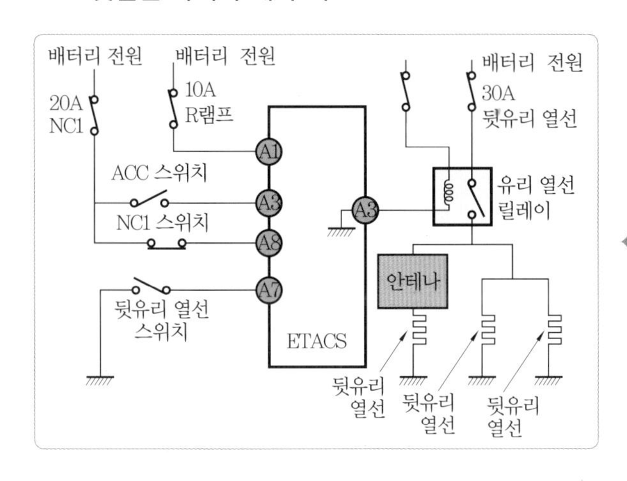

① 배터리 전원 IG 1 스위치 전원 입력 ➡ 12 V
② 뒷유리 열선 스위치 ON : 5 V ➡ 0 V
③ IG 전원 열선 릴레이 코일 접지
④ 배터리 전원 뒷열선 및 아웃사이드미러 디포거 작동

● 스캐너 2개 채널 파형 측정

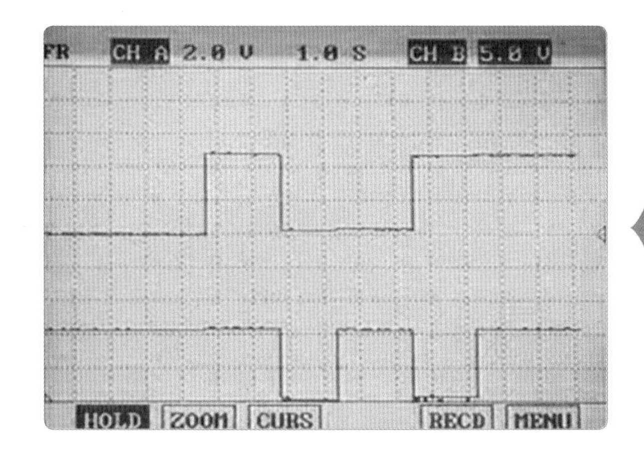

① 스캐너로 입력 전원을 확인한다.
② A채널은 열선 스위치 신호, B채널은 열선 릴레이 출력 단자이다.

① **측정(점검)** : 열선 스위치 작동 전압을 측정한 값 ON : 0.069 V, OFF : 4.96 V를 확인한다.

② **정비(조치) 사항** : 측정값이 정상이고 이상 부위가 없을 때에는 양호하나 불량일 때는 고장 원인과 정비 사항을 확인하여 조치토록 한다. ⓔ 열선 불량 시 입력 요소 문제인지 출력 요소 릴레이 및 열선 문제인지 구분하여 확인한다.

열선 스위치 입력 회로 작동 전압			
입 · 출력 요소	항 목	조 건	전압값
입력 요소	발전기 L 단자	시동할 때 발전기 L 단자 입력 전압	12 V
	열선 스위치	OFF	5 V
		ON	0 V
출력 요소	열선 릴레이	열선 작동 시작부터 열선 릴레이 OFF될 때까지의 시간 측정	15분
		열선 작동 중 열선 스위치가 작동할 때의 현상	뒷유리 성애가 제거됨

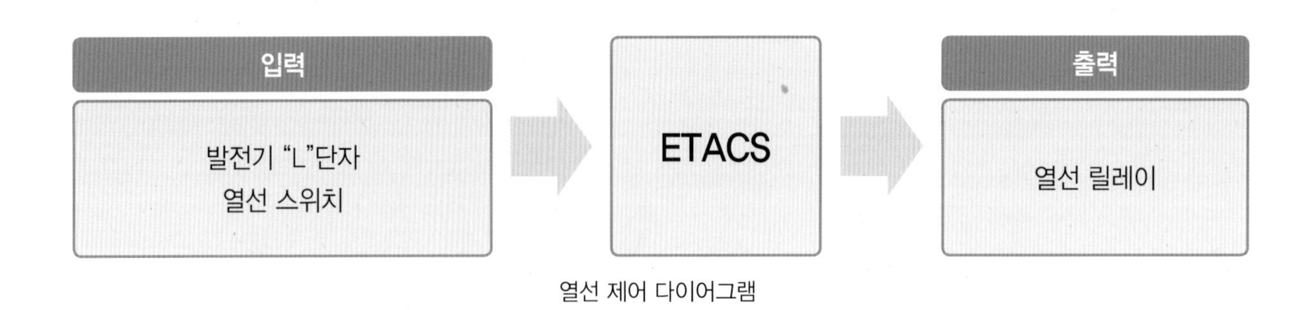

열선 제어 다이어그램

실습 주요 point

열선 제어 및 점검

❶ 발전기 L 단자에서 12V 출력 시 열선 스위치를 누르면 열선 릴레이를 15분간 ON한다.
(열선은 많은 전류가 소모되므로 배터리 방전을 방지하기 위해 시동이 걸린 상태에서만 작동하도록 되어 있다. 따라서 발전기 L 단자는 시동 여부를 판단하기 위한 신호로 사용한다.)

❷ 열선 작동 중 다시 열선 스위치를 누르면 열선 릴레이는 OFF된다.

❸ 열선 작동 중 발전기 L 단자가 출력이 없을 경우에도 열선 릴레이는 OFF된다.

❹ 사이드 미러 열선은 뒷유리 열선과 병렬로 연결되어 동일한 조건으로 작동된다.

4 점화키 홀 조명 출력 신호 점검

(1) 점화키 홀 조명 스위치 회로

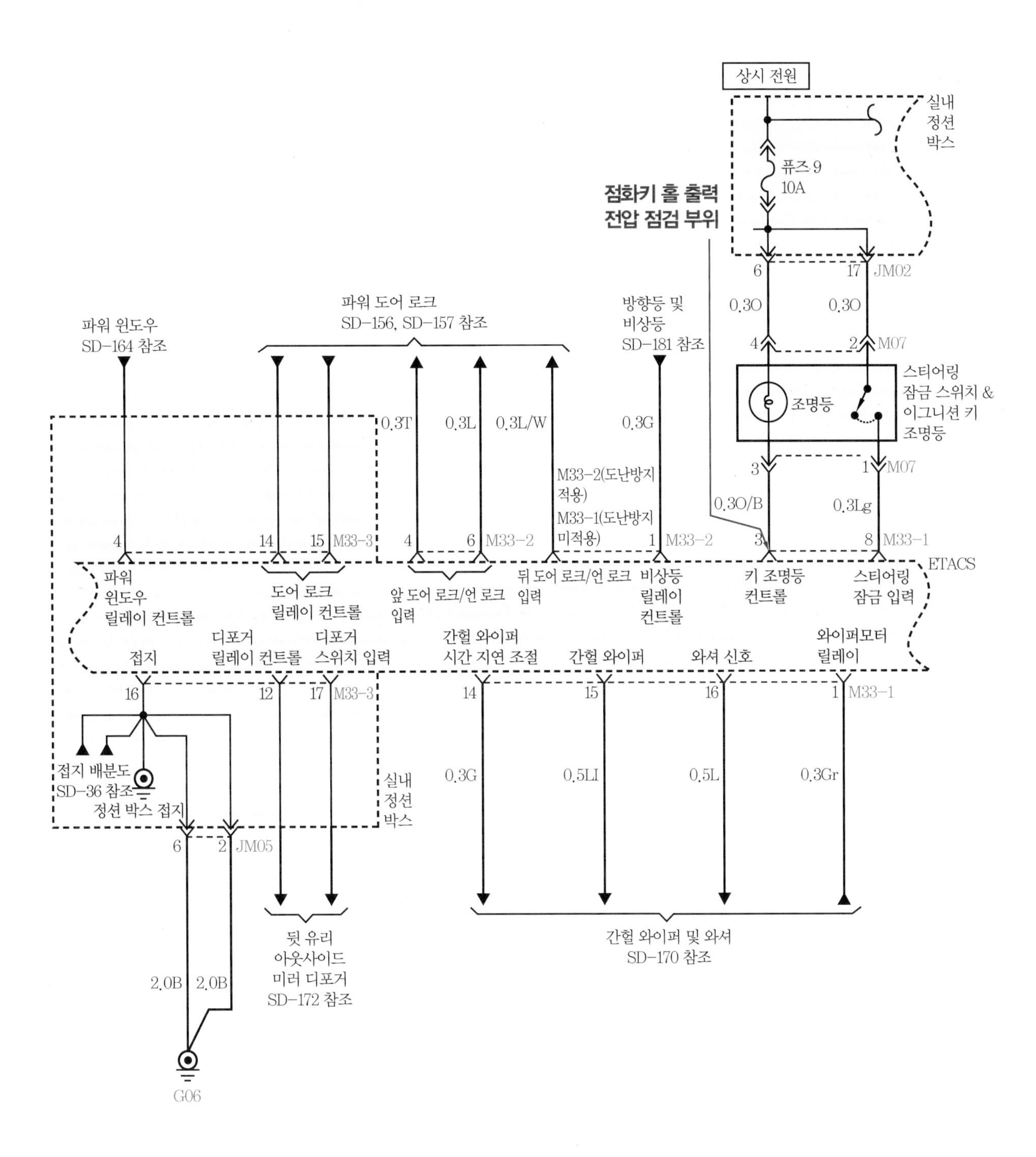

(2) 점화키 홀 조명 출력 신호 점검 단자

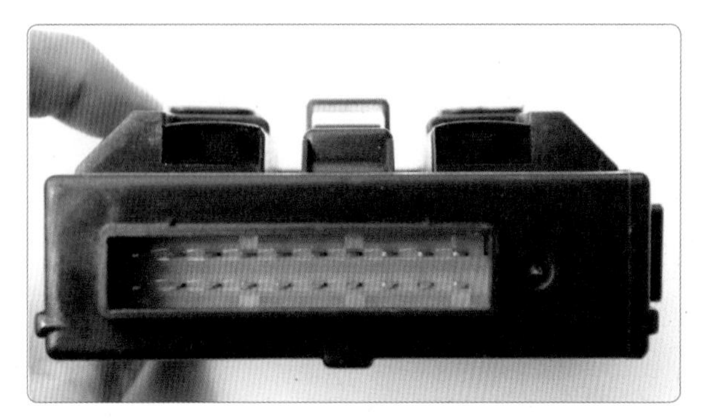

M33-1

M33-2, M33-1

● **M33-1 커넥터 단자별 기능**

1	2	3	4	5	6	7	8
9	10	11	12	13	14	15	16

1. 와이퍼 모터 릴레이 엔진 룸 정션
와이퍼 모터 릴레이 F7
실내 정션 퓨즈 26(15 A)

3. 키 조명등 컨트롤(이그니션키 조명등)
퓨즈 9(10 A)

4. 좌측 앞 도어로크 언로크 입력
(좌측 앞 도어록 액추에이터 2번 단자)

6. 우측 앞 도어로크 언로크 입력
(우측 앞 도어로크 액추에이터 1번 단자)

8. 스티어링 잠금 입력
(스티어링 잠금 스위치 1번)
실내 정션 퓨즈 9(10 A)

12. 뒤 도어로크 언로크 입력
(좌측 뒤 도어로크 액추에이터 2번 단자)

14. 간헐 와이퍼 시간 지연 조절
(다기능 스위치 9번 단자)

15. 간헐 와이퍼
(다기능 스위치 4번 단자)
iNT

16. 와셔 신호
(엔진 룸 정션 박스 F12)

● **M33-2 커넥터 단자별 기능**

1	2	3	4	5	6
7	8	9	10	11	12

1. 비상등 릴레이 컨트롤
(비상등 릴레이 4번 단자)
퓨즈 17(15 A)

3. 우측 도어 언로크 스위치 입력
(우측 스위치 언로크 스위치 1번 단자) 접지

4. 좌측 도어 언로크 스위치 입력
(좌측 도어 언로크 스위치 1번 단자) 접지

5. 후드 스위치 입력(후드 스위치, 접지)

6. 코드 세이브(키레스 리시버 2번 단자)
퓨즈 20(10 A)

10. 사이렌 컨트롤(사이렌 1번 단자)
DRL 퓨즈 15 A

12. 트렁크 언로크 스위치 입력
(트렁크 언로크 스위치) 접지

(3) 점화키 홀 조명 출력 전압 점검

실습 차량 에탁스 점검

1. 룸 램프 스위치를 가운데로 위치한다(도어 열림 시 ON 상태).

2. 차량의 모든 도어(앞뒤, 좌우)를 닫고 점화 스위치를 탈거한다.

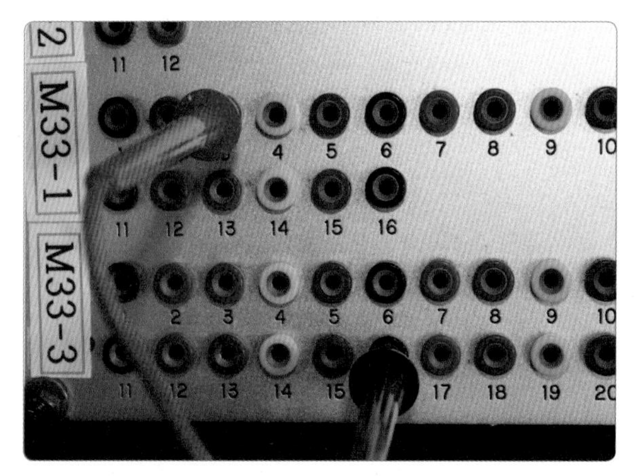

3. 에탁스 커넥터(M33-1 커넥터 3번 단자 또는 이그니션키 조명등 스위치 3번 단자)에 멀티 테스터 (+) 프로브를 연결하고 (-)는 차체(M33-3 커넥터 16번 단자)에 접지시킨다.

4. 운전석 도어를 연다(OPEN).

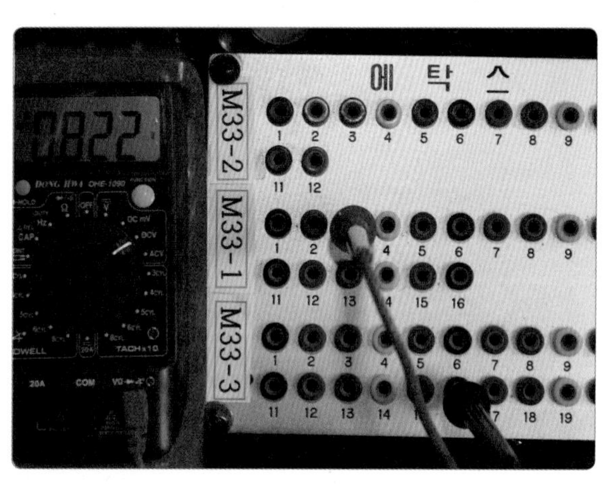

5. 멀티 테스터에 출력된 전압을 측정한다(0.822 V).

6. 점화 스위치를 IG ON 상태로 하고 키 홀 조명을 OFF 시킨다(점화 스위치 키 삽입).

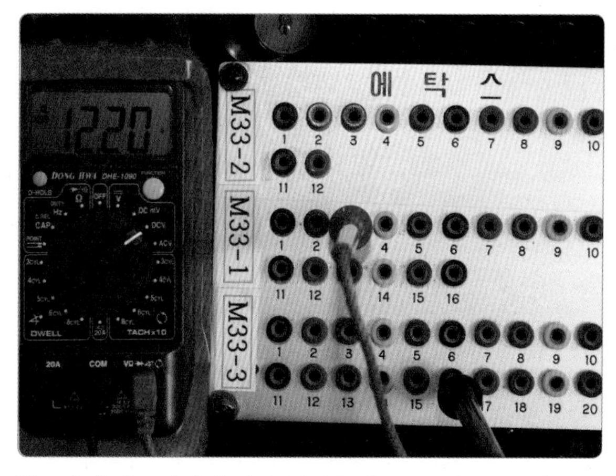

7. 멀티 테스터에 출력된 전압을 측정한다(12.20 V).

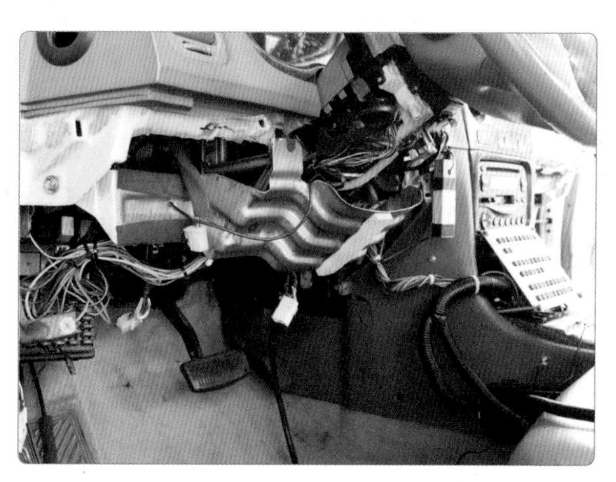

8. 점검이 끝나면 측정값을 기록한다.

① 측정(점검) : 점화키 홀 작동 시 출력값(0.822 V)과 비작동 시 출력값(12.20 V)을 확인한다.

② 정비(조치) 사항 : 점검한 내용이 불량일 때는 에탁스 교환 후 재점검한다.

열선 스위치 입력 회로 작동 전압 규정값			
구 분	항 목	조 건	전압값
출력 요소	룸 램프	점등 시	0 V(접지시킴)
		소등 시	12 V(접지 해제)

실습 주요 point

키 홀 조명 동작 특성

❶ 점화키 OFF 상태에서 운전석 도어를 열었을 때 키 홀 조명은 점등된다.

❷ 키 홀 조명이 점등된 상태로 운전석 도어를 닫을 경우 키 홀 조명은 10초간 ON 상태로 유지한 후 소등된다.

❸ 키 홀 조명 제어 중 점화키가 ON되면 키 홀 조명은 즉시 OFF된다.

5 센트럴 도어 로킹(도어 중앙 잠금 장치) 작동 신호 측정

(1) 센트럴 도어 로킹(도어 중앙 장금 장치) 및 에탁스 위치

실습용 센트럴 도어 로킹(도어 중앙 장금장치) 스위치와 에탁스 위치 확인

(2) 센트럴 도어 로킹(도어 중앙 잠금 장치) 작동 신호 측정

1. 센트럴 도어 로킹 스위치 작동 상태를 확인한다.

2. 실습 차량의 모든 도어(앞뒤, 좌우)를 닫는다.

3. 점화 스위치를 IG ON 상태로 한다.

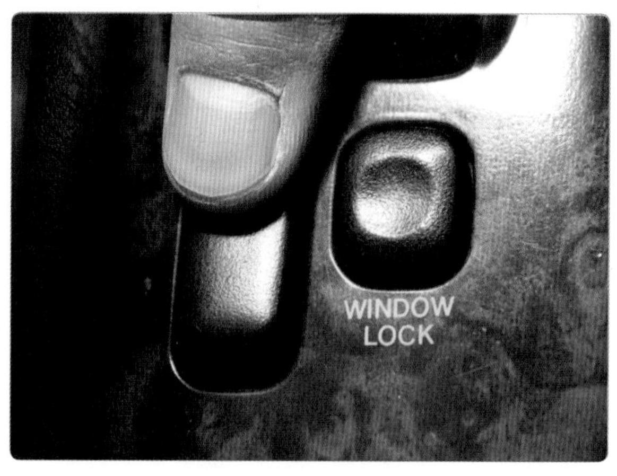

4. 센트럴 도어 로킹(도어 중앙 잠금 장치) 스위치나 노브를 이용하여 도어 로크 스위치를 작동(로크)시킨다(잠김).

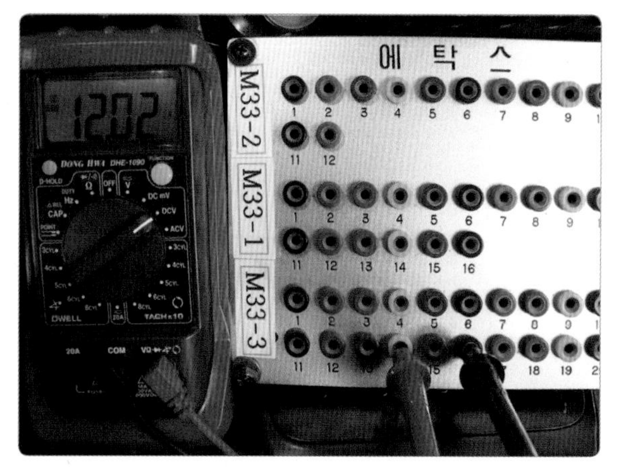

5. 멀티 테스터의 (+) 프로브를 14번 단자에, (−) 프로브는 차체(16번 단자)에 접지시킨다.

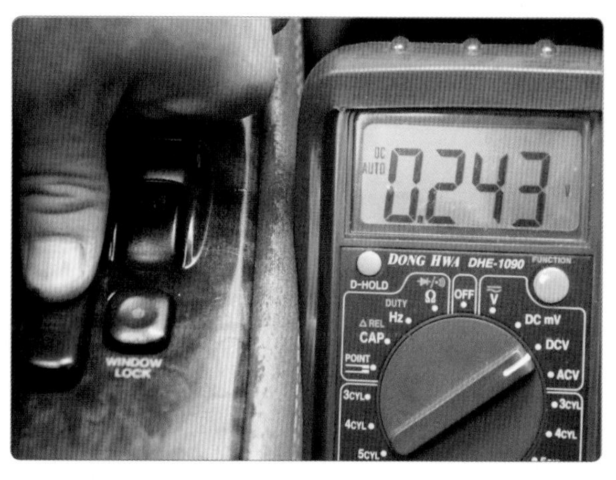

6. 센트럴 도어 로킹(도어 중앙 잠금 장치) 스위치를 누른 상태(잠김 ON)에서 측정값을 확인한다(0.243 V).

7. 센트럴 도어 로킹(도어 중앙 잠금 장치) 스위치를 누르지 않은 상태(잠김 OFF)에서 측정값을 확인한다(12.57 V : 배터리 전압).

8. 센트럴 도어 로킹(도어 중앙 잠금 장치) 스위치나 노브를 이용하여 도어 로크 스위치를 작동(언로크)시킨다(풀림).

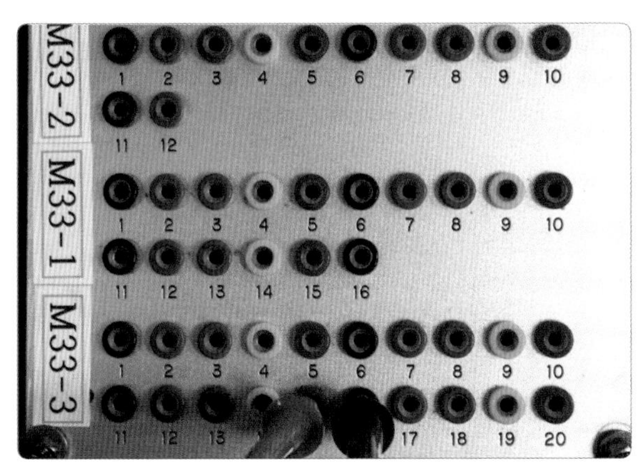

9. 멀티 테스터의 (+) 프로브를 15번 단자에, (−) 프로브는 차체(16번 단자)에 접지시킨다.

10. 센트럴 도어 로킹(도어 중앙 잠금 장치) 스위치를 누르지 않은 상태(잠김 OFF)에서 측정값을 확인한다(12.55 V : 배터리 전압).

11. 센트럴 도어 로킹(도어 중앙 잠금 장치) 스위치를 누른 상태(잠김 ON)에서 측정값을 확인한다(0.103 V).

12. 측정이 끝나면 차량 주변과 멀티 테스터를 정리한다.

(3) 에탁스 커넥터 M33-3 단자별 기능

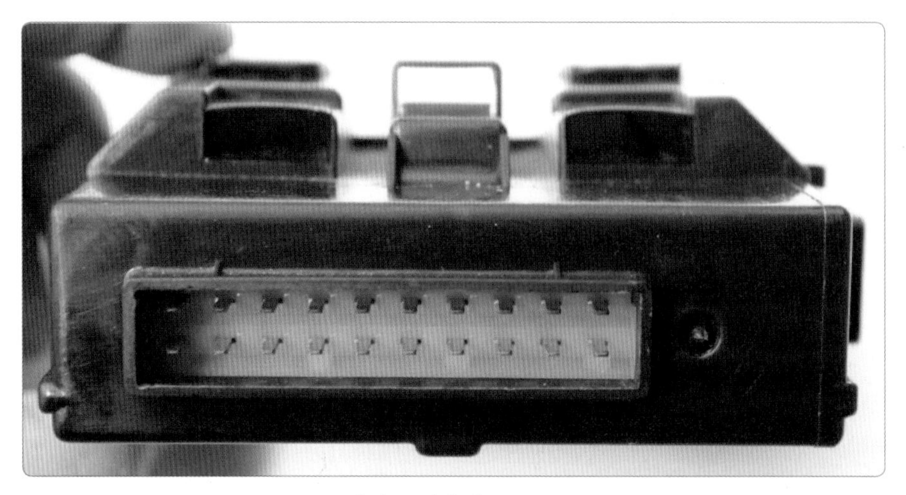

에탁스 커넥터 M33-3

11	12	13	14	15	16	17	18	19	20
1	2	3	4	5	6	7	8	9	10

1. 상시 전원
3. 릴레이 컨트롤
4. 파워윈도우 릴레이 컨트롤
5. ON/START 전원
6. ON 전원
7. 좌우 센서
8. 좌측 앞 도어 스위치
9. 우측 앞 도어 스위치
10. 트렁크 룸 램프 스위치

11. 실내등 컨트롤
12. 뒷유리 아웃사이드 미러 디포거
13. 시트 벨트 경고등
14. 도어 로크 릴레이 2(86번)
15. 도어 로크 릴레이 1(86번)
16. 접지
17. 에어컨 스위치
18. 도어 열림 경고등 앞, 뒤 도어 스위치

입력

운전석 도어 로크/언로크 스위치
조수석 도어 로크/언로크 스위치
운전석 도어키 스위치
조수석 도어키 스위치

출력

도어 로크 릴레이
도어 언로크 릴레이

중앙 집중 잠금 제어 다이어그램

(4) 센트럴 도어 로킹(도어 중앙 잠금 장치) 회로도

● 회로도-1

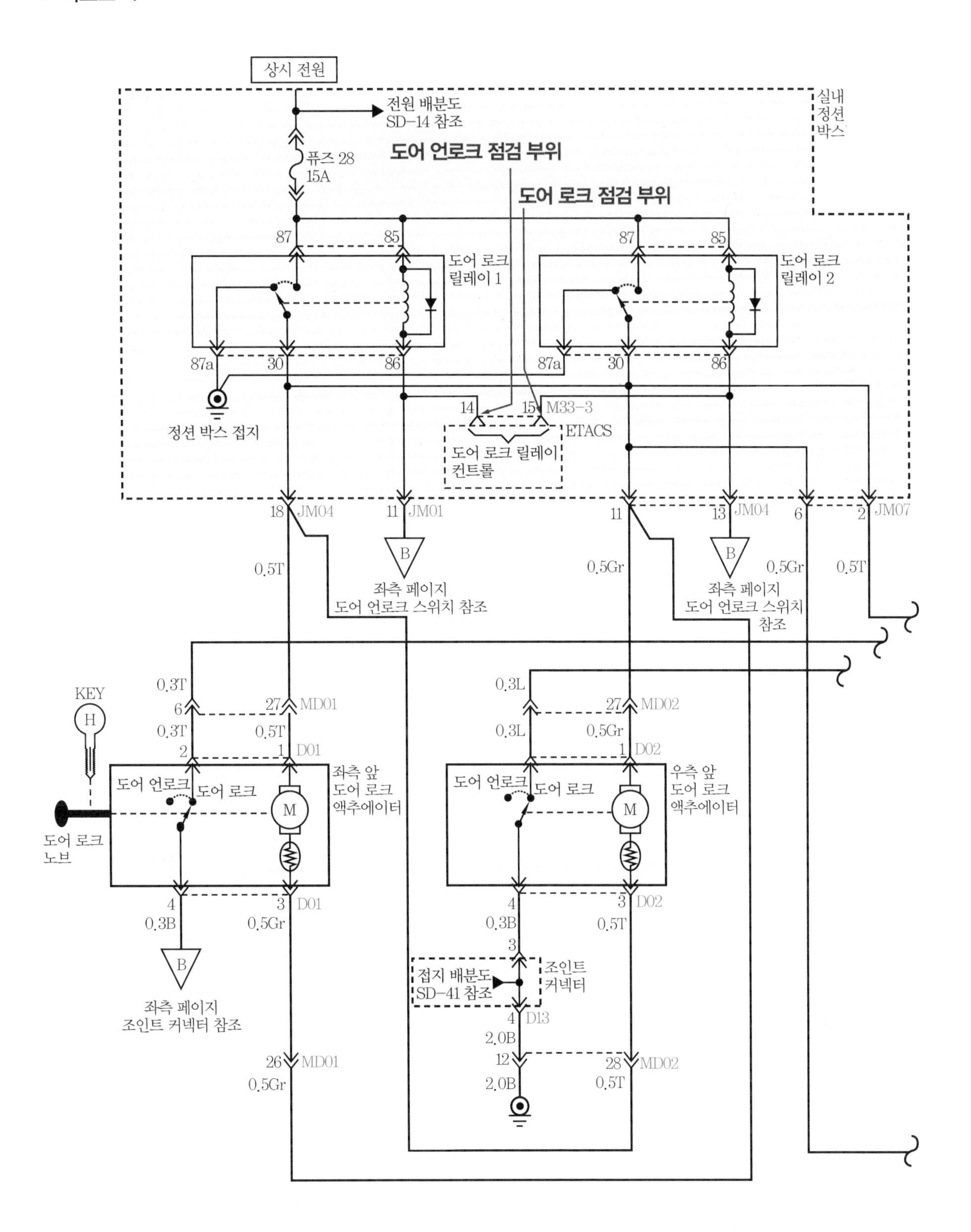

회로도-2

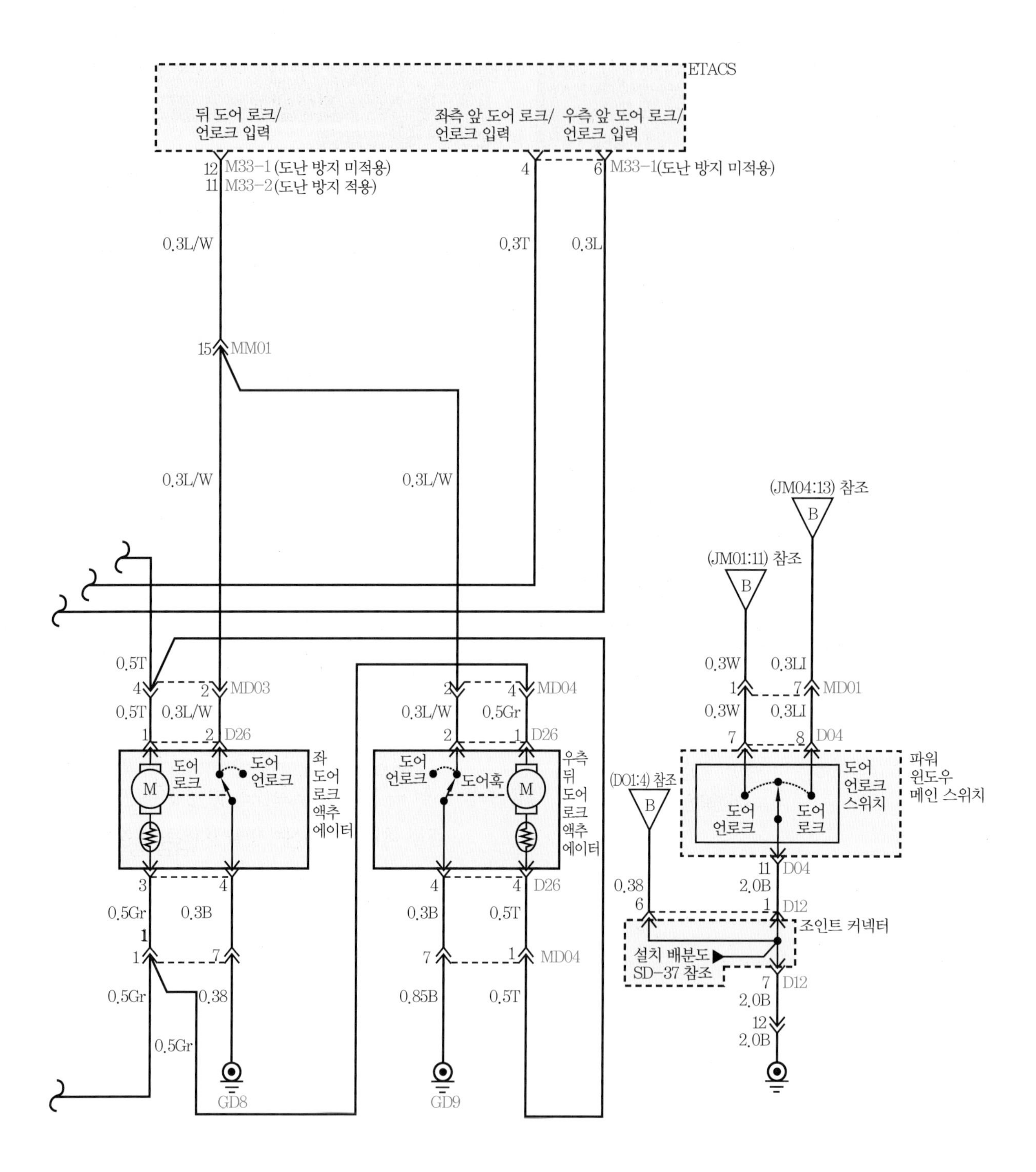

ETACS
뒤 도어 로크/ 언로크 입력
좌측 앞 도어 로크/ 언로크 입력
우측 앞 도어 로크/ 언로크 입력
12 M33-1 (도난 방지 미적용)
11 M33-2 (도난 방지 적용)
6 M33-1(도난 방지 미적용)
0.3L/W
0.3T
0.3L
15 MM01
(JM04:13) 참조
(JM01:11) 참조
0.5T
0.3W
0.3LI
MD03
MD04
MD01
D26
D04
도어 로크
도어 언로크
좌 도어 로크 액추에이터
도어 언로크
도어훅
우측 뒤 도어 로크 액추에이터
(D01:4) 참조
도어 언로크 스위치
도어 언로크
도어 로크
파워 윈도우 메인 스위치
0.5Gr
0.3B
0.38
2.0B
D12
조인트 커넥터
설치 배분도 SD-37 참조
0.85B
GD8
GD9

① 측정(점검)

- 도어 중앙 잠금 장치 신호(전압)를 측정한 값을 확인한다.
  잠김 : ON 0.186 V, OFF 12.240 V
  풀림 : ON 0.119 V, OFF 12.37 V
- 규정(정비한계)값 : 잠김 0~12.6 V(ON 시 0 V, OFF 시 배터리 전압)
  풀림 0~12.6 V(ON 시 0 V, OFF 시 배터리 전압)

② 정비(조치) 사항 : 불량일 경우 에탁스 불량을 비롯한 배선 단선, 에탁스 접지 불량, 도어 로크 릴레이 불량 등 이상 내용을 확인 점검한다.

컨트롤 유닛(에탁스) 입력 전압 값			
출력 요소		전압	
출력	도어 로크 릴레이	작동되지 않을 때(OFF 시)	12 V(접지 해제)
		도어 로크 작동(ON 시)	0 V(접지시킴)
	도어 언로크 릴레이	작동되지 않을때(OFF 시)	12 V(접지 해제)
		도어 언로크 작동(ON 시)	0 V(접지시킴)

실습 주요 point

운전석 도어 모듈의 작동

❶ 운전석 도어 모듈의 도어 로크/언로크 스위치에 의해 도난 방지 시스템 적용/미적용 차량 차종에 관계없이 모두 로크/언로크된다.

❷ 운전석/조수석 도어 키에 의한 도어 로크/언로크 시 모두 로크/언로크된다.

중앙 집중 잠금 제어 작동 회로도

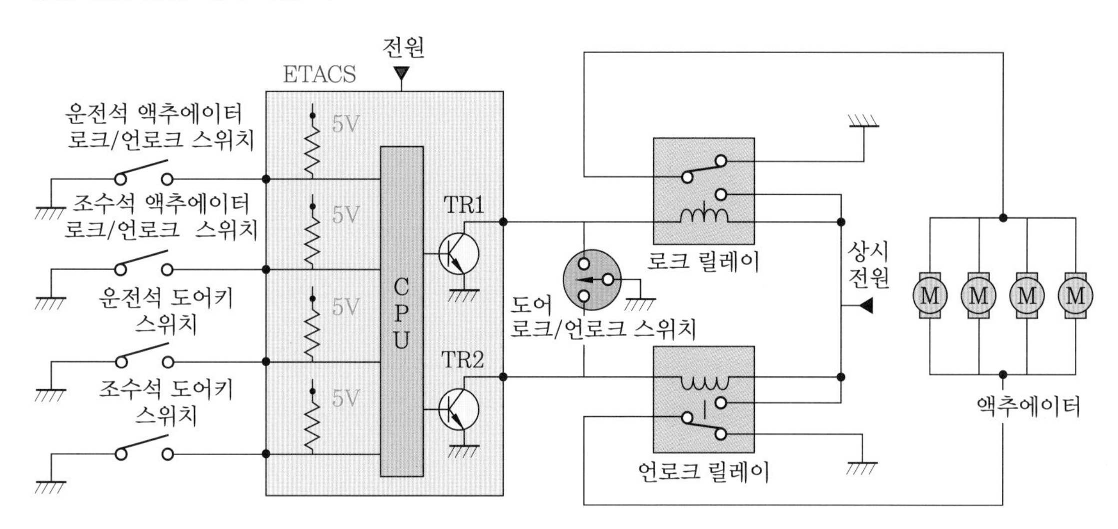

6 컨트롤 유닛의 기본 입력 전압 점검

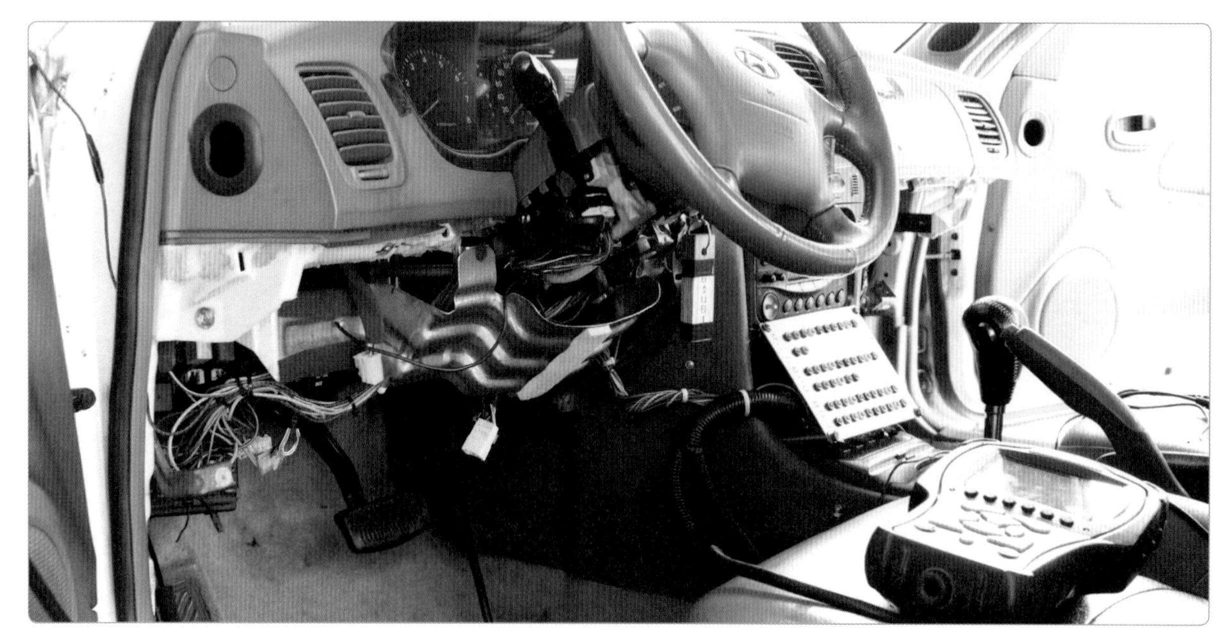

에탁스 컨트롤 유닛 기본 전압 점검

1. 실습 차량의 에탁스 위치 및 단자를 확인한다.

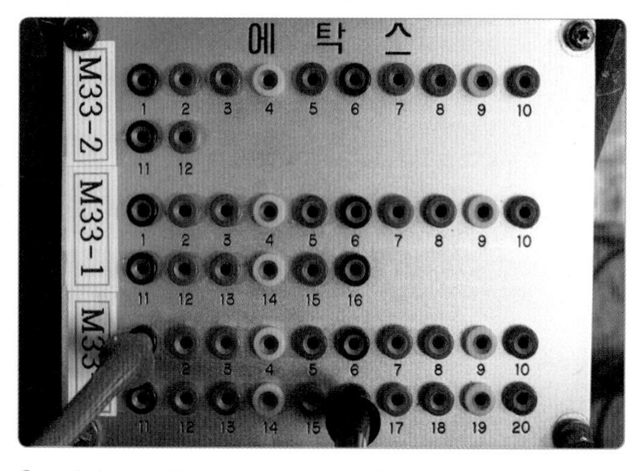

2. **에탁스 커넥터** : M33-3 커넥터 1번 단자에 멀티 테스터 (+) 프로브를 연결하고 (-)는 차체(M33-3 커넥터 16번 단자)에 접지시킨다.

실습 주요 point

파워윈도우 회로 점검

❶ 퓨즈의 상태를 점검한다(엔진 룸 정션 박스 30 A).

❷ **파워윈도우 릴레이 회로 진단** : 릴레이 코일의 전원 공급 점검, 릴레이 접점 전원 공급 단자 확인

❸ **파워 릴레이 단품 점검** : 파워윈도우 릴레이에서 회로 진단에 이상이 없다면 파워윈도우 릴레이 단품 점검 실시

❹ **파워 릴레이 스위치 점검** : 파워윈도우 스위치 UP, DOWN 위치에서 통전 시험 실시

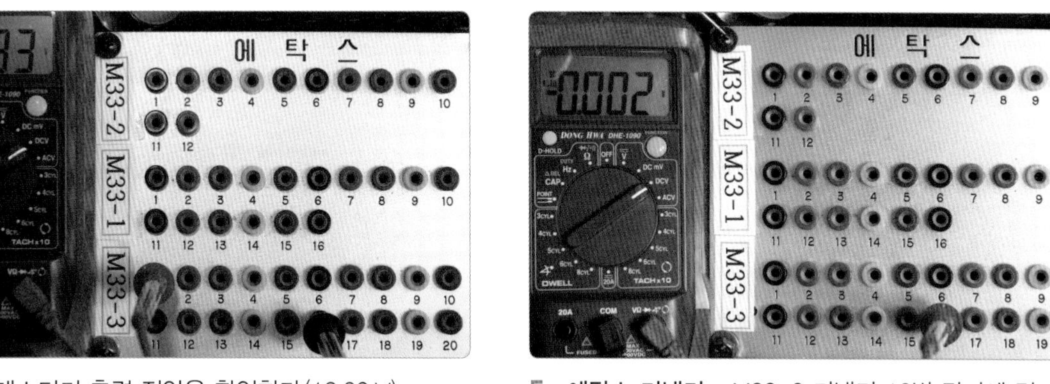

3. 멀티 테스터기 출력 전압을 확인한다(12.33 V).

5. **에탁스 커넥터** : M33-3 커넥터 16번 단자에 멀티 테스터 (+) 프로브를 연결하고 (-)는 차체에 접지시킨다.

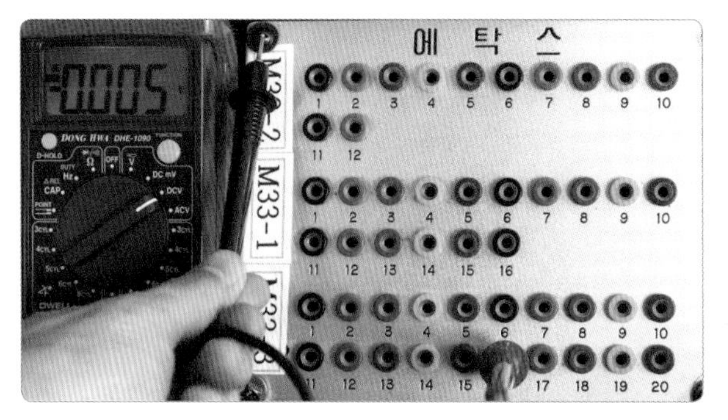

6. 멀티 테스터기 출력 전압을 확인한다(0.005 V).

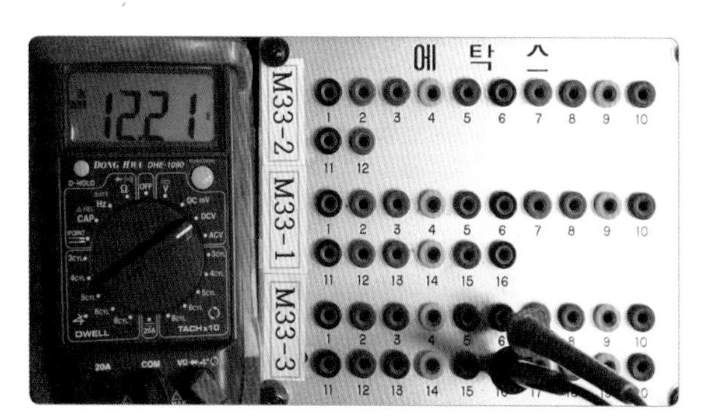

7. **에탁스 커넥터** : M33-3 커넥터 6번 단자에 멀티 테스터 (+) 프로브를 연결하고 (-)는 차체(M33-3 커넥터 16번 단자)에 접지시킨다(12.21 V).

① 측정(점검)

- 측정값 : 배터리 (+), (-) 전압과 IG 전압을 측정한 값을 확인한다.
  (+) 12.33 V, (-) 0.005 V, (IG) 12.21 V
- 규정(정비한계)값 : (+) 12 V, (-) 0 V, (IG) 0 V

② 정비(조치) 사항 : 점검이 불량일 때는 에탁스 교환 후 재점검한다.

컨트롤 유닛 기본 입력 전압 규정값

입력 단자		전압 규정값	
기본 전압 입력	배터리 B 단자	점화 스위치 스위치 ON	12 V
		점화 스위치 스위치 OFF	12 V
	IG 단자	점화 스위치 스위치 ON	12 V
		점화 스위치 스위치 OFF	0 V

※ 기본 전압은 전기 회로 접지 상태를 측정하는 것으로 전압이 0~1.5 V 이내로 계측되어야 한다.

7 파워윈도우 점검 정비

(1) 파워윈도우 회로도

● **파워윈도우 전기 회로도-1**

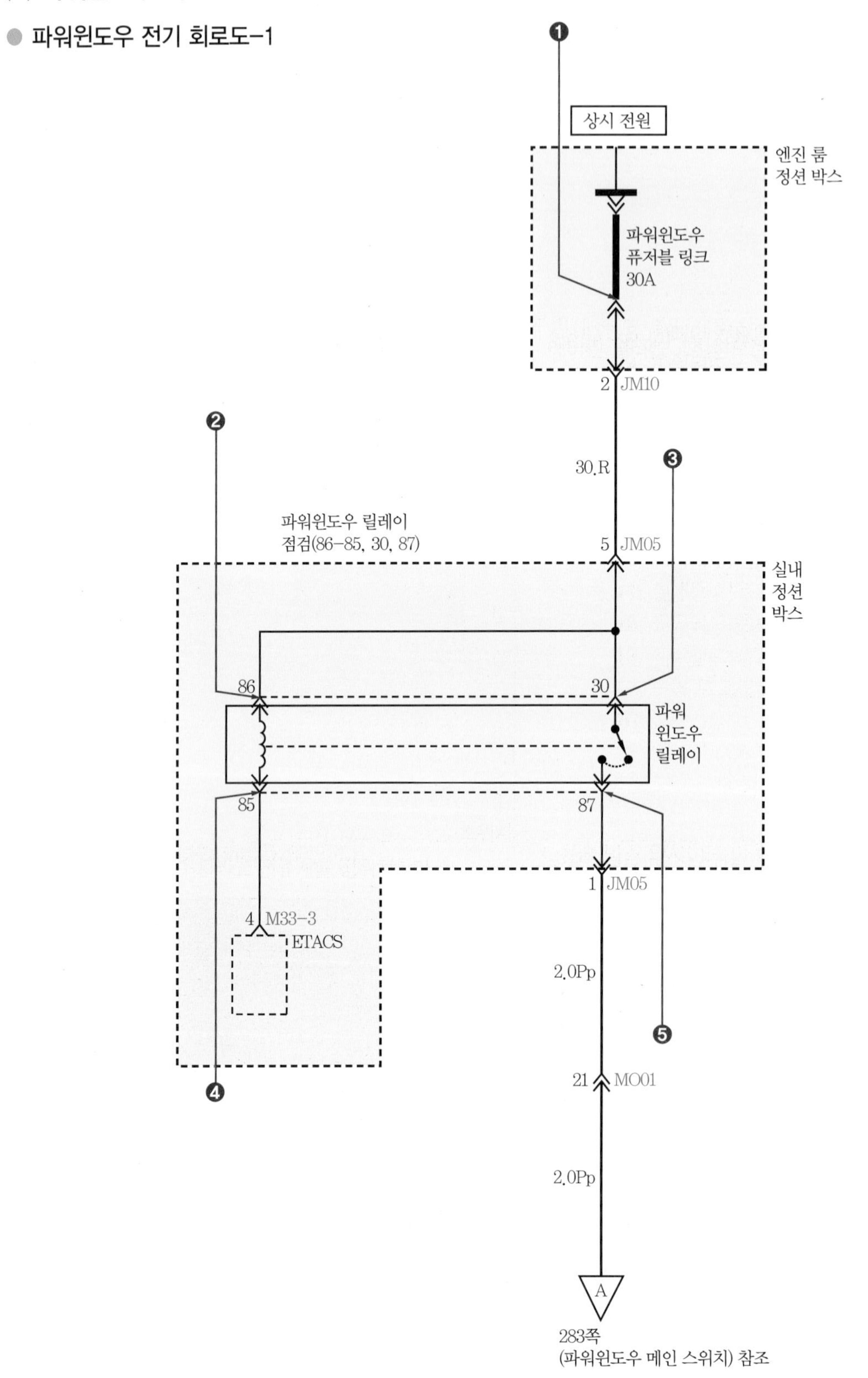

● 파워윈도우 전기 회로도-2

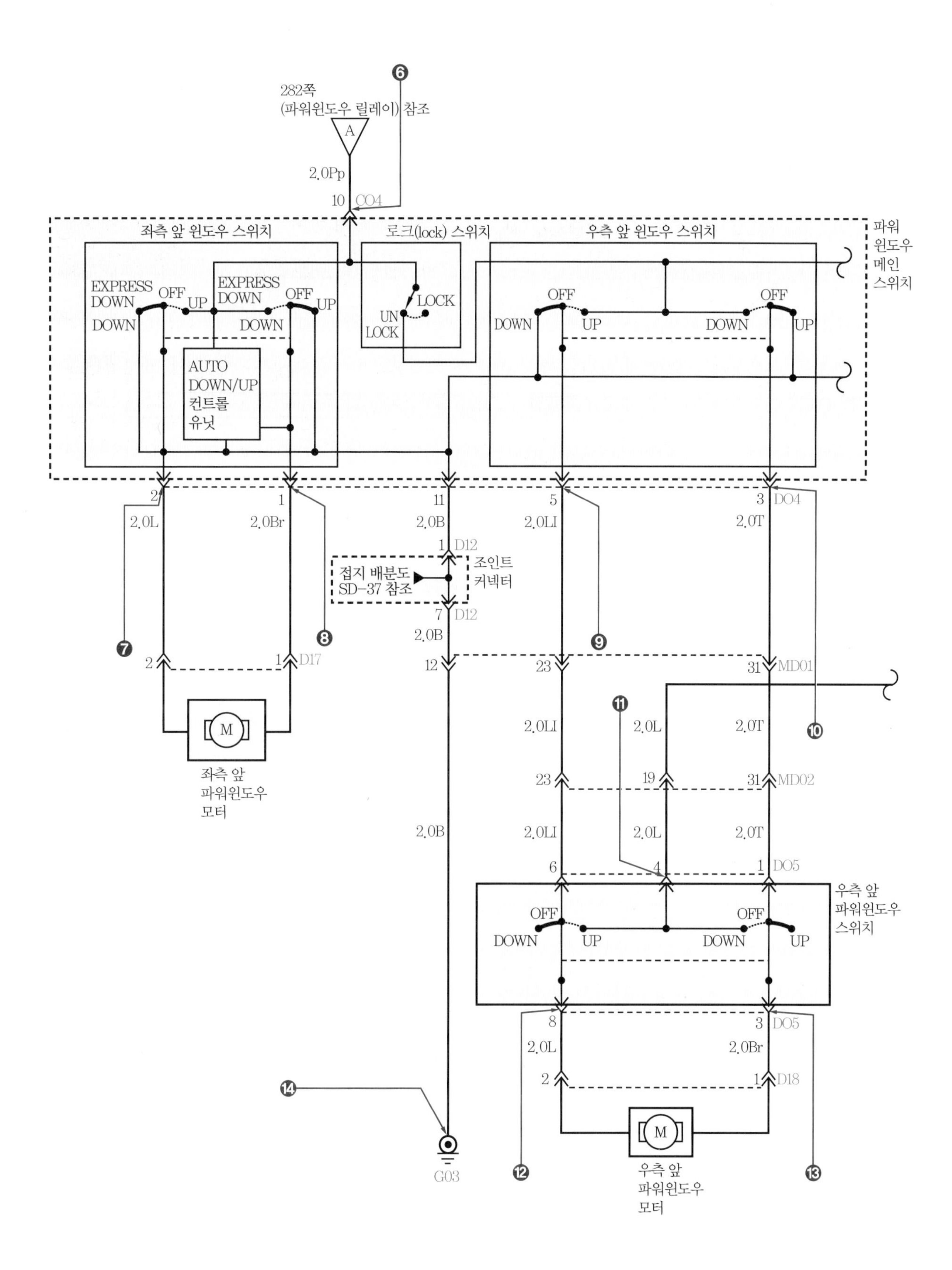

(2) 파워윈도우 회로 점검

파워윈도우 회로 점검

1. 축전지 전압을 확인하고 단자 체결 상태를 확인한다.

2. 공급 전원 30 A 퓨즈의 단선 상태를 확인한다.

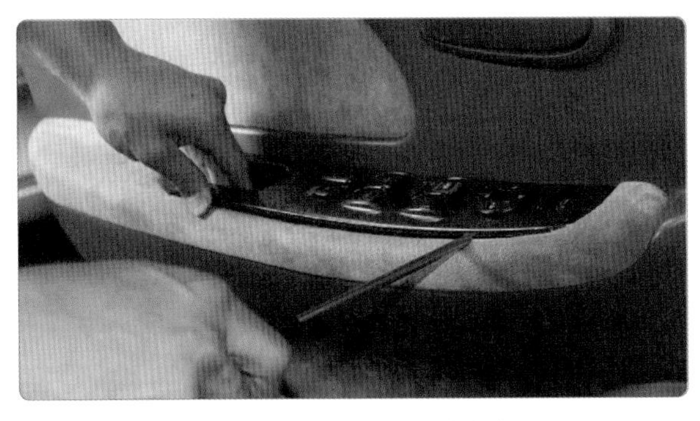

3. 파워윈도우 운전석 스위치를 탈거한다.

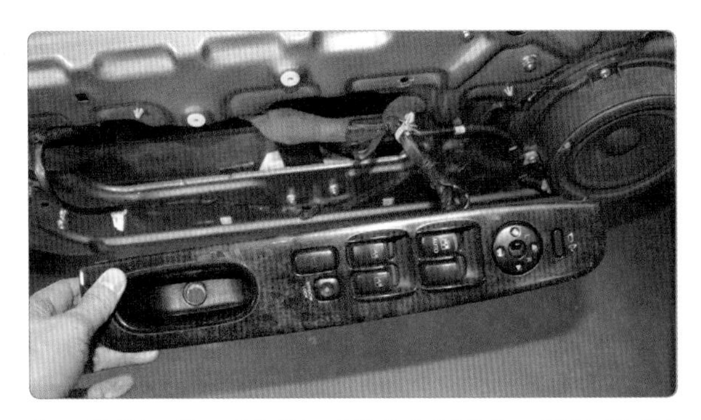

4. 파워윈도우 스위치를 커넥터에 연결하고 작동 상태를 확인한다.

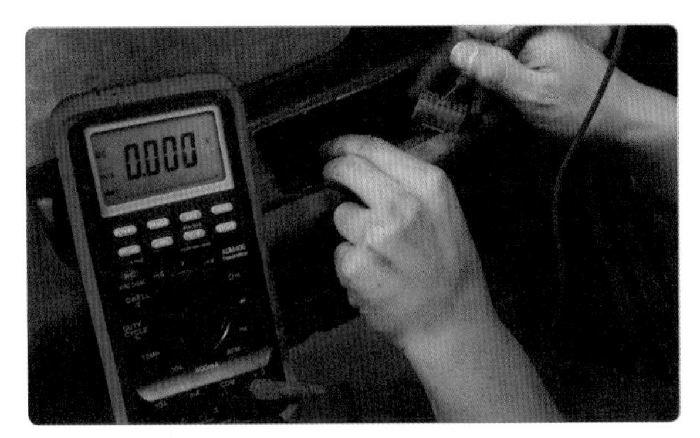

5. 멀티 테스터를 사용하여 공급 전압을 확인한다.

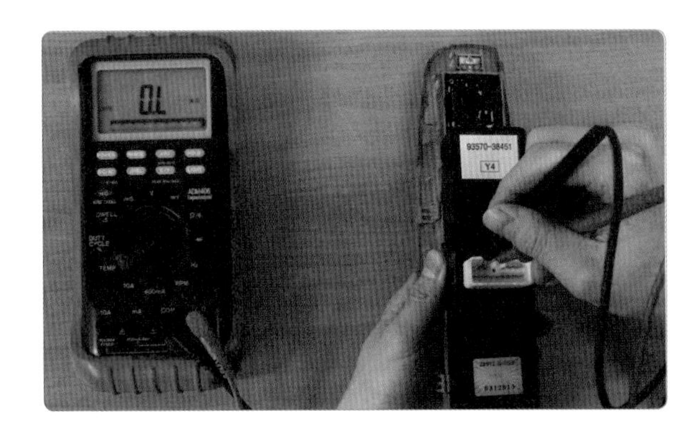

6. 파워윈도우 스위치 UP, DOWN 위치에서 통전 시험을 실시한다.

실습 주요 point

파워윈도우 릴레이 회로 진단

파워윈도우 릴레이에서 회로 진단은 파워윈도우 회로에서 윈도우 제어의 역할보다는 전원 공급의 역할을 하므로 회로의 진단에 있어서 전원 공급에 중점을 두어 점검을 해야 한다.

① 릴레이 솔레노이드의 작동 단자에 접지 공급 여부는 멀티 테스터나 전구 시험기를 활용하여 확인한다.
② 릴레이 스위치의 전원 공급 단자에 전원 공급 여부는 전구 시험기를 활용하여 확인한다.
③ 릴레이의 파워윈도우 작동 단자에 전원을 공급하여 파워윈도우가 작동하는지 확인한다.

파워윈도우가 작동하지 않는 원인

① 배터리 불량
② 파워윈도우 퓨즈의 탈거
③ 파워윈도우 릴레이 탈거
④ 파워윈도우 릴레이 핀 부러짐
⑤ 파워윈도우 스위치 커넥터 탈거
⑥ 파워윈도우 스위치 커넥터 불량
⑦ 파워윈도우 모터 커넥터 불량
⑧ 배터리 터미널 연결 상태 불량
⑨ 파워윈도우 퓨즈의 단선
⑩ 파워윈도우 릴레이 불량
⑪ 파워윈도우 스위치 불량
⑫ 파워윈도우 라인 단선
⑬ 파워윈도우 모터 불량

(3) 윈도우 레귤레이터 탈부착

1. 작업 대상 차량의 도어를 확인한다.

2. 델타 몰딩을 탈거한다.

3. 트림 패널 인사이드 스크루를 탈거한다.

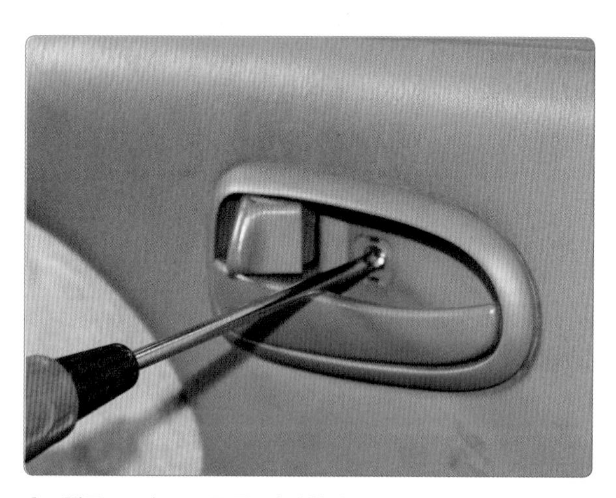

4. 핸들 고정 스크루를 탈거한다.

5. 핸들을 탈거한다.

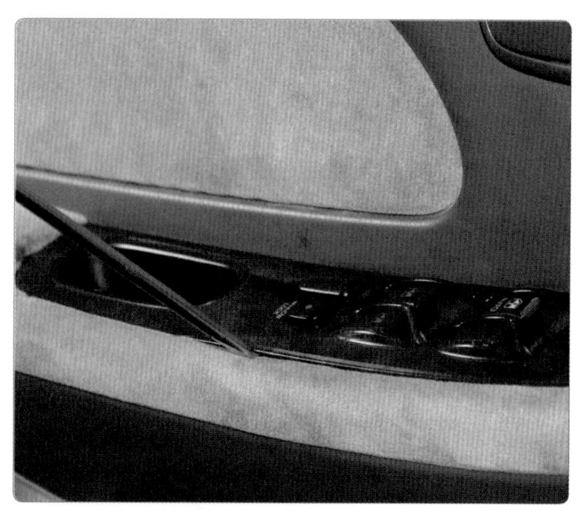

6. 파워윈도우 유닛을 탈거한다.

7. 파워윈도우 유닛을 탈거한 후 커넥터를 정렬한다.

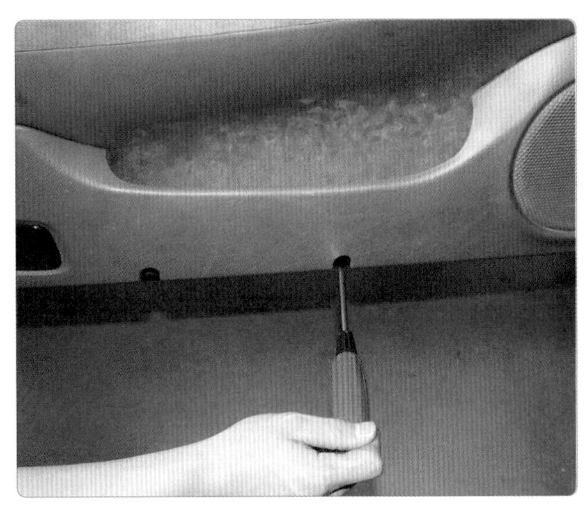

8. 트림 패널 하단 스크루를 탈거한다.

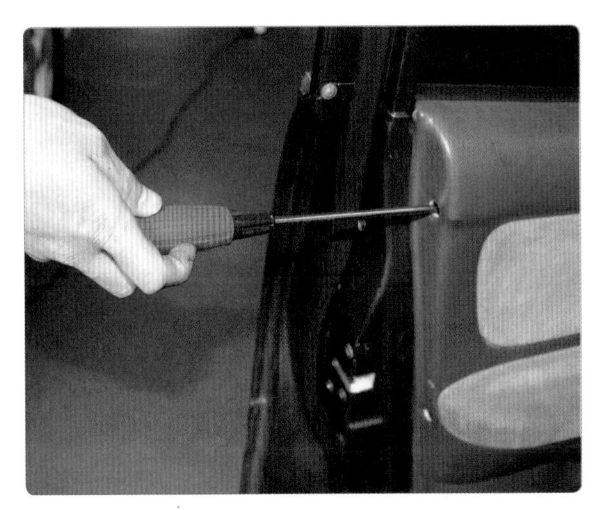

9. 트림 패널 아웃사이드 스크루를 탈거한다.

10. 트림 패널을 탈거한다.

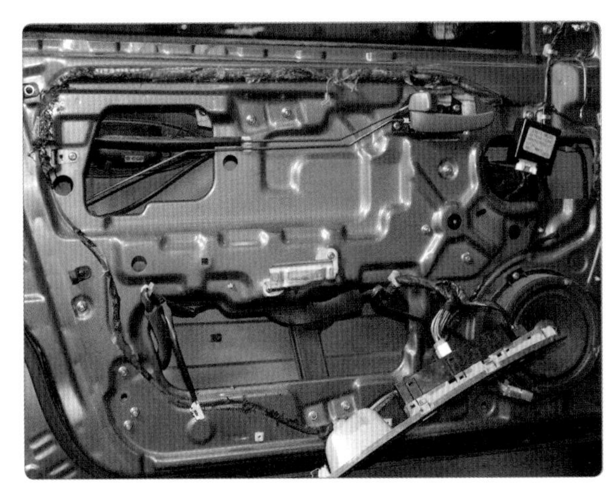

11. 도어 스위치를 연결하고 도어 윈도우 글라스를 내린다.

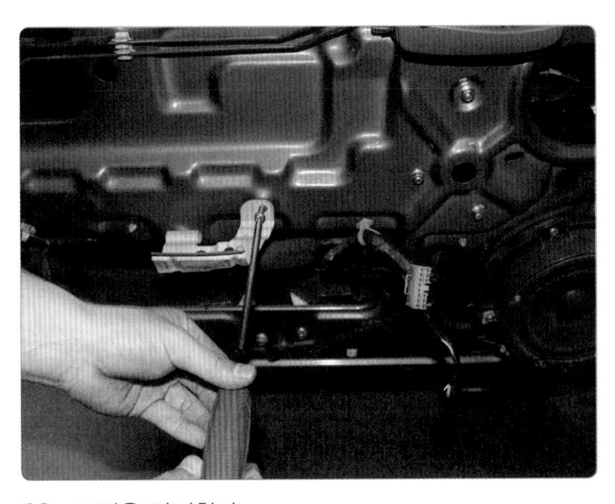

12. 그립을 탈거한다.

13. 도어 윈도우 글라스를 탈거한다(도어 윈도우 글라스가 떨어지지 않도록 주의한다).

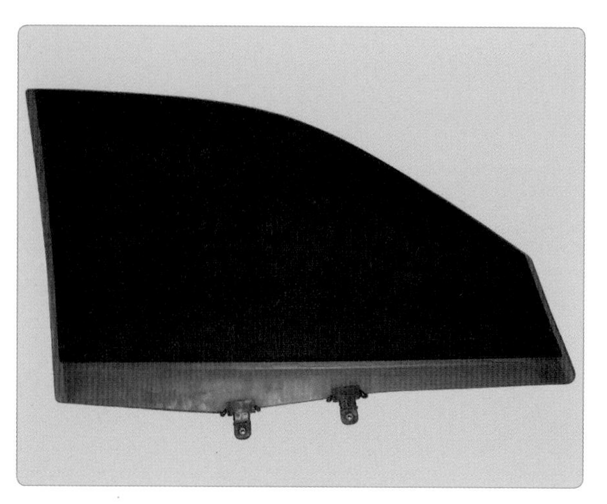

14. 도어 윈도우 글라스를 정렬한다.

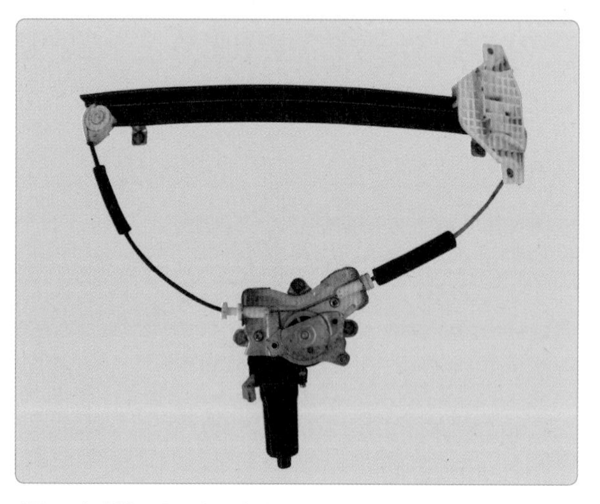

15. 파워윈도우 레귤레이터 이상 유무를 확인한다.

16. 파워윈도우 레귤레이터를 도어 패널 안으로 넣는다.

17. 파워윈도우 레귤레이터 고정 볼트를 조립한다.

18. 도어 윈도우 글라스를 들어 올리며 조립한다.

(4) 파워윈도우 모터의 전류 소모 시험

파워윈도우 모터 전류 소모 시험

1. 파워 유닛 스위치를 연결하고 도어 윈도우 글라스 작동 상태를 확인한다.

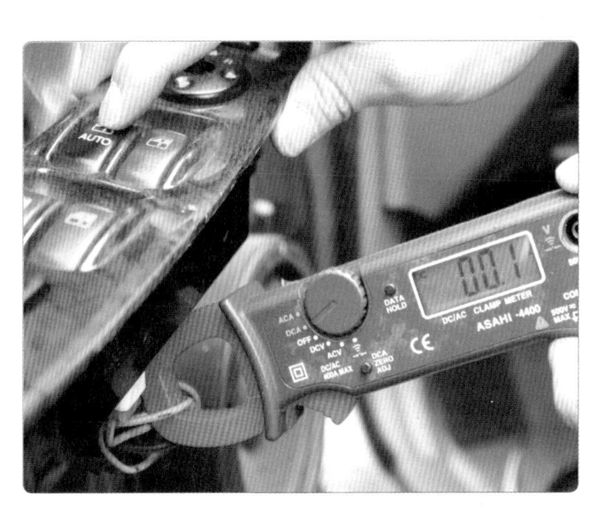

2. 파워윈도우 입력선에 전류계를 설치한다.

3. 0점 조정기를 눌러 전류계를 세팅한다.

4. 메인 스위치 운전석 윈도우를 UP시키며 소모 전류를 측정한다(5.1 A).

5. 메인 스위치 운전석 윈도우를 DOWN시키며 소모 전류를 측정한다(2.1 A).

6. 전류계를 탈거하고 정렬한다.

① 측정(점검)

- 측정값 : 파워윈도우 모터의 소모 전류를 측정한 값을 기록한다.
  올림 5.1 A, 내림 2.1 A
- 규정(정비한계)값 : 올림 5~6 A 이하, 내림 2~3 A 이하

② 정비(조치) 사항 : 불량일 때는 윈도우 모터 교환 후 재점검한다.

8 경음기 회로 점검

(1) 경음기 회로도

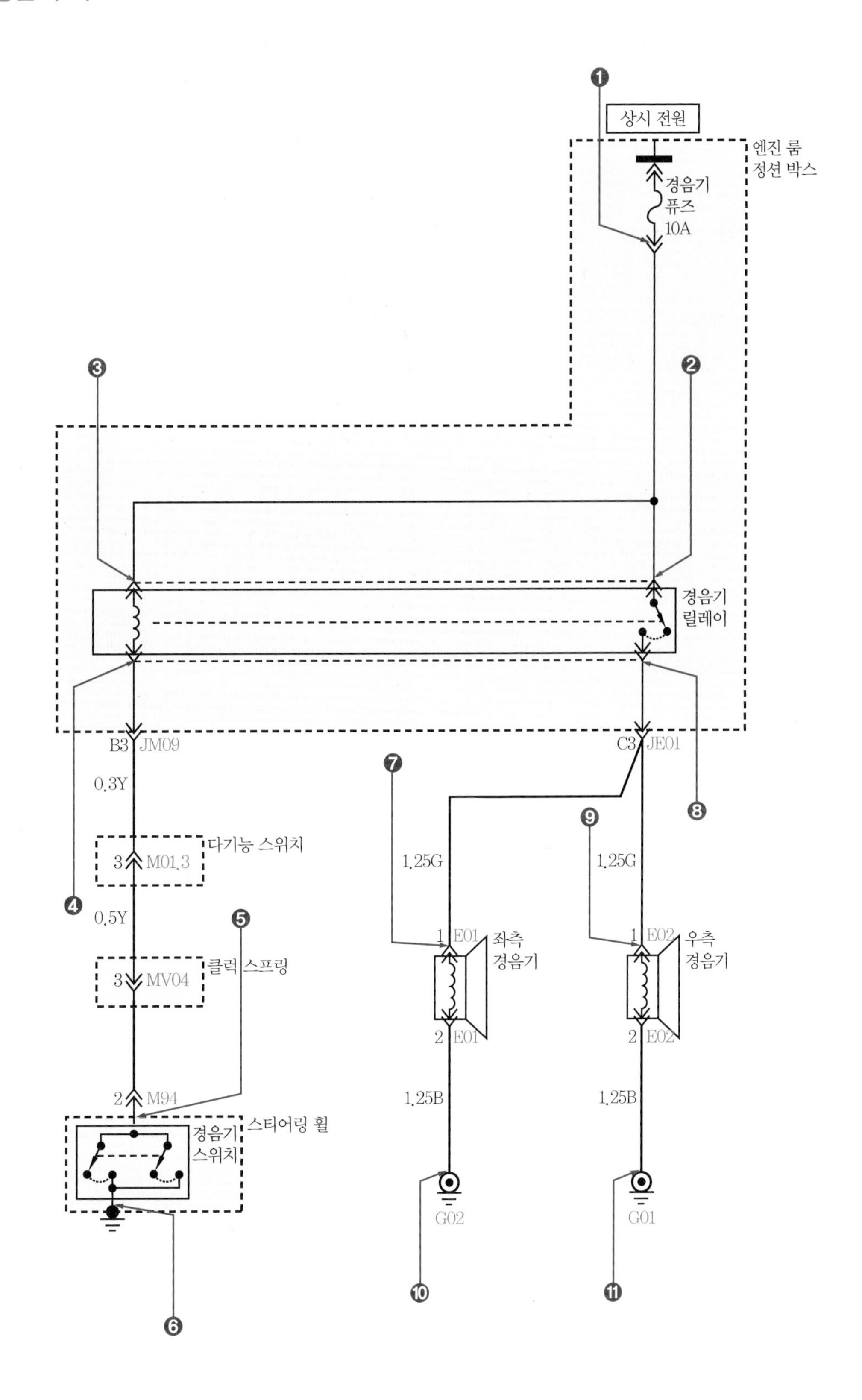

(2) 경음기 회로 점검

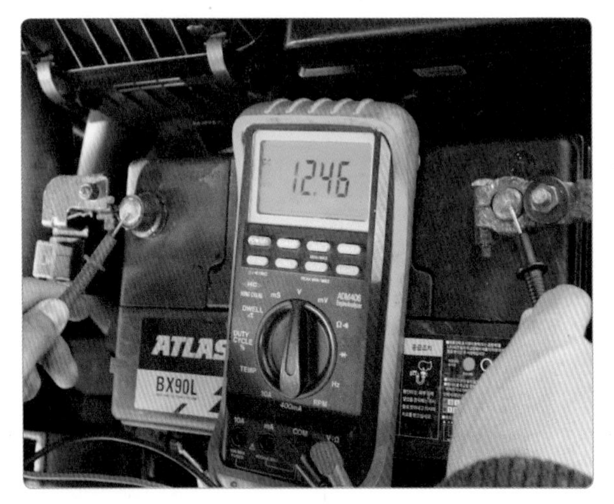

1. 배터리를 점검한다.

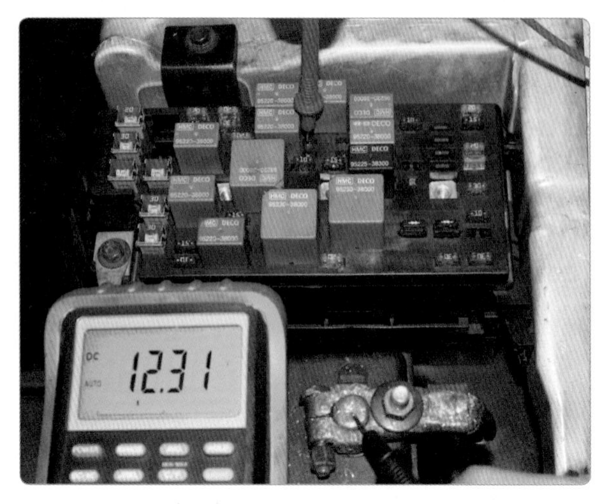

2. 경음기 혼 퓨즈를 점검한다.

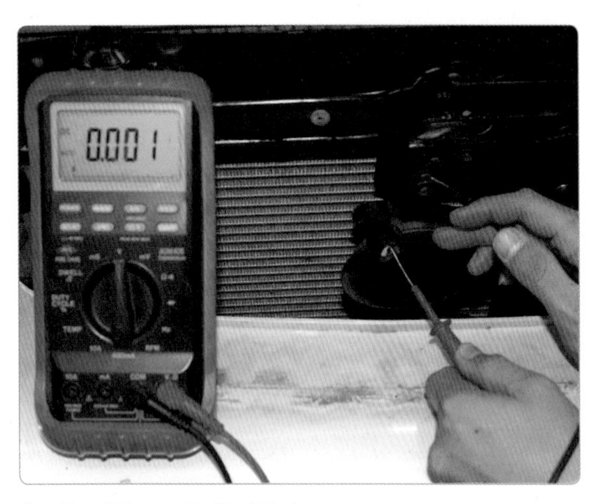

3. 혼 전원 공급을 확인한다.

4. 혼 스위치를 점검한다.

5. 혼 자체를 점검한다(배터리 +, −).

6. 혼 릴레이를 점검한다.

실습 주요 point

경음기 회로 점검 순서

배터리(12 V) 단자 → 메인 퓨즈 점검 → 서브 퓨저블 링크 퓨즈(회로 공통 점검) → 퓨즈 박스 퓨즈 점검 → 경음기 커넥터 점검 → 경음기 스위치 커넥터 → 경음기 릴레이 점검

(3) 경음기 음량 측정

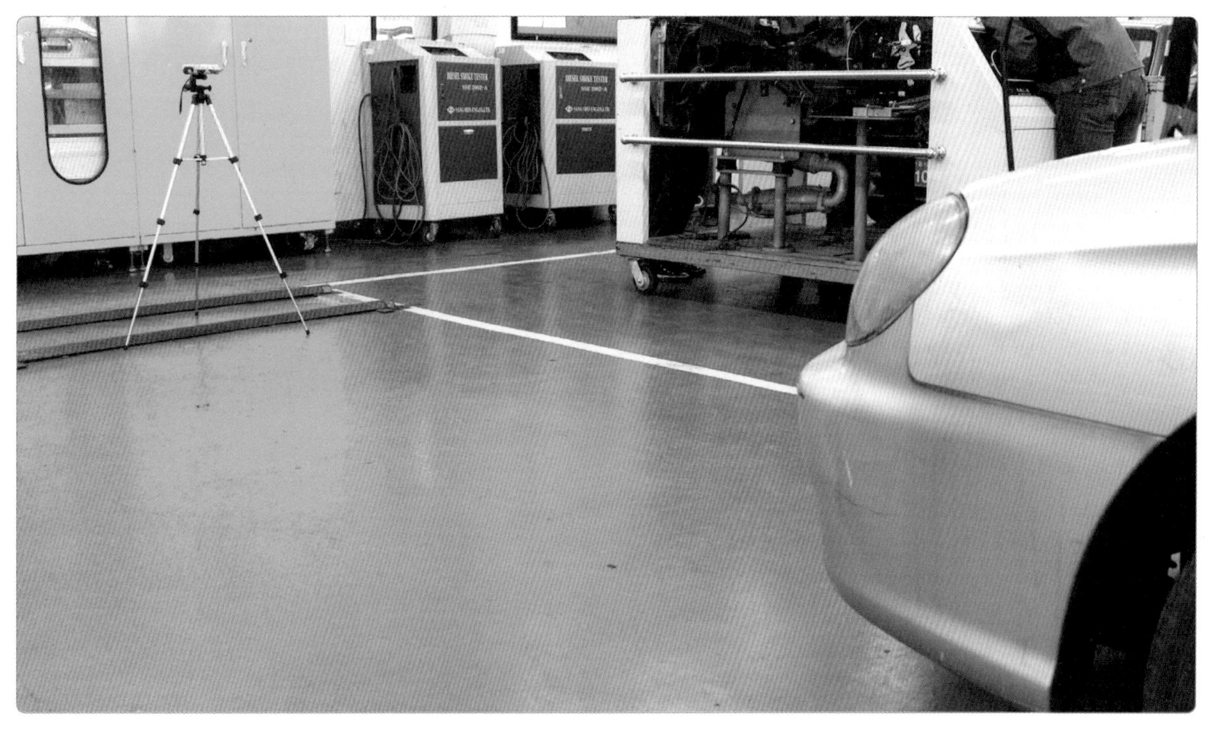

음량계 높이를 1.2±0.05 m 자동차 전방 2 m 되도록 설치한다.

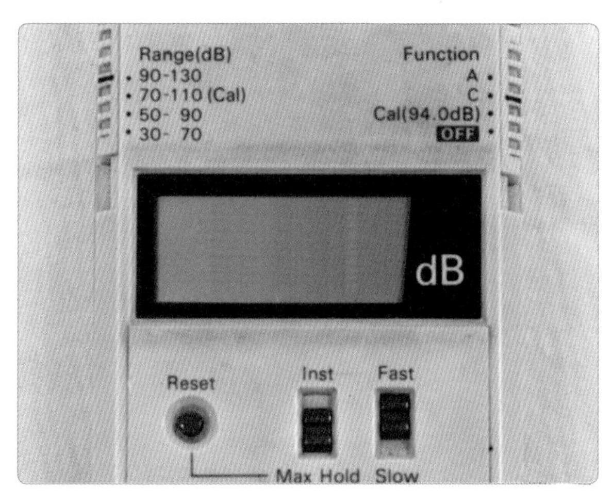

1. 리셋 버튼을 눌러 초기화시킨 후 C 특성, Fast 90~130 dB을 선택한다.

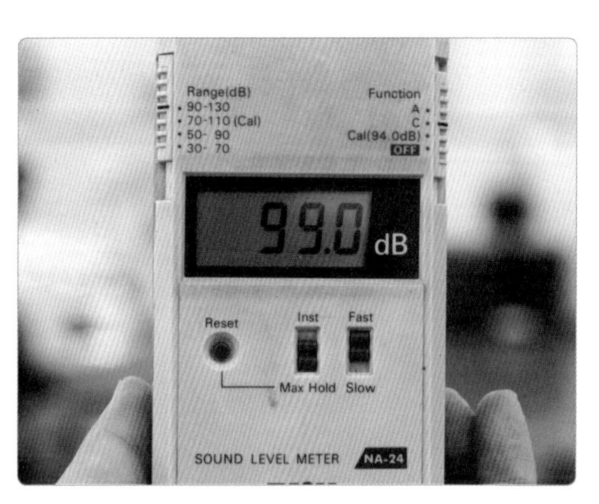

2. 경음기를 5초 동안 작동시켜 배출되는 소음의 크기의 최댓값을 측정한다(측정값 : 99.0 dB).

① 측정(점검)

- 측정값 : 측정한 음량 101.5 dB을 기록한다.
- 기준값 : 운행차 검사기준을 수검자가 암기하여 기록한다.

자동차 종류 \ 소음 항목		경적 소음(dB(C))
경자동차		110 이하
승용 자동차	소형, 중형	110 이하
	중대형, 대형	112 이하
화물 자동차	소형, 중형	110 이하
	대형	112 이하

② 판정 및 정비(조치) 사항

- 판정 : 측정값과 기준값을 비교하여 기준값 범위 내에 있으므로 양호에 표시한다.
- 정비(조치) : 정상 소음이 아닌 경우 혼 음량을 조정하며, 조정되지 않을 때 혼 회로를 점검하고 고장 부위를 정비한다(혼 회로 이상 없을 때 혼 교체).

실습 주요 point

경음기음 측정 방법

- 리셋 버튼을 눌러 초기화시킨 후 기능 버튼 스위치를 C 특성(음압 레벨)으로 위치한다.
- 측정 최고 소음 정지 스위치는 INST 위치로 한다(도움 없이 혼자 할 때는 HOLD 위치로 측정 후 화면이 멈추면 그 값을 읽고 리셋 버튼을 눌러 초기화시킨다).
- 동특성 선택 스위치는 FAST 위치로 하고 측정 범위는 적당한(90~130 dB) 위치로 한다.
- 경음기를 5초 동안 작동시켜 그동안 경음기로부터 배출되는 소음의 크기의 최댓값을 측정한다.
- 액정표시기에 초과 범위(over)나 이하 범위(under)가 표시되면 선택 스위치(range)를 재빨리 변환해야 하며, 측정 항목별로 2회 이상 경음기음을 측정하고 측정치(보정한 것을 포함하여) 중에 가장 큰 값을 최종 측정치로 한다.

경음기(혼) 고장 원인

- 배터리 터미널 연결 불량
- 경음기 퓨즈의 단선 및 탈거
- 경음기 커넥터 탈거
- 경음기 스위치 불량
- 배터리 자체 불량
- 경음기 릴레이 탈거 및 릴레이 불량
- 콤비네이션 스위치 커넥터 탈거
- 콤비네이션 스위치 커넥터 불량

(4) 경음기 릴레이 탈부착

작업 차량의 보닛을 열고 경음기와 릴레이 탈거 준비를 한다.

1. 라디에이터 상단 그릴을 제거한다.

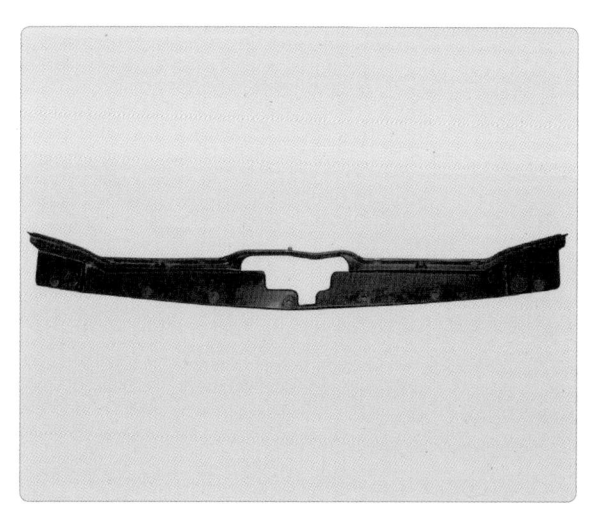

2. 라디에이터 상단 그릴을 정렬한다.

3. 경음기 장착 위치를 확인한다.

4. 경음기 커넥터를 제거한다.

5. 경음기 고정 볼트를 풀고 경음기를 분해한다.

6. 경음기를 탈거한다.

7. 경음기 릴레이를 탈거한다(현상에 따른 회로 점검).

8. 경음기를 조립한다.

9. 경음기 커넥터를 체결한다.

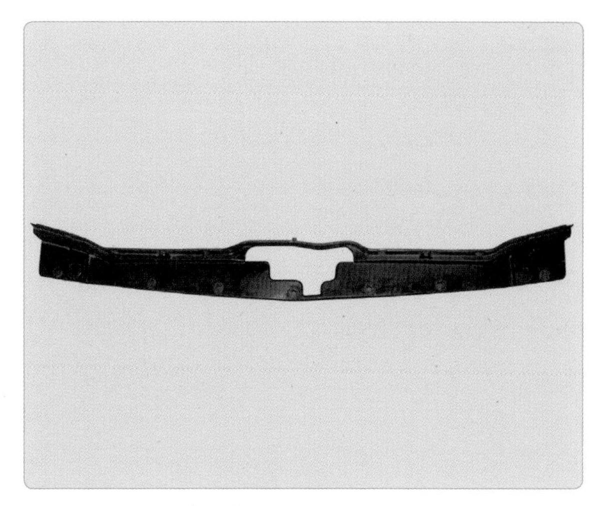

10. 라디에이터(상부)를 조립한다.

11. 경음기 릴레이를 조립한다.

12. 조립 상태를 확인한다.

실습 주요 point

경음기 릴레이 점검

① **테스트 램프를 이용한 작동 점검** : 코일 단자에 전원과 접지를 공급하고 스위치 4번 단자에 테스트 램프를 연결하여 램프가 점등되는지 확인한다. 램프는 스위치를 통해 전류를 소모하기 때문에 정확한 점검이 된다.

② **전압계를 이용한 작동 점검** : 코일 단자에 전원과 접지를 공급하고 스위치 4번 단자에 전압계를 연결하여 12 V가 측정되는지 확인한다.

안전 장치(에어백) 점검 정비

1. 관련 지식
2. 실습 준비 및 유의 사항
3. 실습 시 안전 관리 지침
4. 에어백 점검 정비

9 안전 장치(에어백) 점검 정비

실습목표 (수행준거)	1. 안전 장치의 구성 요소를 이해하고 작동 상태를 파악할 수 있다. 2. 안전 장치 회로도에 따라 점검, 진단하여 고장 요소를 파악할 수 있다. 3. 진단 장비를 활용하여 시스템 관련 부품을 진단하고 고장 원인을 분석할 수 있다 4. 안전 장치 구성 부품 교환 작업을 수행할 수 있으며 수리 후 단품 점검을 할 수 있다.

1 관련 지식

1 에어백 시스템의 개요

에어백은 차량이 충돌할 때, 충격으로부터 탑승자를 보호하는 장치로 에어백의 센서 및 전자 제어 장치는 자동차가 충돌할 때 충격력을 감지하여, 압축 가스로 백(bag)을 부풀려 승객에 대한 충격을 완화시킨다. 에어백은 안전띠만을 사용했을 경우보다 상해를 현저히 줄이도록 고안된 2차 충격 흡수 장치이며 또한 시트 벨트에는 프리텐셔너(pre−tensioner)를 장착하여 사고 순간 에어백 시스템과 연동하여 작동해야 더욱 안전하다.

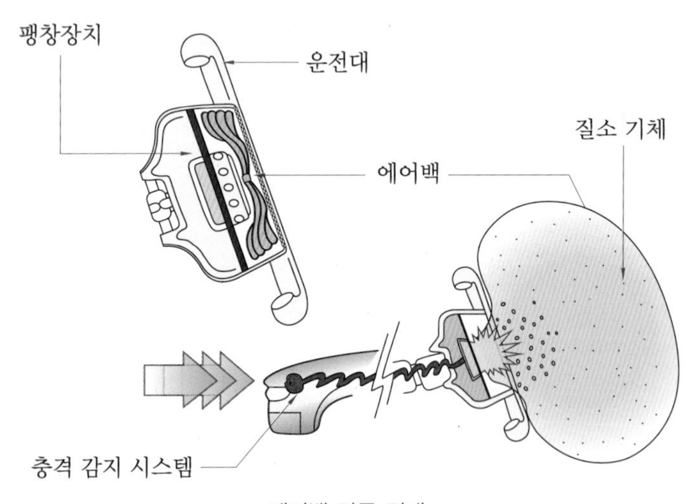

에어백 작동 전개

SRS(supplemental restraint system) 에어백은 "보소 구속 장치"의 의미로서 시트 벨트를 착용한 상태에서만 그 기능을 발휘할 수 있다는 의미이다. SRS 에어백은 시트 벨트에 의한 승객 보호 기능에 추가하여 충돌로 인한 충격으로부터 승객의 안면 및 상체를 보호하기 위한 보조 장치이다.

(1) 에어백의 작동

에어백의 작동 조건은 에어백의 종류와 차종에 따라 다소 차이가 있으며, 정면 충돌 에어백은 대체로 정면에서 좌우 30도 이내의 각도에서 유효충돌속도가 약 20~30 km/h 이상일 때 작동된다. 에어백의 작동은 에어백 충격 감지 시스템과 에어백이 터지도록 하는 기체 팽창 시스템, 에어백과 모듈로 구성되어 있다.

에어백 모듈 : 충격 감지 시스템 + 팽창 시스템 + 에어백

(2) 충돌 시 발생되는 충격량 및 충격 감지 센서

주행하는 자동차 안에서 운전자는 자동차와 같이, 같은 속력으로 달리고 있는 것과 같다. 따라서 차 안에 있는 신체도 운동량을 갖게 되며, 이 운동량은 물체가 다른 물체와 충돌할 때 변하게 된다. 처음에 승객이 가지고 있던 운동량과 충돌 후 운동량의 차이인 '운동 변화량'은 충격량으로 다음과 같다.

운동량 = 물체의 질량 × 속도
운동 변화량 = 처음 운동량 − 나중 운동량 = 충격량

충격량은 가해진 힘의 크기, 즉 충격력(F)에 충돌한 시간(t)을 곱한 값으로, 운동의 변화량과 같다. 자동차가 부딪혔을 때 실제 승객이 받는 힘은 충격력으로, 물체에 실질적으로 가해지는 힘의 크기이며 승객이 가지고 있는 운동 변화량은 일정하므로 충격량도 일정하며 승객이 충격을 적게 받으려면 충돌 시간을 길게 하여 충격력을 줄여주어야 한다. 즉, 충격량의 식에서 충격량이 일정할 때, 충격력과 시간은 반비례하므로 충격력을 줄이려면 충돌 시간을 늘려주면 된다.

에어백에서 생성되는 질소 가스가 에어백을 쿠션으로 만들어 사람이 차체에 충돌하는 시간을 늦춰줌으로써 상대적인 충격력이 감속되어 인체에 가해지는 충격, 즉 힘의 크기는 줄어들게 되고, 그에 따라 운전자 및 동승자가 받는 충격을 완화시키게 된다.

(3) 에어백 전개 순서 및 시간

충격 감지 시스템은 충돌 센서와 전자 센서 두 부분으로 되어 있는데, 차가 일정 속도 이상으로 충돌하는 순간 충돌 센서의 롤러는 관성의 법칙에 따라 앞쪽으로 구르면서 스위치를 누르게 된다(MES(machine electric sensor 방식). 이때 회로에 전류가 흘러 가스 발생 장치에 폭발이 일어나게 되며, 이때 시간은 0.01초가 된다.

점화가 되면 질소 가스가 발생하여 에어백 안으로 짧은 시간 내 팽창되며, 가스 발생 장치의 작동과 함께 에어백을 잘 접어 넣어둔 용기가 완전히 팽창될 때까지는 약 0.05초 이내의 시간이 걸린다. 에어백 용기의 질소 가스의 양은 약 60 L로 많은 기체가 공기자루에 들어가 충격을 완화시켜 줌으로써 1차적 충돌에서 오는 치명적 부상을 피할 수 있게 해준다.

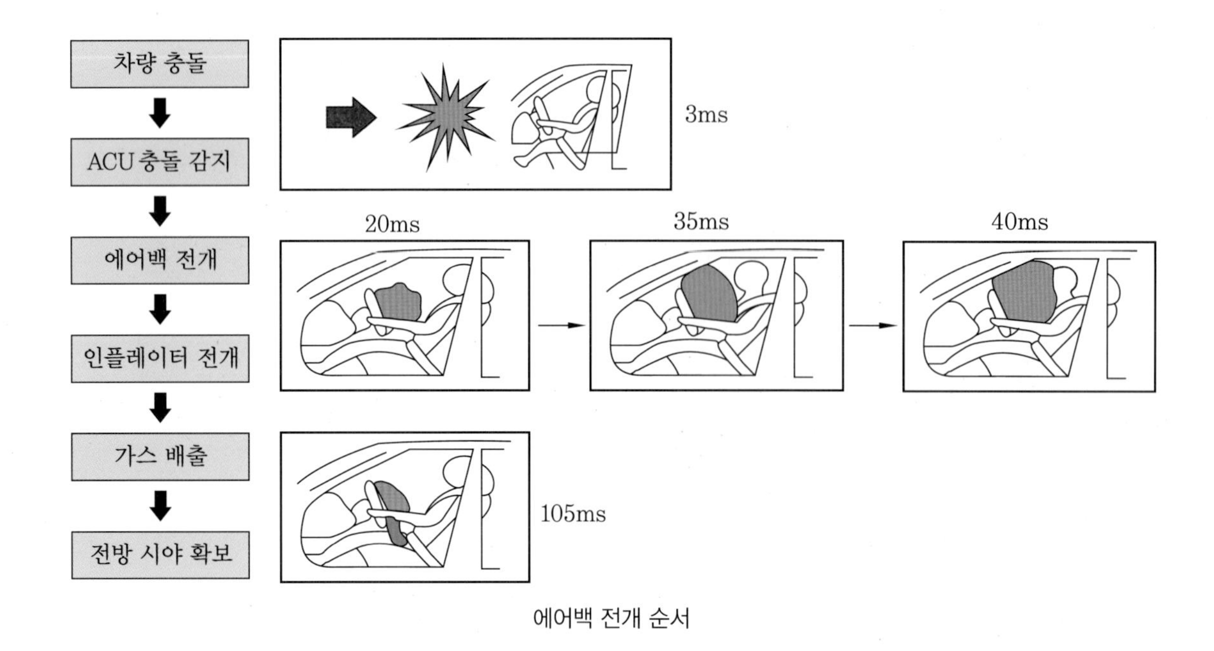

에어백 전개 순서

에어백의 작동은 차량 충돌 시 충돌 감지 센서가 감속도를 검출하여 충돌이 일어났음을 감지하고 동시에 세이핑 센서(안전 센서)도 충격이 일어난 방향과 힘을 감지하여 에어백 컨트롤 유닛으로 전송하면 에어백 컨트롤 유닛의 출력 제어 회로에서는 입력된 전기 신호를 판단하여 인플레이터(기폭 장치) 쪽으로 폭발 신호를 출력하게 된다.

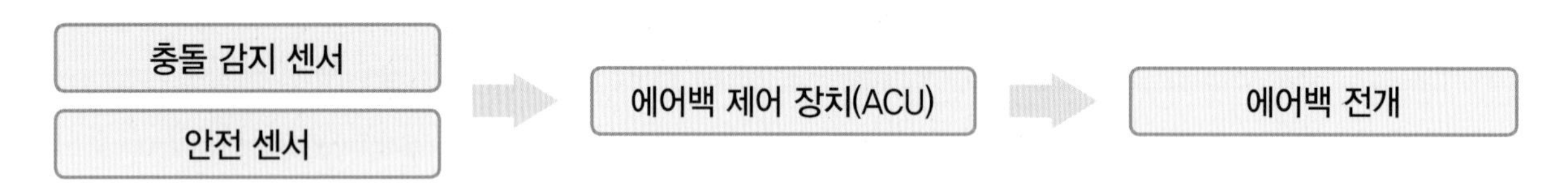

(4) 에어백의 전개

에어백을 순간적으로 부풀리는 데 사용하는 물질은 나트륨과 질소로 이루어진 아지드화나트륨(NaN_3, sodium azide)이라는 물질이다. 에어백이 장착된 운전대에는 접혀져 있는 에어백과 아지드화나트륨 캡슐, 약간의 산화철(Fe_2O_3), 그리고 기폭 장치가 들어 있다. 충돌 시에 스위치가 작동하여 전류가 기체 발생 장치 내의 점화기를 작동시키면 순간적으로 높은 열이 발생하여 불꽃이 생긴다. 이때 아지드화나트륨 캡슐을 터트려 산화철과 반응하게 만들고 아지드화나트륨을 나트륨과 질소로 분해시키며 이때 나오는 질소 가스가 에어백을 채워 부풀어지게 한다. 아지드화나트륨에는 질소가 질량 퍼센트로 65% 들어 있는데, 충돌 시에 생성된 불꽃에 의해 0.04초 이내에 화합물들이 분해되면서 많은 양의 질소 기체가 발생된다. 이때 생기는 나트륨은 산화철과 섞이면서 산화나트륨을 생성하게 된다.

$$2NaN_3(s) \rightarrow 2Na(s)+3N_2(g)$$
$$6Na(s)+Fe_2O_3(s) \rightarrow 3Na_2O(s)+2Fe(s)$$

아지드화나트륨이 분해되어 질소가 발생되고 나트륨 산화물이 되는 반응에서 발생된 질소는 압력이 낮은 에어백 속으로 들어가 이를 부풀리고 시간이 지나면 작은 구멍으로 배출되는데, 이 과정에서 자동차 탑승자는 충격이 완화되며 에어백은 급격하게 수축된다.

아지드화나트륨은 350°C 정도의 높은 온도에서도 불이 붙지 않으며, 충돌이 일어날 때 폭발하지 않는 안정성을 가지고 있어 차내에 저장해두기에 매우 안전한 물질이다. 이러한 물질에 산화철이라는 화합물을 섞어 놓으면, 격렬히 반응하며 질소를 생성하는데, 이를 이용한 것이 바로 에어백이다.

에어백 전개 시 팽창

(5) 에어백 시스템 종류

① MES(machine electric sensor) 타입

㈎ 차량 전면부에 충돌 발생 시 관성에 의하여 기계적으로 접점이 ON(작동)되는 임팩트 센서 장착 → 차량 전면 좌우에 1개씩 장착되어 있다.

㈏ 전면 임팩트 센서의 오작동을 방지하기 위하여 에어백 ECU 내부에 기계적으로 작동되는 안전 센서(safing sensor)가 내장되어 있다.

㈐ 전면의 임팩트 센서와 ECU 내부의 안전 센서가 동시에 ON되어야만 에어백이 전개된다. → 두 개의 센서 중 하나의 센서만 작동 시 에어백 전개가 안 된다.

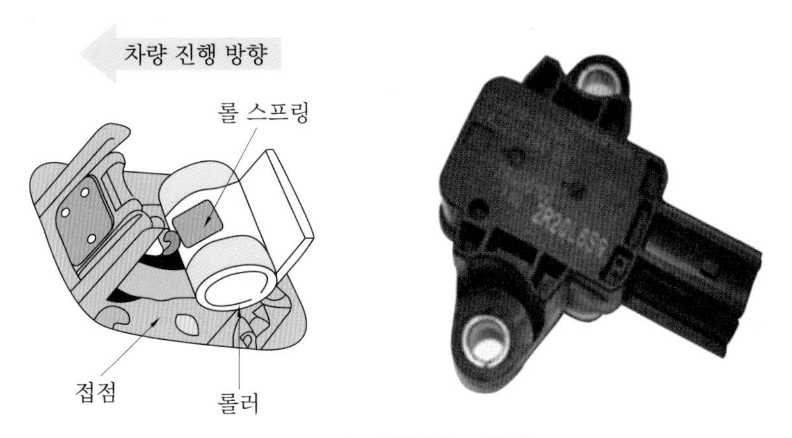

MES 타입(임펙트 센서)

② SAE(siemens airbag electronics) 타입

SAE 타입의 에어백 시스템은 외장이 아닌 에어백 ECU 내의 2개의 센서가 내장되어 있으며, 구성은 다음과 같다(SRE, HAE, SDM-GH와 구성 같음).

(가) 충돌 감지 센서 : 차량 충돌 시 전기적으로 충돌을 감지하여 에어백 ECU에 전달한다.

(나) 안전 센서 : 기계적으로 충돌을 감지하는 센서이며, 충돌 감지 센서의 오작동을 감지한다.

(다) 에어백이 점화되기 위해서는 충돌 감지 센서와 안전 센서가 동시에 ON되어야 한다.

③ SDM-GH 타입

SDM-GH 에어백 시스템은 SAE와 비슷하나 제어 로직이 상이하며, 차이점은 버클 센서가 장착되어 벨트 프리텐셔너의 점화를 제어한다.

(가) 버클 센서(buckle sensor) : 조수석에 탑승한 승객의 안전벨트를 감지하여 전달되는 신호를 에어백 ECU가 판단하여 설정된 속도에 따라 에어백 및 프리텐셔너를 제어한다.

구 분	25~30 km(A 구간)		30 km 이상(B구간)	
	벨트 착용 시	벨트 미착용 시	벨트 착용 시	벨트 미착용 시
에어백	미전개	전개	전개	전개
벨트 프리텐셔너	전개	미전개	전개	미전개

(나) 점검 방법 : 버클 센서는 안전벨트 버클 안에 내장되어 있으며, 착용 시 저항값이 변화하여 ECU가 안전벨트의 착용 상태를 판단할수 있다.

안전벨트 착용 여부	안번벨트 미착용 시	안전벨트 착용 시
저항값 변화	1 kΩ	4 kΩ

(6) 에어백 시스템 구성 부품

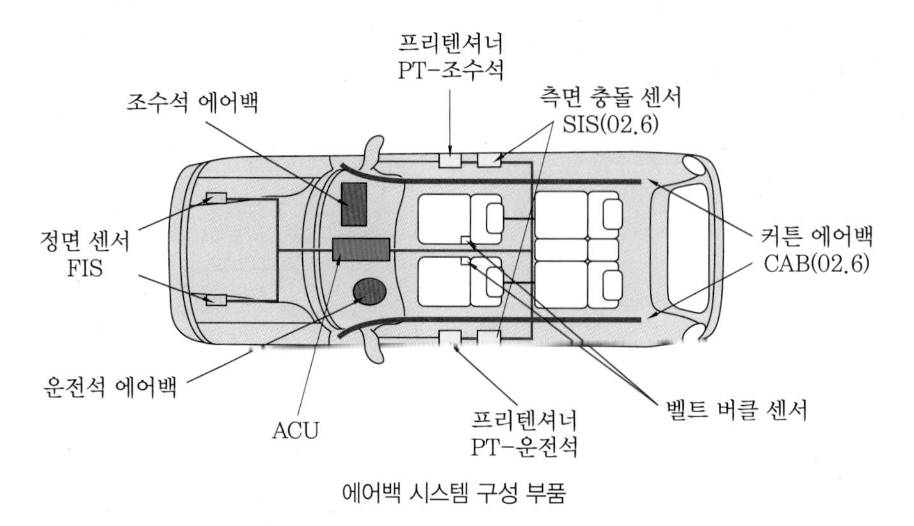

에어백 시스템 구성 부품

에어백 회로도(그랜저 XG)

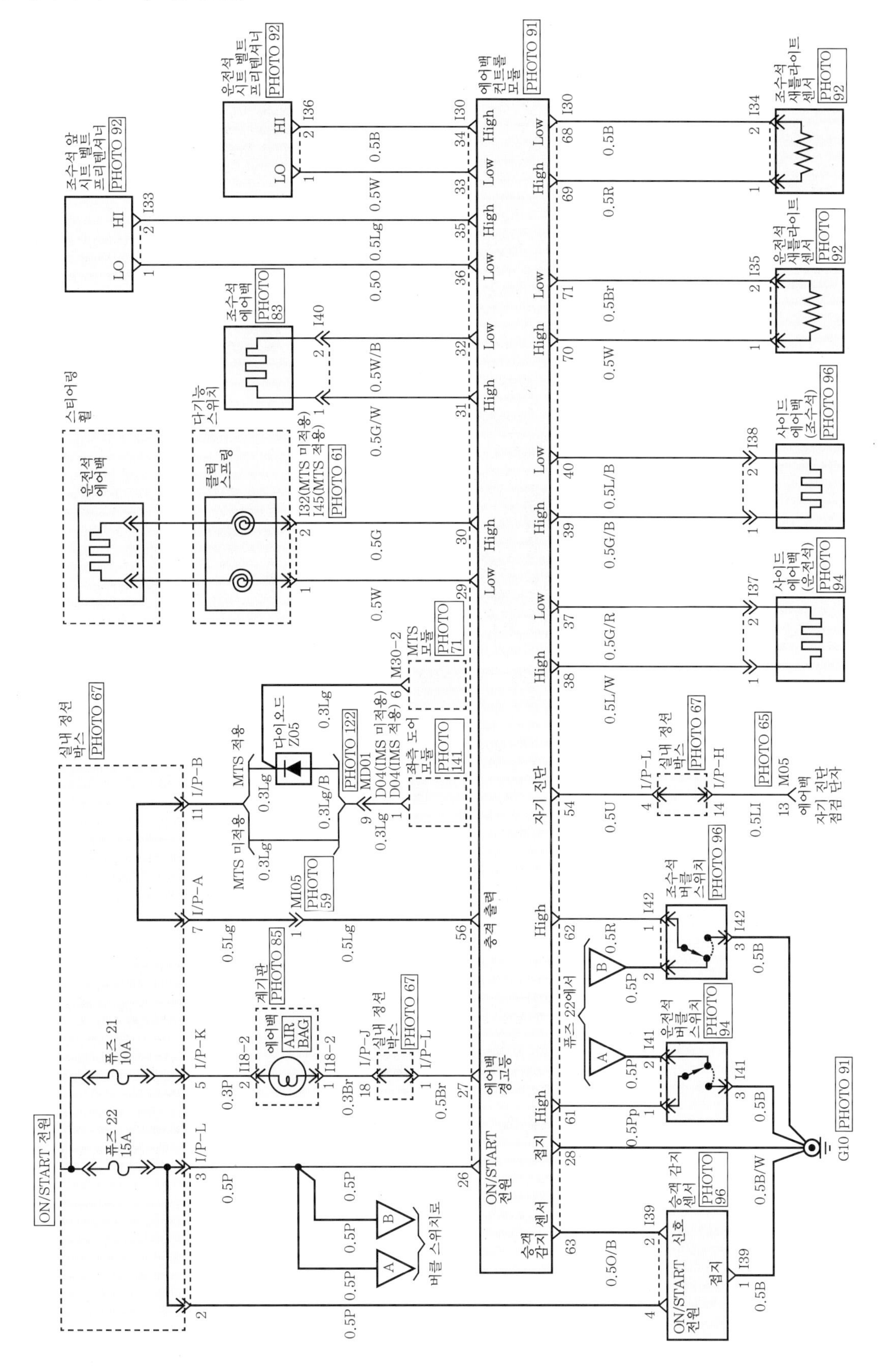

2 에어백의 구성 요소

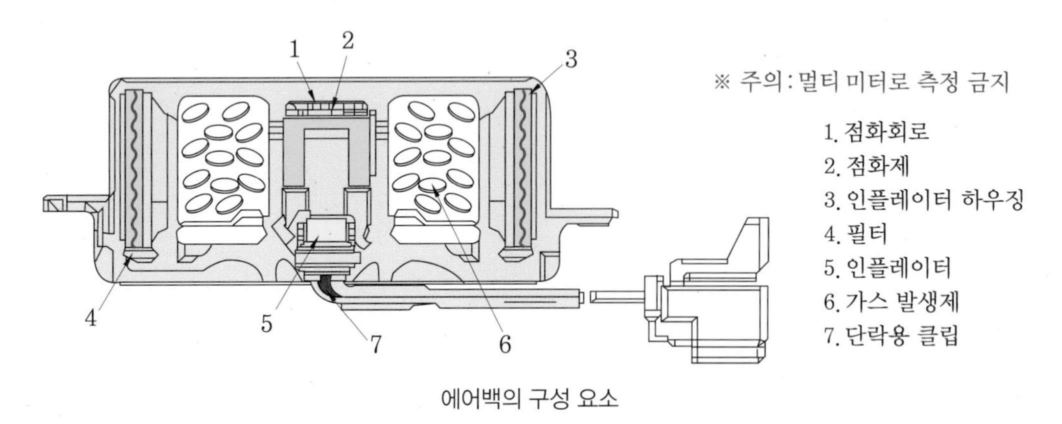

에어백의 구성 요소

(1) 에어백 모듈

에어백 모듈은 에어백, 패트커버, 인플레이터와 에어백 모듈 고정용 부품으로 이루어져 있으며, 운전석 에어백은 조향 핸들 중앙에 장착되고 조수석 에어백은 글로 박스 상단면에 장착된다. 또한 에어백 모듈은 분해 품목이 아니므로 분해하여 저항 측정을 하지 말아야 한다. 그렇지 않으면 에어백 모듈의 저항 측정 시 뜻하지 않은 에어백 전개로 위험을 초래할 수 있다.

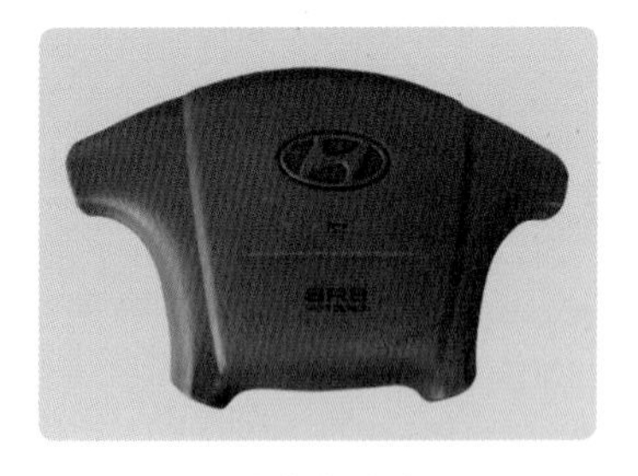

에어백 전면

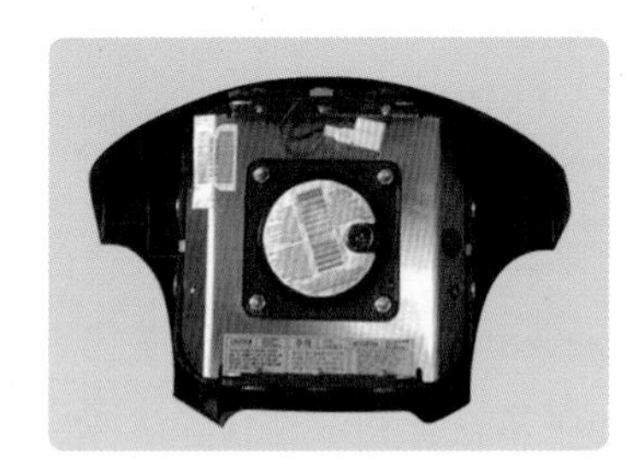

에어백 후면

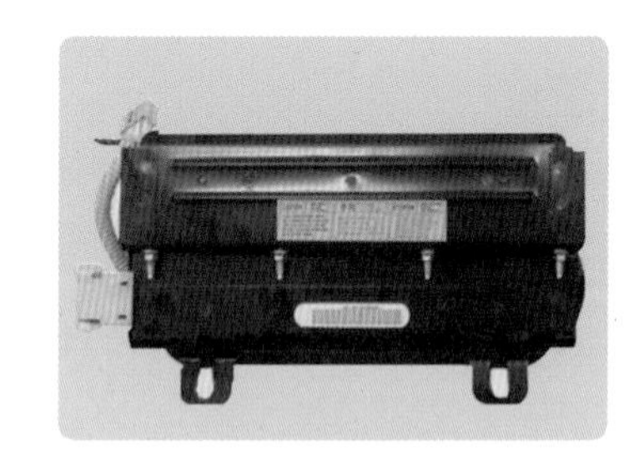

조수석 에어백

① 에어백(airbag) : 에어백은 내측에 고무로 코팅된 나일론제의 면으로 되어 있으며, 내측에는 인플레이터와 함께 장착된다. 에어백은 점화 회로에서 발생한 질소 가스에 의하여 팽창하며, 팽창 후 짧은 시간 후 백의 배출공에서 질소 가스를 배출하여 사고 후 운전자가 에어백에 눌리는 것을 방지한다.

② 패트커버(pat cover)–에어백 모듈 커버 : 우레탄 커버에서 에어백 전개 시 입구가 갈라져 고정부를 지점으로 전개하며, 에어백이 밖으로 튕겨나와 팽창하는 구조로 되어 있다. 또한 패트커버에는 그물망이 형성되어 있으므로 에어백 전개 시 파편이 날라 승객에게 상해를 주는 것을 방지한다.

③ 인플레이터(Inflator)–화약점화식(운전석용–2pin) : 인플레이터는 화약, 점화제, 가스 발생기, 디퓨저 스크린 등을 알루미늄제 용기에 넣은 것으로 에어백 모듈 하우징에 장착된다. 인플레이터 내에는 점화 전류가 흐르는 전기 접속부가 있어 화약에 전류가 흐르면 화약이 연소하여 점화재가 연소하고 그 열에 의하여 가스 발생제가 연소한다.

연소에 의하여 급격히 발생한 질소 가스가 디퓨저 스크린을 통과하여 에어백 안으로 유입된다. 디퓨저 스크린은 연소 가스의 이물질을 제거하는 필터 기능 외에도 가스 온도를 냉각하고 가스음을 저감하는 역할을 한다.

④ 인플레이터(Inflator)-하이브리드식(조수석용-2pin 또는 4pin) : 하이브리드 방식의 에어백 모듈은 조수석 에어백(PAB) 차량에 장착된다.

하이브리드식과 화약점화식의 가장 큰 차이점은 에어백을 부풀리는 방법의 차이다. 하이브리드식은 에어백 모듈 안에 일정량의 가스를 보관해 놓은 상태에서 차량 충돌 시 가스와 에어백을 연결하는 통로를 화약에 의하여 폭파 후 연결시키면 보관해 놓았던 가스에 의하여 백이 팽창하는 구조로 되어 있다.

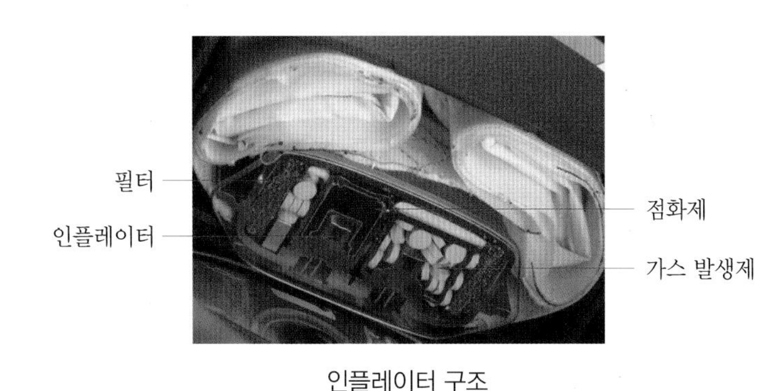

인플레이터 구조

하이브리드식의 가장 큰 문제점은 오랫동안 모듈 안에 가스를 보관해 놓아야 한다는 것이다. 만일 가스가 누설되면 에어백 작동 시 백이 부풀어오르지 않아 안전을 확보하지 못하며, 이런 단점을 보완하기 위하여 모듈의 재질을 강화하여 가스가 누설되는 것을 예방한다. 또한 저압 스위치(low pressure switch)를 모듈 안에 장착하여 가스의 압력을 항상 감지하고 있으나 최근에는 기술의 발달로 가스 누설을 최소화하여 저압 스위치가 삭제되었다. 이와 같은 문제로 모듈의 무게와 부피가 늘어나 운전석보다는 조수석에 장착하게 된다. 아래 표는 저압 스위치의 작동 영역을 나타낸 것이다.

스위치 저항	상태	고장 감지
$R < 10\,\Omega$	두 선 간의 단락	고장 검출됨
$920\,\Omega < R < 1080\,\Omega$	정상 영역	정상 판정
$R > 10\,k\Omega$	단선	고장 검출됨

(2) 클럭 스프링(clock spring)

① 클럭 스프링 교환 시 주의 사항

클럭 스프링은 조향 핸들과 스티어링 칼럼 사이에 장착되며, 에어백 ECU와 에어백 모듈 사이의 접촉 방법을 종래의 혼(horn)과 같은 방법이 아닌 배선에 의한 연결을 한다. 그러나 일반 배선을 사용하여 연결을 하면 좌, 우 조향 시 배선이 꼬여 단선이 될 수 있다.

이러한 단점을 보완한 클럭 스프링은 내부에 좌, 우로 감길 수 있는 종이 모양의 배선을 장착하여 조향 핸들의 회전각을 대처할 수 있게 되었으며, 클럭 스프링은 조향 핸들과 같이 회전하기 때문에 반드시 중심 위치를 맞추어야 한다. 만일 중심 위치가 맞지 않으면 클럭 스프링 내부의 종이 배선이 끊어지거나 저항이 증가하여 고장이 발생하며 에어백 경고등이 점등된다.

클럭 스프링 장착

클럭 스프링

② 클럭 스프링 탈부착 시 중심 위치 맞추는 방법

(가) 조향 핸들을 탈거한다.

(나) 클럭 스프링을 시계 방향으로 멈출 때까지 최대한 회전시킨다.

(다) 반시계 방향으로 2바퀴와 9/10바퀴를 회전시켜 클럭 스프링 케이스에 마킹된 "▶, ◀" 마크를 일치시킨다.

(라) 조향 핸들을 장착하고 에어백 경고등 점등 여부를 확인한다.

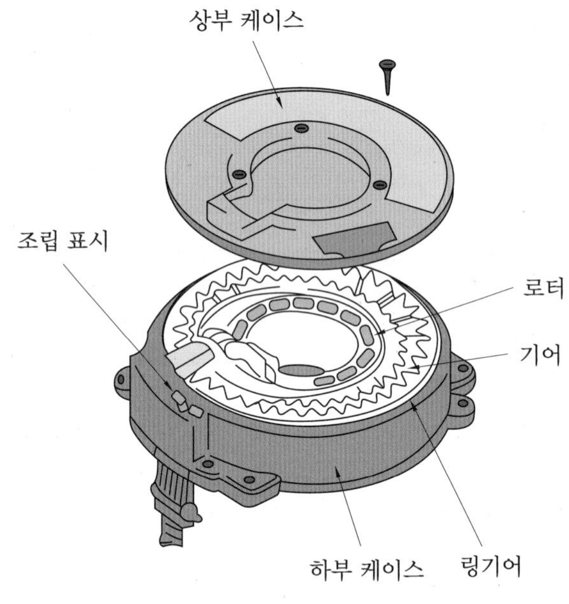

클럭 스프링 구조

에어백 용어 및 의미

- DAB(drive airbag) : 운전석 에어백
- PAB(passenger airbag) : 조수석 에어백
- PT(pretensioner) : 프리텐셔너
- FSAB(front side airbag) : 전방 측면 에어백
- RSAB(rear side airbag) : 후방 측면 에어백
- RAB(rear airbag) : 후면(뒷좌석) 에어백
- PPD(passenger presence detect) : 승객 유무 감지장치

(3) 벨트 프리텐셔너(belt pretensioner)

충돌 시 에어백이 작동하기 전 프리텐셔너를 작동시켜 안전 벨트의 느슨한 부분을 되감아 충돌로 인하여 움직임이 심해질 승객을 확실히 시트에 고정시키므로 크러시패드나 전면 유리에 승객이 부딪히는 것을 예방하며 에어백 전개 시 올바른 자세를 가질 수 있게 해준다. 발생한 충돌이 크지 않다면 에어백은 전개되지 않으며 프리텐셔너만 작동될 수 있다.

프리텐셔너 내부에는 화약에 의한 점화 회로와 벨트를 되감을 피스톤이 내장되어 있어 ECU에서 점화시키면 화약의 폭발력이 피스톤을 밀어 벨트를 되감을 수 있다.

작동된 프리텐셔너는 반드시 교환되어야 하나 에어백 ECU는 6번까지 프리텐셔너를 점화시킬수 있으므로 재사용이 가능하다(프리텐셔너 6회 점화까지 동일한 ECU 사용이 가능하나 6회 폭발 후에는 신품의 ECU로 교환되어야 한다).

프리텐셔너 미작동 프리텐셔너 작동

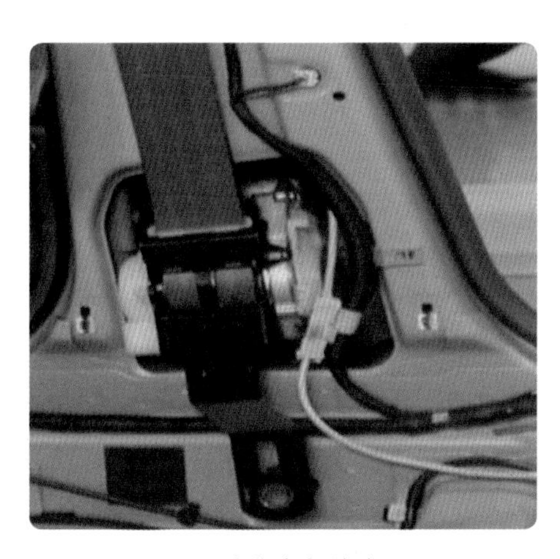

프리텐셔너 위치

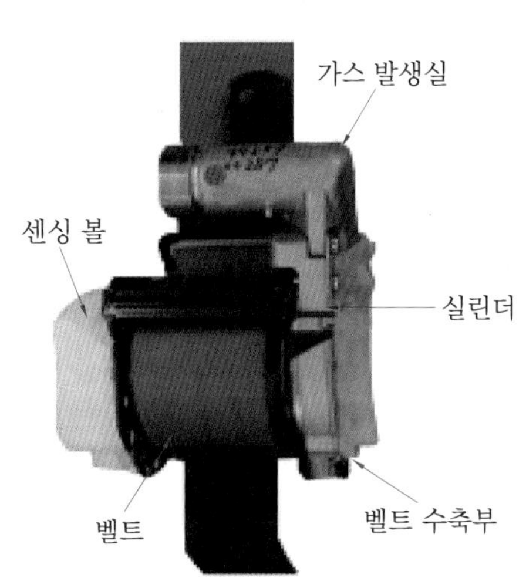

프리텐셔너 구조

(4) 에어백 ECU

에어백 ECU는 에어백 시스템을 중앙에서 제어하며 시스템 고장 시 경고등을 점등시켜 운전자에게 고장 여부를 알려준다.

① 단락바(short bar)

에어백 ECU 탈거 시 경고등이 점등되어야 한다. 또한 ECU 탈거 시 각종 에어백 회로가 전원과 접지에 노출되어 뜻하지 않게 에어백이 점화될 수도 있다. 이러한 불상사를 예방할 목적으로 단락바를 적용하여 ECU 탈거 시 경고등과 접지를 연결시켜 에어백 경고등을 점등시키며, 에어백 점화 라인 중 High선과 Low선을 서로 단락시켜 에어백 점화 회로가 구성되지 않도록 하여 에어백 점화를 예방한다.

2차 잠금장치(2차 lock) 에어백 시스템에서 커넥터 접촉 불량 및 이탈은 시스템 전반에 큰 영향을 주며, 승객의 안전을 확실히 보장할 수 없다. 따라서 각종 에어백 배선들은 어떠한 악조건에서도 커넥터 이탈을 방지하기 위하여 커넥터 삽입 시 1차로 로크되며, 커넥터 상부의 레버를 누르거나 당기면 2차로 로크되어 접촉 불량 및 커넥터 이탈을 방지한다.

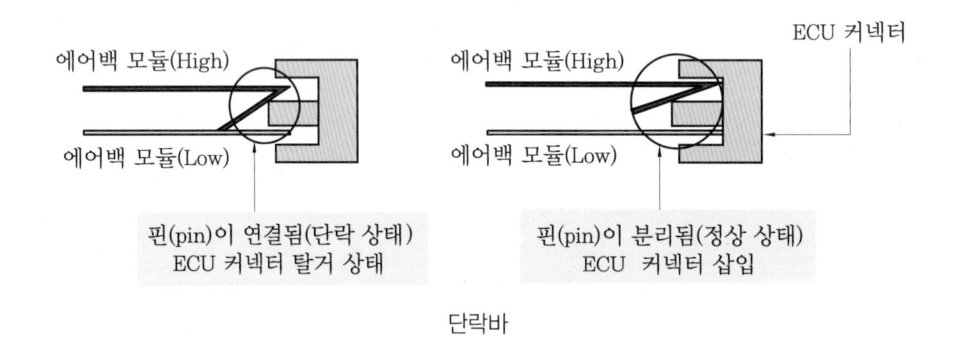

단락바

② 에너지 저장 기능

차량이 충돌할 때 뜻하지 않은 전원 차단으로 인하여 에어백 점화 불가 시 원활한 에어백 점화를 위하여 에에백 ECU는 전원 차단 시에도 일정 시간(약 150 ms) 동안 에너지를 ECU 내부의 콘덴서에 저장한다. 이는 전원키(IG "ON → OFF") 사용 시에도 동일하다.

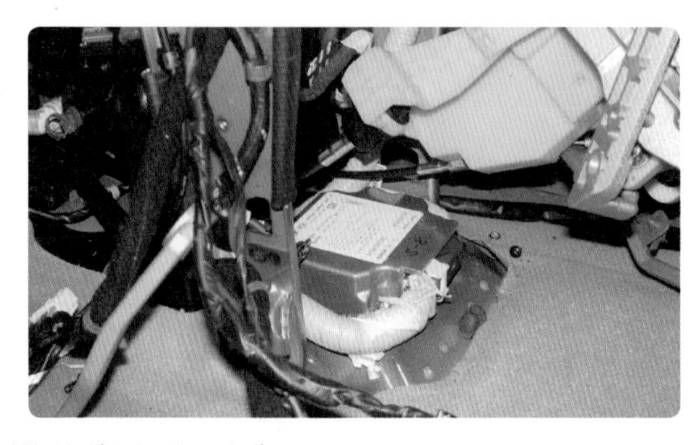

에어백 ECU 장착 위치(콘솔 박스 하단)

③ 충돌 신호 출력 기능

차량 충돌(정면 또는 사이드 에어백, 벨트 프리텐셔너 전개 조건) 감지 시 충돌 신호(디지털)를 출력한다. – 도어 컨트롤 모듈(충돌 감지 후 200 ms 동안 어스로 스위칭 작용)

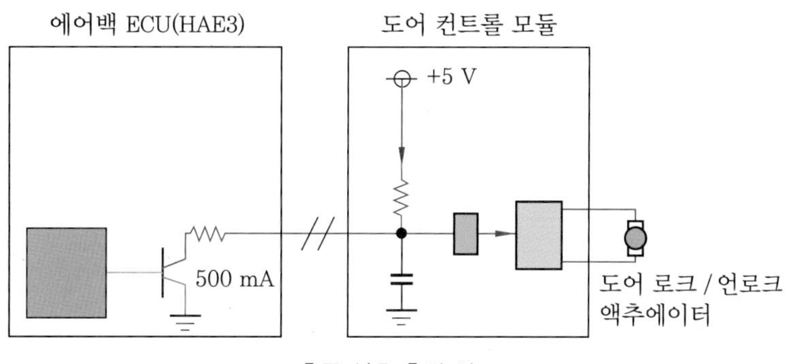

충돌 신호 출력 회로

3 에어백 전개 제어

차량 진행 중 충돌 발생 시 가속도(G) 값이 충격한계 이상일 경우 에어백을 전개시켜 운전자의 안전을 확보한다.

(1) 차량 속도와 에어백 전개

아래의 차속은 차량이 고정벽에 정면으로 충돌 시 발생되는 데이터(data)이며 실제 주행 시 오차 발생이 될 수 있다.

전개 유무	차량 속도
비전개	14.4 km/h 이하
전개	14.4~19.2 km/h 이하
에어백 전개	19.2 km/h 이상

(2) 충돌 감지 센서(가속도 센서)

충돌 감지 센서는 차량의 충돌 상태, 즉 가감속값(G값)을 산출하는 센서로 평상시 주행 시와 급가속 시, 급감속 시를 명확하게 구별하여 에어백 ECU로 출력값을 입력하면 에어백 ECU는 입력된 신호를 바탕으로 최적의 에어백 점화 시기를 결정하여 운전자의 안전을 확보한다.

또한 전자식 센서이므로 전자파에 의한 오판을 막기 위하여 기계식으로 작동하는 안전 센서를 두어 에어백 점화를 최종적으로 결정한다.

충돌 감지 센서는 에어백 ECU 안에 내장되어 있다(가속도를 감지하는 감지부, 감지 신호를 증폭(0~5 V)하는 증폭기와 노이즈를 줄이는 필터링 및 자기 진단 기능).

(3) 안전 센서(safing sensor)

안전 센서는 충돌 시 기계적으로 작동하는데, 센서 한쪽은 전원과 연결되어 있고 다른 한쪽은 에어백 모듈과 연결되어 있어 주행 중 충돌 발생 시 센서 내부에 장착된 자석이 관성에 의하여 스프링의 힘을 이기고 차량 진행 방향으로 움직여 리드 스위치를 "ON"시키면 에어백 전개에 필요한 전원이 안전 센서를 통과하여 에어백 모듈로 전달된다.

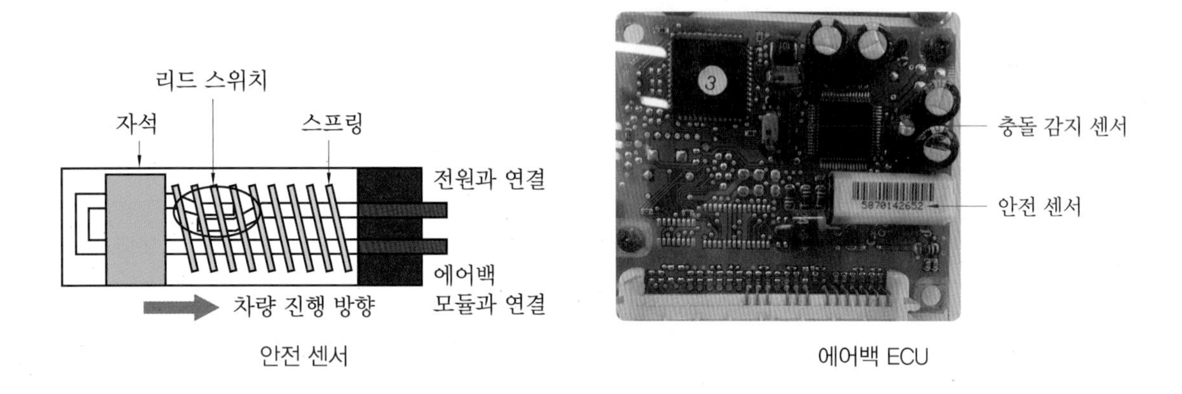

안전 센서 에어백 ECU

(4) 충돌 감지 센서와 안전 센서의 논리(logic) 관계

충돌 감지 센서	안전 센서	전 차종	EF 쏘나타, DAB ONLY(HAE타입)	에어백 전개 유무
전개	ON	충돌 기록 1회 (정상 충돌 판정)	충돌 기록 1회	전개
전개	OFF	충돌 기록 1회 (ECU 내부 불량)	충돌 기록 0회	비전개

(5) 에어백 전개 후 정비 사항

에어백 전개 후 교체되어야할 항목은 다음과 같으며, 에어백 모듈과 ECU는 반드시 교체되어야 한다.

① 점화된 에어백 모듈

② 에어백 ECU

③ 그 외 에어백 전개로 파손된 부품

4 승객 유무 감지 장치(PPD 센서)

(1) PPD(passenger presence detect) 센서

조수석에 탑승한 승객을 감지하여 승객이 탑승했다면 정상적으로 에어백을 전개시키고 승객이 존재하지 않는다면 조수석 및 측면 에어백을 전개시키지 않는다. 이로 인하여 불필요한 에어백 전개를 방지하여 수리비를 절감할 수 있다.

(2) PPD 센서의 장착 위치

조수석 시트 커버(seat cover) 하단부에 장착되어 있다.

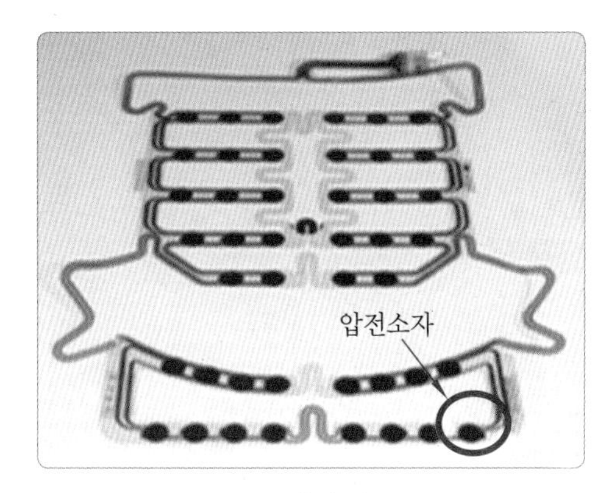

PPD 센서 단품

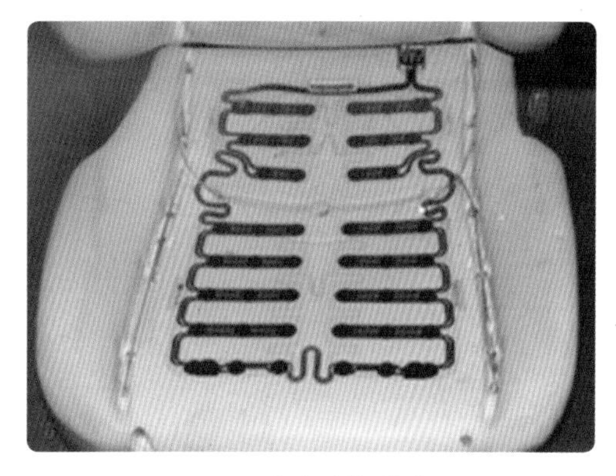
PPD 센서 장착 위치

(3) PPD 센서 작동 원리

PPD 인터페이스 모듈의 두 개의 커넥터 중 녹색 커넥터가 PPD 센서 커넥터이다. 커넥터는 2핀으로 이어져 있으며, 각기 다른 두 개의 배선 사이에 하중에 따라 저항값이 변하는 압전 소자를 설치하여 승객의 하중에 따라 변화하는 저항값을 가지고 승객 존재 유무를 판단한다. 승객 감지 조건은 다음과 같다.

- 기준 중량 : 15 kg
- 승객이 있을 때 : 50 kΩ 이하, 승객이 없을 때 : 50 kΩ 이상
- 하중이 있을 때 : 두 선이 서로 분리되어 있다.
- 하중이 가해질 때 : 두 선이 압전 소자로 인하여 쇼트되어 저항값이 출력된다.

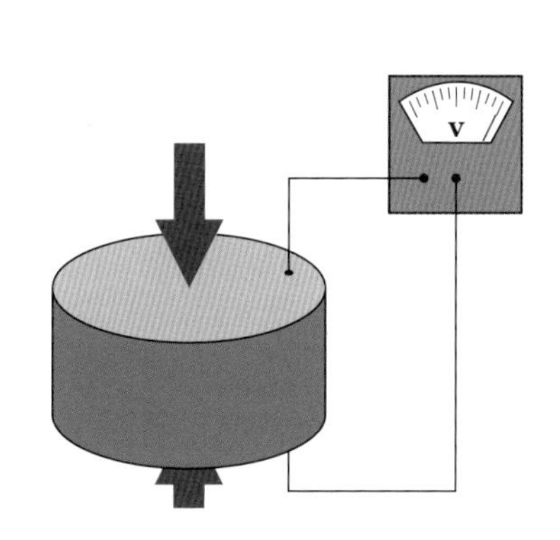

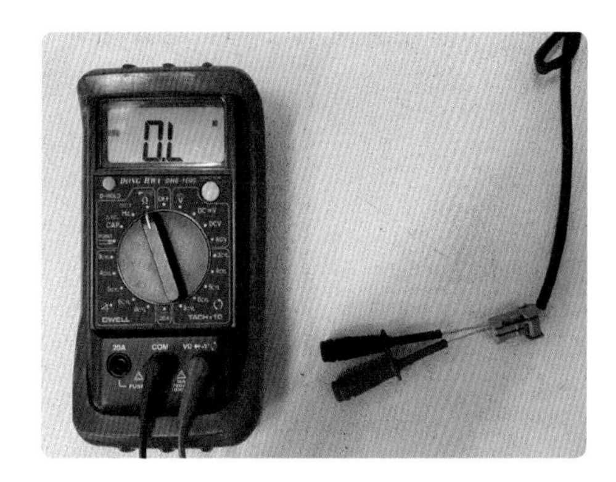

PPD 센서 저항값 측정

(4) 점검 방법

다음 그림과 같이 멀티 미터를 사용하여 저항값을 측정 및 점검할 수 있다.

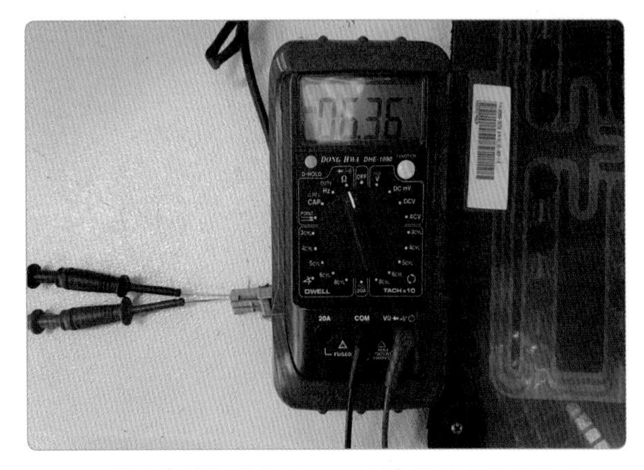

(a) 하중이 있을 시 (300 kΩ 이상) 하중이 주어질 때 저항값이 점점 증가된다.

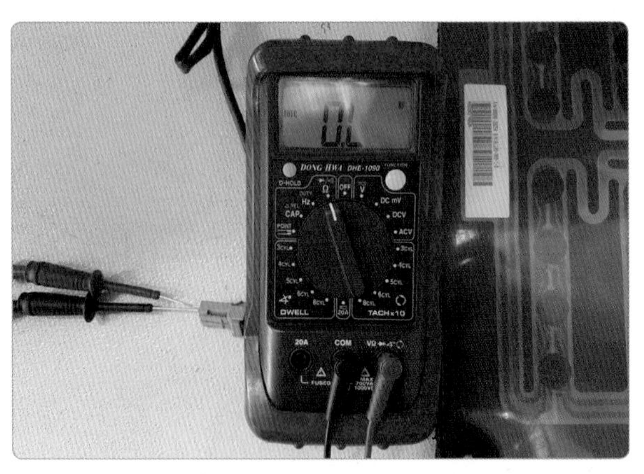

(b) 하중이 없을 시 ∞(무한대) 하중이 주어질 때 저항값이 점점 감소된다.

(5) PPD 인터페이스 유닛

PPD 센서에서 출력되는 저항값은 아날로그 신호이므로 에어백 ECU는 PPD 센서값을 인식하지 못한다. 그러나 저항값으로 출력되는 PPD 센서값을 인터페이스 유닛이 디지털 신호로 변환하여 ECU로 입력하면 원활한 제어가 가능하다. 인터페이스 유닛에서 ECU로 일방향 통신을 하면 다음 3가지 신호를 ECU로 보내준다.

① 승객 있음

② 승객 없음

③ PPD 센서 고장

ECU는 이 3가지 신호 중 어떠한 신호든지 입력되지 않으면 PPD 인터페이스 고장으로 인식한다. 인터페이스 유닛은 조수석 시트 하단부에 장착된다.

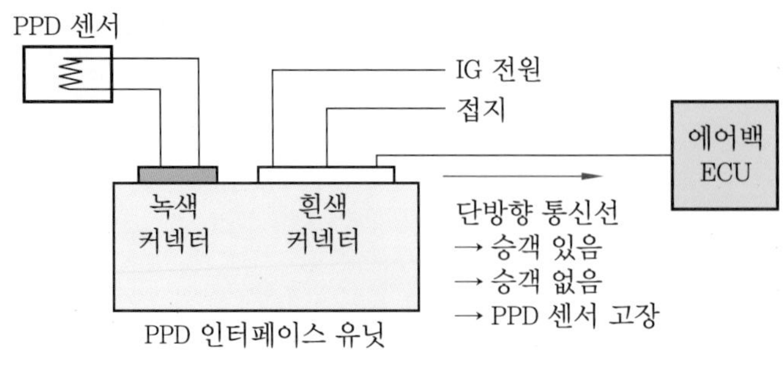

PPD 인터페이스 유닛 구성

(6) PPD 센서 고장 점검

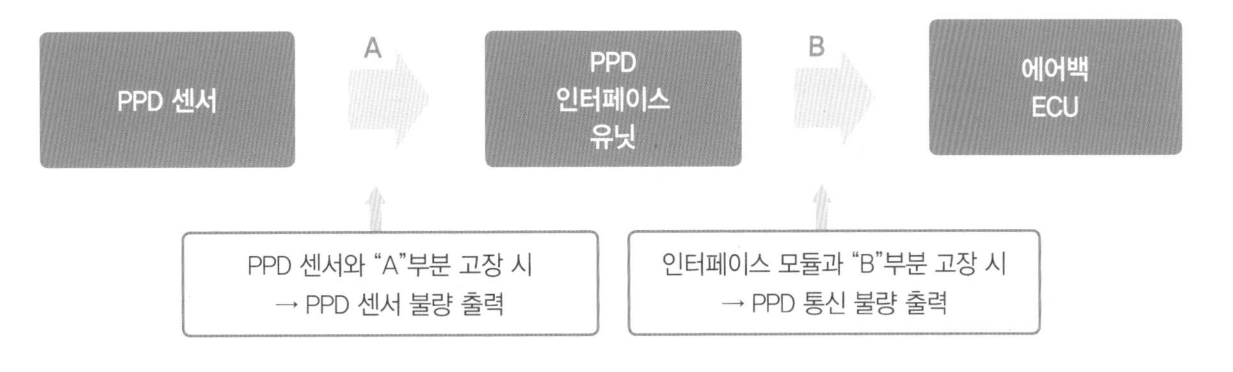

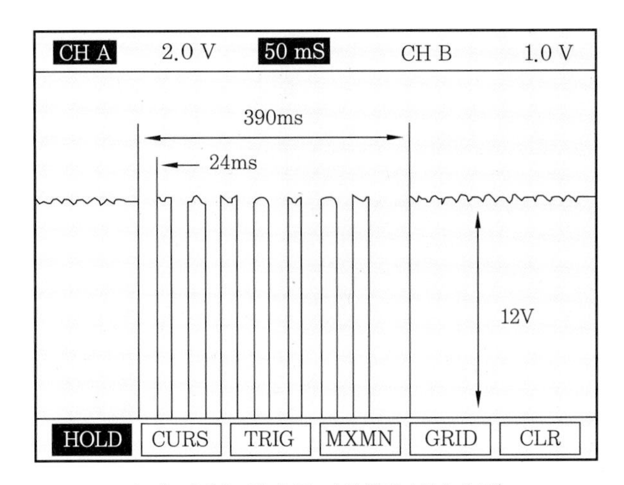

승객 미탑승 시 출력 파형("B" 부분 측정)

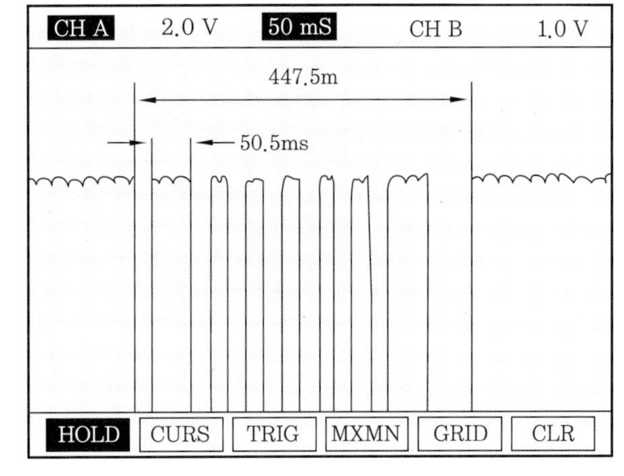

승객 탑승 시 출력 파형("B" 부분 측정)

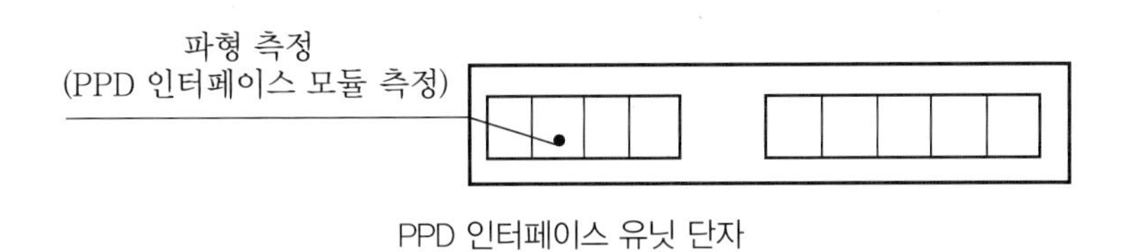

PPD 인터페이스 유닛 단자

5 측면 에어백(side airbag)

측면 충돌 시 운전자 및 승객의 머리와 어깨를 보호하는 장치로 시트 안에 내장되어 있다(에쿠스의 뒷좌석 측면에는 별도의 측면 에어백이 부착된다). 측면 충돌 감지 센서로는 차량 좌우측에 외장된 측면 충돌 감지 센서와 에어백 ECU 내부의 측면 충돌 감지 센서에 의하여 작동하며, 두 가지의 센서가 모두 동작해야 에어백이 작동한다.

(1) 측면 에어백 제어 과정

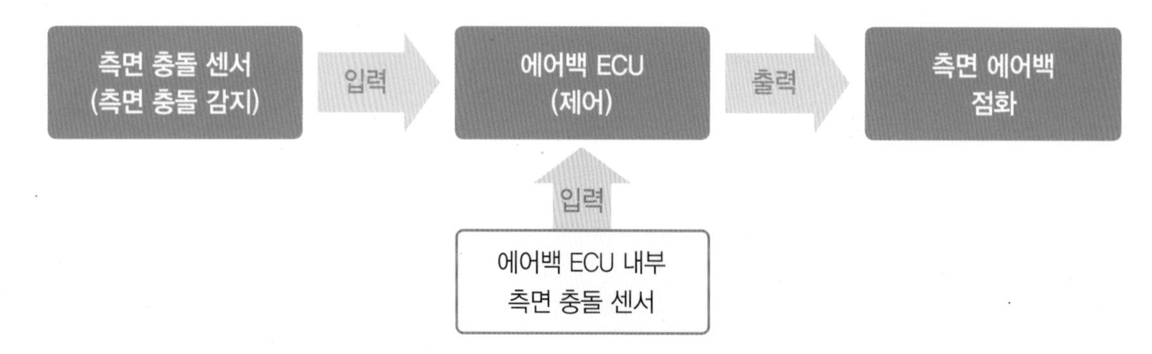

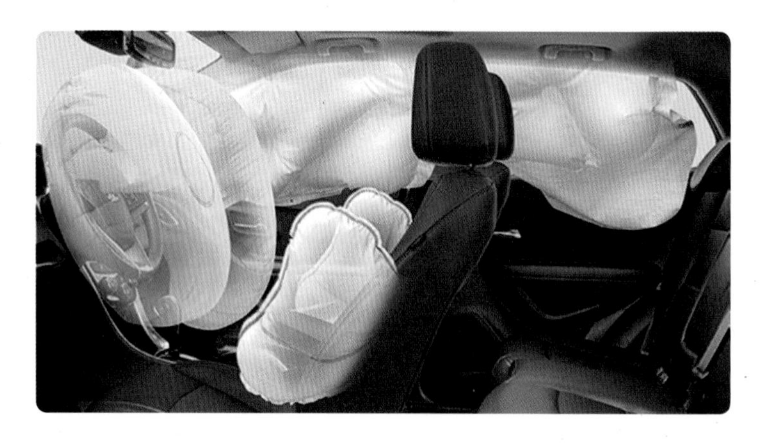

(2) 측면 충돌 감지 센서(satellite sensor)

① **역할** : 측면 충돌 발생 시 충격의 크기를 감지하여 에어백 ECU로 입력하는 역할을 한다. 에어백 ECU는 이 신호를 받아 ECU 내부의 충돌 감지 센서(측면 제어용)와 비교하여 두 개의 센서가 모두 충돌 판정 시 측면 에어백을 전개시킨다.

② **장착 위치** : 차량 좌우측 "B"필러 하단부에 1개씩 장착된다.

에어백의 분류와 적용 과정

❶ **1세대,** SRS 에어백(supplemental restraint system air bag) : 질소와 나트륨 화합물을 넣고 차량이 충돌하면 센서가 신호를 보내 가스발생기 안의 화약이나 압축가스가 폭발하는 원리로 안전벨트를 보조하는 안전 장치 개념의 에어백이다.

❷ **2세대,** 디파워드 에어백(depowered air bag) : 국내 차량에 일반적으로 사용되는 방식으로 팽창 압력을 줄여 2차 충격으로부터 사고자를 보호한다.(에어백의 팽창력을 20~30% 줄였다.)

❸ **3세대,** 스마트 에어백(smart air bag) : 충격 강도에 따라 팽창력을 조절하여 운전자의 위치와 안전벨트 사용 여부, 충격 강도 등을 감지하는 에어백이다. 충격 강도 등을 센서가 감지하여 에어백이 약하게 또는 강하게 부풀도록 설계되어 있다.

❹ **4세대,** 어드밴스드 에어백(advanced air bag) : 센서를 이용해 승객의 위치와 체격, 앉은 자세 및 충돌 정도를 판단하여 에어백이 스스로 팽창 여부를 결정한다(스마트 에어백에서 탑승자의 무게를 감지하는 센서 추가). 또한 약한 충격의 경우에는 에어백이 나오지 않거나 2단계로 나눠 팽창(dual stage)하는 기능이 포함되어 있다.

2 실습 준비 및 유의 사항

실습 준비(실습 장비 및 실습 재료)

1 실습 자료

- 고객동의서
- 점검정비내역서, 견적서
- 차종별 정비 지침서

2 실습 장비

- 승용자동차(에어백 장착 차량)
- 수공구, 전동공구, 에어공구
- 종합 진단기
- 리프트(2주식, 4주식)
- 멀티 테스터(디지털, 아날로그)
- 전류계
- 에어백 시뮬레이터
- 스캐너
- 작업등

3 실습 재료

- 가솔린
- 배터리
- 교환 부품(퓨즈, 릴레이, 하네스(배선 및 커넥터))
- 에어백 모듈
- ACU

실습 시 유의 사항

- 안전 작업 절차에 따라 전기 회로를 점검하며, 작업에 필요한 공구 장비를 작업에 맞게 준비한 후 작업에 임한다.
- 아날로그 멀티테스터기를 활용하여 회로 점검 시 극성을 확인하고 점검한다.
- 주행 안전 장치 교환 부품(퓨즈, 릴레이, 하네스(배선 및 커넥터), 센서)을 준비하고 실습에 임한다.
- 배터리 터미널을 분리하기 전에 도난 방지용 오디오는 입력 번호를 먼저 고객에게 문의해서 기록하고, 작업 완료 후에는 오디오 비밀 번호 입력 및 시계의 시간 조정을 한다.
- 에어백 장치의 복합적인 현상은 확인이 어렵기 때문에 자기 진단 코드는 고장 진단 정비 때 중요한 테스트 자료이므로 에어백 고장 진단은 배터리 분리 전 항시 진단 코드를 메모해 놓아야 한다.
- 다른 차의 에어백 부품을 사용하지 않으며 부품 교환 때는 항상 신품을 사용한다.
- 에어백 모듈, 컨트롤 유닛, 클럭 스프링 및 에어백 와이어링 등은 재사용할 수 없는 제품이므로 보수를 하지 말아야 한다.
- 에어백 회로는 저항으로 측정을 절대로 하지 말아야 한다.
- 주행 안전 장치 점검 시 차종별 정비 지침서 회로를 판독하고 점검하며, 필요시 시스템을 작동시켜 고장을 진단한다.

3 실습 시 안전 관리 지침

① 실습 전 반드시 안전 교육을 실시하고 소화기를 비치하여 화재 사고에 대비하고, 유류 등 인화성 물질은 안전한 곳에 분리하여 보관한다.

② 중량이 무거운 부품 이동 시 작업 장갑을 착용하며 장비를 활용하거나 2인 이상 협동하여 이동시킨다.
③ 실습 전 작업대를 정리하여 작업의 효율성을 높이고 안전 사고가 발생되지 않도록 한다.
④ 실습 작업 시 작업에 맞는 적절한 공구를 사용하여 실습 중 안전 사고에 주의한다.
⑤ 실습장 내에서는 작업 시 서두르거나 뛰지 말아야 한다.
⑥ 각 부품의 탈부착 시 오일이나 물기름이 작업장 바닥에 떨어지지 않도록 하며, 누출 시 즉시 제거하고 작업에 임한다.
⑦ 모든 부품은 분해, 조립 순서에 준하여 작업을 실시하고 분해된 부품은 순서에 따라 작업대에 정리 정돈한다.
⑧ 실습 종료 후 실습장 주위를 깨끗하게 정리하며 공구는 정위치시킨다.
⑨ 실습 시 작업복, 작업화를 착용한다.

4 에어백 점검 정비

1 스캐너에 의한 고장 진단 : 시스템 자기진단(EF 쏘나타, 그랜져 XG)

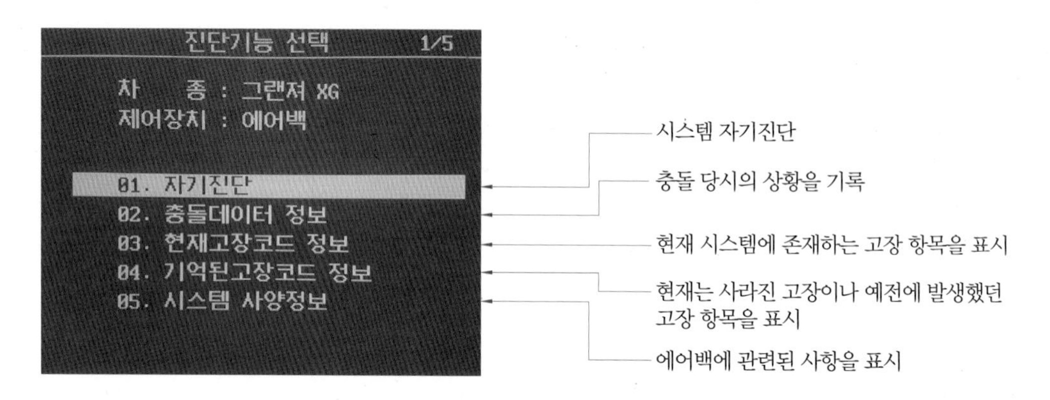

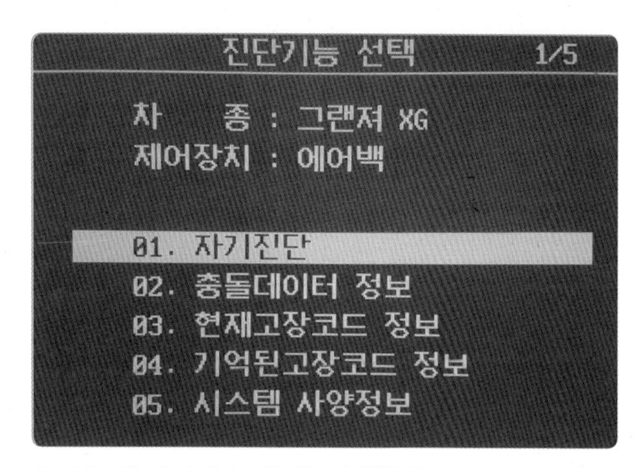

1. 시스템 자기진단 기능을 선택한 후 고장 상태를 확인한다.

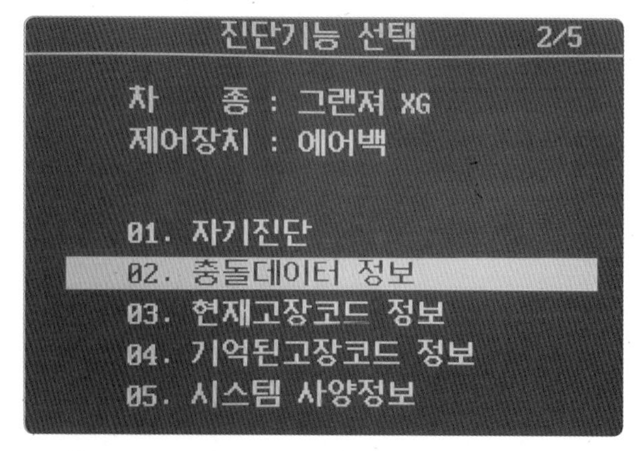

2. 충돌데이터 정보는 충돌 당시의 상황을 기록한다(정보 확인).

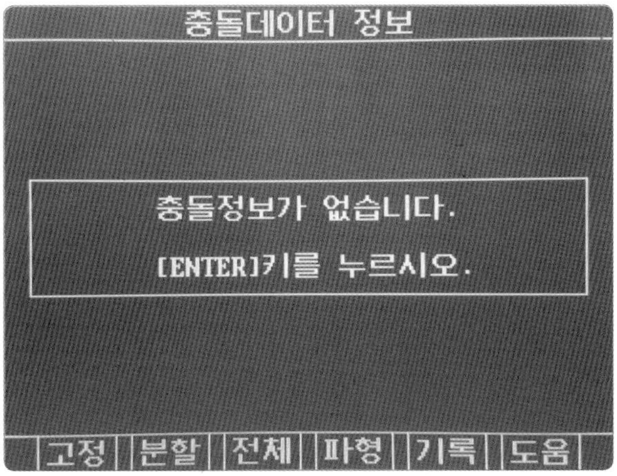

충돌데이터 정보

충돌정보가 없습니다.
[ENTER]키를 누르시오.

고정 | 분할 | 전체 | 파형 | 기록 | 도움

3. 충돌데이터 정보 확인 결과 충돌정보 없음을 확인 후 ENTER 키를 선택한다.

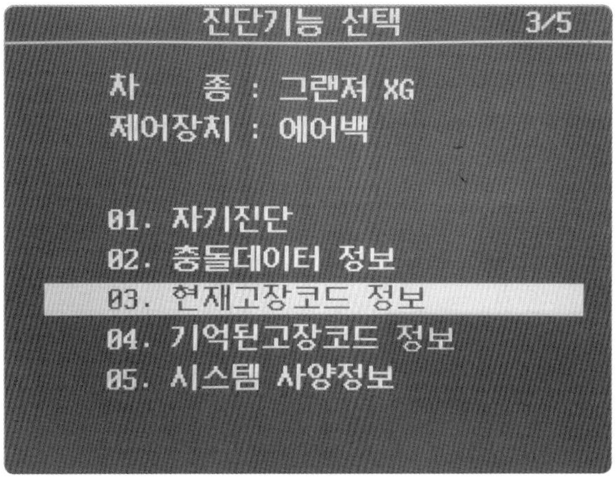

진단기능 선택 3/5

차 종 : 그랜저 XG
제어장치 : 에어백

01. 자기진단
02. 충돌데이터 정보
03. 현재고장코드 정보
04. 기억된고장코드 정보
05. 시스템 사양정보

4. 현재 시스템에 존재하는 고장 항목을 표시한다(확인).

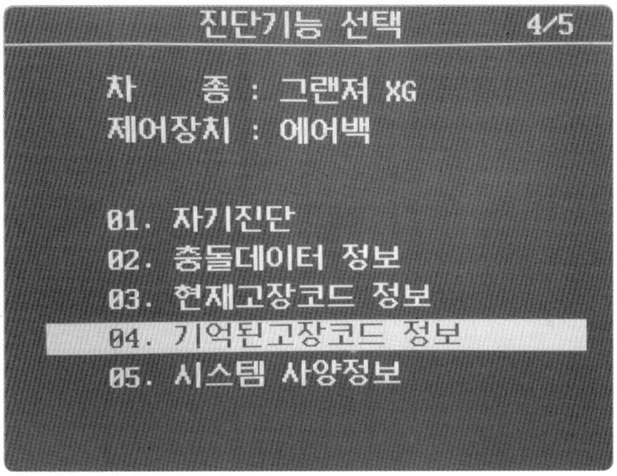

진단기능 선택 4/5

차 종 : 그랜저 XG
제어장치 : 에어백

01. 자기진단
02. 충돌데이터 정보
03. 현재고장코드 정보
04. 기억된고장코드 정보
05. 시스템 사양정보

5. 현재는 사라진 고장이나 예전에 발생했던 고장 항목을 표시한다(ENTER 키 선택).

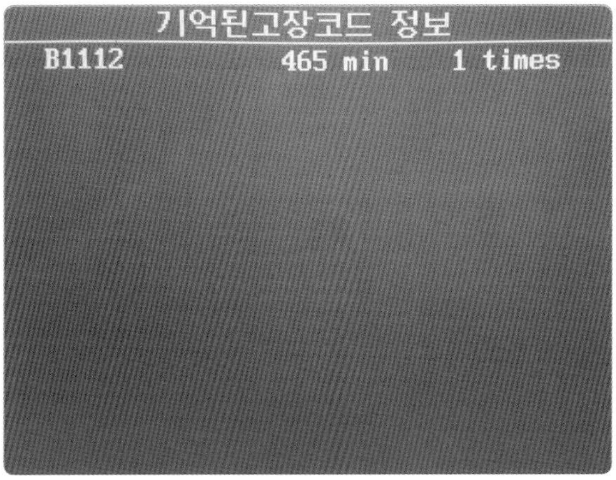

기억된고장코드 정보

B1112 465 min 1 times

6. 고장코드 B1112 점화전압 낮음으로 전원 입력단 전압이 확인된다.

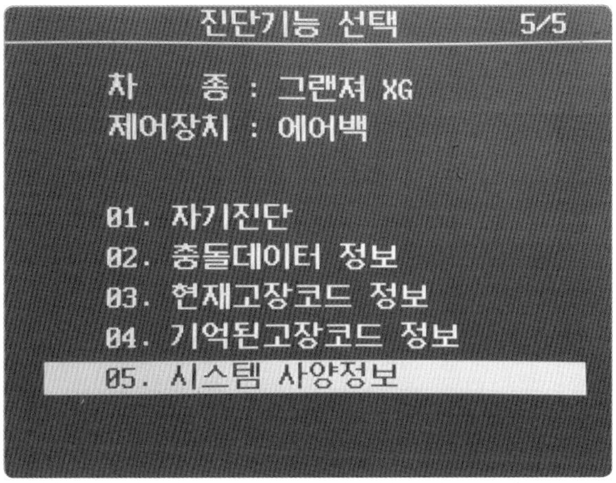

진단기능 선택 5/5

차 종 : 그랜저 XG
제어장치 : 에어백

01. 자기진단
02. 충돌데이터 정보
03. 현재고장코드 정보
04. 기억된고장코드 정보
05. 시스템 사양정보

7. 시스템 사양정보로 에어백에 관련된 사양을 확인할 수 있다.

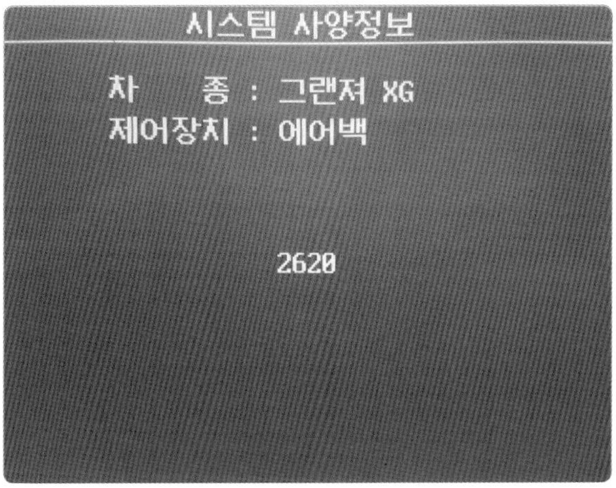

시스템 사양정보

차 종 : 그랜저 XG
제어장치 : 에어백

2620

8. 시스템 사양정보를 확인한다.

2 에어백 모듈 탈부착 교환

1. 점화 스위치를 off시킨다.

2. 배터리 (–)를 탈거한다(터미널을 분리한 다음 약 30초 후에 실시한다).

3. 핸들 고정 볼트를 분해한다(별각 렌치 사용).

4. 에어백 인슐레이터 커버를 분리한다.

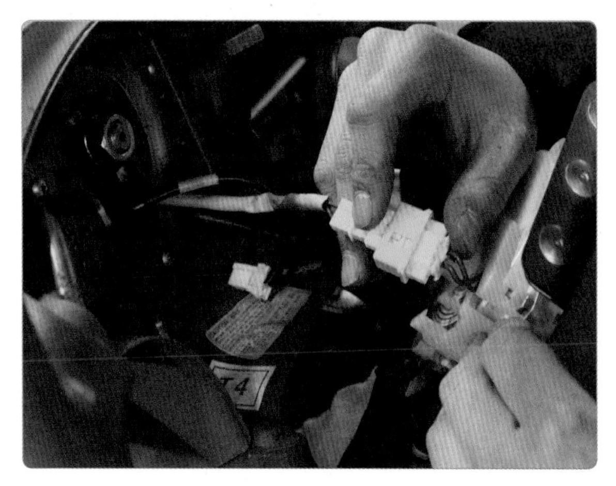

5. 에어백 인슐레이터 커넥터를 분리한다.

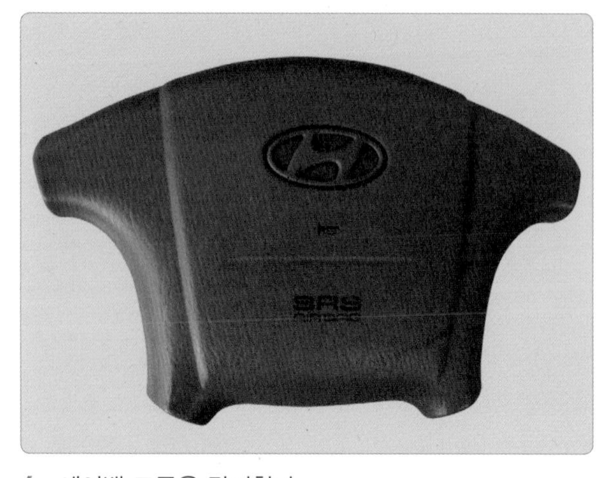

6. 에어백 모듈을 탈거한다.

7. 스티어링 휠을 탈거한다.

8. 조향 칼럼 틸트를 최대한 아래로 내린다.

9. 조향 칼럼 커버를 탈거한다.

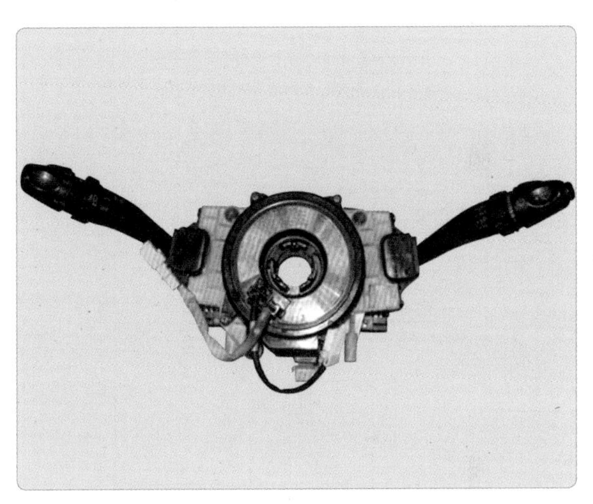

10. 조향 칼럼을 제거하고 콤비네이션 스위치를 탈거한다.

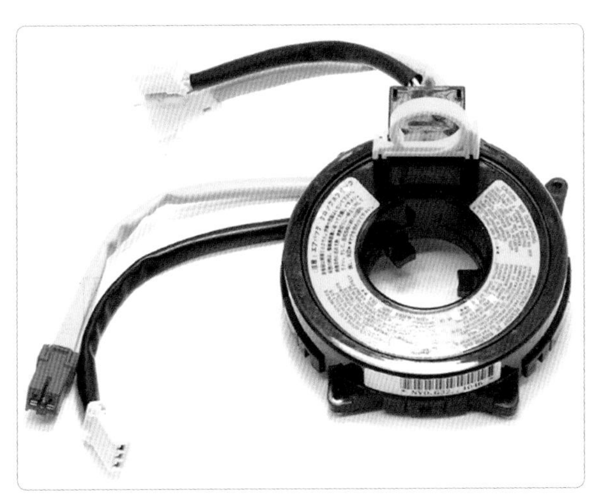

11. 클럭 스프링을 분해한다.

12. 콤비네이션 커넥터를 정리한 후 교환 부품을 확인한다.

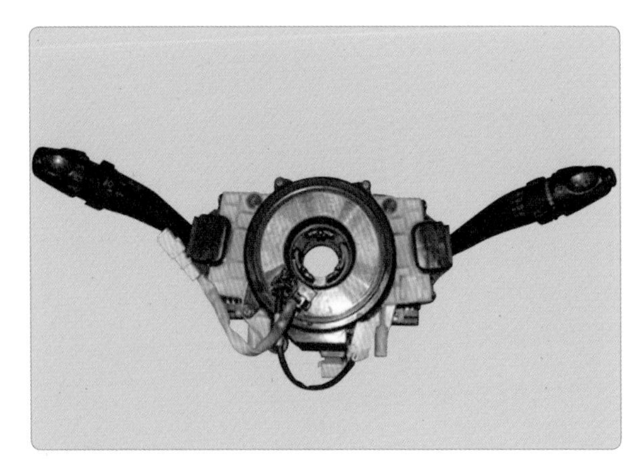

13. 조향 칼럼을 제거하고 콤비네이션 스위치를 탈거한다.

14. **클럭 스프링 탈부착 시 중심 위치 세팅** : 클럭 스프링을 시계 방향으로 멈출 때까지 최대한 회전시킨다. 반시계 방향으로 2바퀴와 9/10바퀴를 회전시켜(약 3바퀴) 클럭 스프링 케이스에 마킹된 "▶,◀" 마크를 일치시킨다.

15. 조향 칼럼 커버를 조립한다.

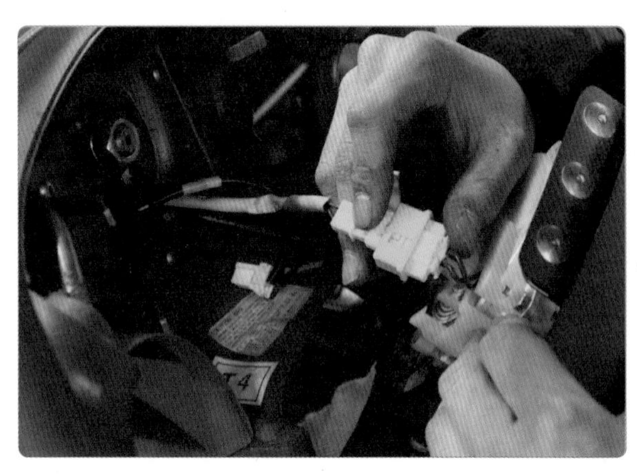

16. 에어백 인슐레이터 커넥터를 조립하고 스티어링 휠을 조립한다.

17. 핸들 고정 볼트를 조립한다(별각 렌치 사용).

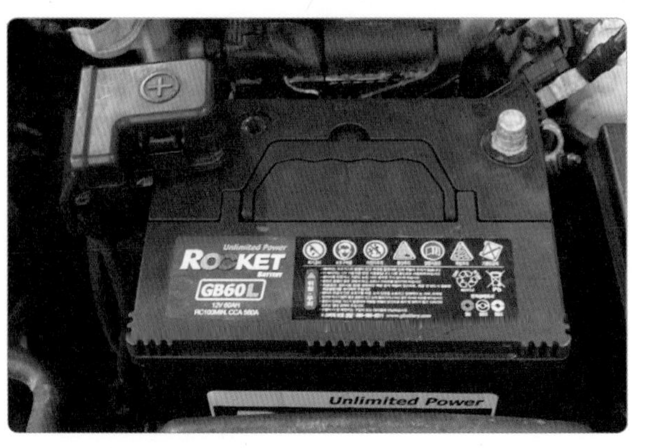

18. 배터리 (−)를 조립한다(점화 스위치를 ON시켜 경고등이 들어오는지 확인)

3 실차 에어백 정비 시 주의 사항

에어백 정비는 인명에 치명적인 손상을 줄 수 있으므로 정비 순서에 맞지 않는 정비 방법을 쓸 경우 예기치 않게 에어백이 작동할 수 있다.

→ 작업은 시동 스위치를 LOCK 위치로 돌려 배터리 – 터미널을 분리한 다음 약 30초 후에 실시한다.

(1) 에어백 모듈 및 클럭 스프링 구성 부품

① 에어백 모듈(에어백 내에 내장) 에어백 장치의 인플레이터와 백은 에어백 모듈에 내장되어 있으며 분해할 수 없다. 인플레이터는 폭죽 이그나이트 차저 및 가스를 내장해 충돌 때 에어백을 부풀리게 한다.

② 클럭 스프링(다기능 스위치에 내장)은 클럭 스프링 차체 속에서 스프링 휠까지 전기적으로 연결되어 작동된다.

(2) 에어백 분해 시 주의 사항

① 에어백 모듈 또는 클럭 스프링을 분해하거나 보수하지 말고 물, 오일, 먼지, 균열에 의해 변형, 녹이 슨 경우에는 교환한다.

② 에어백 모듈을 편평한 곳에 위치시켜 패드면이 위쪽으로 오도록 둔다. 상부 면에는 어떤 물건이라도 올려놓으면 안 된다.

③ 에어백 모듈을 93℃ 이상 되는 곳에 두면 안 되고, 에어백 작동 후 클럭 스프링은 신품으로 교환한다.

④ 후두부 측에서 소켓 렌치를 사용해 에어백 모듈 결합 너트를 분리하고 클럭 스프링의 커넥터를 분리했을 때 에어백 로크를 개방하기 위해 외측으로 누른다. 스크루 드라이버로 커넥터를 분리한다.

⑤ 조향 핸들을 장착하고 에어백 경고등 점등 여부를 확인한다.

※ 에어백 모듈 및 클럭 스프링의 커넥터를 분리할 때 과도한 힘을 가하지 말고, 모듈은 깨끗하게 청소한 후 패드 커버 측이 위쪽으로 가도록 한다.

(3) 에어백 조립 시 주의 사항

① 맞춤(maching) 마크 및 클럭 스프링의 'NEUTRAL' 위치를 정렬시킨다. 프런트 휠을 앞으로 돌린 후 클럭 스프링을 칼럼 스위치에 결합한다.

② 클럭 스프링 맞춤 위치가 적절하게 되지 않을 때, 스티어링 휠이 완전하게 회전하지 못하며, 케이블이 끊어져 에어백의 작동을 방해하거나 운전자에게 심각한 상해를 줄 수 있다.

(4) 클럭 스프링의 배선 통전 테스트

① 클럭 스프링을 통전을 확인할 때는 반드시 분리된 상태에서 실시한다.

② 에어백 모듈로 가는 커넥터와 유닛으로 가는 커넥터를 통전 시험해야 한다.

③ 혼 위치로 가는 커넥터와 혼으로 가는 커넥터에 통전 시험을 실시해 통전을 확인한다.

④ 통전 테스트를 실시해 통전이 되지 않으면 단선으로 수리가 불가능하므로 교환한다.

(5) 클럭 스프링 맞춤 마크 위치 조정 방법

다기능 스위치 어셈블리에서 클럭 스프링을 분리했을 때 클럭 스프링이 맞춤 마크에서 이탈해 위치의 판단이 어려울 때

① 스티어링 휠을 시계 방향으로 완전히 돌린다(3바퀴 회전).

② 스티어링 휠을 반시계 방향으로 완전히 돌린다(3바퀴 회전).

③ 클럭 스프링을 반시계 방향 또는 시계 방향으로 힘을 가하지 않은 상태에서 천천히 돌려 돌지 않는 곳까지 회전수를 확인한다.

④ 위 항의 중심 위치에서 맞춤 위치를 일치시켜 조립한다.

(6) 운전석 위치에서 에어백 모듈 커넥터 분해 및 조립 방법

운전석 위치 에어백 모듈의 두 가지 안전 장치는 트윈 로크 기록 장치 및 작동 방지 장치이다. 작동 방지 장치는 두 개의 폭죽 터미널이 단락되어 불가피한 작동을 하는 것을 방지하는 장치이다. 트윈 로크 장치 커넥터(끼우는 부분과 끼우지 않는 부분)는 연결부의 신뢰성을 증가시키는 두 가지 장치에 의해 잠겨져 있으며, 1차 로크가 불완전한 경우 2차 로크가 작동하는 기능을 갖도록 설계되어 있다.

기타 작업 시 주의 사항

❶ 판금 또는 열처리 도색 작업 때 항시 에어백 모듈을 분해해 안전한 장소에 보관한다.

❷ 파워 스티어링 교체 작업 때 에어백 모듈을 분해해 안전한 장소에 보관하고 다기능 스위치에 조립되어 있는 클럭 스프링을 맞춤 마크와 중립 마크에 일치시켜 스카치 테이프로 고정시켜 핸들을 분해한다.

지능형 정속 주행 장치 점검 정비

1. 관련 지식
2. 실습 준비 및 유의 사항
3. 실습 시 안전 관리 지침
4. 지능형 정속 주행 장치 점검 정비

10 지능형 정속 주행 장치 점검 정비

실습목표 (수행준거)	1. 지능형 정속 주행 장치의 구성 요소를 이해하고 작동 상태를 파악할 수 있다. 2. 지능형 정속 주행 장치 회로도에 따라 점검, 진단하여 고장 요소를 파악할 수 있다. 3. 진단 장비를 활용하여 시스템 관련 부품을 진단하고 고장 원인을 분석할 수 있다 4. 지능형 정속 주행 장치 구성 부품 교환 작업을 수행할 수 있으며 수리 후 단품 점검을 할 수 있다.

1 관련 지식

1 자동 정속 주행 장치의 개요

자동 정속 주행 장치(auto cruise control system)는 자동 속도 제어 장치(auto speed control system)라고도 한다. 주로 고속도로 또는 국도에서 장시간 주행으로 계속 사용해야 하는 브레이크와 액셀러레이터를 번갈아 밟게 되는 것을 벗어나기기 위해 개발된 시스템으로 운전자의 피로 감소, 쾌적한 운행 및 연료의 절감(약 10%)을 목적으로 운전자가 원하는 구간에서 알맞는 속도로 조절(setting)해 놓으면 가속 페달을 밟지 않아도 그 속도가 계속 유지되어 주행되는 장치이다.

현재 스마트 크루즈 컨트롤(smart cruise control)은 오토크루즈 기능을 발전시켜 차간 거리 유지 기능을 접목시킴으로써 주행 편의성을 높이는 계기가 되었다.

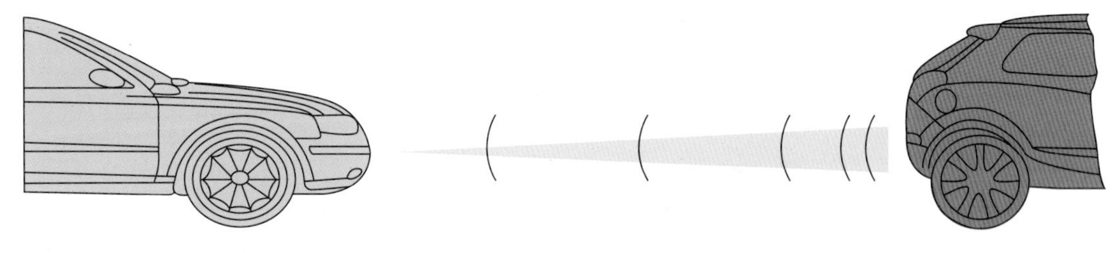

전방 차량 레이더 센서 전파 송신

(1) 지능형 자동 정속 주행 장치의 작동 원리

자동 정속 주행 장치는 주행 조건에 따라 정속 모드, 감속 모드, 추종 제어 모드로 주행할 수 있다. 작동은 안테나(레이더 센서)에서 전파를 송신하면 전방에 위치한 차량에 반사되어 다시 안테나로 수신된다. 최고 64개의 타깃(target)을 검출하며, 검출 거리는 1~174 m이다.

지능형 자동 정속 주행 장치 초기에는 자동차가 정속 주행을 할 수 있도록 만들어진 크루즈 컨트롤 기능이었으나 운전자 편의성의 꾸준한 발전으로 이제는 자율 주행 시스템으로 진입을 하게 되었으며, 레이더와 카메라가 얼마나 멀리, 넓게, 그리고 정확하게 도로 정보를 판독하는 것이 자율 주행 자동차의 중요한 관건이 되었다.

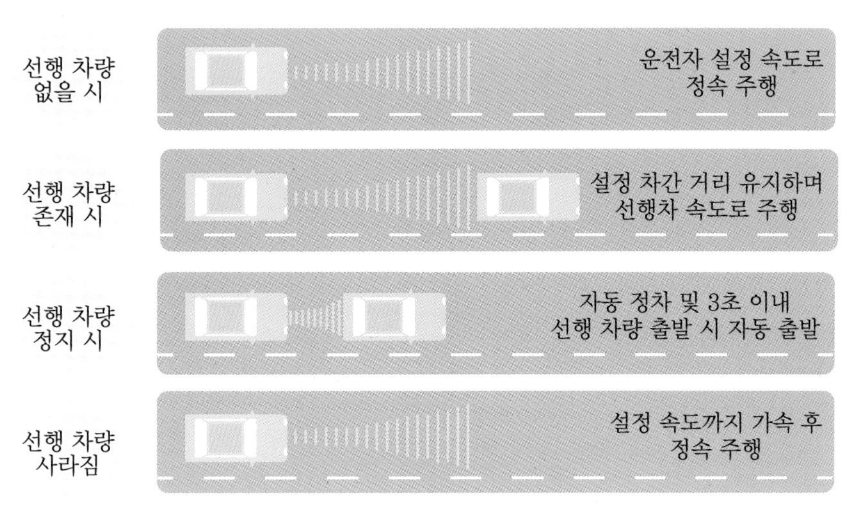

지능형 자동 정속 주행 장치의 작동 원리

지능형 정속 주행 장치는 시속 80 km/h로 설정하면 운전자가 액셀을 밟지 않아도 차가 80 km/h 속도를 유지하며 달리게 된다. 이때 다른 차량이 앞쪽으로 끼어들면 시스템 제어에 의해 선행 차량의 속도에 맞추어 자동으로 속도를 줄여 차간 거리가 유지된 채 주행하게 되며, 선행 차량이 정차할 경우 함께 정지하고 선행 차량이 정차한 지 3초 이내에 출발 시 자동으로 출발하여 다시 정해진 속도로 가속되면서 설정 속도를 유지하게 된다.

(2) 지능형 정속 주행 시스템

지능형 정속 주행 컨트롤 유닛과 센서는 전방 차량에 대한 정보를 인식하며 주행 거리 제어 및 주요 제어를 실행하게 된다. 엔진 컨트롤 유닛으로 지능형 정속 주행 장치에서 감속 또는 가속에 대한 정보를 보내게 되면, 이를 ETC(electronic throttle control) 시스템을 이용해 엔진 RPM과 토크를 제어하며 VDC(vehicle dynamic control) 시스템에서는 TCS, ABS, EBD, 자동 감속 제어, 요모멘트 제어(yaw-moment control : 한쪽으로 쏠리는 것을 막는 자세 제어)가 모두 포함된다. 이것은 차량 속도를 저감할 때 작동하고, 휠 스피드 센서나 요레이트 센서, 그리고 스티어링 휠 센서등은 차량의 상태와 운전자의 운전 의도를 파악하기 위해서 사용된다.

(3) 선회 시 작동

① 센서가 차량을 인식하는 각도는 제한적이므로 전방 차량을 인식하지 못하는 경우나 옆 차선의 차를 인식하는 경우가 발생할 수 있다.

② 직선 도로에서 선행 차량을 추종하다가 선행 차량이 커브에 진입하면 자동 정속 주행 장치 차량은 목표 속도를 추종하기 위해 가속할 수 있다.

③ 자동 정속 주행 장치 차량은 커브에서 빠른 속도로 설정되어 있으면 앞 차량이 없더라도 속도가 줄어들 수 있다.

④ 커브에서 전방 차량을 추종 제어하다가 선행 차량이 사라지면 설정 속도로 가속하지 않고 전방 차량을 따라가던 속도를 계속 유지한다.

(4) 지능형 정속 주행 장치 센서 & 모듈

지능형 정속 주행 장치 시스템에 적용되는 센서와 모듈은 일체형으로 되어 있으며, 선행 차량 인식과 목표 속도 계산, 목표 차간 거리 계산, 목표 가 · 감속도 계산을 하여 정속 주행을 실현한다.

지능형 정속 주행 장치 센서 & 모듈은 근거리 센서와 원거리 센서의 복합 구조로, 근거리와 원거리에 대한 감지 범위가 다르며 작동 가능 속도 범위는 0~180 km/h이다. 단, 선행 차량 미존재 시에는 0~30 km/h 범위에서 동작하지 않는다.

① 조향 휠 각속도 센서

조향 휠 각속도 센서는 핸들의 조향 속도, 조향 방향 및 조향각, 조향 휠 위치를 검출하며, 조향 휠 내 3개의 포토트랜지스터로 구성되어 있다.

㈎ 조향 휠 내부에 3개의 포토트랜지스터로 구성되어 있어 3개의 파형이 출력된다.
㈏ HECU와 통신 신호는 CAN 통신 방식으로 작동된다.
㈐ 3개 파형의 높낮이에 따라 좌우 조향 휠 조작을 판단한다.
㈑ 조향각이 맞지 않거나 수리 시 0점 세팅을 한다.
㈒ 센서 고장 시에는 ESP 작동이 불량이다.

센서 외관

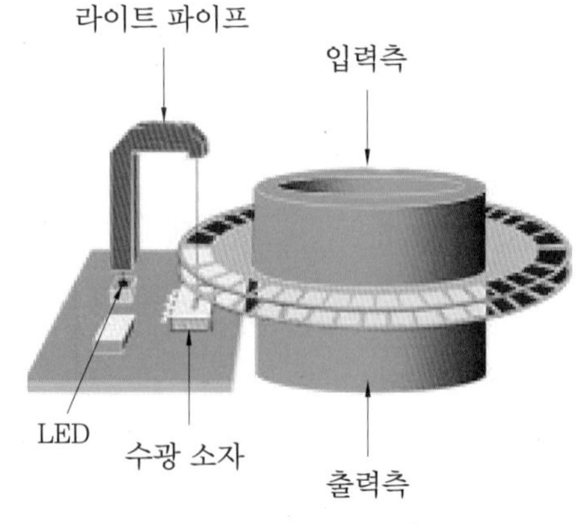

조향 휠 각속도 센서

② 휠 스피드 센서

휠 스피드 센서는 4바퀴(4륜)의 회전 및 감 · 가속도를 연산할 수 있도록 톤-휠의 회전을 검출하고 검출된 데이터를 차체 자세제어장치 ECM으로 입력하여 ECM이 HCU를 제어하여 바퀴를 제어하게 된다.

(가) 홀 효과를 이용하며 홀 소자로부터 전류가 발생하고 이를 신호 처리하여 바퀴의 회전 속도를 발생시킨다.

(나) 휠 스피드 센서와 톤 휠과의 간극은 0.2~2 mm로 유지되어야 한다.

(다) 공급 전압은 12 V이며 작동 시 펄스 파형을 출력하게 된다.

(라) 센서 고장 시 ABS & TCS & ESP의 작동은 불량하게 된다.

휠 스피드 센서

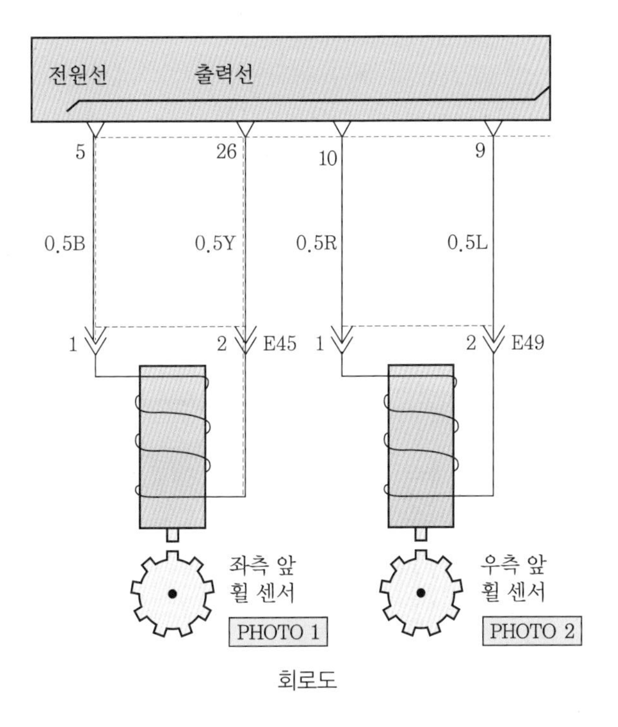

회로도

휠 스피드 센서 종류		
구 분	마그네틱 방식 센서	홀 방식 센서
방 식	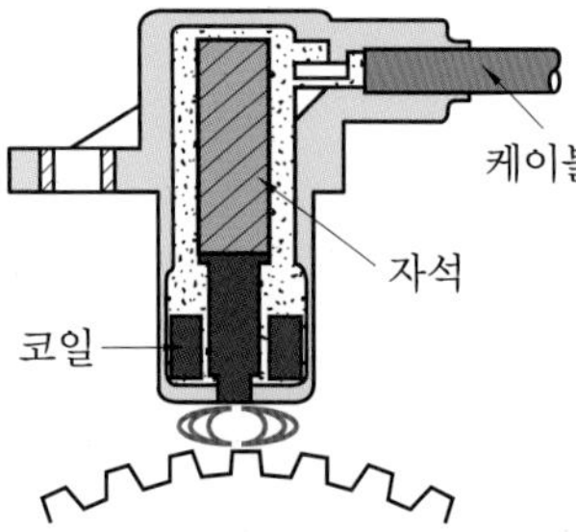 케이블 자석 코일	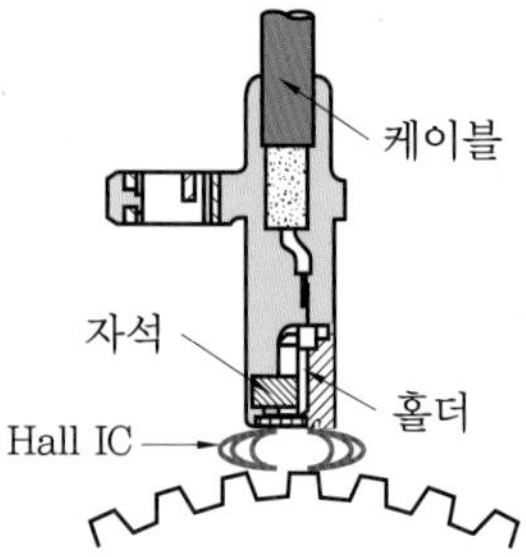 케이블 자석 홀더 Hall IC
	코일	홀
감지 신호	전압	전류
전원 공급	불필요	필요
출력 파형	아날로그 파형 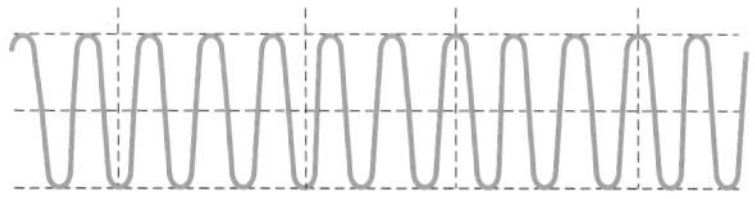 차륜의 회전에 따라 톤 휠이 회전하면 센서의 지속이 변화하고, 코일 유도 기전력 발생	디지털 파형 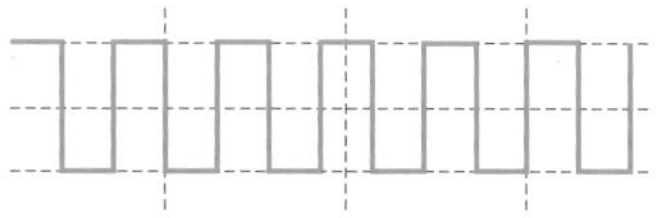 차륜의 회전에 의한 홀 IC 내의 저항 변화로 전류를 모니터링하여 차속 계산
적용 차종	홀 방식 센서 제외 전 차종	투싼, 쏘나타(NF), 그랜저(TG), 에쿠스 04MY, 투스카니 05MY, 오피러스, 스포티지, 로체, 그랜드 카니발, 프라이드 등

휠 스피드 센서(홀 방식) 작동 파형

정상 파형	가속 시 파형	센서 특징
출력 [1ms/div] 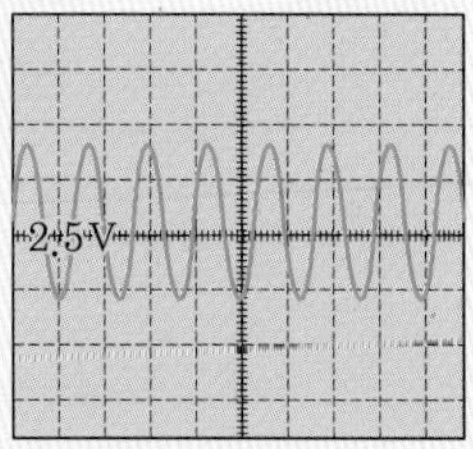 2.5V	가속 시 파형 [50ms/div] 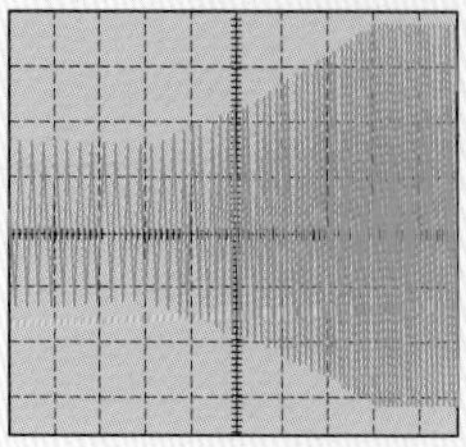	센서 작동 전원 :12 V 특징 : 0 km/h까지 감지 가능(노이즈와 에어갭에 둔감하다.)

※ 휠 스피드 센서 1개 고장 시 ABS, VDC(TCS)의 작동이 금지되며, 2개 이상 고장 시 모든 시스템이 작동되지 않는다.

③ 요레이트 센서

요레이트 센서는 Z축 방향을 기준으로 회전 시(차량이 수직축을 기준으로 회전할 때) 차량의 요모먼트를 감지하여 전자 제어 종합 자세 제어 장치를 작동시킨다.

④ 횡가속도 센서

횡가속도 센서는 차량의 횡방향 가속도를 감지하여 종합 자세 제어 장치 ECM에 의해 종합 자세 제어 장치를 작동시킨다.

요레이트 횡가속도 센서

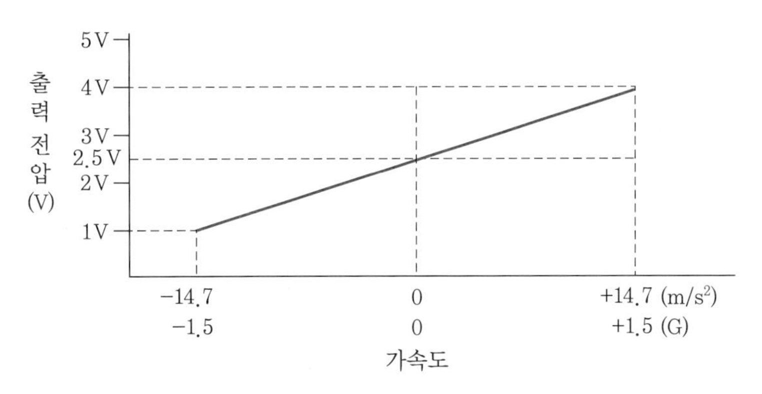

횡가속도 센서 출력

⑤ 하이드롤릭 유닛(HCU)

하이드롤릭 유닛(HCU)은 전자 제어 종합 자세 제어 장치 ECM과 일체로 되어 있으며 각 바퀴로 전달되는 유압을 제어하는 부품으로 센서의 검출 신호에 의해 ECM이 차량 상태를 판단하고 전자 제어 종합 자세 제어 장치의 작동 여부가 결정되면 ECM의 제어 로직에 의해 밸브와 모터 펌프가 작동되면서 증압, 감압, 유지모드를 수행, 펌핑 제어를 한다(하이드롤릭 유닛은 모터 펌프와 밸브 블록으로 구성된다).

ABS/TCS/VDC ECU 외관

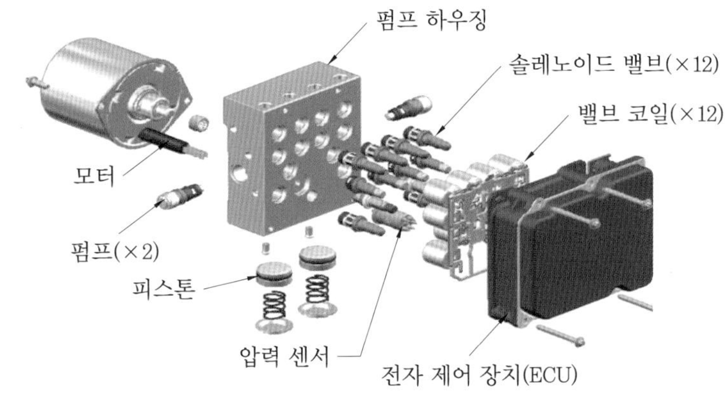

내부 구조

정속 주행 장치 스위치 작동 과정

❶ ON, OFF : 작동 대기 상태/완전 해제
❷ RES+ : 기억 속도 재설정/설정 속도 증가
❸ SET : 속도 세팅/설정 속도 감소
❹ CANCEL : 시스템 일시 해제
❺ 차량거리 설정 스위치 : 초기 4단계에서 3단계, 2단계, 1단계로 누르면 변경(2초 이상 길게 누르면 일반 크루즈 컨트롤 모드 변경)

VDC(vehicle dynamic control) 시스템 제어

VDC ECU는 지능형 정속 주행 장치 ECU에서 요구하는 가 · 감속 신호가 가속 시 엔진 제어를 실시하고 감속 시는 엔진 + 브레이크 제어를 실시하여 VDC 제어를 실현한다. 시스템이 발전하면서 VDC 및 종합 제어 장치와 복합적인 제어로 차량 주행 상태를 작동하게 된다.

2 지능형 정속 주행 장치 조작 방법

1. 운전석 핸들 우측 지능형 정속 주행 장치 작동 및 스위치 위치를 확인한다.

2. CRUSE 스위치를 ON시킨다.

3. 크루즈 스위치를 위로 누르고 원하는 속도까지 가속 페달을 밟는다(100 km/h).

4. 세트 버튼을 아래로 누른다.

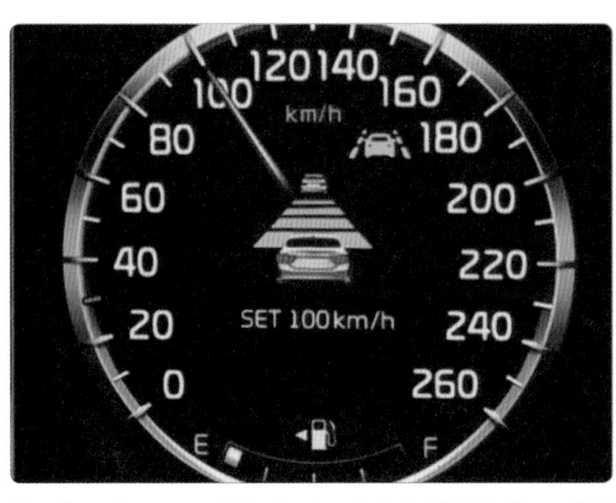

5. 세트된 100 km/h를 클러스터에서 확인한 후 주행한 다(액셀 페달에서 발을 뗀 상태).

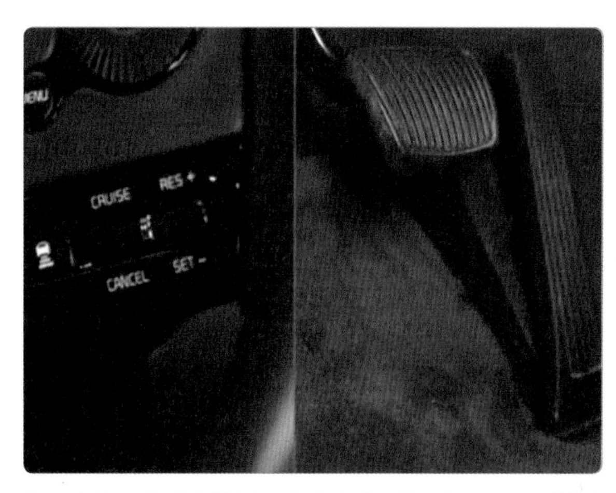

6. 리줌 스위치 (+)를 눌러 증속에 맞는 속도를 조절한다 (한번 누를 때 2 km가 증속된다).

7. 차간 거리 설정은 거리 조정 버튼을 단계별로 눌러 설정한다.

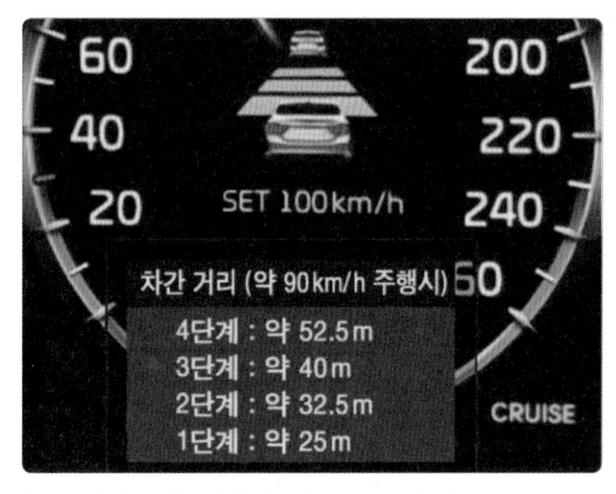

8. 거리의 단계를 4단계로 설정 할 수 있다.
(예 3단계 : 90 km/h 시 차간 거리 40 m)

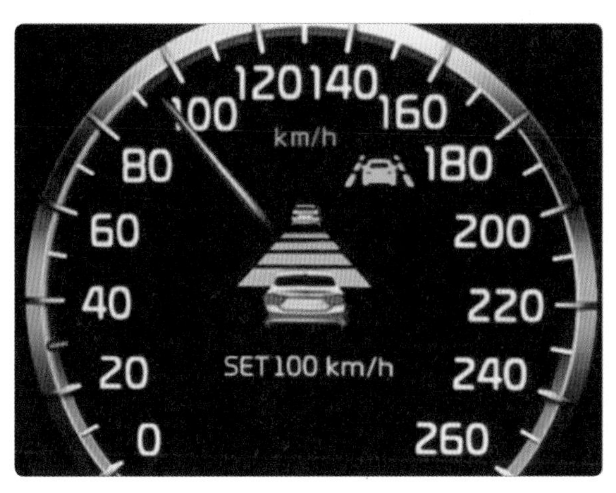

9. 리줌 버튼을 위로 올리면 누를 때마다 1 km/h씩 조정되며 길게 누르면 시속 10 km/h씩 증가된다.

10. 세트 레버를 아래로 내리면 누를 때마다 1 km/h씩 감속 조정되며 길게 누르면 시속 10 km/h씩 감가된다.

11. 이와 같은 주행 조건에서 브레이크를 밟거나 가속페달을 밟은 후 60초 이상 지속된 경우, 그리고 5분 이상 정차한 경우에는 정속 주행 장치가 일시 정지된다.

12. 지능형 정속 주행 장치 클러스터에서 시스템이 일시 정지됨을 확인한다.

13. 재작동 시에는 리줌 RES(+) 버튼을 짧게 올린다.

14. 가속 페달을 천천히 밟게 되면 다시 정속 주행 장치 시스템 모드로 주행한다.

3 지능형 정속 주행 장치 제어 모드

운전자 조작에 의해 지능형 정속 주행 장치 제어 모드로 진입하여, 지능형 정속 주행 장치 기능이 동작하게 되면 도로 여건에 따라 다음과 같이 동작한다.

저속 제어 : 30~180 km/h에서는 속도/거리 제어를 모두 수행하며, 30 km/h 미만에서는 선행 차량을 추종할 수는 있지만, 일정 속도 제어는 불가하다.

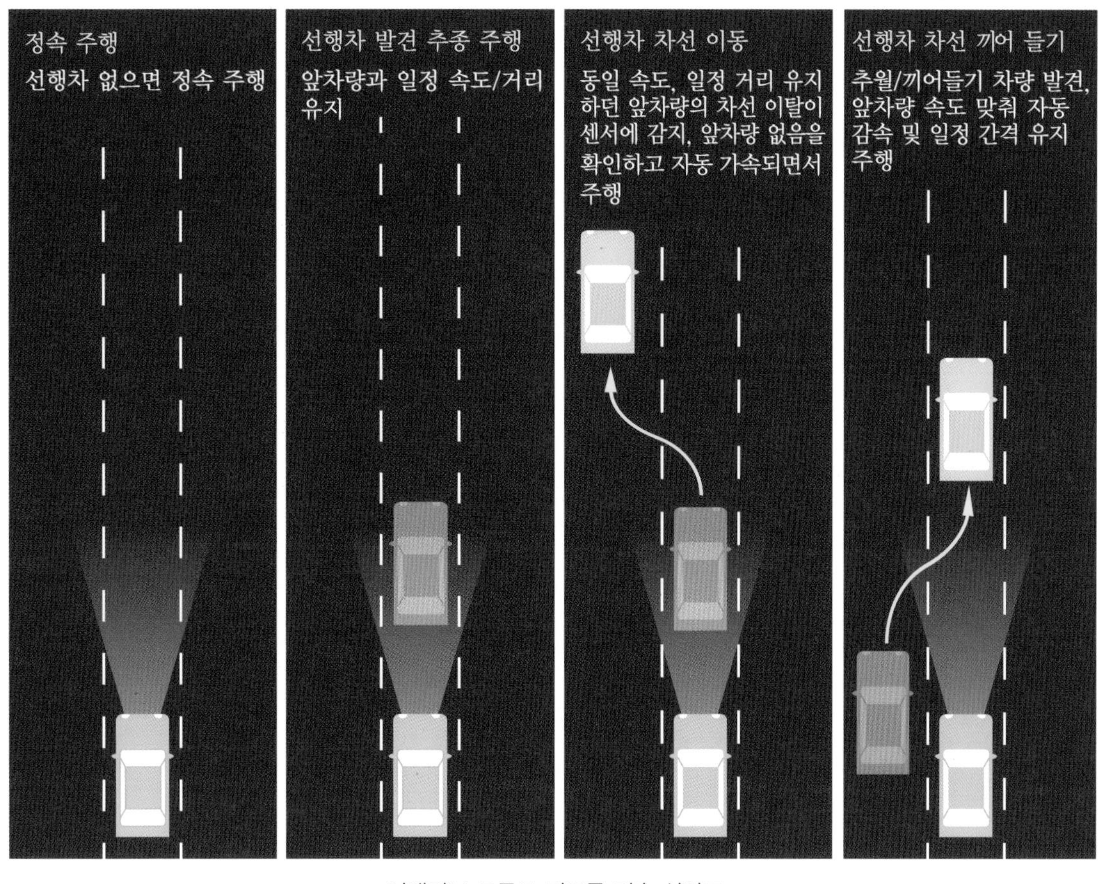

어댑티브 크루즈 컨트롤 기술 설명도

차간 거리를 유지하다가 앞 차량이 사라질 경우 설정된 속도로 주행하게 되므로 적정 속도로 설정한다.

① 주행 차량을 정속 주행으로 세팅한 후 선행 차량이 없을 때 정속 주행한다. 운전자가 액셀 페달을 밟으면, 시스템의 판단보다 운전자 의지를 우선하여 가속한다. 이후, 운전자가 액셀 페달을 놓으면, 목표 속도로 서서히 감속한다.

② 추종 주행 주행 차량 앞에 선행차가 있을 때 앞 차량과 일정한 거리를 유지하면서 차량 속도를 조절한다.

③ 추월 지원 제어

선행차의 차선이 이동되어 일정 거리를 유지하던 앞 차량 목표가 없어지는 경우 자동 가속 되면서 목표 거리를 설정한다.

④ 정지 제어(선행차 차선 끼어들기)

선행 차량이 끼어들거나 차가 밀리게 된 경우 선행 차량이 정지하면, 일정 거리 뒤에 정차한다(3~5 m). 3초 이내 출발 시 자동 출발하며, 3초가 넘어가면 리줌(resume) 스위치 또는 액셀 페달 조작으로 출발한다. 5분 이상 정차 시 지능형 정속 주행 장치 제어는 해제된다.

2 실습 준비 및 유의 사항

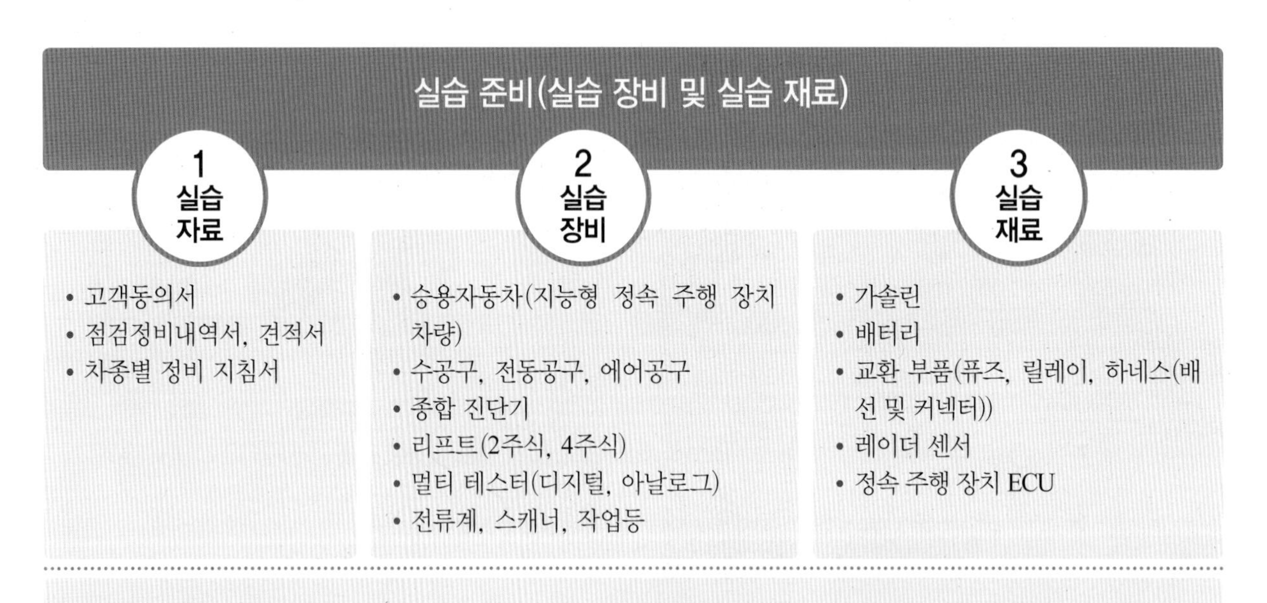

실습 준비(실습 장비 및 실습 재료)

1 실습 자료

- 고객동의서
- 점검정비내역서, 견적서
- 차종별 정비 지침서

2 실습 장비

- 승용자동차(지능형 정속 주행 장치 차량)
- 수공구, 전동공구, 에어공구
- 종합 진단기
- 리프트(2주식, 4주식)
- 멀티 테스터(디지털, 아날로그)
- 전류계, 스캐너, 작업등

3 실습 재료

- 가솔린
- 배터리
- 교환 부품(퓨즈, 릴레이, 하네스(배선 및 커넥터))
- 레이더 센서
- 정속 주행 장치 ECU

실습 시 유의 사항

- 안전 작업 절차에 따라 전기 회로를 점검하며 작업에 필요한 공구 장비를 작업에 맞게 준비한 후 작업에 임한다.
- 아날로그 멀티테스터기를 활용하여 회로 점검 시 극성을 확인하고 점검한다.
- 주행 편의 장치 교환 부품(퓨즈, 릴레이, 하네스(배선 및 커넥터), 레이더 센서)을 준비하고 실습에 임한다.
- 배터리 터미널을 분리하기 전에 도난 방지용 오디오는 입력 번호를 먼저 고객에게 문의해서 기록하고 작업 완료 후에는 오디오 비밀 번호 입력 및 시계의 시간 조정을 한다.
- 정속 주행 장치의 복합적인 현상은 확인이 어렵기 때문에 자기 진단 코드는 고장 진단 정비 때 중요한 테스트 자료이므로 정속 주행 장치 고장 진단은 배터리 분리 전 항시 진단 코드를 메모해 놓아야 한다.
- 부품 교환 때는 반드시 신품을 사용한다.
- 주행 안전 장치 점검 시 차종별 정비 지침서 회로를 이해하고 점검하며, 필요시 시스템을 작동시켜 고장 진단을 한다.

3 실습 시 안전 관리 지침

① 실습 전 반드시 안전 교육을 실시하고 소화기를 비치하여 화재 사고에 대비하며, 유류 등 인화성 물질은 안전한 곳에 분리하여 보관한다.
② 중량이 무거운 부품 이동 시 작업 장갑을 착용하며 장비를 활용하거나 2인 이상 협동하여 이동시킨다.
③ 실습 전 작업대를 정리하여 작업의 효율성을 높이고 안전 사고가 발생되지 않도록 한다.
④ 실습 작업 시 작업에 맞는 적절한 공구를 사용하여 실습 중 안전사고에 주의한다.
⑤ 실습장 내에서는 작업 시 서두르거나 뛰지 말아야 한다.
⑥ 각 부품의 탈부착 시 오일이나 물기름이 작업장 바닥에 떨어지지 않도록 하며, 누출 시 즉시 제거하고 작업에 임한다.
⑦ 모든 부품은 분해, 조립 순서에 준하여 작업을 실시하고 분해된 부품은 순서에 따라 작업대에 정리 정돈한다.
⑧ 실습 종료 후 실습장 주위를 깨끗하게 정리하며 공구는 정위치시킨다.
⑨ 실습 시 작업복, 작업화를 착용한다.

4 지능형 정속 주행 장치 점검 정비

주어진 자동차에서 지능형 정속 주행 장치 작동 스위치의 저항을 점검하고, 이상이 있으면 이상 내용을 기록표에 작성한 후 절차 및 점검 방식에 따라 점검한다. 또한 지능형 정속 주행 장치의 시스템 방식이나 스위치 사용 방식은 차종에 따라 차이가 있을 수 있으므로 차량 점검 시 정비 지침서와 회로도를 참고로 하여 정비 작업에 임한다.

1 지능형 정속 주행 센서 정렬

(1) 센서 정렬

지능형 정속 주행 장치의 핵심적인 센서는 전방에 위치한 차량들을 정상적으로 감지하기 위해 센서면이 차량 진행 방향과 일치해야 한다. 차량 진행 방향과 일치하도록 센서의 위치를 조정하는 것을 지능형 정속 주행 센서 정렬이라고 한다.

센서 정렬이 불량할 경우 차량의 감지 성능이 저하되어 오류에 의한 차량 사고의 원인이 되므로 차량 전면 사고 차량은 필히 센서 점검과 조정이 필요하다.

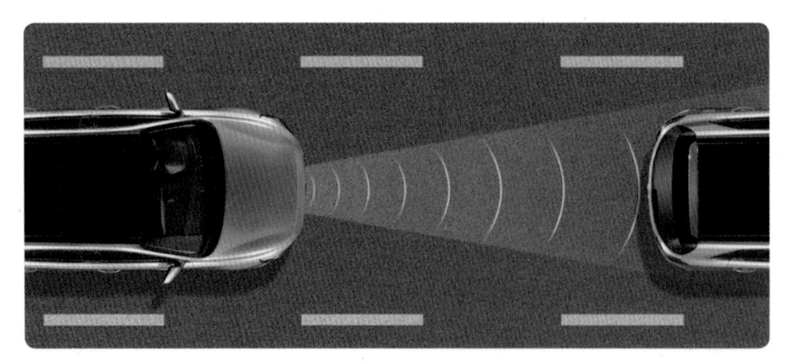

수평 · 수직 방향의 센서 정렬

(2) 센서 정렬 방법

① 레이더(radar) 센서 수평 · 수직 조정

레이더 센서

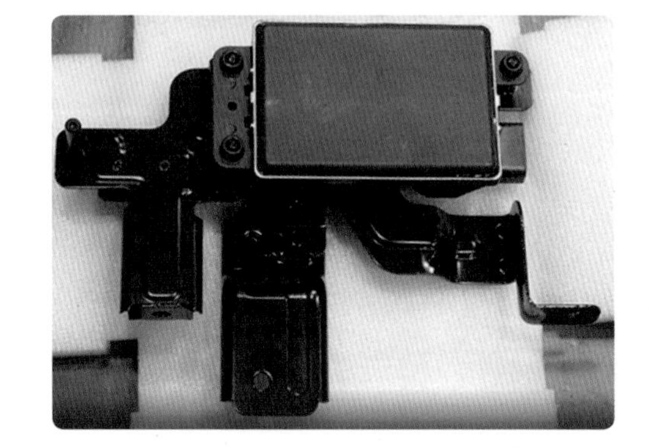

수평 · 수직 방향의 센서 정렬

② 일반적인 수직 보정 방법

수직 방향 센서 정렬은 자동 모드가 지원되지 않으므로 반드시 기구를 이용하여 수동으로 보정한다. 센서 정렬이 필요한 조건은 다음과 같다.

- 레이더 센서 고장으로 교환 부품으로 교체할 경우
- 사고로 인한 레이더 파손 및 범퍼의 파손이 발생하였을 경우
- 기타(자기 진단 점등 등)의 사유로 레이더 센서 정렬이 필요한 경우

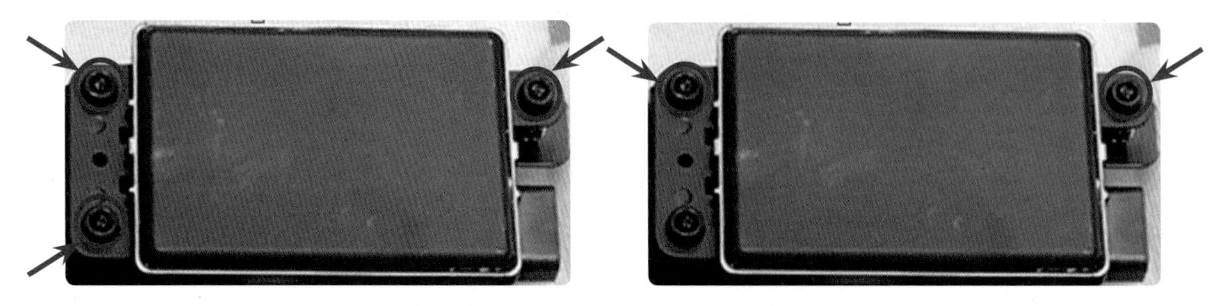

레이더 센서 측정 기준 위치(상, 하)   레이더 센서 측정 기준 위치(좌, 우)

(3) 센서 정렬을 수행하는 방법

① 차량을 수평면(리프트 등)상에 위치시킨다.

② 범퍼를 탈거하여 레이더를 장착한다.

③ 레이더 전면 부위의 커버 중심을 기준으로 틸트 미터(tilt meter)를 이용하여 90도로 세팅한다. (전자식 틸트 미터가 없을 경우 버블 미터를 이용하여 정중앙에 위치시킨다.)

④ 범퍼를 조립한 후 주행 또는 자동 센서 정렬을 수행한다.

(4) 설비를 갖추지 않은 정비 공장의 주행을 통한 수평 보정 방법

센서 정렬은 일반적으로 약 5~10분 정도 소요되나 도로 및 주행 상태에 따라 달라질 수 있다. 센서 정렬 시간을 단축하기 위해서는 가능한 아래 사항을 고려하여 주행한다.

① 차속 50 km/h 이상의 속도로 주행

② 커브나 경사가 거의 없는 직선 도로 주행

③ 두껍고 넓은 아스팔트 포장 도로 주행

④ 반복적인 고정 목표물(가로등, 가드레일 등 금속 재질)이 있는 도로 주행

⑤ 눈, 비 등이 내리지 않는 날씨의 건조하고 양호한 도로 주행

(5) 스캐너 점검(정차 모드)

진단기능 선택 6/8
차 종 : 그랜저(HG) 제어장치 : 차간거리제어(SCC) 01. 자기진단 02. 센서출력 03. 시스템 사양정보 04. 센서출력 & 자기진단 05. 센서출력 & 미터/출력 06. SCC Alignment 07. 주행데이터 검색

SCC Alignment
실행시기 1. Radar Sensor를 교환했을 때 2. 가벼운 접촉사고 또는, 센서나 그 주변부에 강한 충격을 받았을 때 3. 주행중 전방차량을 인식하지 못할 경우 4. DTC C162이 발생된 경우 설정조건 DTC 없음 KCY ON

SCC Alignment
설정모드 C1 : 정차모드 C2 : 주행모드
C1 | C2 | 취소

SCC Alignment
정차모드 1. Radar Sensor를 장착한다. 2. 차량을 Chassis Dynamo에 위치시키다. 3. 타이어를 전방으로 향하게 한다. 4. 차량 내부에 방해물이 없도록 한다. 5. 진단 장비를 이용하여 Alignment를 시행
이전 | 다음 | 취소

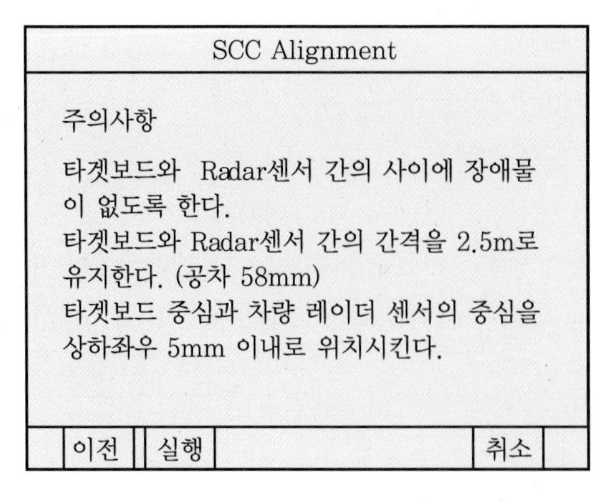

2 자동 정속 주행 장치 고장 진단

(1) 코너링에서 고장 진단 방법

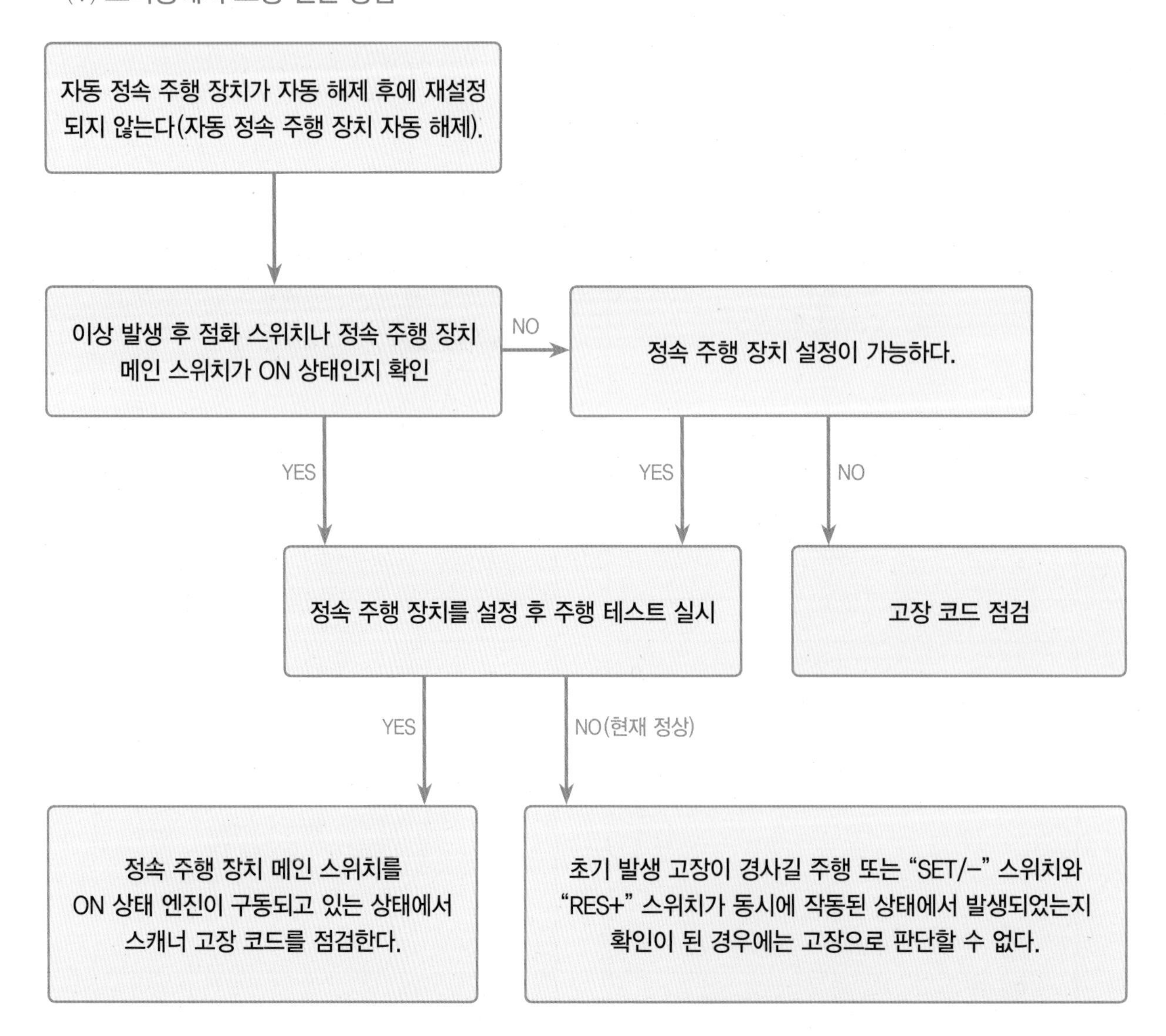

(2) 고장 현상에 따른 정비 및 조치 사항

고장(이상) 현상	고장 원인	정비 방법 및 조치사항
설정된 차량 속도가 매우 높거나 낮게 변경된다. 차량 속도 설정 후에 반복적으로 가속 · 감속이 발생한다.	차속 센서 배선의 손상 및 커넥터 접속 불량	차속 센서 배선 수리 및 부품 교환 후 재점검
	ECM의 고장, 배선 접속 불량	ECM 입 · 출력 신호 점검
"RES/+" 스위치를 이용해서 속도 재설정 및 가속이 안 된다.	"RES/+" 스위치 입력 회로 배선의 손상 및 커넥터 접속 불량	"RES/+" 스위치 배선의 수리 및 부품 교환 후 재점검
	ECM의 고장, 배선 및 스위치 단품 불량	ECM 입 · 출력 신호 점검
변속 레버가 중립(N) 상태로 변속되었는데 크루즈 컨트롤 시스템이 해제되지 않는다.	인히비터 스위치 입력 회로 배선의 손상 및 커넥터 접속 불량, 인히비터 스위치의 부정확한 조정	인히비터 스위치 배선의 수리 및 부품 교환 후 재점검
	ECM의 고장, 배선 및 스위치 단품 불량	ECM 입 · 출력 신호 점검 후 재점검
"SET/−" 스위치를 이용해서 속도 설정 및 감속이 안 된다.	"SET/−" 스위치 입력 회로 배선의 손상 및 커넥터 접속 불량	"SET/−" 스위치 배선의 수리 및 부품 교환 후 재점검
	ECM의 고장, 배선 및 스위치 단품 불량	ECM 입 · 출력 신호 점검
브레이크 페달을 밟았는데 크루즈 컨트롤 시스템이 해제되지 않는다.	브레이크 페달 스위치 배선의 손상 및 커넥터 접속 불량	브레이크 페달 스위치 배선의 수리 및 부품 교환 후 재점검
	ECM의 고장, 배선 및 페달 단품 불량	ECM 입 · 출력 신호 점검 후 재점검
차량 속도 40 km/h 이하 주행 상태에서 크루즈 컨트롤이 설정된다. 차량 속도 40 km/h 이하 주행 상태에서 크루즈 컨트롤이 해제되지 않는다.	차속 센서 배선의 손상 및 커넥터 접속 불량	차속 센서 배선 수리 및 부품 교환 후 재점검
	ECM의 고장, 배선 및 스위치 단품 불량	ECM 입 · 출력 신호 점검 후 재점검
크루즈 컨트롤 시스템은 정상 작동되나 크루즈 표시등이 점등되지 않는다.	배선의 손상 및 커넥터 접속 불량, 통신(CAN) 불량	배선 수리 및 부품 교환 후 재점검

하이브리드 전기 장치 점검 정비

1. 관련 지식
2. 실습 준비 및 유의 사항
3. 실습 시 안전 관리 지침
4. 하이브리드 시스템 전기 장치 점검 정비

11 하이브리드 전기 장치 점검 정비

실습목표 (수행준거)	1. 고전압 배터리와 BMS의 전기 장치의 작동 상태를 확인할 수 있다. 2. 세부 점검 목록을 확인하고 진단 장비를 사용하여 고장 원인을 진단할 수 있다. 3. 정비 지침서에 따라 고전압 장치 점검 방법을 확인하고 진단할 수 있다. 4. 정비 지침서에 따라 탈거 조립 순서를 결정하고 관련 작업에 필요한 장비 · 공구를 준비할 수 있 다. 5. 이상 부품 교환 시 정비 지침서 기준으로 교환할 수 있다. 6. 하이브리드 전기 장치 점검 시 안전한 작업을 위해 관련 장비를 갖추고 작업을 수행할 수 있다.

1 관련 지식

1 하이브리드 전기 장치의 개요

하이브리드 자동차는 2개의 동력원(내연 엔진과 전기 모터)을 이용하여 구동되는 자동차로 전기 자동차와 연계되는 동력 전달 방식이다. 자동차 부하 및 도로 상태의 변화에 따른 동력원을 전기 모터와 조화를 이루며 적절하게 공급함으로써 자동차의 주행 연비를 향상시키고 배출 가스도 저감시킬 수 있어 전기 자동차의 전 단계 모델로 상용화되고 있다. 예 쏘나타, K5

● **하이브리드 자동차의 특징**

① 내연 엔진으로 사용했을 때보다 연비가 높아 진다.

② 이산화탄소 배출량을 줄일 수 있다.

③ 자동차 동력원을 이원화함으로써 주행 상태에 따른 동력을 효율적으로 제어할 수 있다.

HEV 엔진 150 PS + 모터 41 PS = 191 PS

모터 30 kW를 PS으로 환산하면, 30 kW/0.7355 = 40.8 PS가 된다.

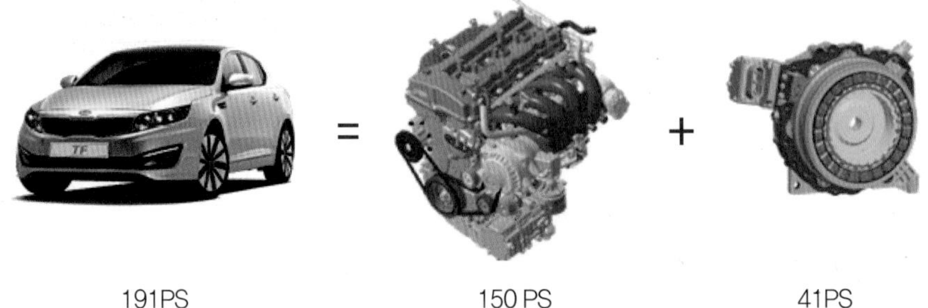

191PS 150 PS 41PS

2 하이브리드 자동차의 구동 형식에 따른 종류

하이브리드 전기 자동차는 구동 모터와 엔진의 조합에 따라 다양한 형태의 구조가 가능하다.

(1) 직렬 형식(serial type)

엔진에서 출력되는 기계적 에너지는 발전기를 통하여 전기적 에너지로 바뀌고, 이 전기적 에너지가 배터리나 모터로 공급되어 차량은 항상 모터로 구동되는 형식이다.

직렬형 하이브리드 자동차는 전기 자동차에 주행 거리의 증대를 위해 발전기를 추가한 형태이며, 발전기의 발전을 엔진 동력, 즉 연료를 이용한 엔진 구동을 통해 발전한다.

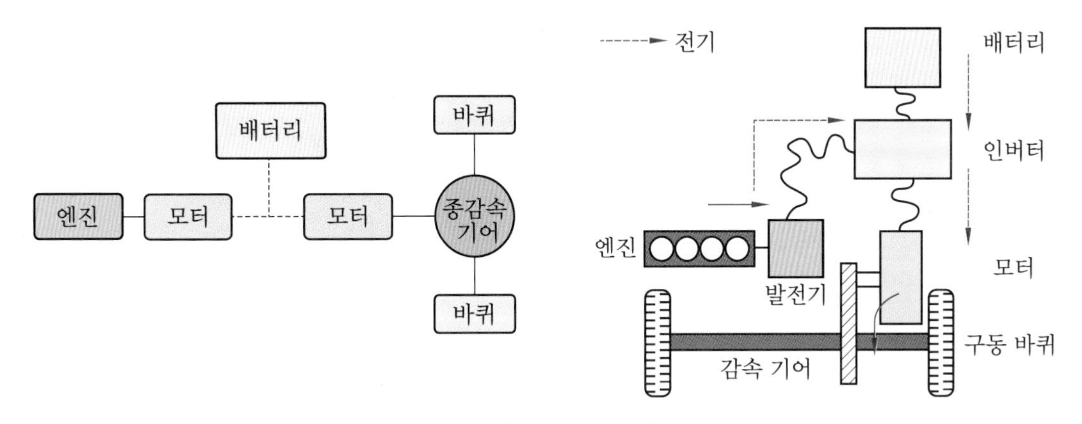

직렬형 소프트 방식

(2) 병렬 형식(parallel type)

① 소프트 방식(FMED : flywheel mounted electric device)

배터리 전원만으로 구동할 수 있고 엔진(가솔린 또는 디젤)만으로도 차량을 구동시키는 두 가지 동력원을 같이 사용하는 방식이다. → 엔진과 변속기 사이에 모터가 삽입된 간단한 구조를 가지고 있고 모터가 엔진의 동력 보조 역할을 한다.

㈎ 장점 : 전기적 부분의 비중이 적어 가격이 저렴하다.

㈏ 단점 : 순수하게 전기차 모드로 구현이 불가능하기 때문에 하드 방식에 비해 연비가 불량하다.

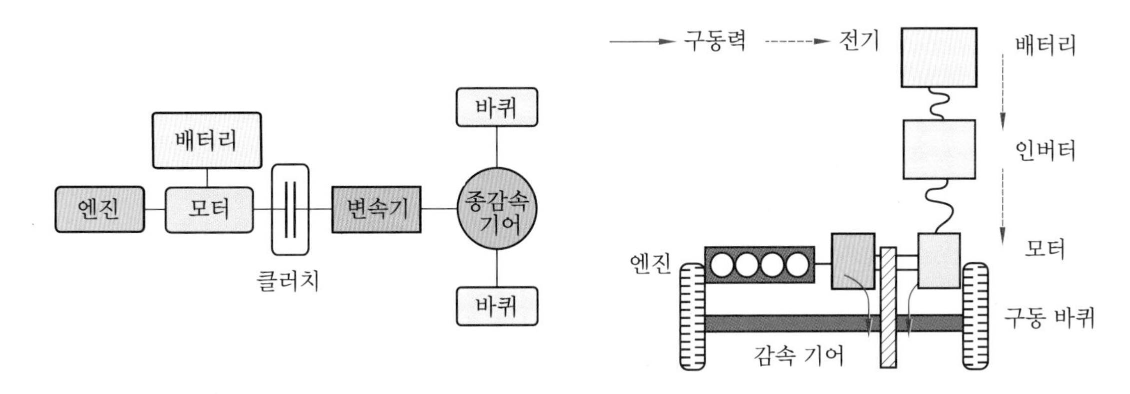

병렬형 소프트 방식

병렬형(parallel type)에서 FMED(flywheel mounted electric device) 방식은 모터가 엔진 측에 장착되어 모터를 통한 엔진 시동, 엔진 보조 및 회생 제동 기능을 수행한다. 또한 엔진과 모터가 직결되어 있으므로 전기차 주행(모터만 주행)이 불가능하다. 비교적 적은 용량의 모터를 장착하며, 소프트 타입이라고도 한다(현재 적용되는 차종 : 현대의 아반테, 베르나, 기아의 포프테, 프라이드, 혼다의 어코트, 시빅).

② 하드 방식(TMED : transmission mounted electric device)

주행 조건에 따라 엔진과 모터가 상황에 따른 동력원을 변화할 수 있는 방식이므로 다양한 동력 전달이 가능하다. → 엔진, 모터, 발전기의 동력을 분할, 통합하는 기구를 갖추어야 하므로 구조가 복잡하지만 모터가 동력 보조뿐만 아니라 순수 자동차로도 작동이 가능하다.

㈎ 장점 : 연료 소비율이 낮다.

㈏ 단점 : 대용량의 배터리가 필요하고, 대용량 모터와 2개 이상의 모터, 제어기가 필요하며, 소프트 타입에 비해 제작비가 1.5~2배 이상 소요된다.

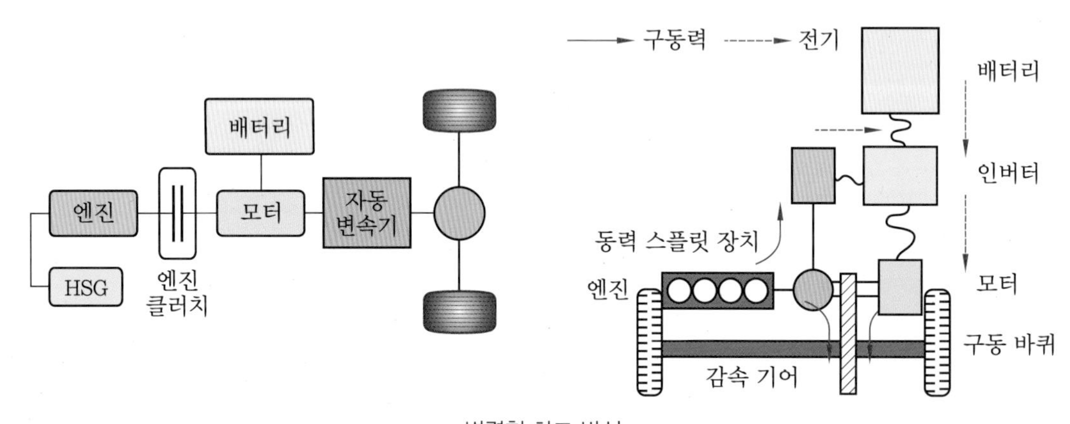

병렬형 하드 방식

병렬형(parallel type)에서 TMED(transmission mounted electric device) 방식은 모터가 변속기에 장착되어 직결되며 전기차 주행이 가능한 방식으로 HEV(Full Hybrid Electronic Vehicle) 타입 또는 하드 타입 HEV시스템이라고 한다. 모터가 엔진과 별도로 되어 있어 주행 중 엔진 시동을 위한 시동 발전기(HSG : hybrid starter generator)가 장착된다(현재 적용되는 차종 : 현대의 쏘나타, 그랜져, 기아의 K5, K7, 아우디, 폴크스바켄, 포르쉐 등).

(3) 복합형(power split type)

변속기의 기능으로 유성 기어와 모터 제어를 통해 자동차 주행 차속을 제어하는 방식으로 전기차(HEV)로 주행이 가능한 하드 타입이다. 복합형은 고용량 모터가 필요한 단점이 있으나 효율성이 좋고 주행 안정성이 좋으며, 유성 기어와 모터가 함께 차속을 제어한다(현재 적용되는 차종 : 도요타, 벤츠, GM, BMW).

복합형은 엔진과 2개의 모터를 유성 기어로 연결하여 별도의 변속기가 필요 없이 변속 기능을 구현하는 방식이다.

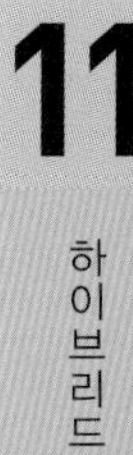

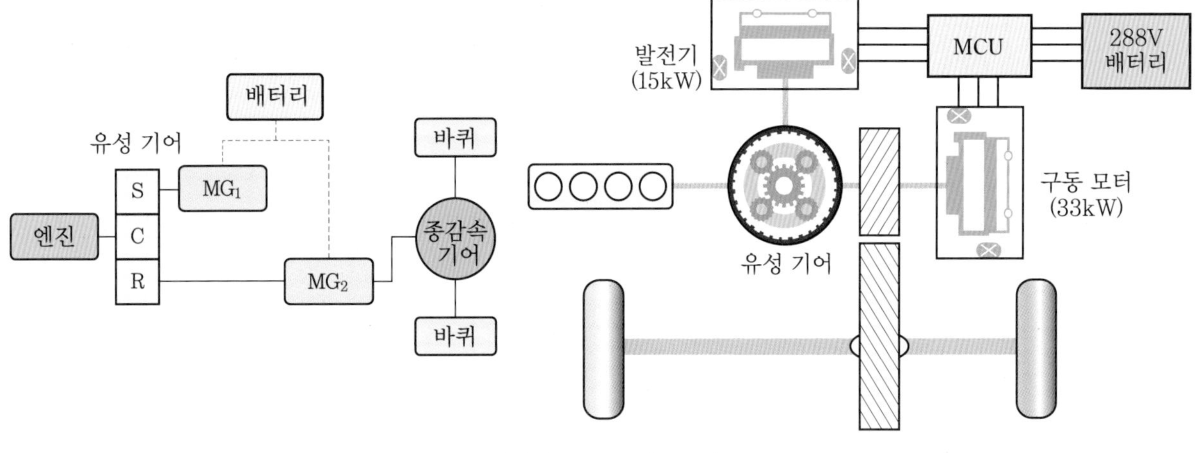

복합형(power split type)

3 하이브리드 자동차 주행 모드 및 시스템 제어 모드

(1) 소프트 타입과 하드 타입의 주행 모드 비교

소프트 타입과 하드 타입의 분류 기준은 순수 EV(전기 구동) 모드가 있으면 하드 타입으로 소프트 타입과 하드 타입의 구분은 엔진 시동 없이 모터의 회전력만으로 주행하는 전기차 모드의 주행이 가능한 상태로 구분된다. 소프트 타입은 전기차 주행이 불가능하여 출발 시 모터와 엔진을 모두 사용하고, 부하가 적은 정속 주행 시에는 엔진 동력으로 주행한다. 고부하 주행(가속이나 등판) 영역에서는 엔진의 회전력을 HEV 모터 회전력으로 보조가 되며 브레이크 작동 시에는 회생 제동 브레이크 시스템을 사용하여 바퀴의 구동력을 HEV 모터로 전달되어 발전기에 전기에너지로 전환 고전압 배터리를 충전한다. 정차 시에는 엔진이 정지되어 연비의 효율성을 높이게 되는데, 이 기능을 오토 스톱이라 한다.

① 소프트 타입 주행 패턴

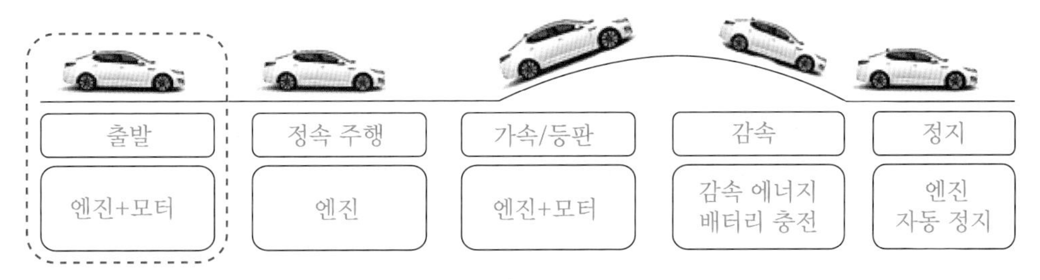

② 하드 타입 주행 패턴

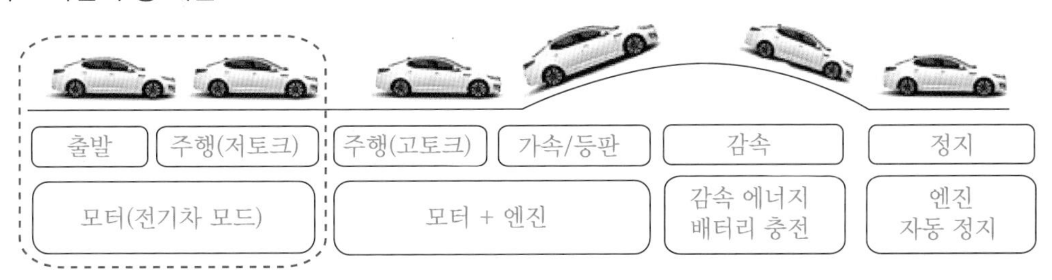

(2) HEV 시스템 제어 모드

① 시동 시

모터로 발진을 하기 때문에 엔진 시동이 불필요하다. 변속 신호에 따라 바로 발진의 필요에 의해 모터로 발진을 하기 위한 준비 상태가 된다.

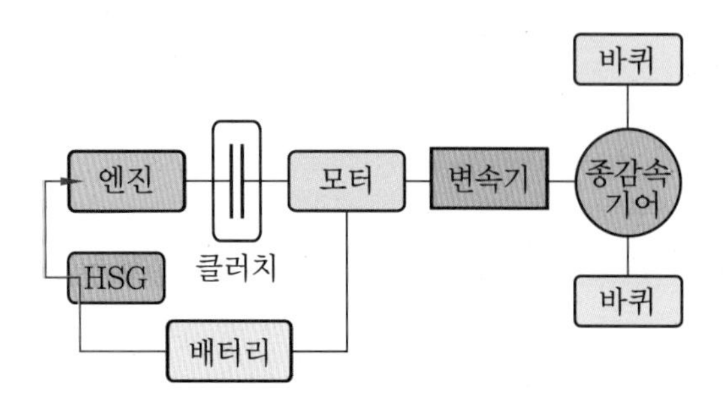

② 전기(모터) 주행

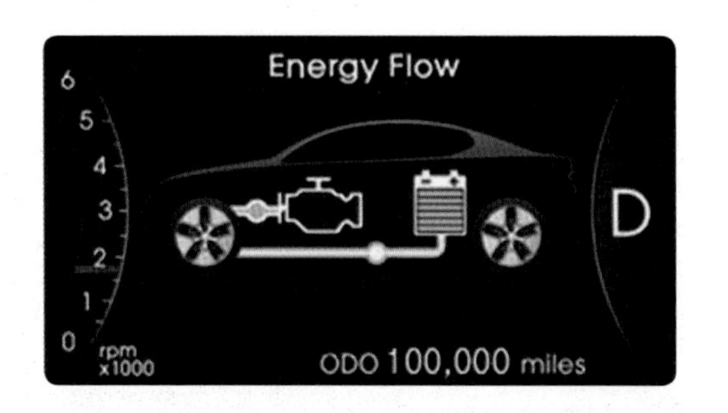

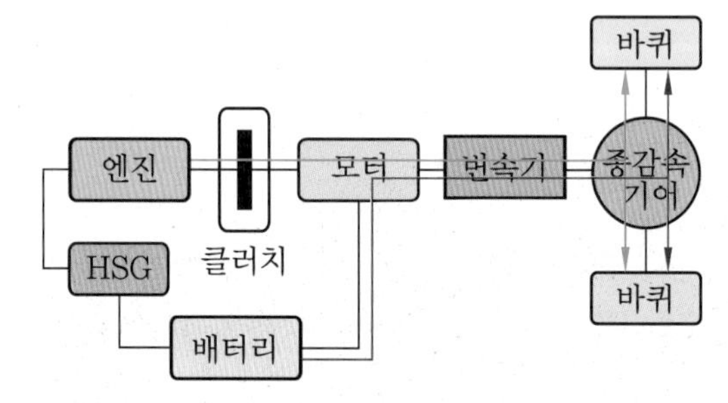

③ 엔진 주행

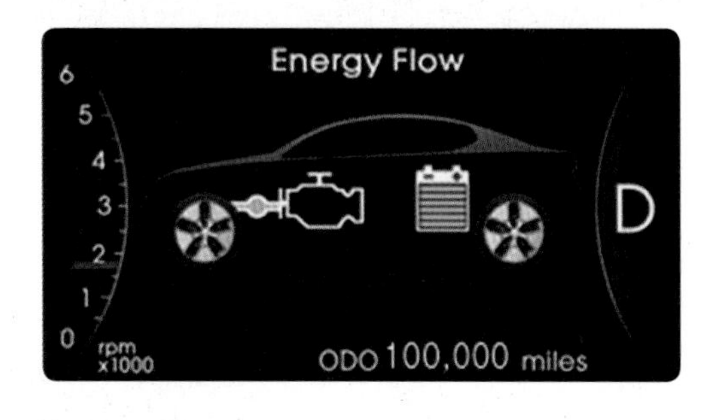

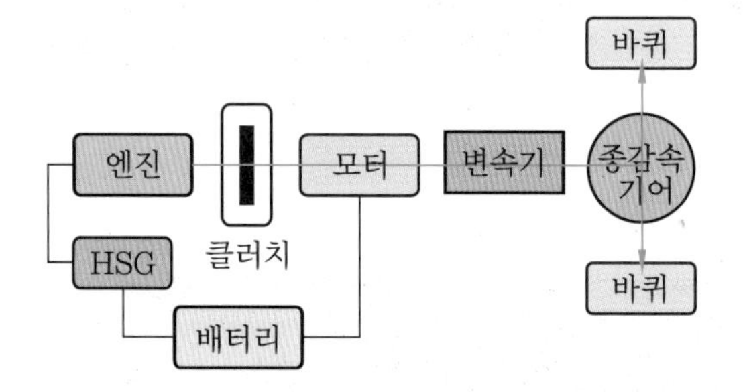

④ 엔진 + 전기(모터) 주행

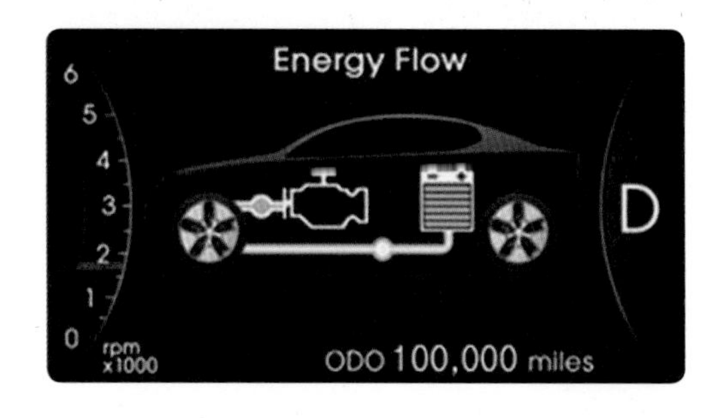

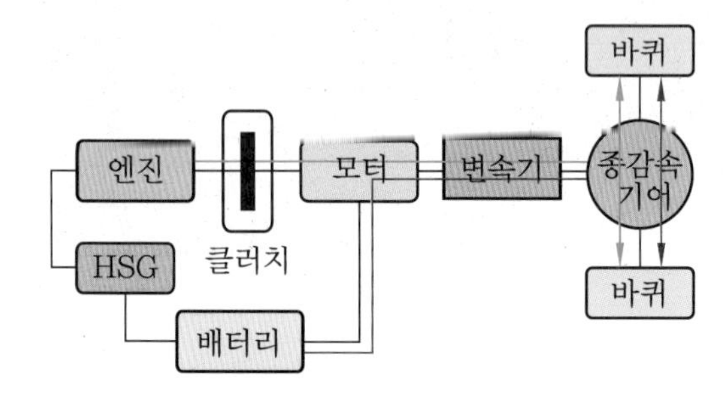

⑤ 엔진＋전기(발전기) 주행

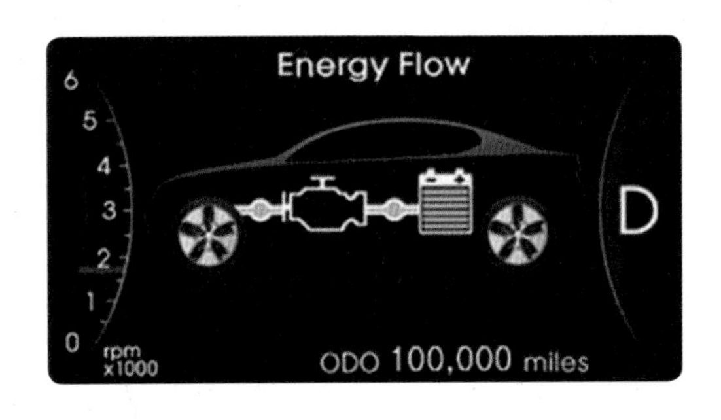

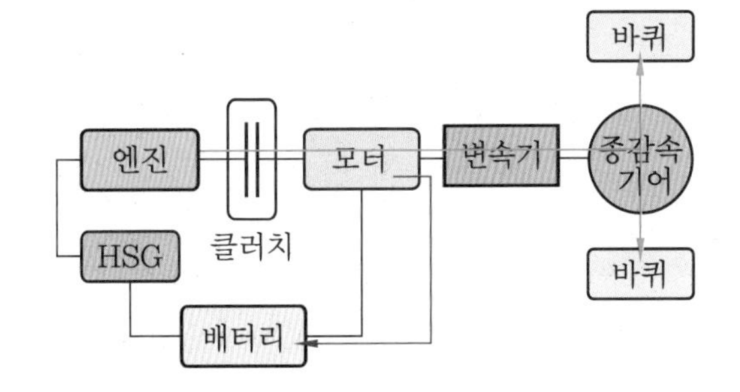

⑥ 회생 제동

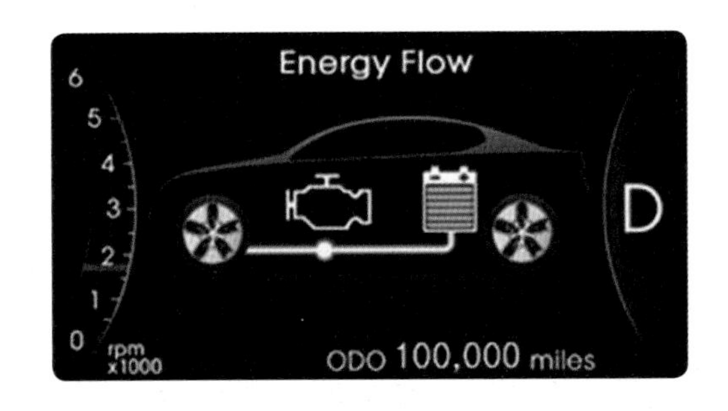

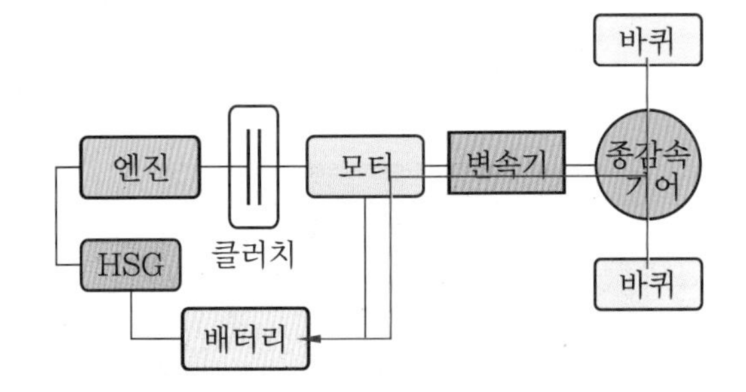

⑦ 공회전 충전

감속 시 바퀴에서 발생되는 회전 동력을 전기 에너지로 전환하여 배터리로 충전을 실시하는 모드로서 이때 발생한 에너지를 회생 에너지라고 한다.

직렬과 병렬 방식 모두 바퀴에서 전달되는 회전 에너지를 모터가 발전기로 전환하여 전기 에너지를 고전압 배터리로 충전하게 된다.

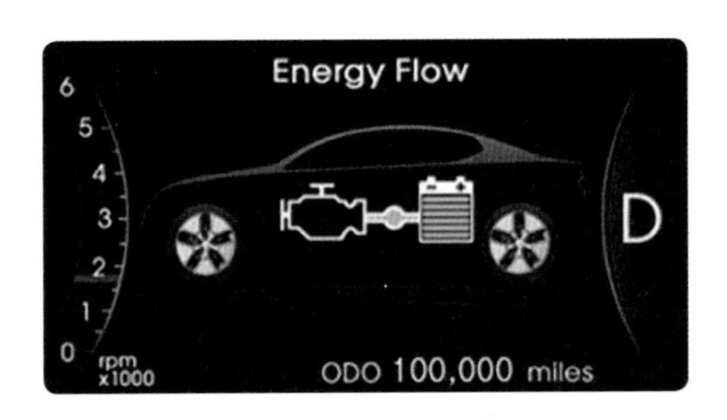

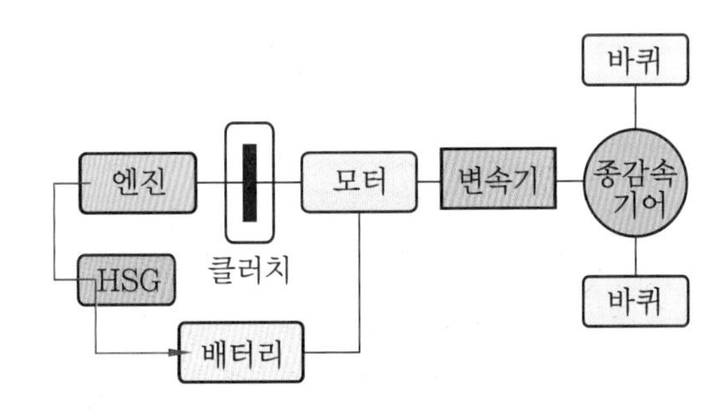

⑧ 정지 모드

공회전이 필요 없으므로 엔진이 가동되지 않은 형태로 정지 모드를 실행한다. 병렬 방식 중 소프트 방식은 아이들 스톱을 실행으로 정지 모드 직렬 방식과 병렬 방식 모두 엔진은 회전하지 않는다.

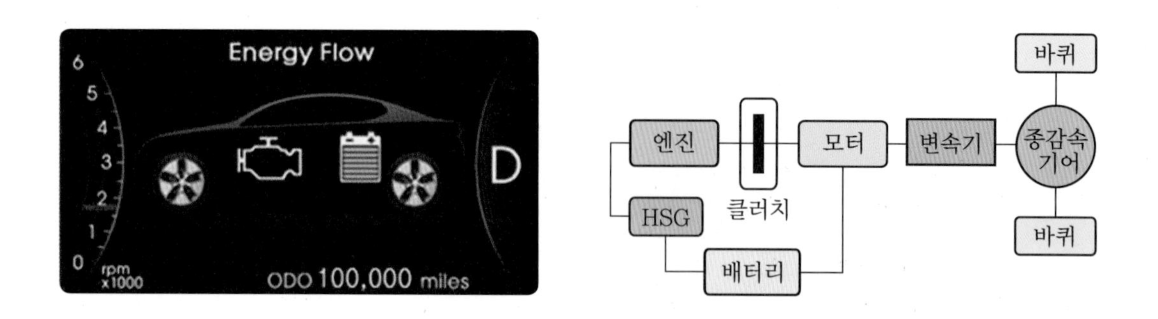

(3) 계기 HEV 제어 모드 표시 및 지시등

계기 HEV 제어 모드 표시

① READY 램프

(가) 차량이 주행 가능함(림폼 주행 포함)을 의미하며, 기본적으로 시동 후 주행 준비가 완료되면 점등 (시동 시 READY 램프가 미점등 시 차량 주행 불가함)

(나) READY 램프 상태로 차량 상태 구분

- READY 램프 점등(ON) : 정상 주행 가능 상태
- READY 램프 점멸(BLINKING) : 림폼 주행 가능 상태
- READY 램프 소등(OFF) : 주행 불가 상태

② EV 램프

(가) 정차 및 주행 중 엔진 OFF 시 점등

(나) 엔진 동작 중이라도 구동에 관여하지 않을 시 점등

③ 하이브리드 자동차 시동의 예(HEV READY와 계기 표시등)

보조 배터리 충전

HEV READY 상태

(가) READY : 시동 신호 + 변속 레버 P + 브레이크 ON

하이브리드 차량의 작동 상태는 계기의 출력 램프를 통하여 현재의 상태를 확인할 수 있다. READY 램프는 차량이 주행 가능한 상태를 의미하며, 기본적으로 엔진 시동 버튼을 눌러 주행 준비가 완료되면 점등된다. READY 램프가 점멸하면 림폼 주행 상태를 의미하며, 이때는 전기 차 모드 주행이 불가하며 엔진에 의해서만 차량 주행이 가능하다. READY 램프가 소등되면 차량 주행이 불가한 상태를 의미한다.

차량 정차 중이나 주행 중 엔진이 정지하게 되면 계기판에 EV 모드 램프가 점등된다. 만약 엔진이 동작 중이라도 엔진 클러치가 해제된 상태로 모터로만 주행 시에는 EV 모드 램프는 점등하게 된다.

(나) HEV READY 상태에서의 주의 사항

차량이 READY 상태일 때는 엔진이 조건에 따라 자동으로 작동할 수 있으므로 후드를 열었을 경우에는 시동 발전기(HSG) 벨트나 풀리(pulley)에 다칠 우려가 있으니 각별히 유의(조심, 주의)해야 한다. 엔진 룸을 점검 시 안전을 위해 이그니션(ignition) OFF 상태를 유지하며, IG OFF 시 엔진이 자동으로 시동되지 않는다.

엔진 동작 조건

엔진 상태에 따른 동작 조건	배터리 상태에 따른 동작 조건	운전자 요구에 따른 동작 조건	기타 동작 조건
• 엔진 웜업 또는 촉매 히팅이 필요한 경우 • 엔진 과열이 판정되어 냉각이 필요한 경우	• 메인 배터리 SOC가 낮은 상태인 경우 • 메인 배터리 최대 방전 제한값이 낮은 경우 • 보조 배터리 전장부하 사용량이 큰 경우	• 운전자 요구 토크가 큰 경우 • 킥 다운이 된 경우 • 140 km/h 이상인 고속 주행인 경우 • 난방 요구 사항이 높은 경우	• 모터 리졸버 보정 또는 엔진 클러치 학습하는 경우 • GDS로 엔진 강제 구동을 요청한 경우 • 고전압 제품 고장 등으로 엔진 림폼 주행이 어려운 경우

4 하이브리드 구성 요소 및 부품 장착 위치

(1) 하이브리드 용어

하이브리드 전기 자동차 스템으로 여러 가지 부품으로 구성되어 있다. 구성 부품의 위치와 기능 및 용어는 다음과 같다.

용어(부품 명칭)	내용(영문)	부품 위치 및 의미
하이브리드 전기 자동차	HEV (hybrid electric vehicle)	엔진+모터 구동 자동차
HEV 파워 제어기	HPCU (hybrid power control unit)	엔진 룸
HEV 제어기	HCU (hybrid control unit)	HPCU
모터 제어기 (인버터 : inverter)	MCU (motor control unit)	HPCU
고전압 배터리 제어기	BMS (battery management system)	트렁크룸 내 배터리 패키지
DC-DC 변환기	LDC (low voltage DC-DC converter)	HPCU
모터가 플라이휠에 장착	FMED (flywheel mounted electric device)	병렬형 (소프트 타입 의미)
모터가 변속기에 장착	TMED (transmission mounted electric device)	병렬형(하드 타입 의미)
HEV 시동 발전기	HSG (hybrid starter generator)	별도 엔진 시동 모터 (당사 TMED 타입에 적용)
순수 전기 모터 구동	EV 모드 (electric vehicle mode)	엔진 룸
엔진 구동+전기 모터 구동	HEV 모드 (hybrid electric vehicle mode)	엔진 룸
니켈-수소 배터리	NI-MH (nickel-metal hydrate)	혼다, 도요타
리튬 이온-폴리머 배터리	LI-PM (lithium-polymer)	쏘나타, 아반떼 HEV K5, 포르테 HEV
고전압 릴레이 어셈블리	PRA (power relay Assembly)	고전압 배터리 패키지 내 장착
모터 위치 센서	리졸버 (resolver)	모터 하우징

용어(부품 명칭)	내용(영문)	부품 위치 및 의미
고전압 차단 플러그	안전 플러그 (safety plug)	트렁크 고전압 배터리
액티브 유압 부스터	AHB (active hydraulic booster)	엔진 룸
액티브 에어 플랩	AAF (active air flap)	라디에이터 그릴 안쪽
전동식 워터 펌프	EWP (electric water pump)	HPCU, HSG 냉각
히터 전동식 워터 펌프	전동식 보조 워터 펌프 (heater electric water pump)	EV 모드 시 난방을 위한 냉각수 순환(히터 코어로)
가상 엔진 소음 발생 장치	VESS (virtual engine sound system)	엔진 룸
전동식 오일 펌프 유닛(변속기)	OPU (oil pump unit)	엔진 룸
전동식 오일 펌프(변속기)	EOP (electric oil pump)	변속기 외부
병렬형	Parallel type	구동 형식
복합형 파워 분배형	Power Split type	구동 형식
플러그인	Plug-In Hybrid Electric Vehicle	운전석, 조수석 뒤
엔진 클러치 압력 센서	CRS (clutch pressure sensor)	변속기 HE모터 하우징
워머	A/T 변속기 오일 워머 (oil warmer)	변속기 외부
전동식 에어 컴프레서	Electric A/com Compressor	고전압 구동

(2) HEV 구성 부품

5 하드 타입 HEV 고전압 배터리 시스템(쏘나타, K5)

(1) 고전압 관련 회로 및 배터리 시스템의 구성

① 고전압 관련 부품

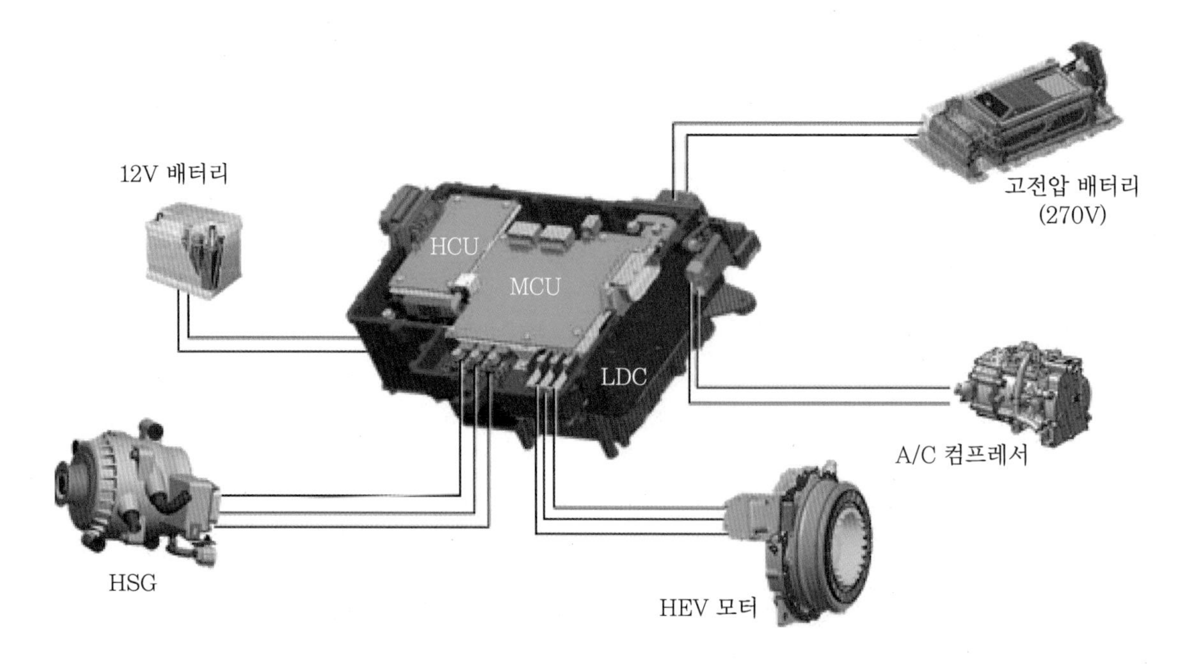

② 고전압 배터리 시스템(HVBS : High Voltage Battery System) 구성

하이브리드 전기 자동차 BMS는 차량 내 관련 시스템(HCU, MCU 등)과 통신을 통하여 SOC(State Of Chage) 파워 제한, 자기 진단, 셀 밸런싱, 냉각 제어를 수행하게 된다.

전기 동력 시스템은 DC 270 V의 고전압 배터리와 AC 270 V/30 kW급 3상 교류 동기 모터, MCU, LDC, 파워 케이블 등으로 구성되어 있다.

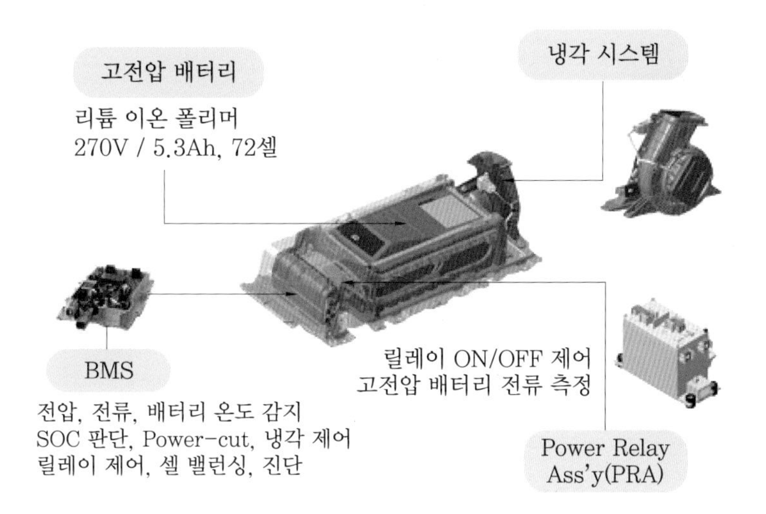

일반적인 차량에 장착되어 전원 공급했던 DC 12 V 배터리의 경우 하이브리드 전기 자동차에서는 일반 보디 전장이나 각종 제어 ECU 동작을 위한 보조 배터리의 기능을 담당하며, 전격 전압 270 V의 고전압 배터리 시스템은 12 V와는 완전 분리되는 독립적인 전원 시스템이다.

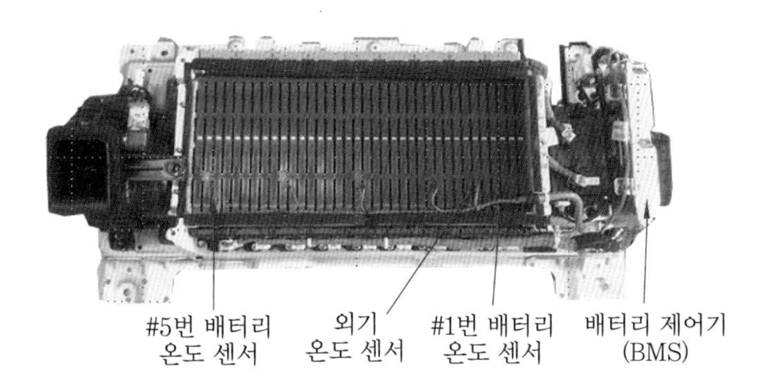

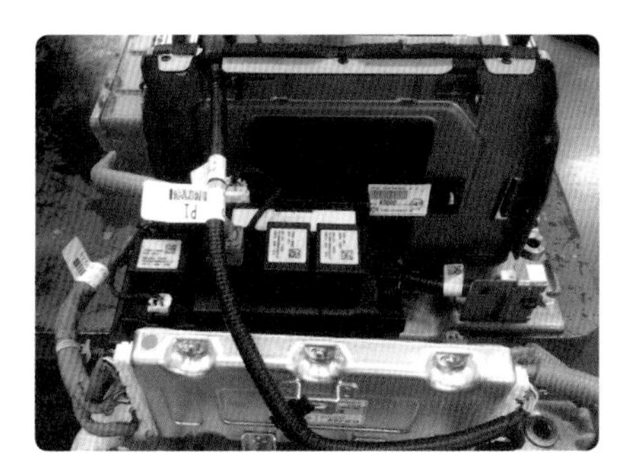

BMS 및 PRA

쿨링팬

고전압 배터리는 리튬 이온 폴리머 배터리로 DC 270 V로 트렁크룸에 장착된다. BMS는 각 셀의 전압, 전체 충·방전 전류량 및 온도값을 받고, BMS에서 계산된 SOC는 HCU로 보내지며, HCU는 이 값을 참조로 고전압 배터리를 제어한다. PRA(power relay assembly)는 IG OFF 상태에서는 메인 릴레이를 차단한다. 고전압 배터리의 온도가 최적이 유지될 수 있도록 냉각팬이 적용되어 있다.

배터리 팩에는 총 6개의 온도 센서(temperature sensor)가 장착되어 있으며, 5개의 센서는 배터리 팩 내부에 장착되어 있고 1개의 센서는 cooling air inlet 부위에 위치하고 있다. 감지된 온도 신호는 BMS 컨트롤 모듈로 전송된다.

③ 고전압 배터리 팩 어셈블리 제원

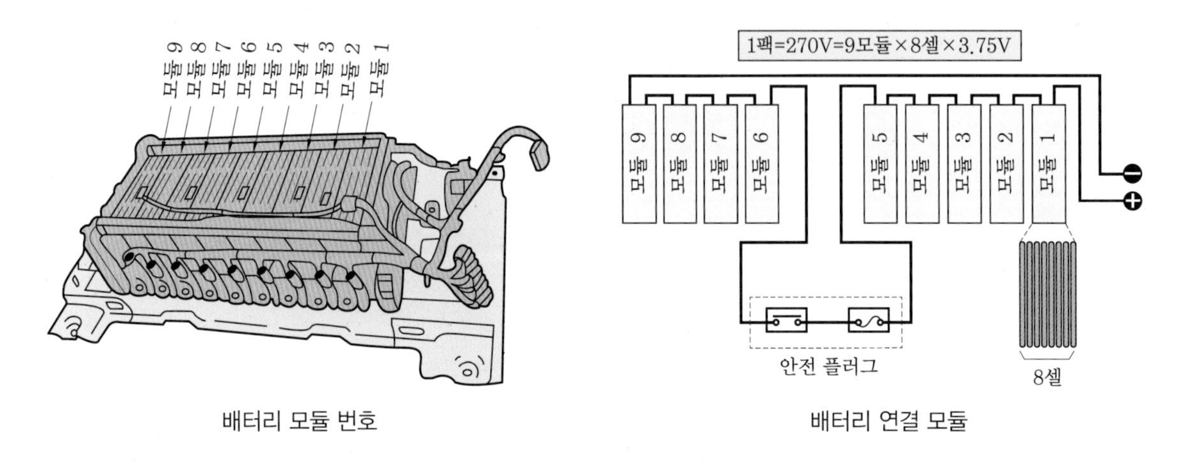

배터리 모듈 번호 배터리 연결 모듈

배터리 팩 형식 및 제원			
구 분	항 목	제 원	비 고
기본 사양	셀 구성	8셀 × 9모듈	1 셀 = 3.75 V
	정격 전압(V)	270 V	단자 전압(정격 1 C 방전 SOC 55%(20℃))
	정격 용량(Ah)	5.3Ah	배터리 초기 성능(20℃)
	정격 에너지(Wh)	1.431	정격 용량 × 정격 전압
동작 사양	방전 최대 파워(kW)	최대 34 kW	고전압 배터리 기준
	충전 최대 파워(kW)	최대 (−)26 kW	
	작동 전압(V)	200~300 (2.5 V ≤ 셀 전압 ≤ 4.3 V)	−
	작동 전류(A)	−200~300 A	
파워 릴레이(PRA)	정격 전압(V)	450 V	−
	정격 전류(A)	80 A	−

※ 72셀(8셀 × 9모듈)이다. 각 셀의 전압은 3.75 V DC이며, 따라서 배터리 팩의 정격 용량은 270 V DC이다.

④ BMS 주요 기능 및 SOC 제어 특성

㈎ BMS 주요 기능

배터리 제어기인 BMS는 하이브리드 시스템의 핵심 부품인 고전압 배터리 관리를 담당하여 배터리의 잔존 용량과 배터리 가용 파워를 연산하여 그 결과값을 상위 제어기인 HCU로 통보한다.

또 다른 기능은 배터리 관리를 위하여 배터리 셀 전압을 모니터링하여 셀 균형 제어와 배터리의 냉각 제어를 담당하고 충돌 시와 배터리 과온 및 파괴에 대한 안전 장치를 제어하게 된다.

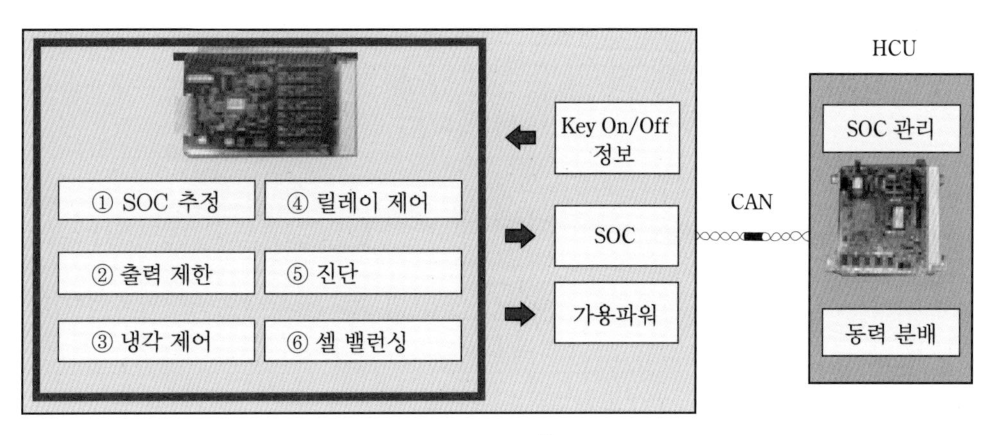

BMS 주요 기능

㈏ SOC 상태에 따른 배터리 제어 특성

하이브리드 전기 자동차는 모터를 이용해 엔진의 동력을 보조하는 시스템으로 전기 동력 시스템이 동작하기 위해서는 고전압 배터리가 최적의 효율을 낼 수 있도록 충전 상태(SOC)를 유지할 필요가 있다. 하이브리드 컨트롤 유닛(HCU)은 고전압 배터리의 SOC 상태를 지속적으로 모니터링하고, SOC 상태에 따라 각 주행 모드에서 충전 및 방전을 제어한다.

SOC는 State Of Charge의 약자로 충전 상태, 즉 배터리의 사용 가능한 에너지를 의미하며, 배터리의 정격 용량 대비 방전 가능한 전류량의 백분율로 표시한다. SOC는 가용 최대 용량(Q_{max}) 대비 현재 보유 용량(Q_1)의 백분율로써 다음과 같다.

$$SOC(t) = \frac{Q_1}{Q_{max}} \times 100(\%)$$

BMS 컨트롤 모듈은 배터리의 전압, 전류, 온도를 측정하여 배터리의 SOC를 계산하고 CAN 라인을 통해 HCU에 전송하여 적정 SOC 영역으로 관리한다. 전압은 각 셀별로 감지하며 전류는 파워 릴레이 어셈블리(Power Relay Assembly) 내에 있는 전류에서 감지한다.

HCU는 PCU, MCU 등 다른 컨트롤 모듈의 정보를 종합하여 항상 SOC 영역이 55%에서 65%의 범위를 벗어나지 않도록 상호 정보를 교환하여 제어한다.

(2) 파워 릴레이 어셈블리(PRA : power relay assembly)

파워 릴레이 어셈블리(PRA)는 하이브리드 고전압 배터리 시스템의 고전압 흐름을 차단 및 연결하는 장치로 고전압 배터리 앞에 장착된다. PRA는 ① 메인 릴레이, ② 프리차지 릴레이, ③ 프리차지 레지스터, ④ 배터리 전류 센서, ⑤ 메인 퓨즈, ⑥ 안전 스위치 등의 부품으로 구성되어 있으며, 각각의 구성 부품은 하이브리드 고전압 배터리 BMS에 의해 제어된다.

450 V/80 V 사양으로 고전압 배터리의 기계적인 분리(암전류 차단), 고전압 회로 과전류 보호, 전장품 보호(초기 충전 회로 적용), 고전압 정비 시 보호를 위해 안전 스위치가 적용되어 있다.

- 고전압계 부품 1차 고장으로 인한 2차 사고(감전, 화재 등) 방치
- 시동 점화 스위치 ON/OFF 시에 고전압 배터리와 고전압 관련 부품에 전원 공급 및 차단

❶ **시동 점화 스위치 ON 상태에서 PRA 작동** : 메인 릴레이 (-) ON → 프리차지 릴레이 ON → 커패시터 충전 → 메인 릴레이(+) ON → 프리차지 릴레이 OFF
❷ **시동 점화 스위치 OFF 상태에서 PRA 작동** : 메인 릴레이 (+) OFF → 메인 릴레이 (-) OFF

① 파워 릴레이 어셈블리(PRA) 관련 부품

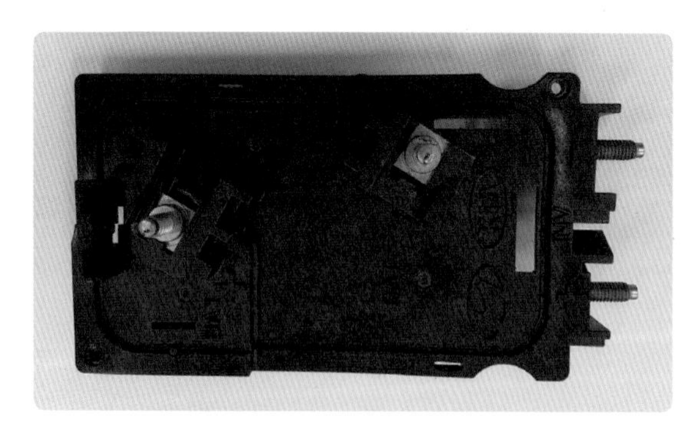

파워 릴레이 어셈블리(PRA) 외관 단자

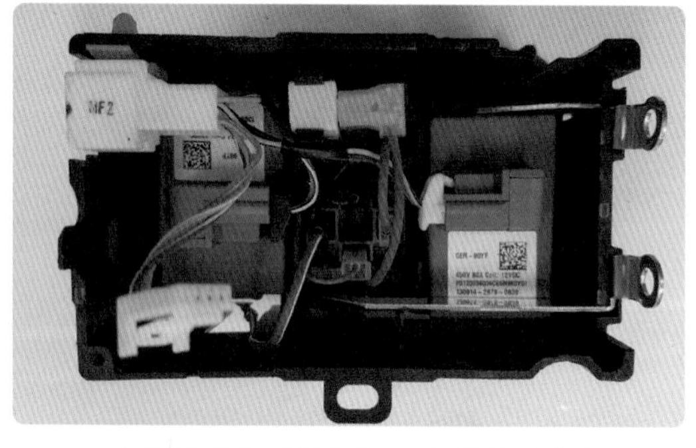

파워 릴레이 어셈블리(PRA) 메인 릴레이 (+), (-) 프리차지 릴레이, 프리차지 저항

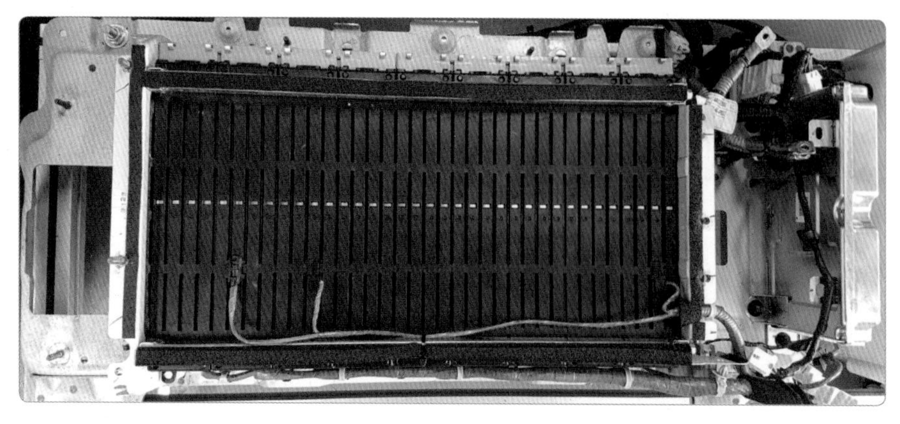

고전압 배터리 모듈

② 파워 릴레이 어셈블리(PRA) 고전압 릴레이 제어 블록

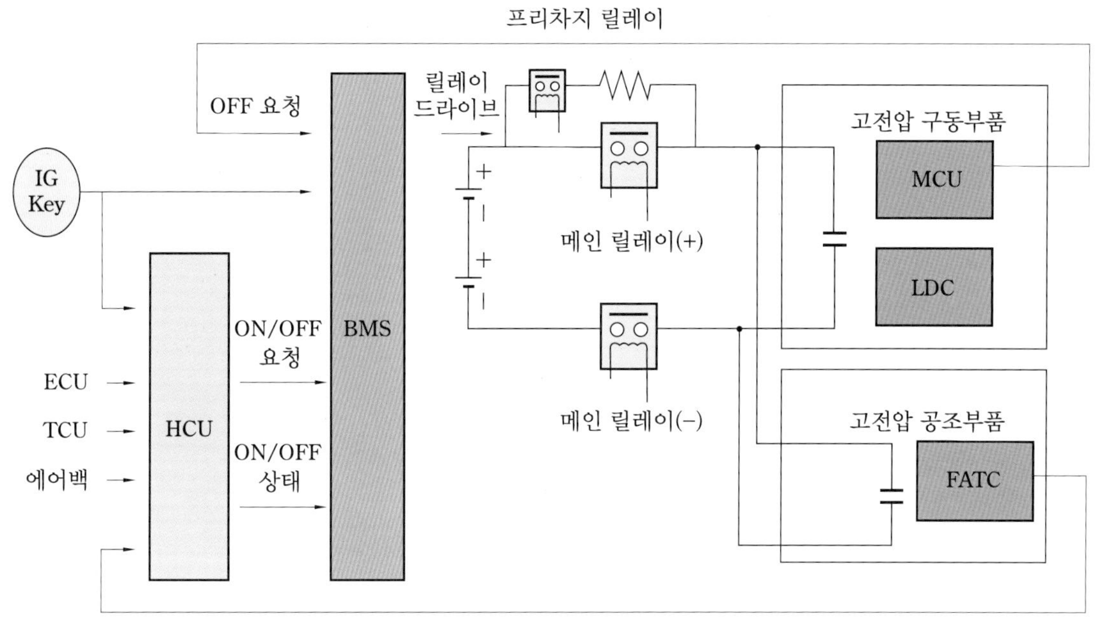

PRA 고전압 릴레이 제어 블록

③ 프리차지 릴레이 및 프리차지 저항

BMS는 메인 릴레이를 작동시키기 이전에 프리차지 릴레이를 먼저 동작시켜 고전압 배터리 전원을 인버터 측으로 인가하게 되는데, 이때 프리차지 릴레이가 작동되면 저항을 통해 270 V 고전압이 인버터 측으로 공급되기 때문에 순간적으로 돌입 전류에 의한 인버터 손상을 방지할 수 있다.

④ 메인 릴레이 기능

고전압 배터리의 DC 270 V 전원을 인버터 측으로 공급하는 역할을 하는 릴레이이며, 시동키가 ON되고 고전압 전기 동력 시스템이 정상일 경우 배터리 모듈은 메인 릴레이를 작동시켜 고전압 배터리로 공급하여 HSG를 이용한 엔진 시동을 준비한다.

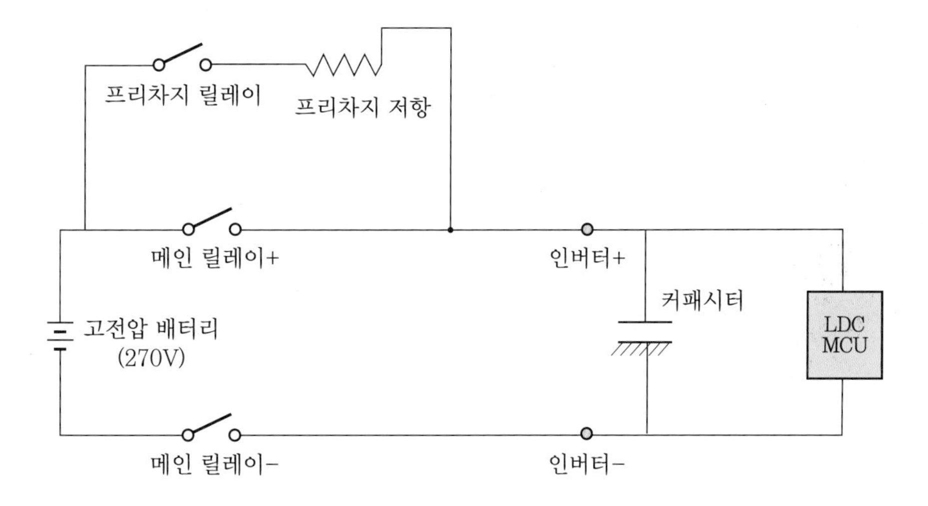

6 배터리 냉각 시스템

고전압 배터리 패키지 통합 냉각을 제어하는 시스템으로 BMS의 풍량 제어에 의해 PWM를 제어한다.

- 공랭 방식 냉각 구조
- 배터리 최적 온도 유지
- BLDC 냉각 팬 장착

(1) 냉각팬 속도 제어

고전압 배터리가 최적의 효율을 내기 위해서는 온도 관리가 매우 중요하다. 고온에서 장시간 사용 시 배터리 성능 저하의 원인이 되며, 저온에서는 배터리의 충/방전 효율이 급격히 떨어지는 원인이 될 수 있다.

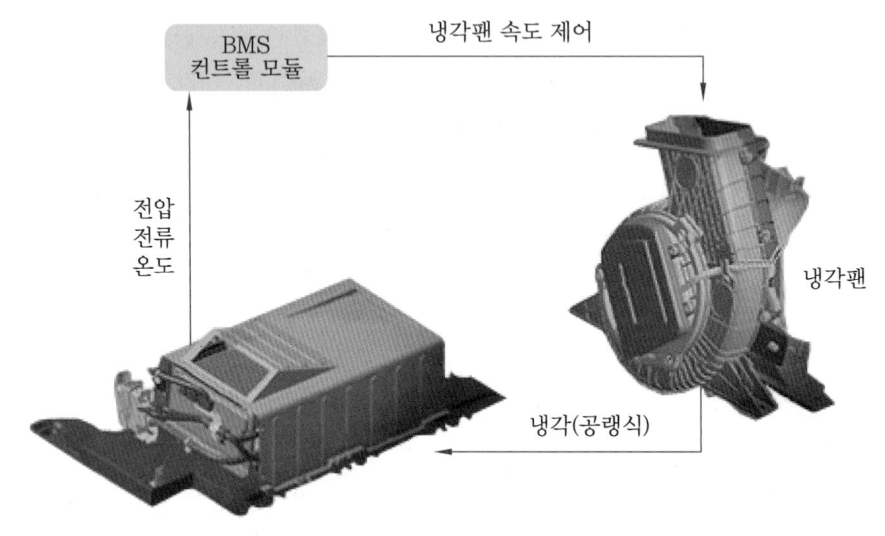

냉각팬 속도 제어

BMS 컨트롤 모듈은 최적의 배터리 동작 온도를 유지하기 위해 냉각팬 속도 제어를 수행하며, 냉각팬은 9단계로 속도가 제어된다. BMS 컨트롤러가 온도 조건에 따라 냉각팬 속도를 결정하여 쿨링팬 모터(cooling fan motor)에 공급되는 전원을 PWM 듀티 제어한다.

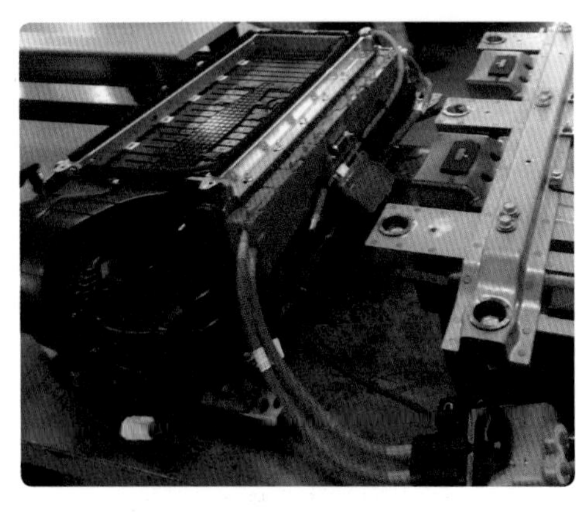

고전압 냉각팬 모터

블로어 모터

(2) 냉각팬 제어 관련 부품

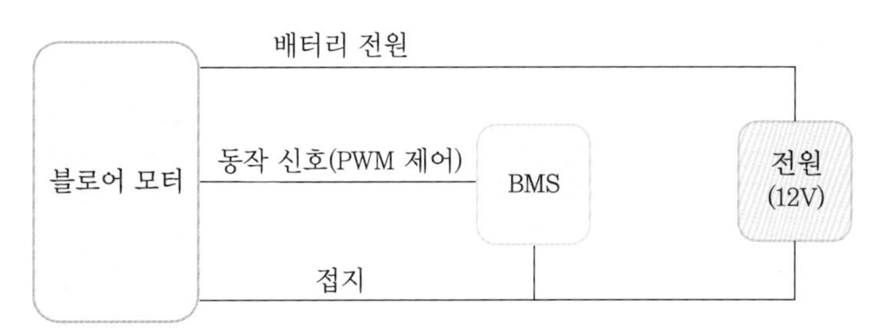

※ BMS에서 PWM 동작 명령을 인가한다.

(3) 냉각 공기 흐름 경로

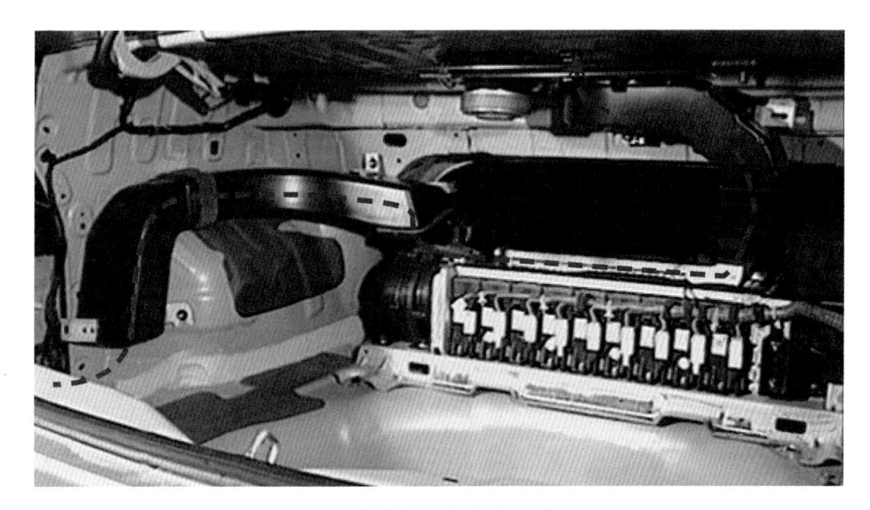

고전압 배터리 공랭 방식 공기 흐름

7 공기 유입 개폐 시스템(AAF : active air flap)

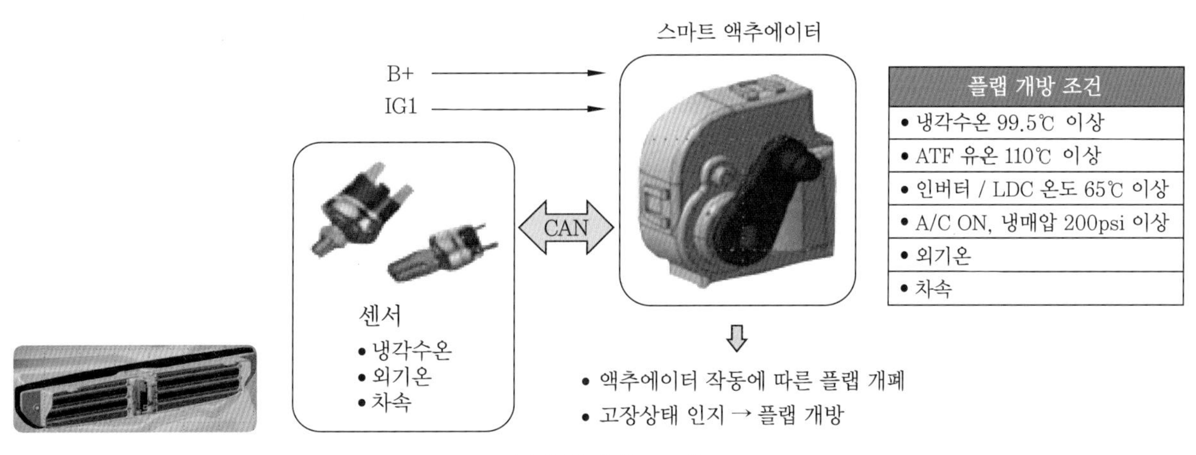

플랩 개방 조건
• 냉각수온 99.5℃ 이상
• ATF 유온 110℃ 이상
• 인버터 / LDC 온도 65℃ 이상
• A/C ON, 냉매압 200psi 이상
• 외기온
• 차속

공기 유입 개폐 시스템

앞 범퍼 그릴 후면에 개폐 가능한 플랩을 설치하여 차량 상태(냉각수 온도 에어컨, 작동 유무 등)에 따라 외부 공기의 유입 또는 차단을 제어하는 시스템으로, 그 목적은 연비 향상, 공력 성능 개선, 난방 성능 개선에 있다. 고속 주행 시 플랩을 닫아 차량의 공기 저항을 감소시키고 주행 안정성 향상을 도모한다. 또한 엔진 룸 내부의 온도가 상승하여 부품이 과열될 우려가 있을 경우에는 플랩을 개방하여 엔진 룸 내부 온도를 낮추는 기능을 한다.

(1) 주요 기능

① 엔진 룸 주요 부품의 온도(엔진 냉각 수온, A/T오일 온도, 모터 인버터 온도, LDC 온도)를 고려하여 고온 시 냉각을 위하여 플랩을 열어 준다.
② 에어컨 동작 시 냉매 압력 보호를 위하여 플랩을 열어 준다.
③ 고속 주행 시 플랩을 닫아 공기 저항을 줄여 연비를 개선한다.
④ 냉간 시동 시 플랩을 닫아 공기 저항을 줄여 연비를 개선한다.

(2) AAF 제어

차량 주행 시에는 냉각수나 ATF, 인버터, LDC 등의 열해부품이 일정 온도 이상이 되면 냉각을 위해 플랩을 열게 되며, 또한 고장 여부를 진단하여 고장 시 엔진 ECU와 클러스터로 고장 정보를 송신한다.

(3) AAF 플랩 개폐 조건

플랩 개폐 조건						
구 분	냉각수온(℃)	A/T 오일 온도(℃)	인버터 온도(℃) (모터/HSG)	LCD 온도(℃)	냉매압(psi)	조 건
플랩 열림	99.5℃ 이상	110℃ 이상	60℃ 이상	71℃ 이상	220psi 이상	한 조건이라도 만족 시 열림
플랩 닫힘	96℃ 이하	100℃ 이하	55℃ 이하	65℃ 이하	150psi 이하	모든 조건을 만족해야만 닫힘

※ 외기 온도 0℃ 기준으로 작성된 수치임

8 공조 시스템

하이브리드 에어컨 시스템은 전동식 에어 컴프레서, 에어컨 컨트롤러, HVAC 유닛, 난방용 전동식 워터 펌프, 컨덴서 등으로 구성되어 있다. 에어컨 컨트롤러는 HCU 및 ECU와 CAN 통신으로 정보를 주고 받아 연비를 향상시킬 수 있도록 협력 제어한다.

파워 릴레이 어셈블리(PRA)는 하이브리드 고전압 배터리 시스템의 고전압 흐름을 차단 및 연결하는 장치로 고전압 배터리 앞에 장착된다. PRA는 ① 메인 릴레이, ② 프리차지 릴레이, ③ 프리차지 레지스터, ④ 배터리 전류 센서, ⑤ 메인 퓨즈, ⑥ 안전 스위치 등의 부품으로 구성되어 있으며, 각각의 구성 부품은 하이브리드 고전압 배터리 BMS에 의해 제어된다.

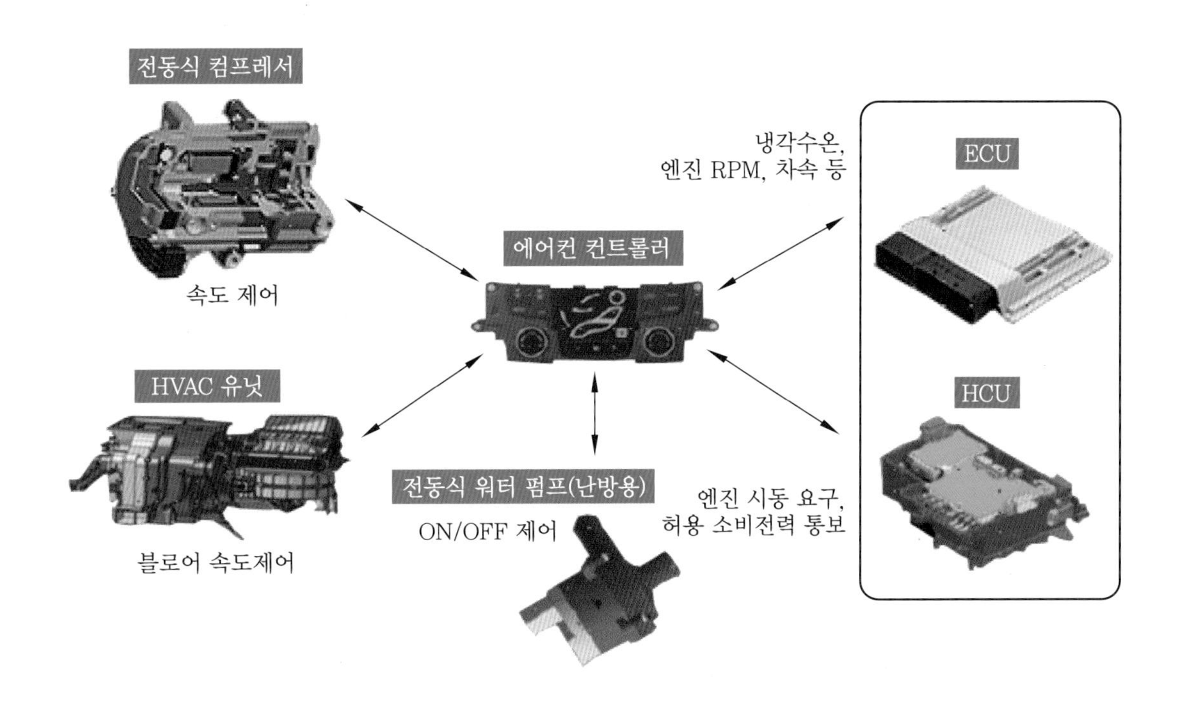

전동식 에어컨 개요

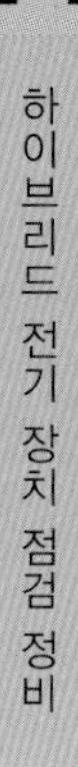

(1) 기계식 컴프레서와 전동식 컴프레서

기존의 전통적인 에어컨 시스템과 하이브리드 에어컨 시스템의 차이점을 보게 되면 기존에는 엔진의 구동력을 이용한 벨트 구동식 컴프레서가 사용되었으나 하이브리드 차량에서는 고전압을 전원으로 사용하는 전동식 공기 압축기가 장착되어 있다.

구 분	엔진 벨트 구동 방식의 기계식 컴프레서	고전압 모터 구동 방식의 전동식 컴프레서
특징	• 화석 연료 기반의 에너지 사용 • 내연엔진/Mild Hybrid 차량용 • 오픈형 • 클러치 일체형 • 용량 제어 시 엔진 회전수에 연동됨	• 전기 기반의 에너지 사용 • 연료전지차/전기자동차용 • 반밀폐형 • 모터 및 인버터 일체형 • 엔진 회전수와 무관하게 용량을 제어
장단점	• 용량 산정 기준 : 공회전 회전수 → 크기 大 • 자가 진단 코드 없음 • 용량 가변은 성능 저하를 야기함 • 엔진의 회전을 이용 → 장착 위치 제한 • 클러치 및 허브 → 상대적으로 저가	• 용량 산정 기준 : 정격 회전수 → 크기 小 • 자가 진단 코드 내장 → 신뢰성 확보 • 용량 가변에 의한 성능 저하가 거의 없음 • 장착 위치 선정에 제한이 적음 • 모터 및 인버터 일체형 → 고가
차량 연비 개선 효과	• 스크롤 압축기를 이용한 고효율화 • 차량의 주행 조건에 관계없이 외기 조건에 따라 항상 최적의 회전수로 압축기 구동	• 동일한 열부하 영역에서 압축기 가동을 최소화 • 전자제어식 압축기는 엔진 구동 압축기 대비 • 10% 이상의 연비 저감 효과 가능

(2) 전동식 컴프레서의 구성

전동식 컴프레서는 고전압용 인버터 일체형 BLDC 모터로 제어부, 모터부, 압축부로 구성된다. 제어부는 에어컨 컨트롤러로부터 타깃 rpm에 대한 명령을 받으면 DC 270 V를 AC로 변환하여 필요한 만큼의 전원을 모터로 공급한다.

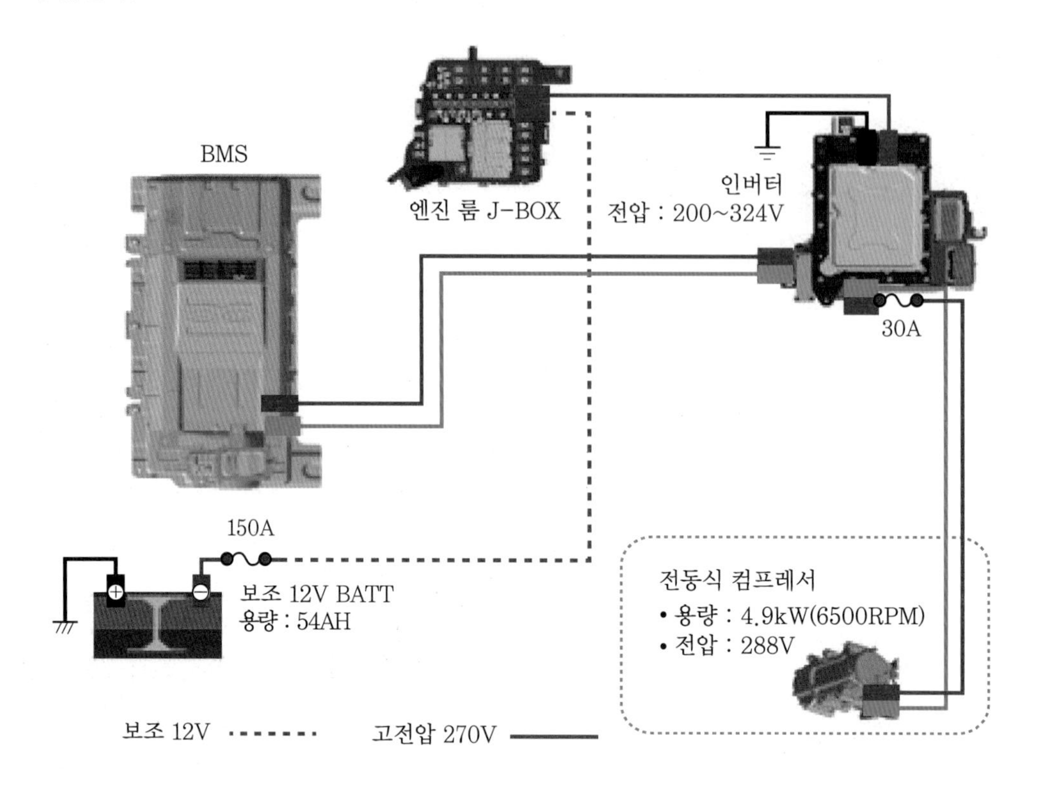

전동식 컴프레서 관련 회로-1

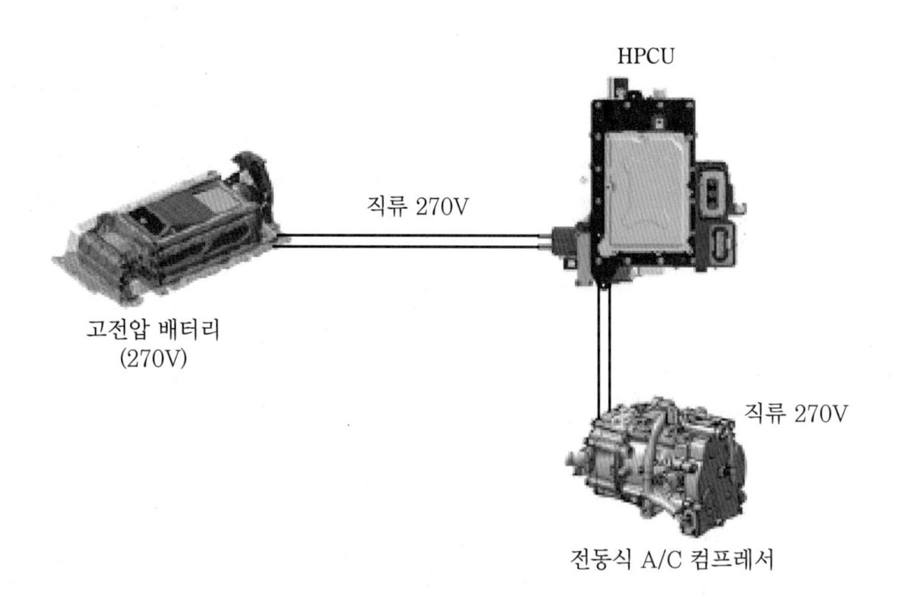

전동식 컴프레서 관련 회로-2

① 에어컨 컨트롤러

에어컨 컨트롤러는 운전자에 요구에 따라 컴프레서, 블로어 모터, 전동식 워터 펌프를 제어한다. 섀시 CAN을 통해 ECU로부터 필요한 정보를 제공 받고 HCU와 협조 제어를 수행한다.

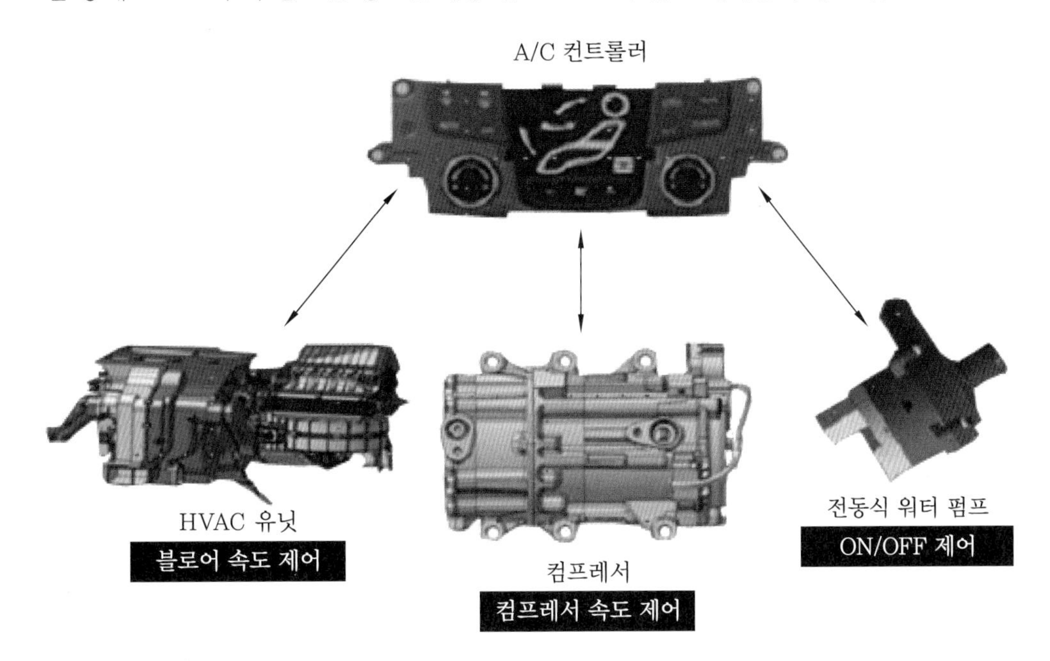

(3) 블로어 모터 속도 제어

에어컨 컨트롤러는 운전자의 요구 온도 및 입력신호들을 받아 최적의 블로어 속도를 결정하고 PWM 모듈에 블로어 속도 구동 신호를 보낸다. 이 PWM 제어 신호를 받아 PWM 모듈은 내장 FET로 블로어 모터 속도를 제어하며, 또한 PWM 모듈은 실제 블로어 속도를 컨트롤러에 피드백시킨다.

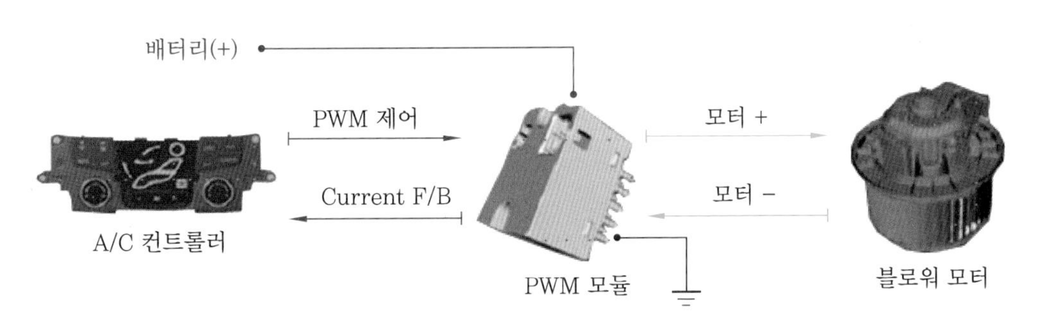

목표 설정에 따른 블로어 속도 제어

(4) 전동식 컴프레서 제어

전동식 컴프레서는 A/CON 컨트롤러와 HCU의 협조 제어에 의해 제어한다. 에어컨 스위치가 ON되면 A/CON 컨트롤러는 HCU에 전동 압축기 작동 신호를 주게 되며, HCU는 상황을 종합하여 A/CON 컨트롤러에 전동 압축기 작동 허용 여부 및 허용 소비전류를 출력하게 되며 에어컨 컨트롤러는 HCU에서 받은 신호를 기준으로 전동식 컴프레서 회전수를 자동 제어한다. 전동식 압축기는 압축기 회전수 및 소비 전력을 A/CON 컨트롤러로 피드백한다.

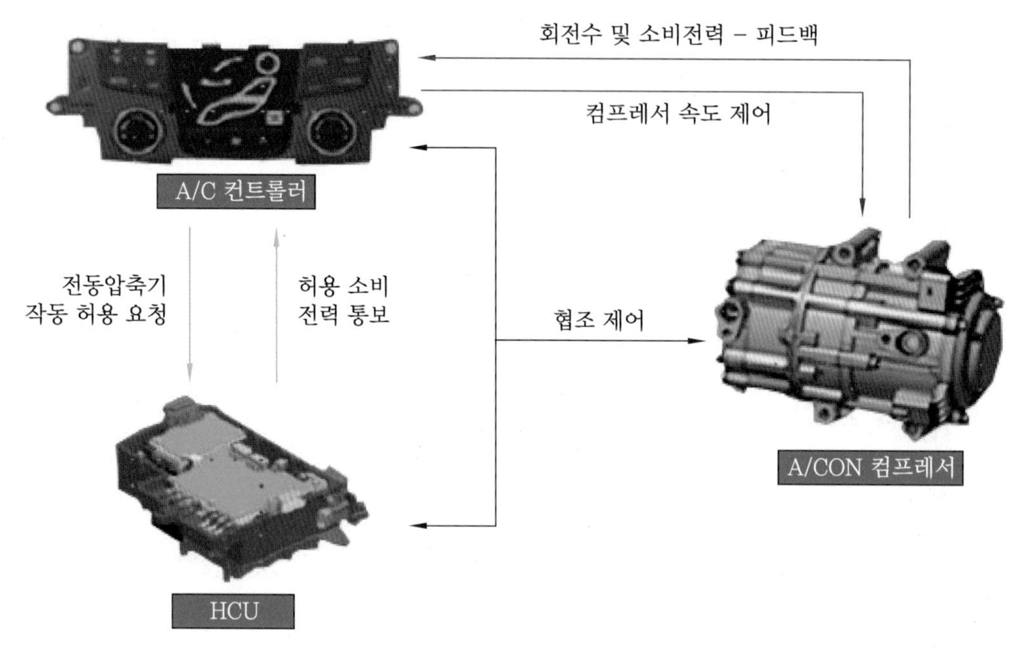

HCU와 에어컨 컴프레서의 제어

(5) 전동식 워터 펌프(난방용)

하이브리드 차량은 엔진 정지 시 엔진 구동 워터 펌프는 정지하게 된다. 그러나 난방 성능을 유지하기 위해서는 히터 코어로 냉각수를 전달할 필요가 있으므로 전동식 워터 펌프가 필요하다.

(6) 전동 펌프 제어

에어컨 컨트롤러는 엔진 정지 상태에서 히팅이 요구되면 난방용 워터 펌프를 작동시킨다. 또한 히터 작동 중에 냉각수 온도(coolant temperature)가 70℃ 이하로 낮아지면 에어컨 컨트롤러는 HCU에 '엔진 작동' 신호를 출력하게 된다.

HCU는 이 신호를 받으면 엔진을 구동하여 냉각수 온도를 상승시키고 또한 엔진 구동 후 냉각수온이 80℃ 이상 상승하면 엔진이 OFF된다.

9 VESS 개요 및 기능

하이브리드 차량은 정차 시나 저속 주행 시에 모터만으로 주행이 되며 일반 차량에 비해 소음이 적거나 아예 없으므로 차량 접근에 대한 보행자의 인지가 어렵다.

따라서 가상 엔진 사운드 시스템(VESS)은 모터를 주동력원으로 사용하는 저속 주행 시 차량 외부에 장착된 스피커를 통해 가상의 엔진음을 출력하여 보행자에게 차량 접근을 경고하는 시스템으로 VESS 제어 유닛과 스피커로 구성된다.

차량 레이아웃	시스템 구성
VESS ECU 스피커	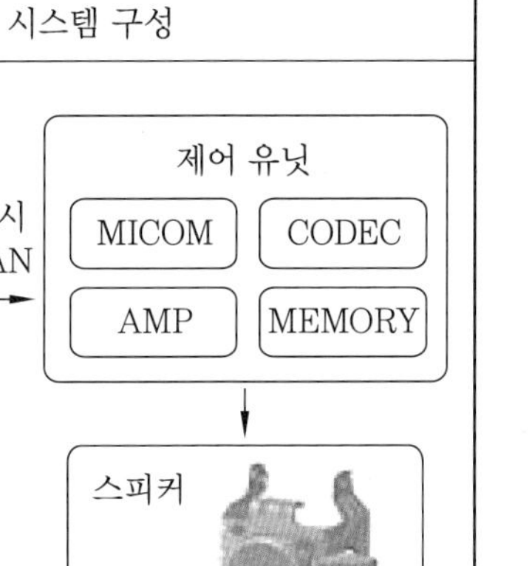

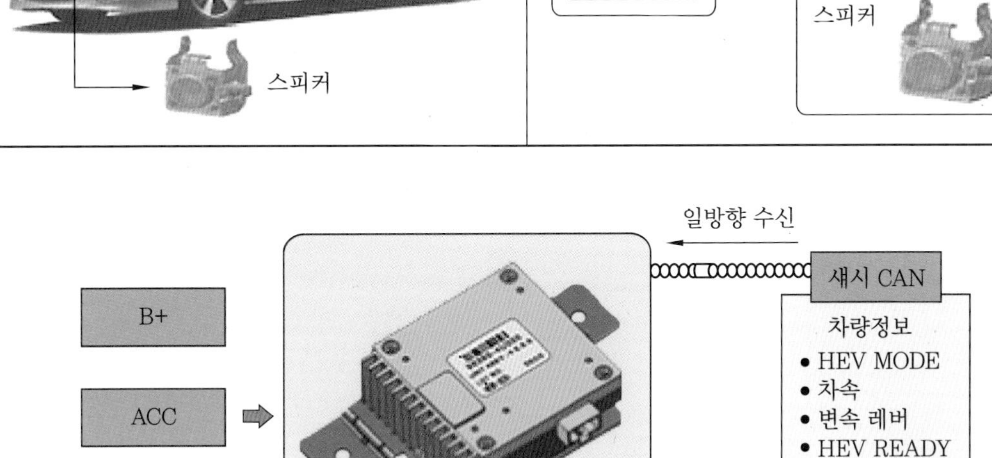

가상 엔진 사운드 시스템 제어

VESS(virtual engine sound system) 모듈은 섀시 CAN 통신을 통해 READY 상태와 변속 레버 위치, 차속 등을 입력받아 제어에 사용한다.

❶ VESS 작동 조건
- 엔진 정지 상태(EV 모드)
- HEV READY 상태
- 차속 0.5~20 km/h 이하
- 변속 레버 R/N/D단 위치

❷ 가상 엔진음 동작 금지
- 엔진 구동 시
- 엔진 정차 시
- 차속 20 km/h 이상 시
- 변속 레버 'P' 위치 시

※ 작동 조건 : 엔진이 정지된 상태(EV 모드)에서 HEV READY 상태이고 차량 발진에서부터 차속 20 km/h 이하인 경우와 변속 레버는 R단/N단/D단 위치일 경우에 동작한다.

2 실습 준비 및 유의 사항

실습 준비(실습 장비 및 실습 재료)

1 실습 자료

- 고객동의서
- 점검정비내역서, 견적서
- 차종별 정비 지침서

2 실습 장비

- 완성 차량(하이브리드 승용자동차)
- 전기 회로 시뮬레이터
- 엔진종합 시험기
- 리프트(2주식, 4주식)
- 작업등
- 멀티 테스터(디지털, 아날로그)
- 테스트 램프
- 메가옴 테스터
- 안전보호구(방진마스크, 보안경, 보호장갑, 방진보호복)
- 리졸버 보정기

3 실습 재료

- PRA 릴레이 세트
- 하이브리드 모터
- 고전압 배터리
- HPCU
- 교환 부품(퓨즈, 릴레이, 모터, 하네스(배선 및 커넥터))
- BMS

실습 시 유의 사항

- 안전 작업 절차에 따라 시스템 전기 회로를 습득한 후 작업에 임한다.
- 멀티테스터기를 활용하여 전압을 점검 시 극성을 확인하고 점검한다.
- 전기 회로는 퓨즈, 릴레이, 모터, 하네스(배선 및 커넥터), 입출력 관련 센서를 이해하고 점검한다.
- 하이브리드 전기 장치는 고전압 배터리 시스템, 공조 시스템, 클러스터, VESS, 액티브 에어 플랩을 포함됨을 이해한다.
- 고전압 배터리 시스템 점검 시 배터리 전압 및 전류 절연 상태를 조합하여 측정하고 판단한다.
- 하이브리드 시스템 검사 시 관능 검사(작동음 포함)를 실시하여 고장 진단에 참고한다.

3 실습 시 안전 관리 지침

① 실습 전 반드시 안전 교육을 실시하고 소화기를 비치하여 화재 사고에 대비하며, 유류 등 인화성 물질은 안전한 곳에 분리하여 보관한다.

② 고전압 배터리 시스템을 점검 시 반드시 보호장갑을 착용한 후 점검한다.

③ 중량이 무거운 부품 이동 시 작업 장갑을 착용하며 장비를 활용하거나 2인 이상 협동하여 이동시킨다.

④ 실습 전 작업대를 정리하여 작업의 효율성을 높이고 안전 사고가 발생되지 않도록 한다.

⑤ 실습 작업 시 작업에 맞는 적절한 공구를 사용하여 실습 중 안전 사고에 주의한다.
⑥ 실습장 내에서는 작업 시 서두르거나 뛰지 말아야 한다.
⑦ 각 부품의 탈부착 시 오일이나 물기름이 작업장 바닥에 떨어지지 않도록 하며 누출 시 즉시 제거하고 작업에 임한다.
⑧ 모든 부품은 분해, 조립 순서에 준하여 작업을 실시하고 분해된 부품은 순서에 따라 작업대에 정리정돈한다.
⑨ 실습 종료 후 실습장 주위를 깨끗하게 정리하며 공구는 정위치시킨다.
⑩ 실습 시 작업복, 작업화를 착용한다.

4 하이브리드 시스템 전기 장치 점검 정비

1 하이브리드 시스템 주의 사항

(1) 일반적인 주의 사항

하이브리드 시스템은 고전압(270 V)을 사용하므로 아래의 주의 사항을 반드시 지켜야 한다. 주의 사항을 준수하지 않고 하이브리드 시스템 취급 시 심각한 누전, 감전 등의 사고로 이어질 수 있다.

① 고전압계 와이어링 및 커넥터는 오렌지 색으로 되어 있다.
② 고전압계 부품에는 “고전압 경고” 라벨이 부착되어 있다.
③ 고전압 보호 장비 착용 없이 절대 고전압 부품, 케이블, 커넥터 등을 만져서는 안 된다.

(2) 고전압 시스템 작업 전 준수 사항

고전압 시스템을 작업하기 전에는 반드시 아래 사항을 실시한다.

① 항시 절연 장갑과 보안경을 착용하고, 절연 공구를 사용한다.
② 절연 장갑이 찢어졌거나 파손되었는지 확인한다.
③ 절연 장갑의 물기를 완전히 제거한 후 착용한다.
④ 금속성 물질(시계, 반지, 기타 금속성 제품 등)은 고전압 단락을 유발하여 인명과 차량을 손상시킬 수 있으므로, 작업 전에 반드시 몸에서 제거한다.
⑤ 고전압을 차단한다(“고전압 차단 절차” 참조).
⑥ 고전압 차단 후, 고전압 단자 간 전압이 30 V 이하임을 확인한다.

2 고전압 차단 절차 및 안전 플러그 점검

고전압 시스템 관련 부품 작업 시 반드시 고전압을 차단한 후에 작업을 실시한다.

(1) 고전압 차단 절차

① 고전압 시스템을 점검하거나 정비하기 전에, 반드시 안전 플러그를 분리하여 고전압을 차단하도록 한다.

② 점화 스위치를 OFF하고, 보조 배터리(12 V)의 (−) 케이블을 분리한다.

③ 트렁크 내 고전압 배터리에서 장착 볼트를 풀고, 안전 플러그 커버를 탈거한다.

④ 잠금 후크를 들어 올린 후, 화살표 방향으로 레버를 잡아당겨 안전 플러그를 탈거한다.

→ 안전 플러그 탈거 후 인버터 내에 있는 커패시터의 방전을 위하여 반드시 5분 이상 대기한다.

고전압계 부품

고전압 배터리, 파워 릴레이 어셈블리, 하이브리드 구동 모터, 하이브리드 스타터 제너레이터(HSG), 파워 케이블, 하이브리드 파워 컨트롤 유닛(HPCU), BMS HCU, 인버터(MCU), 저전압 직류 변환 장치(LDC), 메인 릴레이, 프리 차지 릴레이, 프리 차지 레지스터, 배터리 전류 센서, 메인 퓨즈, 배터리 온도 센서, 전동식 컴프레서 등이 고전압계 부품이다.

※ 경고 : 전압 시스템의 절연 저항 측정 시 반드시 고전압 메가 옴 테스터를 이용하여 절연 저항을 측정한다(1,000 V).

(2) 안전 플러그 제거

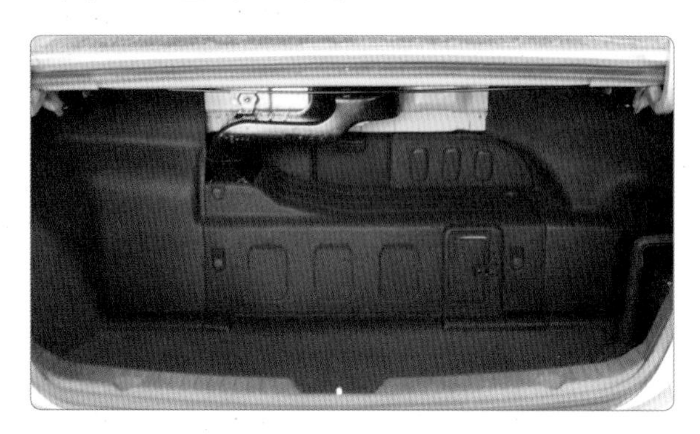

1. 트렁크를 오픈한다.

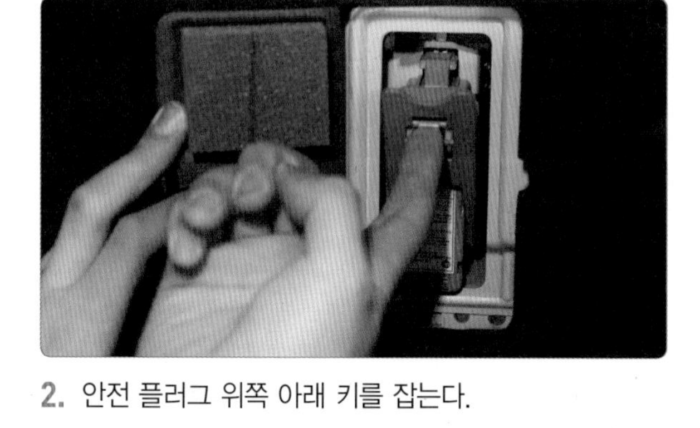

2. 안전 플러그 위쪽 아래 키를 잡는다.

3. 잠금 후크를 들어 올려 앞으로 당겨 탈거한다.

4. 안전 플러그를 탈거한 후 정렬한다.

(3) 점검 커넥터 위치 및 단자

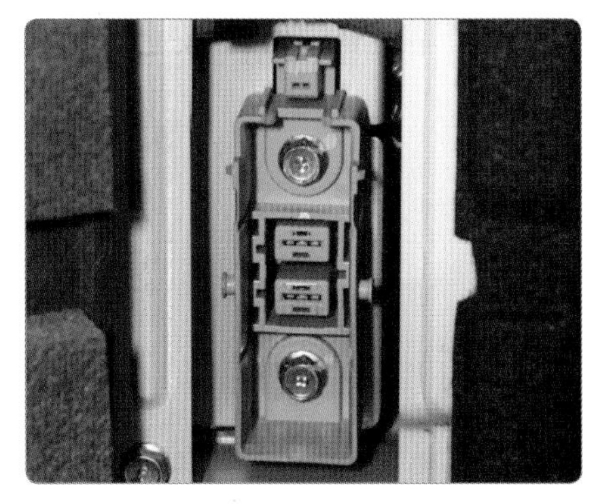

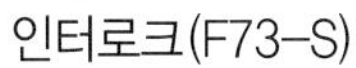

인터로크(F73–S)

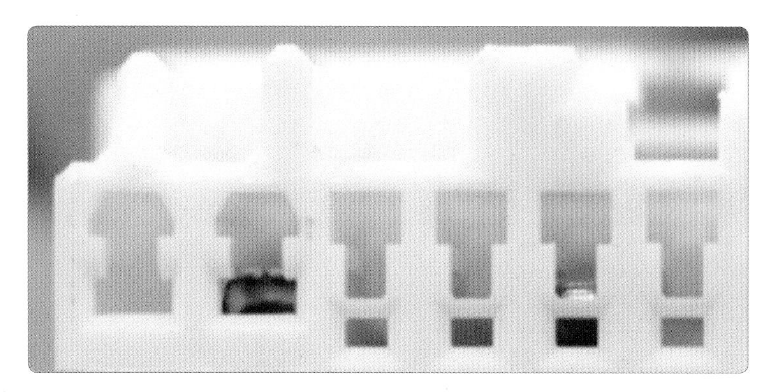

BMS ECU(F71)

(4) 안전 플러그 회로 및 단자 기능

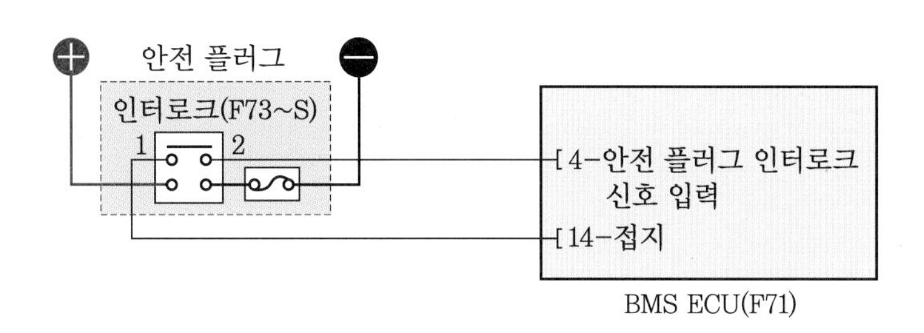

단 자	연결 부위	기 능
1	BMS ECU F71(14)	접지
2	BMS ECU F71(4)	안전 플러그 인터로크 신호 입력

(5) 고전압 단자 간 전압 측정(인버터 커패시터 방전 확인)

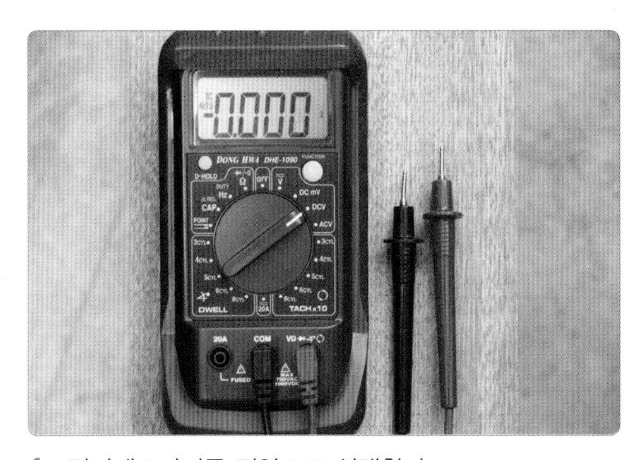

1. 멀티테스터기를 전압으로 선택한다.

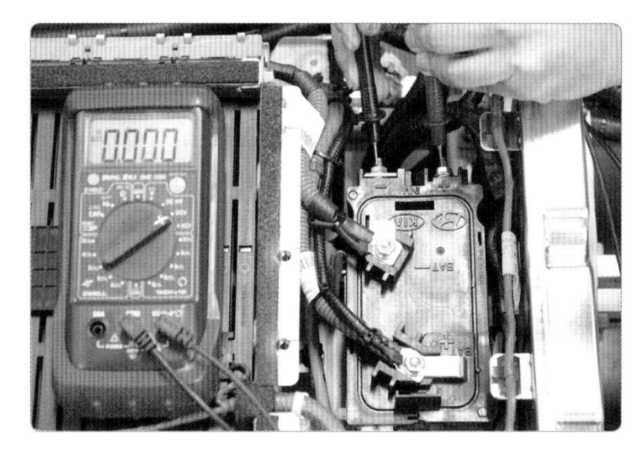

2. 인버터 (+)단자와 (–)단자 사이의 전압값을 측정한다(30 V 이하 양호).

실습 주요 point

고전압 단자 간 전압 측정 시 주의 사항

30 V 이상의 전압이 측정된 경우, 안전 플러그 탈거 상태를 다시 한번 확인하고 안전 플러그가 탈거되었음에도 30 V 이상의 전압이 출력되었다면, 고전압 회로에 중대한 문제가 발생했을 수 있다. 이러한 경우 DTC 고장 진단 점검을 먼저 실시하고, 고장 원인이 진단될 때까지 고전압 계통 점검을 중지한다.

(6) 안전 플러그 기능 및 역할

안전 플러그는 고전압 배터리의 뒤쪽에 위치하고 있으며, 하이브리드 시스템의 정비 시 고전압 배터리 회로 연결을 기계적으로 차단하는 역할을 한다. 그리고 안전 플러그 내부에는 과전류로부터 고전압 시스템 관련 부품을 보호하기 위해서 고전압 메인 퓨즈가 장착되어 있다.

(7) 안전 플러그 점검

① 안전플러그 퓨즈 탈거

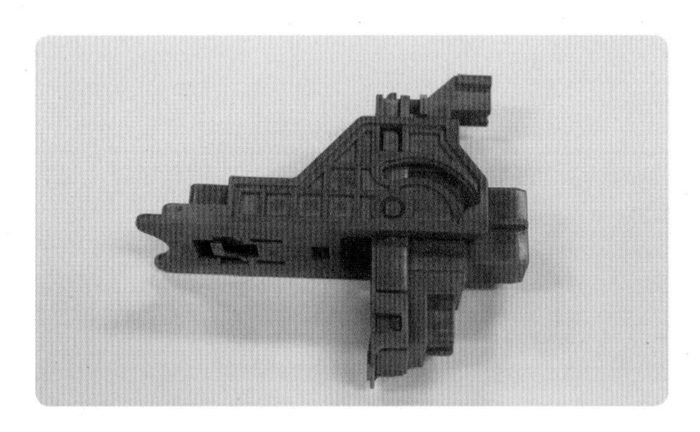

안전 플러그 내 메인 퓨즈를 확인한 후 탈거한다.

② 단품 점검

1. 탈거된 안전 플러그를 점검한다.

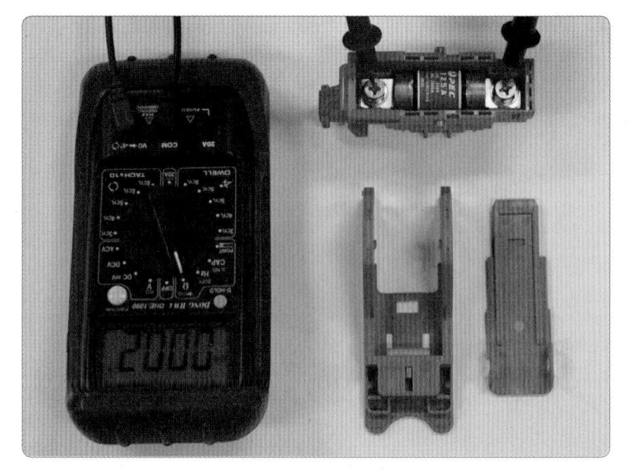

2. 정확한 퓨즈 단선 상태를 확인하기 위해 안전 플러그 퓨즈를 탈거한 후 점검한다.

③ 정격전압 및 규정값

④ 안전플러그 블록도 및 연결 정보와 단자

3 고전압 배터리 점검

고전압 배터리 시스템은 하이브리드 구동 모터, HSG와 전기식 A/C 컴프레서에 전기 에너지를 제공하고, 회생 제동으로 인해 발생된 에너지를 회수한다. 고전압 배터리 시스템은 배터리 팩 어셈블리, BMS ECU, 파워 릴레이 어셈블리, 케이스, 컨트롤 와이어링, 쿨링 팬, 쿨링 덕트로 구성되어 있다.

배터리는 리튬 이온 폴리머 배터리(LiPB) 타입이며, 72셀(8셀×9모듈)이다. 각 셀의 전압은 DC 3.75 V이며, 따라서 배터리 팩의 정격 용량은 DC 270 V이다.

(1) 파워 릴레이 어셈블리 점검 정비

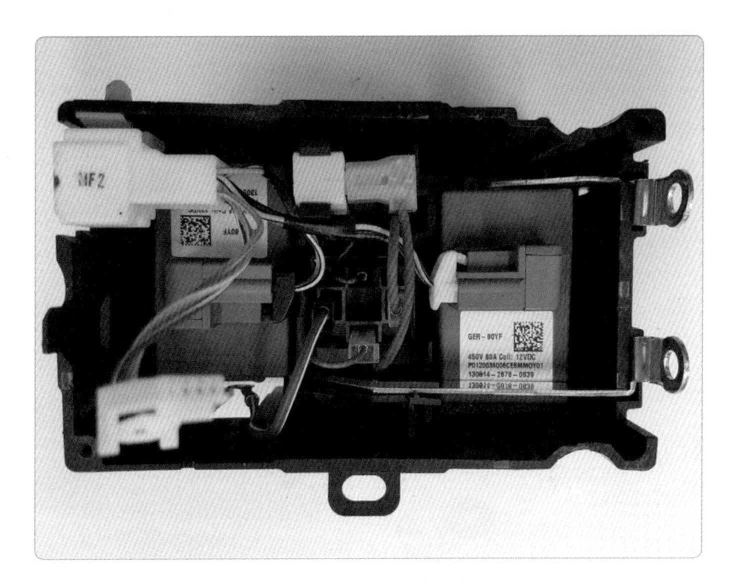

파워 릴레이 어셈블리

① 파워 릴레이 어셈블리(PRA) 단자 및 커넥터

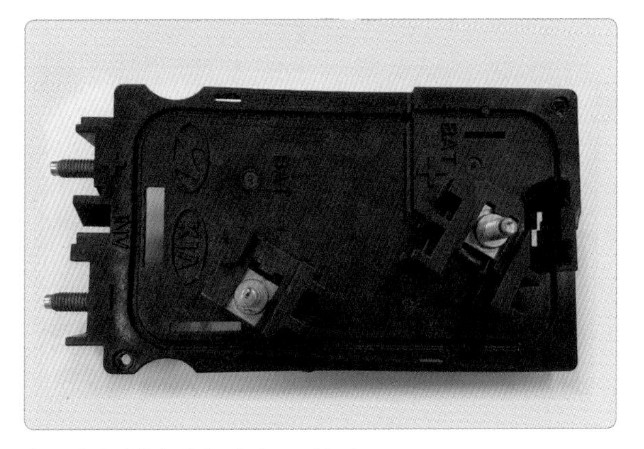

1. 인버터 (+), (–) 단자 표기(→)

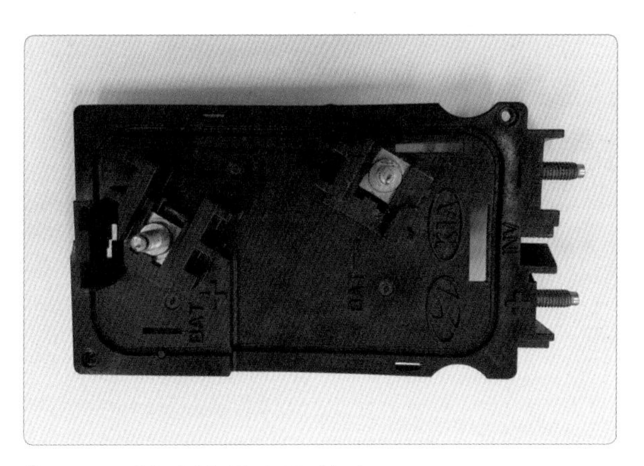

2. PRA 커넥터 및 단자 표기(→)

② 파워 릴레이 관련 부품

파워 릴레이 어셈블리(PRA)는 (+), (−) 메인 릴레이, 프리차지 릴레이, 프리차지 레지스터, 배터리 전류 센서로 구성되어 있다. PRA는 배터리 팩 어셈블리 내에 위치하고 있으며, 고전압 배터리와 BMS ECU의 제어 신호에 의한 인버터의 고전압 전원 회로를 제어한다.

(2) 메인 릴레이 및 프리 차지 릴레이 점검

① 메인 릴레이 점검

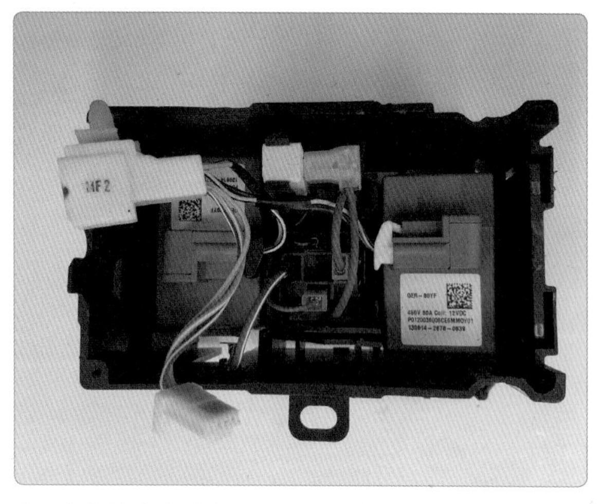

1. 메인 릴레이 커버를 탈거한 후 인버터 단자 및 PRA 단자를 탈거한다.

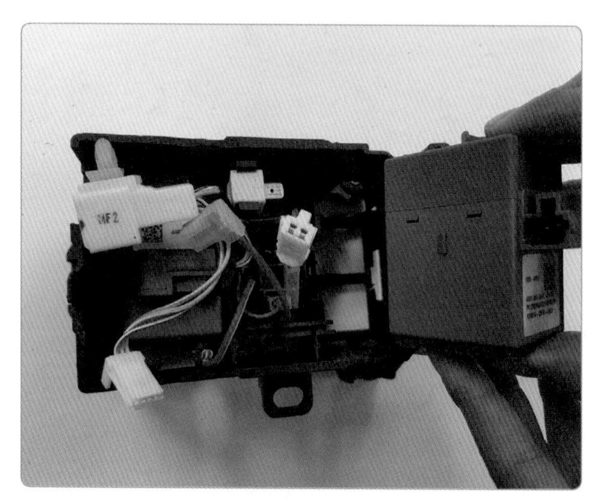

2. 메인 릴레이 (+), (−)를 모듈에서 분리한다.

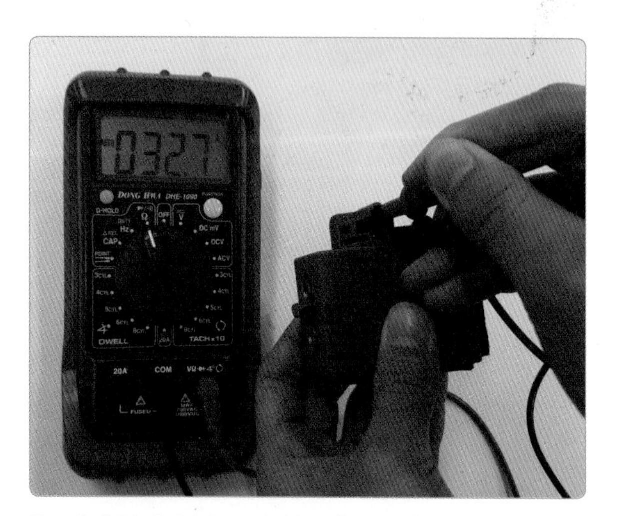

3. 메인 릴레이 (+)를 점검한다(32.7 Ω).

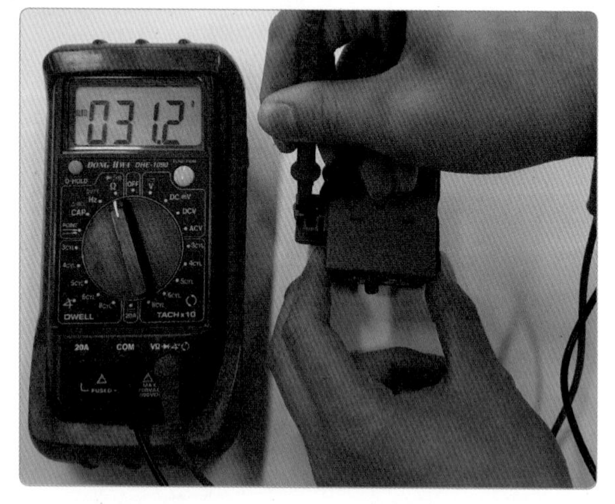

4. 메인 릴레이 (−)를 점검한다(31.2 Ω).

5. 프리차지 릴레이를 탈거한다.

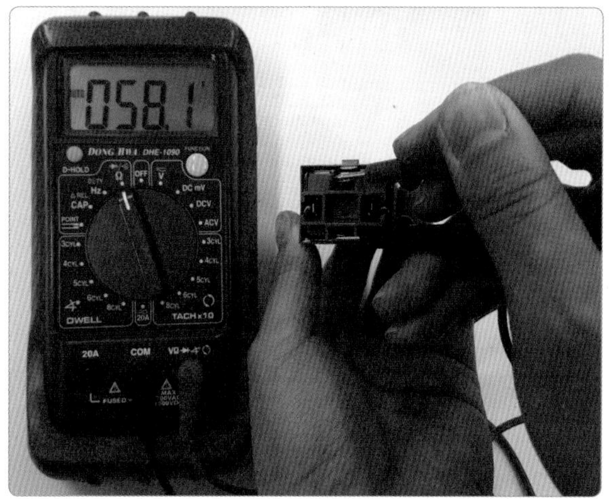

6. 프리차지 릴레이를 점검한다(58.1 Ω).

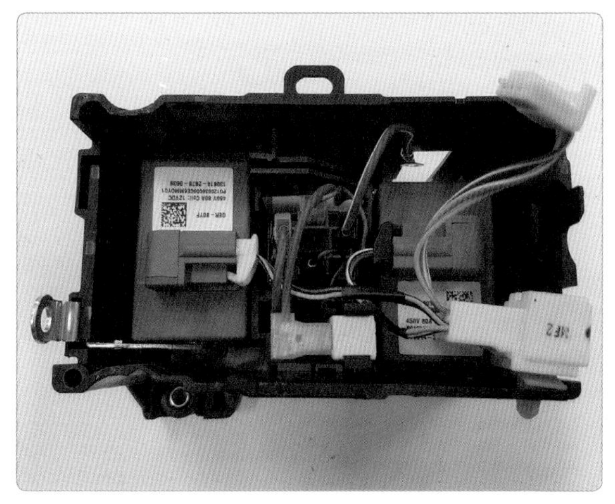

7. 프리차지 저항 커넥터를 분리한다.

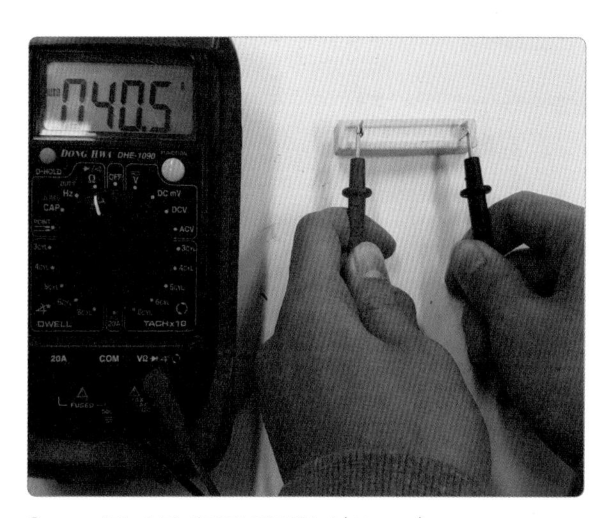

8. 프리차지 릴레이를 점검한다(40.5 Ω).

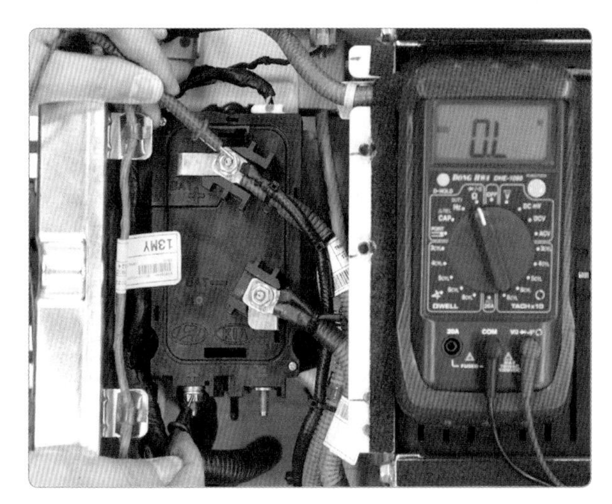

9. 메인 릴레이 단자 저항을 측정한다(메인 릴레이 (+) 단자 확인).

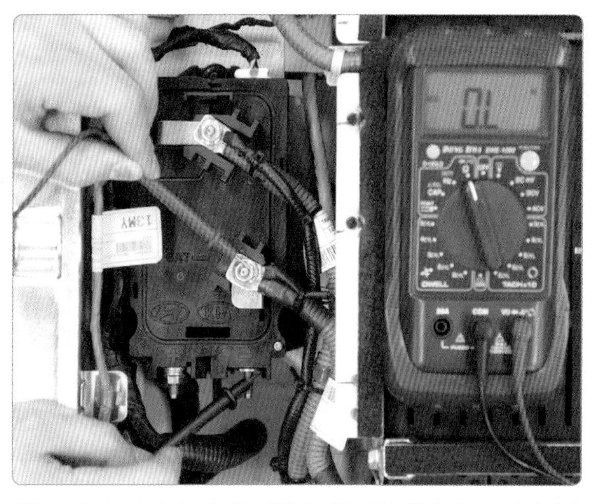

10. 메인 릴레이 단자 저항을 측정한다(메인 릴레이 (−) 단자 확인).

② PRA와 BMS 관련 회로

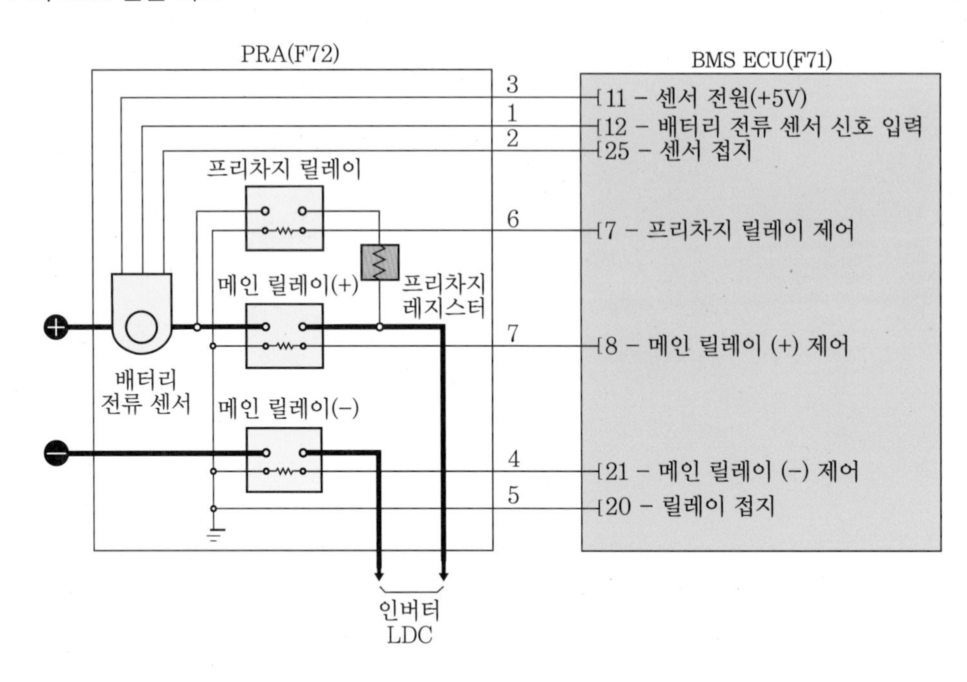

③ PRA 와 BMS 커텍터 및 단자 번호

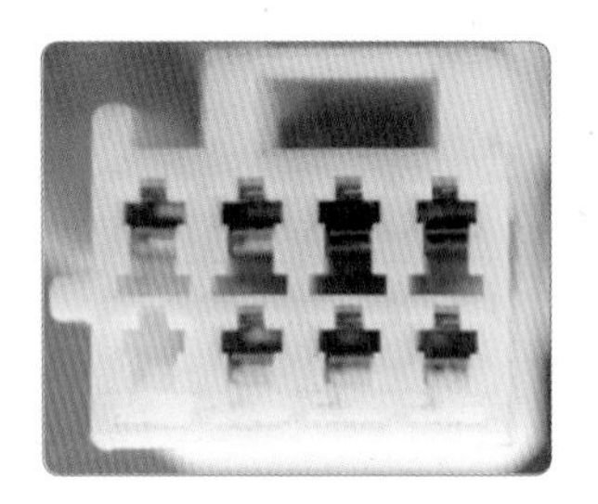
PRA 커넥터(F72)

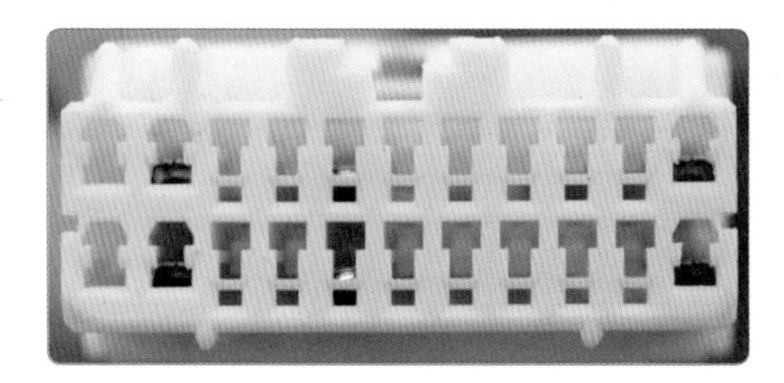
BMS ECU(F71)

단 자	연결 부위	기 능
1	BMS ECU F71(12)	배터리 전류 센서 신호 입력
2	BMS ECU F71(25)	센서 접지
3	BMS ECU F71(11)	센서 전원(+5 V)
4	BMS ECU F71(21)	메인 릴레이 (–) 제어
5	BMS ECU F71(20)	릴레이 접지
6	BMS ECU F71(7)	프리차지 릴레이 제어
7	BMS ECU F71(8)	메인 릴레이 (+) 제어
8	–	–

④ 메인 릴레이 및 프리차지 릴레이 제원

메인 릴레이			프리차지 릴레이		
항 목		제 원	항 목		제 원
접촉 시	정격 전압(V)	450	접촉 시	정격 전압(V)	450
	정격 전류(A)	80		정격 전류(A)	10
코일	작동 전압(V)	12	코일	작동 전압(V)	12
	저항(Ω)	29.7~36.3(20℃)		저항(Ω)	59.4~72.6(20℃)

(3) 배터리 매니지먼트 시스템(BMS) 회로

① 배터리 매니지먼트 시스템(BMS) 회로-1

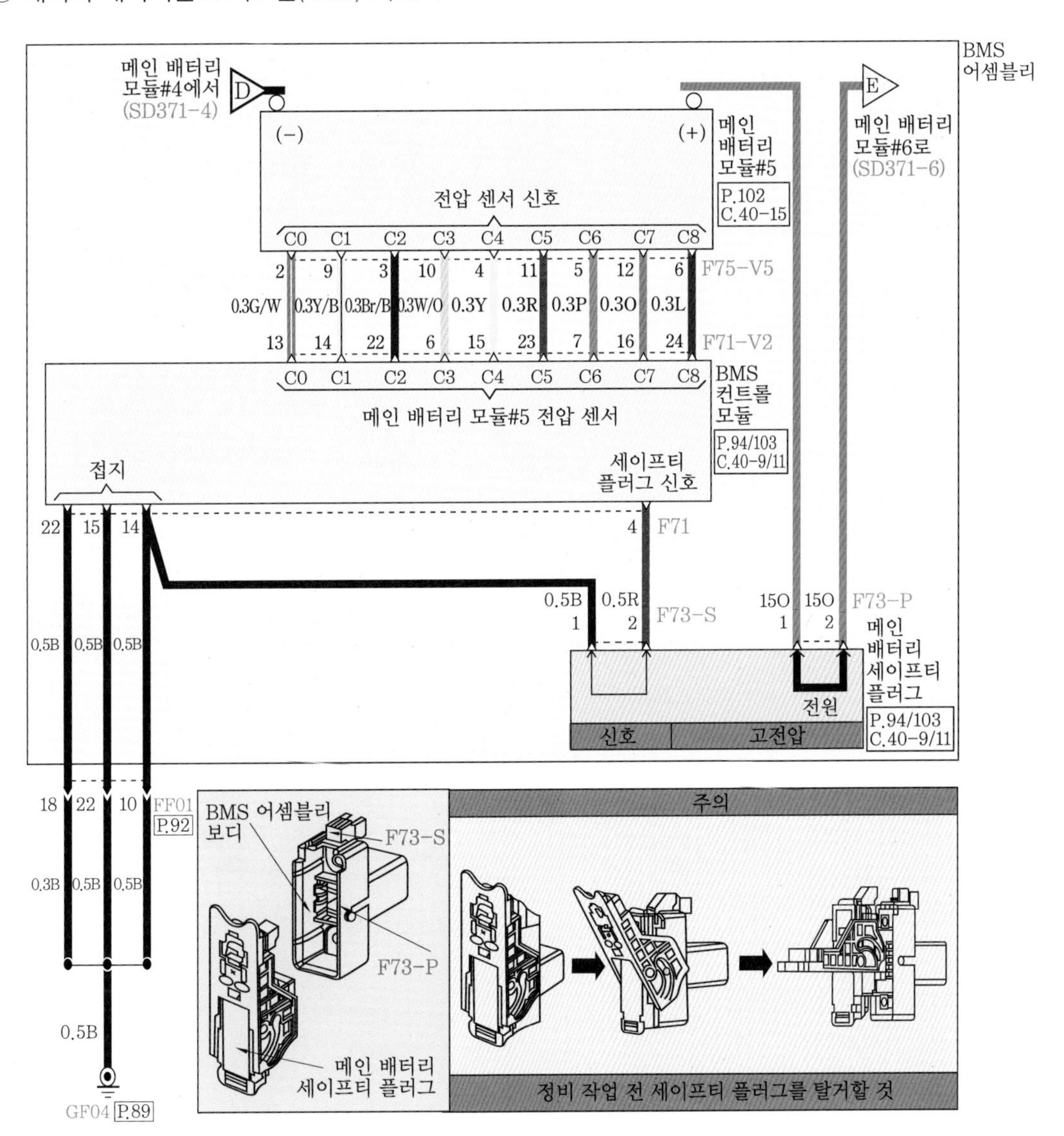

② 배터리 매니지먼트 시스템(BMS) 회로-2

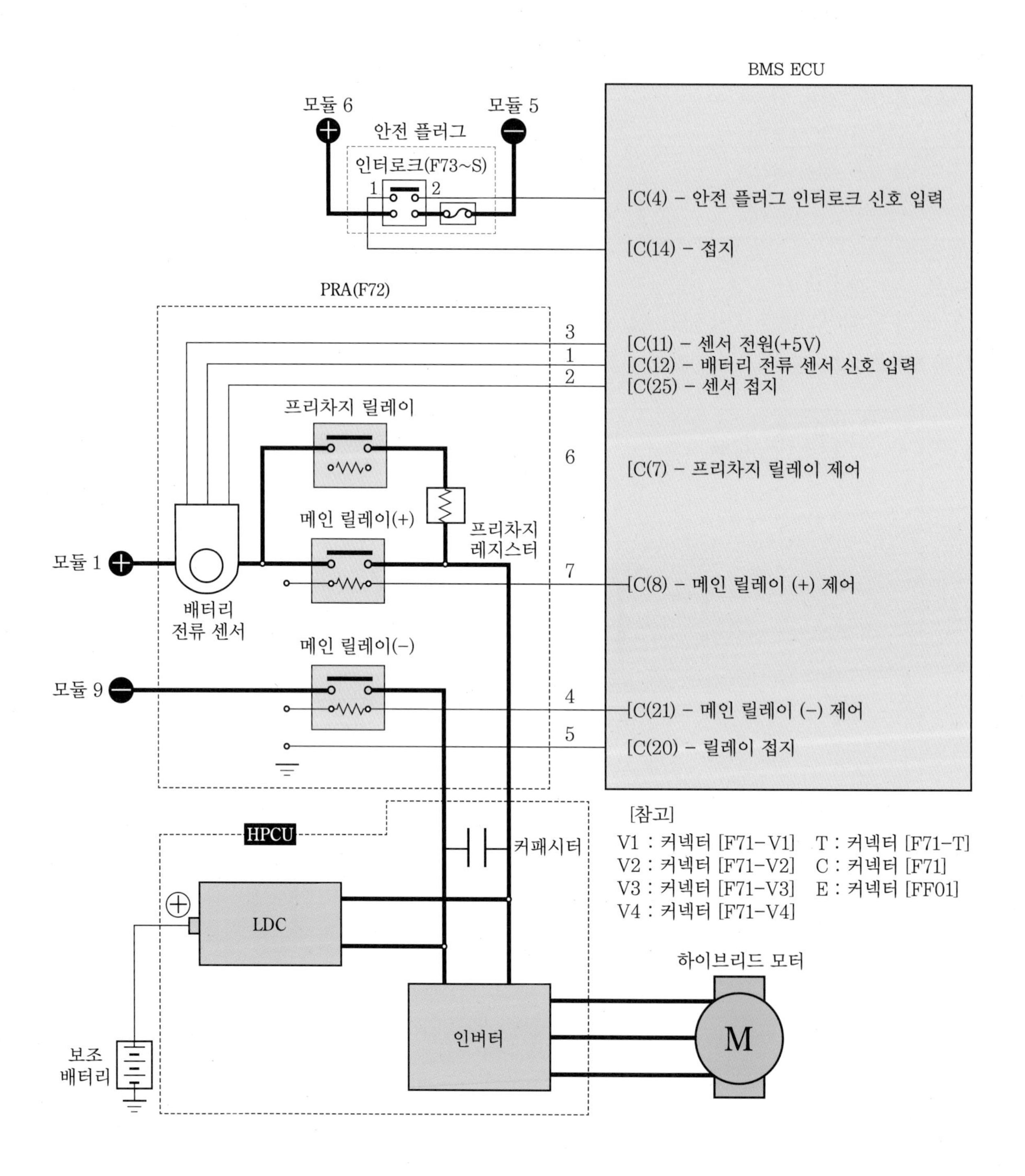

4 고전압 배터리 및 파워 릴레이 어셈블리 탈부착

1. 고전압 프런트 커버를 탈거한다.

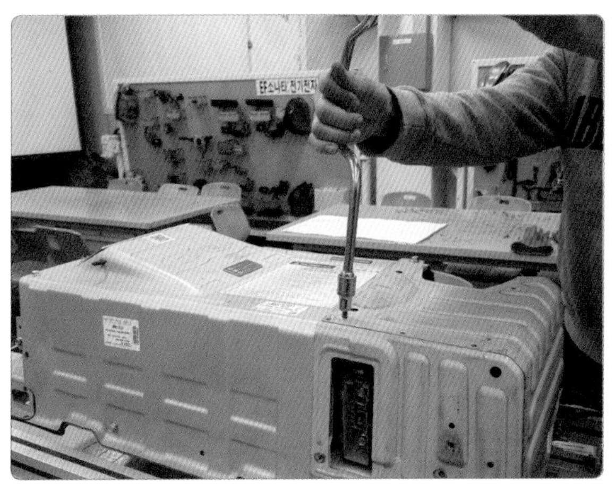

2. 고전압 리어 커버를 탈거한다.

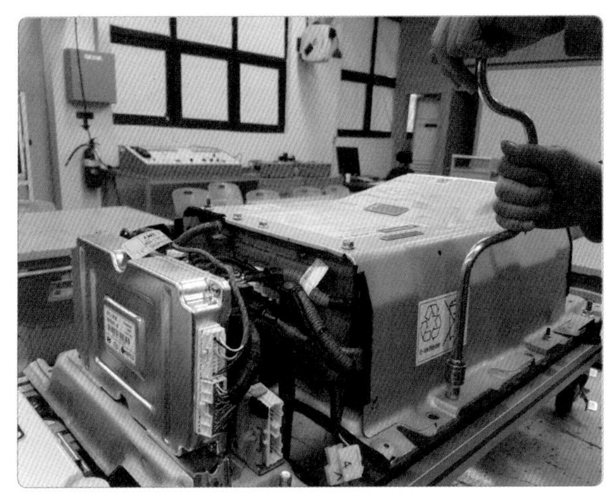

3. 고전압 배터리 팩 커버 고정 볼트를 분해한다.

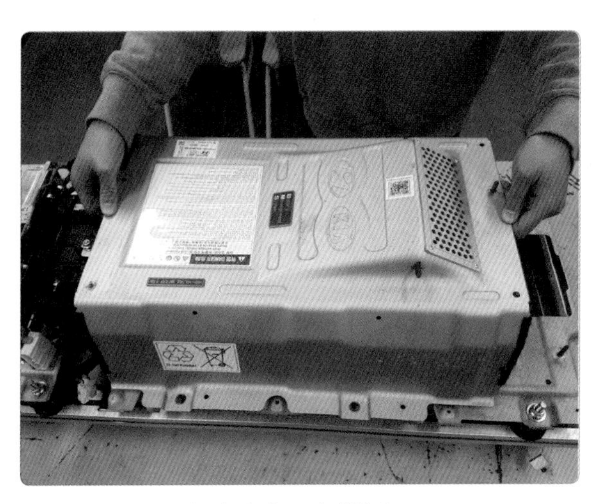

4. 고전압 배터리 팩 커버를 탈거한다.

5. PRA (+), (−) 체결 단자를 탈거한다.

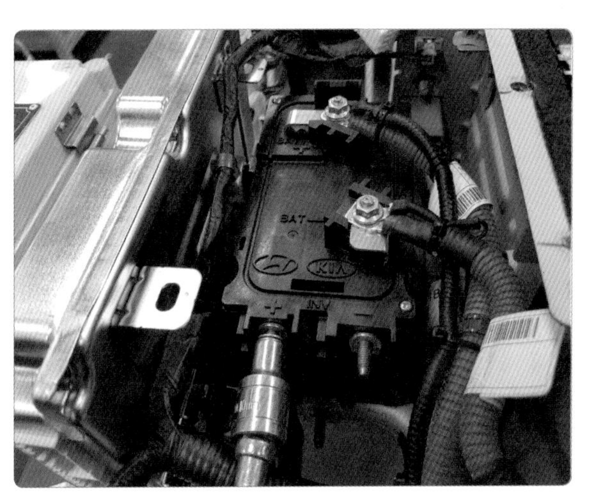

6. PRA 인버터 (+), (−) 체결 단자를 탈거한다.

7. PRA 고정 볼트를 탈거한다.

8. PRA를 탈거한다.

9. PRA 관련 배선을 정리한다.

10. PRA (+), (–) 단자, 인버터 (+), (–) 단자를 체결한다.

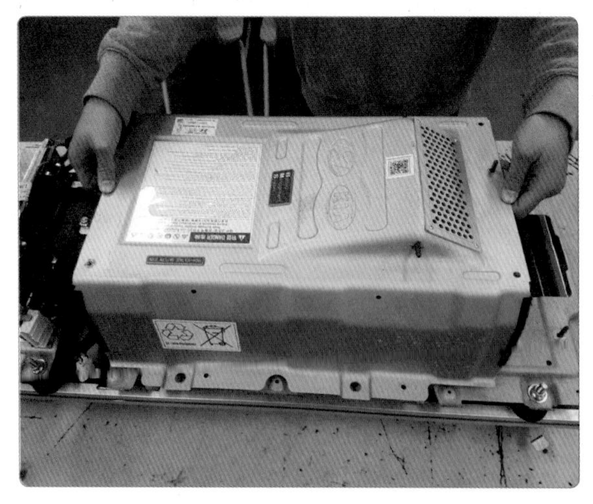

11. 고전압 배터리 팩 및 리어 커버를 조립한다.

12. 고전압 프런트 커버를 조립한다.

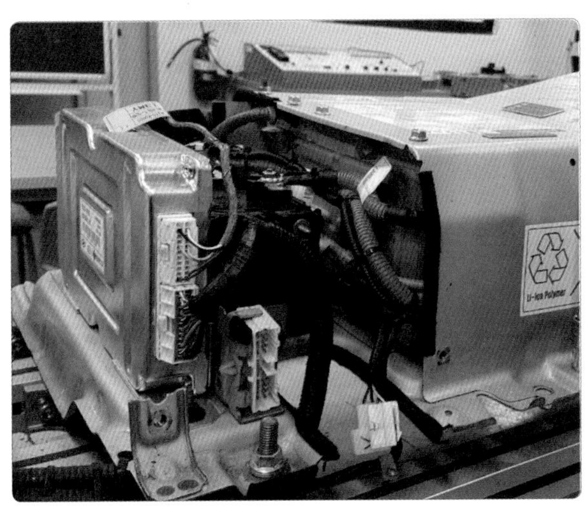

13. BCM ECU를 장착한다.

14. BCM ECU 커넥터를 체결한다.

15. 쿨링팬을 장착한다.

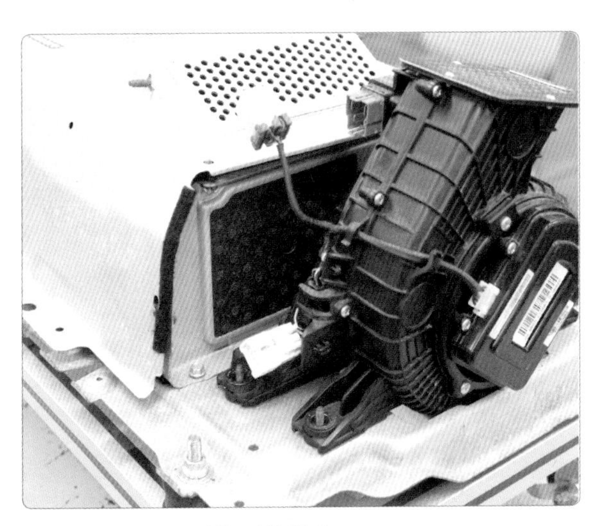

16. 쿨링팬 브래킷을 장착한다.

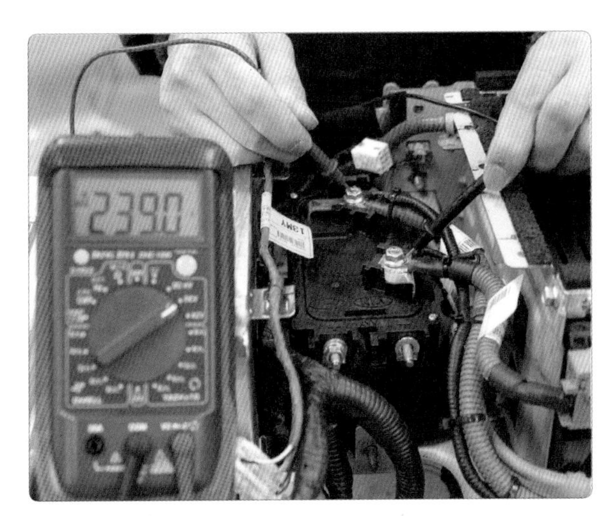

17. 고전압 배터리 전압 (+), (-)를 확인한다.

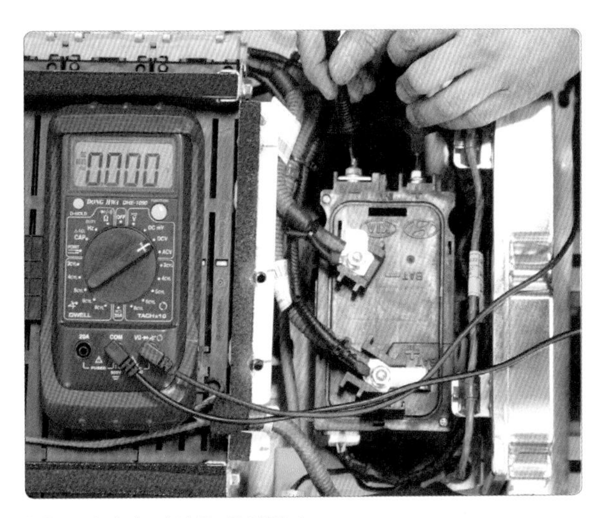

18. 인버터 전압을 확인한다.

5 고전압 배터리 점검 정비

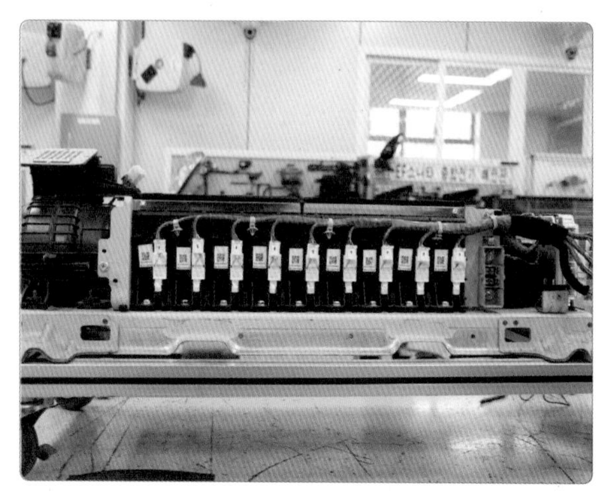

1. 고전압 배터리 팩 커버를 탈거한다.

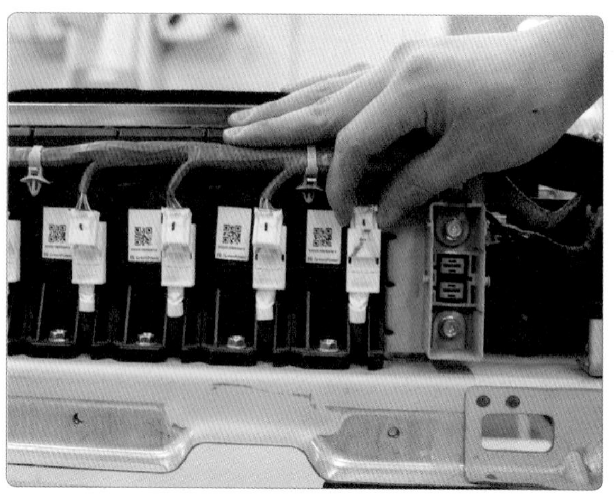

2. 모듈 커넥터를 탈거한다.

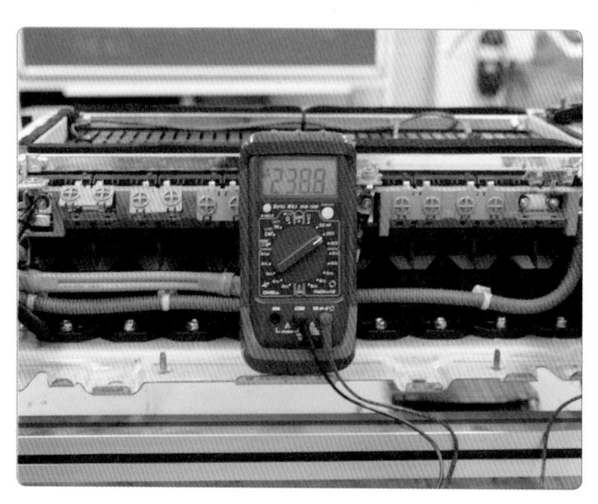

3. 고전압 배터리 전압을 측정한다(멀티 테스터 DCV).

4. 고전압 배터리 전압을 확인한다(238.8 V).

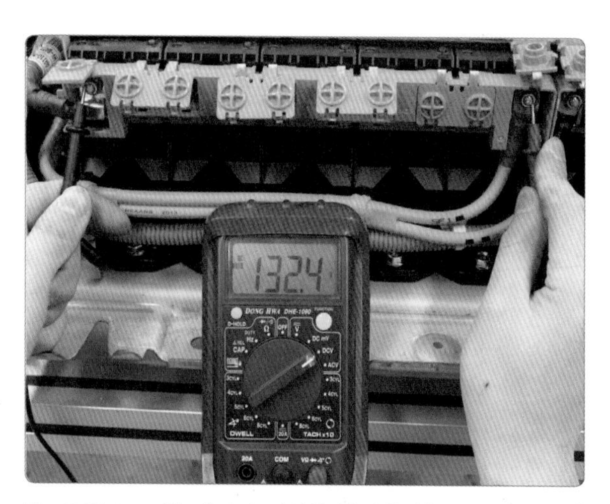

5. 모듈 1~5번 배터리 전압을 확인한다(132.4 V).

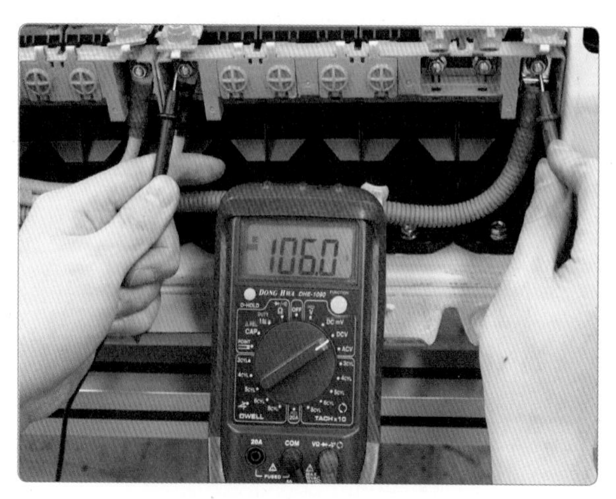

6. 모듈 6~9번 배터리 전압을 확인한다(106 V).

7. 배터리 모듈별 전압을 측정한다.

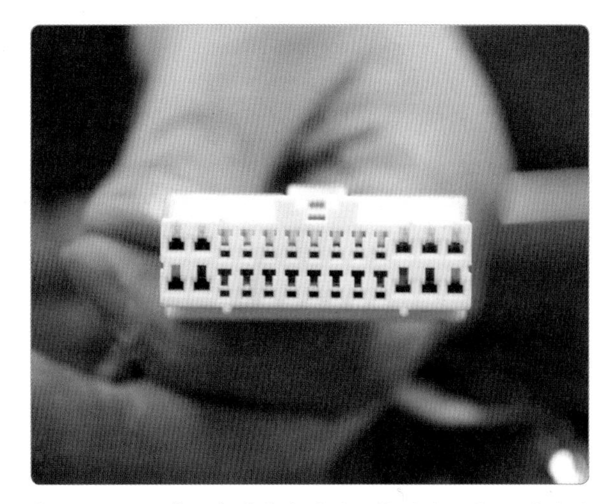

8. BMS ECU (F71) 커넥터 단자를 확인하고 온도 센서 및 모듈 단자 전압 출력을 확인한다.

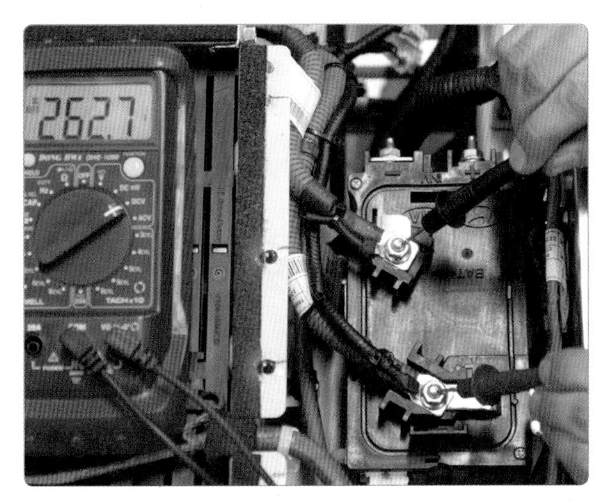

9. 배터리 PRA 출력 전압을 확인한다.

10. 배터리 팩 커버를 조립한다.

잔존 전압 점검 기록표		
점검 항목	측정값	판 정
인버터 측		
파워케이블 측		

6 모터 온도 센서 점검

1. 리졸버 커넥터 위치를 확인한다.

2. 리졸버 커넥터를 탈거한다.

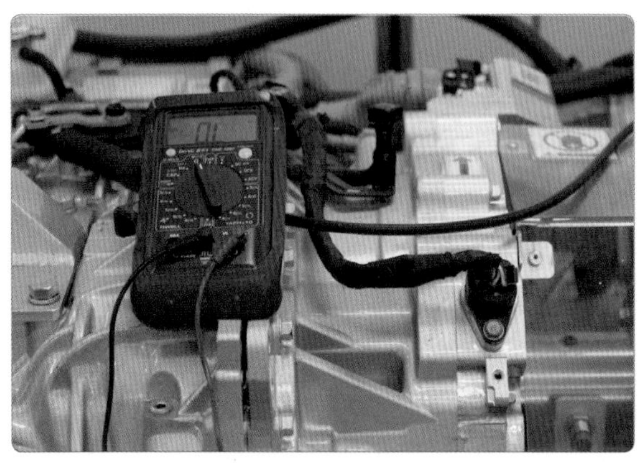

3. 멀티 테스터를 저항으로 선택한다.

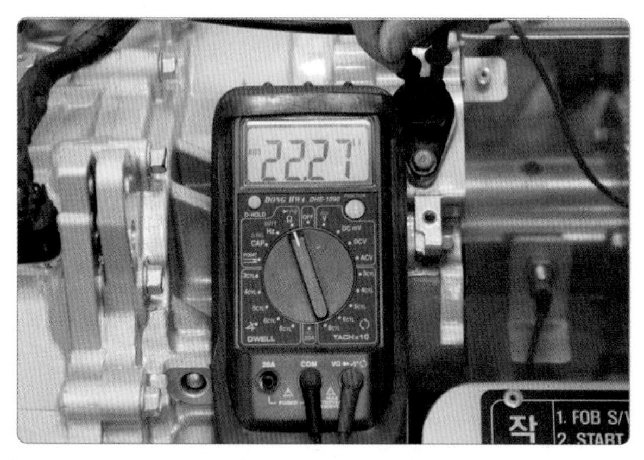

4. 리졸버 단자 내 모터 온도 센서 단자 저항을 측정한다.

5. 리졸버 센서 위치 및 모터 온도 센서 위치를 확인한다.

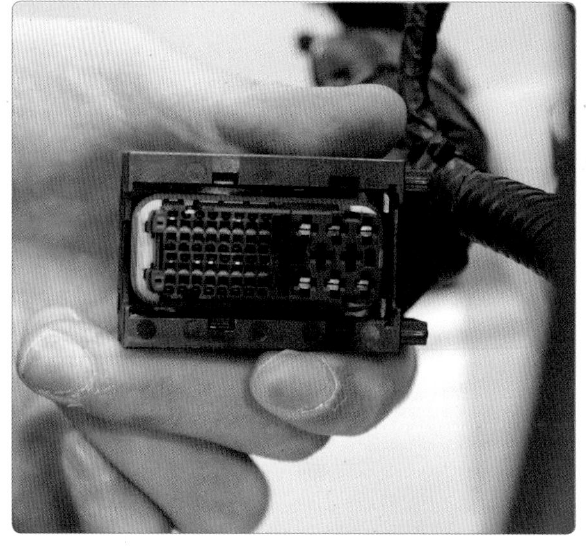

6. MCU CHG34-S 단자 커넥터에서도 모터 온도 센서를 점검한다.

7 리졸버 센서 점검

1. 리졸버 센서 커넥터 위치를 확인한다.

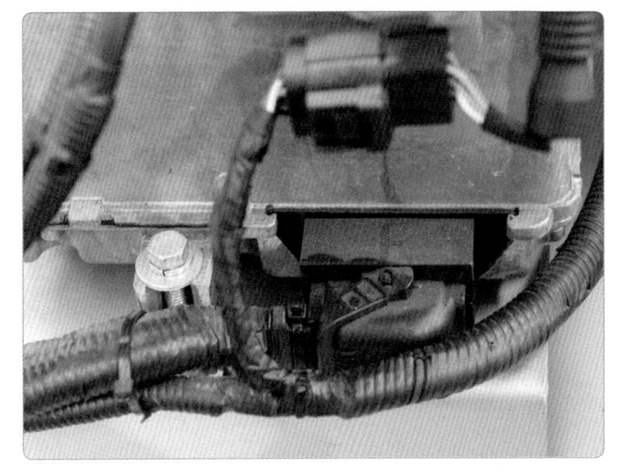

2. MCU CHG34-S 커넥터를 확인한다.

3. MCU CHG34-S를 탈거한다.

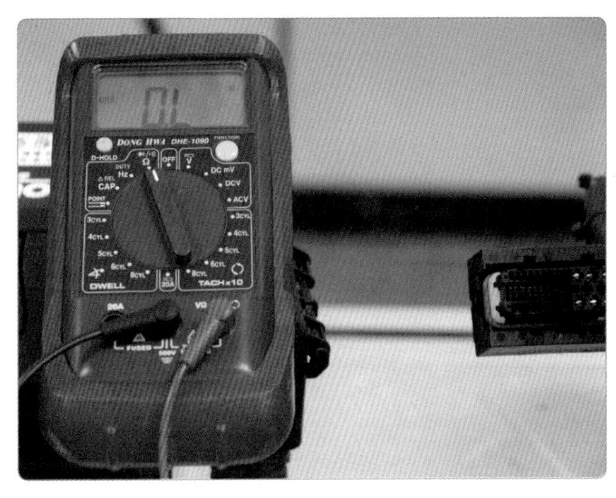

4. 멀티 테스터를 저항으로 선택한다.

5. MCU CHG34-S 커넥터 단자 4, 5번에서 리졸버 센서 저항을 측정한다.

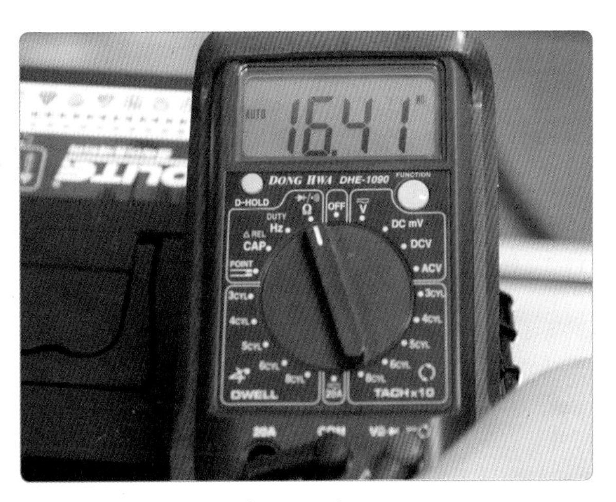

6. 측정값을 확인한다(16.41 Ω).

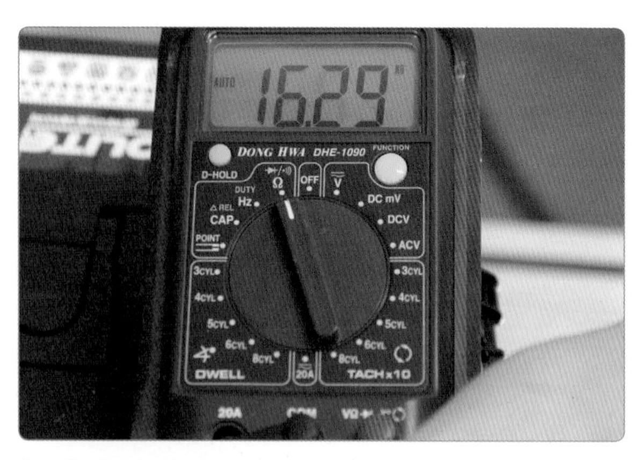

7. MCU CHG34-S 커넥터 단자 12, 13에서 리졸버 센서 저항을 측정한다.

8. 측정값을 확인한다(16.29 Ω).

● 리졸버 센서 커넥터와 MCU 커넥터 CHG34-S

리졸버 센서 커넥터

MCU CHG34-S

● 리졸버 & 온도 센서 회로도

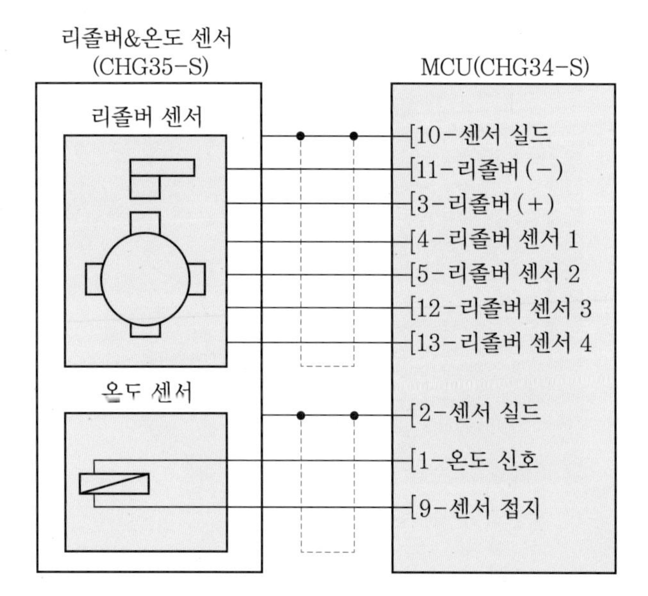

단자	연결 부위	기능
1	MCU CHG34-S(3)	리졸버(+)
2	MCU CHG34-S(4)	리졸버 센서 1
3	MCU CHG34-S(5)	리졸버 센서 2
4	MCU CHG34-S(1)	온도 신호
5	MCU CHG34-S(11)	리졸버(-)
6	MCU CHG34-S(12)	리졸버 센서 3
7	MCU CHG34-S(13)	리졸버 센서 4
8	MCU CHG34-S(9)	센서 접지

8 절연 저항 검사

절연 저항을 점검하기 위해 안전 플러그를 탈거하고 5분 이상 기다린 후 HPCU 상단의 모터 커넥터를 탈거한 다음, 메가 옴 테스터의 흑색 프로브는 모터 하우징 또는 차체에 연결하고, 적색 프로브는 U, V, W의 단자에서 절연 저항을 측정한다.

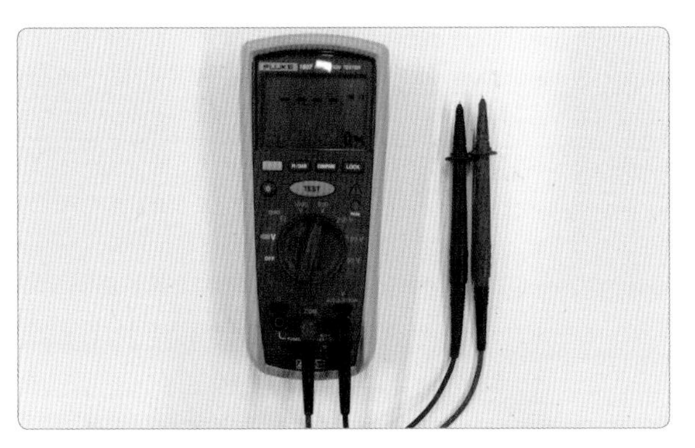

1. 메가테스터기 선택 레인지를 DC 500 V(측정 조건)로 설정한다.

2. **U 단자 절연 측정** : 흑색 프로브는 모터 하우징 또는 차체에 연결하고, 적색 프로브는 U 단자에 연결한다.

3. 측정값을 확인한다(550 MΩ).

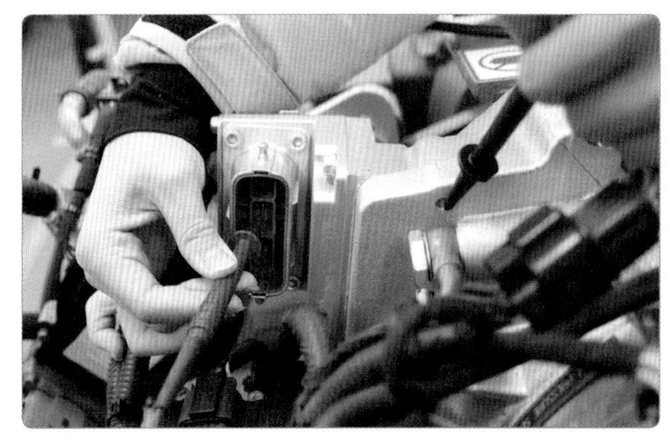

4. **V 단자 절연 측정** : 흑색 프로브는 모터 하우징 또는 차체에 연결하고, 적색 프로브는 V 단자에 연결한다.

5. 측정값을 확인한다(550 MΩ).

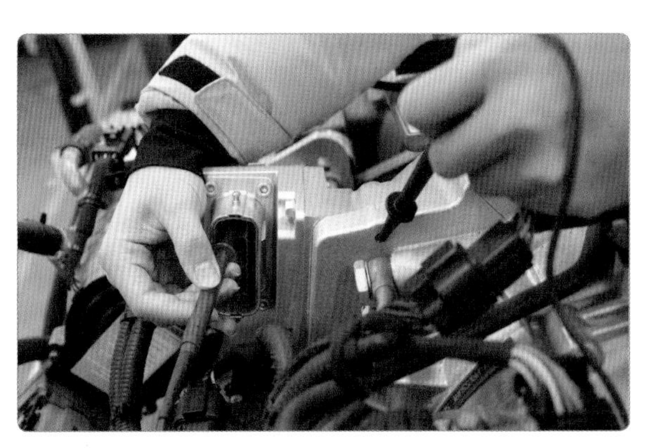

6. **W 단자 절연 측정** : 흑색 프로브는 모터 하우징 또는 차체에 연결하고, 적색 프로브는 W 단자에 연결한다.

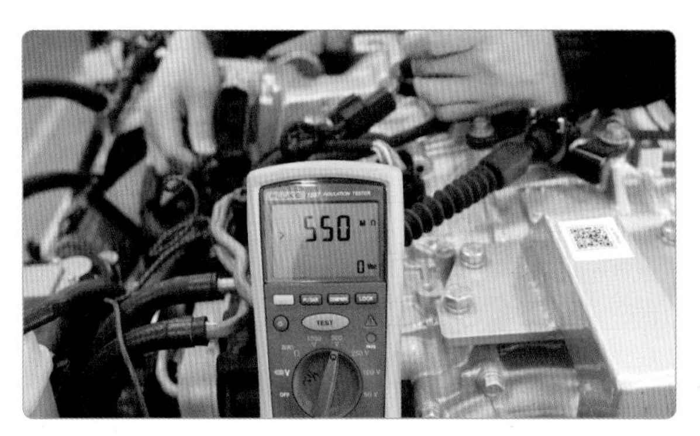

7. 측정값을 확인한다(550 MΩ).

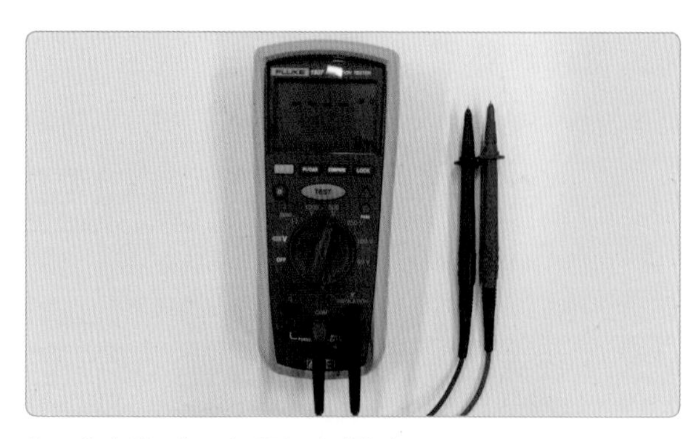

8. 메가 옴 테스터기를 정리한다.

① 정비 및 조치 사항 : 절연 저항 10 MΩ 이상 또는 OL(over load) 시 모터 절연 상태는 정상으로 판정하고, 절연 저항이 10 MΩ 이하 시 모터 절연이 불량이므로 모터를 교체한다.

② 주의 사항 : 프로브를 바꾸어 측정할 경우 고전압으로 차량(특히 컴퓨터)에 손상을 줄 수 있으므로 주의해야 하며, 프로브를 통해 고전압이 인가되고 있으므로 안전을 위해 프로브를 손으로 잡지 않도록 한다.

9 선간 저항 검사

멀티 테스터를 이용하여 상의 선간 저항을 측정한다(규정값 확인).

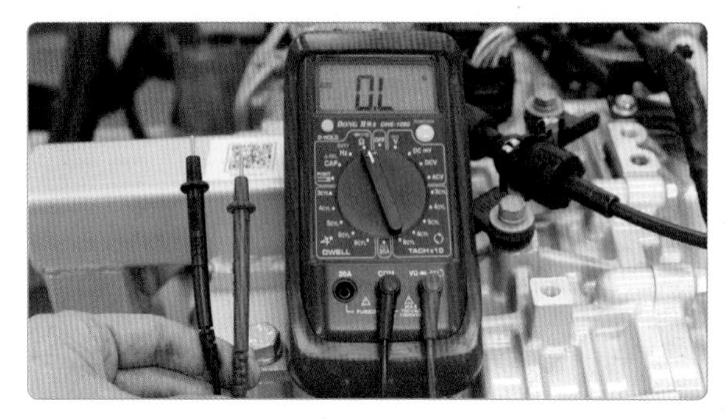

1. 멀티 테스터를 저항(R)으로 선택한다.

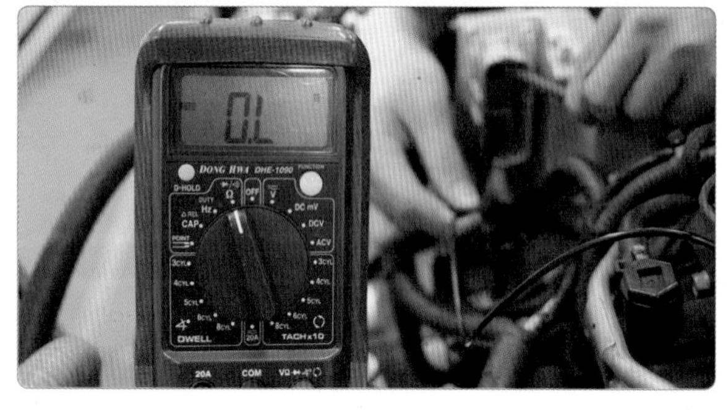

2. 프로브를 U–V 단자에 연결하고 선간 저항을 측정한다(∞ Ω).

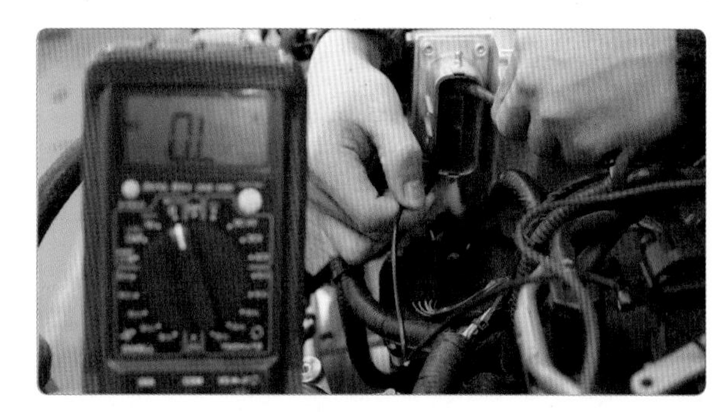

3. 프로브를 V–W 단자에 연결하고 선간 저항을 측정한다(∞ Ω).

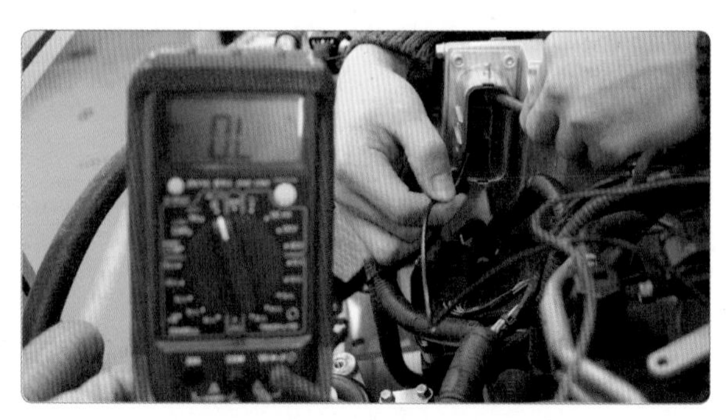

4. 프로브를 W–U 단자에 연결하고 선간 저항을 측정한다(∞ Ω).

측정 항목	규정값	점검 부위	점검 방법
파워 케이블 선간 저항	22~25 mΩ 이하	U−V	선과 선의 저항 점검
		V−W	
		W−U	

① **정비 및 조치 사항** : 라인−라인 저항값 22~25 mΩ(20~30℃) 이내는 정상으로 판정한다.

② **주의 사항** : 프로브를 바꾸어 측정할 경우 단자 간 연결 부위를 정확하게 연결한 후 점검한다.

10 파워 케이블 점검

① **단선 점검** : 모터 케이블을 탈거하고(안전 플러그 제거 안전 지침 참조), 커넥터 양 끝 단자에 멀티 미터를 연결하여 케이블의 저항을 측정한다(U−U상, V−V상, W−W상간 저항 측정).

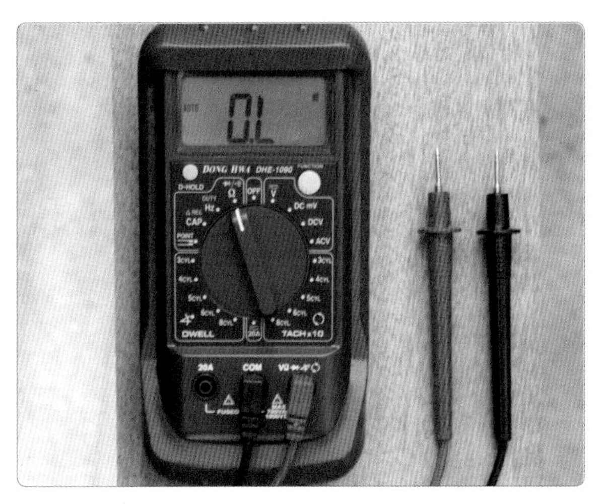

1. 멀티 테스터를 저항(R)으로 선택한다.

2. U−U상, 케이블 저항을 측정한다(0.4 Ω).

3. V−V상, 케이블 저항을 측정한다(0.4 Ω).

4. W−W상, 케이블 저항을 측정한다(0.3 Ω).

측정 항목	규정값	점검 부위	점검 방법
파워 케이블 단선	1 Ω 이하	U-U	단자 양끝 단 점검
		V-V	
		W-W	

(가) 정비 및 조치 사항 : 라인-라인 저항값 1 Ω 이내를 정상으로 판정한다. 각 상 단자 간의 저항이 1 Ω 이상이면 케이블 또는 단자에 접촉 저항이 증가하거나 케이블이 단선된 것으로 판단하며, 케이블이 단선 또는 비정상으로 판단되면 케이블 어셈블리를 교체한다.

(나) 주의 사항 : 프로브 양 끝단 측정 단자 연결 부위를 정확하게 연결한 후 점검한다.

② **단락 점검** : 모터 케이블을 탈거하고(안전 플러그 제거 안전 지침 참조), 케이블의 한쪽 커넥터의 상 단자 간의 저항을 측정한다(U-V상, V-W상, U-W상).

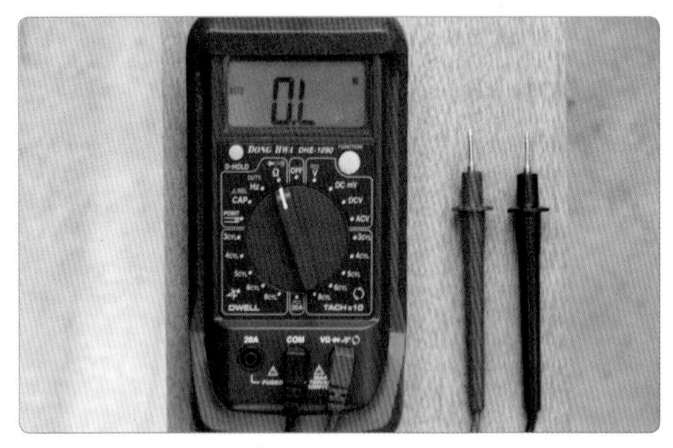

1. 멀티 테스터를 저항(R)으로 선택한다.

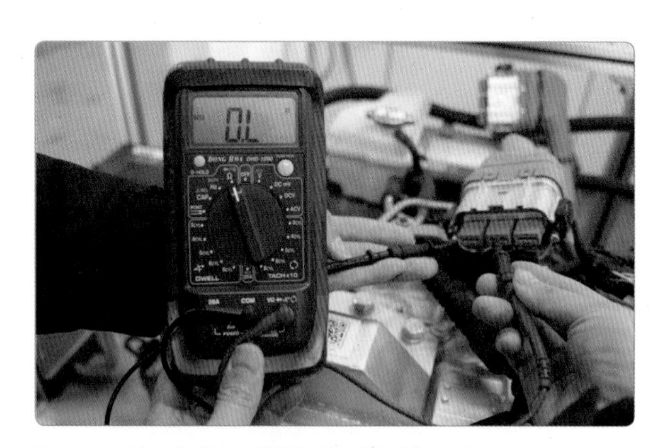

2. U-V상, 케이블 저항을 측정한다(∞ Ω).

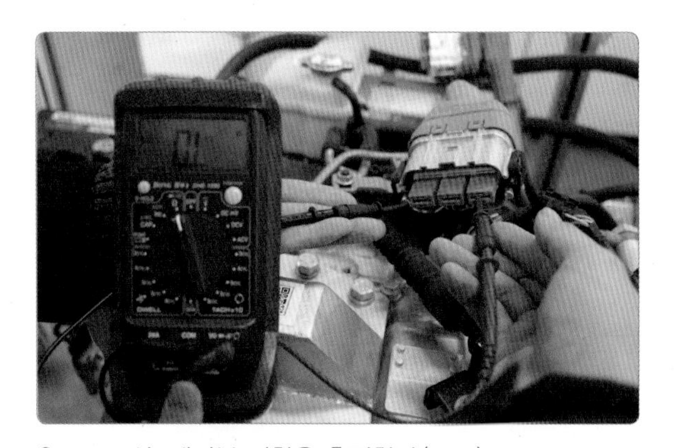
3. V-W상, 케이블 저항을 측정한다(∞ Ω).

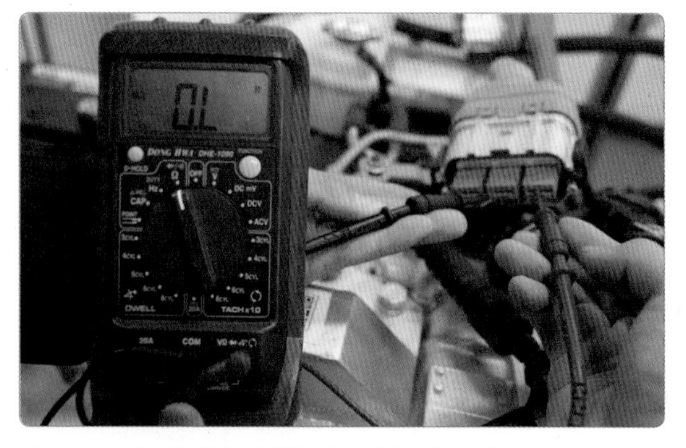

4. U-W상, 케이블 저항을 측정한다(∞ Ω).

※ 정비 및 조치 사항 : 각 상 단자 간의 저항이 무한대 또는 10 MΩ 이상 시 정상이며, 이하 시 케이블 또는 단자 접촉 불량으로 판정하여 케이블 어셈블리를 교체한다.

11 브레이크 스위치 점검

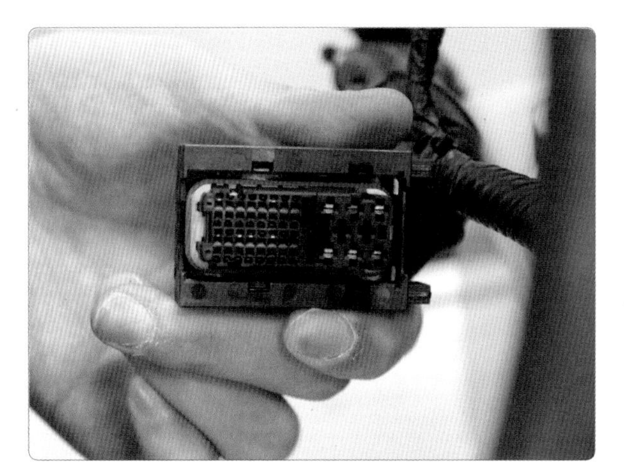

1. MCU 커넥터 CHG34-S를 탈거한다.

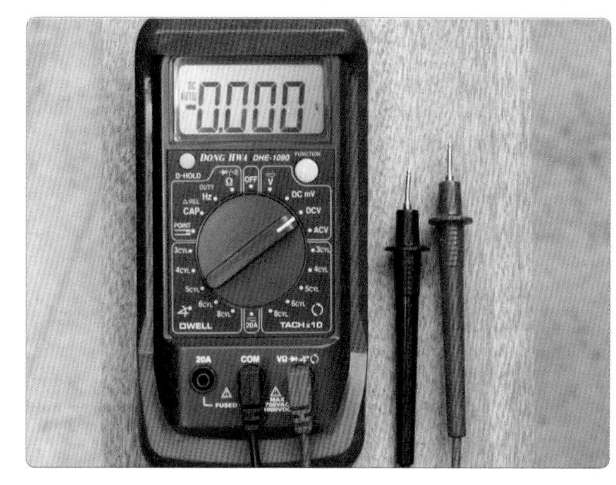

2. 멀티 테스터를 전압에 선택한다.

3. 브레이크를 확인한다.

4. 브레이크 스위치 접점 상태(OFF)를 확인한다.

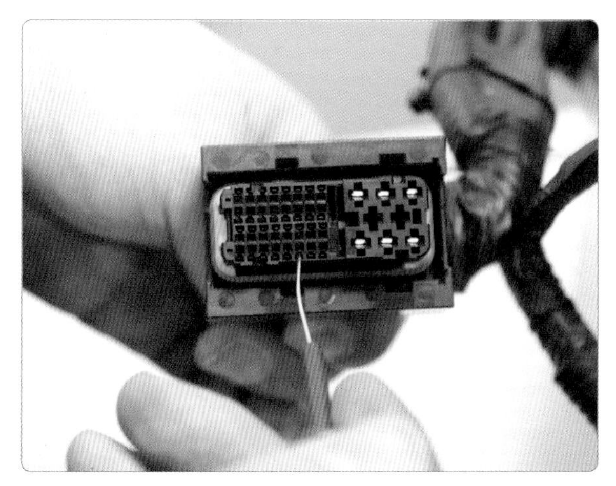

5. MCU 커넥터 CHG34-S 커넥터 6번 단자에 프로브를 연결한다.

6. 브레이크 스위치를 지그시 밟는다.

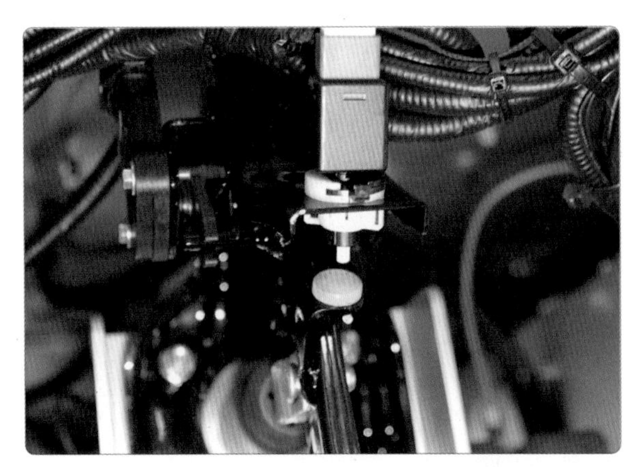

7. 브레이크 스위치 접점 상태(ON)를 확인한다.

8. 출력된 전압을 확인한다(12.6 V).

9. MCU 커넥터 CHG34-S 커넥터 14번 단자에 프로브를 연결한다.

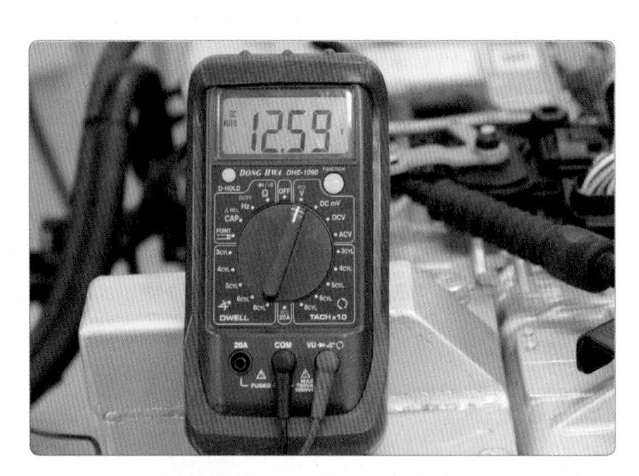

10. 출력된 전압을 확인한다(12.59 V).

① 브레이크 스위치 회로도

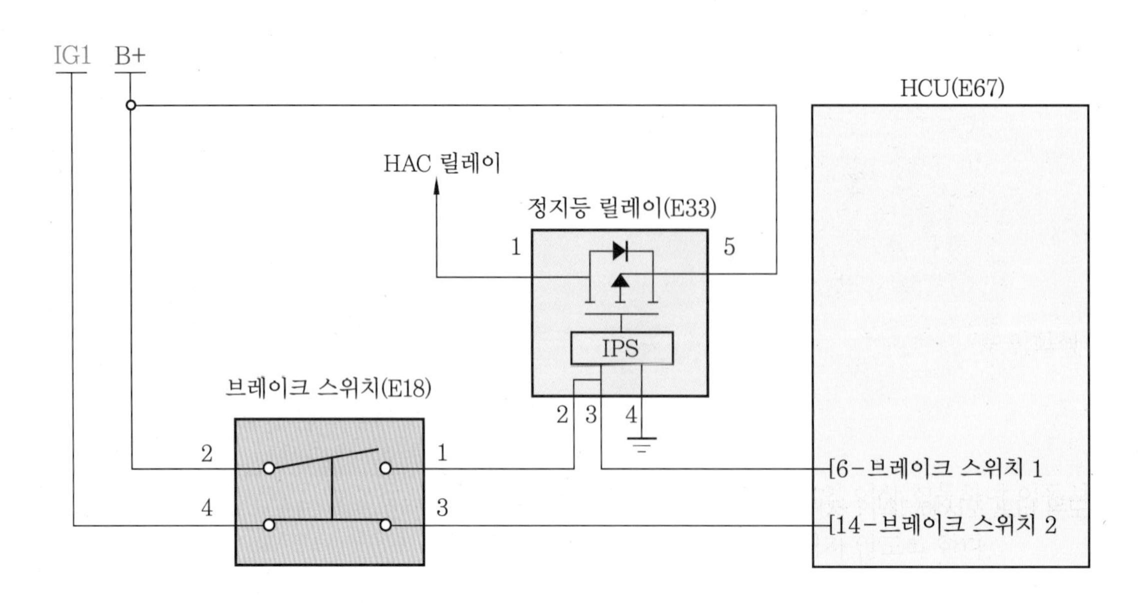

② 브레이크 스위치 단자 기능 및 연결 부위

단 자	연결 부위	기 능
1	정지등 릴레이	브레이크 스위치 1신호
2	배터리	배터리 전원(B+)
3	HCU E67(14)	브레이크 스위치 2신호
4	점화 스위치	배터리 전원(B+)

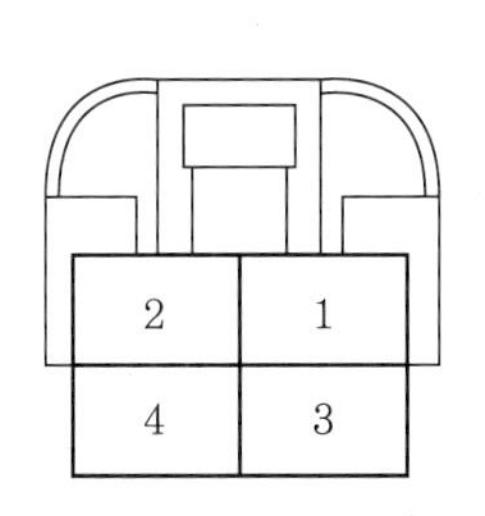

브레이크 스위치

HCU E67

HCU E67					
단자	기 능	연결 부위	단자	기 능	연결 부위
6	브레이크 스위치 1 신호 입력	브레이크 스위치 (N, O)	25	센서 접지	클러치 압력 센서 (CPS)
9	센서 전원(5 V)	클러치 압력 센서 (CPS)	30	배터리 전원(B+)	점화 스위치 ST
11	섀시 CAN[HI] 신호 입력	기타 컨트롤 모듈	33	배터리 전원(B+)	점화 스위치 IG1
12	섀시 CAN[LOW] 신호 입력	기타 컨트롤 모듈	34	배터리 전원(B+)	배터리
14	브레이크 스위치 2 신호 입력	브레이크 스위치 (N, C)	35	배터리 전원(B+)	배터리
17	클러치 압력 센서(CPS) 신호 입력	클러치 압력 센서 (CPS)	38	HCU 접지	섀시 접지
19	하이브리드 CAN[HI] 신호 입력	기타 컨트롤 모듈	39	HCU 접지	섀시 접지
20	하이브리드 CAN[LOW] 신호 입력	기타 컨트롤 모듈	40	HCU 접지	섀시 접지

12 고전압 배터리 교환

① 고전압 배터리 탈거

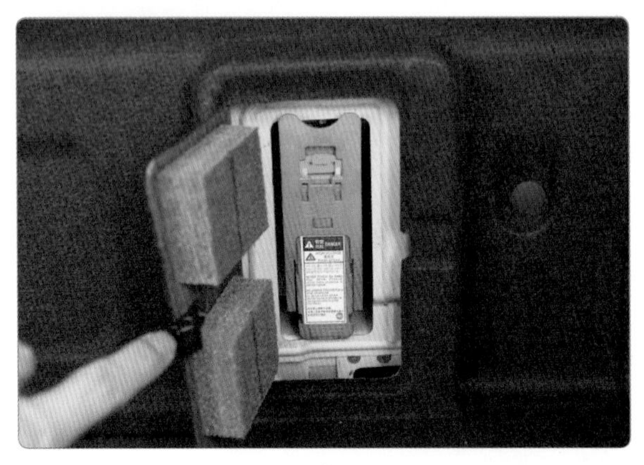

1. 고전압 회로를 차단한다(고전압 회로 차단 방법 참조).

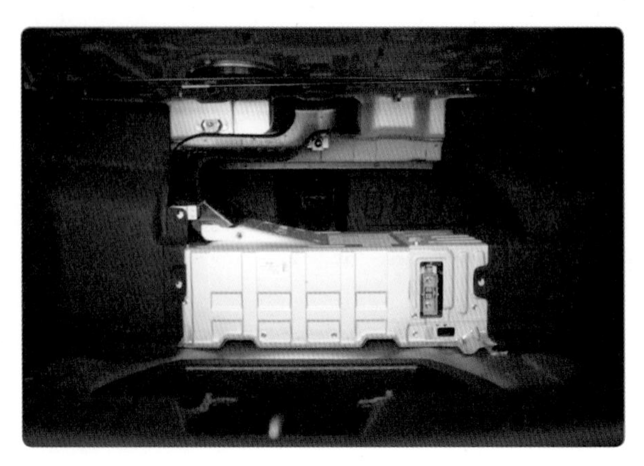

2. 트렁크 트림을 탈거한다.

3. 리어 시트 쿠션을 위 방향으로 잡아당겨 탈거한다.

4. 리어 시트 쿠션을 들어내면서 시트열선 커넥터를 분리한다.

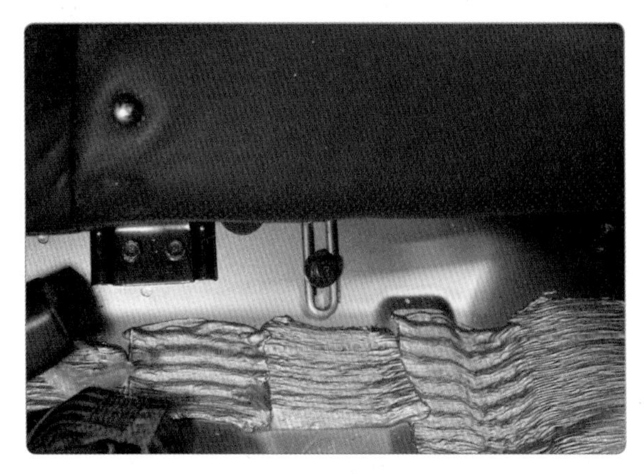

5. 리어 시트 백 장착 볼트를 풀고 리어 시트 백을 위로 잡아당겨 탈거한다.

6. 트렁크 트림 고정 스크루를 탈거한다.

7. 쿨링 덕트 트림 고정키를 탈거한다.

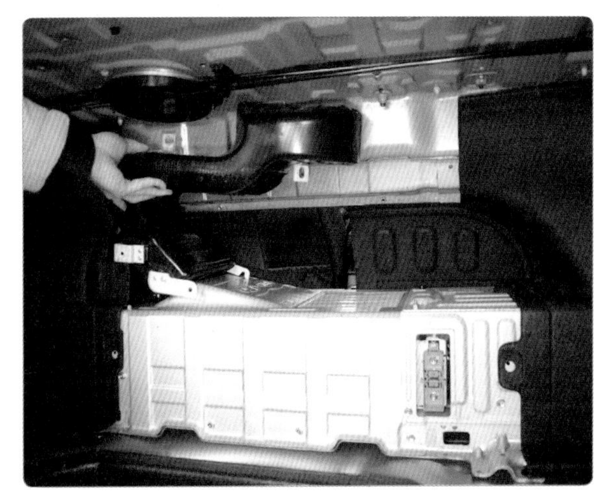

8. 장착 볼트를 풀고 아웃렛 쿨링 덕트를 탈거한다.

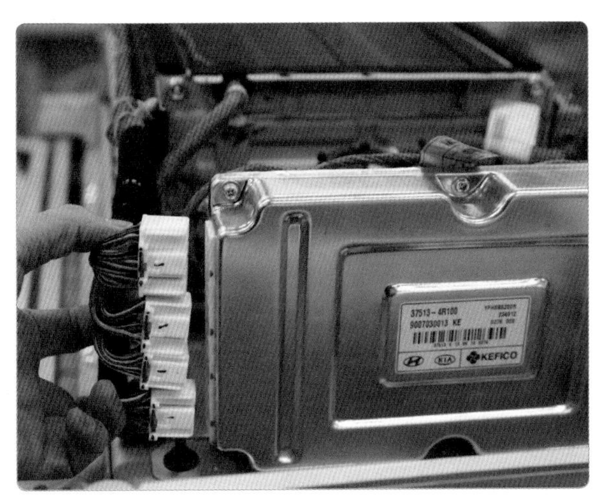

9. BMS 익스텐션 커넥터(A)를 분리한다.

10. 인버터 파워 케이블 (+) 단자와 (−) 단자를 분리한다.

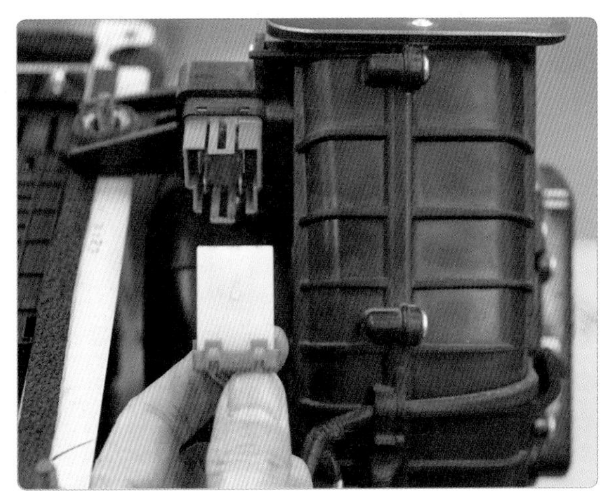

11. 쿨링팬 커넥터를 분리한다.

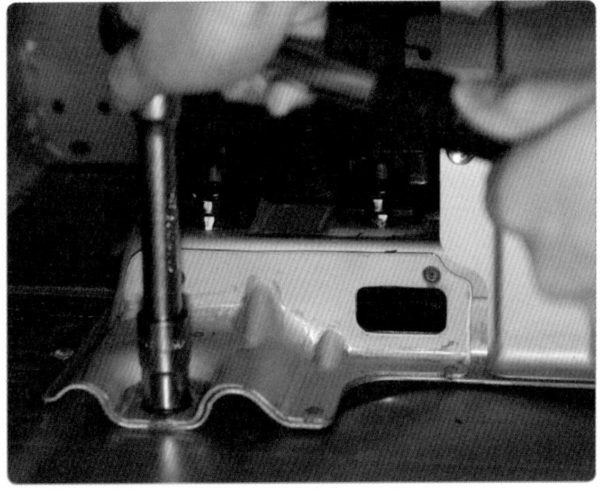

12. 장착 볼트를 풀고 고전압 배터리 팩 어셈블리로부터 탈거한다.

13. 고전압 배터리 팩 어셈블리를 탈거한다.

14. 고전압 배터리 팩 어셈블리를 정리한다.

15. 고전압 배터리 팩 어셈블리를 차량에 장착한다.

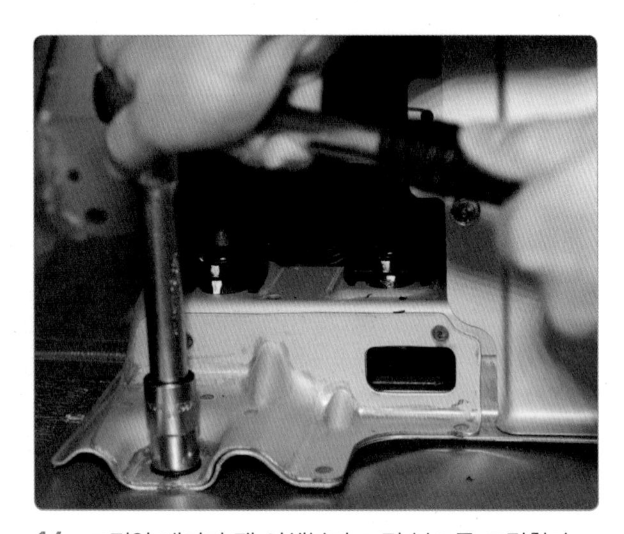

16. 고전압 배터리 팩 어셈블리 고정 볼트를 조립한다.

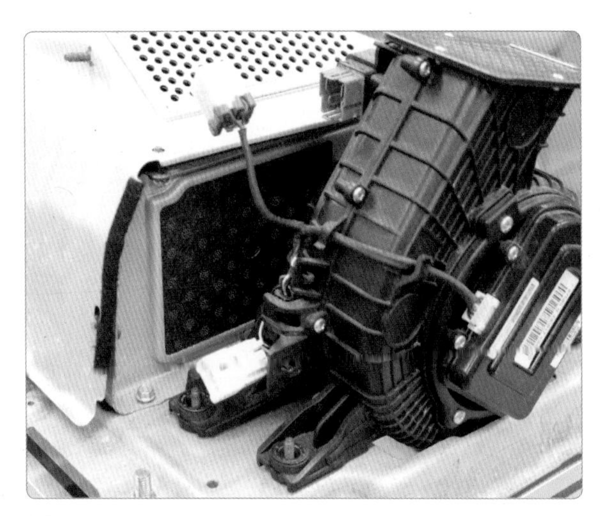

17. 쿨링팬 커넥터를 조립한다.

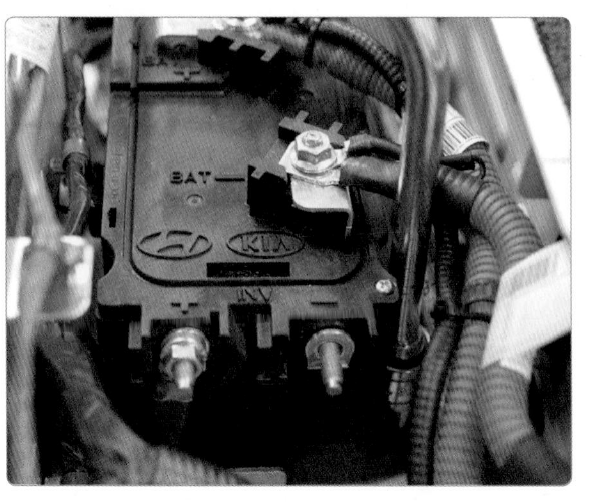

18. 인버터 파워 케이블 (+) 단자와 (−)단자를 체결한다.

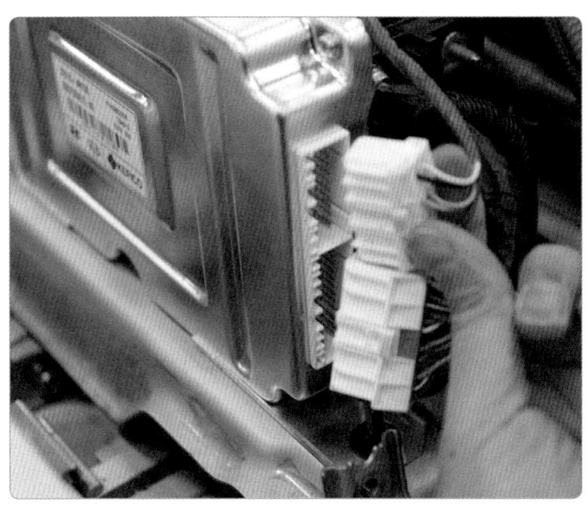

19. BMS 익스텐션 커넥터를 체결한다.

20. 장착 볼트를 풀고 아웃렛 쿨링 덕트를 조립한다.

21. 쿨링 덕트 트림 고정키를 조립한다.

22. 리어 시트 백을 아래로 눌러 리어 시트 백을 장착한다.

23. 리어 시트 백 고정 볼트(4개)를 조립한다.

24. 리어 시트 쿠션 자리를 맞추고 눌러 고정시킨다.

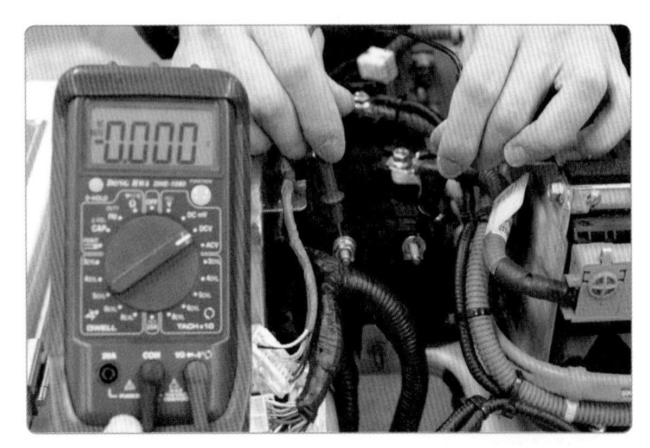

25. 인버터 전압을 측정한다(30 V 이하 확인).

26. 트렁크 트림을 조립한다.

27. 안전 플러그를 체결한다.

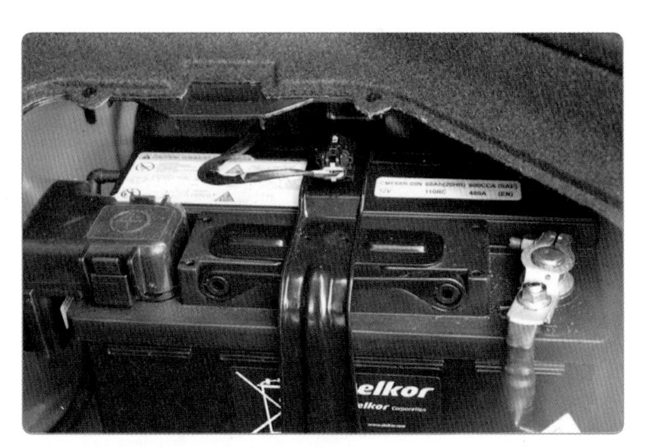

28. 보조 배터리 (−) 단자를 체결한다.

② 조립 및 장착 : 배터리 탈부착 시 고전압 감전에 주의한다(고전압 관련 케이블은 주황색 표시).

고전압 배터리 교환 과정 작업 순서			
작업 순서	부품 명칭	실습 내용	비 고
1	안전 플러그	고전압 차단	트렁크 트림 탈거
2	리어 시트	리어 시트 탈거	쿨링 덕트 고정키 제거
3	인버터	파워 케이블 (+), (−) 분리	
4	BMS 커넥터	커넥터 분리	
5	고전압 배터리 팩 탈거	차량에서 내림	

13 HSG(hybrid starter generator) 탈부착 작업

하이브리드 엔진 룸 부품 배치

① HSG 기능

HSG는 크랭크축 풀리와 구동 벨트로 연결되어 있으며, 엔진 시동 기능과 발전 기능을 수행한다.

(가) 시동 제어 : 전기차 모드에서 모드 전환 시 엔진을 시동한다.

(나) 엔진 속도 제어 : EV 주행 중 엔진과 모터의 부드러운 연결을 위해 엔진 회전 속도를 빠르게 올려 HEV 모터 속도와 동기화한 후 엔진 클러치를 연결하여 충격 및 진동을 줄여준다.

(다) 소프트 랜딩(soft landing) 제어 시동 시 엔진 진동을 최소화하기 위해 엔진 회전수를 제어한다.

(라) 발전 제어 : 고전압 배터리 잔량이 기준 이하로 저하될 경우 엔진을 강제로 시동하여 HSG를 통해 발전한다. 발전된 전기 에너지는 고전압 배터리로 충전된다.

② HSG 교환 작업

(가) 고압 회로를 차단하고, 드라이브 벨트를 탈거한다.

(나) 드레인 플러그를 풀고, 인버터 냉각수를 드레인한다.

(다) HSG에서 냉각 호스를 분리한다.

(라) HSG 고압 파워 케이블 커넥터를 분리한다.

(마) HSG 센서 커넥터를 분리한다.

(바) 흡기 매니폴드를 탈거하고, 드라이브 벨트를 제거한다.

(사) HSG 어셈블리를 탈거한다.

1. 고전압 회로를 차단한다(고전압 회로 차단 방법 참조).

2. 드라이브 벨트를 탈거한다.

3. 드레인 플러그를 풀고, 인버터 냉각수를 드레인한 후 HSG에서 냉각 호스를 분리한다.

4. HSG 고압 파워 케이블 커넥터를 분리한다.

5. HSG 센서 커넥터를 분리한다.

6. 드라이브 벨트를 제거한 후 HSG 어셈블리를 탈거한다.

❶ **냉각수 배출** : 냉각수를 빠르게 배출시키기 위해 리저버 캡을 제거하며 인버터 라디에이터 드레인 플러그를 풀고 냉각수를 배출시킨 후 다시 조인다.

❷ **냉각수 주입**
- IG ON에서 진단 장비를 이용하여 전자식 워터 펌프(EWP)를 강제 구동시킨다.
- 드레인된 물이 깨끗해질 때까지 반복 후, 부동액과 물 혼합액(45~50%)을 리저버 캡을 통해 천천히 채운다.

❸ **공기빼기 작업** : EWP의 작동 소리가 점점 작아지고 리저버에서 공기 방울이 보이지 않는다면 공기빼기 작업을 끝낸다.

❹ **차량 점검 시 주의 사항** : 하드 타입의 HEV는 차량이 정지 상태에서 엔진이 OFF되어 있을 수도 있고, ON되어 있을 수도 있다. 예를 들어 엔진이 OFF되어 있다고 엔진 룸을 점검하면, 차량이 어떤 조건(배터리 SOC 저하 등)에 의해 OFF되어 있던 엔진이 ON될 수 있기 때문에 필히 key OFF, 보조 배터리 접지 탈거, 안전 플러그 탈거를 한 후 차량을 점검하도록 한다.

14 HPCU 교환

① 고전압 회로를 차단한다.
② 하이브리드 모터 냉각 시스템의 냉각수를 빼낸 후 HPCU 상단에 장착되어 있는 리저버를 탈거한다.
③ HPCU 프로텍터를 탈거한다.
④ HPCU에서 파워 케이블과 인버터 파워 케이블을 분리한다.
⑤ 레버를 잡아당긴 후, 레버를 회전식으로 들어 올려서 커넥터를 분리하여, 모터 파워 케이블을 분리한다.
⑥ HCU & MCU 통합 커넥터를 분리한다.
⑦ 냉각수 아웃렛 호스를 분리한다.
⑧ LDC 파워 아웃렛 케이블과 접지 케이블을 분리한다.
⑨ 실 커버를 탈거한다.
⑩ 장착 볼트를 풀고 DC 퓨즈를 HPCU로부터 탈거한다.
⑪ 파워 케이블 고정 브래킷을 탈거한다.
⑫ 장착 볼트를 탈거하고, 차량에서 HPCU를 탈거한다.

※ 탈거의 역순으로 HPCU를 장착하고, 하이브리드 모터 쿨링 시스템의 냉각수를 보충한 후 진단 장비를 이용해 공기빼기 작업을 실시한다.

1. 고전압 회로를 차단한다(고전압 회로 차단 방법 참조).

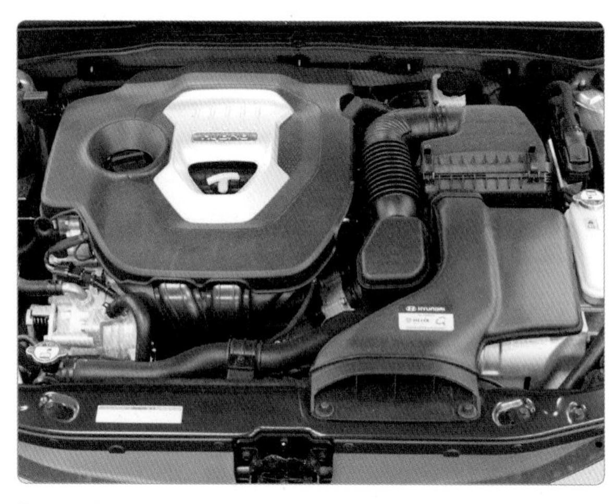

2. 에어 덕트를 탈거한다.

3. HPCU 프로텍터를 탈거한다.

4. 냉각 시스템 냉각수를 빼낸 후 냉각수 아웃렛 호스를 분리하고 리저버 탱크를 탈거한다.

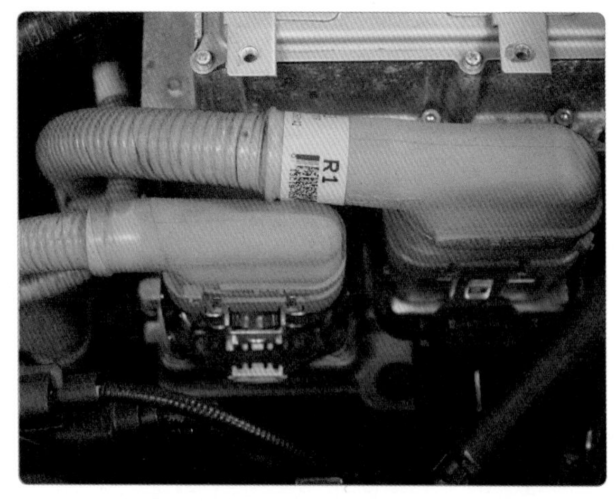

5. HPCU에서 파워 케이블과 인버터 파워 케이블을 분리한다.

6. 레버(노란 키)를 잡아당긴다.

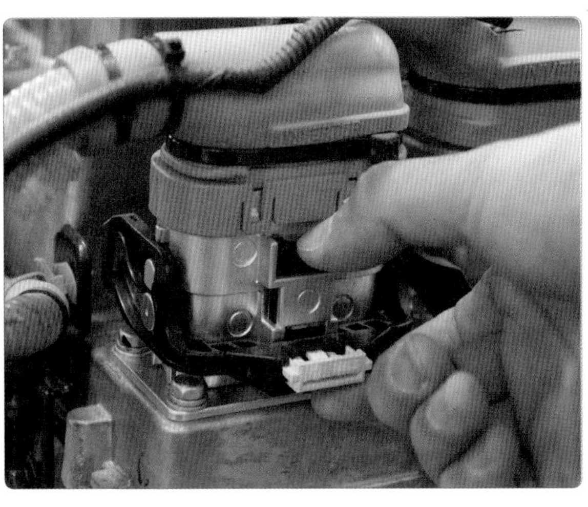

7. 레버를 회전식으로 들어 올려서 커넥터를 분리한다.

8. LDC 파워 아웃렛 케이블과 접지 케이블을 분리한다.

9. 장착 볼트를 풀고 DC 퓨즈를 HPCU로부터 탈거한다.

10. 파워 케이블 고정 브래킷을 탈거한다.

11. 장착 볼트를 탈거하고, 차량에서 HPCU를 탈거한다.

12. 고전압 케이블을 정리한다.